Die
physikalischen und chemischen Methoden
der
quantitativen Bestimmung organischer Verbindungen.

Von

Dr. Wilhelm Vaubel,

Privatdocent an der techn. Hochschule zu Darmstadt.

II. Band.

Die chemischen Methoden.

Mit 21 in den Text gedruckten Figuren.

Berlin.

Verlag von Julius Springer.

1902.

ISBN-13:978-3-642-90491-2   e-ISBN-13:978-3-642-92348-7
DOI: 10.1007/978-3-642-92348-7

Softcover reprint of the hardcover 1st edition 1902

Inhaltsverzeichniss des II. Bandes.

Einleitung.

Die Eintheilung des zweiten Bandes ist insofern etwas andersartig, wie die des ersten Bandes, als die chemischen Methoden der Uebersichtlichkeit wegen eine weitgehendere Zerlegung bedurften. Auf die Methoden zur Bestimmung der Elementarzusammensetzung folgt die der Veraschung und Verdampfung. Hieran schliessen sich die Methoden der Acidimetrie, Alkalimetrie, Verseifung, Acetylirung und Benzoylirung als weiteres Glied an. Es folgen dann die Methoden der Bromirung, Jodirung und Diazotirung, an welche sich die Methode der Bildung der Azofarbstoffstoffe anreiht. Damit ist aber auch das Bindeglied gegeben zu den Methoden, bei welchen wir Kondensationsprodukte zur weiteren Bestimmung heranziehen.

Mit der Methode der Nitrosirung und derjenigen der Einwirkung der Salpetersäure beginnt dann die Reihe der Oxydationsmethoden, bei denen jedoch auch bereits Uebergänge zu den Reduktionsmethoden vorhanden sind, wie bei der Arsensäure und arsenigen Säure. Hieran schliessen sich als eigentliche Reduktionsmethoden die mit Zinnchlorür sowie mit Hydrosulfit.

Zum Schlusse folgen dann die Methoden der Enzymwirkung, sowie die der Bestimmung der Antitoxine, welch' letztere, wenngleich den Chemiker vorerst nicht berührend, doch späterhin in das Bereich des von ihm bearbeiteten Gebietes fallen muss. Dies ist der Grund, weshalb die betreffende Methode auch hier Erwähnung findet. Nur durch das gegenseitige Hand in Hand Gehen der Medicin und Chemie kann die Aufgabe der Hygiene gelöst werden. Dazu ist aber die Vertiefung der Kenntnisse des Chemikers auch in jener Richtung von ausschlaggebender Bedeutung. Ohne diese wird er ebensowenig brauchbare Leistungen auf dem Gebiete der Hygiene hervorbringen, wie der Mediciner ohne genügende Kenntnisse der Chemie.

I.

Methode der Kohlenstoff- und Wasserstoffbestimmung.

Obgleich die Methode der Kohlenstoff- und Wasserstoffbestimmung nur in seltenen Fällen zur Ermittlung der Reinheit einer Substanz oder gar zur Gehaltsbestimmung, sondern vielmehr bei unbekannten Verbindungen zur Erkennung der Zusammensetzung dient, sei dieselbe doch der Vollständigkeit wegen näher beschrieben. Zur Gehaltsermittlung dürfte dieselbe nur bei den Bestimmungen der Brennstoffe dienen, um aus den für Kohlenstoff, Wasserstoff und eventuell auch Schwefel ermittelten Zahlen den Heizwerth der Brennstoffe mit Hilfe der Dulong'schen Regel bezw. der sog. Verbandsformel berechnen zu können.

Die Eintheilung ist deshalb kurz die folgende:

1. Ausführung der Kohlenstoff- und Wasserstoffbestimmung.
   a) Verfahren von Liebig.
   b) Verfahren von Dennstedt.
   c) Bestimmung des Sauerstoffs.
2. Ermittlung des Heizwerthes der Brennstoffe.

1. Ausführung der Kohlenstoff- und Wasserstoffbestimmung.

Die Ausführung der Kohlenstoff- und Wasserstoffbestimmung geschieht in der Weise, dass man den zu bestimmenden Körper vollständig oxydirt und die dadurch gebildeten Verbrennungsprodukte, Kohlendioxyd und Wasser, in geeigneten Apparaten absorbirt, und zur Wägung bringt.

a) Verfahren von Liebig.

Bei nur aus Kohlenstoff, Wasserstoff und Sauerstoff bestehenden Verbindungen verfährt man derart, dass man in eine beiderseits offene, ca. 80 cm lange Röhre von schwer schmelzbarem Glase

und einer den Verbrennungsofen um 4—6 cm überragenden Länge zunächst an einem Ende einen Pfropfen von Glaswolle oder Asbest anbringt,
darauf eine 4—5 cm lange Schicht ausgeglühten Kupferoxyds auffüllt,
alsdann die Substanz innig verrieben mit Kupferoxyd oder in einem Platin-
oder Porcellanschiffchen folgen lässt und wiederum mit grobkörnigem
Kupferoxyd den grössten Theil der Röhre auffüllt. Am vorderen Ende
schliesst man wieder mit einem Glaswolle- oder Asbestpfropfen ab, der ebenso
wie der hintere für Gas leicht durchlässig sein muss.

Beide Enden der Röhren sind rund geschmolzen und werden mit
gut schliessenden Gummipfropfen verschlossen, die eine Durchbohrung
besitzen. An dem hinteren Ende der Verbrennungsröhre befindet sich
eine Apparatur, die zum Trocknen und Reinigen von Kohlensäure für
die durchzuleitende Luft oder den Sauerstoff dient, welchen man am besten
immer benützt.

Am vorderen Ende ist zunächst ein gewogenes, mit Chlorcalcium
gefülltes Rohr angebracht, dessen Gehalt an basischem Salz vorher

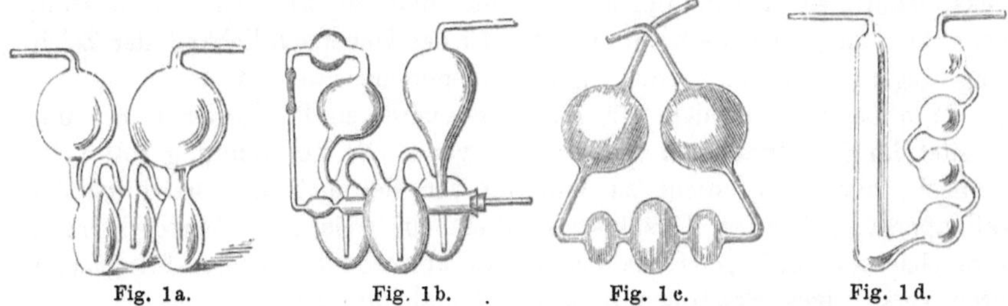

Fig. 1a.   Fig. 1b.   Fig. 1c.   Fig. 1d.

durch Einleiten von Kohlensäure neutralisirt wurde, worauf auch die Entfernung der noch im Rohre befindlichen Kohlensäure durch längeres Durchleiten von Luft zu bewerkstelligen ist. Das Chlorcalciumrohr ist mit einem
Platindraht zum Aufhängen an dem am Wagebalken der Waage ange-
brachten Haken versehen und muss vor und nach seinem Gebrauch immer
mit Gummischlauch und Glasstöpfchen gut verschlossen gehalten werden,
um jegliches Eindringen von Feuchtigkeit zu vermeiden.

Auf die Chlorcalciumröhre folgt der Kaliapparat, der die verschiedensten Formen besitzen kann und der zum Auffangen der Kohlensäure dient. Einige der bekannteren Formen sind in Fig. 1 a—d wiedergegeben.

Wie schon der Name sagt, benützt man zum Füllen des Apparates
Kalilauge und zwar solche von der Koncentration 1 : 2, die meist einen
ca. fünfmaligen Gebrauch gestatten dürfte. Natronlauge ist aus dem
Grunde nicht anwendbar, weil das gebildete Bikarbonat leicht die Röhren
verstopft.

Am Ende des Kaliapparates ist ein weiteres Röhrchen angebracht,
das mit Natronkalk gefüllt ist und einmal gegen Entweichen von Feuchtig-

keit sowie etwa der Absorption entgangener Reste von Kohlensäure dienen soll. Dieses Röhrchen wird mit dem Kaliapparat zugleich gewogen. Derselbe ist ebenso wie der Chlorcalciumapparat vor und nach dem Gebrauch gut verschlossen zu halten. An den Kaliapparat bezw. das mit Natronkalk gefüllte Röhrchen kann man vorsichtshalber noch ein Chlorcalciumrohr anfügen.

Zur Analyse wendet man gewöhnlich 0,2 bis 0,3 g Substanz an, die man im Falle einer Vermischung mit Kupferoxyd fein mit demselben verreibt, wobei der zum Verreiben dienende Achatmörser zur Vermeidung von Verlusten auf einem Glanzbogen steht. Man füllt alsdann vorsichtig unter eventueller Benützung eines Kupfertrichters ein, „spült" mit fein gepulvertem Kupferoxyd nach und füllt, wie vorher erwähnt wurde, mit grobkörnigem Kupferoxyd auf.

Die ganze Apparatur ist in Fig. 2 wiedergegeben, wobei in der Zeichnung dem Kupferoxyd eine Kupferspirale vorgelagert ist, die zur Reduktion von Stickstoff-Sauerstoffverbindungen dienen soll, wie sie bei stickstoffhaltigen Verbindungen auftreten und zu Fehlern Veranlassung geben können. Der Verbrennungsofen ist der Uebersichtlichkeit der Zeichnung wegen nicht mit in die Figur aufgenommen worden.

Man beginnt mit dem Erhitzen am vorderen Theile der Röhre und schreitet langsam nach der Substanz zu vor. Die Verbrennung soll nicht zu rasch, aber auch nicht zu langsam vor sich gehen. Die durch den Kaliapparat gehenden Gasblasen sollen ein mässiges Tempo besitzen. Etwa sich am vorderen Ende der Röhre ansetzendes Wasser bringt man durch vorsichtiges Erwärmen in das Chlorcalciumrohr.

Nach beendigter Verbrennung der Substanz, also sobald keine Substanz mehr im Schiffchen vorhanden ist und nicht mehr viel Kohlendioxyd kommt, leitet man noch 2—3 l Luft oder noch besser Sauerstoff hindurch, was bei schwer verbrennlichen Substanzen von vorneherein nothwendig ist. Hierauf lässt man unter fortwährendem Durchleiten von Sauerstoff bezw. am Ende der Verbrennung wiederum Durchleiten von Luft abkühlen, entfernt den Kaliapparat und das Chlorcalciumrohr und schliesst beide mit Kautschuk und Glasstopfen, sowie die Verbrennungsröhre mit einem Natronkalkrohr, welch' letztere dadurch wiederum sofort in gebrauchsfähigem Zustande ist, vorausgesetzt, dass nicht allzuviel Kupferoxyd in das Glas eingeschmolzen ist.

Bei guter Behandlung und geeigneter Glassorte lässt sich eine solche Röhre vier- oder fünfmal benützen, wobei man aber auch immer beim Abkühlen vor allzu schroffer Wirkung sich hüten muss.

Bei stickstoffhaltigen Substanzen entsteht leicht etwas von Stickstoff-Sauerstoffverbindungen, welche dann im Kaliapparat absorbirt werden und zur Erhöhung des Gewichtes desselben beitragen, also zu zu hohen Werthen für den Kohlenstoff führen. Zur Zerstörung der nitrosen

Gase legt man deshalb in das vordere Ende der Röhre eine reducirte
Kupferspirale, welche den Sauerstoff der nitrosen Gase absorbirt. Man
muss bei stickstoffhaltigen Substanzen somit so lange mit dem Durch-

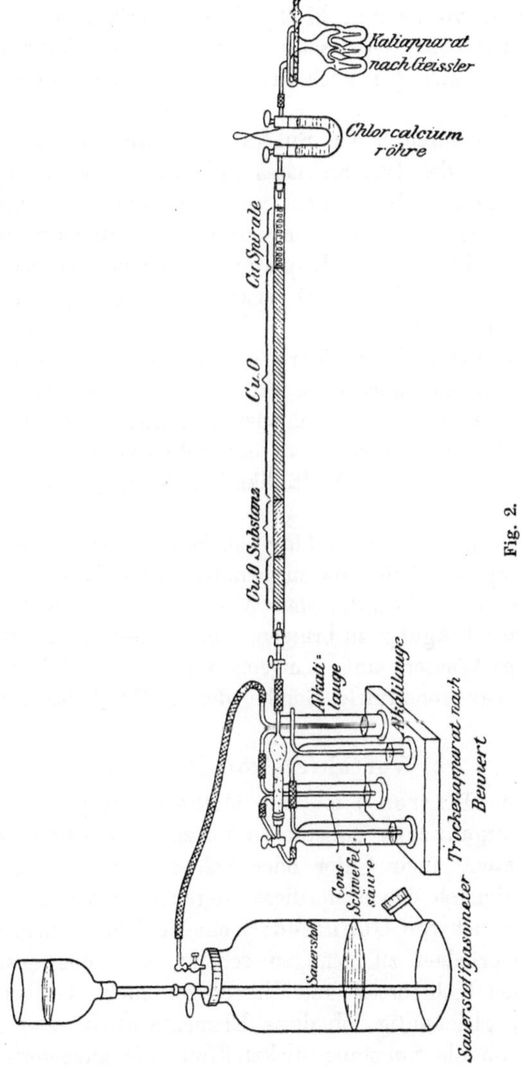

leiten von Luft oder Sauerstoff warten, bis die Hauptmasse der Substanz
verbrannt ist, da andernfalls die Kupferspirale in Folge des Durchleitens
von Luft oder Sauerstoff vorzeitig oxydirt und dadurch unfähig zur Zerlegung der nitrosen Gase werden würde.

Die Reduktion der Kupferspirale geschieht durch Erhitzen derselben und Uebergiessen mit Methylalkohol oder Eintauchen in ein mit einigen Tropfen Methylalkohol versehenes Reagensrohr, in welchem der durch die glühende Spirale entzündete Methylalkohol langsam verbrennt. Dabei muss sämmtlicher vorhandene Methylalkohol verbrennen und die Spirale zum Schlusse noch so heiss sein, dass sie keine Verbrennungsprodukte wie Formaldehyd oder gar noch Methylalkohol auf ihrer Oberfläche absorbirt enthält.

Bei schwer verbrennlichen Substanzen kann man sich an Stelle des Kupferoxyds auch des Bleichromates bedienen. Dies wird zur Regel bei **schwefelhaltigen Substanzen**, weil hierdurch die Oxyde des Schwefels zurückgehalten werden. Bei Verwendung des Bleichromates bedarf es nicht so grosser Hitze wie bei Kupferoxyd. Auch darf gerade der vordere Theil desselben nicht allzu stark erwärmt werden, da andernfalls doch Schwefeldioxyd entweicht.

Bei **halogenhaltigen Verbindungen** kann man sich ebenfalls des Bleichromates oder aber einer Silberspirale bedienen.

Die Berechnung des Kohlenstoffgehaltes geschieht durch Multiplikation des für das Kohlendioxyd ermittelten Gewichtes mit $^{12}/_{44} = {}^{3}/_{11}$, die des Wasserstoffes durch Multiplikation des Gewichtes an Wasser mit $^{2}/_{18} = {}^{1}/_{9}$.

Erwähnt sei noch der Vorschlag von Berthelot, die kalorische Bombe zur Verbrennung der Substanz zu benützen und dann in gleicher Weise, wie vorher beschrieben wurde, das Wasser und die Kohlensäure zu absorbiren und zur Wägung zu bringen. Eine specielle Einrichtung für die Bestimmung des Wassers und demgemäss auch des Kohlendioxyds besitzt die von Kroeker konstruirte Bombe, die in Bd. I beschrieben ist.

b) Verfahren von Dennstedt.

Bereits von Warren[1]) ist eine Methode angegeben worden, die es gestattete, in organischen Substanzen neben Kohlenstoff und Wasserstoff in einer Operation auch Chlor oder Schwefel zu bestimmen. In Folge ihrer Umständlichkeit hat sich diese Methode jedoch nicht eingebürgert.

Neuerdings ist von Dennstedt[2]) ein Verfahren ausgearbeitet worden, das allen Ansprüchen zu genügen scheint, und das gestattet in einer Operation neben Kohlenstoff und Wasserstoff auch Halogen und Schwefel zu bestimmen, gleichgiltig, ob diese Elemente allein oder zusammen vorkommen, und ob die Substanz stickstofffrei oder stickstoffhaltig ist.

Man verbrennt im beiderseits offenen Rohr im Sauerstoffstrom mit Platinmohr als Ueberträger. Weder Kupferoxydasbest, wie ihn Warren an-

---

1) H. Warren, Zeitschr. analyt. Ch. **5**, 169, 1864.
2) M. Dennstedt, Ber. **30**, 1590, 1897.

wandte, noch Platinasbest, wie ihn Kopfer[1]) benützte, sind brauchbar, da beide Chlor und Schwefel zurückhalten. Von dem Platinmohr, welches durch Glühen von Pyridinchloroplatinat hergestellt wurde, genügt eine Schicht von 6—8 cm Länge, so dass also nur wenige Gramme nothwendig sind. Man erhitzt vorsichtig und niemals bis zur hellen Rothglut.

Für das Gelingen der Verbrennung ist ein steter Ueberschuss an Sauerstoff nothwendig, der namentlich bei flüchtigen Substanzen nur durch sehr vorsichtiges Erhitzen erreicht wird; tritt Mangel an Sauerstoff ein, so kann unverbrannte Substanz über das Platin gehen. Furcht vor Explosionen ist unbegründet; bei Mangel an Sauerstoff können nur ganz leichte Verpuffungen eintreten [2]).

Ist die Substanz stickstoffhaltig, so verbrennt ein Theil des Stickstoffs zu Stickstoffdioxyd. Um dies zurückzuhalten, werden zwei mit Bleisuperoxyd beschickte Porcellanschiffchen in den vorderen Theil des Verbrennungsrohres gebracht und hier auf etwa 150^0 erwärmt. Schon das zweite Schiffchen zeigt kaum noch Gewichtszunahme (höchstens 1 mg), ein drittes Schiffchen nimmt nichts mehr auf.

Enthält die Substanz ausser Kohlenstoff und Wasserstoff (Sauerstoff) noch Halogen, so wird zur Absorption derselben molekulares Silber im Silberschiffchen benützt, und zwar verwendet man zwei Stück von je ca. 6—8 cm Länge in einiger Entfernung vom Platinmohr. Dieselben werden durch eine ganz kleine Tecluflamme auf ca. $200—300^0$ erwärmt. Die Temperatur darf nicht so hoch werden, dass das gebildete Halogensilber zum Schmelzen kommt, weil sonst beim Erkalten die Schiffchen, welche nur aus Silberblech zusammengebogen sind, am Glase anbacken und Verluste entstehen können. Fast das gesammte Halogen wird schon vom ersten Schiffchen zurückgehalten, im zweiten befindet sich nur ca. $1/_{10}$ des Gesammtgehaltes.

Bei Anwesenheit von Schwefel findet sich derselbe in dem Bleisuperoxydschiffchen und zwar im ersten als SO_4, in den beiden folgenden als SO_2. In den beiden letzteren Schiffchen findet sich nur $1/_4—1/_5$ der Gesammtmenge.

Bei gleichzeitiger Anwesenheit von Stickstoff wird dieser ebenfalls als Stickstoffdioxyd, soweit sich solcher gebildet hat, vom Bleisuperoxyd aufgenommen. Es entsteht dabei Bleinitrat, welches in $33\,^0/_0$igem Alkohol löslich ist, während Bleisulfat unlöslich ist. Man extrahirt also das Bleisuperoxyd mit $33\,^0/_0$igem Alkohol und verdampft 100 ccm davon. Aus der ermittelten Menge an Bleinitrat berechnet man die Gesammtmenge desselben und bringt das vorhandene NO_3 von dem $(SO_4 + NO_3)$ Gewicht in Abzug.

---

[1]) Kopfer, Zeitschr. analyt. Ch. **17**, 1, 1876.
[2]) Vgl. hierzu Zielkowsky und Lépez, Zeitschr. analyt. Ch. **24**, 605, 1885.

Die gleichzeitige Bestimmung von Halogen und Schwefel neben Kohlenstoff und Wasserstoff geschieht durch Vorlegen von zwei Silberschiffchen und zwei Bleisuperoxydschiffchen. Die Silberschiffchen nehmen das ganze Halogen auf und den grössten Theil, manchmal sogar die ganze Menge des Schwefels als schwefelsaures Silber. Ihre Gewichtszunahme besteht daher aus Halogen und SO_4, die Gewichtszunahme der Bleisuperoxydschiffchen besteht in SO_2.

Um das von den Silberschiffchen aufgenommene Halogen vom Schwefel zu trennen, verfährt man am einfachsten derart, dass man die vorsichtig herausgenommenen Schiffchen, nachdem sie gewogen sind, in engen Reagensgläsern mit verdünnter Cyankalilösung übergiesst und verkorkt einige Stunden stehen lässt. Das Halogensilber und das schwefelsaure Silber gehen in Lösung, die filtrirte Lösung mit den Waschwässern wird, natürlich mit der nöthigen Vorsicht, mit Salzsäure angesäuert, die Blausäure in Abzuge weggekocht, wobei sich das Halogensilber zusammenballt, dasselbe wird filtrirt und im Filtrate die Schwefelsäure mit Chlorbaryum gefällt und bestimmt. Daraus berechnet sich die Menge des Schwefels. Diese Menge und die Gewichtszunahme der Bleisuperoxydschiffchen, als SO_2 berechnet, ergiebt genau die Gesammtmenge des Schwefels. Zieht man von der Gewichtszunahme der Silberschiffchen die darin gefundene Menge Schwefel, als SO_4 berechnet, ab, so erhält man das Gewicht des Halogens.

Bei gleichzeitiger Anwesenheit von Stickstoff verfährt man wie oben.

Beispiel: p-Bromphenylsulfoharnstoff = $CS(NHC_6H_4Br)_2$.

	H	C	S	Br
Ber. Procente:	2,59	40,31	8,29	41,45
Gef. „	2,80	40,44	8,31	41,67.

c) Bestimmung des Sauerstoffs.

Die für die Bestimmung des Sauerstoffs in organischen Verbindungen vorgeschlagenen Methoden zeichnen sich nicht durch rasche Ausführbarkeit bezw. Genauigkeit der Resultate aus. Daher wird wohl nur in sehr seltenen Fällen eine Bestimmung des Sauerstoffs vorgenommen. In weitaus den meisten Bestimmungen der Elementar-Zusammensetzung der organischen Körper ermittelt man den Sauerstoffgehalt durch Berechnung des Restgliedes, welches nach Abzug der für C, H, N, S etc. gefundenen Werthe von 100 zurückbleibt.

Von den für die Bestimmung des Sauerstoffs vorgeschlagenen Methoden seien erwähnt:

1. Das Verfahren von Baumhauer[1]), wobei die Substanz mit Kupferoxyd in einem Strome von Stickstoff verbrannt wird. Gleichzeitig bringt

---

[1]) Baumhauer, Zeitschr. analyt. Ch. **5**, 141, 1866.

man vor der Substanz noch ein Schiffchen mit einer bekannten Menge von Silberjodat und ganz vorne eine Kupferspirale an, welche den Sauerstoff der Substanz und den überschüssigen des Silberjodats aufnimmt. Nach Bestimmung von Kohlenstoff und Wasserstoff, die wie gewöhnlich ausgeführt werden, führt man Wasserstoff in die Röhre ein und berechnet aus dem Wasser, welches beim alleinigen Glühen der Kupferspirale, die den Ueberschuss des Sauerstoffs aufgenommen hatte, sich bildet, den Sauerstoffgehalt, von dem man den des Silberjodates abzieht.

2. Nach dem Verfahren von Ladenburg[1]) erhitzt man die Substanz mit koncentrirter Schwefelsäure und Silberjodat im zugeschmolzenen Rohre und berechnet aus dem Verbrauch an Silberjodat, wie viel Sauerstoff zur vollständigen Oxydation noch nöthig und wie viel also vorhanden war. Die Bestimmung des Silberjodats geschieht auf jodometrischem Wege.

3. Bei dem von Strohmeyer[2]) angegebenen Verfahren wird die Menge des reducirten Kupferoxydes bestimmt dadurch, dass er dasselbe, nach der Verbrennung in einem Gemische von Kupferoxyd und Soda unter Abschluss der Luft, mit einer Eisenoxydlösung zusammenbringt Es finden dann folgende Umsetzungen statt:

$$Cu + 2\,FeCl_3 = CuCl_2 + 2\,FeCl_2.$$
$$Cu_2O + 2\,FeCl_3 + H_2SO_4 = CuCl_2 + CuSO_4 + 2\,FeCl_2 + H_2O.$$

Aus der durch Titration mit Permanganatlösung ermittelten Menge an gebildetem Oxydulsalz wird der Sauerstoffgehalt der Substanz berechnet. Cu und Cu_2O sind hierbei gleichwerthig, da ja $Cu_2O = Cu + CuO$ gesetzt werden kann.

4. Nach dem Verfahren von Mitscherlich[3]) wird mit Quecksilberoxyd verbrannt und aus der Menge des reducirten Oxyds die Quantität des vorhandenen Sauerstoffs berechnet, indem man das reducirte Quecksilber zur Wägung bringt. Der Stickstoff entweicht hierbei als Stickoxyd.

2. Ermittlung des Heizwerthes der Brennstoffe.

In gleicher Weise, wie vorher beschrieben wurde, nur wohl meist unter Verwendung von Sauerstoff, wird die Verbrennung der Brennstoffe ausgeführt. Nachstehend seien einige der für diese ermittelten Werthe gegeben, die der Zusammenstellung von Langbein (Bd. I) entnommen sind.

1) E. Ladenburg, Liebig's Ann. **135**, 1.
2) Strohmeyer, Liebig's Ann. **117**, 247.
3) E. Mitscherlich, Zeitschr. analyt. Ch. **15**, 371, 1876.

	C	H	N	S	O
Holz	39,24	4,74	—	—	34,15
Torf	47,97	4,21	1,15	0,25	25,57
Braunkohle (sächs.)	27,55	2,14	0,28	0,84	13,03
Steinkohle (sächs.)	67,52	4,58	1,35	1,67	10,27
Anthracit (Westfalen)	84,22	3,50	1,30	0,99	3,12
Koks (Braunkohle, sächs.)	42,88	1,38	—	1,12	6,30
Koks (Steinkohle, sächs.)	68,86	0,45	—	1,14	1,27

Weitere ausführliche Mittheilungen sind in Bd. I zu finden. Ueber die Bestimmung des Gehaltes an hygroskopischem Wasser sowie der Asche wird in dem folgenden Kapitel der Methode der Verdampfung und Veraschung berichtet.

II.

Methode der Stickstoffbestimmung.

Vielfach ist es möglich, aus dem Stickstoffgehalt einer Substanz auf die Quantität eines bestimmten Körpers in dem zu untersuchenden Produkt zu schliessen. Namentlich sind es die Eiweisskörper, die hier in Frage kommen, und seit der allgemeinen Verwendung der Kjeldahl'schen Stickstoff bestimmungsmethode bedient man sich derselben zur Untersuchung von Futterstoffen, bei Stoffwechselversuchen u. s. w. Gerade die rasche Ausführbarkeit bezw. der verhältnissmässig geringe Verbrauch an Zeit, welchen man bei dieser Methode in Rechnung zu ziehen hat, haben dieselbe allgemein beliebt gemacht. Trotzdem sollen die anderen Methoden der Vollständigkeit halber, und da es immerhin Fälle geben kann, bei denen auch diese Verwendung finden, nicht unbesprochen bleiben.

Die Eintheilung ist alsdann folgende:

1. Ausführung der älteren Stickstoffbestimmungsmethoden.
   a) Methode von Will-Varrentrapp.
   b) Methode von Dumas.
2. Ausführung der Kjeldahl'schen Methode.
3. Verwendung der Kjeldahl'schen Methode.
4. Bestimmung des Harnstickstoffs.
5. Bestimmung des Kreatinins im Harn.
6. Bestimmung des Kaseïns in Fäces.
7. Berechnung des Proteïngehalts aus der Stickstoffmenge.
8. Bestimmung der Albumosen und Peptone.
9. Trennung des Proteïnstickstoffs vom Amidstickstoff.
10. Bestimmung der Eiweissstofte in Milch.
11. Bestimmung des Leims im Fleisch.

1. Ausführung der älteren Stickstoffbestimmungsmethoden.

Für die Stickstoffbestimmung von organischen Substanzen waren früher hauptsächlich zwei in Gebrauch, nämlich die von Will-Varrentrapp-Péligot, sowie die von Dumas mit ihren verschiedenartigen Modifikationen, die hauptsächlich die Apparatur zum Auffangen des gebildeten Stickstoffs betreffen. Die Dumas'sche Methode ist diejenige, welche gegenwärtig meist wohl zur Ermittlung des Stickstoffgehaltes organischer Substanzen bei wissenschaftlichen Untersuchungen Anwendung findet und immer genaue Resultate liefert.

a) Methode von Will-Varrentrapp.

Bei der Methode von Will-Varrentrapp-Péligot wird die betreffende Substanz mit Natronkalk innig gemischt, in eine 35 cm lange und 12 mm weite Röhre, die am einen Ende zu einer Spitze ausgezogen, zugeschmolzen und bereits mit einer 4 cm hohen Schicht A B (Fig. 3) von

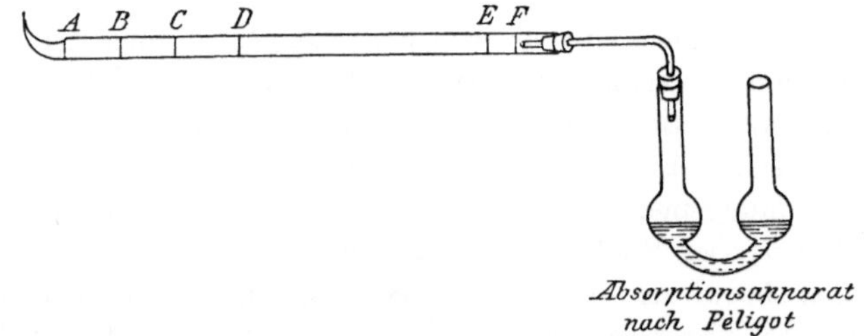

Fig. 3.

Natronkalk beschickt ist, eingeführt (BC), darauf mit Natronkalk der Mörser „ausgespült", wobei sich das Gemisch von Substanz und Natronkalk in der Röhre etwa von C—D erstreckt. Dann wird die Röhre mit weiterem reinen Natronkalk gefüllt, ein Asbest- oder Glaswollepfropfen GF eingefügt und unter Vorlage eines mit $^N/_5$ oder $^N/_{10}$ Schwefelsäure gefüllten Apparates nach Will-Varrentrapp, Volhard, Fresenius, Arendt-Knop oder Péligot (Fig. 4 a—d) erhitzt in der Art, dass man zunächst den Theil erwärmt, an dem sich nicht die Substanz befindet und allmälig mit dem Erhitzen bis zur Substanz vorschreitet. Das gebildete Ammoniak gelangt in die Vorlage, wird dort absorbirt, und kann der Gehalt desselben durch Zurücktitriren der verbrauchten Säure ermittelt werden. Um sämmtliches Ammoniak aus der Röhre zu vertreiben, saugt man nach dem Aufhören der Gasentwicklung unter Abbrechen der Spitze des Verbrennungsrohres Luft durch und zwar ungefähr das 10fache Volum der Verbrennungsröhre.

Den bei dieser Methode nothwendigen Natronkalk stellt man sich dadurch her, dass man in einer Natronlauge von bekanntem Gehalt so

viel Aetzkalk löscht, dass auf 1 Theil des angewandten Natriumhydroxyds
2 Theile Aetzkalk kommen. Die so erhaltene Mischung wird eingedampft
und die trockene Masse zu erbsengrossen Stücken zerstossen.

Die Umwandlung des Stickstoffs in Ammoniak durch die Einwirkung
des Natronkalks ist nicht für alle organische Körper eine vollständige.
Nach A. Goldberg[1]) ist die Will-Varrentrapp'sche Methode auch
für Nitro- und Azoverbindungen brauchbar, wenn man zu dem Natronkalk einen Zusatz von Zinnsulfür macht.

b) Methode von Dumas.

Die Dumas'sche Methode beruht in der Bestimmung des Stickstoffs
einer organischen Substanz als Element, wobei geringe Mengen etwa ge-
bildeter Stickstoff-Sauerstoffverbindungen durch eine vorgelegte Kupferspirale reducirt und so in Stickstoff übergeführt werden. Den Stickstoff
treibt man aus dem ganz mit Kohlensäure erfüllten Apparat infolge des
Erhitzens von Magnesiumkarbonat oder Natriumbikarbonat, welche am

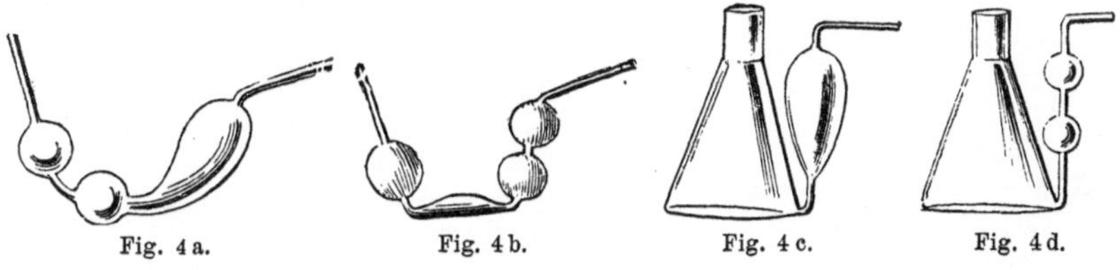

Fig. 4 a.   Fig. 4 b.   Fig. 4 c.   Fig. 4 d.

Ende der zugeschmolzenen Röhre in geeigneter Menge vorhanden sind,
aus, nachdem man vor dem Beginn der Verbrennung die atmosphärische
Luft bereits durch genügend langes Erhitzen des Magnesiumkarbonats
oder Bikarbonats vollständig entfernt hat.

Man kann auch ein beiderseitig offenes Rohr verwenden und alsdann
die Kohlensäure einem Kipp'schen Apparate entnehmen, wobei häufig
eine Spur Luft aus den Marmorstücken das Volum etwas vergrössert.

Der Stickstoff wird alsdann über konc. Kalilauge (1 : 2) aufgefangen,
und dessen Menge durch Ablesen der Anzahl Kubikcentimeter in der
graduirten Röhre ermittelt. Sehr bequem ist beim Auffangen des Stickstoffs die Verwendung des Schiff'schen Apparates, der ein direktes Ablesen durch Einstellen der Flüssigkeitsoberflächen auf gleiche Höhe gestattet. Zu beachten ist nur, dass das Volum der kalibrirten Röhre
allmälig etwas zunimmt infolge des Gebrauchs von koncentrirter Lauge,
wodurch geringe Mengen der Glasmasse aufgelöst werden. Ist das Schiff-
sche Azotometer schon viel gebraucht, so führt man den Stickstoff am
besten in eine andere kalibrirte Röhre über und misst in dieser das Volum.

---

1) A. Goldberg, Ber. **16**, 2547, 1883.

In Fig. 5 ist eine Anordnung gegeben, wie sie bei Benützung eines Kipp'schen Apparates und eines Schiff'schen Azotometers verwendbar ist.

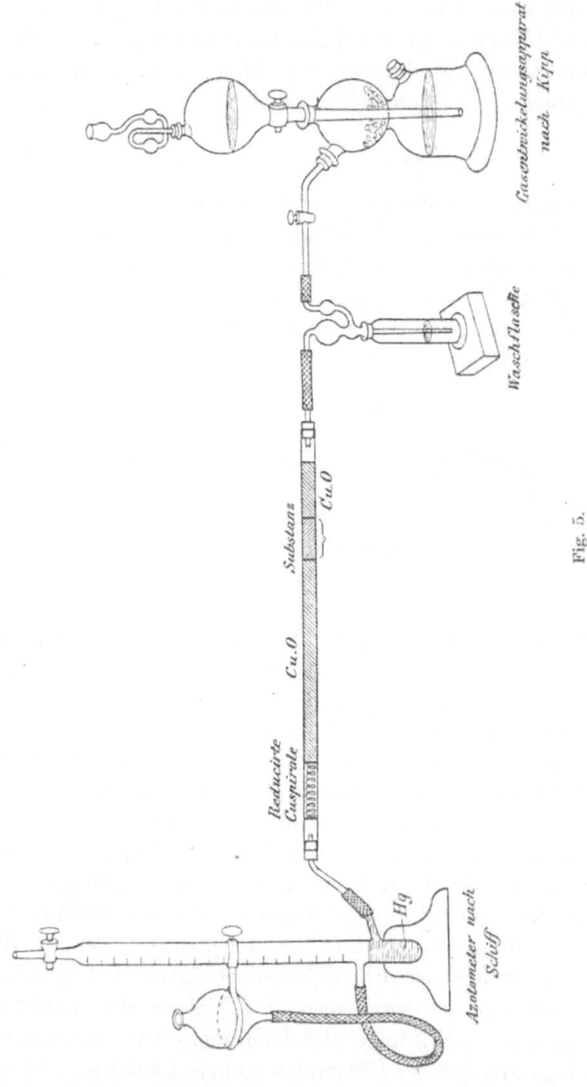

Fig. 5.

Die Verbrennungsröhre muss eine in der Zeichnung nicht wiedergegebene geneigte Lage haben, weil anderenfalls das am vorderen Ende (nach dem Schiff'schen Apparat zu) kondensirte Wasser zurückfliessen und dadurch an der erhitzten Stelle des Rohres ein Zerspringen desselben verursachen würde.

Eine Tabelle zur Ermittlung der Gewichtsmenge Stickstoff aus dem Volum desselben ist im Chemiker-Kalender zu finden. Bei dem Ablesen des Stickstoffvolums ist es selbstverständlich nothwendig, auch Temperatur und Barometerstand sowie die Dampfspannung des Wassers bei der betreffenden Temperatur zu berücksichtigen. Die zur Umrechnung vorhandenen Tabellen sind dementsprechend modificirt.

Nach einer Beobachtung von V. Meyer und O. Stadler[1]) muss man bei der Bestimmung des Stickstoffgehaltes einer an Schwefel sehr reichen Substanz sehr vorsichtig und unter Vorlegen einer langen Schicht Bleichromat verbrennen, da es vorkommt, dass die gebildete schwefelige Säure das Kohlendioxyd theilweise zu Kohlenoxyd reducirt, welches unabsorbirt durch die Kalilauge hindurch geht und als Stickstoff gemessen wird. So wurde z. B. bei einer Substanz zunächst bei weniger vorsichtigem Verbrennen eine Gasmenge beobachtet, die ca. 14 % Stickstoff entsprach, späterhin bei vorsichtigerem Verbrennen ergaben sich nur 3,1 % und schliesslich 0 % Stickstoff.

Es ist also bei derartigen Substanzen die erhaltene Gasmenge immer auf einen Gehalt an Kohlenoxyd zu prüfen.

2. Ausführung der Kjeldahl'schen Methode.

Das Princip der Kjeldahl'schen Stickstoffbestimmungsmethode beruht in der Ueberführung des Stickstoffs von organischen Substanzen bezw. auch von Nitraten u. s. w. in schwefelsaures Ammoniak durch Erhitzen mit koncentrirter Schwefelsäure unter Verwendung von Sauerstoffüberträgern wie Quecksilberoxyd, Kupfersulfat u. s. w. Aus dem schwefelsauren Ammoniak wird alsdann das Ammoniak mit Natriumhydroxyd, welches im Ueberschuss zugegeben wird, frei gemacht, durch Kochen der Lösung vollständig aus derselben entfernt, in $N/5$ oder $N/10$ Schwefelsäure aufgefangen und die Quantität des gebildeten Ammoniaks durch Ermittlung der verbrauchten $N/5$ oder $N/10$ Säure bestimmt.

Zum Aufschliessen der Substanz benützt man am besten langhalsige Kolben von ca. 350 ccm Inhalt, giebt auf 1 g Substanz ca. 0,7 g Quecksilberoxyd und dann 20—25 ccm koncentrirte stickstofffreie Schwefelsäure hinzu. Alsdann erhitzt man den Kochkolben in schräger Lage (Fig. 6) zuerst langsam, später mit starker Flamme über einem Sandbade so lange, bis die siedende Schwefelsäure farblos geworden ist.

Hierauf bringt man nach der Abkühlung den Inhalt des Kolbens in einen anderen von ca. 500 ccm Inhalt, fügt 150 ccm Natronlauge

---

1) V. Meyer und O. Stadler, Ber. **17**, 1576, 1882.

von 30 — 39 ⁰ Bé. und darauf möglichst schnell 25 ccm einer 10 %igen Lösung von Schwefelkalium hinzu, sowie einige Körnchen Zink. Das Schwefelkalium dient zur Zersetzung von Quecksilberamidverbindungen, während das Zink zur Vermeidung des Stossens zugegeben wird.

Man schliesst nach dem Zufügen dieser Lösungen rasch mit dem Aufsatzrohr und führt dasselbe in die Lösung der Vorlage ein. Alsdann destillirt man ohne Kühlung so lange, bis ungefähr die Hälfte der Flüssigkeit überdestillirt ist, was sich meist durch heftiges Stossen anzeigt. Hierauf titrirt man nach der Abkühlung der fast oder bis zum Sieden erhitzten Vorlageflüssigkeit unter Verwendung von Methylorange als Indikator.

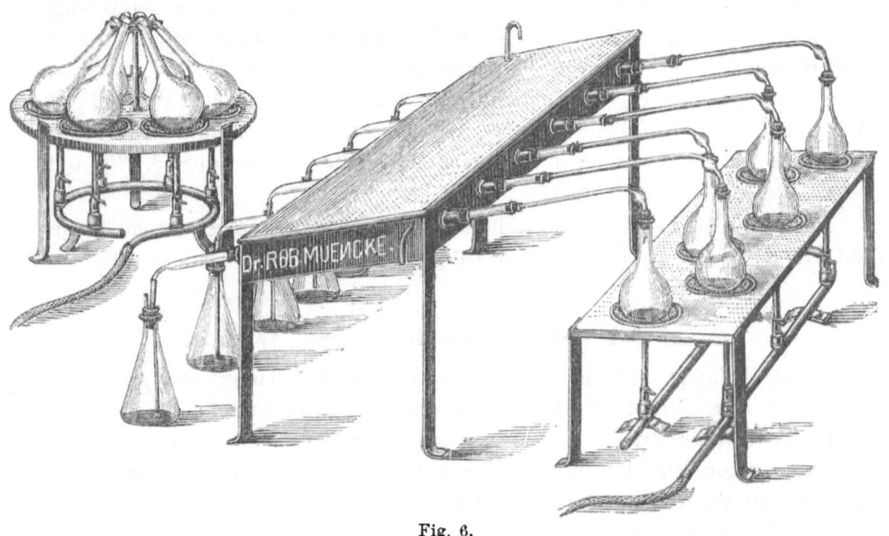

Fig. 6.

Für die Laboratorien, welche sich der Kjeldahl'schen Methode sehr häufig bedienen, sind verschiedenartige Zusammenstellungen im Gebrauch, die es ermöglichen, gleichzeitig eine ganze Reihe von Bestimmungen neben einander auszuführen. In Fig. 6 und 7 sind einige der gebräuchlichen Apparate abgebildet.

Der von Professor Wagner benützte Apparat (Fig. 7) ist von der Firma Ehrhardt & Metzger in Darmstadt zu beziehen, deren Katalog auch dieser Zeichnung entnommen ist. Er gestattet ein sehr angenehmes Arbeiten.

Der in Fig. 8 abgebildete Apparat zur Entnahme kleiner Quecksilbermengen bei der Stickstoffbestimmung nach Kjeldahl wird von Dr. R. Muencke in den Handel gebracht. Er besteht ganz aus Glas, dient als Aufbewahrungs- und Abfüllapparat; er ermöglicht die Entnahme eines stets gleichmässig schweren Tropfen Quecksilbers. Behälter a fasst ca. 250 g Quecksilber und dient, wenn der Hahnstopfen b geschlossen ist, als Aufbewahrungsgefäss. Die Rille bei c hat den Zweck, bei der Entnahme die in der Vertiefung enthaltene Luft entweichen zu lassen, während ein etwa aus der Rille spritzendes Quecksilberperlchen in e aufgefangen wird. Eine quantitativ ungleichmässige Entnahme von Quecksilber ist auf diese Weise ausgeschlossen.

Ursprünglich empfahl Kjeldahl die mit Schwefelsäure gekochte organische Substanz noch mit Kaliumpermanganat[1]) zu oxydiren

Fig. 7.　　　　　　　　　　Fig. 8.

später fand Wilfarth, dass die Anwesenheit von Quecksilberoxyd die Zerstörung der organischen Substanz bedeutend beschleunigt. Hierauf wurde von Arnold[2]) gezeigt, dass die Oxydation durch zwei gleichzeitig vorhandene Metallsalze, namentlich Quecksilberoxyd und Kupfersulfat, noch rascher zu Ende geführt wird, und schliesslich beobachtete Gunning[3]) dass der Zusatz von Kaliumsulfat ebenfalls eine vorzügliche beschleunigende

---

[1]) Bei der Oxydation stickstoffhaltiger Substanzen mit alkalischer Permanganatlösung bilden sich neben Ammoniak hauptsächlich salpetrigsaure Salze.

[2]) C. Arnold, Arch. d. Pharm. **24**, Heft 18, 1886; vgl. auch Procter und Turnbull, Chem. Ztg. **24**, 126, 1900.

[3]) J. Gunning, Zeitschr. analyt. Ch. **28**, 188, 1889.

Wirkung besitzt. Es war nun von Interesse nachzuweisen, mit welchen Oxydationsmitteln die Zerstörung der organischen Substanz und die Ueberführung in Ammoniak am raschesten bewirkt wird, und ob nicht vielleicht durch Kombination der betreffenden Oxydationsmittel es gelingen würde, den Stickstoff in Azo-, Chinolin- und Pyridinverbindungen, welche bisher nur zum Theil durch Schwefelsäure etc. in Ammoniak verwandelt werden konnten, ebenfalls vollständig in Ammoniak überzuführen. Arnold und Wedemeyer[1]) haben in diesem Sinne Versuche ausgeführt. Da bei der Behandlung nach Gunning starkes Schäumen eintritt, so empfiehlt es sich, zuerst nur mit Schwefelsäure und dem vierten Theile ihres Gewichtes an Kaliumsulfat zu kochen und erst nach 10—15 Minuten langem Kochen den Rest des Kaliumsulfats hinzuzufügen. Bis zur vollständigen Entfärbung bezw. Blaufärbung der Substanz erforderte:

Nach Gunning.	Nach Arnold.	Nach Gunning-Arnold.
($40\,g\,H_2SO_4 + 20\,g\,K_2SO_4$)	($40\,g\,H_2SO_4 + 1\,g\,CuSO_4 + 1\,g\,HgO$).	($40\,g\,H_2SO_4 + 20\,g\,K_2SO_4 + 1\,g\,HgO + 1\,g\,CuSO_4$).
	1 g Antipyrin	
40 Minuten	35 Minuten	20 Minuten
	1 g Benzoësäure	
45 Minuten	40 Minuten	30 Minuten
	1 g Phenol	
50 Minuten	45 Minuten	30 Minuten
	1 g Eiweiss.	
50 Minuten	40 Minuten	18 Minuten.

Hieraus ergiebt sich, dass die Gunning'sche und Arnold'sche Methode gleich schnell zum Ziele führen, bei der Kombination beider Methoden dagegen die Oxydationsdauer auf $^1/_2$ bis $^1/_3$ abgekürzt wird.

K. Ulsch[2]) hatte zuerst den Zusatz von Platinchlorid beim Erhitzen mit Schwefelsäure neben Kupferoxyd empfohlen, später aber hat er infolge der Beobachtung von Stickstoffverlusten durch das Platin darauf aufmerksam gemacht, dass ein Ueberschuss desselben als ungünstig zu vermeiden ist. An Stelle des von Wilfarth vorgeschriebenen Schwefelkaliums zur Zerstörung der durch Natronlauge allein schwer zersetzlichen Quecksilber-Ammoniakverbindung schlägt er die Benutzung von Eisenvitriol vor. Maquenne und Roux[3]) empfehlen an Stelle des Natriumsulfids die Zerlegung der Quecksilberamidverbindung mit Natriumhypophosphit vorzunehmen, wodurch verschiedene Uebelstände, das Entweichen von Schwefel-

[1]) C. Arnold und K. Wedemayer, Zeitschr. anal. Ch. **31**, 525, 1892.
[2]) K. Ulsch, Zeitschr. analyt. Ch. Ref. **25**, 579, 1886; **27**, 73, 1888.
[3]) Maquenne und Roux, Bull. Soc. Chim. **21**, (3), 312, 1899.

wasserstoff und der störende Einfluss desselben auf die Titration vermieden werden.

Um das Zurücksteigen der vorgelegten Schwefelsäure beim Abdestilliren des Ammoniaks, welches insbesondere dann leicht eintritt, wenn man vorsichtig mit kleiner Flamme destillirt, zu verhüten, sind bisher verschiedene Mittel in Anwendung gekommen. So brachte man z. B. im absteigenden Theil des Destillationsrohres eine kugelige Erweiterung an, die gegebenen Falles die zurücksteigende Schwefelsäure aufnehmen sollte. Man hat ferner die Säure in einer dicht angeschlossenen Péligotschen Röhre vorgelegt, was gegen das Zurücksteigen wohl vollkommen schützt, aber die Unbequemlichkeit des Umgiessens und Nachspülens der Säure oder die der Titration in der Péligot'schen Röhre selbst nach sich zieht. Peters und Rost haben einen Glashahn am Destillationsrohr angebracht, durch den man im Falle einer Druckverminderung Luft in das Innere des Apparates einlassen kann, wodurch also die Anwesenheit einer beaufsichtigenden Person erforderlich ist. F. Pregl[1] giebt die Beschreibung eines automatischen Quecksilberventils, welches den Eintritt der Luft in der einen Richtung zulässt, aber in der entgegengesetzten Richtung einen vollständigen Abschluss bewirkt. Der Apparat, welcher von G. Eger in Graz zu erhalten ist, funktionirt so sicher, dass man bei Anwendung einer kleinen Flamme und bei Zusatz von Talk an Stelle von Zinkstaub nach der Angabe von Argutinsky auf Kühlung und auf Schaumkugel verzichten kann. (Fig. 9.)

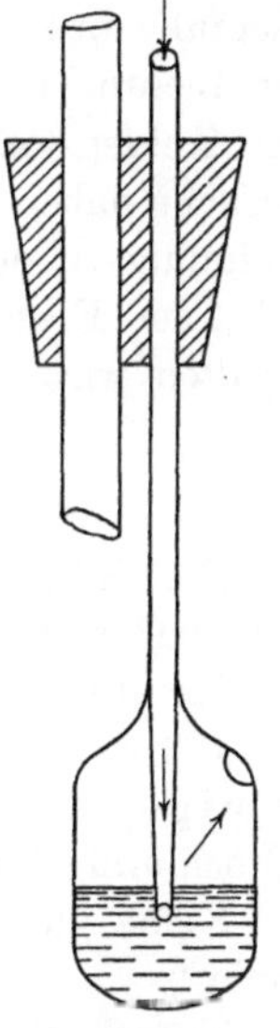

Fig. 9.

Besondere Apparate zur Stickstoffbestimmung nach Kjeldahl haben H. P. Armsby und F. G. Short[2], sowie in einer besonderen Broschüre P. Claes[3] angegeben. Pfeiffer und Lehmann[4] empfehlen zur Verhütung der mechanischen Ueberführung von Natron bei der Destillation die Vorlage eines mit Glasperlen gefüllten Rohres. Rindell und Hannin[5] haben diese Destillationsröhre noch insofern verbessert, als sie das Sicherheitsrohr in ein weiteres, vom Dampfe durchströmtes Mantelrohr einsetzen.

Die zur Verwendung kommende Schwefelsäure muss auf ihren Stickstoffgehalt geprüft werden. Die Entfernung des in derselben ent-

[1] F. Pregl, Zeitschr. analyt. Ch. **38**, 166, 1899.

[2] H. P. Armsby und F. G. Short, Americ. chem. Journ. **8**, Nr. 5; Zeitschr. analyt. Ch. **27**, 399, 1888.

[3] P. Claes, ibid. **27**, 400, 1888.

[4] Pfeiffer und Lehmann, ibid. **24**, 388, 1885.

[5] Rindell und Hannin, ibid. **25**, 155, 1880.

haltenen Ammoniaks gelingt nicht durch Behandeln mit salpetriger Säure[1]), da die sich bildende Nitrosylschwefelsäure nach Lunge[2]) nicht durch sechsstündiges Erhitzen zerstört wird.

Für Eiweisskörper und wohl auch bei anderen Substanzen bedient man sich zum Abwägen und nachherigem Einführen in den langhalsigen Kolben zur Vermeidung von Verlusten häufig des Filtrirpapiers, was alsdann ebenfalls stickstofffrei sein muss. Dasselbe wird in gleicher Weise wie die zu untersuchende organische Substanz vollständig zerstört.

M. Krüger[3]) schlägt vor, die Zerstörung der organischen Substanz gleichfalls in schwefelsaurer Lösung vorzunehmen, aber so viel Chromsäure oder Bichromat zuzufügen, dass die Menge derselben hinreichend ist, um allen Kohlenstoff und Wasserstoff zu Kohlensäure und Wasser zu oxydiren. Versuche haben ergeben, dass hierbei der Stickstoff der Amine, Ammoniumverbindungen, der Pyridin- und Chinolinkörper, der Alkaloïde und Bitterstoffe, der Eiweisskörper und verwandten Stoffe auch als Ammoniak abgespalten wird.

3. Verwendung der Kjeldahl'schen Methode.

Die Kjeldahl'sche Methode mit ihrer Variation nach Arnold oder Gunning hat nach Atterberg[4]), Arnold und Wedemeyer gute Resultate gegeben.

a) bei Verbindungen, welche den Stickstoff in ringförmiger Bindung enthalten, wie Chinolin, Chinolintartrat, Kokaïnhydrochlorid, Phenylpyrrol, Thallinsulfat, Orexin.

Keine guten Resultate wurden erhalten bei Antipyrin, Brucin, Cinchonin[5]).

b) bei Verbindungen, welche durch Stickstoffatome verkettete Gruppen enthalten, wie Akridin, Safranin, Magdalareth, Orange 10, Azobenzol.

Bei Azoxybenzol wurden unrichtige Werthe erhalten, wahrscheinlich, weil ein Theil desselben wegsublimirt. Diazoamidobenzol gab nur den Stickstoff des Ammoniakrestes. Andere Diazoverbindungen bilden nur Spuren von Ammoniak.

c) andere Stickstoffverbindungen, wie Guanidinrhodanid, Phenacetin, Indigo, Sulfaminol, Cyanursäure, Asparagin, Koffeïn, Oxamid, Harnsäure, Harnstoff, organischer Düngerstickstoff.

---

[1]) E. E. Meldola und E. R. Moritz, Journ. soc. chem. Ind. **7**, 63, 1888.

[2]) G. Lunge, Zeitschr. angew. Ch. 1888, 661.

[3]) M. Krüger, Ber. **26**, 609, 1892.

[4]) A. Atterberg, Chem. Ztg. **14**, 509, 1890; F. W. Dafert, Landwirthschaftl. Versuchsstationen **34**, 311.

[5]) Vgl. a. L. L'Hôte, Compt. rend. **108**, 817, 1889.

Piperazin gab nur bis zur Hälfte des berechneten Stickstoffs.

B. Proskauer und M. Zülzer[1]) haben eingehende Versuche über die Anwendbarkeit der Kjeldahl'schen Methode bei hygienischen Untersuchungen angestellt und empfehlen die Bestimmung unter Zusatz von 1 g Quecksilber und 0,5 g wasserfreiem Kupfersulfat bei 0,5 bis 1,5 g Substanz und 50 ccm des Säuregemisches aus 800 ccm konc., 200 ccm rauchender Schwefelsäure und 100 g Phosphorsäureanhydrid. Die Anwendung von Permanganat ist schädlich, wie bereits auch Wilfarth, Asboth, Ulsch und Dafert gefunden haben.

Die Kjeldahl'sche Methode der Stickstoffbestimmung scheint nicht anwendbar zu sein für die Ermittlung des Stickstoffgehaltes in den Platinverbindungen von Ammoniakbasen. Delépine[2]) glaubt den Verlust an Stickstoff bei der Untersuchung des Doppelsalzes von Platinchlorid und salzsaurem Trimethylamin auf die Einwirkung des Chlors auf das Platinat zuschreiben zu müssen.

$$PtCl_6(NH_4)_2 + 3\,Cl_2 = PtCl_4 + 8\,HCl + 2N.$$

Das Chlor entsteht bekanntlich leicht bei der Zersetzung des Platindoppelsalzes, so dass also das frei werdende Chlor zerstörend auf die noch unzersetzte Substanz wirken kann.

Ausserdem ist die Kjeldahl'sche Methode auch verwendbar für Bestimmungen des Stickstoffs in Verbindungen, welche Oxyde desselben enthalten. Bereits im Jahre 1886 wurden von Asboth[3]) und von Arnold[4]) Methoden zur Bestimmung solcher Verbindungen angegeben und nicht nur die Anwendbarkeit derselben für Kaliumnitrat, sondern für zahlreiche andere Verbindungen bewiesen. Ferner veröffentlichten Jodlbaur[5]) und Förster[6]) Methoden, welche jedoch von denselben nur für Kalium bezw. Natriumnitrat geprüft zu sein scheinen, wie die Versuche von Arnold und Wedemeyer ergaben. Am besten hat sich die Förster'sche Methode zur Bestimmung der Alkalinitrate bewährt, während sowohl bei der Jodlbaur'schen[7]) wie bei der Arnold'schen Methode während des Nitrirens leicht Verluste eintreten können.

Nach v. Asboth verwendet man bei Nitro- und Cyanverbindungen als Zusatz Zucker, bei Nitraten mischt man Benzoësäure zu. Arnold empfiehlt die Ausführung der Bestimmung in der Weise vorzunehmen,

---

1) B. Proskauer und M. Zülzer, Zeitschr. f. Hygiene 7, 186, 1889.

2) Delépine, Compt. rend. 120, 152, 1895.

3) A. v. Asboth, Chem. Centrbl. 17, 161, 1886.

4) C. Arnold, Archiv d. Pharm. 224, 785, 1886.

5) M. Jodlbaur, Chem. Centrbl. 1886, Nr. 24, 433.

6) O. Förster, Zeitschr. analyt. Ch. 28, 422, 1889; Landw. Versuchsstationen 38, 165.

7) F. Martinoth, Zeitschr. analyt. Ch. 28, 415, 1889.

dass man 20 ccm einer Schwefelsäure verwendet, welche 20—25 $^0/_0$ Phosphorsäure enthält; hierzu giebt man 0,5 g wasserfreies Kupfersulfat und 1 g metallisches Quecksilber.

Jodlbaur schlägt vor 0,2—0,5 g Kalisalpeter mit 20 ccm koncentrirtester Schwefelsäure und 2,5 ccm Phenolschwefelsäure (50 g Phenol in H_2SO_4 konc. zu 100 ccm gelöst), dann mit 2—3 g Zinkstaub und fünf Tropfen $PtCl_4$ (0,04 g Platin in 1 ccm) zu versetzen. Nach 4 stündigem Erhitzen ist die Flüssigkeit farblos und zur Destillation geeignet. Bei Anwendung von Phosphorsäureanhydrid und Schwefelsäure lässt sich die Zeit auf zwei Stunden vermindern.

O. Förster[1] findet, dass man Nitrate nach der Kjeldahl'schen Methode bestimmen kann, wenn man der Schwefelsäure ausser der bereits vorgeschlagenen Phenolsulfosäure noch unterschwefligsaures Natron zufügt. Die günstige Wirkung desselben soll auf der Bildung von Nitrosulfosäure ($HO \cdot SO_2 \cdot NO_2$) beruhen, innerhalb deren die Salpetersäure zunächst fixirt ist. Bei Anwesenheit von Phenolsulfosäure allein werden leicht kleine Mengen von Salpetersäure flüchtig, ohne nitrirend gewirkt zu haben.

Arnold und Wedemeyer verwendeten bei ihren Versuchen nach der Förster'schen Methode auf etwa 0,5 g der Substanz 1,2 g Phenol, 40 g Schwefelsäure, 1,5—3 g Natriumthiosulfat, 1 g Kupfersulfat, 1 g Quecksilberoxyd und gaben nach 15—20 Minuten langem Kochen noch 10—20 g Kaliumsulfat hinzu; die Zeitdauer bis zum Eintritt der grünen Farbe wurde auf $^1/_2$—$^1/_3$ der ohne Zusätze herabgesetzt und durch den vorherigen Zusatz der übrigen Reagentien das sonst stets mit Kaliumsulfat auftretende störende Schäumen vermieden.

Sie erhielten gute Resultate bei: Kaliumnitrat, Strychninnitrat, Nitrosalicylsäure, Orange 10, Nitronaphtalin, Nitrobenzylidenketon.

Auch kann man an Stelle des Phenols mit gleich gutem Erfolg Benzoësäure und Salicylsäure verwenden. Nur ergaben Bi- und Trinitroverbindungen, sowie Pyridinnitrat bei Anwendung von Salicylsäure stets 0,5—0,8 $^0/_0$ zu niedrige Resultate, und liessen sich Oxyde des Stickstoffs in der Luft des Kolbens durch die Diphenylaminprobe nachweisen.

O. Förster[1] hält die Anwesenheit von Chloriden bei der Bestimmung für schädlich, A. Süllwald[2] ist der gegentheiligen Ansicht.

4. Bestimmung des Harnstickstoffs u. s. w.

Nach C. Arnold[3] verfährt man hierbei folgendermassen:

5 ccm des Harns werden mit 10 ccm rauchender Schwefelsäure in

[1] O. Förster, Chem. Ztg. **15**, 76, 1893; Zeitschr. analyt. Ch. **28**, 422, 1889.
[2] A. Süllwald, Chem. Ztg. **14**, 1673, 1890; **15**, 149, 1891.
[3] C. Arnold, Zeitschr. analyt. Ch. **25**, 454, 1886.

einem 100 ccm fassenden Kolben so lange im gelinden Kochen erhalten, bis die Flüssigkeit weingelb geworden ist. Hierauf wird erkalten gelassen, mit nicht zu viel Wasser verdünnt, in einen passenden Destillationskolben gespült, mit 50 ccm Natronlauge von 33 % versetzt und destillirt.

Von Koth werden 4—5 g der frischen oder 1—2 g der trockenen Masse mit 5 ccm rauchender Schwefelsäure übergossen und gelinde erwärmt, bis das heftige Schäumen vorüber ist, hierauf mit weiteren 5 ccm Schwefelsäure versetzt und bis zum Eintreten der weingelben Farbe im Kochen erhalten.

Um diese weingelbe Färbung zu erreichen, bedarf es für gewöhnlich beim Harn mehr als einstündigen, beim Koth mehrstündigen Kochens. Durch Zusatz von Phosphorsäureanhydrid oder Metallsalzen kann, wie Wilfarth gefunden hat und Arnold bestätigt, die Dauer des Kochens wesentlich abgekürzt werden. Als am raschesten wirkend erwies sich ein Zusatz von etwa 0,5 g metallischen Quecksilbers, bei dessen Anwesenheit es gelang, die Zersetzung von Harn in 25, jene von Koth in 35—55 Minuten zu beendigen.

Die Verwendung des Quecksilbers setzt voraus, dass der zum Alkalisch-machen benützten Kalilauge die nöthige Menge Kaliumsulfid zugesetzt wird. Das Stossen der Flüssigkeit beim Abdestilliren des Ammoniaks ist zu vermeiden durch Hinzufügen von 4—6 erbsengrossen Zinkstückchen. Sollte die verwendete Lauge Nitrate oder Nitrite enthalten, so ist sie vorher durch einstündiges Kochen mit etwas Zink in einem eisernen Kessel unter Wiederersetzung des verdampfenden Wassers stickstofffrei zu machen.

5. Bestimmung des Kreatinins im Harn.

R. Kolisch[1] fällt 200 ccm Harn mit so viel Kalkmilch und Chlor-calcium, dass das Gesammtvolum 220 ccm beträgt, filtrirt, säuert 200 ccm des Filtrates mit Essigsäure an und lässt zum Syrup eindunsten. Den Rückstand extrahirt er noch heiss 4—5 mal mit Alkohol, bringt diesen in ein Kölbchen, das die Marken 100 und 110 ccm trägt, füllt bis zur zweiten Marke auf und filtrirt. Zu 100 ccm des Filtrats setzt er nun eine Lösung von 30 g Sublimat, 1,0 g essigsaurem Natron und 3 Tropfen Eisessig in 125 ccm absolutem Alkohol so lange zu, als noch Fällung eintritt. Der sich rasch absetzende Niederschlag wird abfiltrirt und mit absolutem Alkohol, dem etwas Natriumacetat und Essigsäure zugesetzt sind, so lange gewaschen, bis das Filtrat beim Neutralisiren keine Trübung von Harnstoffquecksilber mehr zeigt. Durch Bestimmung des Stickstoffs nach Kjeldahl wird der Stickstoffgehalt des Niederschlages ermittelt und zur Berechnung des Kreatiningehalts benützt.

---

[1] R. Kolisch, Centrbl. f. inn. Med. 1895, Nr. 11; Zeitschr. analyt. Ch. **34**, 485, 1895.

6. Bestimmung des Kaseïns in Fäces.

Nach H. Poole[1]) verfährt man in der Weise, dass man die Fäces nach einander mit Aether, Wasser und Alkohol extrahirt und den Rückstand trocknet. Dieser wird über Nacht mit einem Gemisch von 30 Theilen HCl und 70 Theilen Wasser bei 50° digerirt, wobei das Kaseïn gelöst wird, indem es in Acidalbumin übergeht. Nach dem Abkühlen wird filtrirt, das Filtrat verdampft und im Rückstand der Stickstoff nach Kjeldahl bestimmt und daraus Kaseïn berechnet.

Kaseïn besitzt folgende Zusammensetzung nach den Angaben in König's Werk.

$$
\begin{aligned}
C &\quad 53,4 \\
H &\quad 7,0 \\
N &\quad 15,7 \\
S &\quad 1,6 \\
O &\quad 22,3
\end{aligned}
$$

Die Berechnung geschieht also einfach nach der Gleichung:
$$15,7 : 100 = a : x,$$
wobei a die gefundene Stickstoffmenge und x die gesuchte Kaseïnmenge bedeutet.

7. Berechnung des Proteïngehaltes aus dem Stickstoffgehalt.

Die Berechnung des Gehaltes an Kaseïn aus dem gefundenen Stickstoff ist soeben besprochen worden.

Für Eiereiweiss und Blutalbumin kommen folgende procentische Zusammensetzungen in Betracht.

	Eieralbumin.		Fleischalbumin (extrah.).	
	Nach König.	Nach Hofmeister.	Aus Hechtfleisch.	Aus Hühnerfleisch.
C	53,4	53,3	52,57	53,18
H	7,0	7,3	7,29	7,03
N	15,7	15,0	16,57	15,75
S	1,6	1,2	1,59	1,56
O	23,4	23,3	21,98	22,29
Asche			0,20	0,19
			100,00	100,00

	Kaseïn.		Serumalbumin.	Pflanzenalbumin.	
	Aus Kuhmilch.	Aus Ziegenmilch.	Kryst.	Aus Weizen.	Aus Lupinen.
C	53,50	53,60	53,1	53,1	52,6
H	7,05	7,11	7,1	7,2	7,5
N	15,27	15,78	15,9	17,6	17,2
S	0,8—1,1	0,8—1,1	1,9	1,6	0,8
O	—	—	22,0	—	—
Asche	—	—-	0,2—0,7	—	—

1) H. Poole, Journ. Amer. Chem. Soc. 19, 877, 1898.

Für die Berechnung der Proteïnstoffe in den Pflanzen-
samen muss nach H. Ritthausen[1]) als Faktor bei Getreide und Hül-
senfruchtsamen 5,7, für Oelsamen und Lupinen 5,5 genommen werden,
da die Proteïnkörper der Getreidearten und der bei uns gebauten Hülsen-
früchte im Durchschnitt etwa 17,6 %, die der Oelsamen im Mittel etwa
18,2 % Stickstoff besitzen. Eine Ausnahme machen nur Gerste, Mais,
Buchweizen, Sojabohnen und weisse Bohnen (Phaseolus), für welche als
mittlerer Gehalt der darin vorkommenden Proteïnstoffe 16,66 % oder der
Faktor 6,0 anzunehmen ist. Das Gleiche gilt für Raps, Rübsen und
Candlenuts[2]). Gleichzeitig erinnert Ritthausen an die Nothwendigkeit,
bei der Futteranalyse sich nicht mit der Gesammt-Stickstoffbestimmung
zu begnügen, vielmehr Proteïnstickstoff und Nichtproteïnstickstoff von
einander zu trennen.

8. Bestimmung der Albumosen und Peptone.

A. Bömer[3]) hatte vorgeschlagen, als Fällungsmittel an Stelle des
bisher üblichen Ammonsulfates Zinksulfat zu verwenden. Hierdurch
ist es ermöglicht, im Gegensatz zu den Ammonsulfatfällungen direkt
den Stickstoffgehalt im Niederschlag zu ermitteln. Gemeinschaftlich mit
K. Baumann[4]) ausgeführte Untersuchungen· haben zunächst ergeben,
dass der bereits in der ersten Mittheilung vorgeschlagene Säurezusatz von
1 ccm verdünnter Schwefelsäure (1 + 4) auf 50 ccm der mit Zinksulfat
zu sättigenden Lösung das vortheilhafteste Verhältniss ergiebt. Bei der
Prüfung der Frage, ob auch andere Stickstoffverbindungen mit ausgesalzen
werden, zeigte es sich, dass es völlig ausgeschlossen ist, dass Ammoniak-
stickstoff bei der Analyse der Fleischpräparate in den Zinksulfat-
niederschlag übergeht. Auch Asparagin wird nicht ausgefällt. Tyrosin
wird durch Zinksulfat bei Gegenwart von nur 0,1 g in 50 ccm Lösung
nicht ausgesalzen, ebensowenig Kreatin. Leucin wird zwar in geringen
Mengen ausgefällt, dieselben sind jedoch so klein, dass sie bei der Analyse
der Fleischpräparate vernachlässigt werden können. Im Gegensatz
hierzu werden Leucin und Tyrosin durch Ammonsulfat in erheblichen
Mengen ausgefällt, wie schon R. Neumeister[5]) angab.

Im Filtrate von der Zinksulfatfällung, das grosse Mengen
Zinksulfat enthält, sollen nun Fleischbasen und Peptone durch Phosphor-

---

[1]) H. Ritthausen, Landw. Versuchsstat. **43**, 391; Zeitschr. analyt. Ch. **38**
190, 1899.

[2]) Vgl. hierzu A. Stutzer, Zeitschr. analyt. Ch. **21**, 600, 1882 sowie Böck-
mann's Chem. techn. Untersuchungsmethoden 3. Aufl., **2**, 570, 1893.

[3]) A. Bömer, Zeitschr. analyt. Ch. **34**, 562, 1895.

[4]) A. Bömer und K. Baumann, Zeitschr. f. Unters. d. Nahrungs- u. Genussm.
1, 106; Zeitschr. analyt. Ch. **38**, 727, 1899.

[5]) R. Neumeister, Zeitschr. f. Biologie, (NF.), **8**, 347, 1890.

wolframsäure ausgefällt werden. Für Kreatin und Kreatinin ergaben sich hierbei keine Unterschiede; beide werden vollständig gefällt (siehe folgende Bestimmung), ob Zinksulfat zugegen ist oder nicht. Von Asparagin wird bei Gegenwart grösserer Zinksulfatmengen wesentlich mehr gefällt, als wenn die Lösung kein Zinksulfat enthält. Tyrosin wird bei Anwesenheit von Zinksulfat ebensowenig durch Phosphorwolframsäure niedergeschlagen wie bei Abwesenheit desselben. Leucin wird bei Abwesenheit von Zinksulfat nicht gefällt; bei Gegenwart desselben wurden aus 0,1 g Leucin 0,00050 g Stickstoff $= 5,11\,^0/_0$ des angewendeten Leucinstickstoffs gefällt. Da aber Leucin in den Fleischpräparaten nur in geringer Menge vorkommt, bezw. in den Fleischextrakten überhaupt fehlt, so kommt diese Mehrfällung gewöhnlich nicht in Betracht.

Peptone werden weder bei Abwesenheit noch bei Gegenwart von Zinksulfat vollständig gefällt, doch scheint die Fällung im letzteren Falle eine etwas vollständigere zu sein.

Der Gang der Analyse von Fleischpräparaten stellt sich hiernach folgendermassen dar. Die von unlöslichem und gerinnbarem Eiweiss befreite Lösung, die in 50 ccm etwa 1 g Trockensubstanz enthält, wird in der Kälte mit fein gepulvertem Zinksulfat gesättigt. Nachdem sich die ausgeschiedenen Albumosen — an der Oberfläche der Flüssigkeit — angesammelt haben und am Boden des Glases noch eine geringe Menge ungelösten Zinksulfats vorhanden ist, werden die Albumosen durch ein schwedisches Filter abfiltrirt, mit kalt gesättigter Zinksulfatlösung hinreichend nachgewaschen und darauf das Filter mit Inhalt zur Bestimmung des Stickstoffs nach Kjeldahl verwandt. Eine Biuretreaktion ist im Filtrat nicht mehr nachweisbar, also sind sämmtliche Albumosen ausgefällt.

Im Filtrat von dem erhaltenen Niederschlag werden Peptone so weit möglich, Fleischbasen und Ammoniak durch Phosphorwolframsäure gefällt. Bei geringem Gehalt der Lösung genügen 50 ccm der Lösung von phosphorwolframsaurem Natron, dargestellt durch Auflösen von 120 g phosphorsaurem Natron und 200 g wolframsaurem Natron in Wasser und Auffüllen der Lösung auf 1 l. Die allgemein anempfohlene Ansäuerung mit Schwefelsäure ist beim Aufbewahren nicht rathsam, weil sich bald Wolframsäure bezw. Phosphorwolframsäure in grösseren Mengen ausscheidet.

Bei grösserem Gehalt an Peptonen und Fleischbasen sind 100 ccm der Lösung erforderlich. Die Fällung erfolgt am besten derart, dass die Lösung des phosphorwolframsauren Natrons zunächst mit dem halben Vol. verdünnter Schwefelsäure $(1 + 1)$ versetzt, und die Fällung mit diesem Reagens bei 60—65^0 vorgenommen wird. Den Niederschlag lässt man anfangs einige Zeit bei dieser Temperatur und dann 24 Stunden in der Kälte vor Ammoniakdämpfen geschützt stehen. Dann filtrirt man durch ein Papierfilter oder Asbestfilter mit der Saugpumpe ab und wäscht mit verdünnter Schwefelsäure (1 + 2) aus. Das Ammoniak wird in einer zweiten Phosphorwolframsäurefällung durch Destillation mit Magnesia bestimmt.

Auf diese Weise wurde im Vergleich zu den mit Ammonsulfat gefällten Mengen folgender Gehalt an Albumosenstickstoff gefunden.

	Albumosenstickstoff bestimmt durch Fällung mit:	
	Ammoniumsulfat	Zinksulfat
	(Albumosen = 6,25 × Stickstoff)	
Liebig's Fleischextrakt	1,17 %	1,19 %
Kemmerich's „	1,55 %	1,52 %
„ Fleischpepton	5,51 %	5,44 %
Cibil's Fleischextrakt	0,96 %	0,92 %.

Bei den untersuchten vier Fleischpräparaten war in den Filtraten der Zinksulfatfällung nach 24 stündigem Stehen gefällt durch Phosphorwolframsäure:

in Liebig's Fleischextrakt	5,31 % Stickstoff
„ Kemmerich's „	4,05 % „
„ „ Fleischpepton	3,16 % „
„ Cibil's Fleischextrakt	1,11 % „ .

A. Rümpler[1]) verfährt zur Bestimmung genuiner Eiweisskörper, Albumosen und Peptone in den Saturationssäften und Dicksäften der Rübenzuckerfabrikation, sowie bei der Analyse von Cibil's Fleischextrakt und Kemmerich's Fleischpepton folgendermassen. Von dem zu untersuchenden Saft werden dreimal je 50 ccm in Erlenmeyer Kolben mit einigen ccm Essigsäure angesäuert, mit je 300 ccm absolutem Alkohol und 100 ccm Aether vermischt, und einige Zeit, nicht unter 24 Stunden, unter zeitweiligem Umschütteln stehen gelassen. Alle Eiweisskörper werden hierbei unlöslich niedergeschlagen. Der Alkohol-Aether wird dann abgegossen oder abfiltrirt und jede der drei Proben für sich weiter behandelt.

Der eine Niederschlag wird mit Wasser aufgenommen, der unlösliche Rückstand abfiltrirt und sorgfältig ausgewaschen. Es bleibt nur genuines Eiweiss zurück, welches durch die Alkohol-Aetherbehandlung unlöslich geworden ist. Dessen Stickstoffgehalt wird bestimmt. Das Verfahren liefert höhere Resultate als die übliche Coagulationsmethode.

Der zweite Niederschlag wird mit gesättigter Zinksulfatlösung aufgenommen, der Rückstand abfiltrirt, mit gesättigter Zinksulfatlösung ausgewaschen und dann zur Stickstoffbestimmung benützt. Er entspricht dem genuinen Eiweiss + Albumose.

---

1) A. Rümpler, Deutsche Zuckerind. 1898, Nr. 1, 8, 47 und 48; Zeitschr. analyt. Ch. 38, 729, 1899.

Der dritte Niederschlag wird zur Entfernung von Nichteiweiss-
substanzen mit 80 grädigem Alkohol ausgezogen, auf ein Filter gebracht
und mit Weingeist ausgewaschen. Der Rückstand entspricht dem genuinen Eiweiss + Albumose + Pepton.

Beim Aussalzen von Cibil's Fleischextrakt mit Zinksulfat erhielt
Rümpler andere Resultate als mit Ammonsulfat.

Eingehende Untersuchungen über die Proteïnfällungen finden sich bei
H. Schjerning[1]). E. Riegler[2]) empfiehlt Fällung mit Asaprol =
α Naphtolmonosulfosaures Calcium, dasselbe fällt bei Zusatz
von 10 Tropfen zu 4—5 ccm Harn, Eiweiss, Albumosen und Peptone
bis zu einer Verdünnung von 0,01 %.

9. Trennung des Proteïnstickstoffs vom Amidstickstoff.

Diese Bestimmung von Proteïnstickstoff und Amidstickstoff gesondert
kommt hauptsächlich für das Fleischextrakt in Betracht, in dem alle
die Bestandtheile des Muskelfleisches enthalten sind, welche in kaltem
Wasser löslich sind, nämlich 1. die Stickstoffverbindungen (Kreatin, Kreatinin, Sarkin, Xanthin, Karnin, Inosinsäure, Harnsäure und Harnstoff,
2. die stickstofffreien Stoffe (Milchsäure, Buttersäure, Inosit, Glykogen)
und 3. der grösste Theil der Salze (Chloride und Phosphate der
Alkalien)[3]).

Die Fleischextrakte des Handels werden alsdann aus dem wässerigen
Extrakt in der Weise dargestellt, dass man sie behufs Abscheidung des
Eiweisses kocht, oder dass man Fleisch mit Wasser auf 25—80°C. erwärmt,
abpresst und die filtrirte Lösung zur gewünschten Konsistenz eindampft.

A. Stutzer[4]) hatte zu seinen Untersuchungen die Fällbarkeit der
Eiweisskörper durch Phosphorwolframsäure benützt, wobei die Amide nicht
gefällt werden sollten. E. Mallet[5]) weist jedoch nach, dass Peptone
nur unvollständig gefällt werden, während Kreatin, Kreatinin u. s. w.
vollständig gefällt werden. Einige Amide geben Niederschläge, die in
kaltem Wasser nahezu unlöslich sind, deren Löslichkeit aber mit steigender
Temperatur zunimmt. Die untersuchten Stickstoffsubstanzen können in
drei Klassen getheilt werden:

1. Solche, die selbst in ziemlich konc. Lösungen keinen Niederschlag
mit Phosphorwolframsäure geben (Glykokoll, Alanin, Leucin, Asparagin,
Asparaginsäure, Tyrosin und Allantoin).

1) H. Schjerning, Zeitschr. analyt. Ch. **37**, 73, 1898; vgl. I. Thl. S. 224—233.
2) E. Riegler, Wien. klin. Wochenschr. 1894, Nr. 52.
3) Vgl. J. König und A. Bömer, Zeitschr. analyt. Ch. **34**, 548, 1895.
4) A. Stutzer, Zeitschr. analyt. Ch. **31**, 514, 1892.
5) E. Mallet, Zeitschr. analyt. Ch. **38**, 730, 1899; vgl. auch J. König und
A. Bömer, l. c. 554; vgl. weiter Thl. I, Fällungen der Eiweisskörper.

2. Solche, die aus konc. Lösungen niedergeschlagen werden, deren Niederschläge sich aber beim Erwärmen mehr oder weniger leicht in der Mutterlauge oder in heissem Wasser lösen und beim Erkalten wieder erscheinen. Hierher gehören Glutamin, Kreatin, Kreatinin, Hypoxanthin, Karnin und Harnstoff. Der Niederschlag von Pepton ballt sich beim Erhitzen zusammen und löst sich in beträchtlichem Maasse; beim Erkalten fällt auch er wieder aus.

3. Solche, die gefällt werden und deren Niederschläge auch beim Erwärmen nicht merklich löslich sind. (Eieralbumin, Fibrin, Kaseïn, Legumin, Globulin, Vitellin, Myosin, Syntonin, Haemoglobin, Albumose, Gelatine und Chondrin).

Für die Löslichkeit der phosphorwolframsauren Niederschläge von Amiden in heissem Wasser wurden folgende Werthe gefunden:

Betaïn	1 : 71	bei	$98,2^0$
Kreatin	1 : 107	„	$98,1^0$
Kreatinin	1 : 222	„	$97,9^0$
Hypoxanthin	1 : 98	„	$97,6^0$
Karnin	1 : 132	„	$98,4^0$

Es scheint dem Verfasser hiernach möglich, die Amidokörper von allen Eiweisskörpern mit Ausnahme der Peptone zu trennen, indem man mit Phosphorwolframsäure fällt und den Niederschlag mit heissem Wasser auswäscht. Die Peptone bestimmte er durch Fällung mit Tanninlösung. Die angewandten Reagentien waren 5 und $10^0/_0$ Lösungen von Phosphorwolframsäure in $2,5^0/_0$ Salzsäure und 5 und $10^0/_0$ wässerige Tanninlösungen.

Zur Berechnung der einzelnen Gruppen stickstoffhaltiger Bestandtheile aus dem ermittelten Stickstoffgehalt schlägt Mallet die Benützung folgender Faktoren vor:

a) Für Eiweisskörper   6,25
b) Für Fleischbasen und einfache Amide animalischen Ursprungs   3,05
c) Für einfachere Amide und Amidosäuren vegetabilischen Ursprungs   5,15
d) Für die Bestandtheile des unverdaulichen Restes bei Verdauungsversuchen   9,45.

10. Bestimmung der Eiweissstoffe in der Milch.

Von den in der Milch vorkommenden drei Eiweisssorten, nämlich 1. dem Kaseïn, 2. dem dem Serumalbumin entsprechenden Laktalbumin und 3. dem von Sebelien konstatirten Globulin sollen nach A. Schlossmann[1] nur die beiden letzteren für die Säuglingsernährung von Be-

---

[1] A. Schlossmann, Zeitschr. physiol. Ch. **22**, 197, 1896.

deutung sein. Aus diesen und aus anderen Gründen ist eine Bestimmung dieser drei Eiweisssorten erwünscht. Das von F. Hoppe-Seyler herrührende und von E. Pfeiffer modificirte Verfahren, nach welchem die Hauptmenge des Kaseïns durch tropfenweisen Zusatz von Essigsäure und darauf folgendes Einleiten von Kohlendioxyd ausgefällt wird, worauf man im Filtrate von diesem Niederschlage das Albumin durch Koagulation bei Siedehitze abscheidet und aus dem Filtrate hiervon durch Einengen zum dünnen Syrup die letzten Kaseïnreste gewinnt, besitzt hauptsächlich zwei Mängel. Einmal löst sich ein Theil des ausgefällten Kaseïns im Säureüberschuss als Acidalbumin wieder auf, anderseits ist es unmöglich, das Albumin völlig durch Sieden abzuscheiden. Es wird also immer ein Theil des Albumins zum Schluss mit dem wieder gelösten Kaseïn zusammen bestimmt.

Tolmatscheff fällte das Kaseïn mit Magnesiumsulfat aus. Nach Schlossmann ist das Verfahren nur anwendbar bei Kuh- und Eselsmilch, nicht aber bei Ziegen- und Frauenmilch, bei welchen der entstehende Niederschlag sich niemals klar abfiltriren lässt. Die Methode von J. Lehmann, bei der das Kaseïn mit Hilfe von Thonseparatoren aus der Milch direkt abfiltrirt wird, ist für die Untersuchungen der Praxis zu subtil und zu zeitraubend.

Schlossmann schlägt folgendes Verfahren vor, das anscheinend brauchbare Resultate liefert: 10 ccm Milch werden mit 30—50 ccm Wasser verdünnt, vorsichtig über kleiner Flamme oder im Wasserbade auf 40 ^{0} erhitzt, mit 1 ccm einer konc. Lösung von Kalialaun versetzt und unter Umrühren abgewartet, ob eine mittelflockige Coagulation und ein rasches Absetzen des Coagulums erfolgt; ist letzteres noch nicht der Fall, so setzt man so lange weitere 0,5 ccm Alaunlösung zu, bis dies der Fall ist. Vor jedem erneuten Alaunzusatz muss $^1/_2$ Minute gewartet werden, um das Absetzen zu ermöglichen. Die Temperatur ist während der ganzen Dauer der Operation auf 40 ^{0} zu halten. Ein kleiner Ueberschuss (1 ccm) Alaunlösung schadet nichts.

Nach Vollendung der Abscheidung, die bei Kuh-, Ziegen-, Schweine- und Eselsmilch gross bis mittelflockig, bei Frauenmilch kleinflockig ist, lässt man einige Minuten stehen, wobei man bei der Frauenmilch die Abscheidung durch Zusatz von etwas Kochsalz während des Erwärmens erleichtert und bei der Filtration durch Hinzufügen von etwas Calciumphosphat das Zurückhalten der feinen Kaseïnflocken auf dem Filter erleichtert. Die Filtration geht rasch von statten. Nachdem das Filtrat wasserklar geworden ist, was leicht durch Zurückgiessen von trüber Flüssigkeit auf das Filter erreicht werden kann, wird der Niederschlag noch einige Male mit Wasser nachgewaschen, im Soxhlet'schen Apparate entfettet, wobei man zugleich den Fettgehalt bestimmen kann, weil das Fett quantitativ mit dem Kaseïn niedergerissen wird, und in dem Kaseïn der Stickstoff nach Kjeldahl bestimmt; durch Multiplikation des Stickstoffgehaltes mit 6,37 erfährt man den Kaseïngehalt der Milch.

Im Filtrat des Kaseïnniederschlages werden Albumin und Globulin zusammen durch Zusatz von 10 ccm alkoholischer Tanninlösung gefällt. Der entstehende voluminöse Niederschlag wird abfiltrirt und nach dem Auswaschen der Stickstoff bestimmt.

Will man Globulin und Albumin gesondert bestimmen, so scheidet man ersteres zunächst durch Aussalzen mit Magnesiumsulfat aus und bestimmt im Filtrat das Laktalbumin mit Hilfe einer Stickstoffbestimmung. Man versäume niemals, die Resultate der Einzelbestimmungen durch eine Bestimmung des Gesammtstickstoffs in ·10 ccm Milch zu ermitteln.

11. Bestimmung des Leims im Fleisch.

Nach E. Schepilewsky[1]) verfährt man in der Weise, dass man das zerhackte Fleisch mit immer frisch zu ersetzendem Wasser so lange in einem Mörser verreibt, bis der grösste Theil des Muskelgewebes ausgewaschen ist. Die Hauptmasse des bindegewebigen Gerüstes des Muskels bleibt als dichter weisser Filz übrig. Auf diese Weise kann man aus dem Muskel fast das ganze in ihm enthaltene Bindegewebe gewinnen und den grössten Theil der Muskelelemente auswaschen.

Das Gerüst wird mit 5 %iger Natronlauge behandelt; dieselbe löst die Eiweissstoffe, verseift die Fette und löst den grössten Theil des Mucins. Nach 15—16 Stunden wird durch eine gekochte Porcellanplatte filtrirt, die abfiltrirte Masse mit destillirtem Wasser gewaschen und mit $^1/_2$ % Natronlauge zum Sieden erhitzt.

Das Kollagen, das übrig gebliebene Mucin und die verseiften Fette lösen sich, während die elastischen Fasern zurückbleiben. Die Menge des Leims wird im Filtrat nach Kjeldahl bestimmt.

In drei Sorten Rindfleisch wurden hiernach im Musc. Glutaeus 0,48 % in den Wadenmuskeln 0,61 und im Filet 0,19 % Leim gefunden.

---

[1]) E. Schepilewsky, Arch. Hgg. **34**, 348, 1899; Chem. Centrbl. 1899, I, 1002.

III.

Methode der Halogenbestimmung.

Bei organischen Substanzen können sämmtliche vier Halogene in Frage kommen. Jod-, Brom- und Chlorderivate kann man in gleicher Weise behandeln, Fluorderivate müssen auf andere Weise verarbeitet werden. Demgemäss ergiebt sich die Eintheilung.

1. Bestimmung von Chlor-, Brom- und Jodverbindungen.
   a) Verfahren nach Carius.
   b) Schmelzen im Tiegel.
   c) Zerlegung mit alkoholischer Kalilauge.
   d) Zerlegung mit alkoholischer Silbernitratlösung.
2. Bestimmung von Fluorverbindungen.
   a) Verfahren von Vaubel.
   b) Verfahren von Hempel und Scheffler.
   c) Analyse von Zähnen.
   d) Bestimmung von Fluor in Vegetabilien.

1. Bestimmung von Chlor-. Brom- und Jodverbindungen.

Die Aufschliessung der organischen Chlor-, Brom- und Jodverbindungen kann hauptsächlich auf zweierlei Weise erfolgen, nämlich mit Salpetersäure im Einschmelzrohr oder mit Aetzkali und Salpeter im Nickeltiegel.

a) Nach Carius.

Nach dem Verfahren von Carius wird die betreffende organische Substanz (ca. 0,2—0,3 g) in einer Einschmelzröhre mit ca. 1—3 ccm rauchender Salpetersäure sowie ca. 2 g Silbernitrat erhitzt, die Röhre nach dem Erkalten vorsichtig geöffnet und das gebildete Halogensilber auf ein bei 110° getrocknetes und gewogenes Filter gebracht; nachdem sämmtliche nitrosen Gase vorher durch Erhitzen entfernt worden waren, wird das Filter gut ausgewaschen und wiederum getrocknet und gewogen. Oder man bringt das Halogensilber in einen Porzellantiegel, glüht und wandelt das durch das Verbrennen des Papiers zu Silber reducirte Halogensilber durch eine geringe Menge Salpetersäure wieder in das Nitrat und darauf mit Salzsäure, Bromwasser oder alkoholischer Jodlösung wiederum in das betreffende Halogensilber um. Alsdann erhitzt man gerade bis zum Schmelzen und wägt.

Häufiger hat man bei dem Verfahren nach Carius zu hohe Resultate, weil geringe Mengen von Glas mit in den Silberniederschlag gelangen. Merkbare Splitter entfernt man selbstverständlich vorher.

Aus diesem Grunde ist es angebracht, auch das zugegebene Silbernitrat zu wiegen und den Rest nach Volhard zu titriren, welches Verfahren unter der Methode der Bestimmung mit Silbernitrat näher beschrieben ist.

b) Schmelzen im Tiegel.

Bei nicht flüchtigen und sich leicht in Alkali lösenden oder zertheilenden Substanzen kann man die Zerstörung derselben in einem Nickeltiegel vornehmen durch Verwendung von halogenfreiem Aetznatron oder Aetzkali und ebensolchem Salpeter.

Man löst die abgewogene Menge der Substanz, die hier 2—3 g betragen kann, in Aetzkalilauge im Nickeltiegel, verdampft unter Zugabe von ca. 10 g Aetzalkali und oxydirt nach Eintritt des Schmelzens vorsichtig mit Salpeter, den man in kleinen Portionen zugiebt. Dabei hat man sich vor dem Verspritzen der Substanz zu hüten.

Nach der vollständigen Zerstörung der Substanz lässt man erkalten, löst die ganze Masse in Wasser unter Ansäuerung mit Essigsäure, darauf Versetzen mit Salpetersäure, Entfernen der salpetrigen Säure durch Kochen oder mit Harnstoff und titrirt nach Volhard[1]).

Die Methode liefert bei den oben erwähnten Substanzen meist sehr gute Resultate, jedoch ist eine Kontrolle nach der Methode von Carius immerhin wünschenswerth, sofern man sich nicht von der Verwendbarkeit dieses Verfahrens für die betreffende Substanz bereits überzeugt hat.

c) Zerlegung mit alkoholischer Kalilauge.

Einige Substanzen, so namentlich die Halogenverbindungen der Fettkohlenwasserstoffe geben ihr Halogen bereits mit alkoholischer Kalilauge ab und können dieselben dementsprechend behandelt werden. Die Bestimmung kann dann ebenfalls nach Volhard erfolgen.

---

[1]) Vgl. F. Blum und W. Vaubel, Journ. pr. Ch. **57**, 383, 1898.

d) Zerlegung mit alkoholischer Silbernitratlösung.

Dieses Verfahren ist in dem Kapitel über die Methode der Bestimmung mit Silbernitrat näher beschrieben.

2. Bestimmung von Fluorverbindungen.

Fluor unterscheidet sich dadurch von den übrigen Halogenen, dass sein Silbersalz löslich ist, deshalb kann dieses nicht zur quantitativen Bestimmung herangezogen werden. Dagegen aber sind die Fluorsalze der alkalischen Erdmetalle unlöslich bezw. sehr schwer löslich und können deshalb diese eine Verwendung zur Analyse finden.

a) Verfahren von Vaubel[1]).

Man zerlegt die Substanz wie vorher mit Aetzalkali und Salpeter im Nickeltiegel, löst, filtrirt, falls dies nöthig ist, säuert mit Essigsäure an und fällt mit Baryumchlorid. Der erhaltene Niederschlag, der bei schwefelhaltigen Substanzen aus Baryumsulfat und Baryumfluorid bestehen kann, wird filtrirt, geglüht und gewogen. Alsdann wird nochmals etwas koncentrirte Schwefelsäure zugegeben und alles in Baryumsulfat umgewandelt. Aus der Differenz der Gewichte vor und nach Zusatz der Schwefelsäure berechnet man den Gehalt an Fluor.

Am besten überzeugt man sich auch durch eine qualitative Probe, dass wirklich Fluor zuerst im Niederschlage vorhanden ist, dadurch, dass man nach Zusatz der Schwefelsäure eine Glasplatte auf den zur Bestimmung benützten Platintiegel legt, sehr langsam anwärmt und auf den Eintritt von Aetzung an der Glasplatte wartet. Bei sehr vorsichtigem Erwärmen wird dies beim Vorhandensein von Fluor immer gelingen.

Auf die vorbeschriebene Weise wurden noch ca. 0,1 % Fluor in den Fluoreiweisspräparaten nachgewiesen. Natürlich verwendet man bei solchen kleinen Mengen an Fluor entsprechend grössere Quantitäten der Fluorverbindung zur Zerlegung.

b) Methode von Hempel und Scheffler.

W. Hempel und W. Scheffler[2]) haben eine Methode zur Fluorbestimmung angegeben, die wohl auch in manchen Fällen für organische Verbindungen Verwendung finden kann. Bei dieser Methode handelt es sich um Bestimmung von Fluor neben Kohlendioxyd. Eine Kombination der Methode von Fresenius und Tammann liefert zu niedrige Resultate. Sie gelingt jedoch auf rein volumetrischem Wege unter Benützung

---

[1]) Vgl. F. Blum und W. Vaubel, Journ. pr. Ch. **57**, 383, 1898; J. van Loon und V. Meyer, Ber. **29**, 841, 1896.

[2]) W. Hempel und W. Scheffler, Zeitschr. anorg. Ch. **20**, 1, 1899.

des von W. Hempel[1]) zur Kohlenstoffbestimmung im Roheisen vorgeschlagenen Apparates. (Fig. 10.)

Hierbei ist die Gasbürette A mit dem Korrektionsrohr B und mit dem
Manometer F so verbunden, dass alle Ablesungen auf 0^0 und 760 mm
reducirt sind. Bürette und Korrektionsrohr stecken in dem weiten, mit
Wasser gefüllten Glasmantel C. Die Verbindung erfolgt mittels des Drei-
wegehahnes D, des Schlauches a und der Kapillare k. Man befeuchtet
die Wände von A und B, letztere vermittels des Ansatzrohres g, und

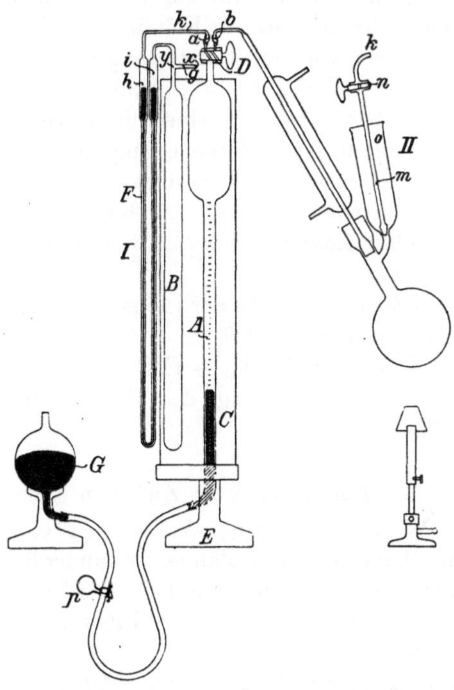

Fig. 10.

füllt durch Heben des Quecksilbergefässes G die 150 ccm fassende Bürette A und das Manometer bis zu den Marken a und b.

Zur Ausführung der Bestimmung bringt man in den sorgfältig getrockneten Zersetzungskolben mittels eines langen Wägeröhrchens die
zu untersuchende Substanz und eine etwa 15 fache Menge des zu
erwartenden Fluors von vorher ausgeglühtem Quarzsand, mischt beide
durch Umschwenken und verbindet dann den Zersetzungskolben mit der
mit Quecksilber gefüllten und vor dem Versuche zur Verhütung einer
Zersetzung des Siliciumtetrafluorids durch Wasser mit 0,25 ccm ganz kon-

---

1) W. Hempel, Zeitschr. angew. Ch. 1894, 22.

-centrirter Schwefelsäure benetzten Gasbürette. Man füllt jetzt beide Glocken, die mit m bezeichnete und die die Verbindung des Kolbens mit dem Liebig'schen Kühler bildende, mit koncentrirter Schwefelsäure, die durch Eindampfen höchst konc. Schwefelsäure auf $^1/_3$ ihres Volums unter Zusatz von etwa 5 g Schwefelblumen hergestellt ist. Alsdann evakuirt man bei geschlossenem Hahn D mittels einer bei k angeschlossenen Wassersaugpumpe und lässt nunmehr durch Heben des Ventilrohrs etwas Schwefelsäure in den Kolben einfliessen. Die Mischung wird bis zum Sieden der Schwefelsäure erhitzt; nach dem Erkalten der Mischung wird das entwickelte Gas durch Schwefelsäure vollständig in die Bürette gedrängt und der Zersetzungskolben von der Bürette abgelöst.

Man liest das Volum des Gases ab, bringt es aus der Bürette zur Absorption des Siliciumtetrafluorids in eine mit 5 ccm Wasser beschickte Quecksilberpipette, schüttelt es 5 Minuten lang kräftig mit dem Wasser, führt es in die Bürette zurück und bestimmt die Volumverminderung. Von hier aus führt man das Gas in die mit Kalilauge gefüllte Gaspipette zur Absorption des Kohlendioxyds, bringt es wieder in die Bürette zurück und liest von Neuem ab.

Der Vorgang der Zersetzung geht nach folgenden Gleichungen vor sich:
$$4\,HF + SiO_2 = SiF_4 + 2\,H_2O.$$
$$3\,SiF_4 + 3\,H_2O = 3\,H_2SiF_6 + H_2SiO_3.$$

Es ist also bei der Ausführung der Bestimmung auf thunlichste Fernhaltung von Wasser zu sehen.

c) Analyse von Zähnen.

Nach der von W. Hempel und W. Scheffler (l. c.) gegebenen Methode werden die fein gepulverten Zähne, in dünner Schicht ausgebreitet im Verbrennungsrohr mit Sauerstoff verascht. Hierbei findet kein Verlust an Fluor statt. Alsdann bestimmt man den Fluorgehalt nach der vorher beschriebenen Methode.

Pferdezähne zeigen einen Gehalt von 0,2, 0,39, 0,31 % F, Menschenzähne einen solchen von 0,19 (kranke Zähne), 0,32, 0,52 % F in der Zahnasche.

d) Bestimmung von Fluor in Vegetabilien.

Nach den Angaben von A. Schuhmacher[1] verfährt man in der Weise, dass man 25 g der Vegetabilien zerkleinert, trocknet, mit 5—7 g Natriumkaliumkarbonat und Wasser in einer Nickelschale anfeuchtet und zur Trockne verdampft. Die trockene Masse wird in einer Platinschale verkohlt, mit heissem Wasser ausgelaugt, filtrirt, der Rückstand getrocknet und verascht; das Filtrat wird eingedampft. Asche und Salzmasse werden

---

[1] A. Schuhmacher, Chem. Ztg. Rep. **17**, 274, 1893.

mit weiteren 5—7 g Natriumkaliumkarbonat ausgetrocknet und bei nicht zu starker Hitze geschmolzen. Die mit Wasser ausgekochte Schmelze wird mit verdünnter Salpetersäure schwach angesäuert, unter Zusatz Schaffgot'scher Lösung, welche aus einer zu 1 l verdünnten Lösung von 235 ccm kohlensaurem Ammoniak und 180 ccm Ammoniak vom spec. Gewicht 0,92 besteht, eingedampft. Hierdurch wird Kieselsäure abgeschieden, welche zweimal filtrirt und ausgewaschen wird. Aus den vereinigten und eingedampften Flüssigkeiten wird nach Verjagen des kohlensauren Ammoniums der Rest der Kieselsäure durch Zinkoxydammoniak abgeschieden. Dann wird mit neutraler Chlorcalciumlösung ausgefällt, die Kohlensäure durch Erhitzen vertrieben, der Niederschlag wird abfiltrirt, ausgewaschen, getrocknet und geglüht, dann mit Essigsäure bis zum Verschwinden des Geruches nach letzterer eingedampft, mit heissem Wasser aufgenommen, filtrirt und gewaschen. Dieser Rückstand wird getrocknet und geglüht, in einem Platintiegel mit ziemlich konc. Schwefelsäure im Ueberschusse übergossen. Der Platintiegel ist mit einer gewogenen Glasplatte bedeckt und wird einige Stunden erhitzt. Die erkaltete und gereinigte Glasplatte wird über Schwefelsäure getrocknet und gewogen. Die durch Substanzverlust nachgewiesene Aetzung wird derart auf Fluor verrechnet, dass auf 2 Theile Glasverlust 5 Theile Fluor angenommen wurden, welches Verhältniss durch Versuche mit reinem Fluorcalcium ermittelt war.

Jedenfalls ist bei dem Erwärmen des Fluorcalciums mit Schwefelsäure Vorsicht geboten, da andernfalls viel Fluorwasserstoff wirkungslos entweicht. Auch scheint die vorher besprochene Methode des Zurückwiegens vortheilhafter zu sein.

IV.

Methode der Schwefel- und Phosphorbestimmung.

Die Aufschliessung der Schwefel- und Phosphorverbindungen kann in gleicher Weise erfolgen. Sie können deshalb auch in diesem Kapitel gemeinschaftlich besprochen werden. Beiden gemeinsam ist die Ueberführung in die entsprechenden Säuren, Schwefelsäure und Phosphorsäure. Die Eintheilung ist folgende:

1. Aufschliessen der Substanz
   a) nach Carius,
   b) im Tiegel nach Liebig.
2. Bestimmung der erhaltenen Schwefelsäure bezw. schwefelsauren Salze.
3. Bestimmung der erhaltenen Phosphorsäure bezw. phosphorsauren Salze.

1. Aufschliessen der Substanz.

Das Aufschliessen der Substanz kann erfolgen
a) nach Carius,
b) im Tiegel durch Schmelzen mit Aetznatron und Salpeter, die beide entsprechend frei von Schwefel sein müssen.

Beide Methoden sind dieselben, wie sie vorher bei der Halogenbestimmung beschrieben worden sind. Namentlich die letztere Methode findet eine ausgedehnte Anwendung in der Technik bei der Bestimmung der nach Carius schwer zerlegbaren Naphtol- und Naphtylaminsulfosäuren. So liess sich z. B., wie W. Trzciński[1] beobachtete, die aus dem Kondensationsprodukt von p-Oxybenzaldehyd und β-Naphtol erhaltene Trisulfosäure nach dem Verfahren von Carius selbst bei einer Temperatur von über 300 ⁰ nicht vollständig oxydiren.

---

[1] W. Trzciński, Ber. **16**, 2837, 1883.

2. Bestimmung der erhaltenen Schwefelsäure bezw. schwefelsauren Salze.

Dieselbe erfolgt nach der allgemein üblichen Methode durch Fällen mit Baryumchlorid, Abfiltriren, Glühen und Wägen des Baryumsulfats. Bei der Fällung erhitze man zum Sieden und erhalte einige Zeit im Sieden, um einen gut filtrirenden Niederschlag zu erhalten. Auch sorge man für ein gutes Auswaschen des Filters, sowie die Ueberführung des etwa durch das aus dem Papier entstandenen Kohlendioxyd gebildeten Karbonates in Sulfat. Das Glühen nimmt man am besten in einem Platintiegel vor. Das erhaltene Baryumsulfat muss rein weiss aussehen. Mitunter ist es schwach röthlich von mitausgefälltem Eisenoxyd.

3. Bestimmung der erhaltenen Phosphorsäure bezw. der phosphorsauren Salze.

Man fällt die Phosphorsäure wohl meist mit Ammoniak, Chlorammonium und Magnesiumchlorid als Magnesiumammoniumphosphat.

$$(NH_4)_3PO_4 + MgCl_2 = Mg(NH_4)PO_4 + 2 NH_4Cl.$$

Dasselbe geht durch Glühen in Maguesiumpyrophosphat über und wird als solches zur Wägung gebracht.

$$Mg(NH_4)PO_4 = Mg_2P_2O_7 + 2 NH_3 + H_2O.$$

Etwas weniger genaue Resultate dürfte die Titration mit Uranylnitrat liefern.

V.

Methode der Verdampfung und Veraschung.

Diese Methode dient einmal dazu, bei leicht flüchtigen Körpern einen etwa vorhandenen nicht flüchtigen Bestandtheil zu bestimmen, wie z. B. bei Benzoësäure, Salicylsäure, Anthracen u. s. w., dann aber auch zur Bestimmung der Asche bei nicht leicht flüchtigen Körpern, wobei es alsdann zu einer Verbrennung der organischen Substanz kommt. Häufig erfährt hierdurch die als Asche zurückbleibende Substanz eine Veränderung, indem z. B. Sulfate theilweise in Karbonate übergeführt werden können. Liegen organische Salze der Alkalien oder Erdalkalimetalle vor, so bleiben dieselben als Karbonate zurück, die im Falle eines stärkeren Erhitzens bei Calcium und schwieriger bei Strontium in die Oxyde übergehen.

Man hat also bei der Verwerthung der bei der Veraschung erhaltenen Zahlen entsprechend Rücksicht darauf zu nehmen, in welchem Zustande vorher die Aschebestandtheile in der organischen Substanz enthalten gewesen sein mögen.

Bei den Salzen der Schwermetalle hat man dieselben meist in der Form der Oxyde im Rückstand, während die edlen Metalle, Gold, Silber und Platin sich als solche vorfinden. Quecksilber und Osmium lassen sich leicht verflüchtigen, und ist demgemäss zu verfahren.

Auch die Bestimmung des Wassergehaltes einer Substanz an Krystallwasser oder mechanisch beigemengtem Wasser, sowie von Krystallalkohol und Krystallbenzol ist an dieser Stelle zu betrachten, ebenso auch die Bestimmung des Gehaltes einer Lösung durch Eindampfen.

Die Eintheilung ist folgende:
1. Krystallwasser, Krystallalkohol, Krystallchloroform und Krystallbenzol.
   a) Bestimmung des Wassergehaltes im Glycerin.
   b) Bestimmung des Wassergehaltes der Fette.
   c) Bestimmung des Wassergehaltes einer Steinkohle nach verschiedenen Methoden.

2. Bestimmung der Reinheit von Anthracen.
3. Aschebestimmung.
 a) Behandlung des Platintiegels.
 b) Besondere Apparatur.
 c) Veraschung von Melasse.
 d) Veraschung der Kohle.
 e) Verkokung der Kohle.
4. Bestimmung des Rückstandes in wässerigen Lösungen.
 a) Bestimmung des Extraktes im Wein.
 b) Bestimmung des Indigos.
 c) Bestimmung des Gerbstoffes.

1. Krystallwasser, Krystallalkohol, Krystallchloroform und Krystallbenzol.

Sehr häufig kommt man in die Lage, den Wassergehalt einer Substanz bestimmen zu müssen. Je nach der Art der Bindung wird auch die Höhe der Temperatur zu nehmen sein, bei der man bis zur Gewichtskonstanz trocknet. Vielfach hat man bei dem Trocknen mit der Abspaltung von Anhydridwasser zu rechnen und muss dementsprechend vorsichtig verfahren.

So darf man z. B. das Trocknen von Eiweiss nicht weiter treiben, als einem Wassergehalt von ca. 12—14 % für Eieralbumin, von ca. 10 bis 12 % für Blutalbumin und von 10—12 % für Kaseïn entspricht, soll die Löslichkeit nicht Schaden erleiden. Wahrscheinlich liegen auch hier solche Gruppirungen vor, die leicht zur Anhydridbildung führen, denn beim Trocknen bis zur Gewichtskonstanz verlieren die intakten Eiweisskörper vollständig ihre Löslichkeit in Wasser und können nur wieder mit Alkali in Lösung gebracht werden, wobei sie aber bereits eine Spaltung erleiden. Man hilft sich deshalb beim Trocknen der Eiweisskörper wohl meist mit der Anwendung eines Vakuums.

Von geringerem allgemeinen Interesse sind die Körper, bei denen Alkohol oder Benzol in derselben Art wie Krystallwasser gebunden erscheinen. Erwähnt seien folgende Verbindungen:

Mit Alkohol.

Chloralalkohol, CCl_3CHO, C_2H_5OH.

Natriumalkoholat, C_2H_5ONa, $3 C_2H_5OH$.

Natriumalkoholat + Alkohol, C_2H_5ONa, $2 C_2H_5OH$.

Kaliumhydratalkohol, KOH, $2 C_2H_5OH$.

Lithiumchloridalkohol, $LiCl$, $4 C_2H_5OH$.

Zinnchloridalkohol, $SnCl_4$, $2 C_2H_5OH$.

Mit Benzol.

Aluminiumchloridbenzol, $AlCl_3$, $3C_6H_6$.
Aluminiumbromidbenzol, $AlBr_3$, $3C_6H_6$.
Antimonchloridbenzol, $3SbCl_3$, $2C_6H_6$.

Auch für das Auftreten von Krystallchloroform giebt es eine Reihe von Beispielen.

a) Bestimmung des Wassergehaltes im Glycerin.

In den Laboratorien der Dynamit-Aktiengesellschaft in Hamburg wird nach F. Filsinger[1]) annähernd der Glycerin- und Wassergehalt bestimmt, indem man in einem tarirten, mit eingeschliffenem Stöpsel versehenen Kölbchen 20 g Glycerin 8—10 Stunden auf 100^0 erhitzt, wägt und noch einige Stunden weiter erhitzt. Die Differenz zwischen den beiden Wägungen beträgt meist nur einige Centigramm, der Gesammtverlust wird als Wasser bezeichnet. Oder man erhitzt 5 g Glycerin in einer flachen Platinschale auf 100^0, bis sich keine Dämpfe mehr zeigen. Man wägt und erhitzt nochmals, wobei man meist schon ein konstantes Gewicht erzielt.

Nach den Untersuchungen von F. Ganther[2]) beginnt die Verflüchtigung des Glycerins erst, wenn alles Wasser vollständig verdampft ist. Nach G. Benz[3]) sieht man beim Trocknen des Glycerins in einem gewöhnlichen Kochkolben im Trockenschrank bei 100^0 an der Wandung des Kolbens keinen Beschlag, so lange das Wasser noch nicht vollständig verdampft ist; ist dies aber geschehen, so bemerkt man, dass nach einiger Zeit der Bauch des Kölbchens sich mit einem äusserst zarten Hauch beschlägt, der sich bei fortgesetztem Trocknen schliesslich bis in den Hals des Kölbchens zieht. Dieser Hauch bleibt lange Zeit selbst bei 105^0 bestehen, ein Beweis, dass derselbe nicht aus Wasser, sondern aus Glycerintröpfchen besteht. Setzt man das Erwärmen im Trockenschrank lange genug fort, so zieht sich ein Theil des Glycerins bis an den Rand des Kölbchens und schliesslich auch darüber hinaus. Dies wird um so früher eintreten, je niedriger das Gefäss ist, in dem das Trocknen vorgenommen wird. Diese Erscheinung macht es leicht erklärlich, warum es nicht gelingt, Glycerin und glycerinhaltige Extrakte in flachen Schalen bei 100^0 bis zum konstanten Gewicht zu trocknen und zeigt, dass dieselben zu diesem Zweck gänzlich ungeeignet sind. Benz empfiehlt Kölbchen von 75 mm Höhe, 30 mm Durchmesser des Halses und mit einer nicht dicht schliessenden Glaskappe versehen zu verwenden.

---

1) F. Filsinger, Chem. Ztg. **14**, 1730, 1890.
2) F. Ganther, Zeitschr. analyt. Ch. **34**, 423, 1895.
3) G. Benz, Zeitschr. analyt. Ch. **38**, 437, 1899.

b) Bestimmung des Wassergehaltes der Fette.

Man bringt ca. 5 g des Fettes in ein mit einem hineingestellten Glasstab gewogenes kleines Becherglas oder in eine Glasschale und trocknet unter öfterem Umrühren bei ca. 100° bis zur Gewichtskonstanz. Zu langes Trocknen ist zu vermeiden, da alsdann durch Oxydation des Fettes wieder Gewichtszunahme eintritt. Manchmal sind feste Fette, z. B. Talg, mit etwas Pottasche versetzt, wodurch sie die Fähigkeit erhalten, grössere Quantitäten Wasser aufzunehmen; in diesem Falle lässt sich das Fett nicht durch Trocknen auf 100° wasserfrei erhalten; man bestimmt dann am besten den Gehalt an Fettsubstanz, Verunreinigungen und Pottasche und berechnet den Wassergehalt aus der Differenz.

Henzold[1]) empfiehlt frisch ausgeglühten Bimsstein zum Fett zu geben. Die gleiche Methode findet sich in den vom Bundesrath gegebenen Vorschriften für die chemische Untersuchung von Fetten und Käsen vom 1. April 1898.

c) Bestimmung des Wassergehaltes einer Steinkohle nach verschiedenen Methoden.

Eine Wasserbestimmung von derselben Kohle ergab folgende verschiedene Werthe:

	Wasser.	
Im Exsiccator über Schwefelsäure in 7 Tagen	6,95 % und	6,85 %
Im Wasserbade bei 97°C. in 4 Stunden	6,48 % „	6,35 %
Im Luftbade bei 100°C. in 24 Stunden	4,54 % „	4,56 %
Direkt das Wasser im Chlorcalciumrohr gewogen	7,31 % „	7,42 %.

Die Versuche sind von E. van der Bellen[2]) ausgeführt worden und hält derselbe die letzten Werthe für die richtigsten, obgleich die Bestimmung im Exsiccator für die Praxis am geeignetsten ist. Da die Kohle leicht oxydirbar war, wurde bei dem langen Aussetzen einer höheren Temperatur die geringste Differenz vor und nach dem Trocknen gefunden.

H. Langbein[3]) empfiehlt als bequemen Apparat zum Trocknen von Kohlen den in Figur 11 abgebildeten, der aus einem mit aufschraubbarem Deckel versehenen Kupfercylinder besteht, in welchen ein Einsatz von mehreren Etagen gestellt wird. Auf die oberste Etage kommt ein Trockenglas mit Chlorcalcium, in die unteren die Trockengläser mit Kohle. Der Apparat wird mit Hilfe eines seitlich verschliessbaren Rohres evakuirt und dann in einem Paraffinbad auf 100° erwärmt. Der Deckel ist durch einen Bleiring abgedichtet.

---

1) Henzold, Milchzeitung **20**, 71, 1891.
2) E. van der Bellen, Chem. Ztg. Repert. **23**, 301, 1899.
3) H. Langbein, Zeitschr. angew. Ch. **1900**, 1232.

2. Bestimmung der Reinheit von Anthracen.

Für die Ermittlung des Reinheitsgrades des Anthracens ist in der Praxis eine Methode in Gebrauch gewesen, nach welcher reines Anthracen im Verlaufe einer bestimmten Zeit vollständig sich verflüchtigt bei einer entsprechenden Temperatur (gewöhnlichen) oder nur einen gewissen Procentsatz an Gewicht verloren haben soll.

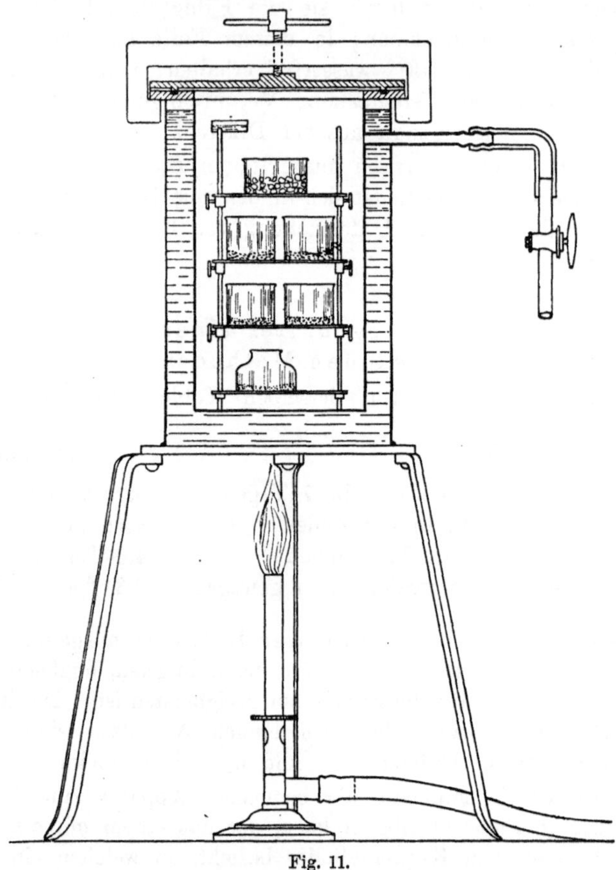

Fig. 11.

3. Aschebestimmung.

Dieselbe geschieht durch Glühen der zu untersuchenden Substanz in einem Platin- oder Porcellantiegel bis zur Gewichtskonstanz. Unter Umständen ist es nöthig, um ein gleichmässiges Salz zu erhalten, den Rückstand in Sulfate überzuführen, wodurch die Berechnung leichter erfolgen kann, falls man erwarten muss, Gemische von Salzen in der Asche zu haben.

B. Tollens[1]) empfiehlt zur Erzielung einer vollständigen Veraschung pflanzlicher und thierischer Stoffe eine Lösung von essigsaurem Kalk zuzugeben, wodurch ein leichteres Veraschen bewirkt wird. Die Lösung des essigsauren Kalkes soll in 20 ccm 0,2 g CaO enthalten, und verwendet man diese Menge zu 5—6 g der zu veraschenden Substanz.

a) Behandlung des Platintiegels.

Bei Anwendung eines Platintiegels muss man ausser einer sorgfältigen Behandlung desselben sich folgende Regeln merken. Die Benützung eines Platintiegels ist unstatthaft

α) überall da, wo freie Halogene entstehen, weil diese Platinhalogenverbindungen bilden können und dadurch zur Zerstörung des Tiegels beitragen. Namentlich sind stark jodhaltige Verbindungen durchaus nicht ohne Einfluss, wozu noch kommt, dass bei weniger starkem Glühen Jodplatinverbindung unzersetzt zurückbleibt und dementsprechend das Gewicht erhöht.

β) Metalle und deren Legirungen sind vollständig auszuschliessen. Dasselbe gilt von den entsprechenden Sulfiden. Nur bei nicht schmelzenden oder nicht leicht Sauerstoff abgebenden Oxyden und da, wo Platin, Silber oder Gold als solche zurückbleiben, ist die Anwendung eines Platintiegels gestattet.

γ) Stark phosphorhaltige Materialien greifen den Tiegel durch Bildung von Phosphorplatinverbindungen an, so z. B. bei Nukleïden u. s. w.

δ) Aetzalkalien ebenso auch Cyankali und Alkalinitrate sind ebenfalls durchaus zu vermeiden.

Die Reinigung des Platintiegels geschieht dadurch, dass man saures Kaliumsulfat in demselben schmilzt und dasselbe nach dem Erkalten der Schmelze herauslöst. Häufig genügt auch eine mechanische Reinigung des Tiegels.

b) Besondere Apparatur.

Shuttleworth (l. c.) führt die Veraschung in einem geschlossenen Platin-Apparat aus, in welchem auch die Asche gewogen werden kann. W. C. Heräus[2]) hat sich nebenstehende Form (Fig. 12) patentiren lassen. Der Platinapparat hat den Zweck, die Veraschung organischer Substanzen in einfacher Weise ohne grösseren Zeit- und Substanzverlust zu ermöglichen.

Derselbe besteht aus einem Gefässe f mit einem in ein cylindrisches, centrales Halsstück auslaufenden Deckel d, welcher noch einen äusseren Mantel b trägt. Durch die Mitte dieses Halsstückes führt ein Rührerschaft, der aus einem unteren Theile e und einem oberen Theile c zusammen-

---

1) B. Tollens nach einer Arbeit von A. E. Shuttleworth, Chem. Ztg. Repert. **23**, 205, 1899.

2) W. C. Heräus, D.R.P. 105053, Chem. Ztg. **23**, 943, 1899

gesetzt ist. Der obere Theil c trägt eine runde Scheibe mit nach oben und nach unten überstehendem Rande, welche nach unten einen Deckel für das Halsstück d, nach oben eine Rinne bildet, welche mit Wasser gefüllt wird. Die in das Gefäss f mündende Oeffnung des Halsstückes wird durch eine oben am Theile e des Rührerschaftes befindliche Scheibe abgeschlossen, während ein Deckel a, welcher über den Mantel b greift, den oberen Abschluss bildet. Bei der Veraschung wird unter fortwährendem Rühren Luft durch den hohlen Rührerschaft auf die Substanz geleitet. Die dabei entstehenden Dämpfe nehmen ihren Weg in der in der Figur angegebenen Pfeilrichtung, wobei etwa verflüchtigte mineralische Bestand-

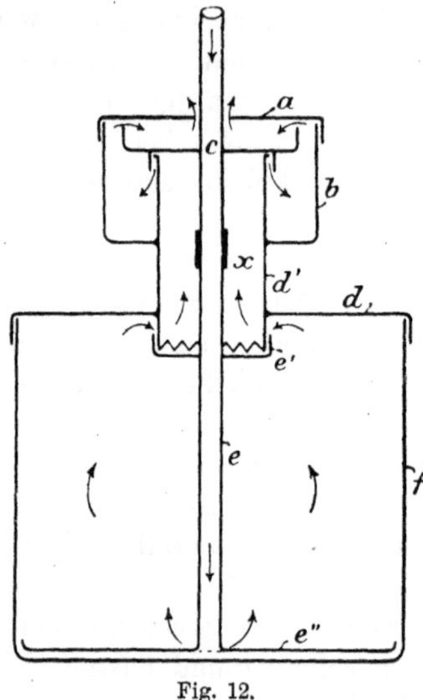

Fig. 12.

theile in dem vermittelst der mit Wasser gefüllten Rinne kalt und feucht gehaltenen oberen Theile des Aufsatzes wieder verdichtet werden, so dass ein Substanzverlust ausgeschlossen ist.

c) Veraschung von Melasse.

Um Verflüchtigungen von Alkalisulfat und Reduktionswirkung der Kohle vorzubeugen, rührt G. Bruhns[1]) die Melasse mit reichlicher, aber nicht überschüssiger Schwefelsäuremenge völlig gleichmässig an. Zur Vermeidung von Pyrosulfatbildung stellt man neu hinzukommende Schälchen stets in den oberen Theil der Muffel. Auf diese Weise erhält man schon bei mässiger Temperatur leicht eine lockere, fast weisse Asche.

---

[1]) G. Bruhns, Centrbl. f. Zuckerind. **7**, 959, 1899. Inbetreff der Aschebestimmung in Glycerinen vergleiche man die Arbeit von C. Ferrier, Chem. Centrbl. **1901**, I, 136.

d) Veraschung der Kohle.

Die Asche einer Kohle wird, wie H. Langbein[1]) angiebt, allgemein in der Weise bestimmt, dass man die Kohle in einem Tiegel von Platin oder Porcellan so lange erhitzt, bis keine brennbare Substanz mehr vorhanden ist. Durch Befeuchten mit Alkohol und mehrmaliges Glühen überzeugt man sich von der Vollständigkeit der Verbrennung. Die Asche bildet alsdann ein lockeres Pulver, während bei den Verbrennungen in der Praxis meist Schlacke entsteht. In der Bombe bleibt bei der kalorimetrischen Bestimmung die Asche ebenfalls meist als geschmolzene Masse zurück. Diese Bestimmung dürfte daher den Ergebnissen der Praxis näher stehen als die Veraschung im Tiegel. Wie Langbein gefunden hat, kann man jedoch in der Bombe bis über 4 % weniger Asche bekommen als im Tiegel, wenn die Kohle ziemlich Eisenkies enthält. Folgende Zusammenstellung zeigt den Unterschied an, wobei noch darauf hingewiesen sei, dass nur selten etwas von der Asche in der Bombe zerstäubt; auch kann diese geringe Menge vorkommenden Falls durch Ausspülen mit Wasser herausgenommen werden.

	Asche	
	im Tiegel.	in der Bombe.
bei Braunkohle a	14,37 %	10,58 %
„ „ b	8,31 %	5,27 %
„ Steinkohle a	9,40 %	7,07 %
„ „ b	13,21 %	8,50 %

Diese Verhältnisse bedürfen jedenfalls weiterer Erforschung.

e) Verkokung der Kohle.

Die Koksausbeute wird wohl hauptsächlich nach der Methode von Muck im Platintiegel bestimmt, wobei es sich für Braunkohlen zur Vermeidung von Verlusten empfiehlt, dieselben in Briquettform zu pressen[2]). Man erhitzt bei der Verkokung so lange als noch Dämpfe entweichen und bestehen darin Unterschiede, ob man rasch auf eine bestimmte Temperatur erwärmt oder langsamer. Bei den verschiedenen Kohlensorten wird man dementsprechende Unterschiede beobachten. Der im Tiegel verbleibende Kohlenrest wird als Koks angesehen und als solcher gewogen.

4. Bestimmung des Rückstandes in Lösungen oder Gemischen.

Die Bestimmung des Rückstandes in Lösungen geschieht durch Eindampfen derselben in einer vorher gewogenen Schale aus Platin, Silber, Nickel oder Porcellan, Trocknen des Rückstandes und Wägen desselben.

---

1) H. Langbein, Zeitschr. angew. Ch. **1900**, 1232.
2) Vgl. H. Langbein, Zeitschr. angew. Ch. **1900**, 1233.

Die Extraktionsmethoden sind in Bd. I ausführlich behandelt worden und werden hier nur einige Beispiele auch in dieser Hinsicht eingehender besprochen.

a) Bestimmung des Extraktes im Wein.

Nach der vom Kaiserlichen Gesundheitsamt im Jahre 1884 gegebenen Methode verfährt man folgendermassen:

50 ccm Wein, bei 15 °C. gemessen, werden in Platinschalen von 85 mm Durchmesser, 20 mm Höhe und 75 ccm Inhalt, Gewicht ca. 20 g, im Wasserbade eingedampft und der Rückstand 2 ½ Stunden im Wassertrockenschranke erhitzt. Von zuckerreichen Weinen (d. h. Weinen, welche über 0,5 g Zucker in 100 ccm enthalten), ist eine geringere Menge nach entsprechender Verdünnung zu nehmen, so dass 1,0 bis höchstens 1,5 g Extrakt zur Wägung gelangen.

Ausser diesem direkten Verfahren kann man sich auch einer indirekten Methode bedienen, wobei man den vom Alkohol befreiten Wein auf sein ursprüngliches Volum bringt und in dieser Flüssigkeit das specifische Gewicht mit dem Pyknometer oder der Westphal'schen Waage ermittelt. Alsdann kann man aus den von Schultze[1]) oder Hager[2]) gegebenen Tabellen den Extraktgehalt des betreffenden Weines ablesen.

b) Bestimmung des Indigos.

Ch. Tennant[3]) empfiehlt, eine Probe von 0,25 g des fein gepulverten, bei 100 °C. getrockneten Indigos in einer Platinschale von 7 cm Länge, 2 cm Breite und 3—4 mm Tiefe, deren Seiten mit dem Boden scharfe Kanten bilden, gleichmässig auszubreiten und langsam auf einem Eisenbleche zu erhitzen, bis eben Krystalle von Indigotin auf der Oberfläche der Substanz zu erscheinen beginnen. Nun deckt man über die Schale ein Eisenblech, welches wie ein Sturzgewölbe gebogen ist, so dass der höchste Punkt sich etwa 1 cm über der Schale erhebt, und mässigt gleichzeitig die Wärmezufuhr. Die Temperatur steigt rasch an; es darf nur das Indigotin sublimiren, und es dürfen keine gelben Dämpfe auftreten, welche weitergehende Zersetzungen anzeigen würden. Sobald man beim Heben des Bleches keine Indigotinkrystalle auf der Oberfläche der Schale bezw. der darin enthaltenen Substanz mehr wahrnimmt, lässt man letztere im Exsiccator abkühlen und wägt. Der Verlust entspricht der Menge des Indigotins. Die Resultate sollen bis auf ¼ °/₀ genau ausfallen. Gewöhnlicher 50 °/₀iger Indigo erfordert etwa 30—40 Minuten, weicher

---

[1]) Schultze, Zeitschr. analyt. Ch. **19**, 104, 1880.

[2]) H. Hager, Zeitschr. analyt. Ch. **17**, 502, 1878; vgl. auch E. Egger, ibid. **28**, 397, 1889.

[3]) Ch. Tennant, Chem. Ind. **7**, 297, 1884.

Java-Indigo bisweilen 2 Stunden und besondere Vorsicht beim Erhitzen zur Ausführung einer Bestimmung.

c) Bestimmung des Gerbstoffes.

Man bestimmt die Menge des Gerbstoffes in einem Gerbmaterial durch Ermittlung der Differenz des Trockenrückstandes im wässerigen Extrakt vor und nach dem Behandeln mit Hautpulver nach dem Hammer'schen Princip. Mit dem angewandten Hautpulver wird unter gleichen Bedingungen ein blinder Versuch ausgeführt, und die Menge der in Lösung gegangenen Bestandtheile von den „Nichtgerbstoffen" in Abzug gebracht.

Die Ausführung geschieht nach dem Beschlusse der in London im Jahre 1897 tagenden Konferenz von Chemikern der Lederindustrie vorerst in folgender Weise[1]:

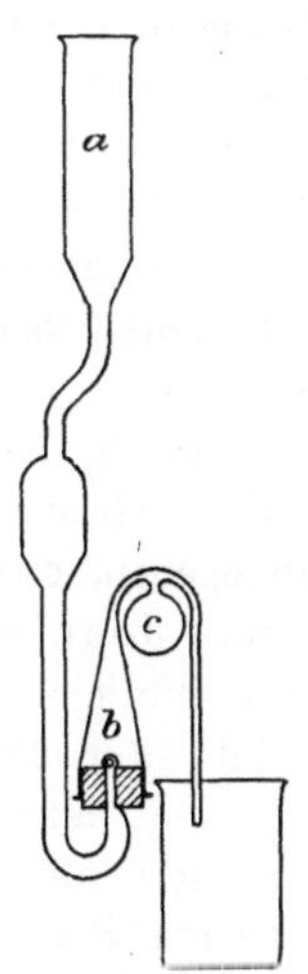

100 ccm oder bei genügend empfindlicher Waage auch weniger von der klar filtrirten Gerbstofflösung werden in einer gewogenen Schale aus Platin, Normalglas, Porcellan oder Nickel auf dem Wasserbade eingedampft, sodann im Luftbad bei 100—105°C. oder im Vakuum unter 100° bis zur Gewichtskonstanz getrocknet. Es ist darauf zu achten, dass nicht durch Abspringen kleiner Theile ein Verlust entsteht.

Für die Bestimmung der Nichtgerbstoffe wird bis auf weiteres die Methode des Hautfilters angewandt. Als Filter wird die Procter'sche Form[2] desselben benützt. R. Weiss[3] empfiehlt hierbei die Filtration durch eine genügend hohe Schicht von Hautpulver von unten nach oben vorzunehmen

Fig. 13.

(Fig. 13). Hierbei wird b mit dem Hautpulver gefüllt. In a wird die Flüssigkeit eingefüllt und zwar giebt man zunächst nur so viel zu, dass sich das Hautpulver allmälig damit voll saugt und giesst erst, wenn dies nach etwa 1 Stunde geschehen ist, mehr zu. Nun beginnt die Filtration. Bei derselben laufen die ersten Antheile, die immer etwas Eiweiss aus der Haut lösen, und welche deshalb auch von Weiss nicht zur Bestimmung des nicht durch Haut Fällbaren benützt werden, in die Kugel c, und erst die folgenden, specifisch leichteren Theile laufen über c weg in das Becherglas.

---

[1] Vgl. Zeitschr. analyt. Ch. **28**, 111, 1889; **32**, 616, 1894; **36**, 601, 1897; **38**, 463, 1899.

[2] R. Procter, Journ. Soc. Chem. Ind. **1894**, 487.

[3] R. Weiss, Der Gerber, **13**, Nr. 307; Zeitschr. analyt. Ch. **28**, 111, 1889; vgl. ferner Gerberztg. **34**, 330; Dingl. Journ. **286**, 23; L. Schreiner, Der Gerber, **14**, 244; Zeitschr. analyt. Ch. **28**, 718, 1889.

Man giesst das Filtrat so lange weg, als es sich mit einer Gerbstoff-lösung trübt. 50 ccm der gerbstofffreien Lösung werden wie oben ein-gedampft und getrocknet. Selbstverständlich darf das zu verwendende Filtrat sich mit Leimlösung (auch durch Schütteln von Hautpulver mit Wasser herzustellen) nicht trüben.

Das Hautpulver muss für die Absorption im Filter geeignet sein und darf bei einem mit destillirtem Wasser in derselben Weise wie mit der Gerbstofflösung ausgeführten blinden Versuche nicht mehr als 5 mg Rückstand aus 50 ccm liefern.

Die Anwendung des Hautpulvers birgt verschiedene Uebelstände in sich. Nach L. Maschke[1]) werden damit auch andere Bestandtheile ausser den Gerbstoffen mitgefällt. Auch kommt es sehr auf die Anwendung eines guten Hautpulvers an, deshalb wird eine einheitliche Bezugsquelle anempfohlen. Der Hautfaktor für gutes Hautpulver betrug für 50 ccm destillirtes Wasser 0,039, für schlechtes 0,1725. Die absoluten Differenzen in der Gerbstoffbestimmung betrugen bis zu 14 %, um welchen Betrag der Gehalt bei Anwendung des schlechten Hautpulvers zu hoch gefunden wurde.

W. Schmitz-Dumont[2]) schlägt als Ersatz des Hautpulvers For-malin-Gelatine vor. F. Jean[3]) hebt hervor, wie dies auch Rau[4]) bereits angegeben, dass auch Gallussäure bis zu 50 % von Hautpulver absorbirt wird. Jean empfiehlt deshalb die Verwendung von Albumin für Sumach und ähnliche Substanzen, im übrigen aber fein gehackte Kaninchenhaut, welche nur 23 % Gallussäure niederschlägt.

Die Extraktionstemperatur soll nach Parker und Procter[5]) 60—70 ° nicht übersteigen, da sonst Gerbsäure zerstört wird. Zu dem gleichen Resultat kommt Eitner[6]).

Nach Muter[7]) wird die betreffende Methode der Gerbstoffbestimmung auch bei Untersuchung von Gerbsäure haltigen Rohmaterialien im Labora-torium der Handelsbörse zu Paris benützt.

Nach H. N. Rau[4]) sind die Loewenthal'sche Methode der Be-stimmung mit Permanganat, sowie die Hammer'sche Methode die ein-zigen brauchbaren.

[1]) L. Maschke, Dingl. polyt. Journ. **302**, 46, 1896.
[2]) W. Schmitz-Dumont, Zeitschr. f. öffentl. Ch. **3**, 209.
[3]) F. Jean, Ann. de Chim. analyt. (5), 3, 145, 1878; The Analyst, **23**, 245, 1878; vgl. hierzu G. Fleury, Bull. soc. chim. (3), **7**, 687, 1890.
[4]) H. R. Rau, Zeitschr. analyt. Ch. **30**, 369, 1891.
[5]) Parker und Procter, Dingler's Polyt. Journ. **301**, 238, 1896.
[6]) Ibid. Eitner.
[7]) Muter, The Analyst **16**, 149, 1891.

VI.

Methode der Acidimetrie.

Bei der Bestimmung der Acidität handelt es sich speciell nur um Säuren, sowie um Phenole. Es kommen hierbei dieselben Lösungen zur Anwendung, wie sonst bei der Titriranalyse. Eine Normallösung ist eine solche, bei der das Grammäquivalent der betreffenden Säure oder Base in einem Liter gelöst ist, also bei Salzsäure 36,5 g HCl, bei Salpetersäure 63 g HNO_3, bei Schwefelsäure 49 g H_2SO_4, bei Natronlauge 40 g NaOH, bei Kalilauge 56 g KOH, bei Ammoniak 17 g NH_3 u. s. w. $N/_5$, $N/_{10}$ u. s. w. Lösungen enthalten somit $1/_5$ oder $1/_{10}$ u. s. w. dieses Gewichtes in 1000 ccm.

Die Ausführung ist die gewöhnlich übliche der Titration, indem man so lange von der N-Lösung zugiebt, bis der angewendete Indikator einen Farbenumschlag zeigt. Nur wird man hier mitunter mit der Wahl des Indikators vorsichtig sein müssen, da der eine oder andere unter gewissen Umständen zu falschen Resultaten führen kann. Es ist deshalb zunächst einmal eine ausführlichere Beschreibung der Indikatoren sowie des Verhaltens der betreffenden Verbindungen gegeben worden.

Die Eintheilung ist folgende:

1. Ueber Indikatoren.
2. Allgemeines Verhalten der Phenole, Säuren, Aldehyde und Ketone bei Anwendung verschiedener Indikatoren.
3. Abnorme Neutralisationsphänomene.
4. Titration der Essigsäure.
5. Bestimmung der Essigsäure im essigsauren Kalk.
6. Die Säurezahl der Fette.
7. Bestimmung des Säuregehaltes von Oelen.
8. Bestimmung der Glycerinphosphorsäure.
9. Bestimmung der Milchsäure.

10. Bestimmung von Weinsäure und Weinstein.
    a) Methode Goldenberg-Geromont.
    b) Methode Warington.
11. Bestimmung der Weinsäure neben Citronensäure.
12. Bestimmung der Phenole.
13. Bestimmung der Salicylsäure im Wismuthsalicylat.
14. Bestimmung des Vanillins.
15. Bestimmung der freien Humusäuren im Moorboden.
15. Gleichzeitige Bestimmung der Mineralsäuren und der organischen Säuren im Rübensafte.
17. Bestimmung des Bitterstoffes im Hopfen.
18. Bestimmung der Acidität und Alkalescenz thierischer Flüssigkeiten.
19. Bestimmung der Acidität des Harns.

1. Ueber Indikatoren.

Nach F. Glaser[1]) lassen sich die Indikatoren auf Grund ihrer chemischen Eigenschaften in drei Gruppen eintheilen:

I. Gruppe (gegen Alkali empfindlich).
    a) Tropäolin 00.
    b) Methyl-Aethylorange, Dimethylamidoazobenzol.
    c) Kongoroth, Benzopurpurin, Jodeosin, Kochenille.
    d) Lackmoid.
II. Gruppe.
    a) Fluoresceïn, Phenacetolin.
    b) Alizarin, Orseille, Hämatoxylin, Galleïn.
    c) Lackmus.
    d) p-Nitrophenol, Guajaktinktur.
    e) Rosolsäure.
III. Gruppe (gegen Säure empfindlich).
    a) Tropäolin 000.
    b) Phenolphtaleïn, Kurkuma, Kurkumin W, Flavescin.
    c) α-Naphtolbenzeïn.
    d) Poirrier's Blau C_4B.

Die aufgeführten Indikatoren sind, soweit ihre Konstitution bekannt ist, Säuren — wozu auch die Phenole und phenolartigen Verbindungen gezählt werden —, oder Salze, welche bei den Titrationen an der Reaktion Theil nehmen und deshalb in hohem Maasse abhängig sind von der Natur

---

1) F. Glaser, Zeitschr. f. Unters. der Nahrungs- u. Genussmittel 1899, 61; Zeitschr. analyt. Ch. **38**, 273 und 302, 1899; vgl. hierbei auch R. T. Thomson, Zeitschr. analyt. Ch. Ref. **24**, 222, 1885; **27**, 48, 1888.

der zu titrirenden Lösungen. Eine scheinbare Ausnahme macht die freie Base des Methylorange, das Dimethylamidoazobenzol; dieselbe ist aber an und für sich kein Indikator, sondern wird erst ein solcher durch Zutritt eines Säuremoleküls, also durch Salzbildung.

J. Wagner[1]) giebt im Anschluss und theilweisen Gegensatz zu Glaser eine Eintheilung der Indikatoren, die sich auf die chemische Natur, d. h. die Art der Jonenbildung, gründet. Er unterscheidet folgende Klassen:

A. Indikatoren mit einwerthigem charakteristischem Jon.

    1. Mit einwerthigem charakteristischen Anion.

    2. Mit einwerthigem charakteristischen Kation.

B. Indikatoren mit mehrwerthigem Jon.

    1. Mit positivem und negativem Jon (amphotere Elektrolyte).

    2. Mit ein- und mehrwerthigem Anion oder Kation.

Zu A 1. gehören Säuren, die umso empfindlicher sind, je schwächer sie sind. Ordnet man dieselben nach Abnehmen der Acidität, so folgen Jodeosin, Kochenille, Fluoresceïn, Alizarin, Orseille, p. Nitrophenol, Rosolsäure, Tropäolin 000, Kurkuma, Kurkumin W, Flavescin, Lackmoïd, Lackmus, Phenolphtaleïn und Poirrier's Blau. Zu A 2. sind nur Methylviolett und Dimethylanilidoazobenzol zu rechnen. Von amphoteren Indikatoren ist Methylorange der wichtigste, ausserdem gehören dazu Tropäolin 00, Kongoroth, Benzopurpurin. Zur Gruppe B 2. gehören Alizarinsulfosäure, Galleïn, Kurkuma, Hämatoxylin, Phenacetolin.

Hier sei zunächst die von Glaser gegebene Anordnung zu Grunde gelegt.

I. Gruppe.

a) **Tropäolin 00** = Orange IV ist das Natriumsalz des Sulfanilsäure-azodiphenylamins; $NaO_3SC_6H_4N : NC_6H_4NHC_6H_5$. Die orangegelbe Lösung wird durch Säuren violettroth gefärbt. Man verwendet kalt gesättigte alkoholische Lösungen. Tropäolin giebt keinen scharfen Farbenumschlag bei $^N/_{10}$ oder $^N/_2$ Säure, dagegen zeigt sich derselbe schärfer bei Gegenwart von viel Chlorammonium.

b) **Methyl- oder Aethylorange** = Orange III = Dimethyl- oder Diäthylanilinazobenzolsulfosäure $HO_3SC_6H_4N : NC_6H_5N(CH_3)_2$ oder $HO_3SC_6H_4N : NC_6H_5N(C_2H_5)_2$, wird durch Alkalien gelb, durch Säuren purpurroth gefärbt. Man verwendet als Indikator eine wässerige Lösung 1 : 1000. Kohlensäure wirkt nicht auf diesen, nur für kalte Lösungen verwendbaren Indikator. Im Gegensatze zu F. W. Küster glaubt J. Wagner (l. c.) nicht, dass die Uebergangsfarbe von einem Zwitterion $HN(CH_3)_2C_6H_4 . N_2 . C_6H_4SO_3$ herrührt, sondern von der nicht dissociirten freien Säure, deren rothe Farbe sich mit der gelben der Anionen mischt.

---

1) J. Wagner, Zeitschr. anorg. Ch. **27**, 138, 1901.

Meiner Ansicht nach bildet sich hierbei ein inneres Salz entsprechend dem der Sulfanilsäure u. s. w.

Dimethylamidoazobenzol, $(CH_3)_2NC_6H_4N:NC_6H_5$.

Die Anwendung dieses Indikators an Stelle des Methylorange (der Sulfosäure des Dimethylamidoazobenzols) wurde von B. Fischer und O. Philipp[1]) empfohlen, da dasselbe statt des Farbenüberganges von Orange in Nelkenroth den Uebergang von Citronengelb in Nelkenroth zeige, welcher leichter zu beobachten sei.

G. Lunge[2]) und R. T. Thomson[3]) konstatiren demgegenüber, dass bei gleicher Koncentration Methylorange fast die gleichen Farbennuancen giebt wie Dimethylamidoazobenzol, dass dagegen letzteres nicht ganz so empfindlich ist wie ersteres. Die ungünstige Beurtheilung, die Methylorange hie und da erfährt, ist darauf zurückzuführen, dass man die Färbung zu intensiv macht bezw. dass statt des eigentlichen Methylorange eines der Witt'schen Tropäoline angewendet worden sei, die als Indikator weniger tauglich sind.

$$c)\ \mathrm{Kongoroth}^{4}),\quad \begin{matrix} C_6H_4\cdot N:NC_{10}H_5 {<}^{\textstyle NH_2}_{\textstyle SO_3Na} \\[2ex] C_6H_4\cdot N:NC_{10}H_5 {<}^{\textstyle NH_2}_{\textstyle SO_3Na} \end{matrix},\ \text{durch Säuren blau}$$

gefärbt, in Wasser und Alkohol löslich. Empfohlen von R. v. Höslin[5]) E. Jacobsen[6]).

R. Williams[7]) und W. Smith[8]) benützten es zum Nachweis freier Schwefelsäure im Thonerdesulfat, während es nach Thomson[9]) hierzu nicht geeignet ist. P. Julius[10]) schlägt es vor zum Titriren des Anilins und Toluidins. Man benützt die alkoholische Lösung und titrirt bis zum Auftreten eines stark blaustichigen Violetts. H. Schulz[11]), W. Herzberg[12]) und E. Brücke[13]) empfehlen es als Reagens auf freie Mineralsäure neben organischen Säuren. G. Vulpius[14]) hebt die Nachtheile

---

1) B. Fischer und O. Philipp, Archiv d. Pharm. (3 R.) 23, 434.
2) G. Lunge, Ber. 18, 3290, 1885.
3) R. T. Thomson, Journ. soc. Chem. Ind. 6, 175, 1887.
4) Vgl. O. N. Witt, Ber. 19, 1719, 1886.
5) R. v. Höslin, Chem. Centrbl. (3), 17, 436.
6) E. Jacobson, Pharm. Centrbl. (NF.) 8, 293.
7) R. Williams, Journ. soc. Chem. Ind. 5, 73, 1886.
8) W. Smith, ibid. 5, 75, 1886.
9) R. T. Thomson, Chemical News 52, 18, 1885.
10) P. Julius, Chem. Ind. 9, 109, 1886.
11) H. Schulz, Centrbl. med. Wiss. 1886, 449.
12) W. Herzberg, Mittheil. kgl. techn. Versuchsanst. Berlin 1885.
13) E. Brücke, Monatsh. f. Ch. 8, 95, 1887.
14) G. Vulpius, Pharm. Centrbl. (N.F.) 8, 525.

hervor, die die Anwendung des Kongoroths mit sich bringt. Nach Thomson wird bei der Titrirung kalter Lösungen von Alkalikarbonaten oder Sulfiden die Farbe durch die frei werdende Kohlensäure bezw. Schwefelwasserstoff etwas verändert. In einer kochenden Lösung konnte durch einen schon entschiedenen Ueberschuss an Säure kein scharfer Umschlag der Farbe hervorgebracht werden. Einen ungünstigen Einfluss bei der Titration übt das Vorhandensein von Chloriden, Nitraten und Sulfaten aller Alkalien aus.

Kongoroth ist einer der am wenigsten empfindlichen Indikatoren. Blaues Kongopapier ist empfindlicher als rothes; es zeigt aber Neigung, roth zu werden.

C. Wurster[1]) hebt hervor, dass Ammonsalze die Untersuchung mit Kongoroth erheblich stören können, insofern dabei ammonhaltige Flüssigkeiten selbst bei beträchtlichem Gehalte an Essigsäure eine ähnliche Rothfärbung zeigen wie der Harn. E. Brücke[2]) konnte zeigen, dass der färbende Stoff nicht in beiden Fällen derselbe sein kann. Wird in mit Kongoroth gefärbtem Harn Magnesiasulfat eingetragen, so entsteht ein rother Niederschlag, während in Lösung von Ammonacetat Braunfärbung und Abscheidung eines schwärzlichen Sedimentes erfolgt. Nach Stunden oder Tagen senkt sich zwar auch beim Harne aus der rothen Flüssigkeit eine Wolke herab, die zuerst roth gefärbt, allmälig dunkler wird, jedoch, wenn abfiltrirt, einen in dünner Schicht immer noch deutlich roth gefärbten Rückstand lässt. Dieser Niederschlag fällt reichlicher und dunkler aus, wenn der Harn stark sauer ist, so dass ein Zusammenhang zwischen Niederschlag und Säuregrad kaum bezweifelt werden kann; da jedoch, wie Brücke sich überzeugt hat, saure Salze, z. B. saures weinsaures Ammon oder Kali, das Kongoroth in ähnlichem Sinne verändern wie Harn, so ist dieser Befund in keiner Weise für die Anwesenheit freier Säure beweisend.

Bekanntlich wird das aus Kongoroth durch Säuren abgeschiedene blaue Produkt beim Abfiltriren und Nachwaschen mit Wasser wieder roth und liefert auch eine rothe Lösung. St. Schimansky[3]) nimmt deshalb an, dass das blaue Produkt nicht die freie Säure des Kongoroths ist, sondern eine additionelle, sehr leicht zersetzliche Säureverbindung, aus der schon durch Waschen mit Wasser die Mineralsäure abgespalten wird. Die freie Farbstoffsäure ist rothbraun und in Wasser löslich.

---

[1]) C. Wurster, Centrbl. f. Physiol. **1**, 240, 1887.

[2]) E. Brücke, Sitzber. d. kais. Akad. d. Wiss. z. Wien **96**, III. Abth., Nov.-Heft 1887.

[3]) St. Schimansky, Mittheil. Technolog. Gewerbemuseum Wien, **10**, 39, 1900.

Benzopurpurin 4 B,

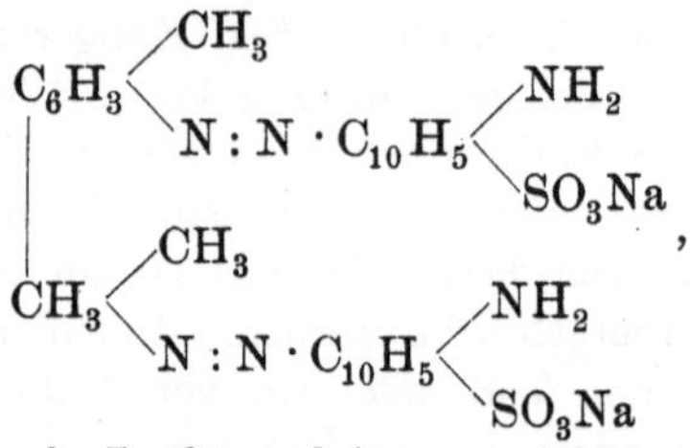

$$C_6H_3 \begin{cases} CH_3 \\ N:N \cdot C_{10}H_5 \begin{cases} NH_2 \\ SO_3Na \end{cases} \end{cases}$$
$$CH_3 \begin{cases} CH_3 \\ N:N \cdot C_{10}H_5 \begin{cases} NH_2 \\ SO_3Na \end{cases} \end{cases}$$

, verhält sich

wie Kongo und ist diesem nach L. Storch [1]) vorzuziehen. Gegen Ammoniak ist es sehr empfindlich. Storch benützt das Benzopurpurin zur Bestimmung von Ammoniak neben Pyridin, indem sich bei der Titration mit Schwefelsäure durch diesen Indikator die Gesammtbasenmenge ergiebt. Durch eine zweite Titrirung mit Lackmus oder Tropäolin 000, auf welche Pyridin nicht einwirkt, findet man das Ammoniak. Die Differenz ergiebt das Pyridin. Bei Anwesenheit höherer Pyridinbasen wird die Ammoniaktitrirung unsicher.

Jodeosin, Erythrosin = Alkalisalz des Tetrajodfluoresceins,

$$C_{20}H_6O_5J_4K_2 = C \begin{cases} C_6H \begin{cases} J_2 \\ O \end{cases} \\ O \\ C_6H \begin{cases} J_2 \\ OK \end{cases} \\ C_6H_4COOK \end{cases}$$

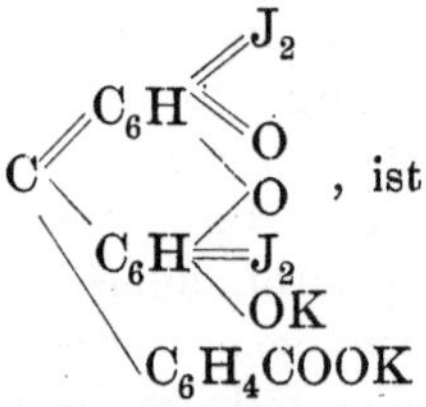

, ist in Wasser mit kirschrother Farbe löslich und wird durch Säuren braungelb gefärbt. Am besten verwendet man es in ätherischer Lösung, wobei natürlich die alkalifreie Verbindung zur Anwendung kommt [2]). Man schüttelt dann während der Titration so lange, bis der betreffende Farbenumschlag eingetreten ist. In wässeriger Lösung ist es wenig empfindlich. Speciell bei der Feststellung der Angreifbarkeit verschiedener Glassorten durch Wasser lässt es sich gut in ätherischer Lösung verwenden.

Kochenille, der Farbstoff der Kochenilleschildlaus, wird violet durch Alkali, gelbroth durch Säuren. Man erhält ihn durch Extraktion von 3 g Kochenille mit 400 ccm Wasser und 100 ccm Alkohol. Der eigentlich färbende Bestandtheil ist die Karminsäure $C_{17}H_{16}O_{10}$.

d) Lackmoid, Resorcinblau, $C_{12}H_9NO_4 = N \begin{cases} C_6H_3(OH)_2 \\ OH \\ C_6H_3 \begin{cases} \\ O \end{cases} \end{cases}$

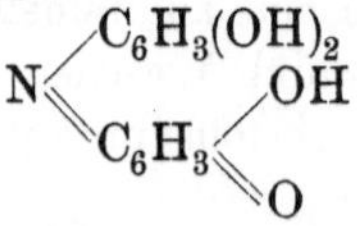

entsteht bei der Einwirkung von 5 Theilen Natriumnitrat auf 100 Theile Resorcin und 5 Theile destillirtes Wasser. Man erhitzt in einem Oelbade allmälig auf 110°. Es tritt zuerst Gelbfärbung auf, dann wird die Farbe

[1]) L. Storch, Zeitschr. analyt. Ch. Ref. **27**, 42, 1888.
[2]) Förster und Mylius, Zeitschr. analyt. Ch. **31**, 248, 1892.

dunkler und geht unter Aufschäumen in Himbeerroth über. Hierauf erhitzt man wieder unter Einhaltung einer obersten Temperaturgrenze von 115—120°. Sehr bald tritt eine lebhafte Ammoniakentwicklung auf; die Schmelze erscheint vorübergehend rothviolett, blauviolett und endlich blau gefärbt. Einige herausgenommene Proben zeigen nun keine Veränderungen der Farbe mehr, wie auch die Ammoniakentwicklung jetzt ihr Ende erreicht hat. Man verdünnt mit etwas Wasser und versetzt die tiefblaue Lösung mit einer entsprechenden Menge Salzsäure. Nach dem Erkalten wird der Niederschlag auf einem Saugfilter gesammelt und mit möglichst wenig reinem Wasser ausgewaschen. Auf dem Dampfbade getrocknet, bildet der Farbstoff glänzende, rothbraune, amorphe Körner, welche sich leicht zerreiben lassen und nicht löslich sind in Chloroform, Benzol und Benzin, dagegen leicht in Methyl-, Aethyl- und Amylalkohol, in Aceton, Eisessig und Phenol, weniger gut in Aether und reinem Wasser. Alle diese Lösungen zeigen eine eigenthümliche Rothfärbung, welche sich am meisten der vieler Rothweine und des Himbeersaftes nähert. Die geringste Spur eines zugesetzten Alkalis bezw. bei Eisessig natürlich erst nach der Ueberschreitung der Neutralitätsgrenze genügt, um sofort eine Blaufärbung herbeizuführen.

Die Anwendung dieses Indikators ist von M. C. Traub und C. Hock[1]), dann von Traub[2]) in einer zweiten Abhandlung empfohlen worden. Der Farbstoff zeichnet sich durch sehr grosse Empfindlichkeit, die Schärfe des Farbenüberganges und Haltbarkeit aus.

Man löst den wie oben erhaltenen, bei 100° getrockneten Farbstoff in absolutem Alkohol oder Amylalkohol, filtrirt und lässt die Lösung in einer ammoniakfreien Atmosphäre, am einfachsten über Schwefelsäure im Exsiccator verdunsten. Hierdurch erhält man den Farbstoff in rothbraunen, glänzenden Blättchen von zwar noch nicht absoluter, aber doch völlig hinreichender Reinheit. Die Herstellung der Indikatorlösung geschieht durch Auflösen von 0,5 g Lackmoid in 100 ccm einer Mischung von gleichen Theilen 96 °/₀ Alkohol und Wasser. Lackmoidpapier wird durch Tränken mit einer Lösung des Farbstoffes in etwa 45 °/₀ Alkohol im Verhältniss 1 : 1000 erhalten. Will man blaues Papier haben, so setzt man einem Liter dieser Lösung 5 Tropfen officinelle Kalilauge zu.

Nach G. Burkhard[4]) übertrifft das Lackmoid die bestbereitete Lackmustinktur an Empfindlichkeit und Schärfe des Farbenumschlages. Nach E. Bosetti[5]) wird die Empfindlichkeit durch mehrmaliges Umlösen und

---

1) Vgl. R. Benedikt und P. Julius, Ber. **17**, Ref. 492, 1884.
2) M. C. Traub und C. Hock, Ber. **17**, 2615, 1884.
3) M. C. Traub, Archiv d. Pharm. (3 R.), **23**, 27.
4) G. Burkhard, Chem. Centrbl. (3 F.) **16**, 830.
5) E. Bosetti, Chem. Centrbl. (3 F.), **17**, 738.

Ausfällen gesteigert. Wie R. T. Thomson [1]) gefunden hat, ist die Aehnlichkeit des Lackmoids mit Lackmus nur eine äusserliche, durch das Auftreten ähnlicher Farben hervorgerufene, während das Lackmoid in seiner Eigenschaft als Indikator dem Methylorange viel näher steht. Bei blauem und rothem Lackmoidpapier haftet der Farbstoff sehr fest, was namentlich bei der Titration stark gefärbter Flüssigkeiten von Werth ist. Im übrigen sind die Farbenübergänge sehr scharf, auch bei Anwesenheit von Kohlendioxyd. **Doppelt kohlensaurer Kalk und doppelt kohlensaure Magnesia** reagiren gegen Lackmoid alkalisch, was H. N. Draper [2]) in einer Abhandlung nachgewiesen hat (wie auch Karminsäure), während Lackmus dies nicht thut. Saures **Alkalisulfit** reagirt neutral, gesättigtes Sulfit alkalisch gegen Lackmoid. Lackmus giebt schon einen Endpunkt bei 17,7 %/o Natron, Lackmoid aber erst bei 50 %/o. **Thiosulfat** ist neutral gegen Lackmoid; **Schwefel-Natrium, -Kalium, Ammonium** lassen sich mit Lackmoidpapier ganz scharf titriren. Lackmoidlösung wird dagegen durch den beim Ansäuern frei werdenden Schwefelwasserstoff entfärbt. Die Farbe tritt bei Zusatz von überschüssigem Alkali wieder auf. Gegen **Phosphate und Arseniate von Natrium, Kalium, Ammonium und Calcium** verhält sich das Lackmoid entsprechend dem Methylorange, d. h. neutral bei dem zweifach sauren Phosphat. Lackmoidlösung giebt hierbei keinen scharfen Uebergang wohl aber das Lackmoidpapier, das bessere Resultate giebt wie Methylorange.

Weitere Beobachtungen giebt die Tabelle wieder:

	Reaktion		
	neutral	sauer	alkalisch
Arsenige Säure	1	—	—
Alkaliborate	—	—	1
			(gut titrirbar)
Alkalisilikate	—	--	1
			(gut titrirbar)
Neutr. chroms. Alkali	—	—	1
Saures „ „	1	—	—
Sulfate u. Chloride d. Schwermetalle	1	—	—
($ZnSO_4$, $FeSO_4$, $FeCl_3$, $CuCl_2$)			
Organische Säuren, wie Oxalsäure,	—	1	—
Essigsäure, Weinsäure, Citronensäure,	aber m. unbestimmtem		
Milchsäure	Uebergang		
Phenol	1	—	—

Bei Gegenwart von viel Alkohol zeigt das Lackmoidpapier bedeutend geringere Empfindlichkeit.

---

[1]) R. T. Thomson, Chemical News **52**, 18, 1885; Zeitschr. analyt. Ch. **27**, 48, 1888.

[2]) H. N. Draper, Chemical News **51**, 206, 1885.

II. Gruppe.

a) **Fluoresceïn, Uranin** ist das Natrium- oder Kaliumsalz des

Tetraoxyphtalophenonanhydrids, $C_{20}H_{10}O_5Na_2 = C\begin{cases} C_6H_2 \diagup{}^{O}_{O} \\ C_6H_3ONa \\ C_6H_4COONa \end{cases}$, löst sich

in Wasser mit gelber Farbe und dunkelgrüner Fluorescenz. Ebenso bleibt die Lösung gefärbt bei Zusatz von Alkali, durch Säuren aber wird die Lösung schwach gelb gefärbt und die Fluorescenz verschwindet. Die alkalifreie Substanz löst sich kaum in Wasser, dagegen in $50^0/_0$igem Alkohol und besitzt eine rein gelbe Farbe ohne Fluorescenz. Die geringste Spur von Alkali dagegen bewirkt das Auftreten der Fluorescenz.

Phenacetolin oder **Phenaceteïn**, $C_{16}H_{12}O_2$, wird dargestellt, indem man gleiche Moleküle Phenol, konc. Schwefelsäure und Essigsäureanhydrid einige Zeit am Rückflusskühler erhitzt, aus dem Produkt die freien Säuren mit kaltem Wasser auswäscht, mit Wasser auskocht und die Lösung zur Trockne verdampft. Da die Lösung desselben durch Säuren und Aetzalkalien nur gelb, durch Alkalikarbonate roth gefärbt wird, so verwendet man es als Indikator zur maassanalytischen Bestimmung von Aetzalkalien neben Alkalikarbonat. Doch soll eine quantitative Bestimmung nur annähernd und überhaupt nur dann ausführbar sein, wenn grössere Mengen freien Alkalis neben kohlensaurem Alkali vorhanden sind[1]).

b) **Alizarin S** = α-β-**Dioxyanthrachinonsulfosaures Natron**,

$$C_6H_4 \begin{array}{c} \diagup CO \diagdown \\ \diagdown CO \diagup \end{array} \begin{array}{c} (2) \\ (1) \end{array} C_6H \begin{array}{c} \diagup (3)OH \\ -(4)OH \\ \diagdown SO_3Na \end{array}$$, wird durch Säuren gelb gefärbt. Alkalien

wandeln diese Farbe wieder in roth um.

Orseille ist der Farbstoff bestimmter Flechten der Familien Roccella und Lecanora, der durch besondere Operationen gewonnen wird, während bei andersartiger Verarbeitung **Lackmus** erhalten wird. Die Orseille kommt als röthlicher oder purpurfarbener Teig in den Handel. Der färbende Bestandtheil ist im wesentlichen das **Orceïn**, $C_7H_7NO_3$, das sich in wässerigem Ammoniak mit violetter, in Aetzalkalien mit purpurrother Farbe löst und durch Säuren wieder als rothbraunes Pulver abgeschieden wird.

Hämatoxylin, $C_{16}H_{14}O_6 + 3H_2O$, findet sich in dem Blau- oder Campechenholz. Es löst sich wenig in kaltem Wasser, leichter in Alkohol und Aether. Von wässerigem Ammoniak, sowie von ätzenden und kohlen-

---

[1]) Vgl. F. Glaser, Indikatoren der Acidimetrie und Alkalimetrie, Wiesbaden 1901.

sauren Alkalien wird es bei Luftzutritt mit purpurrother Farbe gelöst. Da die Reaktion auf freies Ammoniak, sowie ätzende Alkalien äusserst empfindlich ist, findet das Hämatoxylin auch als Indikator Verwendung.

Galleïn = Pyrogallolphtaleïn, $C_{20}H_{10}O_7$, wird durch Erhitzen von Pyrogallussäure mit Phtalsäureanhydrid erhalten, löst sich in Alkohol mit dunkelrother Farbe und wird durch Alkali blau gefärbt.

c) Lackmus wird, wie schon erwähnt wurde, aus denselben Flechtenarten wie Orseille dargestellt. Nur ist die Bereitungsweise insofern eine andere, als man die ammoniakalischen Flüssigkeiten nicht nur unter Luftzutritt gähren lässt, sondern gleichzeitig Alkalikarbonat zufügt. Aus dem Lackmus sind Azolithurin, Erythrolithurin, Erythroleïn und Spaniolithurin von Kane isolirt worden. Inwieweit hier chemische Individuen vorliegen, ist noch nicht festgestellt worden.

Eine empfindliche Lackmustinktur wird in der Weise bereitet, dass man zunächst den käuflichen Lackmus durch Extrahiren mit warmem Alkohol von einem rothen, gelbgrün fluorescirenden Farbstoff befreit, den Rückstand mit der vier- bis fünffachen Menge kalten Wassers auszieht und die Lösung filtrirt, nachdem sie sich durch Absetzen vollständig geklärt hat. Hierauf versetzt man die tiefblaue Flüssigkeit mit so viel einer verdünnten Schwefelsäure, dass die Lösung bei starker Verdünnung mit reinem, destillirten Wasser violett erscheint.

Die Lackmuslösung muss der Einwirkung der atmosphärischen Luft zugänglich bleiben, da sonst allmälige Entfärbung eintritt.

d) p-Nitrophenol, $C_6H_4\begin{smallmatrix}(1)OH\\(4)NO_2\end{smallmatrix}$, ist ziemlich in Wasser, leicht in Alkohol löslich und krystallisirt in fast farblosen, bei 114^0 schmelzenden Nadeln. Die Salze sind gelb gefärbt und beruht hierauf seine Verwendung als Indikator. Nach L. Spiegel[1]) lässt sich p-Nitrophenol in derselben Weise als Indikator verwenden wie Methylorange, als dessen Ersatz es dienen kann.

Guajaktinktur enthält den aus dem Guajakharz extrahirten Farbstoff, der durch Säuren farblos und durch Alkalien gelb gefärbt wird. Für gewöhnlich dient sie zum Nachweis von Ozon, sowie mit Kupfersulfat zum Nachweis von Cyankalium. Als Indikator für die Alkalimetrie und Acidimetrie wird die Guajaktinktur wenig verwendet.

e) Rosolsäure, Aurin, $C\begin{smallmatrix}=C_6H_4=O\\-C_6H_4OH\\\ \ C_6H_4OH\end{smallmatrix}$, ist in alkoholischer Lösung goldgelb und wird durch Alkalien kirschroth gefärbt.

---

[1]) L. Spiegel, Ber. **33**, 2640, 1900.

Nach den Untersuchungen von R. T. Thomson[1]) giebt die Rosolsäure scharfe Resultate bei der Titration von fixem Alkali, von Alkalimono- oder Bikarbonat, wobei die Kohlensäure durch Kochen zu vertreiben ist, von Natriumsulfit, von Natriumsilicat, von freier Schwefel-, Salz-, Salpeter- und Oxalsäure. Weniger zuverlässig sind die Resultate bei Weinsäure, unbrauchbar bei Essig- und Citronensäure, erträglich bei Ammoniak, weil Ammoniaksalze die Endreaktion etwas verzögern: Anwesenheit von Borax macht die Endreaktion unscharf, Thonerde bewirkt zu hohe Resultate. Natriumsulfit und Thiosulfat sind gegen Rosolsäure neutral, gleichfalls primäres Alkaliphosphat.

III. Gruppe.

a) **Tropaeolin 000 = Orange I =** Natriumsalz des Sulfanilsäureazo-α-naphtols, $NaO_3SC_6H_4N:NC_{10}H_6(\alpha)OH$, wird durch Wasser mit orangerother Farbe gelöst, die in Alkalien mehr kirschroth, durch Säuren aber rothbraun wird.

b) **Phenolphtaleïn = Di-p-oxydiphenylphtalid,**

$$C_{20}H_{14}O_4 = C\!\!\begin{array}{l} (C_6H_4OH)_2 \\ \hline C_6H_4COO \end{array}$$

, ist wenig in Wasser, leicht in heissem Alkohol löslich. Das Phenolphtaleïn bildet mit Alkalien schlecht charakterisirte Salze. Die Lösung derselben ist in koncentrirtem Zustande in dicken Schichten roth, in dünnen violett. Giebt man Alkali im Ueberschuss zu, so wird die Lösung entfärbt. Ammoniak färbt das Phenolphtaleïn ebenfalls, lässt sich aber durch Erhitzen austreiben.

Phenolphtaleïn dient als Indikator bei der Titration von Alkalien, nicht aber von Ammoniak, weil die Endreaktion hierbei nicht scharf ist.

Nach H. Meyer soll dem Phenolphtaleïn in der gefärbten alkalischen Lösung die symmetrische Struktur

$$\begin{array}{l} COC_6H_4OH \\ \\ COC_6H_4OH \end{array} = \text{Diketoform}$$

zukommen, dagegen in der durch überschüssiges Kali oder Säure entfärbten Lösung die oben angeführte Laktonform.

c) **Kurkumagelb** oder **Kurkumin** kommt in der Wurzel von Curcuma longa und viridiflora vor. Die gelben Lösungen werden durch Alkalien rothbraun gefärbt, durch Borsäurelösung wird das Kurkumin erst nach dem Trocknen rothbraun gefärbt.

Kurkumapapier ist bekanntlich ein empfindliches Reagens zur Auffindung freier Alkalien, sowie zum Nachweis der Borsäure. R. T. Thom-

1) R. J. Thomson, Chem. News **47**, 184, 1883; Ber. Ref. **16**, 1513, 1883.

son[1]) benützte zu seinen Untersuchungen gelbes Kurkumapapier, das nach den gewöhnlichen Angaben hergestellt war, sowie ein rothbraunes, das durch Tränken von Filtrirpapier mit einer durch Natronlauge alkalisch gemachten alkoholischen Kurkumalösung bereitet war. Dieses Papier sieht nach dem Trocknen licht rothbraun aus und wird durch Befeuchten mit reinem Wasser oder einer neutralen oder alkalischen Lösung intensiver gefärbt, welche Steigerung der Farbenintensität ebenso charakteristisch ist, wie ein Farbenumschlag sein würde. Bei Ammoniak zeigt Kurkumapapier wie Phenolphtaleïn nur einen Theil und zwar 97 % an. Bei kohlensauren Alkalien tritt der Farbenumschlag ein, wenn etwa die Hälfte des Alkalis in Sulfat umgewandelt ist. Natriumthiosulfat ist neutral gegen Lackmus wie gegen alle anderen Indikatoren. Sulfite und Phosphate der Alkalimetalle verhalten sich gegen Kurkumapapier wie gegen Phenolphtaleïn, nur ist die Endreaktion nicht scharf. Bei kieselsauren Alkalien lassen sich unter Anwendung von Kurkuma etwa 90 % und iu Borax etwa 50 % titriren.

Sehr werthvoll ist das Kurkumapapier bei der Titration organischer Säuren mit fixen Alkalien, wie Citronensäure, Essigsäure, Weinsäure, Oxalsäure, Milchsäure, Bernsteinsäure und namentlich dann, wenn dunkel gefärbte Lösungen vorliegen.

Zur Titrirung freier Fettsäuren (im engeren Sinne) eignet es sich nicht, wohl aber ist das braunrothe Papier gut geeignet zur Prüfung des Alkohols auf einen Säuregehalt.

Luteol oder Chloroxydiphenylchinoxalin, 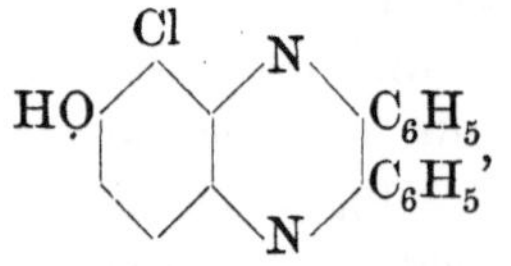 ist ein von Autenrieth[2]) sehr empfohlener Indikator, der in 50 % igen Alkohol gelöst, ausserordentlich empfindlich gegen Alkali ist. Er wird durch Alkali gelb, durch Säuren farblos und soll bei der Titration von Alkaloiden Verwendung finden.

d) Poirrier's Blau C_4B[3]), Lösung 2:1000, wird durch freie Alkalien roth, durch kohlensaure Alkalien nicht geändert.

Lunge[4]) hat sich über diesen Indikator ungünstig geäussert, da er bei Benützung desselben stets zu niedrige Werthe für das freie Alkali erhielt. Nach Engel's Ansicht soll dies darin seine Erklärung finden,

---

[1]) R. T. Thomson, l. c.

[2]) P. Autenrieth, Archiv d. Pharm. **233**, 43, 1895; Zeitschr. analyt. Ch. **35**, 68, 1896; Chem. Ztg. **24**, 453, 1900; vgl. auch P. Gloess, Chem. Centrbl. 190 II, 1037.

[3]) R. Engel und J. Ville, Compt. rend. **100**, 1073, 1885; R. Engel, Compt. rend. **102**, 214 und 262, 1886.

[4]) G. Lunge, Ber. **18**, 3290, 1885.

dass Lunge nicht den angeführten, früher allerdings noch nicht mitgetheilten Bedingungen entsprechend gearbeitet habe. Die Empfindlichkeit des Indikators gegen Verdünnungen ist für seine allgemeine Anwendbarkeit ein sehr bedeutendes Hinderniss, dagegen ist derselbe unter Berücksichtigung dieses Umstandes zur Erkennung schwach saurer Eigenschaften recht werthvoll. Engel hat festgestellt, dass sich bei Phenol, Resorcin, Morphin, Chloral, Blausäure, Glykokoll, Alanin, Tannin saure Reaktion gegen diesen Indikator nachweisen lässt, dass dagegen einsäurige Alkohole und Aldehyde ganz neutral erscheinen, während mehrsäurige Alkohole schwach saure Eigenschaften besitzen.

Borax, einfach phosphorsaure Salze reagiren sauer gegen Poirrier's Blau. A. Joly[1]) weist nach, dass dasselbe zur Bestimmung von Phosphorsäure und Arsensäure nicht verwendbar ist.

Ueber die Reaktionsfähigkeit der Indikatoren erhalten wir am besten Aufklärung, wenn wir die Stärke des Säuremoleküls an sich ins Auge fassen. Wir finden dann, dass die Natur des Säuremoleküls in der ersten Gruppe stark ausgeprägt ist, wir haben demnach eine grosse Reaktionsfähigkeit gegenüber Basen, Beständigkeit der Salze und Unempfindlichkeit gegenüber schwachen Säuren (Glaser).

Umgekehrt ist in der dritten Gruppe das Säuremolekül als solches wenig charakterisirt. Die Indikatoren dieser Gruppe sind daher wenig empfindlich gegen Basen; ihre Salze sind sehr wenig beständig und gegen Säuren sehr empfindlich.

Die in der zweiten Gruppe aufgeführten Indikatoren stehen in allen ihren Eigenschaften zwischen den alkali- und säureempfindlichen. Da, wo die Konstitution der Indikatoren nicht bekannt ist, lässt sich umgekehrt aus ihrer Stellung in den Gruppen auf einen mehr oder weniger ausgesprochenen Säurecharakter des Säuremoleküls schliessen. Die Anordnung ist von Glaser derartig getroffen, dass, von dem ersten Gliede der ersten Gruppe anfangend, die Alkaliempfindlichkeit ab, dagegen die Säureempfindlichkeit zunimmt. Die gleichwerthigen Glieder sind jeweils unter demselben Buchstaben zusammengefasst.

Die Kenntniss der Stellung der Indikatoren ist von besonderer Wichtigkeit, wenn es sich um Titration von Körpern handelt, deren Basicität bezw. Acidität nicht stark ausgeprägt ist. Es gilt dies ebenso wohl für schwache Basen bezw. Säuren, als auch für Salze, deren Base schwächer ist, als die mit ihr verbundene Säure, oder umgekehrt für Salze, bei welchen eine starke Base mit einer schwachen Säure verbunden ist.

Obige Anordnung ist auch wohl geeignet, um Anhaltspunkte über die Natur und Stärke einer Säure oder Base zu geben, falls wir zu deren Titration mehrere Indikatoren anwenden. Finden wir z. B., dass zwei

---

1) A. Joly, Compt. rend. **102**, 316, 1886.

Säuren sich scharf mit Hilfe von Lackmustinktur, nicht aber mit Hilfe von Lackmoid titriren lassen, so darf man aus dieser Thatsache auf annähernd gleiche Stärke der fraglichen Säuren schliessen. Lässt sich in einem anderen Falle eine Säure scharf sowohl mit Lackmoid als auch mit Lackmustinktur titriren, eine andere nicht mit Lackmoid, wohl aber mit Lackmustinktur, so muss man verschiedene Stärke beider Säuren annehmen. Selbstverständlich gilt dies nur für Indikatoren, welche in der Skalenreihe etwas weiter auseinander stehen, da für eine Säure, die z. B. mit Hämatoxylin scharf titrirt werden kann, ebenso wohl auch Lackmus anwendbar ist.

Die Thatsache, dass homologe organische Säuren bei gleicher Anzahl von Karboxylgruppen um so stärker sind, je geringer ihr Molekulargewicht, findet hier einen greifbaren Ausdruck. Ameisensäure lässt sich mit Hilfe von Lackmoid ziemlich scharf, mit Hilfe von Lackmustinktur sehr scharf titriren; bei Essigsäure wendet man bekanntermassen am vortheilhaftesten einen Indikator der dritten Gruppe an, da Lackmus den Reaktionsumschlag nicht scharf anzeigt. Es zeigt sich also hierin deutlich die höhere Acidität der Ameisensäure gegenüber der Essigsäure, wie dies ja auch durch das verschiedenartige Leitungsvermögen beider Säuren nachgewiesen wurde.

Bei höher molekularen einbasischen Säuren vom Typus $C_nH_{2n}O_2$ benützt man überhaupt nur die Indikatoren der dritten Gruppe entsprechend der geringen Acidität dieser Säuren.

Aehnliche Regeln gelten für die mehrbasischen Säuren (Oxalsäure, Bernsteinsäure). Ebenso lässt sich mit Hilfe der Indikatoren die Thatsache bestätigen, dass bei ungefähr gleichem Molekulargewicht und gleicher Anzahl Karboxylgruppen eine Säure um so stärker ist, je mehr Hydroxylgruppen sie enthält (Propionsäure-Milchsäure; Bernsteinsäure-Aepfelsäure-Weinsäure). Diese Gesetzmässigkeiten, welche bei bekannten Säuren auftreten, lassen sich ohne Zweifel auch auf solche Säuren mit Erfolg ausdehnen, deren Konstitution noch nicht bekannt ist.

Die Titrationsfähigkeit der Basen ist eine sehr beschränkte. Mit Schärfe lassen sich, wenn wir von dem Einflusse des Wassers bei grösseren Verdünnungen absehen, sämmtliche Indikatoren nur bei der Titrirung starker fixer Basen anwenden. Es macht sich hier das allgemeine Gesetz besonders geltend, dass ein Indikator nur dann den Reaktionsumschlag mit Schärfe anzeigt, wenn das gebildete Reaktionsprodukt gegen den Indikator neutral reagirt. Die mineralsauren Salze schwächerer Basen reagiren eben auch auf säureempfindliche Indikatoren mehr oder weniger sauer. Mineralsaure Ammonsalze reagiren auf sämmtliche Indikatoren sauer, auf diejenigen der Gruppe I allerdings so schwach, dass nur bei Gegenwart grösserer Mengen der Salze die saure Reaktion zur Erscheinung kommt.

Mitunter werden die allmälig auftretenden hydrolytischen Erscheinungen dem Einfluss der Kohlensäure der Luft zugeschrieben. Jedoch ist z. B. das Erblassen einer schwach alkalischen, durch Phenolphtalein roth gefärbten Lösung lediglich auf den hydrolisirenden Einfluss des Wassers zurückzuführen, wie dies von F. G l a s e r nachgewiesen wurde. Das Gleiche gilt für sämmtliche Indikatoren der dritten Gruppe. Das Wasser wirkt auf dieselben wie eine Säure, in geringen Verdünnungen allerdings fast unmerklich, in stärkeren Verdünnungen aber derartig, dass eine absolut scharfe Titrirung unmöglich wird, und dass man immerhin e i n e q u a n t i t a t i v w o h l z u b e r ü c k s i c h t i g e n d e M e n g e L a u g e n o t h - w e n d i g h a t , u m d i e h y d r o l y s i r e n d e W i r k u n g d e s W a s s e r s z u ü b e r w i n d e n .

Umgekehrt sind die Erscheinungen bei den Indikatoren der ersten Gruppe. Versetzt man eine grössere Menge Wasser — etwa $^1/_2$ l — mit einer neutralen Lackmoidlösung, so wird die Flüssigkeit entschieden blau gefärbt. Man braucht etwa 0,3 ccm $^N/_{10}$ Schwefelsäure, um die Flüssigkeit auf die neutrale Uebergangsfarbe zu stellen. Ebenso viel Säure braucht man, um einer mit Methylorange gelb oder mit Kongo roth gefärbten Wassermenge von $^1/_2$ l die orangefarbene bezw. violette Uebergangsfarbe zu geben. Diese Thatsache erklärt sich nur durch die, wenn auch äusserst geringe Dissociation des Wassers in seine Ionen H und OH. Da die Indikatoren der ersten Gruppe gegen schwache Säuren unempfindlich sind, so kommt hier nur der basische Bestandtheil des Wassers, das H-atom, zur Wirkung. Wir finden deshalb bei Gegenwart von viel Wasser in der ersten Gruppe alkalische Reaktion.

Der Alkohol wirkt erheblich dissociationshindernd und veranlasst so z. B., dass eine Essigsäurelösung, die Methylorange roth färbt, durch Alkoholzusatz wieder gelb wird und erst durch Wasserzusatz wieder saure Reaktion annimmt. In umgekehrtem Sinne beeinträchtigt Alkohol bei den Indikatoren der dritten Gruppe z. B beim Phenolphtaleïn, die Empfindlichkeit namentlich schwacher Basen. Bei der dritten Gruppe, dem Lackmus und ähnlichen Indikatoren, ist der Einfluss des Alkohols ein geringerer.

G l a s e r kommt nun noch zu folgenden praktischen Schlussfolgerungen:

I. Die Thatsache, dass die Titrirungen und verschiedenen Indikatoren um so weniger übereinstimmen, je stärker die Verdünnung der zu titrirenden Lösung ist, zwingt uns, bei alkalimetrischer Titerstellung, bei welcher es auf grösste Genauigkeit ankommt, möglichst wenig Wasser zur Lösung der Titersubstanz zu nehmen. Abgesehen davon, dass bei stärkeren Verdünnungen der Titer einer Lauge oder Säure jeweils nur für den Indikator stimmt, mit welchem gerade eingestellt wurde, wird eine genaue Bestimmung des Titers schon dadurch erschwert, dass der Umschlag der Indikatoren um so weniger scharf wird, je stärker die Verdünnung ist.

II. In allen Fällen, wo wir in stärkeren Verdünnungen mit einem Indikator der dritten Gruppe z. B. mit Phenolphtaleïn, titriren, müssen wir uns vergegenwärtigen, dass ein Uebergang in alkalisch erst dann stattfindet, wenn der Neutralpunkt schon relativ weit überschritten ist. Es gilt dies z. B. für die Bestimmung der flüchtigen Säuren in Wein und Bier, wo wir die auf 200, bezw. 150 ccm, vertheilte flüchtige Säure mit $N/10$ Lauge titriren und den Gehalt an derselben um 5—10 % zu hoch finden, wenn wir für gerade diese Verdünnung nicht den Titer besonders festgestellt haben. Ebenso finden wir auch bei Butteranalysen die Reichert-Meissl'sche Zahl etwas zu hoch.

Wenn auch bei Wein und Bier bei dem an sich geringen Gehalt an flüchtigen Säuren dieser Fehler nicht sehr ins Gewicht fällt, so dürfte er doch, wo man die Fehlergrenzen ziemlich genau bestimmen kann, in Rücksicht zu ziehen sein. Es ist deshalb wohl der Vorschlag angebracht, bei der Titrirung der flüchtigen Säuren unter Anwendung von Phenolphtaleïn nicht bis zur schwachen vorübergehenden Röthung, sondern bis zur ausgesprochen scharfen und länger anhaltenden Rothfärbung zu titriren und von der nunmehr zugegebenen $N/10$ Lauge 0,33 ccm in Abzug zu bringen. Für die Reichert-Meissl'sche Zahl dürfte sich ein Abzug von 0,2 ccm empfehlen eventuell ein Stellen der Laugen auf Säuren derselben Art wie die zu titrirenden, wie es von Juckenack und W. Fresenius empfohlen wurde.

III. Die Kohlensäure der Luft und auch ein geringer Gehalt einer N-Lauge an kohlensauren Salzen ist bei Titrationen mit Phenolphtaleïn, Rosolsäure oder Kurkuma, überhaupt den kohlensäureempfindlichen Indikatoren, nicht störend. Auch ist es nicht nothwendig, wie dies bei Bestimmung der Reichert-Meissl'schen Zahl vorgeschrieben ist, so ängstlich die Kohlensäure der Luft abzuhalten.

IV. Je nach der Wahl der Indikatoren entstehen bei der Titration schwacher Säuren namentlich in Gegenwart saurer Phosphate ganz bedeutende Differenzen. So findet sich in den neuesten Entwürfen der „Vereinbarungen zur einheitlichen Untersuchung und Beurtheilung von Nahrungs- und Genussmitteln, sowie Gebrauchsgegenständen für das Deutsche Reich" die Angabe, dass man die Gesammtacidität des Bieres mit Hilfe von sog. neutralem Lackmuspapier oder von einer rothen Phenolphtaleïnlösung titriren soll. Infolge der Gegenwart der sauren Phosphate, welche auf Lackmus und Phenolphtaleïn quantitativ ganz verschieden reagiren, erhält man ausserordentliche Differenzen, je nachdem man mit Lackmus oder dem rothen Phenolphtaleïn tüpfelt. Glaser hat bei einigen Bierproben die Bestimmung der Gesammtacidität ausgeführt und dabei folgende Zahlen erhalten:

Auf 100 ccm Bier $^N/_{10}$ Natronlauge:

<table>
<tr><td>I. Lackmuspapier.</td><td>II. Rothes Phenolphtaleïn.</td></tr>
<tr><td>Probe a) 10,8 ccm</td><td>16,3 ccm</td></tr>
<tr><td>b) 11,0 „</td><td>24,0 „</td></tr>
<tr><td>c) 11,0 „</td><td>19,4 „</td></tr>
<tr><td>d) 10,8 „</td><td>25,4 „</td></tr>
<tr><td>e) 9,6 „</td><td>20,0 „</td></tr>
</table>

Wie man sieht, betragen die Differenzen zum Theil über 100 %. In diesem Punkte müsste unbedingt eine Vereinbarung getroffen werden, nach welcher man entweder nur mit Lackmuspapier oder nur mit Phenolphtaleïn die Gesammtacidität bestimmen dürfte.

Weitere Untersuchungen speciell über die Verwendung von Phenolphtaleïn, Methylorange und Dimethylamidoazobenzol sind von F. W. Küster[1]), sowie von G. Lunge und E. Marmier[2]) angestellt worden.

Ueber die Verwendung von Lackmus, Rosolsäure, Methylorange, Phenacetolin und Phenolphtaleïn als Indikatoren giebt R. T. Thomson[3]) eine Tabelle, die hier angeführt sein möge, da sie, obgleich mehr die Verhältnisse bei anorganischen Verbindungen berücksichtigend, doch auch in ihrer Vollständigkeit bei der Analyse organischer Verbindungen von Interesse sein kann, indem häufig genug, ich erinnere nur an die Stoffwechseluntersuchungen u. s. w., organische mit anorganischen Stoffen gemischt vorkommen.

In der Tabelle bedeutet L Lackmus, R Rosolsäure, M Methylorange, P Phenacetolin, P_1 Phenolphtaleïn; die Zahlen bedeuten Gewichtstheile von Säure oder Base, welche durch Normalbase oder -Säure unter Anwendung des jedes Mal angegebenen Indikators auf 100 Theile vorhandener Säure oder Base bestimmt werden können. Die Endreaktion ist entweder durch (s) = scharf oder durch (u) = unsicher bezeichnet; im letzteren Falle ist der Indikator nicht praktisch verwerthbar.

---

1) F. W. Küster, Zeitschr. anorg. Ch. **8**, 127, 1895, **13**, 136, 1896.
2) G. Lunge und E. Marmier, Zeitschr. angew. Ch. 1897, 3.
3) R. T. Thomson, Chem. News **49**, 32 und 38, 1884.

Titrirte Substanz.	Zustand der Lösung.	Procente der Base, bestimmt unter Anwendung von:				
		L	R	M	P	P_1
KOH, NaOH . . $Ca(OH)_2$, $Ba(OH)_2$	kochend kalt	} 100 (s)	100 (s)	100 (s)	100 (s)	100 (s)
NH_4OH	kalt	100 (s)	100 (s)	100 (s)	100 (s)	100 (u)
K_2CO_3, Na_2CO_3 .	kalt kochend	— 100	— 100	100 —	— 100	50 (u) [1] 100 (s)
$(NH_4)_2CO_3$ . . .	kalt	—	—	100 (s)	—	völlig (u)
$CaCO_3$, $BaCO_3$.	kalt kochend	— 100 (s)	— 100 (s)	100 (s) —	— 100 (s)	0 [2] ✓ —
$Na(K)HCO_3$ . . $CaH_2(CO_3)_2$ . .	kalt kochend	— 100 (s)	— 100 (s)	100 (s) —	— 100 (s)	0 100 (s) [3]
MgO, $MgCO_3$ . .	kalt kochend	— 100 (s)	— 100 (s)	100 (s) —	— 100 (s)	— 100 (s)
Na_2SO_3, K_2SO_3 .	kalt kochend	ca. 50 (u) —	0,4 (s) 10,2 (s)	50 (s) —	ca. 50 (u) —	0,4 (s) 8,0 (s)
$(NH_4)_2SO_3$ . . .	kalt	ca. 50 (u)	0,4 (s)	50 (s)	ca. 50 (u)	(u)
$Ca(Mg)SO_3$ . . .	kalt	ca. 50 (u)	0,4 (s)	50 (s)	ca. 50 (u)	0,4 (s)
K_2S, Na_2S . . .	kalt siedend	— 100 (s)	— 100 (s)	100 (s) —	— 100 (s)	50 (u) 100 (s)
$(NH_4)_2S$	kalt	—	—	100 (s)	—	(u)
Na_2HPO_4 . . . K_2HPO_4 . . . $(NH_4)_2HPO_4$ . .	kalt siedend kalt	ca. 50 (u) ca. 50 (u) ca. 50 (u)	ca. 50 (u) ca. 50 (u) ca. 50 (u)	50 (s) — 50 (s)	ca. 50 (u) ca. 50 (u) ca. 50 (u)	1,0 (s) 5,5 (s) (u)
$K(Na)H_2PO_4$ . . $CaH_4(PO_4)_2$ . .	—	sauer	sauer	neutral (s)	sauer	sauer
Na- und K-Silikate	kalt siedend	100 (s) 100 (s)	— 100 (s)	100 (s) —	100 (u) 100 (u)	88 (u) 90 (u)
K, Na, NH_4 und Ca Borate . .	kalt siedend	100 (u) 100 (u)	100 (u) 100 (u)	100 (s) —	100 (u) 100 (u)	46 (u) [4] 67 (u)
Al_2O_3 frisch gef.	kalt siedend	— 1 (s)	— 1 (s)	ca. 100 (u) [5]	0 (s) (0) s	0 (s) 0 (s)
H_2SO_4, HCl . .	kalt	100 (s)	100 (s)	100 (s)	100 (s)	100 (s)
Oxalsäure . . .	„	100 (s)	100 (s)	90 (u)	100 (u)	100 (s)
Essigsäure. . .	„	99,8 (u)	100 (u)	12 (u)	96 (u)	100 (s)
Weinsäure. . .	„	100 (u)	100 (u)	80 (u)	99 (u)	100 (s)
Citronensäure. .	„	98,5 (u)	99 (u)	45 (u)	86 (u)	100 (s)
Phenol	„	neutral	neutral	neutral	neutral	0.63 g Na_2O (u)
Fett- und Harz- säuren und Neu- tralfette . . .	„	bestimmbar mit alkoholischem N. Alkali und Phenolphtaleïn.				

[1]) Scharfe Endreaktion, wenn höchstens 0,1 g $CaCO_3$ zugegen.
[2]) Ist $CaCO_3$ frisch gefällt (nicht gekocht), so werden davon 50 % gefunden.
[3]) Gilt nur für K- und Na-Salze.
[4]) Gilt nicht für Ammoniumborate.
[5]) Einigermassen scharf bei wenig Thonerde.

Thomson[1]) gibt noch folgende Tabelle der Basicität der Säuren unter Verwendung verschiedener Indikatoren beim Titriren mit Natronlauge.

Säuren.	Methyl-orange in der Kälte.	Phenolphtaleïn		Lackmus	
		in der Kälte	kochend	in der Kälte	kochend
Schwefelsäure, H_2SO_4	2	2	2	2	2
Salzsäure, HCl	1	1	1	1	1
Salpetersäure, HNO_3	1	1	1	1	1
Thioschwefelsäure, $H_2S_2O_3$	2	2	2	2	2
Kohlensäure, H_2CO_3	0	1 (verdünnt)	0	—	0
Schweflige Säure, H_2SO_3	1	2	—	—	—
Phosphorsäure, H_3PO_4	1	2	—	—	—
Arsensäure, H_3AsO_4	1	2	—	—	—
Arsenige Säure, H_3AsO_3	0	—	—	0	0
Salpetrige Säure, HNO_2	Indikator zersetzt	1	—	1	—
Kieselsäure, H_4SiO_4	0	—	—	0	0
Borsäure, H_3BO_3	0	—	—	—	—
Chromsäure, H_2CrO_4	1	2	2	—	—
Oxalsäure, $H_2C_2O_4$	—	2	2	2	2
Essigsäure, CH_3COOH	—	1	—	1	—
Buttersäure, C_2H_5COOH	—	1	—	1	—
Bernsteinsäure, $COOHCH_2CH_2COOH$	—	2	—	2	—
Milchsäure, $CH_3CH_2OHCOOH$	—	1	—	1	—
Weinsäure, $COOH(CHOH)_2COOH$	—	2	—	2	—
Citronensäure [2]), $(C_3H_5)(OH)(COOH)_3$	—	3	—	—	—

(In der Spalte Lackmus „in der Kälte" steht bei Essigsäure, Buttersäure und Bernsteinsäure seitlich „nahezu".)

Die Empfindlichkeit verschiedener Farbstoffe gegen freie Säuren hat P. Giacosa[3]) untersucht. Er benützte wässerige Farbstofflösungen von der Koncentration 0,025 pro Mille und verdünnte zu jedem Versuche je 1 ccm mit 10 ccm Wasser. Er erhielt folgende Werthe:

1. Versuche mit Methylviolett.

$N/_{10}$ Säure.	Verwandte Menge zur Erzielung der Endreaktion.	Entspricht Grammen.
Salzsäure	0,2 ccm	0,0072
Schwefelsäure	0,3 „	0,0147
Salpetersäure	0,2 „	0,0126
Phosphorsäure	0,5 „	0,0163
Weinsäure	0,5 „	0.0375
Citronensäure	0,6 „	0,0576
Oxalsäure	0,4 „	0,0180
Milchsäure	0,7 „	0,315
Ameisensäure	0,8 „	0,368.

1) R. T. Thomson, Zeitschr. analyt. Ch. Ref. **27**, 59, 1888.
2) Vgl. hierzu Clifford Richardson, Chem. News **54**, 280, 1886.
3) P. Giacosa, Archiv d. Pharm. **227**, 519; Zeitschr. analyt. Ch. **30**, 405, 1896.

2. Versuche mit Tropäolin.

Salzsäure	0,2 ccm	0,0072
Schwefelsäure	0,3 „	0,0147
Salpetersäure	0,2 „	0,0126
Phosphorsäure	0,3 „	0,0097
Weinsäure	0,4 „	0,0300
Citronensäure	0,5 „	0,0480
Oxalsäure	0,2 „	0,0090
Milchsäure	0,4 „	0,0180
Ameisensäure	0,6 „	0,0276.

3. Versuche mit Kongoroth.

Salzsäure	$N/_{100}$	0,2 ccm	0,00072
Schwefelsäure	„	0,2 „	0,00098
Salpetersäure	„	0,2 „	0,00126
Phosphorsäure	„	0,2 „	0,00064
Weinsäure	„	0,3 „	0,00285
Citronensäure	„	0,3 „	0,00288
Oxalsäure	„	0,3 „	0,00135
Milchsäure	„	0,3 „	0,00135
Ameisensäure	„	0,3 „	0,00082
Essigsäure	„	0,3 „	0,00180.

2. Allgemeines Verhalten der Phenole, Säuren, Aldehyde und Ketone bei Anwendung verschiedener Indikatoren.

Bekanntlich lässt sich eine Hydroxylgruppe der Phosphorsäure nach Versuchen von Joly mit Helianthin als Indikator titriren, die zweite unter Verwendung von Phenolphtaleïn und die dritte unter Verwendung von Poirrier's Blau. Aehnliche Differenzen zeigen sich auch vielfach bei den Phenolen und organischen Säuren, indem hier ebenfalls die Anwendung verschiedener Indikatoren zu verschiedenen Resultaten führt. Besonders haben sich H. Imbert und A. Astruc[1]) um die Erforschung der hier obwaltenden Verhältnisse verdient gemacht.

Die betreffenden Untersuchungen, die unter Verwendung von Helianthin A, Phenolphtaleïn und Poirrier's Blau ausgeführt wurden, hatten folgende Ergebnisse:

a) Phenole.

Das gewöhnliche Phenol ist neutral gegen Helianthin und Phenolphtaleïn, einbasisch gegen Poirrier's Blau.

---

1) H. Imbert und A. Astruc, Compt. rend. **130**, 35. 1900; A. Astruc, Compt. rend. **130**, 253, 1563, 1606, 1900.

$$\text{Pikrinsäure, Trinitrophenol, } C_6H_2 \begin{matrix}(1)OH \\ (2)NO_2 \\ (4)NO_2 \\ (6)NO_2\end{matrix} \text{ , verhält sich ein-}$$

basisch gegen alle drei, was in Uebereinstimmung mit den thermochemischen Daten ist.

b) Einbasische Säuren.

Ameisensäure, $HCOOH$, Essigsäure, CH_3COOH, Propionsäure, C_2H_5COOH, norm. Buttersäure, C_3H_7COOH und Iso-Buttersäure, $(CH_3)_2CHCOOH$, Valeriansäure (wahrscheinlich Iso), Kapronsäure, $C_5H_{11}COOH$, und Benzoësäure, $C_6H_5—COOH$ reagiren sauer gegen Helianthin; sie können also nicht mit Hilfe dieses Indikators titrirt werden. Gegen Phenolphtaleïn und Poirrier's Blau sind sie durchaus einbasisch.

c) Halogenirte Säuren.

O-, m- und p-Brombenzoësäuren sind einbasisch gegen Phtaleïn und Blau. o-Brombenzoësäure hat dagegen auch ausgesprochene saure Reaktion gegen Helianthin. In o-Stellung verursacht demgemäss das Brom eine Vermehrung der Acidität, in m- und p-Stellung dagegen nicht.

d) Nitrirte Säuren.

O-, m- und p-Nitrobenzoësäuren verhalten sich wie die entsprechenden Brombenzoësäuren.

e) Einbasische zweiwerthige Säuren.

Glykolsäure, $CH_2OH.COOH$, und Milchsäure, CH_3CH_2OH $COOH$, sind einbasisch gegen Phtaleïn und Blau; gegen Methylorange zeigen sie saure Reaktion, lassen sich aber doch nicht mit Hilfe dieses Indikators titriren.

Oxybenzoësäuren. Die o-Verbindung lässt sich mit Helianthin titriren, wie eine empfindliche einbasische Säure, ebenso mit den beiden anderen Indikatoren; m- und p-Oxybenzoësäure geben mit Helianthin schlechte Resultate. Gegen Phtaleïn sind alle drei einbasisch, aber, während die o-Verbindung auch einbasisch gegen Blau ist, verlangt die m-Verbindung mehr als ein Molekül Alkali zur Umwandlung, und sie erscheint, wenn man sie unter denselben Bedingungen wie die o-Verbindung titrirt, sich mit zwei Mol. Alkali zu vereinigen. Ebenso verhält sich die p-Säure.

f) Einbasische mehrwerthige Säuren.

$$\text{Protokatechusäure, } C_6H_3 \begin{matrix}(1)COOH \\ (3)OH \\ (4)OH\end{matrix} \text{ , und Vanillinsäure,}$$

$$C_6H_3 \begin{cases} (1)COOH \\ (3)OCH_3 \\ (4)OH \end{cases}, \text{ geben mit Helianthin kein gutes Resultat; Phtaleïn}$$

zeigt Monobasicität an; gegen Blau aber verhalten sich beide Säuren als zweibasisch. Bei der Vanillinsäure ist die Endreaktion nicht sehr scharf.

g) Amidosäuren.

Glykokoll, Amidoessigsäure, $CH_2(NH_2)COOH$, ist neutral gegen Helianthin und Phenolphtaleïn, sauer gegen Blau, aber doch nicht hinreichend scharf, um es titriren zu können.

O- und m-Amidobenzoësäure sind beinahe neutral gegen Helianthin, p- dagegen sauer wie die Benzoësäure.

h) Zweibasische gesättigte Säuren.

Die zwei- und dreibasischen Säuren mit normaler Struktur oder mit Seitenketten wirken alle auf Phenolphtaleïn, Poirrier's Blau, ebenso wie auf Lackmus und Rosolsäure. Gegen Helianthin A ist gewöhnlich die Acidität schwächer, aber die Erkennung des Endpunktes ist leider immer etwas ungewiss.

$$\text{Oxalsäure, } \begin{matrix} COOH \\ COOH \end{matrix}, \text{ Malonsäure, } \begin{matrix} COOH \\ CH_2 \\ COOH \end{matrix}, \text{ und Bernsteinsäure,}$$

$$\begin{matrix} COOH \\ CH_2 \\ CH_2 \\ COOH \end{matrix}, \text{ zeigen eine mit der Zunahme des Molekulargewichtes immer}$$

schwächer werdende Acidität und Sebacinsäure, $COOH \cdot C_8H_{16} \cdot COOH$, ist sogar neutral. Dieses Resultat steht in Uebereinstimmung mit den von N. Massol bestimmten Bildungswärmen der Salze (nicht den Neutralisationswärmen), die sich ebenfalls mit zunehmendem Molekulargewicht vermindern.

Malonsäure verbraucht mit Helianthin als Indikator ein Molekül der Base, Isobernsteinsäure, $CH_3CH(COOH)_2$ und Bernsteinsäure dagegen weniger.

$$\text{Die Phtalsäuren, } C_6H_4 \begin{cases} COOH \\ COOH \end{cases}, \text{ verhalten sich wie die Oxy-}$$

benzoësäuren. Die Acidität vermindert sich von o- zur m- zur p-Verbindung.

i) Ungesättigte Dikarbonsäuren.

$$\text{Bei der Maleïnsäure, } \begin{matrix} HCCOOH \\ \| \\ HCCOOH \end{matrix}, \text{ Fumarsäure, } \begin{matrix} HOOCCH \\ \| \\ HCCOOH \end{matrix}$$

und der Acetylendikarbonsäure, $HOOCC\equiv CCOOH$, ist Helianthin gut brauchbar für die beiden ersten; die letztere erfordert etwas mehr Alkali.

Die analoge Reaktion zeigt sich bei Itakonsäure,
$$\begin{array}{l} H_2C{=}C{-}COOH \\ \qquad\quad | \\ HOOCCH \\ \end{array},$$

Mesakonsäure, $\begin{array}{l} HOOCCH_3 \\ \quad\; \| \\ HCCOOH \end{array}$, und Citrakonsäure, $\begin{array}{l} H \\ H_3CCCOOH \\ \qquad \| \\ HCCOOH \end{array}$

Ihre Acidität ist grösser als die der entsprechenden zweibasischen Säuren mit gleichem Kohlenstoffgehalt und entspricht den einbasischen.

k) Zweibasische, mehrwerthige Säuren.

Tartronsäure, $(HO)HC(COOH)_2$, verbraucht bei Anwendung des Helianthins mehr als ein Molekül Base und ist demgemäss stärker als die Malonsäure. Aepfelsäure, $\begin{array}{l} COOH \\ CH_2 \\ CHOH \\ COOH \end{array}$, verhält sich wie die einbasischen Säuren, ihre Acidität ist grösser als die der Bernsteinsäure, aber geringer als die der Tartronsäure.

Die Weinsäure, $\begin{array}{l} COOH \\ (CHOH)_2 \\ COOH \end{array}$, zeigt höhere Acidität als Bernsteinsäure und Aepfelsäure.

l) Drei- und mehrbasische Säuren[1]).

Die Trikarballylsäure, $\begin{array}{l} CH_2COOH \\ CHCOOH \\ CH_2COOH \end{array}$, und die Citronensäure, $C_3H_3OH(COOH)_3$, zeigen das gleiche Verhalten wie die Weinsäure.

Die Mekonsäure, $HO\cdot C_5HO_2{<}\begin{array}{l} COOH \\ COOH \end{array}$, verhält sich den meisten Indikatoren gegenüber wie eine zweibasische Säure; mit Poirrier's Blau dagegen reagirt sie wie eine dreibasische Säure.

Die Mellithsäure, $C_6(COOH)_6$, ist Helianthin gegenüber dreibasisch, den anderen Indikatoren gegenüber sechsbasisch. Nach den Untersuchungen Berthelot's über die Neutralisationswärme hatte sich bereits ergeben, dass drei Säuregruppen sich etwas von den übrigen unterscheiden.

---

1) Vgl. W. Ostwald, Allg. Chem. II, 802.

m) Halogenirte Säuren.

Trichloressigsäure, CCl_3COOH, ist einbasisch, Bibrombernsteinsäure, $COOHC_2H_2Br_2COOH$, zweibasisch gegen Helianthin und Phenolphtaleïn.

n) Sulfosäuren.

Isaethionsäure, $CH_2OH \cdot CH_2SO_3H$, verhält sich gegenüber Phenolphtaleïn, Lackmus, Orcin, Rosolsäure, Poirrier's Blau und Helianthin wie eine einbasische Säure.

Sulfanilsäure, $C_6H_4{\overset{(1)NH_2}{\underset{(4)SO_3H}{}}}$, verhält sich bei Anwendung dieser Indikatoren ebenso. Sie besitzt also gegenüber dem Helianthin eine stärkere Acidität als die Amidobenzoësäuren, was infolge der stärkeren Acidität der Sulfogruppe gegenüber der Karboxylgruppe auch zu erwarten war.

o) Alkylphosphorsäuren und Kakodylsäure[1]).

G. Belugou hatte 1893 gefunden, dass die Monoalkylphosphorsäuren, $OP{\overset{OR}{\underset{OH}{-OH}}}$, einbasisch sind gegen Helianthin und zweibasisch mit Phenolphtaleïn. Es scheint also, dass von den drei verschiedenen Säurefunktionen der Phosphorsäure, die stark saure und die schwach saure nach der Esterificirung fortdauern, während die mittlere verschwindet.

Die Dialkylphosphorsäuren, $OP{\overset{OR}{\underset{NH}{-OR}}}$, sind einbasisch gegen Helianthin und gegen Phtaleïn.

Die Kakodylsäure, $OAs{\overset{CH_3}{\underset{OH}{-CH_3}}}$, ist neutral gegen Helianthin und einbasisch gegen Phenolphtaleïn.

p) Amidosäuren.

Das Verhalten der Amidosäuren hat H. Meyer[2]) untersucht. Von der Voraussetzung ausgehend, dass es keine alkalisch reagirenden Amidosäuren giebt, hat er die Grösse der Acidität der Amidosäuren an

---

[1]) H. Imbert, Compt. rend. **130**, 1244, 1900.
[2]) H. Meyer, Chem. Ztg. **24**, 649, 1900.

der Menge des Alkalis gemessen, welche 1 Aequiv. der Säure zur Neutralisation bedarf. Nach seinen Untersuchungen ist die Stärke der Acidität einzig und allein von der Natur der dem Aminrest zunächst stehenden Gruppen abhängig. Primäre und alkylirte Amidosäuren der Fettreihe, Piperidin- und Pyrrolidinkarbonsäuren etc. sind nur äusserst schwache Säuren, weil sie nach dem Schema

$$\begin{array}{c} (1)\diagdown \qquad (2)\ (3) \\ \diagup N{-}C{-}C{-}C{-} \\ (1) \qquad (1)\ (2)\ (3) \\ \mid \quad \mid \quad \mid \\ (2)\ (3) \end{array}$$

in (1) und (2) ausschliesslich elektropositive Gruppen tragen.

Anderseits sind Amidosäuren mit sauren Substituenten in einer der (1) Stellungen ausnahmslos echte Säuren, wie das Verhalten der acetylirten Amidofettsäuren, der aromatischen und Pyridinkarbonsäuren etc. beweist. Der Säurecharakter der beiden letzteren Klassen ist auf die elektronegative Natur der doppelten Bindung zurückzuführen.

Wird der eine Amidowasserstoff in aromatischen Amidosäuren durch ein Alkyl substituirt, so zeigt sich eine geringe Aenderung der Acidität, wie an alkylirten Anthranilsäuren nachgewiesen wird.

Substitution durch einen negativen Rest in (2) führt entweder gleichfalls zu ausgesprochenen Säuren oder — falls der Substituent nur sehr schwach ist — zu Körpern, die weniger als 1 Aequiv. Alkali neutralisiren (z. B. α-Phenylglycin-Asparagin).

Gruppen, die sich in grösserer Entfernung von der Amidogruppe befinden als (2) vermögen die Acidität der Amidosäuren nur in geringem Maasse zu modificiren.

Je nach der Stabilität der Amidosäureester, die zu ihrer Acidität im Verhältniss steht, unterscheiden sich drei Gruppen.

α) Amidosäuren ohne ausgesprochenen Säurecharakter: sie sind selbst beständig, bilden aber sehr labile Ester (intramolekulare Säureamidbildung der Glycine).

β) Amidosäuren, deren basische Funktion durch negative Substituenten am Stickstoff paralysirt ist. Diese sind beständig und bilden labile Ester (Acetursäure etc.).

γ) Amidosäuren, deren α-Kohlenstoffatom durch negative Gruppen übersättigt ist. Diese sind als solche unbeständig, liefern aber stabile Ester (ungesättigte Amidosäuren der acyklischen Reihe).

q) Aldehyde und Ketone.

Nach A. Astruc und H. Murco[1] reagiren die Monoaldehyde

---

[1] A. Astruc und H. Murco, Compt. rend. **131**, 943, 1900; Chem. Centrbl. **1901**, I, 137.

neutral. Von den Dialdehyden wurde nur Glyoxal, $\begin{matrix} COH \\ COH \end{matrix}$, untersucht. Hierbei erfolgt die Sättigung durch Alkalien sehr langsam. Mit Helianthin kann der Charakter als einbasische Säure nicht festgestellt werden. Dagegen zeigen Phenolphtaleïn und Poirrier's Blau einen Farbenumschlag erst nach Zusatz von 1 Mol. Base.

Chloralhydrat, CCl_3CHO, H_2O, sowie Chloralalkohol, CCl_3CHO, C_2H_5OH, und Bromal, CBr_3CHO, verhalten sich in Gegenwart von Poirrier's Blau wie eine einbasische Säure.

Oxybutylaldehyd, Aldol, $CH_3CH_2OH \cdot CH_2CHO$, und die Aldehydzuckerarten verhalten sich neutral beim Titriren in Gegenwart der drei Indikatoren: Salicylaldehyd, $C_6H_4 \begin{smallmatrix} (1)OH \\ (2)CHO \end{smallmatrix}$, und p-Oxybenzaldehyd, $C_6H_4 \begin{smallmatrix} (1)OH \\ (4)CHO \end{smallmatrix}$, reagiren neutral in Gegenwart von Helianthin, dagegen einbasisch gegenüber Phenolphtaleïn und Poirrier's Blau.

Ebenso verhalten sich Vanillin, $C_6H_3 \begin{smallmatrix} (1)OH \\ (2)OCH_3 \\ (4)CHO \end{smallmatrix}$, und Piperonal, $C_6H_3 \cdot \left(\begin{smallmatrix} O \\ O \end{smallmatrix} \!\!> CH_2 \right) CHO$.

Monoketone[1]) reagiren wie die entsprechenden Aldehyde neutral. Acetylaceton, $CH_3COCH_2COCH_3$, reagirt in Gegenwart von Phenolphtaleïn sauer. Der Farbenumschlag erfolgt jedoch vor der Zufügung von 1 Mol. Alkali. Gegen Poirrier's Blau verhält es sich wie eine einbasische Säure; dagegen ist Methylacetylaceton, $CH_3CH_2CO \cdot CH_2COCH_3$, mit Poirrier's Blau nicht titrirbar.

Monochloraceton, $CH_2ClCOCH_3$, und Monobromacetophenon, $CH_2BrCOC_6H_5$, reagiren dagegen bei Gegenwart von Phenolphtaleïn und Poirrier's Blau wie eine einbasische Säure.

Die Ketonzuckerarten reagiren gegen die drei Indikatoren neutral. Pyruvinsäure, Brenztraubensäure, $CH_3COCOOH$, und Lävulinsäure, βAcetylpropionsäure, $CH_3COCH_2CH_2COOH$, verhalten sich wie einbasische Säure.

3. Abnorme Neutralisationsphänomene.

Nach den Untersuchungen von A. Hantzsch[2]) kann eine intramolekulare Umlagerung eines Körpers mit labilen Atom-

---

1) Aceton bildet mit wasserfreiem Kaliumhydroxyd eine durch Wasser leicht zersetzbare Verbindung $(CH_3)_2C \!<\! \begin{smallmatrix} OH \\ OK \end{smallmatrix}$. Vgl. W. Vaubel, Journ. pr. Ch. **43**, 599, 1891.

2) A. Hantzsch, Ber. **32**, 580, 1899; vgl. Bd. I, Methode der Best. der elektrischen Leitfähigkeit.

gruppen durch blosse Titration mittels eines Indikators nachgewiesen werden. So reagirt Isodinitroäthannatrium neutral, freies echtes Dinitroäthan ebenfalls, wenn auch nicht gegen alle Indikatoren. Also ergiebt die neutrale Lösung des Isonitrosalzes mit 1 Mol. Salzsäure wieder eine neutrale Lösung, indem dabei das Isodinitroäthan in das echte Dinitroäthan übergeht. Die Salzsäure wird somit nicht durch eine Base, sondern, wenigstens scheinbar, durch ein Neutralsalz neutralisirt. Oder umgekehrt: Freies Natron lässt sich mit einer neutralen, wässerigen Lösung von Dinitroäthan wie durch eine Säure neutralisiren. Diese Ausführungen rechtfertigen es, derartige Vorgänge als abnorme Neutralisationsphänomene zu bezeichnen. Demgemäss gilt folgender Satz:

Abnorme Neutralisationsphänomene sind das Kennzeichen intramolekularer Atomverschiebungen; sie finden nur statt zwischen Pseudosäuren und den Salzen der ihnen isomeren, echten Säuren.

Hierbei möge noch darauf hingewiesen werden, dass sich abnorme Neutralisationsphänomene durch Titration zwar einfacher als durch Leitfähigkeit nachweisen lassen, dass dieser erstere Nachweis aber doch an Schärfe hinter dem letzteren zurückbleibt. Wenigstens sind durch die quantitativen Messungen der Leitfähigkeit Irrthümer ausgeschlossen, die bei den qualitativen Indikatorenreaktion auftreten können: so reagirt z. B. die äusserst schwache Aethylnitrolsäure, $CH_3C(NO_2):N \cdot OH$, so entschieden auf Lackmus, dass sie zumal mit Rücksicht auf ihre minimale Affinitätskonstante (k : 0,0000014) geradezu durch den Farbstoff selbst in die stärker saure Form umgestellt zu werden scheint, welche in ihren Salzen mit Sicherheit nachgewiesen worden ist[1]).

Auch lassen sich anderseits manche Alkalisalze z. B. von Diazotaten so schwer völlig frei von Alkalikarbonat erhalten, dass sie bisweilen auf Lackmus deutlich alkalisch reagiren, während durch Leitfähigkeit erkannt wird, dass nur eine minimale Verunreinigung vorliegt, und dass die Antidiazotate dennoch das Verhalten von kaum hydrolysirten Neutralsalzen aufweisen. In zweifelhaften Fällen soll man sich also stets durch Leitfähigkeitsbestimmungen vom Vorhandensein abnormer Neutralisationsphänomene überzeugen.

Besonders beachtenswerth ist das Verhalten der mehratomigen Alkohole, wie Glykole, Glycerin, Erythrit, Glukose und ihre Isomeren, Galaktose, welche sämmtlich die Eigenschaft zeigen, dass durch Zusatz einer Lösung eines mehratomigen Alkohols zu einer Boraxlösung die alkalische Reaktion der letzteren in eine saure verwandelt wird, vorausgesetzt, dass die Menge des Borax im Verhältniss zum Alkohol nicht zu gross ist. Je grösser die Anzahl der Hydroxylgruppen des Alkohols ist, umso weniger desselben ist nöthig.

---

[1]) A. Hantzsch und Graul, Ber. **31**, 2854, 1898.

Hierauf haben ganz unabhängig von einander D. Klein[1]) und C. Jehn[2]) aufmerksam gemacht; letzterer wurde dazu veranlasst durch eine Notiz von R. Sulzer[3]) über das Verhalten von Honig zu Borax.

Rohrzucker, Dextrin und Quercit zeigen die Reaktion nicht.

Auch die ganz schwach saure Reaktion des parawolframsauren Natrons wird in eine stark saure verwandelt durch Zusatz der oben erwähnten Stoffe.

Diese Beobachtungen haben dazu geführt, eine sehr wichtige Titrationsmethode zur Bestimmung des Borax bezw. der Borsäure unter Benützung von Glycerin auszuarbeiten, auf die ich hier nur verweisen kann[4]).

4. Titration der Essigsäure.

Nach den Untersuchungen von Collischonn[5]) reagirt Natriumacetat nicht nur gegen Lackmus, sondern auch gegen Phenolphtaleïn schwach alkalisch; auch wenn man das Natriumacetat aus saurer Lösung krystallisirt. Natürlich kann man auch Natriumacetat herstellen, das den Anforderungen der Pharmakopöe entspricht, nämlich gegen Lackmus alkalisch, gegen Phenolphtaleïn neutral zu reagiren. Man braucht zu dem Zwecke nur aus stark sauren Lösungen zu krystallisiren. Das so gewonnene Salz ist aber nicht rein, sondern enthält freie Essigsäure, obwohl es gegen Lackmus noch alkalisch reagirt. Demgemäss ist es bei Bestimmungen des Eisessigs mit N- oder $^N/_5$ oder $^N/_{10}$ Lauge nothwendig, sich über einen von Zeit zu Zeit zu erneuernden Typ zu einigen.

Die Bestimmungsmethode des rohen Holzessigs mittels einfacher Titration ist nach Scheurer-Kestner[6]) ungenau, weil die Gegenwart von Phenol und Estern, welche durch kochende Lauge verseifbar sind, störend wirkt. Bei direktem Titriren und bei dem Titriren des Holzessigs mit überschüssiger Natronlauge ergeben sich Differenzen von 15—17%. Wurden die Phenole durch längeres Stehen im geschlossenen Gefässe zum grössten Theile ausgeschieden, so fand man durch die Titration vorher und nachher Differenzen von 8%. Es wurde deshalb folgendes Verfahren eingeschlagen: 20 g roher Holzessig wurde mit 15% Phosphorsäure von 15° Bé. aus einer Retorte destillirt, und nach dem Abdestilliren wurde der Rückstand noch zweimal mit je 20 ccm Wasser versetzt und destillirt. Die Phenole blieben in der Retorte zurück. Die vereinigten Destillate wurden unter Anwendung von Lackmus oder Phenol-

1) D. Klein, Compt. rend. **86**, 826, 1878; **99**, 144, 1884.

2) C. Jehn, Archiv d. Pharm. (3 R.), **225**, 250, 1887.

3) R. Sulzer, Deutsch-amerik. Apoth. Ztg. 1886, 596.

4) Vgl. M. Hönig und G. Spitz, Zeitschr. angew. Ch. **1896**, 549; G. Jörgensen, ibid. **1897**, 5.

5) F. Collischonn, Chem. Ztg. **16**, 1921, 1892.

6) A. Scheurer-Kestner, Compt. rend. **122**, 619, 1896.

phtaleïn als Indikator titrirt.　Das gleiche Verfahren kann bei Bestimmung von gebundener Essigsäure wie z. B. beim Aluminiumacetat etc. angewandt werden.

Eine titrimetrische Bestimmung von Gemischen aus Aethylalkohol und Essigäther giebt B. Kuriloff[1]).　Ist neben Aethylalkohol und Essigester auch noch Essigsäure vorhanden, so führt man die Analyse in der Weise aus, dass man in einer Portion die freie Säure mit Barytlösung titrirt; in einer zweiten verseift man den Ester mit Barytlösung und in einer dritten oxydirt man durch vierstündiges Erhitzen im Wasserbade in einer dickwandigen, fest zugebundenen Flasche den Alkohol insgesammt mit Kaliumdichromat und Schwefelsäure zu Essigsäure, worauf man Jodkalium zugiebt und mit Thiosulfat zurücktitrirt.　Unter Innehaltung besonderer Bedingungen ergiebt die Methode gute Resultate.

5. Bestimmung der Essigsäure im essigsauren Kalk.

Der Verein für chemische Industrie lässt in Mombach die Analyse der essigsauren Kalke nach der folgenden Methode[2]) ausführen.　Man übergiesst etwa 10 g fein zerriebenen, ungetrockneten essigsauren Kalk in einem weithalsigen Kölbchen von 300 ccm Inhalt mit 50 ccm dest. Wasser und fügt dem Gemisch sodann 11 ccm Salzsäure von 1,125 spec. Gew. zu.　Darauf wird der Kolbeninhalt über mässiger Flamme auf einem dichten Drahtnetz bei vorgelegtem Kühler erhitzt und der Inhalt so weit abdestillirt, bis der Rückstand eine syrupdicke Beschaffenheit angenommen hat und sich beim Erkalten mit einem Häutchen überzieht.　Dann giebt man 50—60 ccm lauwarmes Wasser hinzu und destillirt bis zur Trockenheit des Rückstandes.　Als Vorlage benützt man einen Messkolben von 250 ccm Inhalt, welcher nach beendeter Destillation mit dest. Wasser bis zur Marke aufgefüllt wird.　Alsdann bestimmt man in einem aliquoten Theil die Gesammtacidität durch Titration mit N-Lauge und in einem anderen den Gehalt an Salzsäure mit $^N/_{10}$ Silberlösung.

Diese Methode entspricht also der von R. Fresenius[3]) bereits früher empfohlenen der Zerlegung des essigsauren Kalks mit Phosphorsäure.　Schwefelsäure ist zu verwerfen.

6. Die Säurezahl der Fette.

Zur Bestimmung der freien Säure in Fetten titrirt man nach dem Vorschlage von Merz[4]) das in säurefreiem oder neutralisirtem Alkohol,

---

1) B. Kuriloff, Ber. **30**, 741, 1897.

2) K. R. Haberland, Zeitschr. analyt. Ch. **38**, 218, 1899.

3) R. Fresenius, Zeitschr. analyt. Ch. **5**, 315, 1866; **14**, 172, 1875; vgl. auch H. Phillips, Chem. News. **53**, 181; Zeitschr. analyt. Ch. **25**, 586, 1886.

4) Merz, Zeitschr. analyt. Ch. **17**, 390, 1878.

Aetheralkohol oder Methylalkohol gelöste Fett mit alkoholischer oder auch mit wässeriger Lauge. Als Indikator empfiehlt Merz Kurkuma, Geissler Rosolsäure und Benedict[1]) Phenolphtaleïn, welches letztere wohl am geeignetsten sein dürfte.

Man verwendet je nach der angewandten Menge Fett $N/_2$, $N/_5$ oder $N/_{10}$ Lauge, wobei vielfach alkoholische Lauge der wässerigen vorgezogen wird, da die erstere ein etwas genaueres Resultat giebt als letztere. Der Endpunkt ist sehr gut zu erkennen. Eine Verseifung des Neutralfettes durch die geringe Menge der überschüssig zugefügten alkoholischen Lauge tritt nicht ein.

7. Bestimmung des Säuregehaltes von Oelen.

Holde[2]) benützt hierzu eine einfache Vorrichtung. Bei hellfarbigen Oelen, in deren ätherischer Lösung die Farbenreaktion des Phenolphtaleïns noch zu beobachten ist, werden 10 ccm Oel abgemessen, das Messgefäss wird mit einer phenolphtaleïnhaltigen neutralisirten Mischung aus 8 Theilen Aether und 2 Theilen absolutem Alkohol nachgespült und die Flüssigkeit, von welcher 1 ccm 0,005 g SO_3 entspricht, bis zur bleibenden Rothfärbung titrirt. Die Theilung der verwendeten Bürette gestattet direkte Ablesung des Procentgehaltes der Oele an freier Säure berechnet als SO_3.

Bei dunklen Oelen werden in einem entsprechend graduirten Glascylinder 20 ccm Oel mit 50 ccm absolutem Alkohol tüchtig durchgeschüttelt; nach Scheidung der beiden Flüssigkeitsschichten werden 25 ccm der die Säure enthaltenden Alkoholschicht in einem Kölbchen nach Zusatz von etwa 20 ccm der oben angegebenen phenolphtaleïnhaltigen Alkohol-Aethermischung wie oben titrirt. Beträgt der abgelesene Säuregehalt mehr als 0,03 %, so muss der Rest des im Schüttelcylinder befindlichen Alkohols abgehoben und das Oel nochmals mit 50 ccm Alkohol ausgeschüttelt bezw. titrirt werden.

8. Bestimmung der Glycerinphosphorsäure.

Die Glycerinphosphorsäure, deren Formel $PO {\displaystyle {\Big\langle} {\begin{matrix} OH \\ OH \\ O(C_3H_5)(OH)_2 \end{matrix}}}$ ist, lässt sich nach den Untersuchungen von Adrian und Trillat[3]) nicht

---

1) R. Benedict, Analyse der Fette und Wachsarten, Berlin, Springer, 2. Aufl. 1892.

2) D. Holde, kgl. techn. Versuchsanst. Berlin, 8, 151; Zeitschr. analyt. Ch. **30**, 382, 1891.

3) Adrian und Trillat, J. Pharm. Chim. **7**, 163, 226, 1898; Bull. Soc. Chim. (3), **19**, 266, 1898.

rein erhalten, weil die Säure sich bei ihrer Koncentration zersetzt, und weil man saure Salze erhält, die in der Glycerinphosphorsäure gelöst bleiben. Die Glycerinphosphorsäure des Handels ist nur ein Gemenge von Phosphorsäure, Glycerin, saurem Phosphoglycerat und einer schwankenden Menge von Glycerinphosphorsäure in wässeriger Lösung. Ausserdem bildet sich bei längerem Einwirken von Phosphorsäure auf Glycerin auch der Diäther von der Zusammensetzung $PO(OH)[OC_3H_5(OH)_2]2$.

Imbert und Astruc[1]) haben gefunden, dass die Glycerinphosphorsäure sich wie die Phosphorsäure verhält, dass also ein Mol. KOH nothwendig ist, um gegenüber Helianthin neutral zu reagiren und ein zweites Mol., um auch gegenüber Phenolphtaleïn neutral zu reagiren. Im letzteren Falle entspricht also jeder ccm $N/_{10}$ KOH 0,0086 g Glycerinphosphorsäure.

Zur Bestimmung der Glycerinphosphate geben H. Imbert und J. Pagès[2]) ein Verfahren an, das sich auf die Beobachtung stützt, dass man mit Hilfe von Chlorcalcium Phosphate neben Glycerinphosphaten bestimmen kann. Die Monometallsalze dieser beiden Säuren verbrauchen, wie vorher erwähnt wurde, zur Neutralisation gegen Phenolphtalein noch ein Mol. Alkali. Bei Gegenwart von Chlorcalcium ist dieser Verbrauch für Phosphate zwei Moleküle, für Glycerinphosphate dagegen nur ein Molekül. Dafür gelten also folgende Gleichungen:

$$2\,PO\underset{\displaystyle OH}{\overset{\displaystyle OM}{\Big\langle}}OH + 3\,CaCl_2 + 4\,MOH = (PO_4)_2Ca_3 + 6\,MCl + 4\,H_2O.$$

$$2\,PO\underset{\displaystyle OC_3H_5(OH)_2}{\overset{\displaystyle OM}{\Big\langle}}OH + 2\,CaCl_2 + 2\,MOH = 2\,PO\underset{\displaystyle OC_3H_5(OH)_2}{\overset{\displaystyle O}{\Big\langle}}{}^{O}{>}Ca$$
$$+ 4\,MCl + 2\,H_2O.$$

Wenn man jedoch ein Monometallphosphat bei Gegenwart von Chlorcalcium mit Alkali gegen Phenolphtalein titrirt, so verbraucht man mehr als zwei Mol. Alkali, weil die eingetretene Rosafärbung infolge der Bildung von Polycalciumphosphaten immer wieder verschwindet. Dies lässt sich dadurch vermeiden, dass man zu der Phosphatlösung einen Ueberschuss von Chlorcalcium hinzugiebt und mit Säure gegen Helianthin neutralisirt. Dann setzt man Phenolphtaleïn und eine abgemessene überschüssige Menge Alkali hinzu und neutralisirt nun den Ueberschuss mit N-Säure. Die Methode giebt gute Resultate, wenn die Menge der Phosphate mehr als 5 % beträgt. Bei Gegenwart von Boraten und Silikaten ist die Methode nicht brauchbar.

---

[1]) H. Imbert und A. Astruc, Compt. rend. **125**, 1039; E. Falières, J. Pharm. Chim. (6), **7**, 234, 1898.

[2]) H. Imbert und J. Pagès, J. Pharm. Chim. (6), **7**, 378, 1898; vgl. auch A. Astruc, J. Pharm. Chim. (6), **7**, 5, 1898.

9. Bestimmung der Milchsäure.

Bei der Titration wässeriger Lösungen von Milchsäure mit N-Lauge unter Benützung von Phenolphtaleïn als Indikator fanden F. Ulzer und H. Seidel[1]), dass man verschiedene Resultate erhält, je nachdem man die Lösung direkt kalt mit N-Lauge titrirt oder aber zuerst mit übersehüssiger N-Lauge kocht und dann mit N-Säure zurücktitrirt. So wurden beispielsweise bei einer als rein bezogenen Milchsäure im ersten Falle 74,05 %, im zweiten dagegen 89,50 % Milchsäure gefunden. Diese Differenz erklärt sich wohl durch einen Gehalt der Milchsäure an laktonartigen Anhydriden, welcher bei der Milchsäure leicht möglich ist.

Die Bestimmung mit überschüssigem Alkali nach Art der Verseifung muss in starker Verdünnung vorgenommen werden, da die Lösung sich braun färbt. Alkaliblau war als Indikator geeigneter als Phenolphtaleïn.

10. Bestimmung von Weinsäure und Weinstein.

Für die Untersuchung des im Handel vorkommenden weinsäurehaltigen Rohmaterials kommen heute nur zwei von den vielen in den letzten Jahren empfohlenen Methoden in Betracht. Diese sind die „Salzsäuremethode" von Goldenberg, Geromont & Co., sowie die Oxalsäuremethode von Warington.

Die Salzsäuremethode wurde zuerst in der Chemiker Zeitung 12, 390, 1888 beschrieben und hat mittlerweile mehrere Abänderungen erfahren, nachdem eine lebhafte Diskussion über die einzelnen Ausführungsbestimmungen stattgefunden hatte. Die neuesten Angaben [2]) bezüglich der Einzelheiten der Salzsäuremethode sind folgende.

6 g fein gemahlene und gepulverte Hefe werden mit 9 ccm verdünnter Salzsäure vom spec. Gew. 1,1 bei Zimmertemperatur gleichmässig angerührt und eine Stunde unter öfterem Umrühren stehen gelassen. Nach Ablauf dieser Zeit verdünnt man mit dem gleichen Vol. Wasser und lässt wieder nur unter zeitweiligem Umrühren eine weitere Stunde stehen. Die Masse wird dann mit destillirtem Wasser in ein 100 ccm fassendes Messkölbchen gespült. Nach dem Auffüllen auf 100 ccm und tüchtigem Umschütteln filtrirt man durch ein trockenes Faltenfilter in ein trockenes Gefäss und misst sofort von dem Filtrat 50 ccm in ein Becherglas ab.

Die abgemessenen 50 ccm werden in einem mit Uhrglas bedeckten Becherglas mit 19 ccm Pottaschelösung (10 ccm = 2 g K_2CO_3) gekocht und nach 10 Minuten langem Sieden filtrirt. Nach vollständigem Auswaschen des Niederschlags wird die alkalische Flüssigkeit in einer Porcellanschale auf dem Wasserbade bis auf etwa 15 ccm eingedampft und

---

[1]) F. Ulzer und H. Seidel, Monatsh. f. Ch. 18, 138, 1897.

[2]) Goldenberg, Geromont & Co., Zeitschr. analyt. Ch. 37, 312, 382, 1898; 28, 371, 1889.

heiss mit 1 ccm Eisessig versetzt. Nach fünf Minuten langem Rühren kann man die Analyse entweder sogleich fortsetzen oder auch einige Zeit, eventuell bis zum nächsten Tage stehen lassen. Diese letztere Massregel, das Stehenlassen, dürfte jedoch dann zu vermeiden sein, wenn besonders unreine Weinhefen zur Untersuchung vorliegen und sich hierbei schleimige Ausscheidungen bilden, welche auch nach längerem Auswaschen leicht Essigsäure zurückhalten. Sollte eine Unterbrechung der Analyse an einer anderen Stelle nothwendig sein, so würde dies am besten nach dem Abmessen der 50 ccm der salzsauren Lösung geschehen.

Man giebt alsdann 100 ccm Alkohol von 94—96 $^0/_0$ zu und rührt wiederum 5 Minuten lang, bis der Weinsteinniederschlag feinkörnig krystallinisch abgeschieden ist. Derselbe wird dann sofort in folgender Weise auf ein konisches Saugfilter gebracht. Man lässt den Niederschlag erst in der Schale ordentlich absitzen, giesst dann den darüber stehenden Alkohol durch das Filter und spült zuletzt den Niederschlag auf das Filter. Nun wird zuerst die Schale mit Alkohol bis zu dem Verschwinden der sauren Reaktion ausgespült und dann der Niederschlag auf dem Filter selbst gleichfalls bis zu dem Verschwinden der sauren Reaktion ausgewaschen. Letzteres wird so lange fortgesetzt, bis etwa 30 ccm des alkoholischen Filtrats, mit Phenolphtaleïn versetzt mit 2—3 Tropfen $^N/_5$ Kalilauge eine alkalische Reaktion liefern; der Verbrauch an $^N/_5$ Kalilauge darf nur der geringen Acidität des verwendeten Alkohols entsprechen. Die Titration des abgeschiedenen Weinsteins führt man in einer Flüssigkeitsmenge von 100—120 ccm aus. Zur Feststellung des Endpunktes verwendet man empfindliches Lackmuspapier mit rothem bis rothviolettem Farbenton, selbstverständlich ist die Stellung der Lauge auf chemisch reinen Weinstein und die Titration unter Benützung desselben Lackmuspapiers vorzunehmen.

H. Heidenhain[1]) weist auf die Schwierigkeiten hin, die sich bei der Titration des Weinsteins mit Natronlauge unter Benützung von Lackmus als Indikator ergeben, indem sich hierbei der Farbenwechsel ungemein langsam vollzieht. Je grösser die Menge des gebildeten weinsauren Kalis, um so langsamer ist der Farbenwechsel. Während bei der Titration von 0,49 g Schwefelsäure mit $^N/_5$ Lauge die mit Lackmus tingirte Flüssigkeit nach Zusatz von 49,90 ccm Lauge noch entschieden roth ist, der nächste Tropfen (49,95 ccm) Violettfärbung und der letzte Tropfen (50,00 ccm) die Färbung in Vollblau herbeiführt, so fängt bei der Titration von 1,88 Weinstein die Violettfärbung bereits bei etwa 49,5 ccm an, jeder neue Tropfen Lauge bringt dieselbe dem reinen Blau näher, bis schliesslich durch einen neu hinzukommenden Tropfen an der Einfallsstelle eine tiefere Färbung in Blau nicht mehr hervorgerufen wird. Wählt man diesen

---

1) H. Heidenhain, Zeitschr. analyt. Ch. **27**, 682, 1888.

Punkt als Endpunkt der Titration, so wird man zwar nach einiger Uebung nur noch um einen Tropfen in Unsicherheit bleiben; dies würde aber, den Tropfen zu 0,05 ccm gerechnet, unter obigen Verhältnissen immerhin schon $^1/_{1000}$ von 1,88 g betragen, d. i. eine Unsicherheit über 1,88 mg Bitartrat. Bei höheren Koncentrationen ist die Ungenauigkeit grösser, bei geringeren Koncentrationen entsprechend vermindert.

Da sich nach dem Ausfällen des Weinsteins auf den Krystallen häufig ein flockiger Niederschlag ausscheidet, der als Ursache der zweifelhaften Endreaktion angesehen werden muss, wie die Versuche bewiesen, und da ausserdem dieser Niederschlag nicht auftritt, sobald man das zu untersuchende Hefematerial mit einem Gemische von Aether und Alkohol behandelt, so gibt Schäfer[1]) folgende Verhaltungsmassregeln:

1. Die Titration des Weinsteins darf nur mit schwach rothem Lackmuspapier als Endindikator geschehen; sie ist beendet, sobald ein einfallender Tropfen einen schwach blauen Rand hervorbringt.

2. Sobald nach dem Zusatz von Eisessig und Alkohol der Weinstein durch kräftiges Rühren zum Ausfallen gebracht worden ist, muss filtrirt werden, weil sonst ein Körper sich ausscheidet, der beim Titriren Natronlauge verbraucht und so den Gehalt an Weinsäure höher angiebt. Die Ausscheidung dieses Körpers ist der Dauer des Stehenlassens proportional.

3. Der letzterwähnte Umstand tritt nicht ein oder nur sehr wenig, wenn man das zu untersuchende Material mit einer Alkohol-Aethermischung (2 Theile 96 $^0/_0$ Alkohol und 1 Theil Aether) extrahirt[2]).

Als zweite in Betracht kommende Methode der Weinsäurebestimmung ist die sog. „Oxalsäuremethode" zu nennen. Den Grund zu dieser Methode legte Warington[3]); sie wurde noch vervollkommnet durch Grosjean[4]) und später durch F. Klein[5]).

„Nach Warington bestimmt man die dem sauren, weinsauren Kalium entsprechende Weinsäure durch direkte Titrirung des Musters mit N-Kalilauge, verkohlt ferner eine andere Probe der Substanz, titrirt den Rückstand mit N-Säure, zieht von dem Säurevolum die für eine gleiche Substanzmenge verbrauchte Lauge ab und rechnet die Differenz auf als neutrales Calciumsalz vorhandene Weinsäure (1000 ccm N-Säure $=$ 75 g Weinsäure) um. Hierauf wägt man eine 2—2,5 g Weinsäure enthaltende,

1) J. Schäfer, Chem. Ztg. **22**, 255 und 269, 1898.

2) Vgl. hierzu noch Weigert, Zeitschr. analyt. Ch. **23**, 359, 1884; F. Ganther, Zeitschr. analyt. Ch. **26**, 714, 1887; N. v. Lorenz, Zeitschr. analyt. Ch, **17**, 8, 1888; F. Möslinger, Chem. Ztg. **22**, 321, 1898; F. Eckstein, Chem. Ztg. **22**, 351, 1898; J. Schäfer, Chem. Ztg. **22**, 404, 1898; John Moszczenski, Chem. Centrbl. 1898, I, 1040; G. Lombard, Chem. Centrbl. 1899, I, 1086; E. Soldaini, Chem. Centrbl. 1899, II, 150.

3) Warington, Journ. Ch. Soc. **28**, 25, 994, 1875.

4) Grosjean, Journ. Ch. Soc. **35**, 341, 1879; Zeitschr. analyt. Ch. **19**, 373, 1880.

5) F. Klein, Zeitschr. analyt. Ch. **24**, 379, 1885.

gemahlene Portion derselben ab, bedeckt mit Wasser, erwärmt bis zum Durchweichen der Substanz und giebt in Form einer etwa 21 g pro 100 ccm enthaltenden Lösung ungefähr 1,5 g krystallisirtes neutrales oxalsaures Kalium mehr hinzu, als zur Zersetzung der Calciumsalze der Hefe erforderlich ist. Alsdann erhitzt man $^1/_4$ Stunde im Wasserbade weiter und macht die Flüssigkeit mit Kalilauge fast neutral. Hefen oder Weinsteine, welche krystallinisches Kaliumbitartrat enthalten, müssen vor der Analyse feingepulvert werden, da sonst das Neutralisiren zu zeitraubend ist. Nach kurzem weiteren Erhitzen der Flüssigkeit, deren Volum 40 ccm nicht übersteigen sollte, filtrirt man mit Hilfe eines Vakuumfilters, wäscht auf diesem 6 Mal nach und fügt die separat aufgefangene Waschflüssigkeit nach dem Verdampfen zu dem Hauptfiltrate".

„Das Ganze wird sodann auf 50 ccm gebracht, mit 2 g Citronensäure in Form einer starken Lösung oder in Krystallen versetzt und, nach durch Umrühren eingeleiteter Fällung, 12 Stunden stehen gelassen. Der am besten auf einem kleinen Vakuumfilter gesammelte Niederschlag wird 2 Mal mit einer 5 %igen Chlorcalciumlösung, sodann 2 Mal mit 50 %igem und endlich mit starkem Spiritus gewaschen, bis dieser neutral abläuft."

„Man titrirt den Niederschlag mit N-Lauge und addirt als Korrektion zu den gefundenen Grammen Weinsäure ein, am besten von jedem Analytiker für sich selbst zu bestimmendes Quantum hinzu. Warington fand diese Korrektion für sich selbst bei der Waschmethode mit Alkohol zu 0,070 g Weinsäure."

An Stelle des Waschens mit Alkohol kann dies auch mit einer mit Bitartrat gesättigten 10 %igen Chlorcalciumlösung geschehen.

Die von Grosjean und von F. Klein angegebenen Modifikationen beziehen sich auf einzelne Punkte, die aus den Originalen bezw. der Arbeit von A. Bornträger[1] zu ersehen sind, und der auch die vorstehenden Angaben entnommen sind.

Ausser diesen beiden im allgemeinen Gebrauch befindlichen Methoden giebt es noch eine Reihe von anderen, bei denen die Weinsäure als neutrales Calciumsalz gefällt wird. Es sind das die Verfahren von Dotto-Scribani[2], Scheurer-Kestner[3] und Oliveri[4].

In Betreff der Untersuchungen von H. Allen[5] über die Zusammen-

---

[1] A. Bornträger, Zeitschr. analyt. Ch. **25**, 327, 1886; **26**, 699, 1887; **37**, 485, 1898.

[2] Dotto-Scribani, Gaz. chim. ital. **8**, 511, 1878.

[3] Scheurer-Kestner, Compt. rend. **86**, 1024; Bull. Soc. ch. **29**, 451, 1878; Zeitschr. analyt. Ch. **18**, 111, 1879.

[4] Oliveri, Gazz. chim. ital. **14**, 453, 1884.

[5] A. H. Allen, The Analyst **21**, 174, 1896; **21**, 209, 1896; Ch. Centrbl. 1896, II, 549 und 717.

setzung und Analyse des Cremortartari des Handels muss ich auf
das Original bezw. Referat verweisen.

11. Bestimmung der Weinsäure neben Citronensäure.

A. Bornträger[1]) löst bei Untersuchung von Citronenkonserven
20 g, welche etwa 16—17 g Weinsäure + Citronensäure in 100 g enthalten, in Wasser auf, neutralisirt mit Kalilauge, fügt 5 g Chlorkalium
hinzu und bringt auf etwa 50 ccm. Sodann werden 3 g Citronensäure
in 5 %/o Lösung zugegeben, bis zum Auftreten des Bitartratniederschlags
gerührt, am folgenden Tag abfiltrirt und mit einer täglich frisch hergestellten, mit Weinstein gesättigten 10 %/oigen Chlorkaliumlösung und sodann
noch zweimal mit reiner 10%/oigen Chlorkaliumlösung ausgewaschen. Schliesslich wird die Fällung in der Hitze mit einer auf chemisch reinen Weinstein gestellten Lauge titrirt.

Dieses Verfahren stützt sich auf die Warington'sche, von Grosjean und Bornträger modificirten Methode zur Bestimmung der Weinsäure in Weinhefen und Weinsteinen. Nur ist bei der Untersuchung der
Konserven die Zersetzung der Kaliumsalze durch oxalsaures Kalium fort-
gefallen, da jene Produkte bloss Spuren von Calcium aufzuweisen hatten.

Sollte nach der obigen Ausführungsbestimmung weniger als 1 Thl.
Weinsäure auf 2 Thl. Citronensäure zugegen sein, dann lässt sich das
Verfahren nur noch anwenden, wenn man eine entsprechende abgewogene
Menge Bitartrat zusetzt.

Bei der Methode von E. Fleischer[2]) wird die wässerige Lösung
der beiden freien Säuren, oder die durch Essigsäure angesäuerte Auflösung der Alkalisalze mit einer ausreichenden Menge essigsauren Kaliums
und darauf mit 2 Vol. 95 %/oigen Alkohol versetzt, nach einer Stunde filtrirt,
der erhaltene Weinstein mit einem Gemisch von 1 Vol. Wasser mit 2 Vol.
Alkohol gewaschen und titrirt. Die gesammte Citronensäure soll im Filtrate enthalten sein.

12. Bestimmung der Phenole.

Bekanntlich lässt sich auch der Hydroxylwasserstoff der Phenole
durch Kalium, Natrium, Ammonium, Calcium u. s. w. ersetzen. Man
erhält hierdurch leicht zersetzliche Salze, denen bereits durch Kohlensäure
die Base entzogen werden kann. Trotzdem kann diese Möglichkeit des
Ersatzes des Hydroxylwasserstoffes der Phenole durch ein Alkalimetall
unter Verwendung eines geeigneten Indikators zur Gehaltbestimmung

---

1) A. Bornträger, Zeitschr. analyt. Ch. **37**, 477, 1898; Zeitschr. f. Unters. d.
Nahrungs- u. Genussm. 1898, 225.

2) E. Fleischer, vgl. Mohr-Classen, Titrirmethoden, 7. Aufl., 1896, 866;
vgl. auch H. Allen, Zeitschr. analyt. Ch. **16**, 251, 1877.

der Phenole verwendet werden. Diese Methode ist von Bader empfohlen und von Frerichs[1]) weiter ausgearbeitet worden.

Phenol, C_6H_5OH, wird mit verdünnter Natronlauge unter Anwendung von symmetrischem Trinitrobenzol als Indikator titrirt; der geringste Ueberschuss von Alkali erzeugt zwiebelrothe Färbung. Diese ist schwierig zu erkennen, und muss man zum Vergleiche sich eine Lösung, die etwas vom Indikator und etwas Natronlauge enthält, herstellen. Die angewandte Phenollösung muss ziemlich koncentrirt (ca. 2 %ig) sein. Unter diesen Bedingungen sind die Resultate genau.

Kresole, o- m- und p- Methylphenol, $C_6H_4 \begin{cases} OH \\ CH_3 \end{cases}$. Auch bei diesen giebt die vorher beschriebene Methode günstige Resultate, wenn die zu untersuchenden Kresole frei von Theerprodukten und Phenol sind. Bei der Bestimmung von p-Kresol wird die Lösung auf Zusatz von Natronlauge schon vor Ende der Reaktion gelblich, so dass eine Verwendung von tingirtem Wasser als Vergleichsflüssigkeit nicht möglich ist. Man verwendet dazu eine wässerige Lösung von p-Kresol, welche eine bestimmte, der zu titrirenden Menge annähernd gleiche Menge Kresol enthält, und die mit 1 ccm mehr Natronlauge, als zur Bindung des Kresols theoretisch erforderlich ist, versetzt ist.

13. Bestimmung der Salicylsäure im Wismuthsalicylat.

Da die Zusammensetzung des Wismuthsalicylates, $\left(C_6H_4 \begin{cases} OH \\ COO \end{cases} \right)_3 Bi$, keine gleichmässige ist, so ist es nach W. Kollo nothwendig, darin sowohl das Wismuthoxyd als auch die Salicylsäure zu bestimmen. Die von Thoms[2]) empfohlene und von Kollo[3]) modificirte Methode besteht darin, dass man 2 g Wismuthsalicylat in einem Erlenmeyerkölbchen mit ca. 30 ccm Wasser vermischt, mit genau 10 ccm Natronlauge auf dem Wasserbade erwärmt, das abgeschiedene Hydrat auf gewogenem Filter in einem 250 ccm Messkolben auswäscht und einen bestimmten Theil des Filtrats mit Normalsäure zurücktitrirt.

14. Bestimmung des Saccharins.

Da die hauptsächlichste Verunreinigung des Saccharins,

$$C_6H_4 \begin{cases} (1)CO \\ (2)SO_2 \end{cases} NH,$$

1) G. Frerichs, Apoth. Ztg. **11**, 415; **11**, 568, 1897.
2) Thoms, Ber. dtsch. pharm. Ges. 1898, 119.
3) W. Kollo, Pharm. Post. **32**, 2, 1899.

die keine Süsskraft besitzende p-Sulfaminbenzoësäure, $C_6H_4\begin{smallmatrix}(1)COOH\\(2)SO_2NH_2\end{smallmatrix}$,
ist, und Saccharin und diese Säure verschiedenes Molekulargewicht
(183 bezw. 201) besitzen, so kann man nach Glücksmann[3]) unter der
Voraussetzung, dass die Handelssaccharine wesentlich nur Gemenge dieser
beiden Stoffe vorstellen, den Gehalt an p-Säure auf titrimetrischem Wege
bestimmen. 1 g Saccharin erfordert zur Neutralisation 54,6 ccm, 1 g
p-Säure 49,7 ccm $N/10$ Natronlauge. Aus der Anzahl der verbrauchten
ccm $N/10$ Lauge (= c), die bei Gemengen für je 1 g Substanz innerhalb
der angeführten Zahlen liegen muss, ergibt sich nach der Formel

$$p = 2{,}01\,c - 100\,g\,0{,}0018\,c$$

der Procentgehalt des Saccharins an p-Säure. Hierbei bedeutet g das
absolute Gewicht des titrirten Saccharins. Zweckmässig wird man 3—5 g
(= g) Saccharin nehmem, in ca. der 30 fachen Menge neutralen Alkohols
lösen und Phenolphtaleïn als Indikator verwenden.

15. Bestimmung des Vanillins.

Die quantitative Bestimmung des Vanillins, $C_6H_3\begin{smallmatrix}(1)OH\\(2)OCH_3\\(4)CHO\end{smallmatrix}$, führt
Welmans[2]) durch Titration mit alkoholischer Kalilauge aus. In eine
Stöpselflasche von ca. 200 ccm Inhalt bringt man 1 g Vanillin, fügt
25 ccm Alkohol und 25 ccm $N/2$ alkoholische Kalilauge hinzu, schüttelt
bis vollständige Lösung eingetreten ist, und titrirt den Ueberschuss des
Alkali mit $N/2$ Salzsäure unter Benützung von Phenolphtaleïn als Indikator
zurück. Den Titer der 25 ccm $N/2$ alkoholischen Kalilauge stellt man in
gleicher Weise unter Zusatz von Alkohol fest. Die Differenz der verbrauchten ccm mit 0,076 multiplicirt, ergiebt die vorhandene Menge
Vanillin.

Bei Vanillinzucker werden 10 g zur Analyse verwandt; man löst ihn
in 50 ccm Wasser, fügt die alkoholische Kalilauge hinzu und verfährt in
der angegebenen Weise.

Löst man 1 g Vanillin ohne Zusatz von Alkohol direkt in 25 ccm
$N/2$ alkoholische Kalilauge, so erstarrt nach kurzer Zeit die Lösung zu
einer kolloidalen weissen Masse.

Die Gegenwart von Vanillinsäure übt einen störenden Einfluss auf
die Erkennung des Endpunktes der Titration aus.

Schmelzpunkt des Vanillins 82—83°; 10 % Vanillinsäure machen sich
noch nicht bei der Bestimmung des Schmelzpunktes bemerkbar.

---

1) Glücksmann, Pharm. Post **34**, 234, 1901; Chem. Centrbl. **1901**, II, 59.
2) Welmans, Pharm. Ztg. 1898, 634.

16. Bestimmung der freien Humussäuren im Moorboden.

Ueber die Bestimmung derselben hat Br. Tacke[1]) einen Beitrag geliefert. Den Humussäuren wird die Fähigkeit zugeschrieben, aus Karbonaten die Kohlensäure auszutreiben. Ob diese Fähigkeit sämmtlichen sauren Humuskörpern zukommt oder nur einzelnen, ist nicht bekannt; man wird jedenfalls die Humussäuren, die diese Eigenschaft besitzen, in erster Linie für die Acidität des Moorbodens verantwortlich machen müssen und ihnen zunächst die starken chemischen und physiologischen Wirkungen zuschreiben dürfen, die für die sauren Moorböden nach den verschiedensten Richtungen festgestellt sind. Von einer Methode, diese Substanzen quantitativ mit Sicherheit zu ermitteln, können daher wichtige Aufschlüsse über die einschlägigen Fragen erwartet werden.

Die Methode der Untersuchung stützt sich auf folgende Erwägungen: Das durch die Einwirkung der sauren Humussubstanzen zu zersetzende Karbonat muss ein neutral reagirender Körper sein, damit er für sich in der Kälte keine zersetzende Wirkung auf die Humussubstanzen ausübt. Die Gegenwart von Sauerstoff, durch dessen oxydirenden Einfluss eine Zersetzung der Humussubstanzen unter Bildung von Kohlensäure eintreten kann, ist auszuschliessen; daher müssen die Humussäuren auf das Karbonat in einer sauerstofffreien Atmosphäre oder im Vakuum einwirken. Die Schwerlöslichkeit oder Unlöslichkeit gewisser Humussäuren nöthigt dazu, die Substanzen in möglichst feiner Vertheilung aufeinander wirken zu lassen, deshalb werden dieselben in Form feinster Aufschlämmungen verwandt.

In einem von dem Verfasser besonders konstruirten Apparat wird unter Einleitung von Wasserstoff die Zersetzung mit kohlensaurem Kalk vorgenommen. Das freigemachte Kohlendioxyd wird in $N/_5$ Natronlauge aufgefangen und durch Zurücktitriren mit $N/_5$ Salzsäure unter Zusatz von Baryumchlorid nach dem Verfahren von Winkler mit Phenolphtaleïn als Indikator die Menge des Kohlendioxyds und damit auch die der Humussäuren bestimmt.

Es wurden Werthe ermittelt, die in Kohlensäure ausgedrückt zwischen 1,72—2,24 % in den einzelnen Moorböden schwanken; davon waren in einem Beispiel ca. 20 % wasserlösliche Humussäure, welcher also 0,18 % CO_2 entsprach.

17. Gleichzeitige Bestimmung der Mineralsäuren und der organischen Säuren im Rübensaft.

D. Sidersky[2]) titrirt ein bestimmtes Volum des Saftes unter Verwendung eines mit einer 1 %igen wässerigen Lösung von Kongo 4 B ge-

---

1) Br. Tacke, Chem. Ztg. **21**, 174, 1897.
2) D. Sidersky, Compt. rend. **121**, 1164, 1896.

tränkten Papiers. Man titrirt zunächst, so lange bis dasselbe nicht mehr gebläut wird. Dies ist der Endpunkt, bei dem alle Mineralsäure neutralisirt ist. Dann fügt man weitere Lauge zu bis zur Röthung von Phenolphtaleïn und ermittelt so den Gehalt an organischer Säure. Die Methode gestattet eine annähernde Genauigkeit der Bestimmung, da Kongo ja auch etwas durch einige organischen Säuren gebläut wird. Man kann auch den im Rübensaft vorhandenen Farbstoff als Indikator benützen. Die durch Zusatz von Alkali zum Rübensaft zuerst entstehende dunkelbraune Färbung verschwindet beim Umrühren, solange die Lösung freie Schwefelsäure enthält.

17. Bestimmung der Bitterstoffe im Hopfen.

Nach den Untersuchungen von C. J. Lintner[1]) besitzt das Verfahren von Hayduck zur Ermittlung des Gehaltes der Hopfenbitterstoffe manche Fehlerquellen. Gelegentlich einer Untersuchung über das Lupulin und seiner bitteren Bestandtheile zeigte es sich, dass die krystallisirende Lupulinsäure (β-Bittersäure), $C_{50} H_{70} O_8$, in alkoholischer Lösung unter Anwendung von Phenolphtaleïn als Indikator titrirt werden kann. Da auch die Harze sauren Charakter besitzen, so lag es nahe die Titration zur Bestimmung der Bitterstoffe im Hopfen zu verwenden.

10 g Hopfen werden in $^1/_2$ l Messkolben, der bei 505 ccm mit einer Marke versehen ist, mit 300 ccm Petroläther vom Siedepunkt 30 bis 50^0 acht Stunden lang im Wasserbade am Rückflusskühler ausgekocht. Um gleichmässiges Sieden zu erreichen, darf der Kolben nur 2—3 cm tief in Wasser von ca. 50^0 eintauchen. Die Hauptmenge der Bitterstoffe ist schon nach zwei Stunden gelöst. Alsdann füllt man bei $17,5^0$ C. mit Petroläther bis zur Marke 505 ccm auf und filtrirt durch ein Faltenfilter rasch in eine Stöpselflasche. Man darf den Hopfen nach der Extraktion mit dem Petroläther nicht längere Zeit stehen lassen, da sonst auch noch γ-Harz extrahirt wird, was bei hochsiedendem Petroläther etwas mehr der Fall ist als bei niedrig siedendem.

Zur Titration verwendet man 100 ccm des filtrirten Auszugs = 2 g lufttrocknen Hopfens und titrirt mit alkoholischer (90 volumprocentigem Alkohol) $^N/_{10}$ Kalilauge. Da sich Petroläther nicht mit der alkoholischen Kalilauge vermischt, so fügt man vor der Titration 80 ccm eines hochprocentigen (96 volumprocentigen) Alkohol hinzu und als Indikator Phenolphtaleïnlösung 1 : 100. Petroläther und Alkohol (100 ccm Petroläther und 80 ccm Alkohol) verbrauchen häufig allein mehr oder weniger Alkali. Man muss deshalb zuvor die Acidität derselben bestimmen und dann die entsprechende Menge in Abzug bringen.

---

1) C. J. Lintner, Z. ges. Brauw. **21**, 407, 1898; Chem. Centrbl. 1898, II, 684.

Die Einstellung des verbrauchten Alkalis geschieht auf Lupulinsäure ($^1/_2$ Mol. gew. 400 bezw. 389), indem man die verbrauchte Anzahl der $^N/_{10}$ ccm Kalilauge mit 0,04 multiplicirt. Lupulinsäure ist unter den Bitterstoffen des Hopfens in weitaus überwiegender Menge vorhanden.

Lintner empfiehlt sein Verfahren nicht zur Beurtheiluug des Handelswerthes des Hopfens; dagegen setzt es uns in den Stand einer Reihe praktisch wichtiger Fragen näher zu treten, die sich theils auf die Kultur des Hopfens, theils auf dessen Verwendung beziehen. Im Durchschnitt schwankt der Gehalt des Hopfens an Bitterstoff innerhalb verhältnissmässig enger Grenzen, bei einer Ernte z. B. zwischen 12,7—14,6 %.

18. Bestimmung der Acidität und Alkalescenz thierischer Flüssigkeiten.

Je nach der Art des verwendeten Indikators kann man hier, wo es sich hauptsächlich um die Anwesenheit von Phosphaten neben Karbonaten und eventuell organischen Säuren handelt, grundverschiedene Resultate erhalten. Es ist deshalb vor allen Dingen nöthig, sich bei bestimmten Flüssigkeiten auch nur eines allgemein angewandten Indikators zu bedienen. Ueber die Bestimmung der Acidität und Alkalescenz thierischer Flüssigkeiten hat sich infolgedessen eine sehr umfangreiche Litteratur[1] angesammelt, auf die ich hier nur verweisen kann.

19. Bestimmung der Acidität des Harns.

Man kann nach P. A. Lamanna[2] die Acidität des Harns durch Uebersättigen des Harns mit $^N/_{100}$ KOH, Versetzen mit überschüssiger Chlorbaryumlösung[3] und Zurücktitriren unter Verwendung von Phenolphtaleïn als Indikator vornehmen. Der normale Harn von 24 Stunden enthält an Säure

$$\text{berechnet auf } H_3PO_4 \quad 1\text{—}1,2 \;\%$$
$$\text{"} \qquad \text{"} \quad HCl \quad 1,1\text{—}1,35 \;\%$$
$$\text{"} \qquad \text{"} \quad C_2H_2O_4 \quad 1,9\text{—}2,33 \;\%$$
$$\text{"} \qquad \text{"} \quad H_2SO_4 \quad 1,47\text{—}1,81 \;\%.$$

---

[1] F. Kraus, Zeitschr. aualyt. Ch. **29**, 243, 1890. — F. Röhmann, Pflüger's Archiv **50**, 84, 1891. — G. Courant, Pflüger's Archiv **50**, 109, 1891. — E. Freund und G. Toepfer, Zeitschr. physiol. Ch. **19**, 84, 1894. — A. Loewy, Du Bois Reymond's Archiv **1893**, 555. — C Kelling, Zeitschr. physiol. Ch. **18**, 397, 1893. — Uffelmann, Zeitschr. analyt. Ch. **27**, 543, 1888. — Ch. Contejean, Centrbl. f. Physiologie **1893**, 839. — G. Toepfer, Zeitschr. physiol. Ch. **19**, 104, 1894. — J. J. Kasass, Chem. Centrbl. 1894, I, 481.

[2] P. A. Lamanna, Chem. Centrbl. 1898, I, 793; vgl. a. L. de Jager, Zeitschr. physiol. Ch. **24**, 303, 1897.

[3] H. Imbert und A. Astruc, Compt. rend. de la Soc. de Biologie **1897**, 476; V. Lieblein, Zeitschr. physiol. Ch. **20**, 52, 1895; Freund und Töpfer, ibid. **19**, 84, 1894.

An Stelle von Alkalien empfiehlt H. Joulie[1]) eine $N/10$ Zuckerkalklösung, welche 2,8 g Kalk pro Liter enthält. Die Lösung des Zucker-
kalks wird hergestellt durch Stehenlassen (24 Stunden lang) von 10 g gepulvertem Aetzkalk, 20 g Zucker und 1 l Wasser, Filtriren und Bestimmen des Kalkgehaltes mit $N/10$ Schwefelsäure. Die Zuckerkalklösung
hat mehrere Vortheile: a) Sie kann an der Luft nicht Kohlendioxyd anziehen, ohne diese Aenderung durch Trübung anzuzeigen. b) Da die Acidität des Harns zum grössten Theil von saurem Natriumphosphat herrührt,
so braucht man beim Titriren mit Zuckerkalklösung keinen Indikator.
Wenn die freien Säuren und das saure Natriumphosphat neutralisirt sind,
so bewirkt der geringste Ueberschuss von Kalk die Ausfällung des unlöslichen Tricalciumphosphats als genaues Zeichen der Sättigung. Zur Ausführung werden 20 ccm Harn tropfenweise mit der Zuckerkalklösung bis
zur bleibenden Trübung versetzt, wobei man das Gefäss auf ein Stück
schwarzes Papier setzt. Die Menge des angewandten Zuckerkalkes muss
wenigstens 5 ccm sein, damit der Fehler nicht grösser als 1 % wird.
Andernfalls muss man noch 20 ccm Harn zusetzen.

---

1) H Joulie, Compt. rend. **125**, 1129, 1897.

VII.

Methode der Alkalimetrie.

—

Die mit Säuren Salze bildenden oder salzartige Verbindungen ein-
gehenden organischen Körper sind entweder Alkohole oder stickstoff-
haltige Basen. Die Verbindungen der Alkohole mit Säuren, also die
Ester, lassen sich nicht nach einem Verfahren herstellen, das eine quantitative Bestimmung der Basicität der Alkohole oder der Menge irgend
eines in einer Lösung vorhandenen Alkohols gestattete. Die Geschwindigkeit der Esterificirung nimmt mit der Zunahme an gebildetem Ester ab,
und die Umsetzung ist keine vollständige. Ausserdem lassen sich Ester
wiederum nicht so leicht in ihre Bestandtheile durch Behandeln mit Säure
oder mit Lauge zerlegen, dass es auf diese Weise gelänge, die quantitative
Bestimmung des Alkoholgehaltes durch direktes Titriren mit Natronlauge
oder Säure zu bestimmen. Hierzu bedarf es einer besonderen Art der
Anwendung des einen oder andern zerlegenden Mittels, eines Vorgangs,
den man mit dem Namen Verseifung bezeichnet, und der im folgenden
Kapitel behandelt wird. Ester sind somit nicht als vollkommen salzartige
Verbindungen zu betrachten, zumal sie auch nicht elektrolytisch dissociir-
bar sind.

Dagegen sind weitaus die meisten organischen Basen, die sich also,
abgesehen von den metallorganischen Verbindungen, die mitunter basische
Eigenschaften besitzen, sowie den Jodonium- und Jodiniumbasen durchweg
durch ihren Stickstoffgehalt auszeichnen, sehr wohl im Stande, echte Salze
zu bilden.

Die Eintheilung ist folgende:

1. Arten der Gehaltsbestimmung.

   a) Bestimmung der Base durch direkte Titrirung mit
     der Säure.

   b) Bestimmung der Base durch Zugabe eines Ueber-
     schusses an Säure und Zurücktitriren derselben.

2. Allgemeines Verhalten der Basen.

3. Bestimmung der Salze der Basen.
4. Bestimmung des Formaldehyds mit Ammoniak oder Natronlauge.
5. Bestimmung des Formaldehyds mit Wasserstoffsuper-oxyd.
6. Bestimmung des Methylalkohols im Formaldehyd.
7. Bestimmung des Aldehyds im Aether.
8. Bestimmung des Harnstoffes nach Bunsen.
9. Bestimmung des Harnstoffes nach Pflüger und Bleib-treu.
10. Bestimmung der Pyridinbasen.
11. Bestimmung von Pyridinbasen im Ammoniak.
12. Bestimmung der Alkaloide.
    a) Verhalten gegen Indikatoren.
    b) Bestimmung nach Gordin.
13. Bestimmung des Empyreumas im Ammoniak.

1. Arten der Gehaltsbestimmung.

Die Gehaltsbestimmung kann je nach den Umständen auf zwei verschiedene Weisen erfolgen.

Einmal kann man, falls die Base als solche vorliegt, direkt zu der Lösung der Base so viel N- oder $^N/_2$- oder $^N/_{10}$-Säure zugeben, bis ein Ueberschuss der Säure deutlich erkennbar ist; dann aber lässt sich auch direkt ein Ueberschuss an Säure zufügen und wird derselbe mit Natron- oder Kalilauge oder Ammoniak zurücktitrirt. Liegen Salze der organischen Basen vor, so lässt sich wohl meist der Gehalt an Säure direkt mit Natronlauge etc. bis zur bleibenden Endreaktion titriren. Selbstverständlich ist bei allen diesen Titrationen der geeignete Indikator zu wählen.

a) Bestimmung der Base durch direkte Titrirung mit Säure.

Diese Art der Bestimmung dürfte in allen den Fällen in Frage kommen, in denen die zu untersuchende Base in genügender Menge in Wasser löslich ist; andernfalls würde man bei Benützung der Tüpfelprobe merkliche Mengen der Titration dadurch entziehen, dass dieselben mit dem Glasstab auf das Papier übertragen werden. Die Wahl des Indikators richtet sich nach den Umständen. Im allgemeinen wird diese Methode nur geringe Verwendung finden.

b) Bestimmung der Base durch Zugabe eines Ueberschusses an Säure und Zurücktitriren desselben.

Diese Methode hat verschiedentlich Anwendung gefunden. Es sei folgendes Beispiel gegeben.

Man versetzt eine **Anilinlösung**, deren Gehalt man bestimmen will, mit so viel $N/_2$ Salzsäure, dass Kongopapier gebläut wird, und titrirt mit Natronlauge zurück, bis Kongopapier nicht mehr gebläut wird. Alsdann ist der Endpunkt erreicht. Mit einiger Uebung lässt sich derselbe leicht feststellen, und man erhält annähernd gute Resultate. Die Methode ist brauchbar für **Anilin**, **o-** und **p-Toluidin**, **Monomethyl-** und **Monoäthylanilin**, **Dimethylanilin.** Dagegen kann sie nicht verwendet werden beim **Diäthylanilin**, da hierbei die Bindung der Salzsäure eine so schwache ist[1]), dass selbst bei Anwesenheit einer längst nicht zur Bindung des vorhandenen Diäthylanilins hinreichenden Menge Salzsäure Kongopapier gebläut wird.

Selbstverständlich lässt sich auch mit Hilfe des Kongopapiers nach der vorher angegebenen Methode titriren. Man giebt alsdann so viel Säure zu, bis Kongopapier gerade gebläut wird. Sicherer ist es jedoch, mit einem Säureüberschuss zu operiren und mit Lauge zurückzutitriren. Hierbei lassen sich auch beide Punkte feststellen, und nimmt man alsdann das Mittel zwischen beiden.

2. Allgemeines Verhalten der Basen.

Auch bei den Basen zeigen häufig verschiedene Indikatoren verschiedene Acidität an. So verhalten sich **Basen mit einer Amidogruppe** verschieden je nach der Anwendung von Helianthin und Phenolphtaleïn und je nach der Zugehörigkeit zur Methanreihe oder zur aromatischen Reihe[2]). **Die Basen**

Methylamin, CH_3NH_2,	in wässeriger Lösung
Dimethylamin, $(CH_3)_2NH$,	„ „ „
Trimethylamin, $(CH_3)_3N$,	„ „ „
Tetramethylammoniumhydrat, $(CH_3)_4NOH$, H_2O,	„ „ „
Aethylamin, $C_2H_5NH_2$,	„ „ „
Diäthylamin, $(C_2H_5)_2NH$,	„ „ „
Triäthylamin, $(C_2H_5)_3NH$,	„ „ „
Tetraäthylammoniumhydrat, $(C_2H_5)_4NOH$, H_2O,	„ „ „
Propylamin, $C_3H_7NH_2$,	„ „ „
Dipropylamin, $(C_3H_7)_2NH$,	„ „ „
Triproylamin, $(C_3H_7)_3N$,	„ „ „
n-Butylamin, $(C_4H_9)NH_2$,	in wässerig alkohol. Lösung
i-Butylamin, $(C_4H_9)NH_2$,	in wässeriger Lösung
Amylamin, $(C_5H_{11})NH_2$,	„ „ „
Diamylamin, $(C_5H_{11})_2NH$,	in wässerig alkohol. Lösung

sind alle einbasisch gegen Helianthin und Phenolphtaleïn.

---

1) Vgl. W. Vaubel, Journ. pr. Ch. **52**, 74, 1895.
2) A. Astruc, Compt. rend. **129**, 1021, 1899.

Die Basen

Anilin, $C_6H_5NH_2$,   in wässerig alkohol. Lösung

o-Toluidin, $C_6H_4{(1)NH_2 \atop (2)CH_3}$,   „   „   „   „

p-Toluidin, $C_6H_4{(1)NH_2 \atop (4)CH_3}$,   in wässeriger Lösung

α-Naphtylamin, $C_{10}H_7(\alpha)NH_2$,   in wässerig alkohol. Lösung

β-Naphtylamin, $C_{10}H_7(\beta)NH_2$,   „   „   „   „

verhalten sich neutral gegen Phenolphtaleïn und einbasisch gegen Methylorange.

Ebenso verhalten sich

$$\text{Dimethylanilin,}\qquad C_6H_5N(CH_3)_2,$$
$$\text{Pyridin,}\qquad C_5H_5N,$$
$$\text{Chinolin,}\qquad C_9H_7N,$$

Diphenylamin, $C_6H_5NHC_6H_5$, ist neutral gegen beide.

Basen mit zwei Amidogruppen, wie

Aethylendiamin, $C_2H_4\!\Big\langle{\text{NH}_2 \atop \text{NH}_2}$,   Diäthylendiamin, $\begin{matrix}C_2H_3NH_2\\|\\C_2H_3NH_2\end{matrix}$,
(Piperazin, Spermin)

verhalten sich gegen Methylorange zweibasisch, gegen Phenolphtaleïn einbasisch.

p-Phenylendiamin, $C_6H_4{(1)NH_2 \atop (4)NH_2}$, ist neutral gegen Phenolphtaleïn und einsäurig gegen Helianthin.

Phenylhydrazin, $C_6H_5NHNH_2$, verhält sich ebenso.

3. Bestimmung der Salze der Basen.

Von Menschutkin[1]) sind bereits Untersuchungen ausgeführt worden über die gegenseitige Verdrängung der Basen in den Lösungen ihrer neutralen Salze. Er fand, dass Anilin sowie diesem analoge Basen und ausserdem einige alkalische Ammoniakbasen sowie Piperidin durch Kalilauge vollständig verdrängt werden. Das Gleiche hatte für Anilin J. Thomsen mit Natronlauge konstatirt.

Die Ausführung der Bestimmung der Anilinsalze etc. ist kurz folgende: Man löst ein gewogenes Quantum der zu untersuchenden Salze in einem bestimmten Volum Wasser und titrirt mit einer Lösung von Kali oder Natron bis zur bleibenden Endreaktion. Man kann hierzu Phenolphtaleïn verwenden oder auf Lackmuspapier tüpfeln, bis dasselbe alkalische Reaktion zeigt. Sämmtliche Salze der organischen Basen sind ganz oder theilweise hydrolytisch gespalten, sie zeigen deshalb gegen Lack-

---

[1]) N. Menschutkin, Ber. **16**, 315, 1883; Chem. Centrbl. 1897, II, 435.

mus saure Reaktion in wässeriger Lösung. Demgemäss kann man unter Benützung dieses Indikators solange Lauge zufliessen lassen, bis Bläuung eintritt.

4. Bestimmung des Formaldehyds nach Legler.

Nach Untersuchungen von L. Legler[1]) lässt sich der Formaldehyd, H_2CO, auf zwei verschiedene Weisen titrimetrisch bestimmen.

Die erste Methode beruht auf der Umwandlung des Formaldehyds mit Ammoniak im Hexamethylenamin nach der Gleichung

$$6\,CH_2O + 4\,NH_3 = N_4(CH_2)_6 + 6\,H_2O.$$

Man bringt eine gewisse Menge Formaldehyd (10 ccm) mit 10 ccm N-Ammoniaklösung in fest geschlossenem Kölbchen zusammen und lässt einige Zeit stehen. L. F. Kebler[2]) hat gefunden, dass die Einwirkungsdauer mindestens 6 Stunden betragen muss, wenn man sichere Resultate erhalten will. Man titrirt alsdann den Ueberschuss an Ammoniak zurück und berechnet den Gehalt an Formaldehyd nach dem verbrauchten Ammoniak der obigen Gleichung entsprechend.

Die zweite Methode beruht auf der Beobachtung, dass Formdehyd mit Natronlauge ameisensaures Natron und Methylalkolol liefert nach der Gleichung

$$2\,CH_2O + NaOH = HCOONa + CH_3OH.$$

Man giebt zu 20 ccm Formaldehydlösung 20 ccm N-Natronlauge und erwärmt während der Dauer von 2 Tagen in geschlossenem Kölbchen gelinde auf dem Wasserbade und steigert nach Verlauf dieser Zeit die Temperatur einige Stunden auf ca. 80°. Nach dem Erkalten wird zurücktitrirt mit Schwefelsäure und der Gehalt an Formaldehyd aus den verbrauchten ccm N Natronlauge der obigen Gleichung entsprechend berechnet. Erwähnt sei, dass der Verein für chemische Industrie in Mainz[3]) 7 Stunden lang bei einer Temperatur von etwa 85—87° C. erwärmt und dann titrirt. Es ist streng darauf zu achten, dass nur solche Analysen als richtig angesehen werden, bei welchen das Reaktionsgemisch farblos bleibt.

Durch Destillation des entstandenen ameisensauren Natrons mit Schwefelsäure und gewichtsanalytische Bestimmung der überdestillirten Ameisensäure in Form von ausgeschiedenem Quecksilberchlorür wurde nachgewiesen, dass der Verlauf der Reaktion genau der oben angeführten Gleichung entspricht.

Die Bestimmung mit Alkalien gelingt jedoch nur bei nicht allzugrosser Verdünnung derselben. $N/10$ Lösungen beenden die Umsetzung

---

1) L. Legler, Ber. **16**, 1333, 1883.
2) L. F. Kebler, Amer. J. Pharm. **70**, 432, 1898.
3) Vgl. Zeitschr. analyt. Ch. **39**, 61, 1900.

nicht mehr vollständig, während Ammoniaklösung bei dieser Verdünnung noch vollkommen leicht und sicher Hexamethylenamin bildet.

Zu der Bestimmung des Formaldehyds mit Ammoniak bemerkte G. Lösekann[1]), dass, wenn man den Formaldehyd mit überschüssigem Ammoniak behandelt und nach vollendeter Umsetzung entsprechend der Gleichung

$$6 HCHO + 4 NH_3 = N_4(CH_2)_6 + 6 H_2O$$

das Ammoniak zurücktitrirt, nicht für 6 Mol. Formaldehyd 4, sondern nur 3 Mol. Ammoniak als verbraucht in Rechnung gesetzt werden dürfen, da das entstandene Hexamethylenamin ein Aequivalent der zum Zurücktitriren verbrauchten Säure neutralisire.

Diesen scheinbaren Widerspruch klärte W. Eschweiler[2]) dadurch auf, dass er fand, dass je nach der Wahl des Indikators das Hexamethylen mittitrirt wird oder nicht. Wendet man wie Lösekann Methylorange oder Kochenille oder auch Kongoroth an, so darf man für 6 Mol. nur eine 3 Mol. Ammoniak entsprechende Abnahme der Alkalität in Rechnung setzen; wendet man dagegen, wie dies Legler gethan hat, Lackmus oder auch Phenolphtaleïn an, so muss man der Umsetzungsgleichung entsprechend 4 Mol. Ammoniak in Rechnung bringen.

Zur Ausführung der Bestimmung bemerkt Eschweiler, dass nach seinen Erfahrungen die Reaktion nicht so rasch erfolgt, wie Legler angiebt. Bei Anwendung eines etwa $1^0/_0$igen Ammoniaks war die Umsetzung erst nach ein- bis zweitägigem Stehen der Mischung beendet. Die Reaktion vollzieht sich dagegen rasch, wenn man kurze Zeit auf etwa 100^0 erwärmt.

5. Bestimmung des Formaldehyds mit Wasserstoffsuperoxyd.

Das früher zur Bestimmung von Formaldehyd allgemein übliche Verfahren, denselben mit Ammoniak zu titriren, liefert von mehreren in der Technik angewandten Methoden, die unter sich übereinstimmen, abweichende Resultate; bei $20—40^0/_0$ Formaldehyd findet man nach der Ammoniakmethode etwa $1,5^0/_0$ weniger.

Ein neues Verfahren, welches auf der Oxydation von Formaldehyd mit Wasserstoffsuperoxyd in alkalischer Lösung zu Ameisensäure und dem Zurücktitriren der nicht verbrauchten Natronlauge beruht, giebt mit den erwähnten technischen Methoden genaue übereinstimmende Zahlen. Das Verfahren ist von O. Blank und H. Finkenbeiner[3]) ausgearbeitet worden. Die Bestimmung wird folgendermassen ausgeführt.

----

1) G. Lösekann, Ber. **22**, 1565, 1889.
2) W. Eschweiler, Ber. **22**, 1929, 1889.
3) O. Blank und H. Finkenbeiner, Ber. **31**, 2939, 1897.

3 g der zu prüfenden Formaldehydlösung oder bei festem Formaldehyd 1 g werden in einem Wägegläschen abgewogen und in 25 ccm (bei stärkerer als 45 %iger Lösung 30 ccm) $2 \times$ N-Natronlauge, welche sich in einem hohen Erlenmeyer-Kolben befindet, eingetragen. Gleich darauf werden allmälig in etwa drei Minuten 50 ccm reines Wasserstoffsuperoxyd, dessen Säuregehalt man bestimmt hat mit einem Gehalt von 2,5—3 %/o durch einen Trichter, um Verspritzen zu verhindern, hinzugefügt. Nach 2—3 Minuten langem Stehenlassen wird der Trichter mit Wasser gut abgespült und die nicht verbrauchte Natronlauge mit $2 \times$ N-Schwefelsäure zurücktitrirt. Als Indikator wurde Lackmustinktur angewandt, wobei die rothvioletten Farbstoffe durch Ausziehen mit Alkohol aus dem Lackmus entfernt werden, da sonst der Umschlag nicht scharf ist. Bei Bestimmung verdünnterer als 30 %/oiger Lösung muss man zur Vervollständigung der Reaktion etwa 10 Minuten nach Zugabe des Wasserstoffsuperoxyds stehen lassen.

Der Procentgehalt wird direkt erhalten, indem man die Anzahl der verbrauchten ccm Natronlauge bei Anwendung von 3 g Formaldehyd mit 2, von 1 g festem Formaldehyd mit 6 multiplicirt.

Die Reaktion verläuft unter ziemlich starker Selbsterwärmung und heftigem Aufschäumen im Sinne folgender Gleichung:

$$2\,HCHO + 2\,NaOH + H_2O_2 = 2\,HCOONa + H_2 + 2\,H_2O.$$

Ob die Reaktion in dieser Richtung quantitativ vor sich geht, oder ob daneben noch folgende Reaktion stattfindet

$$HCHO + NaOH + H_2O_2 = HCOONa + 2\,H_2O$$

muss dahingestellt bleiben. Jedenfalls lässt sich Wasserstoff qualitativ mit Sicherheit nachweisen und die gebildete Ameisensäure quantitativ mit Quecksilberchlorid nach Entfernung des Wasserstoffsuperoxyds mit Nitrit.

Bei einigen anderen Aldehyden, Acetaldehyd, Paraldehyd und Benzaldehyd wurde die beschriebene Reaktion ebenfalls versucht. Jedoch erfolgt sie beträchtlich langsamer als bei Formaldehyd, und ob sie quantitativ erfolgt, ist fraglich.

Hier sei noch speciell auf die Schwierigkeit der Bestimmung des Säuregehaltes des Wasserstoffsuperoxyds aufmerksam gemacht, da man je nach Wahl des Indikators verschiedene Resultate erhält, indem Wasserstoffsuperoxyd gegenüber den einzelnen Indikatoren verschiedenartigen Säurecharakter zeigt.

6. Bestimmung des Methylalkohols im Formaldehyd.

Die vom Verein für chemische Industrie in Mainz vorgeschlagene Methode[1]) beruht auf dem vorher besprochenen Verfahren der Umwandlung von Formaldehyd mit Natronlauge nach der Gleichung:

$$2\,CH_2O + NaOH = CH_3OH + HCOONa.$$

---

[1]) Zeitschr. analyt. Ch. **39**, 63, 1900.

Man wiegt 100 g Formol in einem widerstandsfähigen, nicht zu kleinen Rundkolben ab, fügt 700 g Doppeltnormalnatronlauge zu, setzt auf den Kolben einen guten Rückflusskühler, der mit Wasser, und darüber einen zweiten Schlangenkühler, der mit Eis gekühlt wird, und erhitzt 2 Stunden zum Sieden. Wendet man nicht grosse und kalte Kühlgefässe an, so hat man leicht wesentliche Verluste und bekommt zu niedrige Werthe für den Methylalkohol. Nachdem der Apparat wieder erkaltet ist, entfernt man den Rückflusskühler und destillirt bei guter Kühlung 300—400 ccm ab. Im Destillat wird der Methylalkoholgehalt durch genaue Bestimmung des specifischen Gewichtes ermittelt, und daraus der Methylalkoholgehalt des angewendeten Formols berechnet, indem man die Menge des aus dem Formaldehyd gebildeten Methylalkohols in Abzug bringt.

Das specifische Gewicht muss sehr genau bestimmt werden. Auch ist es nothwendig eine möglichst reine Lauge zu verwenden.

Die Resultate sind meist erträglich richtig, leider aber nicht absolut sicher, weil die Umsetzung manchmal nicht nur nach obiger Gleichung verläuft, sondern aus dem Formol andere Körper, Zucker u. s. w. gebildet werden, was dazu führt, dass man den Gehalt an freiem Methylalkohol zu niedrig findet z. B. statt $20^0/_0$ nur $18^0/_0$. Grössere Fehler sind nicht beobachtet worden.

7. Bestimmung des Aldehyds im Aether.

Von Adrian[1]) ist ein Verfahren angegeben worden, welches es gestattet, den Aldehyd im Aether zu bestimmen. Dasselbe beruht darauf, dass durch den Aether unter Abkühlung ein Strom trocknen Ammoniakgases geleitet wird; die sich abscheidenden Aldehydammoniakkrystalle werden gesammelt und aus dem Ammoniakgehalt derjenige des Aldehyds berechnet. Die Bildung des Aldehydammoniaks erfolgt nach der Gleichung:

$$CH_3CHO + NH_3 = CH_3C\begin{cases} OH \\ H \\ NH_2 \end{cases}$$

Dasselbe bildet farblose, glänzende Rhomboëder, die bei $70—80^0$ schmelzen. Wird der Aldehydammoniak in feuchtem Zustande oder mit Alkohol sich selbst überlassen, so geht er in eine amorphe, zweisäurige Base, das Aldehydin oder Hydracetamid, $(CH_3 . CH)_3N_2$, über.

8. Bestimmung des Harnstoffs nach Bunsen.

Nach der Methode von Bunsen[2]) wird der Harnstoff direkt im Harn oder nach dem Ausfällen der Schwefelsäure u. s. w. durch Chlor-

---

[1]) Adrian, Monit. scientifique **1894**, 894.
[2]) Vgl. Zeitschr. analyt. Ch. **25**, 599, 1886.

baryum und durch Erhitzen eines gemessenes Theils des Harns mit ammoniakalischer Chlorbaryumlösung im zugeschmolzenen Rohre auf 220° C.
und Wägen des hierdurch gebildeten Baryumkarbonats bestimmt.

P. Cazeneuve und Hugounenq [1]) empfehlen den Harnstoff durch
Erhitzen mit Wasser im zugeschmolzenen Rohr in kohlensaures Ammoniak
umzuwandeln und dieses titrimetrisch zu bestimmen. Die von ihnen ausgeführten Analysen haben befriedigende Resultate ergeben. Die Umwandlung geschah in fest verschliessbaren Kupferröhren unter Umwandlung
von 10 ccm Harn und 20 ccm Wasser, die auf 180° C. erhitzt werden.

Bei der von Pflüger und Bohland [2]) beschriebenen Modifikation
der Bunsen'schen Methode wird der durch Phosphorwolframsäure fällbare Antheil des im Harn vorhandenen Stickstoffs (des „Extraktivstick-
stoffs"), sowie der nicht fällbare Antheil, zum wesentlichen aus Harnstoff bestehend, gesondert bestimmt. Da durch Phosphorwolframsäure
Ammoniak aus verdünnten Lösungen nicht oder nur höchst unvollständig
niedergeschlagen wird, so wird der in Form von Ammoniaksalzen vorhandene Stickstoff mit dem Harnstoff zugleich bestimmt und als Harnstoff berechnet. Dieser Uebelstand lässt sich nach K. Bohland [3]) vermeiden, wenn in dem durch Phosphorwolframsäure ausgefällten Harn das
Ammoniak nach dem Schlösing'schen Verfahren bestimmt und der erhaltene Stickstoff dann von dem nach Bunsen im ganzen erhaltenen in
Abzug gebracht wird. Die Bestimmung nach Schlösing nimmt Bohland ähnlich wie C. Wurster [4]) im luftleeren Raume vor in der Weise,
dass er die Austreibung des Ammoniaks mit Barytwasser bei 50° ausführt. Da Wurster's Angabe zufolge Harnstofflösung mit Barytwasser
bei dieser Temperatur wiederholt zur Trockne gebracht werden kann, so
ist eine Beeinträchtigung der Versuchsergebnisse bei der Methode von
Wurster, der das Ammoniak im Harn direkt auf diese Weise bestimmt,
nicht zu befürchten.

Bohland bedient sich zur Herstellung des luftverdünnten Raumes
eines Exsikkators, bestehend aus einer Glasplatte mit aufgeschliffener
Glocke, welche letztere seitlich einen Schliff mit Hahn und Rohr behufs
Verbindung mit der Wasserstrahlpumpe und oben einen mittelst eines
durchbohrten Gummistopfens verschlossenen Schliff behufs Zuführung von
Kalkmilch trägt. Durch den Gummistopfen geht ein Glasrohr, das innen
tief, bis nahe an den Boden des Exsikkators reicht und aussen einen
Glashahn und einen Kugeltrichter trägt. Bei der Ausführung werden
25 ccm des mit einigen Tropfen verdünnter Schwefelsäure angesäuerten

---

[1]) P. Cazeneuve und Hugounenq, Bull. soc. de Paris. **48**, 82; Zeitschr.
analyt. Ch. **27**, 119, 1888; vgl. auch Schmied, Du Bois-Regmond's Archiv 1894, 552.
[2]) Pflüger und Bohland, Zeitschr. anal. Ch. **25**, 599, 1886.
[3]) K. Bohland, Pflüger's Archiv **43**, 30, 1888.
[4]) C. Wurster, Centrbl. f. Physiologie **1887**, 485.

Harns in einer Glasschale in den Exsikkator gebracht, darüber wird eine
zweite, kleinere Schale, enthaltend 30 ccm $N/10$ Schwefelsäure, gestellt,
dann die Glocke übergestülpt und der Exsikkator mit Hilfe der Wasserstrahlpumpe luftleer gemacht. Nun füllt man in den Trichter über der
Glocke 10 ccm Kalkmilch und lässt dieselbe durch vorsichtiges Oeffnen
des Hahnes ohne Spritzen in die mit Harn gefüllte Schale fliessen. Nach
48 Stunden wird der Exsikkator geöffnet und die vorgelegte Säure nach
Zusatz von Jodkalium und jodsaurem Kali mit Natriumthiosulfat zurücktitrirt.

Vorher nimmt man mit Liebig'scher Quecksilberlösung eine annähernde Harnstoffbestimmung vor, sodann ermittelt man durch einen
Versuch die zur Ausfällung der Extraktivstoffe nöthige Menge Phosphorwolframsäure. Hierauf wird die Bunsen'sche Bestimmung in der bereits
beschriebenen Art ausgeführt, mit dem Unterschiede, dass die Kohlensäure-
bestimmung wegfällt und dafür mit einem Theil des Phosphorwolfram-
säurefiltrats die Schlösing'sche Ammoniakbestimmung vorgenommen
wird.

K. H. A. Mörner und J. Sjöqvist[1]) verfahren folgendermassen:
5 ccm des Harns werden in einem Kolben mit 5 ccm einer gesättigten
Chlorbaryumlösung, in welcher man 5 % Barythydrat aufgelöst hat, gemischt, mit 100 ccm eines Gemisches von 2 Theilen 97 % Weingeist und
1 Theil Aether versetzt und verschlossen bis zum nächsten Tage stehen
gelassen. Dann wird der Niederschlag mit der Saugpumpe abfiltrirt, mit
50 ccm Alkohol-Aether ausgewaschen, das Filtrat im luftverdünnten Raume
bei 55 °, jedenfalls nicht über 60 °, abdestillirt, oder in einer Schale, die
in Wasser von höchstens 60 ° taucht, eingeengt, bis das Volum nur 25 ccm
beträgt, dann nach Zusatz von wenig Wasser und gebrannter Magnesia
so lange eingedampft, bis die Dämpfe keine alkalische Reaktion mehr
zeigen. Die zurückbleibenden 10—15 ccm Flüssigkeit werden entweder
unter Nachspülen mit Wasser in einen geeigneten Kolben gebracht, mit
einigen Tropfen konc. Schwefelsäure versetzt, eingeengt und schliesslich
zu einer Kjeldahl'schen Stickstoffbestimmung verwendet, oder aber im
zugeschmolzenen Rohre mit alkalischer Chlorbaryumlösung nach Bunsen
erhitzt. Beide Verfahren geben bei Harn fast dieselben Zahlen, woraus
zu entnehmen ist, dass der Alkohol-Aether ausser Harnstoff keine merklichen Mengen anderer stickstoffhaltigen Substanzen aufnimmt. Bei Versuchen mit bekannten Mengen reinen Harnstoffes, die reichlich mit durch
Alkohol fällbaren Kohlenhydraten versetzt waren, wurden sehr befriedigende
Resultate erhalten (im Mittel ca. 0,56 % Verlust der Gesammtharnstoff-
menge).

Dieses Verfahren giebt meist höhere Werthe als das von Pflüger
und seinen Schülern ausgearbeitete.

---

[1]) K. H. A. Mörner und J. Sjöqvist, Skand. Archiv f. Physiol. **2**, 438;
Zeitschr. analyt. Ch. **30**, 388, 1891.

9. Bestimmung des Harnstoffes nach Pflüger und Bleibtreu.

Pflüger und Bleibtreu[1]) haben eine Methode zur Bestimmung des Harnstoffes ausgearbeitet, welche darauf hinausläuft, in dem durch Fällen mit Phosphorwolframsäure erhaltenen Filtrat, das Ammoniak nach dem Schlösing'schen Verfahren zu bestimmen und den Harnstoff durch Zersetzen mit Phosphorsäure in Ammoniak umzuwandeln, durch Natronlauge frei zu machen und in dem betreffenden Destillat als Ammoniak zu titriren.

Zur Ausführung des Verfahrens sind erforderlich: a) titrirte Schwefelsäure, von der 1 ccm 0,001 g Stickstoff anzeigt, b) eine äquivalente Lösung von Natriumthiosulfat, c) eine 20 %/o Jodkalium- und eine 4 %/o Kaliumjodatlösung, d) ein Apparat nach Schlösing-Neubauer zur Bestimmung des präformirten Ammoniaks, e) ein geräumiger, kupferner, mit Asbestplatte bekleideter Trockenschrank mit Thermometer für hohe Temperaturen. Der Schrank fasst vier der benützten Destillationskolben, f) ein Destillationsapparat und eine Anzahl Destillationskolben von $2\,^1/_2$ l Inhalt. Der Kühler darf an übergehende Wasserdämpfe kein Alkali abgeben. Zum Auffangen des Destillats dient eine 500 ccm fassende Vorlage, an die sich eine zweite, wenn dies nöthig, noch eine dritte Vorlage anschliesst; die zweite wird mit 2 ccm, die dritte mit 1 ccm der titrirten Schwefelsäure beschickt. Wie viel Schwefelsäure in die erste Vorlage zu bringen ist, lässt sich eventuell durch eine Vorprobe mit Liebig'scher Quecksilberlösung feststellen. g) Eine Mischung von Salzsäure und Phosphorwolframsäure; 100 ccm Salzsäure von 1,124 spec. Gew. werden in einem Literkolben mit Phosphorwolframsäure (1 : 10) auf einen Liter aufgefüllt. h) Phosphorsäure in Krystallen oder in konc. Lösung.

Ausführung. 1 Vol. Harn wird mit 2 Vol. der Säuremischung zusammengebracht, nach 5 Minuten eine kleine Probe abfiltrirt, das Filtrat mit 3 Tropfen der Säuremischung versetzt. Tritt dabei, was nur selten vorkommt, innerhalb zweier Minuten Trübung auf, so ist 1 Vol. Harn mit 3 Vol. Säuremischung auszufällen. Nach 24 Stunden wird von dem Phosphorwolframsäureniederschlag abfiltrirt, das Filtrat (I) mit Kalkpulver in einem Mörser verrieben, bis alkalische Reaktion eingetreten ist, und der Mörser mit einer Glasplatte bedeckt stehen gelassen, bis die blaue Färbung verschwunden ist. Dann wird filtrirt und das Filtrat in drei Büretten gefüllt. In einem Theile desselben wird in der von Bohland beschriebenen Weise die Bestimmung des präformirten Ammoniaks nach Schlösing vorgenommen. Hierauf werden je 15 ccm in die Destillationskolben gebracht, nachdem man dieselben mit je 10 g Phosphorsäure in Krystallen beschickt und in dem erwähnten Trockenofen etwa 3 Stunden

---

1) Pflüger und Bleibtreu, Pflüger's Archiv **44**, 55: Zeitschr. analyt. Ch. **28**, 338, 750, 1889; L. Bleibtreu, Pflüger's Archiv **44**, 512, 1889.

bei 230—360⁰ erhitzt. Alsdann lässt man abkühlen, füllt in die Kolben, deren Inhalt in eine schwarze theerige Masse verwandelt ist, etwas Wasser, verbindet mit dem Destillationsapparat und lässt 70 ccm Natronlauge von 1,3 spec. Gew. und so viel Wasser einfliessen, dass das Gesammtvolum 600—700 ccm beträgt. Man destillirt so lange, bis 400—500 ccm in die Vorlage übergegangen sind und titrirt den Inhalt der Vorlagen nach Zusatz von 10 ccm Jodkaliumlösung und 13 ccm Kaliumjodatlösung mit Thiosulfat zurück.

Die Differenz der vorgelegten Schwefelsäuremengen gegenüber der verbrauchten Thiosulfatlösung in Kubikcentimeter ergiebt, mit 0,02 multiplicirt, den Procentgehalt des Harns an Stickstoff, soweit er in Form von Harnstoff und Ammoniak darin vorhanden war; nach Abzug des nach Schlösing bestimmten präformirten Ammoniaks erhält man die Menge des bloss in Form von Harnstoff vorhanden gewesenen Stickstoffes.

Zur Theorie der Umwandlung des Harnstoffes in Ammoniak sei noch bemerkt, dass nach C. Harries[1]) bei anderen Diaminen hierbei unter Abspaltung von Ammoniak die zugehörigen zweifach ungesättigten Kohlenwasserstoffe entstehen.

10. Bestimmung der Pyridinbasen.

K. E. Schulze[2]) empfiehlt die Titrirung der Pyridinbasen, wenn sie sich mit Hilfe der gewöhnlichen Indikatoren nicht ausführen lässt, unter Zusatz eines Tropfens Eisenchloridlösung vorzunehmen und dann so lange N-Schwefelsäure zufliessen zu lassen, bis das ausgeschiedene Eisenoxydhydrat sich gerade wieder gelöst hat.

11. Bestimmung von Pyridinbasen im Ammoniak.

Das von W. Kinzel[3]) ausgearbeitete Verfahren beruht darauf, dass Pyridin und dessen Alkylderivate, welche sich dem Ammoniak in vieler Beziehung sehr ähnlich zeigen, mit Quecksilberchlorid leicht zersetzliche Verbindungen liefern, während Ammoniak beständigere basische Verbindungen liefert. Beim Erhitzen werden die Pyridinverbindungen zersetzt und gehen in das Destillat über.

Zur Bestimmung werden 100 g Ammoniak mit Schwefelsäure (1 : 5) unter gutem Abkühlen neutralisirt unter Anwendung von Lackmus als Indikator, mit einem Tropfen Natronlauge versetzt, auf 400 ccm gebracht und während einstündiger Dauer auf $^2/_3$ abdestillirt. Das Destillat wird mit 10,0 g Quecksilberchlorid in Lösung versetzt, wieder auf 400 ccm gebracht und wiederum innerhalb einer Stunde auf $^2/_3$ abdestillirt.

---

1) C. Harries, Ber. **34**, 300, 1901.
2) K. E. Schulze, Ber. **20**, 2391, 1887.
3) W. Kinzel, Pharm. Centrbl. (N.F.) **11**, 239; Zeitschr. analyt. Ch. **30**, 330, 1891.

Die Lösung wird unter Anwendung von Dimethylorange mit $^N/_{10}$ Salzsäure bis zur Rothfärbung titrirt. Da immer eine geringe Menge Ammoniak mit in das Destillat übergeht, die unter den angegebenen Bedingungen 0,8 ccm $^N/_{10}$ Salzsäure entspricht, so muss dieser Betrag von dem Verbrauch an Säure abgezogen werden. 1 ccm $^N/_{10}$ Säure entspricht 0,0079 g Pyridin.

Ein für pharmaceutische Zwecke noch brauchbares Ammoniak soll nicht mehr als 2 ccm $^N/_{10}$ Säure (inklusive der abzuziehenden 0,8) verbrauchen.

12. Bestimmung der Alkaloide.

a) Verhalten gegen Indikatoren.

C. Kippenberger[1] giebt einen Bericht über das Verhalten der Alkaloide bei der Titration mit Säurelösungen. Bei seinen Versuchen kamen folgende Indikatoren in Anwendung: Jodeosin, Methylorange, Aethylorange, Azolithmin (zum Vergleiche mitunter auch Lackmus), Uranin Hämatoxylin, Phenolphtaleïn, Kochenille, Lackmoid, Alkannin und Kongoroth, sämmtlich in Lösungen von der üblichen Koncentration. Jodeosin wurde in ätherischer Lösung zugegeben und alsdann nach jedesmaligem Zusatz der Titerflüssigkeit kräftig geschüttelt.

Von Alkaloiden wurden geprüft: Strychnin, Brucin, Atropin, Morphin, Akonitin, Veratrin, Papaverin, Narceïn, Thebaïn, Kodeïn, Emetin, Pelletierin, Nikotin, Koniin, Sparteïn, Chinin, Narkotin, Kokaïn und ausserdem die Base Koffeïn.

Die zur Titration in Anwendung genommene Alkaloidlösung enthielt eine Menge $^N/_{50}$ Schwefelsäure, die grösser war als das zur Bildung neutralen Alkaloidsalzes erforderliche Aequivalent. Alsdann wurden bestimmte Volumina zur wässerigen Indikatorlösung gegeben und versucht, den Ueberschuss der Säure mit $^N/_{50}$ Natronlauge zurückzumessen. Bei Anwendung von Methylorange und Aethylorange wurde so titrirt, dass dabei zunächst Natronlauge in schwachem Ueberschusse zur Anwendung gelangte und letzterer alsdann mit Säure zurückgemessen wurde.

Die Hauptresultate der in tabellarischer Uebersicht gegebenen Daten sind folgende:

Jodeosin hat sich recht gut bewährt bei: Atropin, Akonitin, Veratrin, Thebaïn, Kodeïn, Emetin und Koniin. Etwas weniger gute, aber immerhin noch brauchbare Resultate werden erzielt bei Strychnin, Brucin, Pelletierin, Nikotin, Morphin und Kokaïn, während es sich nicht eignet, bei den Alkaloiden Papaverin, Narceïn, Spartein, Chinin, Narkotin und bei Koffeïn.

---

1) C. Kippenberger, Zeitschr. analyt. Ch. **39**, 201, 1900; siehe auch dort die zahlreichen Literaturangaben über diesen Gegenstand.

Methylorange (und Aethylorange) gab nur bei Atropin, Emetin und Koniin annähernd genaue Zahlen, der Farbenumschlag des Indikators ist bei jedem dieser drei Alkaloide ein sehr undeutlicher, während die Titration unter Zuhilfenahme dieses Indikators bei den Alkaloiden Strychnin, Brucin, Morphin, Veratrin, Papaverin, Thebaïn, Kodeïn, Pelletierin, Kokaïn, namentlich aber bei Nikotin, Akonitin, Sparteïn und Chinin zu hohe und bei Narceïn und Koffeïn zu niedere Säurezahlen anzeigt.

Azolithmin lässt sich sehr schön verwenden bei: Strychnin, Brucin, Atropin, Akonitin, Emetin, Koniin, Sparteïn, Chinin und Kodeïn, weniger gut bei Kokaïn, Pelletierin und Morphin, während es sich als ungeeignet erweist bei Narceïn, Narkotin, Thebain, Nikotin, Papaverin und Koffeïn. Bei Morphin auch Papaverin ist der Farbenumschlag ein sehr leicht täuschender, bei Emetin und bei Pelletierin tritt Missfarbe ein.

Uranin eignet sich bei Atropin, Thebaïn, Kodein, Emetin, Pelletierin, Nikotin, Koniin, Kokaïn, Chinin und Spartein, weniger gut bei Strychnin, Brucin, Akonitin, Veratrin und gar nicht bei Narkotin, Papaverin, Narcein und Koffeïn.

Hämatoxylin giebt gute Resultate bei Strychnin, Brucin, Atropin, Akonitin, Veratrin, Kodeïn, Emetin, Koniin, Kokain und namentlich bei Sparteïn und Chinin; einigermassen eignet es sich auch bei Thebaïn, während bei Morphin, Narceïn, Pelletierin, Nikotin, besonders aber bei Narkotin und Papaverin zu niedere Säurezahlen angezeigt werden.

Phenolphtaleïn lässt sich nur bei Sparteïn verwenden.

Kochenille eignet sich bei: Strychnin, Brucin, Atropin, Morphin, Akonitin, Veratrin, Thebaïn, Kodeïn, Emetin, Pelletierin, Nikotin, Koniin, Kokaïn; bei Sparteïn und Chinin lässt sich der Farbenwechsel des Indikators zu wenig scharf erkennen und bei Narceïn, Narkotin, Koffeïn und Papaverin werden zu niedere Säurezahlen angezeigt.

Lackmoid ist brauchbar bei Atropin, Morphin, Veratrin, Papaverin, Thebaïn, Kodeïn, Emetin, Pelletierin, Nikotin, Koniin, Chinin, Narkotin und Kokaïn, weniger gut bei Strychnin und Brucin, und durch zu niedere Säurezahlen unbrauchbar bei Narceïn und Koffeïn, durch zu hohe Säurezahlen unbrauchbar bei Akonitin und Spartein.

Alkannin eignet sich bei Sparteïn und wird auch bei Koniin zu verwenden sein, doch hindert die Unbeständigkeit der Farbenerscheinung. Alle anderen Alkaloide lassen sich mit Hilfe dieses Indikators nicht titriren.

Kongoroth eignet sich nur bei Koniin, nicht aber bei den anderen Alkaloiden.

Am besten verwendet man also

    für Atropin: Lackmoid und Uranin,
       Morphin: Kochenille und Lackmoid,
       Akonitin: Azolithmin,

Veratrin: Lackmoid,
Thebaïn: Jodeosin, Kochenille,
Kodeïn: Jodeosin, Lackmoid,
Emetin: Jodeosin, Kochenille,
Kokaïn: Lackmoid,
Strychnin: Azolithmin,
Brucin: Kochenille,
Nikotin: Lackmoid,
Koniin: Jodeosin, Kochenille, Lackmoid,
Sparteïn: Hämatoxylin,
Chinin: Azolithmin, Hämatoxylin,
Pelletierin: Kochenille,
Papaverin: Lackmoid,
Narkotin: Lackmoid,
Narceïn: —
Koffeïn: —

b) Bestimmung nach Gordin.

Die Methode von H. M. Gordin[1]) gilt für salzbildende Alkaloide, welche unter Anwendung von Phenolphtaleïn als Indikator in folgender Weise bestimmt werden.

Als Titerflüssigkeit kann man $^N/_{20}$ Kalilauge anwenden. Man wägt ca. 0,2 g reines, durch Erhitzen auf 120 ^{0} entwässertes Morphin in eine 100 ccm fassende Messflasche hinein, setzt aus der Bürette 30 ccm der Salzsäure zu und versetzt die Flüssigkeit allmälig und unter fortwährendem Schütteln so lange mit Jod-Jodkaliumlösung[2]) (ca. 10 g J, 15 g KJ pro 1 l), bis letztere keine Vermehrung des Niederschlages mehr hervorruft und die darüber stehende Flüssigkeit dunkelroth erscheint. Man verdünnt nun auf 100 ccm und schüttelt die Flasche mit eingesetztem Stopfen so lange kräftig, bis der Niederschlag sich abgesetzt hat und die darüber stehende Flüssigkeit vollkommen klar, aber roth gefärbt erscheint. Man filtrirt, entfärbt 50 ccm des Filtrats mit einigen Tropfen 10 %iger Thiosulfatlösung und titrirt, nach Zusatz von einigen Tropfen Phenolphtaleïnlösung die Säure mit der eingestellten Kalilauge. Daraus ergiebt sich, wie viel Morphin durch 1 ccm der Säure neutralisirt wird, und durch Vergleichen des Molekulargewichtes des Morphins mit den Molekulargewichten derjenigen Alkaloide, die man zu bestimmen wünscht, können leicht die Mengen dieser Alkaloide, welche 1 ccm der Säure entsprechen, berechnet werden.

Zur Bestimmung eines dieser Alkaloide löst man nun dasselbe in

---

[1]) H. M. Gordin, Ber. **32**, 2871, 1899.
[2]) Vgl. die Jodirung der Alkaloïde im Kapitel über die Methode der Jodirung.

30 ccm der so eingestellten Säure, verfährt in derselben Weise, wie bei der Einstellung der Säure und findet die Anzahl der Kubikcentimeter der Säure, welche das Alkaloid verbraucht hat. Durch Multiplikation mit dem oben ermittelten Faktor ergiebt sich dann die Menge des zu bestimmenden Alkaloids. Wendet man zur Fällung das Mayer'sche Reagens an, so ist das Verfahren ganz dasselbe, nur braucht man hier kein Thiosulfat zuzugeben.

Berberin und Kolchicin lassen sich nicht nach dieser Methode bestimmen.

Entspricht 1 ccm Säure 0,0137 g Morphin (wasserfrei), so ergeben sich folgende Faktoren.

$$
\begin{aligned}
1 \text{ ccm } N/_{20} \text{ Säure} &= 0,0137 \text{ g Morphin,}\\
&= 0,0184 \text{ g Hydrastin,}\\
&= 0,0160 \text{ g Strychnin,}\\
&= 0,0102 \text{ g Koffeïn (kryst.)}\\
&= 0,0139 \text{ g Atropin,}\\
&= 0,0146 \text{ g Kokaïn.}
\end{aligned}
$$

13. Bestimmung des Empyreumas im Ammoniak.

Hierbei kommt eine Methode von H. Ost[1]) zur Verwendung, die darauf basirt, dass Pyridinbasen mit Säure erst dann neutralisirt werden, wenn alles Ammoniak gebunden ist. Dieser Punkt kann durch Zusatz von einem Tropfen Methylorange leicht ermittelt werden. Diese Methode soll von allen sonst noch empfohlenen die empfindlichste sein.

---

[1]) Siehe Pharm. Ztg. **40**, 589, 1895.

VIII.

Methode der Verseifung.

Unter Verseifung im engeren Sinne versteht man die Umwandlung der Glycerinester der Fettsäuren, also der Fette, in die Alkalisalze der Fettsäuren, die Seifen, unter Abspaltung von Glycerin. Der Ausdruck Verseifung hat sich nun auf gleichartige und ähnliche Vorgänge übertragen, so dass also hier ausser der Verseifung der Ester auch die Zerlegung der Phenoläther, der Imidäther, der Säureamide und Säurenitrile in Rücksicht zu ziehen sind.

Als verseifende Mittel kommen Wasser, Säuren, Alkalien, sowie auch diejenigen Salze in Anwendung, bei denen Säure und Basis ungleiche Stärke besitzen, so dass diese Salze in wässeriger Lösung hydrolytisch d. h. zum Theil in Säure und Base gespalten sind, wobei dann der stärkere Antheil wiederum ganz oder theilweise in Ionen dissociirt ist. Die Stärke einer Säure oder Base kann durch die Grösse ihrer Wirkung auf die Reaktionsgeschwindigkeit gemessen werden. Das Gleiche gilt von den hydrolytisch dissociirten Salzen. Ausserdem kann auch Wasser allein schon verseifend wirken, wobei die verseifende Wirkung mit Erhöhung der Temperatur zunimmt.

Der Behandlung des Stoffes liegt folgende Eintheilung zu Grunde:

1. Verseifung von Estern.
   a) Bestimmung des Anthranilsäuremethylesters in ätherischen Oelen.
2. Theorie des Verseifungsprocesses der Triglyceride.
3. Bestimmung der Reichert-Meissl'schen Zahl der Fette.
4. Bestimmung der Reichert-Meissl'schen Zahl im Butterfett.
5. Die Hehner'sche Zahl der Fette.
6. Bestimmung der Hehner'schen Zahl im Butterfett.

7. Die Verseifungszahl der Fette oder die Köttstorfer'sche Zahl.

8. Bestimmung der Köttstorfer'schen Zahl im Butterfett.

9. Bestimmung stark ungesättigter Fettsäuren in den Thranen.

10. Bestimmung alkylirter Phenole (Methoxyl- und Aethoxylbestimmung).

11. Bestimmung alkylirter Amidoverbindungen.

12. Verseifung von Säureamiden.

13. Ueber die Wirkung von verdünnten Säuren auf Benzoësäuresulfimid und über die Analyse des käuflichen Saccharins.

14. Verseifung von Nitrilen.

15. Verseifbarkeit der Nitrile und Konstitution.

1. Ausführung der Verseifung von Estern.

Wie schon erwähnt wurde, kann die Verseifung der Ester mit Wasser in Dampfform oder mit Säuren, Alkalien oder hydrolytisch dissociirten Salzen bewerkstelligt werden. Wasser als solches wirkt nur sehr langsam auf den Verseifungsprocess, dagegen als gespannter Dampf sehr rasch. Für analytische Zwecke kommt nur die Zerlegung durch Säuren oder Alkalien und zwar vorwiegend durch letztere in Frage, wobei man aus Gründen der leichteren Einwirkung am besten sich einer alkoholischen Lauge bezw. des Natriumalkoholats bedient.

Zur Herstellung einer alkoholischen Lauge, wie sie zur Bestimmung der Säurezahl der Fette, zur Ermittlung der Verseifungszahl der Fette etc. verwendet wird, löst man die nothwendige Menge Kali oder Natronhydrat in wenig Wasser und verdünnt mit starkem Weingeist, den man vorher durch Destillation über Kalihydrat oder nach der Methode von Waller[1] durch Schütteln mit Permanganat bis zur Abscheidung von Mangansuperoxyd, Zusatz von etwas Calciumkarbonat und nicht vollständiger Destillation bis zur Trockne gereinigt hat.

Der Titer der alkoholischen Lauge ist wenig beständig infolge der Oxydationswirkung der atmosphärischen Luft und muss daher stets wieder kontrollirt werden.

A. Kosel und K. Obermüller[2] sowie A. Kosel und M. Krüger[3] empfehlen die Verseifung mit Natriumalkoholat, wobei sich nach einiger Zeit die Natronseife der vorhandenen Säure ausscheidet. Als intramediäre Produkte konnte man auch die Verbindung der im Fett vorhandenen

---

1) Waller, Chem. Ztg. Ref. **14**, 23, 1890.

2) A. Kosel und K. Obermüller, Zeitschr. physiol. Ch. **14**, 399, 1890.

3) A. Kosel und M. Krüger, ibid. **15**, 321, 1891.

Säure mit dem Alkohol des angewandten Alkoholats, d. h. den Aethyl-bezw. Amylester nachweisen.

K. Obermüller[1]) kommt zu dem Resultat, dass sich der Process auf die einfachste Weise erklären lasse, wenn man annimmt, das vorhandene Wasser trete mit in Aktion. Das Natriumalkoholat bildet zunächst mit dem fettsauren Glycerin Natriumglycerin und fettsauren Ester. Bei Gegenwart von Wasser zersetzt sich das Natriumglycerin leicht in Glycerin und Natronhydrat; letzteres verseift den Ester unter Bildung von Natronseife und Alkohol. Der zur Darstellung des Natriumalkoholats verwendete absolute Alkohol enthält wohl meist noch Wasser genug, um eine Reaktion im angedeuteten Sinne zu ermöglichen, namentlich da der absolute Alkohol beim Erwärmen bezw. Stehen an der Luft begierig Wasser anzieht. Obermüller konnte den Nachweis führen, dass unter Anwendung möglichst wasserfreier Agentien und unter besonderen Vorsichtsmassregeln zum Abhalten der Feuchtigkeit der Luft der Verseifungsprocess ein unvollständiger ist. Von 4,5 g Fett blieben 1,3 g unverseift.

L. Claisen[2]) hat sich der verseifenden Wirkung der essigsauren Alkalien bedient und hierbei z. B. aus Oxaläther und essigsaurem Kali in molekularen Mengen

$$\begin{array}{ccc} COOC_2H_5 & & COOK \\ | & + CH_3COOK = & | & + CH_3COOC_2H_5 \\ COOC_2H_5 & & COOC_2H_5 \end{array}$$

beim Erwärmen auf dem Wasserbade äthyloxalsaures Kali erhalten.

a) Bestimmung des Anthranilsäuremethylesters in ätherischen Oelen.

Nach A. Hesse und O. Zeitschel[3]) verfährt man in der Art, dass man das zu untersuchende Oel in 2—3 Theilen trocknem Aether löst, die Lösung in einer Kältemischung auf mindestens 0^0 abkühlt und dann unter stetem Umrühren tropfenweise ein kaltes Gemisch von 1 Vol. koncentrirter Schwefelsäure mit 5 Vol. Aether zufügt, bis kein Niederschlag mehr entsteht. Hierbei scheidet sich Anthranilsäuremethylester-sulfat, $C_6H_4NH_2CO_2CH_3,H_2SO_4$, (Mol.-Gew. 249) aus.

Der Niederschlag wird auf einem Filter gesammelt und bis zur Geruchlosigkeit mit trockenem Aether ausgewaschen. Diese Masse enthält den gesammten Anthranilsäuremethylester des Oeles.

Je nach der Menge des zur Verfügung stehenden Sulfatniederschlages kann nun der Nachweis und die Bestimmung des Anthranilsäuremethyl-

---

[1]) K. Obermüller, ibid. **16**, 152, 1892.

[2]) L. Claisen, Ber. **24**, 127, 1891.

[3]) A. Hesse und O. Zeitschel, Ber. **34**, 296, 1901; vgl. ferner Walbaum, Journ. pr. Ch. **59**, 350, 1899; Ber. **32**, 1512, 1899; H. u. E. Erdmann, Ber. **32**, 1213, 1899; A. Hesse, Ber. **32**, 2616, 1899; Stephan, Journ. pr. Ch. **62**, 533, 1900.

esters mehr oder weniger genau gestaltet werden. Ist nur eine vergleichende
Bestimmung beabsichtigt, oder gestattet die geringe Menge eine Isolirung
und Identificirung des freien Esters nicht, so wird der Niederschlag in
Wasser gelöst, die Lösung filtrirt, mit einigen Tropfen Phenolphtaleïn und
mit $N/_2$ Kalilauge bis zur Rothfärbung versetzt. Aus der Menge der verbrauchten $N/_2$ Kalilauge lässt sich die Menge der gebundenen Schwefelsäure bezw. das Gewicht des vorhanden gewesenen Anthranilsäuremethyl-
estersulfats berechnen. Dann wird die Lösung mit überschüssiger alkoholischer $N/_2$ Kalilauge auf dem Wasserbade $^1/_2$ Stunde erhitzt und die
unverbrauchte Kalilauge mit $N/_2$ Schwefelsäure zurücktitrirt. Aus der beim
Verseifen verbrauchten Anzahl Kubikcentimeter $N/_2$ Kalilauge (a) und der
angewandten Menge Substanz (s) lässt sich der Procentgehalt (x) des Oeles
alsdann nach der Gleichung:

$$x = \frac{100 \times a \times 0{,}0755}{s}$$

berechnen.

Bestand der erhaltene Sulfatniederschlag im wesentlichen aus reinem
Anthranilsäuremethylestersulfat, so verhält sich die Anzahl der bei beiden
Operationen gebrauchten Kubikcentimeter Kalilauge wie 2 : 1. Wird bei
der Verseifung weniger Kalilauge gebraucht als diesem Verhältniss entspricht, so ist auf die Gegenwart einer nicht verseifbaren Base, Pyridin
u. s. w. zu schliessen. Diese zweite Base lässt sich alsdann aus der
alkalischen Verseifungslauge durch Ausäthern isoliren. Durch Eindampfen
der Lauge, Ansäuern mit Essigsäure, Extrahiren mit Aether wird die
Anthranilsäure gewonnen und dadurch identificirt, dass man den Schmelzpunkt der Säure vor und nach dem Verreiben mit reiner Anthranilsäure
bestimmt.

Nerolioel enthielt nach dieser Bestimmungsmethode 0,6 $^0/_0$ Anthranil-
säuremethylester, während Walbaum 1,3 $^0/_0$ fand. Doch kann diese
Differenz ausser an anderem Ausgangsmaterial auch an der fehlerhaften
Methode liegen, deren sich letzterer bediente.

2. Theorie des Verseifungprocesses der Triglyceride.

Die Verseifung der Triglyceride ist bisher durch folgende allgemeine
Gleichung ausgedrückt worden:

$$C_3H_5{\Big\langle}^{\displaystyle OR}_{\displaystyle OR}{-}OR + 3M.OH = C_3H_5{\Big\langle}^{\displaystyle OH}_{\displaystyle OH}{-}OH + 3\,M.OR$$

in welcher M. ein einwerthiges Metallatom oder Wasserstoff bedeuten soll

Diese Gleichung stellt jedoch nur den Endzustand dar und giebt
keinen Aufschluss darüber, wie der Verseifungsprocess verläuft, d. h. sie
beantwortet nicht die Frage, ob das Triglycerid gradauf in drei Mol.

Fettsäure und ein Mol. Glycerin gespalten wird, oder ob der chemische Umsatz stufenweise erfolgt, so dass zuerst Diglycerid, dann Monoglycerid und schliesslich Fettsäure und Glycerin gebildet wird.

Geitel[1]) hat jüngst auf Grund von physikalisch-chemischen Untersuchungen nachgewiesen, dass der Verseifungsprocess bimolekular verläuft, und dass demnach ein Glycerid unter dem Einflusse verseifender Agentien zunächst in Diglycerid, dann in Monoglycerid u. s. w. gespalten wird.

J. Lewkowitsch[2]) suchte nun auf die Weise zwischen beiden Anschauungen zu entscheiden, dass er die Acetyl-, Hehner- und Verseifungszahlen von partiell verseiften Fetten bestimmte. Der Theorie nach müssten dieselben folgende sein:

	Acetyl-zahl.	Hehner-zahl.	Verseifungs-zahl.
Tristearin, $C_3H_5(OC_{18}H_{35}O)_3$	0	95,73	189,5
Stearinsäure, $C_{18}H_{36}O_2$	0	100,00	197,5
Monostearin, $C_3H_5(OH)(OH)(OC_{18}H_{35}O)$	253,8	—	—
Distearin, $C_3H_5OH(OC_{18}H_{35}O)_2$	84,2	—	—
Monacetyldistearin, $C_3H_5(OC_2H_3O(OC_{18}H_{35}O)_2$	—	85,3	252,7
Diacetylmonostearin, $C_3H_5(OC_2H_3O)_2(OC_{18}H_{35}O)$	—	64,2	350,8

Der fast absolute Parallelismus bei den von Lewkowitsch im Verein mit C. J. Robertshaw und J. G. Read ausgeführten Versuchen zwischen dem Verlaufe der Acetylzahlen und den Verseifungszahlen zeigt deutlich die Berechtigung der Annahme einer theilweise vor sich gehenden Verseifung. Weniger frappant sind die Zahlenreihen für die unlöslichen Fettsäuren (Hehnerzahlen), weil sie ein sehr viel kleineres Intervall bei der graphischen Darstellung bedeuten. Natürlicherweise zeigen die Hehnerzahlen den umgekehrten Verlauf der beiden vorangehenden Zahlen, sie stellen das Spiegelbild derselben dar und beweisen daher dieselbe Gesetzmässigkeit.

Lewkowitsch giebt die Resultate von 11 verschiedenen Versuchen, die zum Beweise der partiell vor sich gehenden Verseifung dienen.

3. Bestimmung der Reichert-Meissl'chen Zahl der Fette.

Die Reichert-Meissl'sche Zahl[3]) der Fette bezieht sich entweder auf die Ermittlung des Antheils an flüchtigen Fettsäuren oder auf die des Antheils an löslichen Fettsäuren. Je nach dem gewünschten Endergebniss ist auch das angewendete Verfahren verschieden.

Zur Bestimmung der flüchtigen Fettsäuren, welche sich also abdestilliren lassen, verfährt man in der Weise, dass man 5 g geschmolzenes

1) Geitel, Journ. pr. Ch. 55, 429, 1897.
2) J. Lewkowitsch, Ber. 33, 89, 1900.
3) Zeitschr. analyt. Ch. 18, 68, 1879; Dingler's polyt. Journ. 233, 229, 1877.

und filtrirtes Fett in einem Kölbchen von ca. 200 ccm Inhalt mit ca. 2 g
festem Aetzkali und 50 ccm 70 %igem Alkohol unter Schütteln auf dem
Wasserbad verseift, bis zur vollständigen Verflüchtigung des Alkohols
eindampft, den dicken Seifenbrei in 100 ccm Wasser löst, mit 40 ccm
Schwefelsäure (1 : 10) versetzt und nach Zugabe einiger hanfkorngrosser
Bimssteinstücke unter Verwendung eines Kühlers abdestillirt. Um ein
Ueberspritzen der Schwefelsäure zu vermeiden, kann man auch eine weite
Kugelröhre ansetzen. Man fängt etwa 100 ccm während des etwa eine
Stunde dauernden Destillirens auf, filtrirt davon 100 ccm und bestimmt
darin den Säuregehalt mit Phenolphtaleïn oder Lackmus als Indikator und
Verwendung von $N/_{10}$ Lauge.

Die auf 110 ccm des Destillats und somit für 5 g umgerechnete Anzahl von $N/_{10}$ Lauge giebt uns die Reichert-Meissl'sche Zahl. Man
erhält die ursprüngliche Reichert'sche Zahl, indem man mit zwei
dividirt.

Abänderungen des Destillationsverfahrens wurden vorgeschlagen von
Schweissinger[1]), Munier[2]), Cornwall[3]), Wollny[4]), Sendtner[5]),
v. Raumer[6]), Goldmann[7]).

Die Bestimmung der löslichen Fettsäuren führt nahezu zu
denselben Resultaten wie die der flüchtigen.

Die Ausführung geschieht in der Weise, dass man 4–5 g Fett mit
50—60 ccm alkoholischer $N/_2$ Kalilauge verseift, das überschüssige Kali
mit $N/_2$ Salzsäure neutralisirt, wobei man die Verseifungszahl erhält, den
Alkohol durch Abdampfen entfernt, die Seife mit überschüssiger Salzsäure
zerlegt, die unlöslichen Fettsäuren auf einem Filter mit heissem Wasser
wäscht und hierbei die Hehnerzahl ermittelt, indem man dieselben mit
Alkohol löst und mit $N/_2$ Lauge titrirt. Die Differenz zwischen dem zur
Verseifung und dem zur Titration der unlöslichen Fettsäuren verbrauchten
Kalihydrat ist die zur Neutralisation der flüchtigen Fettsäuren erforder-
liche Menge.

Man kann auch in der Weise verfahren, dass man nach der Verseifung mit der der angewandten Lauge genau entsprechenden Menge
titrirter Schwefelsäure versetzt, die unlöslichen Fettsäuren auswäscht und
das Filtrat mit $N/_{10}$-Lauge titrirt. Die auf 5 g Substanz bezogene Anzahl ccm $N/_{10}$-Lauge giebt die Reichert-Meissl'sche Zahl.

Weitere Untersuchungen über diesen Gegenstand sind noch angestellt

---

[1]) Schweissinger, Chem. Ztg. **11**, 174, 1887.
[2]) Munier, Zeitschr. analyt. Ch. **21**, 394, 1882.
[3]) Cornwall, Chem. News **53**, 20, 1886.
[4]) Wollny, Zeitschr. analyt. Ch. **28**, 721, 1889.
[5]) Sendtner, Arch. f. Hygiene **8**, 422, 1888.
[6]) v. Raumer, Arch. f. Hygiene **8**, 407, 1888.
[7]) Goldmann, Chem. Ztg. **12**, 308, 1888.

worden von Morse und Burton[1]), Planchon[2]), Bondzynski und
Rufi[3]), G. Firtsch[4]), J. König und F. Hart[5]), R. Henriques empfiehlt seine Methode der kalten Verseifung (s. nachher) auch zur Bestimmung der Reichert-Meissl'schen Zahl. H. Bremer[6]) hat die Bestimmung der Köttstorfer'schen Verseifungszahl und der Reichert-Meissl-
schen Zahl zu einer Operation vereinigt.

Folgende Tabelle giebt eine Uebersicht über den Gehalt einiger
Fette und Oele an flüchtigen Fettsäuren[7]):

	$N/_{10}$ ccm KOH.		$N/_{10}$ ccm KOH.
Baumwollensamenöl	0,95	Palmöl	0,5
Kokosnussöl	7,3	Palmkernöl	3,4
Erdnussöl	0,4	Ricinusöl	4,0
Hammeltalg	1,2	Rindstalg	1,0
Leberthran	0,40	Robbenthran	2,6
Leinöl	0,95	Rüböl roh	0,90
Mandelöl	0,55	„ raff.	0,58
Mohnöl	0,60	Schweinefett	1,10
Nussöl (Juglans)	0,92	Sesamöl	1,2
Olivenöl	1,5	Sonnenblumenöl	0,5.

4. Bestimmung der Reichert-Meissl'chen Zahl im Butterfett.

Nach der bundesrathlichen Vorschrift vom 1. April 1897 verfährt
man folgendermassen:

Genau 5 g Butterfett werden in einer Pipette in einem Kölbchen von
300 bis 350 ccm Inhalt abgewogen und das Kölbchen auf das kochende
Wasserbad gestellt. Zu dem geschmolzenen Fette lässt man aus einer
Pipette unter Vermeidung des Einblasens 10 ccm einer alkoholischen Kalilauge (20 g Kaliumhydroxyd in 100 ccm Alkohol von 70 Volumprocent
gelöst) fliessen. Während man nun den Kolbeninhalt durch Schütteln
öfter zertheilt, lässt man den Alkohol zum grössten Theile weggehen; es
tritt bald Schaumbildung ein, die Verseifung geht zu Ende und die Seife
wird zähflüssig; sodann bläst man so lange in Zwischenräumeu von etwa
je $^1/_2$ Minute mit einem Handblasebalg unter gleichzeitiger schüttelnder
Bewegung des Kolbens Luft ein, bis durch den Geruch kein Alkohol
mehr wahrzunehmen ist. Der Kolben darf hierbei nur immer so lange
und so weit vom Wasserbade entfernt werden, als es die Schüttelbewegung

[1]) Morse und Burton, Amer. Chem. J. **10**, 322, 1888.
[2]) Planchon, Monit. scientif. **1888**, 1096.
[3]) Bondzynski und Rufi, Zeitschr. analyt. Ch. **19**, 1, 1890.
[4]) G. Firtsch, Dingler's polyt. J. **278**, Heft 9, 1890.
[5]) J. König und F. Hart, Zeitschr. analyt. Ch. **30**, 292, 1891.
[6]) H. Bremer, Forschungsb. über Lebensmittel **2**, 424, 1895.
[7]) Vgl. C. Schaedler, Untersuchung der Fette, Oele etc., Leipzig 1890.

erfordert. Man verfährt am besten in der Weise, dass man mit der Rechten den Ballon des Blasebalges drückt, während die Linke den Kolben, in dessen Hals das mit einem gebogenen Glasrohre versehene Schlauchende des Ballons eingeführt ist, fasst und schüttelt. Auf diese Art ist in 15, längstens in 25 Minuten die Verseifung und die vollständige Entfernung des Alkohols bewerkstelligt. Man lässt nun sofort 100 ccm Wasser zufliessen und erwärmt den Kolbeninhalt noch mässig einige Zeit, während welcher der Kolben lose bedeckt auf dem Wasserbade stehen bleibt, bis die Seife vollkommen klar gelöst ist. Sollte hierbei ausnahmsweise keine völlig klare Lösung zu erreichen sein, so wäre der Versuch wegen ungenügender Verseifung zu verwerfen und ein neuer anzustellen.

Zu der etwa 50^0 warmen Lösung fügt man sofort 40 ccm verdünnte Schwefelsäure (1 Raumtheil koncentrirter Schwefelsäure auf 10 Raumtheile Wasser) und einige erbsengrosse Bimssteinstückchen. Der auf ein doppeltes Drahtnetz gesetzte Kolben wird darauf sofort mittels eines schwanenhalsförmig gebogenen Glasrohrs (von 20 cm Höhe und 6 mm lichter Weite), welches an beiden Enden stark abgeschrägt ist, mit einem Kühler (Länge des vom Wasser umspülten Theiles nicht unter 50 cm) verbunden, und sodann werden genau 110 ccm Flüssigkeit abdestillirt (Destillationsdauer nicht über $1/2$ Stunde). Das Destillat mischt man durch Schütteln, filtrirt durch ein trockenes Filter und misst 100 ccm ab. Diese werden nach Zusatz von 3 bis 4 Tropfen mit $^N/_{10}$ Alkalilauge titrirt. Der Verbrauch wird durch Hinzuzählen des 10. Theiles auf die Gesammtmenge des Destillates berechnet. Bei jeder Versuchsreihe führt man einen blinden Versuch aus, indem man 10 ccm der alkoholischen Kalilauge mit soviel verdünnter Schwefelsäure versetzt, dass ungefähr eine gleiche Menge Kalilauge wie bei der Verseifung von 5 g Fett ungebunden bleibt, und sonst wie bei dem Hauptversuche verfährt. Die bei dem blinden Versuche verbrauchten ccm $^N/_{10}$ Alkalilauge werden von den bei dem Hauptversuche verbrauchten abgezogen. Die so enthaltene Zahl ist die Reichert-Meisslsche Zahl. Die alkoholische Kalilauge genügt den Anforderungen, wenn bei dem blinden Versuche nicht mehr als $0{,}4\ ^N/_{10}$ ccm Alkalilauge zur Sättigung von 110 ccm Destillat verbraucht werden.

Die Verseifung des Butterfetts kann statt mit alkoholischem Kali auch nach folgendem Verfahren ausgeführt werden. Zu genau 5 g Butterfett giebt man in einem Kölbchen von etwa 300 ccm Inhalt 20 g Glycerin und 2 ccm Natronlauge (erhalten durch Auflösen von 100 Gewichtstheilen Natriumhydroxyd in 100 Gewichtstheilen Wasser, Absetzenlassen des Ungelösten und Abgiessen der klaren Flüssigkeit). Die Mischung wird unter beständigem Umschwenken über einer kleinen Flamme erhitzt; sie geräth alsbald in's Sieden, das mit starkem Schäumen verbunden ist. Wenn das Wasser verdampft ist (in der Regel nach 5 bis 8 Minuten), wird die Mischung vollkommen klar; dies ist das Zeichen, dass die Verseifung des

Fettes vollendet ist. Man erhitzt noch kurze Zeit und spült die an den Wänden des Kolbens haftenden Theilchen durch wiederholtes Umschwenken des Kolbeninhalts herab. Dann lässt man die flüssige Seife auf etwa 80 bis 90⁰ abkühlen und wägt 90 g Wasser von etwa 80 bis 90⁰ hinzu. Meist entsteht sofort eine klare Seifenlösung; andernfalls bringt man die abgeschiedenen Seifentheile durch Erwärmen auf dem Wasserbade in Lösung. Man versetzt die Seifenlösung mit 50 ccm verdünnter Schwefelsäure, (25 ccm konc. Schwefelsäure im Liter enthaltend) und verfährt weiter wie bei der Verseifung mit alkoholischem Kali.

5. Die Hehner'che Zahl der Fette.

Die Hehner'sche Zahl giebt an, wie viel unlösliche Fettsäuren in 100 g Fett enthalten sind. Dieselben liegen bei den meisten Fetten zwischen 95 und 97; eine Ausnahme machen nur Butter mit durchschnittlich 87,5, ferner Kokosfett und Palmkernöl.

„Nach Hehner führt man die Bestimmung in der Weise aus, dass man 3—4 g Fett mit 50 ccm Alkohol versetzt, 1—2 g Aetzkali hinzufügt und unter öfterem Umrühren auf dem Wasserbade erwärmt, bis sich das Fett klar gelöst hat. Nach 5 Minuten prüft man durch Zusatz eines Tropfens Wasser, ob noch eine Trübung durch unverseiftes Fett entsteht. Man erhitzt so lange, bis dies nicht mehr der Fall ist. Die klare Seifenlösung wird bis zur Syrupdicke verdampft, in 100—150 ccm Wasser gelöst und mit Salzsäure oder Schwefelsäure angesäuert. Hierauf wird erhitzt, bis sich die Fettsäuren als klares Oel an der Oberfläche abgeschieden haben; man filtrirt durch ein vorher bei 100⁰ getrocknetes und gewogenes Filter aus sehr dichtem Papier von 4—5″ Durchmesser, wobei das Papier am besten vor der Filtration zur Hälfte mit heissem Wasser gefüllt wird, wäscht mit siedendem Wasser, bis Lackmus nicht mehr geröthet wird und trocknet nach möglichst vollständigem Ablaufen des Wassers bei 100⁰."

„Zum Auswaschen sind mitunter 2—3 l Wasser nöthig bei Verwendung von 3 g Fett, da andernfalls die an der Grenze der Löslichkeit stehenden Fettsäuren wie Laurinsäure, $C_{12}H_{24}O_2$, zurückgehalten werden."

„Beim Trocknen ist eine völlige Konstanz nicht zu erwarten, da einerseits die Oelsäure sich an der Luft oxydirt, anderseits dieselbe aber auch im geringen Grade flüchtig ist."

Weitere Modifikationen zur Ermittlung der Hehner'schen Zahl sind noch vorgeschlagen worden von Dalican[2]), Hager[3]), West-Knights[4]).

---

[1]) Hehner, Zeitschr. analyt. Ch. **16**, 145, 1877; vgl. auch Fleischmann und Vieth, Zeitschr. analyt. Ch. **17**, 287, 1878.

[2]) Dalican, Monit. scientif. **12**, 189, 1876.

[3]) Hager, Pharm. Centrbl. Bd. 9.

[4]) West-Knights, Zeitschr. analyt. Ch. **20**, 466, 1881.

Die in Wasser unlöslichen Fettsäuren beginnen in der Essigsäurereihe mit der Laurinsäure, $C_{12}H_{24}O_2$. Buttersäure, Kapronsäure, Kaprinsäure, sowie die in ranzigen und fauligen Fetten und Thranen vorkommenden Fettsäuren mit ungerader Anzahl von Kohlenstoffatomen wie Baldriansäure, Isovaleriansäure u. s. w. sind in Wasser löslich. Unlöslich sind auch Oelsäure und Ricinusölsäure, sowie deren Homologe.

Bei Oelen, sowie bei weichen Fetten setzt man vortheilhaft entsprechend der angewendeten Menge 2—3 g von bei 65 °C. schmelzendem Paraffin zu und bringt dies wieder in Abrechnung.

6. Bestimmung der Hehner'schen Zahl im Butterfett.

Nach der bundesrathlichen Vorschrift vom 1. April 1898 verfährt man folgendermassen:

3 bis 4 g Fett werden in einer Porzellanschale von etwa 10 cm Durchmesser mit 1—2 g Aetznatron und 50 ccm Alkohol versetzt und unter öfterem Umrühren auf dem Wasserbad erwärmt, bis das Fett vollständig verseift ist. Die Seifenlösung wird bis zur Syrupdicke verdampft, der Rückstand in 100—150 ccm Wasser gelöst und mit Salzsäure oder Schwefelsäure angesäuert. Man erhitzt, bis sich die Fettsäuren als klares Oel an der Oberfläche gesammelt haben, und filtrirt durch ein vorher bei 100° getrocknetes und gewogenes Filter aus sehr dichtem Papier. Um ein trübes Durchlaufen der Flüssigkeit zu vermeiden, füllt man das Filter zunächst zur Hälfte mit heissem Wasser an und giesst erst dann die Flüssigkeit mit den Fettsäuren darauf. Man wäscht mit siedendem Wasser bis zu 2 l Waschwasser aus, wobei man stets dafür sorgt, dass das Filter nicht vollständig abläuft.

Nachdem die Fettsäuren erstarrt sind, werden sie sammt dem Filter in ein Wägegläschen gebracht und bei 100°C. bis zum konstanten Gewicht getrocknet oder in Aether gelöst, in einem tarirten Kölbchen nach dem Abdestilliren des Aethers getrocknet und gewogen. Aus dem Ergebnisse berechnet man, wie viel Gewichtstheile unlösliche Fettsäuren in 100 Gewichtstheilen Fette enthalten sind und erhält so die Hehnersche Zahl.

7. Die Verseifungszahl der Fette oder die Köttstorfer'sche Zahl.

Die Verseifungszahl oder Köttstorfer'sche Zahl giebt an, wie viel Milligramm Kalihydrat zur vollständigen Verseifung des Fettes nothwendig sind.

Die Ausführung der Verseifung geschieht in der Weise, dass man 1—2 g des filtrirten Fettes in einem weithalsigen Kolben mit 25 ccm alkoholischer Kalilauge (30 g auf 1 l) versetzt. Nach R. Henriques[1]

1) R. Henriques, Zeitschr. angew. Ch. 1895, 722.

soll die alkoholische Verseifungslauge nicht stärker als $N/_2$ bei der warmen Verseifung sein, da bei höherer Koncentration der Alkohol in der Siedehitze oxydirt wird und dann merkliche Alkalimengen bindet; deshalb ist auch Alkoholverdampfung durch Anwendung eines Rückflusskühlers zu vermeiden. R. Hefelmann und P. Mann[1]) warnen vor der Anwendung der Kolben aus gewöhnlichen Gerätheglas, weil dieselben von alkoholischer Kalilauge merklich angegriffen werden. Sie empfehlen hierfür das Jenaer Glas. Das Kölbchen wird mit einem Trichter bedeckt, auf dem Wasserbade unter öfterem Umschwenken bis zum schwachen Sieden erhitzt. Man lässt das Reaktionsgemisch gewöhnlich 15 Minuten auf dem Wasserbade stehen, bei schwer verseifbaren Fetten auch 30 Minuten und titrirt nach Zusatz von 1 ccm alkoholischer Phenolphtaleïnlösung mit $N/_2$ Salzsäure zurück.

„Beim Stellen des Titers der benützten alkoholischen Lauge erhitzt man 25 ccm ebenfalls auf dem Wasserbade wie bei der Verseifung. Schwefelsäure ist hierbei nicht verwendbar, weil sich in Alkohol unlösliches Kaliumsulfat bildet, wodurch die Erkennung der Endreaktion erschwert wird. Die Differenz zwischen der angewandten und der durch Zurücktitriren gefundenen Anzahl Milligramme Kalihydrat für 1 g Fett ist die Verseifungszahl."

„Der gewöhnlich als Verseifungszahl bezeichnete Werth umfasst also die Säurezahl, d. h. die Milligramme Kalihydrat, die zur Neutralisation der freien Fettsäuren pro g der betreffenden Fette nöthig sind, sowie die zur eigentlichen Verseifung nothwendige Zahl Milligramme Kalihydrat, die sog. Aetherzahl. Durch Ermittlung der Aetherzahl ist auch gleichzeitig für die meisten Fette, welche ja überwiegend aus Glycerinestern bestehen, die Menge des vorhandenen Glycerins bestimmt, indem dem Glycerin als dreiwerthigem Alkohol drei Moleküle Aetzkali entsprechen."

A. Smetham[2]) empfiehlt die Verseifung der Fette bei der Bestimmung der Verseifungszahl nach Köttstorfer in Gegenwart von etwas Aether (3 g Fett und 20 ccm Aether) vorzunehmen, wodurch die Verseifung wesentlich beschleunigt wird. Bei Anwendung von 40 ccm Aether erfolgt bei Rindstalg schon beim Stehen über Nacht bei gewöhnlicher Temperatur die Verseifung.

Eine weitere Methode der kalten Verseifung bei der Fettanalyse beschreibt R. Henriques[3]). 3—4 g des zu untersuchenden Fettes werden in einem Kolben mit 25 ccm Petroläther übergossen; nachdem Lösung eingetreten ist, fügt man 25 ccm alkoholische N-Natronlauge

---

[1]) R. Hefelmann und P. Mann, Pharm. Centralhalle 1895, 722.

[2]) A. Smetham, The Analyst **18**, 193, 1893.

[3]) R. Henriques, Zeitschr. angew. Ch. 1895, 721; 1896, 221 und 423; 1897, 766 und 398; Zeitschr. analyt. Ch. **37**, 698, 1898; vgl. auch C. Schmitt, Zeitschr. analyt. Ch. **35**, 381, 1896, der ebenfalls bereits die kalte Verseifung empfohlen hat.

zu. Dieselbe muss durch Auflösen von Aetznatron in 96 % Alkohol dargestellt werden. Nimmt man schwächeren Alkohol, so ist die Lauge mit der petrolätherischen Fettlösung nicht mehr klar mischbar. Man lässt dann über Nacht stehen. Nach dieser Zeit ist vollständige Verseifung erfolgt. Die weitere Verarbeitung ist dann die gewöhnliche: Zurücktitriren des Alkaliüberschusses mit wässeriger $N/_2$ Salzsäure unter Benützung von Phenolphtaleïn als Indikator.

Nach Vollendung der kalten Verseifung findet sich bei vielen Fetten ein Theil der gebildeten Natronseifen ausgeschieden und der Gefässinhalt gelatinös erstarrt. Bei flüssigen Oelen ist die Masse wenig konsistent und wird von der $N/_2$ Salzsäure leicht angegriffen und verflüssigt. Bei festen Fetten dagegen ist der Seifenkuchen bisweilen so fest, dass die Säure ihn nur schwierig durchdringen kann, so dass die Arbeit des Zurücktitrirens erschwert wird. In diesem Falle wärmt man den Kolben auf dem Wasserbade leicht an, nöthigenfalls unter Hinzufügung von mehr Alkohol, wodurch die Schwierigkeit behoben ist.

Das Verfahren eignet sich auch vorzüglich zur Untersuchung schwer verseifbarer Fette, wie der Thrane und des Bienenwachses. Thrane geben bei der üblichen warmen Verseifung so stark gefärbte Laugen, dass sich die Titration selbst bei Verdünnung mit erheblichen Mengen Alkohol nur sehr schwer zu Ende führen lässt. Die kalt verseifte Masse bleibt erheblich heller und der Farbenumschlag ist viel schärfer. Auch Kottonöl und Rindermargarin geben bei der kalten Verseifung wesentlich hellere Laugen als bei der warmen. Bei Ricinusöl gelingt die vollständige Verseifung auf dem beschriebenen kalten Wege sogar viel sicherer als auf dem warmen.

Alle mitgetheilten Beleganalysen stimmen mit den nach der üblichen Weise ermittelten Verseifungszahlen gut überein. Henriques hat seine Versuche nicht nur auf Glyceride beschränkt, sondern auch die kalte Verseifung der Aethylester vieler fetten und aromatischen Säuren, sowie auch diejenige des Essigsäureamylesters näher untersucht. Einen vollständigen Widerstand setzte nur der Salicylsäureäthylester der kalten Verseifung entgegen, ebenso verhielt sich Salol (Salicylsäurephenylester).

Abgesehen von diesen beiden Ausnahmen liessen sich alle untersuchten Ester unter den beschriebenen Versuchsbedingungen in der Kälte vollständig verseifen, ja die Verseifung war in vielen Fällen selbst dann eine vollständige oder fast vollständige, wenn die Natronlauge nicht im Ueberschuss, sondern nur in der eben ausreichenden Menge zugesetzt wurde. Im Gegensatz hierzu bedürfen die Essigsäureester aromatischer Alkohole, insbesondere des Phenols, der drei Kresole und des α-Naphtols, eines bedeutenden Ueberschusses an alkoholischem Natron, um in der

Kälte vollständig verseift zu werden. Nach W. Herbig[1]) lassen sich auch Palmitinsäurecholesterinester und Cerotinsäurecerylester, den er aus chinesischem Insektenwachs rein darstellte, nach der Methode von Henriques leicht verseifen.

Eine kleine Modifikation verlangt das Verfahren für die Wachsarten. Da diese in kaltem Petroläther nur spärlich löslich sind, so verfährt man hier so, dass man 3 g Substanz in 25 ccm Petroleumbenzin von höherem Siedepunkte (100—150⁰ C.) in der Wärme löst. Man titrirt dann sofort mit alkoholischer $N/_{10}$ Natronlauge und Phenolphtaleïn bis zur Rothfärbung und erfährt so die Säurezahl. Dann setzt man, nachdem man zur Wiederauflösung ausgeschiedener Substanzen nochmals erwärmt hat, 25 ccm alkoholischer N-Natronlauge zu, lässt 12 bis 24 Stunden[2]) in der Kälte stehen und bestimmt in der oben beschriebenen Weise den zur Verseifung verbrauchten Theil des Alkohols und damit die Esterzahl.

Bei dem gewöhnlichen Verfahren sind Mischungen von Bienenwachs und Ceresin besonders schwer verseifbar. Bei der neuen Methode zeigen sich nach Henriques keine derartigen Schwierigkeiten, was darauf zurückgeführt wird, dass die Substanz der Einwirkung des Alkalis in gelöstem Zustand unterworfen wird, während bei der warmen Verseifung das in Alkohol unlösliche Ceresin das Wachs leicht umhüllt und die Spaltung desselben hindert.

Auch K. Dieterich[3]) hat die Anwendbarkeit der Methode der kalten Verseifung für Ceresin und Bienenwachs untersucht und nicht durchaus günstige Resultate damit erhalten, und zwar etwas niedrigere Zahlen als für die heisse Verseifung. G. Buchner[4]) empfiehlt ebenfalls die kalte Verseifung für Bienenwachs und macht besonders darauf aufmerksam, dass man Petroleumbenzin vom Siedepunkt 100—150 nehmen müsse und nicht wie Dieterich solches vom Siedepunkt 55—75 ⁰. Die kalte Verseifung lieferte ihm bei Bienenwachs etwas niedrigere Esterzahlen, dagegen etwas höhere Säurezahlen, als die heisse; die Unterschiede sind jedoch unbedeutend. A. Beythien[5]) verseift Bienenwachs durch Auflösen in hochsiedendem Petroleumbenzin und halbstündiges Kochen am Rückflusskühler mit Natriumalkoholat.

Die Verseifung des Wollfettes, das in der Hauptsache aus Cholesterin- und Isocholesterin-Estern der Fettsäuren besteht, ist bereits vielfach Gegenstand der Untersuchung gewesen. Man hat unter Druck verseift,

1) W. Herbig, Zeitschr. öff. Ch. 4, 227 und 257. 1898.
2) Henriques, Zeitschr. f. öffentl. Ch. 4, 416, 1898.
3) K. Dieterich, Helfenberger Ann. 1897, 218.
4) G. Buchner, Zeitschr. öff. Ch. 3, 570, 1897.
5) A. Beythien, Pharmac. Centralhalle, 38, 580. 1897; R. Henriques, Chem. Rev. Fett u. Harz, Ind. 5, 16. 1898.

wie dies E. Schulze[1]), sowie Helbing und Passmore[2]) versucht hatten, ohne jedoch übereinstimmende Resultate zu erhalten. W. Herbig[3]) hat gezeigt, dass sich die Verseifung des Wollfettes so leiten lässt, sowohl unter gewöhnlichem als auch unter erhöhtem Druck, dass übereinstimmende Ergebnisse erhalten werden, dass aber die unter erhöhtem Druck gewonnenen Verseifungszahlen höher sind als die unter gewöhnlichem Druck erhaltenen. J. Lifschütz[4]) weist darauf hin, dass die unter erhöhtem Druck erhaltenen, höheren Verseifungszahlen durch Zerstörung hochmolekularer Fettsäuren bedingt sein können, indem je ein grosses Fettsäuremolekül in mehrere Säuremoleküle kleineren Molekulargewichts zerfällt. Solche Spaltungen sind in der That von Fr. Varrentrapp[5]), S. Marasse[6]) und M. Bodenstein[7]) beim Schmelzen von Oelsäure, Elaïdinsäure, Stearolsäure und Ichenolsäure mit Kali beobachtet worden. Auch sollte eventuell die Angreifbarkeit des zum Verseifen unter Druck benützten Kupferrohrs[8]) durch alkoholische Kalilauge einen Fehler bedingen können.

W. Herbig[9]) und E. von Cochenhausen[10]) haben diese Einwände nicht als berechtigt anerkannt. Was die Einwirkung der Lauge auf die Kupferröhren anlangt, so ist dieser Fehler durch die Ausführung eines blinden Versuchs nahezu kompensirt. Uebrigens ist die Kalizerstörung nur gering, wenn man wasserhelle alkoholische Kalilauge benützt; sie wird jedoch umso grösser, je dunkler die Laugen vor der Einschliessung in das Rohr gefärbt waren.

Auch die kalte Verseifung ergiebt bei dem Wollfett keine übereinstimmenden Resultate. Je länger die Verseifungsdauer währte bei den Versuchen von Henriques[11]), umso höher fielen die Verseifungszahlen aus. Er glaubt, dass die Wollfette durch Behandeln mit alkoholischem Alkali, sei es in der Kälte, sei es in der Wärme, unter gewöhnlichem oder erhöhtem Druck ausser der Esterspaltung noch weitere, tiefer greifende Veränderungen erleiden, und zwar umso grössere, je energischer die Behandlung erfolgt. Es lässt sich schon in der Kälte eine anscheinend vollkommene Verseifung erzielen. Keine Methode zur Bestimmung der Verseifungszahl aber

1) E. Schulze, Journ. pr. Ch. (N.F.) **7**, 166, 1873.

2) W. Helbing und Passmore, Zeitschr. analyt. Ch. **32**, 115, 1893.

3) W. Herbig, Dingler's polyt. Journ. **292**, 42 u. 66, 1894; **297**, 135 u. 110, 1895.

4) J. Lifschütz, Pharm. Ztg. **40**, 643 u. 693, 1895.

5) F. Varrentrapp, Liebig's Ann. **35**, 204, 1840.

6) S. Marasse, Ber. **2**, 359, 1869.

7) M. Bodenstein, Ber. **27**, 3397, 1894.

8) Vgl. a. W. Schmitz-Dumont, Dingl. polyt. Journ. **296**, 344, 1895.

9) W. Herbig, Dingl. polyt. Journ. **298**, 118, 1895; Zeitschr. f. öff. Ch. **4**, 234, 1898.

10) E. v. Cochenhausen, Dingl. polyt. Journ. **299**, 233 u. 256, 1896.

11) R. Henriques, Zeitschr. angew. Ch. 1896, 233 u. 424; 1897, 366 u. 398.

giebt die Garantie, dass einerseits sämmtliche Ester verseift sind, anderseits keinerlei sekundäre Reaktionen stattgefunden haben. Zur Stütze dieser Auffassung will Henriques nachweisen, dass wirklich Substanzen existiren, welche durch alkoholisches Alkali in der Kälte solche Spaltungen erleiden. Es gelingt ihm in der That zu zeigen, dass sowohl Linalool als auch Geraniol, Safrol und Anethol nach seinem Verfahren der kalten Verseifung scheinbare Verseifungszahlen geben, obwohl sie gar keine Ester, sondern ungesättigte Alkohole sind. Zimmtalkohol wird durch 24 stündiges Stehen mit N-Alkali fast völlig zerstört; unter den Reaktionsprodukten fand sich Benzaldehyd. Beim Stehen mit $^N/_4$-Alkali bilden sich Säuren, darunter Benzoësäure. Anethol geht in Anisaldehyd und in Anissäure über. Bei diesen Versuchen wurden die gebildeten Aldehyde durch Schütteln mit Bisulfit abgeschieden. Schliesslich wurde auch Lanolin in der Kälte mit Alkali verseift und der unverseifte Theil mit Bisulfit geprüft. In der That bildeten sich auch hier Bisulfitverbindungen in kleiner Menge, — das ursprüngliche Lanolin ergab solche nicht —, die isolirt und zersetzt wurden.

W. Herbig hat das Gewicht dieser Beweisgründe zu entkräften versucht. Dies ist ihm jedoch nach L. Grünhut's[1] Meinung in Beziehung auf den ausgeführten Versuch mit Lanolin nicht gelungen. Zum Zwecke der weiteren Aufklärung stellten L. Darmstädter und J. Lifschütz[2] nähere Untersuchungen über die Zusammensetzung des Wollfettes an. Bisher haben sie das Lakton der Lanocerinsäure, $C_{30}H_{58}O_3$, ferner einen alkohol- oder laktonartigen Körper $C_{11}H_{22}O$, sowie Carnaubasäure, Myristinsäure und die Fettsäuren der Seifen, die zum Waschen dienen, in den Antheilen der fraktionirten Verseifung nachgewiesen; ausserdem noch in Wollwachs die Lanocerinsäure, $C_{30}H_{60}O_4$, Lanopalmensäure $C_{16}H_{32}O_3$, Cholesterin (etwa 5 % des Wollwachses ausmachend), Cerylalkohol, $C_{27}H_{56}O$, einen neuen, schwer oxydirbaren, gesättigten, vielleicht dem Cerylalkohol isomeren Alkohol vom Schmelzpunkt 69—70°, sowie Carnaubylalkohol. Im Weichfett fanden sich Alkohole und Isocholesterin, sowie ausser Myristinsäure und Carnaubasäure auch noch ein hoher Gehalt an einer öligen Säure (ca. 40 %).

Weitere Versuche auf diesem Gebiete sind von J. Lewkowitsch, F. Ulzer und H. Seidel, W. Fahrion, W. Herbig, R. Hefelmann und P. Mann, sowie H. Bremer gemacht worden, deren ausführliche Besprechung sich in dem Referate von L. Grünhut findet.

---

[1] Vgl. L. Grünhut's ausführliches Referat Zeitschr. analyt. Ch. **37**, 711, 1898.

[2] L. Darmstädter und J. Lifschütz, Ber. **28**, 3133, 1895; **29**, 618, 1474, 2890, 1896; **31**, 97, 1112, 1898.

8. Bestimmung der Köttstorfer'schen Zahl im Butterfette.

Nach der bundesrathlichen Vorschrift vom 1. April 1898 verfährt man folgendermassen:

Man wägt 1 bis 2 g Butterfett in einem Kölbchen aus Jenaer-Glas von 150 ccm Inhalt ab, setzt 25 ccm einer annähernd $N/_2$ alkoholischen Kalilauge hinzu, verschliesst das Kölbchen mit einem durchbohrten Korke, durch dessen Oeffnung ein 75 cm langes Kühlrohr aus Kaliglas führt. Man erhitzt die Mischung auf dem kochenden Wasserbade 15 Minuten lang zum schwachen Sieden. Um die Verseifung zu vervollständigen, ist der Kolbeninhalt durch öfteres Umschwenken, jedoch unter Vermeidung des Verspritzens an den Kühlrohrverschluss zu mischen. Das Ende der Verseifung ist daran zu erkennen, dass der Kolbeninhalt eine gleichmässige, vollkommen klare Flüssigkeit darstellt, in der keine Fetttröpfchen mehr sichtbar sind. Man versetzt die vom Wasserbade genommene Lösung mit einigen Tropfen alkoholischer Phenolphtaleïnlösung und titrirt die noch heisse Seifenlösung sofort mit $N/_2$ Salzsäure zurück. Die Grenze der Neutralisation ist sehr scharf; die Flüssigkeit wird beim Uebergang in die saure Reaktion rein gelbgefärbt.

Bei jeder Versuchsreihe sind mehrere blinde Versuche in gleicher Weise, aber ohne Anwendung von Fett, auszuführen, um den Wirkungswerth der alkoholischen Kalilauge gegenüber der $N/_2$ Salzsäure festzustellen.

Aus den Versuchsergebnissen berechnet man, wie viel Milligramme Kaliumhydroxyd erforderlich sind, um genau 1 g des Butterfetts zu verseifen. Dies ist die Verseifungszahl oder Köttstorfer'sche Zahl des Butterfetts.

Die Bestimmung der Reichert-Meissl'schen, sowie der Köttstorfer'schen Zahl kann auch in folgender Weise verbunden werden.

Man löst 20 Gewichtstheile möglichst blanke Stangen mit Alkohol gereinigten Aetzkalis in etwa 60 Gewichtstheilen absolutem Alkohol durch anhaltendes Schütteln in einer verschlossenen Flasche auf. Sodann lässt man absetzen und giesst die obere klare Lösung durch Glaswolle oder Asbest ab. Der Gehalt an Kaliumhydroxyd wird bestimmt und die Lösung darauf so weit mit Wasser und Alkohol verdünnt, dass sie in je 10 ccm etwa 0,3 g Kaliumhydroxyd und einen Alkoholgehalt von ungefähr 70 Vol. % aufweist. Ferner vermischt man verdünnte Schwefelsäure mit Wasser und Alkohol in der Weise, dass eine alkoholische N-Schwefelsäure in 70 volumprocentigem Alkohol (49 g Schwefelsäure im Liter) erhalten wird.

Genau 5 g Butterfett werden darauf in einem starkwandigen Kolben von Jenaer-Glas von etwa 300 ccm Inhalt abgewogen und mit einer genau geaichten Pipette 10 ccm der vorstehend beschriebenen alkoholischen Kalilauge mit der Vorsicht hinzugemessen, dass man nach Ablauf von nahezu 10 ccm erst 1 bis 2 Minuten wartet, bevor man den Ablaufstrich genau einstellt. Der Kolben wird sodann mit einem 1 m langen, ziemlich weiten Kühlrohre versehen, welches oben durch ein Bunsen'sches Ventil abgeschlossen ist, und auf ein siedendes Wasserbad gebracht.

Sobald der Alkohol in das Kühlrohr destillirt und die ersten Tropfen zurücklaufen, schwenkt man den Kolben über dem Wasserbade kräftig, jedoch unter Vermeidung des Verspritzens an den Kühlrohrverschluss so lange nur, bis eine gleichmässige Lösung entstanden ist. Dann setzt man den Kolben noch mindestens 5, höchstens 10 Minuten lang auf das Wasserbad, schwenkt während dieser Zeit noch einige Male gelinde um und hebt den Kolben vom Wasserbade. Nachdem der Kolbeninhalt so weit erkaltet ist, dass kein Alkohol mehr aus dem Kühlrohre zurücktropft, lässt man durch das Bunsen'sche Ventil Luft eintreten, nimmt das Kühlrohr ab und titrirt sofort nach Zusatz von 3 Tropfen Phenolphtaleïnlösung mit der alkoholischen N Schwefelsäure bis zur rothgelben Farbe. Dann setzt man noch 0,5 ccm Phenolphtaleïnlösung hinzu und titrirt mit einigen Tropfen der alkoholischen N Schwefelsäure scharf bis zur rein gelben Farbe. Die verbrauchten ccm Schwefelsäure werden abgezogen von der in einem blinden Versuche für 10 ccm Kalilauge ermittelten Säuremenge, und die Differenz durch Multiplikation mit $0,2 \times 56,14 = 11,23$ auf die Verseifungszahl umgerechnet.

Beispiel: 10 ccm alkoholische Kalilauge $=$ 22,80 ccm alkoholische N-Schwefelsäure,

5,0 g Butterfett, zurücktitrirt mit 2,95 ccm Schwefelsäure.

Somit 22,80
— 2,95

19,85 und $19,85 \times 11,23 = 222,9$ Verseifungszahl.

In dem Kolbeninhalte werden darauf etwa 10 Tropfen der alkoholischen Kalilauge zugegeben und der Alkohol im Wasserbad unter Schütteln des Kolbens, schliesslich durch Einblasen von Luft, in möglichst kurzer Zeit vollständig verjagt. Die trockene Seife wird in 100 ccm kohlensäurefreiem Wasser unter Erwärmen gelöst, dann auf etwa 50^0 abgekühlt. Das Ansäuern mit Schwefelsäure, das Uebertreiben und Titriren der flüchtigen Säuren, sowie die Berechnung der Reichert-Meissel'schen Zahl und die Ausführung des blinden Versuchs geschehen darauf in der vorher angegebenen Weise.

9. Bestimmung stark ungesättigter Fettsäuren in den Thranen.

Die Methode beruht auf der Aetherlöslichkeit der Natronsalze und ist von H. Bull[1]) angegeben worden.

In einem ca. 200 ccm fassenden Erlenmeyer-Kolben werden genau 7 g Thran eingewogen und mit 25 ccm Natriumalkoholat (durch Auflösen von 23 g reinem Natriummetall in absolutem Alkohol und Auffüllen auf 1 l) $^1/_2$ Stunde am Rückflusskühler gekocht, wobei zeitweilig kräftig geschüttelt wird. Gewöhnlich scheiden sich schon während des Kochens bedeutende Mengen Seife aus. Nach etwa zweistündigem Stehen bei geschlossener Flasche wird die Seifenmasse mit Hilfe eines Spatels zu einem feinen Brei zertheilt, hierauf 144,2 ccm Wasser und alkoholfreier Aether zugesetzt, die Flasche mit einem Gummipfropfen verschlossen und mit ca. $^1/_2$ stündigen Zwischenräumen mehrere Male kräftig geschüttelt, wodurch auch ein Gelatiniren der Lösung vermieden wird. Man filtrirt durch ein trockenes Filter und trennt in diesem aliquoten Theil des Filtrats das fettsaure Salz von dem unverseifbaren durch dreimaliges Ausschütteln mit je 20 ccm Wasser im Scheidetrichter. Um die durch die Zugabe von Wasser erfolgende Dissociation der Seife in freies Salz und Alkali zu vermeiden, giebt man etwas Phenolphtaleïn zu und so viel Alkali, bis deutlich alkalische Reaktion vorhanden ist. Eine Emulsion vermeidet man durch Zugabe einiger Tropfen Alkohol. Aus der ausgeschüttelten ätherischen Flüssigkeit gewinnt man durch Abdestilliren des Aethers das Unverseitbare und aus dem wässerigen Auszug in bekannter Weise die Fettsäure.

Auffallend ist die hohe Jodzahl dieser Fettsäuren. Bei den Dorschleberthranen gehören die ausgeschiedenen Säuren durchschnittlich der Reihe $C_nH_{2n-8}O_2$ an. Diese Methode bietet somit ein bequemes Mittel, diese stark ungesättigten Säuren aus den Thranen darzustellen. Die Dorschleberthrane zeigen einen hohen Procentgehalt, mit Ausnahme der japanischen Sorten, nämlich 12—20 $^0/_0$. Auffallend niedrige Zahlen zeigen die Walthrane der nördlichen Meere (5—7 $^0/_0$). Weitere Angaben finden sich an der angegebenen Litteraturstelle.

10. Bestimmung alkylirter Phenole.
(Methoxylbestimmung.)

Alkylirte Phenole lassen sich in der Regel nur schwierig mit Alkalien verseifen; leichter gelingt dies mit Säuren. Eine Verseifungsmethode, die von S. Zeisel[2]) ausgearbeitet worden ist, verwendet zur Bestimmung der Meth- und Aethoxylgruppen Jodwasserstoffsäure, wodurch das Alkyl der

---

[1]) H. Bull, Chem. Ztg. **24**, 1043, 1899.
[2]) S. Zeisel, Monatsh. f. Ch. **6**, 989, 1885; **7**, 406, 1886.

Gruppe Alk. OR in Jodalkyl übergeführt wird, in welch' letzterem alsdann durch Umsetzung der mit alkoholischer Silbernitratlösung erhaltenen Doppelverbindung von Jodsilber und Silbernitrat, bezw. dem aus der Doppelverbindung mit Wasser entstehenden Jodsilber das Jod bestimmt wird.

Die Ausführung geschieht in der Weise, dass man in ein Kölbchen von 30 ccm Inhalt, das ausser der Hauptöffnung mit einem seitlichen Ansatz zum Durchleiten von Kohlendioxyd versehen ist, 0,2—0,3 g der zu untersuchenden Substanz und hierzu 10 ccm reiner, besonders schwefelfreier Jodwasserstoffsäure vom spec. Gew. 1,68—1,72 giebt. Alsdann wird auf das Kölbchen ein Kühler aufgesetzt, von dem die entweichenden Gase sowie das langsam zugeleitete und gewaschene Kohlendioxyd durch einen Geissler'schen Kaliapparat zum Zurückhalten von etwa mitgerissener Jodwasserstoffsäure und Jod geleitet werden, weshalb derselbe mit Wasser und $^1/_4$—$^1/_2$ g rothem Phosphor gefüllt ist. Während des Versuches wird dieser Apparat auf dem Wasserbade bei ca. 50—60^0 gehalten, während das Kölbchen mit der zu untersuchenden Substanz auf dem Glycerinbade während 1—2 Stunden zum Sieden erhitzt wird. Aus dem Kaliapparat geht der Gasstrom durch ein ca. 80 ccm fassendes Kölbchen, in welchem sich 50 ccm alkoholischer Silbernitratlösung befinden. Hierauf schliesst sich ein kleineres Kölbchen mit der gleichen Beschickung an.

Die zu benützende Silbernitratlösung enthält 2 Theile Silbernitrat in 5 Theilen Wasser, die nach dem Lösen des Silbernitrats mit 45 ccm absoluten Alkohols versetzt werden. Nach Vollendung der Umsetzung giebt man zu der alkoholischen Lösung Wasser, wodurch die Doppelverbindung von Jodsilber mit Silbernitrat zersetzt wird und bestimmt das Jodsilber auf gewichtsanalytischem Wege.

Bei besonders leicht flüchtigen Substanzen verfährt man nach Zeisel in der Weise, dass man dieselben in einem leicht zerbrechlichen, zugeschmolzenen Glaskügelchen abwiegt und dasselbe in einer besonders hergerichteten Einschmelzröhre mit Jodwasserstoffsäure zersetzt. Die Einschmelzröhre ist an der einen Seite spitz ausgezogen, an der andern ist ein Glasrohr von 10 cm Länge und 1—2 mm lichter Weite angeschmolzen, über das leicht ein Gummischlauch gezogen werden kann. Nach dem Erhitzen der Einschmelzröhre auf 130^0 während zwei Stunden führt man nach dem Erkalten der Röhre die Spitze derselben, nachdem sie angefeilt worden ist, in einen Korkstopfen, der auf einem Kölbchen sitzt und noch zwei Durchbohrungen trägt. Die eine ist für den Anschluss des Kühlapparates, die andere für einen Z-förmigen Glasstab, der dazu dient, nach Anschluss des Kohlensäureapparates an das andere Ende der Röhre die angefeilte Spitze abzubrechen. Alsdann bricht man unter dem Gummischlauch die Spitze ab, leitet Kohlendioxyd durch, und verfährt wie vorher.

Weitere Modifikationen dieser Bestimmungsmethode sind noch von

Benedikt und Krüssner[1]), von L. Ehmann[2]) und M. Bamberger[3]) angegeben worden. Sie ist auch nach Zeisel bei chlorhaltigen, nach G. Pum[4]) bei bromhaltigen, sowie Nitroverbindungen verwendbar, jedoch nicht wie Zeisel, sowie Benedikt und Bamberger[5]) gefunden haben, bei schwefelhaltigen. Bei der Analyse von Nitrokörpern und anderen Substanzen, welche aus der Lösung viel Jod abscheiden, empfiehlt es sich auch in das Siedekölbchen etwas rothen Phosphor zuzusetzen.

Zur Entscheidung, ob Methyl- oder Aethyloxyl vorliegt, erhitzt Beckmann[6]) die Substanz mit der molekularen Menge Phenylisocyanat im Rohre einige Stunden auf 150°. Das Reaktionsprodukt wird im Wasserdampfstrom destillirt und aus dem durch Umkrystallisiren aus Aether und Petroläther erhaltenen Produkt durch die Elementaranalyse ermittelt, ob Methylphenylurethan (Schmp. 47°) oder Aethylphenylurethan (Schmp. 50°) sich gebildet hat.

P. Gregor[7]) empfiehlt statt des rothen Phosphors eine Auflösung von 1 Theil arseniger Säure und 1 Theil Kaliumkarbonat in 10 Theilen Wasser zu verwenden und damit das Zurückhalten des Jods und der Jodwasserstoffsäure zu bewirken. Hierzu muss der Kaliapparat bei jedem Versuch frisch gefüllt werden. Weiterhin empfiehlt er die alkoholische Silberlösung mit Salpetersäure anzusäuern, da die Umsetzung des Alkyljodids mit dem Silbernitrat in saurer Lösung rascher vor sich geht und ausserdem sich nicht so viel von der Doppelverbindung Jodsilber und Silbernitrat bildet. Anstatt das Jodsilber in Wägung zu bringen, titrirt er nach Volhard.

Benedikt und Bamberger[8]) haben mit Hilfe dieser Bestimmungsmethode nachgewiesen, dass die zur Papierfabrikation gewöhnlich benützten Holzarten fast gleiche Methylzahlen haben.

	Methylzahl.
für Fichte	22,6
für Rothföhre	22,5
für Tanne	24,5
für Aspe	22,6

Im übrigen liegen die Methylzahlen für die verschiedensten Holzarten meist zwischen 20 und 30 für bei 100° getrocknete Substanz.

---

1) Benedikt und Krüssner, Chem. Ztg. 13, 872, 1889.
2) L. Ehmann, Chem. Ztg. 14, 1767, 1890 und 15, 221, 1891.
3) M. Bamberger, Monatsh. f. Ch. 15, 505, 1894.
4) G. Pum, Monatsh. f. Ch. 14, 498, 1893.
5) Benedikt und Bamberger, Monatsh. f. Ch. 11, 260, 1890; 12, 1, 1891.
6) E. Beckmann, Liebig's Ann. 292, 9 und 13, 1896.
7) P. Gregor, Monatsh. f. Ch. 19, 116, 1898.
8) R. Benedikt und M. Bamberger, Chem. Ztg. 15, 221, 1891.

Ein Lignit von Wolfsberg gab die gleiche Methylzahl wie Holz (24,4), Braunkohle aus Grünlass ergab nur 2,7, dagegen lieferte Steinkohle kein Methyljodid.

11. Bestimmung alkylirter Amidoverbindungen.

Die Bestimmung des Alkyls am Stickstoff lässt sich nach J. Herzig und H. Meyer[1]) in gleicher Weise wie die des Methoxyls ausführen. Die Methode ist verwendbar für die betreffenden Basen, ihre jodwasserstoff-, bromwasserstoff-, chlorwasserstoffsauren Salze, sowie die Nitrate der Basen.

12. Verseifung von Säureamiden und -imiden.

Die Säureamide sind Körper, bei denen die Hydroxylgruppe des Säurerestes durch die Gruppe NH_2 ersetzt ist, also z. B. Ameisensäureamid $HCONH_2$ Acetamid, CH_3CONH_2. Die Wasserstoffatome der Gruppe NH_2 können auch durch andere Reste ersetzt werden, so durch Alkyl im Diäthylformamid $CHON(C_2H_5)_2$ u. s. w.

Die Säureamide reagiren neutral und geben mit Alkali erst beim Erwärmen Ammoniak. Man kann das Ammoniak in $N/_5$ oder $N/_{10}$ Säure auffangen und aus der Menge der neutralisirten Säure den Gehalt an Ammoniak und somit an Amidogruppen ermitteln. Auch durch Säuren kann eine Zerlegung der Amide herbeigeführt werden.

Die Cyansäure, CONH kann man als Karbonimid ansehen. Cyansaure Alkalien vertragen mit Ausnahme des Ammoniumsalzes Dunkelrothglut; sie zerfallen aber beim Kochen mit Wasser in Ammoniak und die Karbonate.

Der Harnstoff, $CO\!\!<^{NH_2}_{NH_2}$, liefert als Diamid der Kohlensäure mit Alkali in der Kälte kein Ammoniak, dagegen aber beim Erhitzen zerfällt er allmälig in Kohlendioxyd und Ammoniak. Auch wandelt er sich in gleicher Weise bei der Einwirkung von Phosphorsäure um.

13. Ueber die Wirkung von verdünnten Säuren auf Benzoësäuresulfimid und über die Analyse des künstlichen Saccharins.

J. Remsen und W. M. Burton[2]) erhielten beim Kochen von reinem Benzoësäuresulfimid mit Salzsäure saures o-sulfobenzoësaures Ammonium. Beim längeren Kochen mit Salzsäure wird alle o-Sulfaminbenzoësäure in das saure Ammonsalz umgewandelt. Die Umsetzung des

---

1) J. Herzig und H. Meyer, Monatsh. f. Ch. **18**, 379, 1897.
2) J. Remsen und W. M. Burton, Amer. Chem. Journ. **11**, 403, 1889.

Benzoësäuresulfimids beim Erhitzen mit Salzsäure erfolgt aber nach zwei Phasen:

$$\text{a)}\quad C_6H_4 \genfrac{}{}{0pt}{}{(_1)CO}{(_2)SO_2} {\Large\rangle} NH + H_2O = C_6H_4 \genfrac{}{}{0pt}{}{(_1)COOH}{(_2)SO_2NH_2}$$

$$\text{b)}\quad C_6H_4 \genfrac{}{}{0pt}{}{(_1)COOH}{(_2)SO_2NH_2} + H_2O = C_6H_4 \genfrac{}{}{0pt}{}{(_1)COOH}{(_2)SO_2ONH_4}.$$

Hierzu verwendet man am besten eine Salzsäure von ca. 3—5 $\%$ HCl.

Das käufliche Saccharin wird in der Weise hergestellt, dass man nach der Trennung des p-Toluolsulfonchlorids von der o-Verbindung, letztere in das Amid umwandelt und dann mit Kaliumpermanganat oxydirt. Die Trennung beider Chloride bezw. der Amide ist schwierig. Durch die Oxydation wird das o-Toluolsulfonamid hauptsächlich in das Sulfimid übergeführt; nebenbei entsteht noch etwas saures Kalium-o-sulfobenzoat. Das nicht ganz abgetrennte p-Toluolsulfonamid dagegen wird in p-Sulfaminbenzoësäure umgewandelt. Im käuflichen Saccharin sind also mindestens drei verschiedene Substanzen enthalten. Beim Kochen des Saccharins mit verdünnter Salzsäure erleidet das Sulfimid die vorher beschriebene Umwandlung, während p-Sulfaminbenzoësäure und das saure Kaliumsalz der o-Sulfobenzoësäure unverändert bleiben. Erstere ist in kaltem Wasser sehr schwer löslich, das Kalium- und Ammoniumsalz der o-Sulfobenzoësäure dagegen sehr leicht.

Man führt die Bestimmung in der Weise aus, dass man 2 g Saccharin mit 100 ccm Salzsäure von 3—5 $\%$ HCl 1 Stunde lang am Rückflusskühler kocht, in einer Schale auf ca. 15 ccm eindampft und mehrere Stunden stehen lässt. Sodann scheidet sich die p-Sulfaminbenzoësäure in glänzenden Blättchen aus. Man sammelt dieselben auf einem bei 80 ⁰ C. bis zum konstanten Gewicht getrockneten Filter, wäscht sorgfältig mit kaltem Wasser und trocknet bei 80 ⁰ C. bis zum konstanten Gewicht. In dem Filtrat bestimmt man dann den Gehalt an Kalium durch Ueberführung in das Kaliumsulfat und Veraschen der eingetrockneten Substanz.

Zwei von diesen Forschern untersuchte Proben von Handelssaccharin ergaben nach dieser Methode folgende Werthe.

	Sulfimid.	Saures Kaliumsalz der o-Sulfobenzoësäure.	p-Sulfaminbenzoësäure.
Probe aus dem Jahre 1887:	42,18—43,80 $\%$	6,94—7,21 $\%$	48,70—51,01 $\%$
„ „ „ „ 1888:	47,95—48,65 $\%$	7,90—8,10 $\%$	44,79—45,26 $\%$.

Im ganzen waren also nur ca. 50 $\%$ wirkliches Sulfimid, welches als Versüssungsmittel allein in Frage kommt.

R. Hefelmann [1]) weist nach, wie schon vor ihm Fahlberg, dass

---

[1]) R. Hefelmann, Pharm. Centrhl. **35**, 105, 1894; **36**, 219, 1895; **37**, 279, 1896.

die Verseifung mit Salzsäure unvollständig bleibt, und dass es nothwendig ist, Schwefelsäure von 57 ° Bé zur Verseifung zu verwenden. Auch R. Crato[1]) verwendet dieses Verfahren mit Erfolg und empfiehlt nur den aus der Wägung der Parasäure erhaltenen Werth zu benützen.

14. Verseifung von Nitrilen.

Die Nitrile, welchen im Gegensatz zu den Isonitrilen $R.N{\equiv}C$, die Formel $R{\cdot}C{\equiv}N$ zukommt, und die aus den Amiden durch Wasser entziehende Mittel erhalten werden können, sowie aus Cyankalium und den entsprechenden Alkyljodiden oder ätherschwefelsauren Salzen, zerfallen beim Erhitzen mit wässerigem Alkali in Ammoniak und die entsprechende Säure wie z. B.:

$$CH_3C{\equiv}N + NaOH + H_2O = CH_3COONa + NH_3.$$

Besonders leicht erfolgt die Zerlegung durch Salzsäure oder Schwefelsäure.

Auch die Blausäure, welche als Formonitril HCN anzusehen ist, wird durch Alkali in der oben angegebenen Weise zerlegt, indem Kaliumcyanid beim Kochen Ammoniak entwickelt und die Ameisensäure in Form des Kalisalzes zurückbleibt.

Ueber die Verseifung des Benzonitrils macht Ch. Rabaut[2]) einige Mittheilungen. Erhitzt man auf dem Wasserbade am Rückflusskühler eine alkoholische Lösung von Benzonitril mit verdünnter Kalilauge, so erhält man Benzamid in fast quantitativer Ausbeute. Diese richtet sich nach der Menge des verwendeten Kaliumhydroxyds, wie folgende Resultate zeigen:

$C_6H_5CN.$	KOH.	Benzamid.
10 g	6 g	90 %
10 g	20 ccm $^N/_1$ KOH	70 %
10 g	10 „ $^N/_1$ „	40 %.

In allen drei Versuchen war das Benzonitril in 100 ccm Alkohol gelöst und 1 Stunde erhitzt worden. Wendet man koncentrirte Kalilauge an, so erhält man fast nur Benzoësäure. Auch im geschlossenen Rohre geht die Verseifung des Phenylcyanids in Gegenwart von Kaliumhydroxyd vor sich, allerdings ist die Ausbeute geringer.

Die Verseifung der Nitrile und damit die Bestimmung der Nitrile wird also entweder durch Säure oder durch alkoholische Kalilauge ausgeführt. Im ersteren Falle giebt man nach der Verseifung Alkali im Ueberschuss zu und destillirt das Ammoniak ab, während im

---

1) R. Crato, Pharm. Centralh. **35**, 725, 1894.
2) Ch. Rabaut, Bull. Soc. Chim. **21**, (3), 1075, 1899; Chem. Ztg. Repert. **24**, 3, 1900.

zweiten Falle das Ammoniak direkt übergeht. Man fängt in $N/_2$ oder $N/_5$ Säure auf und titrirt die Menge des entstandenen Ammoniaks.

15. Verseifbarkeit der Nitrile und Konstitution [1]).

Die Nitrile lassen sich unter geeigneten Umständen zu Karbonsäure mit gleichem Kohlenstoffgehalt verseifen. Hierbei wird das Stickstoffatom in der Form von Ammoniak abgespalten. Die von F r a n k l a n d und K o l b e [2]) entdeckte Reaktion geht in folgender Weise vor sich:

$$RCN + 2\,H_2O = NH_3 + RCOOH.$$
$$\text{Nitril.} \qquad\qquad \text{Säure.}$$

Als verseifende Mittel können Säuren und Alkalien benützt werden.

Die Verseifbarkeit der aromatischen Nitrile wird erschwert bei den zweifach o-substituirten Nitrilen, wie dies von A. W. von H o f m a n n [3]) für das tetra- und pentamethylirte Benzo-Nitril, für das Cyanmesitylen von K ü s t e r und S t a l l b e r g [4]) von C a i n [5]) für das Nitrodurolnitril u. s. w. nachgewiesen worden ist.

Wie V. M e y e r und E r b [6]) mittheilen, lassen sich jedoch diese o-substituirten Nitrile durch Kochen mit alkoholischem Kali, welches allerdings für das Cyanmesitylen, H_3C ⬡ CH_3, 72 Stunden dauerte, in das Amid und zwar in diesem speciellen Fall das Amid der Mesitylenkarbonsäure überführen. Das Amid lässt sich alsdann nach B o u v e a u l t [7]) mit salpetriger Säure verseifen.

H a n t z s c h und L u c a s [8]) erhielten ebenfalls aus T r i m e t h y l b e n z o - n i t r i l $(CH_3)_3C_6H_2CN$ erst durch anhaltendes Digeriren mit alkoholischem Kali das Trimethylbenzamid.

Nach S u d b o r o u g h [9]) sowie G. M ü n c h [10]) lässt sich auch konc. Schwefelsäure zur Ueberführung in das Amid verwenden, sowie nach R a d z i s z e w s k i [11]) auch alkalische Wasserstoffsuperoxydlösung, wobei die Reaktion nach folgender Gleichung vor sich geht:

$$RCN + 2\,H_2O_2 = RCONH_2 + O_2 + H_2O.$$

---

1) Vgl. V. M e y e r und O. J a c o b s o n, Org. Ch. I, 296 und II, 545.

2) F r a n k l a n d und K o l b e, Liebig's Ann. **65**, 288.

3) A. W. v. H o f m a n n, Ber. **17**, 1914, 1884; **18**, 1825, 1885.

4) K ü s t e r und S t a l l b e r g, Liebig's Ann. **278**, 208, 1894.

5) C. C a i n, Ber. **28**, 969, 1895.

6) V. M e y e r und E r b, Ber. **29**, 834, 1896.

7) B o u v e a u l t, Bull. soc. chim. (3), **9**, 370, 1893.

8) A. H a n t z s c h und A. L u c a s, Ber. **28**, 748, 1895.

9) J. S u d b o r o u g h, Journ. chem. soc. **67**, 601, 1895.

10) G. M ü n c h, Ber. **29**, 64, 1896.

11) Br. R a d z i s z e w s k i, Ber. **18**, 355, 1885.

Die Einwirkung erfolgt bei einer Temperatur von 40°. Besonders schön lässt sich die Reaktion zeigen, wenn man dazu solche Nitrile anwendet, deren Amide in Wasser schon löslich sind, wie z. B. die aromatischen Nitrile, Kapronitril, Cyan u. s. w. Wenn man z. B. zu Wasserstoffsuperoxyd Benzonitril und etwas Kalilauge hinzufügt, so geht bei 40° nach einigem Schütteln die ganze Menge des Nitrils in vollkommen reines krystallisirtes Benzamid über. Das Cyan geht in gleicher Weise direkt und vollständig in Oxamid über, welches sich in schneeweissen, manchmal bis 6 mm langen Nadeln ausscheidet.

IX.

Methode der Acetylirung.

Diese Methode dient einmal dazu, um in einer Substanz oder in einem Gemisch die Anzahl der acetylirbaren Hydroxylgruppen festzustellen, dann aber auch dazu, in einem Gemische von Amidoderivaten die Menge der acetylirbaren Amido- bezw. Imidgruppen im Gegensatz zu den nicht acetylirbaren zu bestimmen. Je nach Umständen wird also das Verfahren ein verschiedenes sein. Die Ausführbarkeit beruht auf der Thatsache, dass der Wasserstoff der Hydroxylgruppe oder der Amido- oder Imidgruppe durch das Radikal CH_3CO ersetzt werden kann. Folgende Beispiele geben den Vorgang wieder:

a) $C_3H_5(OH)_3 + 3CH_3COCl = C_3H_5(OCOCH_3)_3 + 3HCl$,

    Glycerin   Acetylchlorid   Triacetin

b) $C_6H_5NH_2 + CH_3COOH = C_6H_5N{:}{\overset{H}{\underset{C_2H_3O}{}}} + H_2O$,

    Anilin   Eisessig   Acetanilid

c) $C_6H_5N{\overset{CH_3}{\underset{H}{\big<}}} + {\overset{CH_3CO}{\underset{CH_3CO}{\big>}}}O = C_6H_5N{:}{\overset{CH_3}{\underset{C_2H_3O}{}}}$

  Monomethylanilin   Essigsäureanhydrid   Methylacetanilid.

$$+ CH_3COOH.$$

Gilt es durch die Acetylirung festzustellen, wie viel durch Acetylgruppen ersetzbarer Wasserstoff in Hydroxyl- oder Amidoderivaten vorhanden ist, so kann man erstens so verfahren, dass man mit einem bestimmten Ueberschuss an Acetylirungsmittel acetylirt, nach beendigter Umsetzung den Ueberschuss durch Titration ermittelt und hieraus den Verbrauch an „Acetyl" und somit die Menge des durch Acetyl vertretenen Wasserstoffes ermittelt.

Ein zweites Verfahren beruht darin, dass man mit einem Ueberschuss an Acetylirungsmittel acetylirt, denselben nach vollendeter Acetylirung

entfernt und in dem Acetylkörper nach dem bei der Methode der Verseifung beschriebenen Verfahren die Menge des eingetretenen Acetyls, die
sog. Acetylzahl ermittelt.

Es sei noch darauf hingewiesen, dass ausser dem Acetylrest auch
andere Säurereste eingeführt werden können. Die Verwendung derselben
ist jedoch eine seltenere mit Ausnahme derjenigen des Benzoylrestes,
welche deshalb in einem besonderen Kapitel beschrieben werden soll.

Die weitere Eintheilung des Stoffes ist folgende:

1. Ausführung der Acetylirung.
2. Bestimmung des Glycerins.
3. Bestimmung von Fuselöl im Branntwein und von
   Glycerin im Wein.
4. Bestimmung der Acetylzahl der Fette.
5. Bestimmung des Cholesterins.
6. Bestimmung der Acetylzahl der Harze.
7. Bestimmung von Menthol und Santalol.
8. Bestimmung der Gallussäure.
9. Die Einführung des Acetyls beim Anilin und dessen
   Derivaten.
10. Bestimmung der Alkylaniline.

1. Ausführung der Acetylirung.

Die Einführung der Acetylgruppe kann durch die Verwendung
von Eisessig, von Essigsäureanhydrid eventuell unter Zusatz von Natriumacetat, sowie mit Acetylchlorid erfolgen und richtet sich die Art der
Acetylirung ganz nach dem zu erreichenden Zweck. Essigsäureanhydrid
und Acetylchlorid wirken energischer wie Eisessig.

Von grösserem Interesse ist auch die Beobachtung von L. Claisen[1].
Derselbe hatte gefunden, dass Körper, welche die Gruppe $.COCH_2CO$ enthalten, sich leicht und glatt dadurch acetyliren bezw. benzoyliren lassen,
dass man sie mit Säurechloriden bei Gegenwart von Pyridin und
anderen Basen behandelt. Während aber bei der älteren Acylirungsmethode
— Einwirkung von Säurechloriden auf die Natriumsalze — das Acyl gewöhnlich an den Kohlenstoff tritt, so dass ein C-Acylderivat entsteht, führt dieses
neue Verfahren in allen bis jetzt studirten Fällen zu den isomeren O-Acyl-
derivaten. Beide Methoden ergänzen sich also in willkommener Weise.
So wird z. B. aus Natracetessigester und Benzoylchlorid fast nur C-Benzoyl-
Acetessigester (I) erzeugt, während freier Acetessigester bei der Behandlung
mit Pyridin und Benzoylchlorid ausschliesslich den O-Benzoyl-Acetessig-

---

[1] L. Claisen, Liebig's Ann. **291**, 65, 106, 110, 1896; **297**, 2, (Anm.), 1897;
J. U. Nef, Liebig's Ann. **276**, 201, 1893; L. Claisen und G. Haase, Ber. **33**,
1242, 1900.

ester II liefert, dessen Gewinnung nach den bisherigen Angaben mit erheblichen Schwierigkeiten verknüpft war.

$$
\text{I.}\quad
\begin{array}{l}
CH_3 \\
\overset{\cdot}{C}O \\
\overset{\cdot}{C}H.COC_6H_5 \\
\overset{\cdot}{C}OOC_2H_5
\end{array}
\qquad
\text{II.}\quad
\begin{array}{l}
CH_3 \\
\overset{\cdot}{C}O.COC_6H_5 \\
\overset{\cdot\cdot}{C}H \\
\overset{\cdot}{C}OOC_2H_5
\end{array}
$$

Der Mechanismus der Reaktion ist noch nicht festgestellt.   Vielleicht
lagert sich das Säurechlorid zunächst an das Ketonkarbonyl an:

$$
\begin{array}{l}
CH_3 \\
\overset{\cdot}{C}O \\
\overset{\cdot}{C}H_2 \\
\overset{\cdot}{C}OOC_2H_5
\end{array}
+ Cl.CO.C_6H_5 =
\begin{array}{l}
CH_3 \\
\overset{\cdot}{C}\!<^{O.CO.C_6H_5}_{Cl} \\
\overset{\cdot}{C}H_2 \\
\overset{\cdot}{C}OOC_2H_5
\end{array}
$$

In zweiter Phase würde dann diesem Additionsprodukt Salzsäure durch
das Pyridin entzogen:

$$
\begin{array}{l}
CH_3 \\
\overset{\cdot}{C}\!<^{O.CO.C_6H_5}_{Cl} \\
\overset{\cdot}{C}H_2 \\
\overset{\cdot}{C}OOC_2H_5
\end{array}
+ C_5H_5N =
\begin{array}{l}
CH_3 \\
\overset{\cdot}{C}.O.COC_6H_5 \\
\overset{\cdot\cdot}{C}H \\
\overset{\cdot}{C}OOC_2H_5
\end{array}
+ C_5H_5N, HCl.
$$

Diese Methode haben Claisen und Haase benützt, um die Reihe
der Acetylderivate des Acetylessigesters zum Abschluss zu
bringen.   Aus Natracetatessigester und Acetylchlorid wird vorwiegend
C-Acetyl-Acetessigester, d. i. Diacetessigester III gebildet neben etwas
O-Acetyl-Acetessigester IV. Mehr von dem letzteren wird bei Anwendung
von Kupferacetessigester erzeugt.   Ganz glatt gewinnt man dieses O-Acetat
nach dem Verfahren mit Acetylchlorid und Pyridin.

$$
\text{III.}\quad
\begin{array}{l}
CH_3 \\
\overset{\cdot}{C}O \\
\overset{\cdot}{C}H.CO.CH_3 \\
\overset{\cdot}{C}OOC_2H_5
\end{array}
\qquad
\text{IV.}\quad
\begin{array}{l}
CH_3 \\
\overset{\cdot}{C}O.CO.CH_3 \\
\overset{\cdot\cdot}{C}H \\
\overset{\cdot}{C}OOC_2H_5.
\end{array}
$$

Bezüglich des verwendeten Acetylchlorids, welches häufig stark
salzsäurehaltig ist, sei noch bemerkt, dass dasselbe durch Destillation
über Dimethylanilin aus dem Wasserbad völlig salzsäurefrei erhalten
werden kann.   Pyridin kam nur als ganz reines, sog. Pyridin aus dem
Zinksalz der Fabrik Erkner zur Verwendung.   Unreinere Handelssorten
erwiesen sich als ungeeignet.

Hinsichtlich der Acetylirung mit Essigsäureanhydrid in
wässeriger Lösung sei folgendes bemerkt:

Menschutkin[1] zeigte, dass Essigsäureanhydrid und Wasser sich nicht plötzlich zu Essigsäure vereinigen, sondern dass die Reaktion je nach den beiderseitigen Mengenverhältnissen und der Temperatur mehr oder weniger Zeit erfordert. Daher konnte Hinsberg[2] das Essigsäureanhydrid zur Acetylirung aromatischer Basen in wässeriger Lösung oder Suspension verwenden. Es ist indessen nach den Untersuchungen Pinnow's) nicht nöthig, nach Hinsberg's Vorschrift unter Eiskühlung zu arbeiten und das Anderthalbfache bis Doppelte der theoretischen Menge Essigsäureanhydrid zu nehmen; auch die Isolirung der freien Base lässt sich umgehen, wofern man der Lösung des Chlorhydrates die zur Bindung der Salzsäure nöthige Menge Natriumacetat beimischt. Soll beispielsweise das mit Zinn und Salzsäure erhaltene Reaktionsprodukt eines Nitrokörpers in sein Acetylderivat übergeführt werden, so wird die von Zinn befreite Lösung bis auf einen kleinen Rest eingedampft, mit Soda neutralisirt, eine gesättigte Natriumacetatlösung in berechneter Menge und gleich darauf unter gutem Schütteln der Lösung Essigsäureanhydrid zugegeben. Der Neutralitätspunkt lässt sich gewöhnlich an einem Farbenumschlag der durch Spuren von Oxydationsprodukten gefärbten Flüssigkeit erkennen. Für die Berechnung des Natriumacetats möge angenommen werden, dass 85 % der nach der Theorie erhältlichen Menge Chlorhydrat sich in Lösung befinden.

Asymmetrische Triamine[4] der Benzolreihe binden nur zwei Mol. Salzsäure und benöthigen nur zwei Mol. Acetat; ebenso bedarf es für Triamine nur 2 Mol. Essigsäureanhydrid vermehrt um 5—10 %, da nach den bisherigen Erfahrungen mit Polyaminen der Benzolreihe nicht alle Gruppen acetylirt werden, sobald zwei derselben benachbart sind.

Im Anschluss hieran sei noch auf die überraschende Erscheinung hingewiesen, dass Anilinchlorhydrat acetylirt wird, also unter Freiwerden von Salzsäure, und selbst ein erheblicher Ueberschuss derselben verhindert die Acetylirung nicht gänzlich.

2. Bestimmung des Glycerins[5].

Glycerin geht beim Kochen mit Essigsäureanhydrid quantitativ in Triacetin über. Löst man sodann in Wasser und neutralisirt die freie Essigsäure genau mit Natronlauge, so lässt sich hierauf die Menge des in Lösung befindlichen Triacetins leicht durch Verseifen mit Natronlauge

---

[1] Menschutkin, Zeitschr. russ. ch. Ges. **21**, 192, 1889.

[2] Hinsberg, Ber. **23**, 2962, 1890.

[3] J. Pinnow, Ber. **33**, 417, 1900.

[4] Hinsberg, Ber. **19**, 1253, 1886; J. Pinnow und M. Wegner, Ber. **30**, 1112, 1897.

[5] R. Benedikt und M. Cantor, Zeitschr. angew. Ch. 1888, 460.

und Zurücktitriren des Ueberschusses bestimmen. Zur Ausführung des Versuches bereitet man

a) $N/_2$—$N/_1$ Salzsäure, deren Titer sehr genau gestellt sein muss;

b) verdünnte, nicht titrirte Natronlauge mit nicht mehr als 20 g Natronhydrat im Liter;

c) koncentrirte, etwa 10 %ige Natronlauge.

Man wägt 1—1,5 g der Probe in einem weithalsigen Kölbchen mit kugelförmigem Boden von ca. 100 ccm Inhalt, fügt 7—8 g Essigsäureanhydrid und etwa 3 g vollständig entwässertes Natriumacetat hinzu und kocht 1—$1^1/_2$ Stunden am Rückflusskühler. Man lässt etwas abkühlen, verdünnt mit 50 ccm Wasser und erwärmt bis zur vollständigen Lösung. Die Flüssigkeit soll dabei nach Hehner[1]) nicht in's Sieden kommen, weil sich sonst ein Theil des Triacetins zersetzt. Die Lösung in Wasser muss ebenfalls am Rückflusskühler geschehen, da das Triacetin mit Wasserdämpfen ziemlich leicht und unzersetzt flüchtig ist.

Hat sich das am Boden befindliche Oel gelöst, so filtrirt man in einem weithalsigen Kolben von 400—600 ccm Inhalt ab, wodurch die Flüssigkeit von einem meist weissen und flockigen Niederschlag getrennt wird, welcher bei Rohglycerinen ziemlich reichlich sein kann und den grössten Theil der organischen Verunreinigungen enthält. Man wäscht das Filtrat gut nach, lässt das Filtrat vollständig erkalten, fügt Phenolphtaleïn hinzu und neutralisirt genau mit der verdünnten Natronlauge. Der Uebergang ist bei einiger Aufmerksamkeit leicht zu erkennen; die Neutralität ist erreicht, wenn sich die schwach gelbliche Farbe der Flüssigkeit in Röthlichgelb verwandelt. Eine eigentliche Rothfärbung tritt erst bei einem zu vermeidenden Ueberschuss der Lauge ein. Die Neutralisation muss in der Kälte und mit verdünnter Lauge (nicht stärker als $N/_2$) erfolgen, da das Triacetin leicht zum Theil verseift wird.

Man pipettirt nun genau 25 ccm der 10 %igen Lauge ab, wobei man Acht hat, dass die Pipette bei jedem Versuch in gleicher Weise entleert wird, was am leichtesten dadurch erreicht wird, wenn man nach dem Ausfliessen des Flüssigkeitsstrahles immer dieselbe Anzahl Tropfen, z. B. drei, nachlaufen lässt. Man kocht eine Viertelstunde und titrirt den Ueberschuss der Lauge mit Salzsäure zurück. Hierauf ermittelt man den Natrongehalt von 25 ccm Lauge. Die Operationen des Neutralisirens und Titrirens sollen so rasch als möglich durchgeführt werden.

Die Berechnung ist sehr einfach.

Angewandt 1,324 g Glycerin,

25 ccm Lauge neutralisiren . . . . 60,5 ccm N . HCl

zum Zurücktitriren verbraucht . . . 21,5 „ „ „

zur Zerlegung des Triacetins verbraucht 39,0 ccm N . HCl.

1 ccm N . HCl entspricht 0,092 : 3 = 0,03067 g Glycerin.

---

[1]) P. Hehner, Monit. scientif. 1889, 429; Zeitschr. analyt. Ch. **28**, 359, 1889.

Somit enthielt die Probe:

$$0{,}03067 \times 39 = 1{,}1960 \text{ g oder } 90{,}3\,{}^0/_0 \text{ Glycerin.}$$

F. Filsinger[1]) empfiehlt die Verwendung des Acetinverfahrens auch bei Untersuchung des Reinglycerins für Dynamitfabrikation zur Kontrolle; bei Rohglycerinen liefert es häufig zu hohe Werthe.

Lewkowitsch[2]) giebt der Glycerinbestimmung nach dem Acetinverfahren auch bei der Untersuchung von Fetten den Vorzug. Das Fett wird verseift, die Seife mit Schwefelsäure zersetzt, die Fettsäuren abfiltrirt, das Filtrat mit Baryumkarbonat neutralisirt und eingedampft. Die trockene Masse wird mit Aetheralkohol extrahirt, das Lösungsmittel vertrieben und das so gewonnene Rohglycerin acetylirt.

3. Bestimmung von Fuselöl im Branntwein und von Glycerin im Wein.

Versuche über eine maassanalytische Bestimmung der Alkohole und namentlich des Fuselöls im Branntwein hat Franz Adam[3]) angestellt. Acetylchlorid setzt sich mit Alkoholen zu Acetaten und Salzsäure um nach der Gleichung:

$$CH_3COCl + C_5H_{11}OH = CH_3COOC_5H_{11} + HCl.$$

Hierauf basirt eine quantitative Bestimmung der Alkohole, und zwar verfährt man in folgender Weise:

Die Substanz, in der man den Alkoholgehalt bestimmen will, wird in einen Kolben von 250 ccm Inhalt eingewogen; derselbe wird durch einen Stopfen verschlossen, durch dessen Bohrung der kurze Stiel eines 100 ccm fassenden Schütteltrichters luftdicht eingesetzt ist. Aus einer Glashahnbürette lässt man dann 10—25 ccm einer 5—10$^0/_0$igen Lösung von Acetylchlorid in Chloroform einträufeln. Darauf füllt man den Trichter halb mit Wasser, nachdem der Hahn des Schütteltrichters abgestellt ist, und lässt 1—2 Stunden stehen. Alsdann verbindet man die Oeffnung des Schütteltrichters mit einem Varrentrapp'schen Apparat, um beim Oeffnen des Hahnes sämmtliche eventuell entweichende Salzsäure auffangen zu können, und lässt das Wasser allmälig in den Kolben einfliessen. Das Wasser des Varrentrapp'schen Apparates wird nach Beendigung der Umsetzung des Acetylchlorids mit dem zugeführten Wasser, die nach folgender Gleichung verläuft,

$$CH_3COCl + H_2O = CH_3COOH + HCl,$$

ebenfalls in den Kolben eingeführt und die Menge der gebildeten Essigsäure und Salzsäure mit Kalilauge und Phenolphtaleïn zurücktitrirt. Der Titer der Acetylchloridlösung wird in der gleichen Weise bestimmt.

[1]) F. Filsinger, Chem. Ztg. **14**, 197 und 1730, 1890.
[2]) J. Lewkowitsch, Chem. Ztg. **13**, 659, 1889.
[3]) F. Adam, Oesterr. Chem. Ztg. **2**, 241, 1899.

Die Differenz bei der Bestimmung giebt uns an, wieviel Essigsäure zur Bildung von Ester verbraucht worden ist und lässt sich hieraus der Gehalt der betreffenden Substanz an Alkohol berechnen.

Die Fuselölbestimmung im Branntwein geschieht in der Weise, dass man den mit Wasser auf 20 Vol. $^0/_0$ Alkohol verdünnten Branntwein mehrmals mit Chloroform ausschüttelt und diese Procedur öfter wiederholt. Die Chloroformauszüge werden vereinigt, noch mehrmals mit Wasser gewaschen, mit gebranntem Gips zur Entwässerung geschüttelt, filtrirt und dann in einem aliquoten Theil der Gehalt an Fuselöl, wie oben angegeben wurde, bestimmt. Das Chloroform wird zuvor durch Erwärmen mit Acetylchlorid, Waschen mit Wasser und Destilliren über Chlorcalcium von Alkohol gereinigt. Aetherische Oele scheinen nach der Destillation des Branntweins mit Kalilauge nicht mehr zu schaden.

Glycerin liefert nach einem von K. Böttinger[1]) angegebenen Verfahren der Acetylirung anscheinend in der Hauptsache Glycerinmonacetat. Das Verfahren der Acetylirung beruht auf der Einwirkung von Essigsäureanhydrid in Gegenwart von Kaliumbisulfat. Dabei wird im Wasserbadtrockenschrank zwei Stunden erhitzt, dann mit Aether extrahirt und 4 Stunden lang bei 105° erhitzt. Das Mengenverhältniss war anscheinend ca. 0,46—0,72 g Glycerin, 1—1$^1/_2$ ccm Essigsäureanhydrid und 1 g Bisulfat. Es wurden folgende Werthe erhalten:

			Verhältniss:
0,5640 g Glycerin getr. lieferten	0,7505 g Acetverbindung,		100 : 150,8
0,7196 g „ „ „	1,1183 g	„	100 : 156,1
0,5367 g „ „ „	0,8066 g	„	100 : 150,3
0,6577 g „ „ „	0,9475 g	„	100 : 144,1
0,6400 g „ „ „	0,9196 g	„	100 : 143,6 etc.

Der Theorie nach werden aus 100 g Glycerin 145,65 g Monacetat erhalten, was mit dem obigen Befund ziemlich übereinstimmt.

In gleicher Weise hat dann Böttinger den Acetylwerth des sogenannten Weinglycerins, also den Bestandtheil des Weinextraktes, den man mit Glycerin bezeichnet, ermittelt. Die betreffenden Werthe sind folgende:

			Verhältniss:
0,5537 g sog. Glycerin lieferten	0,7347 g Acetverbindung,		100 : 132,7
0,4776 g „ „ „	0,6540 g	„	100 : 137,0
0,3698 g „ „ „	0,5028 g	„	100 : 136,0
0,4850 g „ „ „	0,6513 g	„	100 : 134,0 etc.

Nach den vorher für das Glycerin ermittelten Zahlen ist also nur ein Procentsatz des sog. Weinglycerins als aus wirklichem Glycerin bestehend anzusehen (ca. 80—81 $^0/_0$).

---

[1]) K. Böttinger, Chem. Ztg. **21**, 658, 1897.

4. Bestimmung der Acetylzahl der Fette.

Die Acetylzahl der Fette zeigt uns an, wie viel Hydroxylgruppen in einem Fette in freiem Zustande vorhanden sind, und liefert somit ein Maass für den Gehalt eines Fettes an Oxyfettsäuren.

„Die Bestimmung wird nach Benedikt und Ulzer[1]) in folgender Weise ausgeführt. 20—50 g der durch Verseifung mit alkoholischer Kalilauge und nachheriger Reindarstellung der aus dem Fett gewonnenen leicht flüchtigen Fettsäuren werden mit dem gleichen Volumen Essigsäureanhydrid zwei Stunden in einem Kölbchen mit Rückflussrohr gekocht, die Mischung in ein hohes Becherglas von 1 l Inhalt entleert, mit 500—600 ccm Wasser übergossen und mindestens eine halbe Stunde gekocht. Um ein Stossen der Flüssigkeit zu vermeiden, leitet man durch ein, nahe dem Boden des Bechers mündendes Kapillarrohr einen langsamen Kohlensäurestrom ein. Nach einiger Zeit hebert man das Wasser ab und kocht noch dreimal in gleicher Weise aus. Dann ist, wie man sich durch eine Prüfung mit Lackmuspapier überzeugen kann, alle Essigsäure entfernt. Endlich filtrirt man die acetylirten Säuren im Luftbade durch ein trockenes Filter und bestimmt nun die „Acetyl-Säurezahl" und die „Acetylzahl" der Fettsäuren. Zu diesem Zwecke verfährt man gerade so, wie zur Bestimmung der Säure- und Aetherzahl eines Fettes, wobei man jedoch statt der alkoholischen, wässerige Kalilauge verwenden kann. Man löst demnach 3—5 g der acetylirten Fettsäuren in säure- und fuselfreiem Weingeist auf, setzt Phenolphtaleïn hinzu und titrirt mit $N/_2$ Lauge bis zur Rothfärbung; dann fügt man einen Ueberschuss derselben Lauge hinzu, erwärmt auf dem Wasserbade zum schwachen Sieden und titrirt mit Salzsäure zurück."

„Die Summe der Acetylsäurezahl und der Acetylzahl heisst „Acetyl-Verseifungszahl". Man kann demnach zur Ermittlung der Acetylzahl auch die Verseifungszahl und Säurezahl der acetylirten Fettsäuren bestimmen und die Acetylzahl aus der Differenz finden. Die Acetylzahl ist gleich Null, wenn die Probe keine Oxyfettsäuren enthält."

„Beispiel: 3,379 g acetylirte Fettsäuren aus Ricinusöl verbrauchten zur Absättigung 17,2 ccm $N/_2$ Kalilauge oder 17,2 . 0,02805 = 0,4825 g Kalihydrat, woraus sich die Acetylsäurezahl 482,5 : 3,379 = 142,5 ergiebt. Zu der neutralisirten Probe wurden noch 32,8 ccm, somit im ganzen 50 ccm Kalilauge zufliessen gelassen. Nach dem Kochen wurde mit 14,3 ccm $N/_2$ Salzsäure zurücktitrirt. Somit verbleiben zur Absättigung der abgespaltenen Essigsäure 32,8 — 14,3 = 18,5 ccm $N/_2$ Kalilauge oder 18,5 . 0,02805 = 0,5189 Kalihydrat, woraus sich die Acetylzahl 518,9 : 3,379 = 153,5 ergiebt."

„Die Acetylzahl gestattet namentlich die Erkennung von Ricinusöl

---

1) R. Benedikt und F. Ulzer; vgl. Benedikt, Analyse der Fette u. s. w.

und „oxydirten Oelen" in Oelgemischen. Benedikt und Ulzer haben
folgende Oele auf ihre Acetylzahl geprüft:

Fettsäuren aus	Nicht acetylirt.	Acetylirt.			Jodzahl.
	Säurezahl.	Acetyl-Säurezahl.	Acetyl-Ver-seifungs-zahl.	Acetylzahl.	
Arachisöl	198,8	193,3	196,7	3,4	—
Kottonöl	199,8	195,7	212,3	16,6	108
Krotonöl	201,0	195,7	204,2	8,5	—
Hanföl	199,4	196,8	204,3	7,5	150
Leinöl	201,3	196,6	205,1	8,5	170—175
Mandelöl	201,6	196,5	202,3	5,8	98
Mohnöl	200,6	194,1	207,2	13,1	138
Nussöl	204,8	198,0	205,6	7,6	146
Olivenöl	197,1	197,3	202,0	4,7	82,8
Pfirsichkernöl	202,5	196,0	202,4	6,4	—
Ricinusöl	177,4	142,8	296,2	153,4	84,5
Rüböl	182,5	178,5	184,8	6,3	101
Sesamöl	200,4	192,0	203,5	11,5	108
Auflösbares Ricinusöl . .	—	184,5	246,7	62,2	—

Ed. Späth[1]) hat die Bestimmung der Acetylzahlen von Schweinefett, Baumwollsamenöl und Talg ausgeführt und hierbei folgende Werthe
gefunden:

Schweinefett	201,7	207,2	5,5	59,8
„	203,1	207,6	4,55	58,7
„ älteres . .	198,9	204,3	5,4	52.4
„ „ . .	199,2	205,2	6,0	52,0
Speisefett, käufliches . .	196,0	205,7	9,7	63,8
Rindstalg	197,5	201,9	4,4	43,3
„	199,0	204,7	5,7	—
„	196,9	201,8	4,0	—
Baumwollsamenöl, frisch .	193,3	213,3	20,0	102,6
„ „ .	196,2	217,0	20,8	—
„ älteres	193	216	23	99,7
60 Schweinefett, Baumwoll-	190,6	200,2	10,4	62,0
samenöl und 20 Rindstalg	192,1	204,3	12,2	—

Hiernach hat die Bestimmung der Acetylzahl für die Entdeckung
von Baumwollsamenöl im Schweinefett keinen grösseren Werth als die
Jodzahl. Wohl aber lässt sich die Bedeutung der Acetylzahl bei Verfälschungen mit Ricinusöl nicht leugnen.

Wie J. Lewkowitsch[2]) gefunden hat, genügt es, das Acetylprodukt
dreimal zu waschen. Weiteres Waschen bewirkt geringe Dissociation.
Um nach der Verseifung die Abscheidung der unlöslichen Fettsäuren für

1) Ed. Späth, Forschungsber. über Lebensm. und ihre Bez. zur Hygiene, 2,
226, 1897; Chem. Centrbl. 623, 1897, I.
2) J. Lewkowitsch, The Analyst, 24, 319, 1899.

die Filtration zu erleichtern, füge man einen kleinen, aber abgemessenen
Ueberschuss an Mineralsäure der mit $N/_{10}$ Alkali verseiften Substanz zu.
Sind in dem zu untersuchenden Fette oder Oele flüchtige Fettsäuren enthalten, so müssen dieselben vor der Acetylirung bestimmt werden, da
sonst zu hohe Acetylwerthe gefunden werden. Im allgemeinen ist die
Acetylzahl keine konstante Grösse, sondern ändert sich mit den vorhandenen hydroxylirten Fettsäuren und Alkoholen. Die „geblasenen" (oxydirten) Oele geben hohe Acetylwerthe. In den käuflichen derartigen Oelen
stimmt die wahre Acetylzahl nahezu mit dem Verhältniss der oxydirten
Säure überein, so dass man daraus schliessen darf, dass die Acetylzahl
ein Maass für die oxydirten Säuren ist.

F. Wenzel[1]) verwendet zur Verseifung der Acetylverbindungen
mässig verdünnte Schwefelsäure. Die übliche Abspaltung des
Acetyls mit Hilfe von Kali, Natron, Baryt bezw. Magnesia hält er, insbesondere bei Phloroglucin und Pyrogallolderivaten, nicht für genügend
genau, da sich bei der Zersetzung flüchtige, organische Säuren bilden, welche
bei der darauf folgenden Destillation als Essigsäure mitbestimmt werden.

Die Koncentration der Schwefelsäure muss so gewählt werden, dass
keine weitergehende Einwirkung auf die organischen Verbindungen stattfindet. Als gutes Kriterium hierfür kann das Nichtauftreten von schwefliger
Säure dienen. Durch einen Versuch in einem Reagensglase bestimmt man
die Koncentration der Schwefelsäure, bei welcher sich das Acetylderivat
eben löst, ohne beim Erwärmen auf $100-120^0$ sich stark zu verfärben,
harzige Produkte abzuscheiden bezw. schweflige Säure zu entwickeln. In
den meisten Fällen genügt eine Schwefelsäure $2:1$. Häufig muss jedoch
eine verdünntere Säure angewendet werden $1:2$; insbesondere bei Verbindungen mit einer Amidogruppe; bei diesen ist die Verseifung mit der
koncentrirten Säure unvollständig. Nur Acetyltribromphenol bedurfte zur
vollständigen Verseifung koncentrirter Schwefelsäure. Enthalten die Substanzen Schwefel bezw. Halogene, so setzt man zur Bindung des auftretenden Schwefelwasserstoffes bezw. der Halogenwasserstoffsäuren Cad-
miumsulfat oder Silbersulfat hinzu. Bei Sauerstoffverbindungen genügt
für die vollkommene Verseifung $^1/_2$ stündiges Erhitzen auf $100-120^0$,
bei stickstoffhaltigen Verbindungen erhitzt man zweckmässig ca. 3 Stunden.

Nach beendigter Verseifung wird primäres Natriumphosphat zugefügt
und im Vakuum die Essigsäure abdestillirt.

5. Bestimmung des Cholesterins.

J. Lewkowitsch[2]) empfiehlt die Acetylzahl des Cholesterins zu
bestimmen und verfährt hierbei in folgender Weise.

---

1) F. Wenzel, Monatsh. f. Ch. **18**, 659, 1897.
2) J. Lewkowitsch, Ber. **25**, 65, 1891.

Reines Cholesterin wird mit der $1^1/_2$ fachen Menge Acetanhydrid am Rückflusskühler gekocht, das Reaktionsprodukt auf dem Filter mit warmem Wasser gewaschen, bis die saure Reaktion verschwunden ist, und das Filter sammt Niederschlag in einem Kolben mit einer genau gemessenen Menge titrirter alkoholischer Kalilauge gekocht. Das verbrauchte Alkali wird durch Zurücktitriren bestimmt. Gefunden wurden als Verseifungszahl 137,4 und 132,4. Die Theorie fordert für $C_{26}H_{43}O(C_2H_3O)$ die Verseifungszahl 135,5.

6. Bestimmung der Acetylzahl der Harze.

In gleicher Weise wie für die Fette ist auch für die Balsame und Harze die Bestimmung der Acetylzahl zur Unterscheidung der einzelnen sowie zur Ermittlung von Verfälschungen empfohlen worden. Die Versuche hierüber wurden von K. Dieterich[1]) ausgeführt, der die Acetylirung d. h. also die quantitative Festlegung der in den Harzen vorhandenen Hydroxylgruppen mit Essigsaureanhydrid und Natriumacetat vornahm. Die von verschiedenen Harzen erhaltenen Acetylzahlen nebst den bisher gebräuchlichen Konstanten, wie Säure-, Ester- und Verseifungszahlen sind in der Tabelle auf S. 145 gegeben.

Da die Unterschiede der einzelnen Harzacetylzahlen sehr grosse sind, wird diese Methode sich unter Umständen als von grösserer Wichtigkeit erweisen. Immerhin muss darauf aufmerksam gemacht werden, dass ihr nur eine beschränkte Anwendung (nur bei oxysäurehaltigen Harzen), zukommt, und dass sie ausserdem ziemlich umständlich ist.

7. Bestimmung von Menthol und Santalol.

Der Gehalt des Pfefferminzöles, Oleum menthae piperitae, an Menthol, $C_{10}H_{19}OH$, welches der Träger des Geruchs und des kühlenden Geschmackes des Pfefferminzöles ist, wird nach N. J. Garfield[2]) in folgender Weise schnell bestimmt. 5 g Oel werden mit 5 ccm Essigsäureanhydrid $^1/_2$ Stunde am Rückflusskühler gekocht. Nach Vollendung der Acetylirung wird der Gehalt des unveränderten Essigsäureanhydrids bezw. der gebildeten Essigsäure ermittelt und aus dem Verbrauch des Anhydrids der Gehalt an Menthol berechnet.

In ähnlicher Weise wie bei Bestimmung der Fuselöle im Branntwein ermittelte Franz Adam (l. c.) auch den Gehalt verschiedener Pfefferminzöle an Menthol. Er fand Zahlen, die von 32—50 $^0/_0$ Menthol differirten.

---

1) K. Dieterich, Helfenberger Ann. 1897, 44; Chem. Rev. Fett u. Harz-Industrie 5, 197—201, 1898.

2) N. J. Garfield, Pharm. Rev. 1897, 135; Pharm. Centrbl. 38, 631, 1897.

Name	Unacetylirt			Acetylirt			Beschaffenheit	
	S. Z.	E. Z.	V. Z.	A. S. Z.	A. E. Z.	A. V. Z.	des Ausgangsproduktes	des Acetylproduktes
Gew. Terpentin . . .	107,67—113,3	7,82—20,39	115,51—133,65	123,75—125,55	62,32—93,79	187,87—217,04	flüssig	fest
Venet. „ . . .	66,93—68,85	50,03—53,21	118,61—120,41	69,87—72,19	109,08—118,67	178,95—190,86	„	zähe
Kolophonium	157—176	—	—	155,82—155,84	92,12—95,37	251,21—274,94	fest	fest
Resina Pini	145,44—161,16	9,95—28,66	157,16—188,96	155,27—158,48	64,38—75,48	222,86—230,75	„	„
Sandarak	91—102	—	—	166,13—169,83	73,59—81,60	239,62—251,45	„	„
Guajakharz, Masse . .	89,60—92,50	—	—	45,84—53,15	121,75—139,26	167,59—192,44	„	fest, braun
„ gereinigt .	„	—	—	13,57—14,89	149,33—149,75	163,22—164,22	„	„ gelb
Drachenblut, Palmen .	—	97,80—119 (Harzzahl)	86,80—123,20	139,07—139,79	—	—	fest, roth	„ braun
„ Socotra .	—	87,40—81,20 (Harzzahl)	92,40—95,40	—	—	—	„	„ „
Dammar.	20—30	—	—	50,52—51,80	81,56—83,06	132,08—134,86	fest, weiss	fest, hellgelb
Kopal, lösl. Thl. . .	60—65	—	—	70,71	125,58	203,29	fest	zähe
„ unlösl. Thl. . .	„	—	—	120,10—121,14	84,80—111,17	205,94—231,27	„	fest

Die Ermittelung des Gehaltes an Santalol, $C_{15}H_{26}O$, im Sandelholzöl, das den Hauptwerth des letzteren ausmacht, wurde mit Hilfe der Bestimmung der Acetylzahl von W. Dulière[1]) ausgeführt. Er fand folgende Werthe:

Gelbes Sandelholzöl (Schimmel)			94,95 %
„	„	(franz. Fabrikat)	96,45 %
	„	„	94,14 %
Westind.	„	„ „	41,93 %
Cedernholzöl (Schimmel)			13,68 %
Copahuöl gar. rein.			7,35 %
Gurjunbalsam			7,88 %.

8. Bestimmung der Gallussäure.

Dieselbe wurde von P. Sisley[2]) beschrieben. Sie bietet nichts Neues in der Art der Ausführung u. s. w.

9. Einführung des Acetyls beim Anilin und dessen Derivaten.

Wie schon erwähnt wurde, lässt sich der Ersatz des Wasserstoffes der Amido- oder Imidgruppe durch das Radikal Acetyl unter gewissen Umständen auch zur quantitativen Bestimmung der einzelnen Bestandtheile von Gemischen verwenden. Dabei ist nothwendig die Acetylirung so zu leiten, dass nur ein Monoacetylprodukt entsteht, indem selbstverständlich durch gleichzeitige Bildung von Diacetylprodukten fehlerhafte Resultate erhalten werden.

Anilin, $C_6H_5NH_2$, liefert in der Kälte mit Essigsäureanhydrid direkt ein Monoacetylderivat. Auch mit siedendem Anhydrid liefert es nicht leicht Diacetylderivat. Dies tritt erst ein beim Arbeiten unter Druck.

Mit zunehmender Zahl der sauren Substituenten nimmt, wie F. Ulffers[3]) und A. von Janson gefunden haben, die Reaktionsfähigkeit der freien Amine ab; nur wirken die in o-Stellung zur Amidogruppe befindlichen Substituenten stärker als die p-Substituenten. Die Reaktionsfähigkeit der nitrirten Amine ist weit geringer als die der entsprechenden bromirten Amine.

Die Beobachtungen der bromirten Amine in ihrem Verhalten gegen kaltes Essigsäureanhydrid ergaben folgendes Resultat:

p-Bromanilin, $C_6H_4{}^{(1)NH_2}_{(4)Br}$, reagirt augenblicklich unter beträchtlicher Erwärmung quantitativ.

1) W. Dulière, Journ. Pharm. Chim. (6), **7**, 553, 1898.
2) P. Sisley, Bull. soc. chim. (3), **11**, 562, 1894.
3) F. Ulffers und A. v. Janson, Ber. **27**, 93, 1894.

m-Brom-p-Toluidin, $C_6H_3\!{\scriptstyle(3)Br}^{(1)NH_2}\!{\scriptstyle(4)CH_3}$, reagirt nach einer Reihe von Sekunden unter mässiger Wärmeentwicklung quantitativ.

op-Dibromanilin, $C_6H_3\!{\scriptstyle(2)Br}^{(1)NH_2}\!{\scriptstyle(4)Br}$, reagirt nach einigen Minuten unter schwacher Erwärmung quantitativ.

mm-Dibrom p-Toluidin, $C_6H_2\!{\scriptstyle\begin{smallmatrix}(1)NH_2\\(2)Br\\(4)CH_3\\(6)Br\end{smallmatrix}}$, reagirt bei mehrtägiger Einwirkung theilweise.

oop-Tribromanilin, $C_6H_2\!{\scriptstyle\begin{smallmatrix}(1)NH_2\\(2)Br\\(4)Br\\(6)Br\end{smallmatrix}}$, reagirt noch nicht bei mehrtägiger Berührung.

Die nicht substituirten Toluidine o-Toluidin, $C_6H_4\!{\scriptstyle\begin{smallmatrix}(1)NH_2\\(2)CH_3\end{smallmatrix}}$, p-Toluidin, $C_6H_4\!{\scriptstyle\begin{smallmatrix}(1)NH_2\\(4)CH_3\end{smallmatrix}}$, sowie das Monomethyl- und Monoäthylanilin, $C_6H_5N\!\!<^{CH_3}_{H}$ und $C_6H_5N\!\!<^{C_2H_5}_{H}$ dagegen reagiren mit kaltem Essigsäureanhydrid sofort.

Besonderes Interesse verdient das Verhalten des 1 Methyl- 2.4 Diamidobenzol (m. Toluylendiamin). Durch längeres Kochen von 1 Mol.-Gew. im Toluylendiamin mit etwas weniger als 2 Mol.-Gew. Eisessig, dem eine geringe Menge Wasser zugesetzt worden war, erhielt F. Tiemann[1]) ganz überwiegend das in p-Stellung acetylirte Produkt

$$H_3C\!\!-\!\!\langle\ \rangle\!-\!NH\,.\,C_2H_3O.$$
$$\overset{|}{NH_2}$$

Diese Erscheinung lässt sich dadurch erklären, dass gerade die mit Eisessig in Reaktion tretende Amidogruppe im Vergleich zur zweiten weit aktiver ist, und das muss auf den Einfluss des p- bezw. o-ständigen Methyls zurückgeführt werden.

Dementsprechend verhält sich die Diacetylverbindung, welche durch sorgsame Behandlung mit Natronlauge nur das obige Monoacetylderivat liefert[2]).

---

1) F. Tiemann, Ber. **3**, 221, 1870; vgl. hierzu das entsprechende Verhalten bei anderen Umsetzungen bei C. Bülow, Ber. **33**, 2364, 1900.

2) Koch, Liebig's Ann. **153**, 132.

Ein ähnliches Verhalten zeigt die Diacetverbindung des o-Nitro-p-phenylendiamins,

$$(C_2H_3O)HN\langle\bigcirc\rangle NH(C_2H_3O),$$
$$NO_2$$

bei der nach der Beobachtung von Kleemann[1]) durch Einwirkung von koncentrirter Kalilauge (1 : 2) schon in der Kälte die in o-Stellung befindliche Acetylgruppe mit grösster Leichtigkeit abgespalten wird, der in m-Stellung befindliche Acetamidrest dagegen unter den gleichen Bedingungen unverändert bleibt. Fast dieselben Beobachtungen haben Bülow und Mann[2]) bei der Spaltung mit Salzsäure gemacht.

Bei der Acetylirung mit Essigsäureanhydrid oder Acetylchlorid erhält man aus dem o-Nitro-p-phenylendiamin immer nur ein Monoacetylderivat in wässeriger Lösung. Erst beim Erhitzen des Monoacetylderivates mit Essigsäureanhydrid am Rückflusskühler erhält man die Diacetylverbindung.

Aromatische monoacetylirte Amine lassen sich nach den Beobachtungen von Bistrzycki, Ulffers, Kay und Tassinari[3]) durch mehrstündiges Erhitzen mit einem grossen Ueberschusse von Essigsäureanhydrid diacetyliren. Ebenso lassen sich die monoacetylirten Diamine in die entsprechenden Tetracetylprodukte überführen. Aus Diacet-m-phenylendiamin entsteht die Tetracetylverbindung

$$C_6H_4[N(COCH_3)_2]_2$$

vom Schmelzpunkt 163 °. Ferner wurde tetracetylirt die Diacetverbindung von m-Toluylendiamin ($CH_3 . NH_2 . NH_2 = 1 . 2 . 4$). Auch die p- und sogar die o-Diamine scheinen fähig zu sein, Tetracetylderivate zu liefern.

10. Bestimmung der Alkylaniline.

Zur quantitativen Bestimmung der Alkylaniline und speciell der Methylaniline ist von Reverdin und de la Harpe[4]) folgendes Verfahren vorgeschlagen worden: Zur Bestimmung des Anilins diazotirt man dasselbe und bringt die Diazolösung zu einer alkalischen Lösung von R-Salz von bestimmtem Gehalte. Ein Theil des im Ueberschusse anzuwendenden R-Salzes kombinirt sich mit der Diazobenzollösung. Durch geeignete Abänderung und mehrmaliges Wiederholen des Versuches findet man schliesslich die für die betreffende Anilinmenge gerade ausreichende Menge an R-Salz und berechnet daraus den Gehalt an Anilin. — Um den Gehalt an Monomethylanilin zu finden, brachten

---

1) Kleemann, Ber. **19**, 339, 1886.
2) C. Bülow und E. Mann, Ber. **30**, 977, 1897.
3) Vgl. Chem. Ztg. **24**, 548, 1900.
4) F. Reverdin und de la Harpe, Chem. Ztg. **1889**, **13**, 387.

die Genannten 1—2 g des Oelgemisches mit einer abgewogenen, etwa
dem doppelten Gewichte des Gemisches entsprechenden Menge von Essigsäureanhydrid in einem mit Rückflusskühler versehenen Kölbchen zusammen, wobei alle nöthigen Vorsichtsmassregeln angewandt wurden.
Darauf wurde diese Mischung $1/2$ Stunde lang bei gewöhnlicher Tempe-
ratur stehen gelassen, damit sich die Acetylirung möglichst vollende.
Alsdann wurden 50 ccm Wasser zugefügt und die so erhaltene wässerige
Lösung $3/4$ Stunden auf dem Wasserbade erhitzt, damit sich der Ueberschuss des Essigsäureanhydrids zersetze. Die auf diese Weise entstandene
Essigsäure wurde mit einer titrirten Natronlauge unter Anwendung von
Phenolphtaleïn als Indikator bestimmt. Aus der verbrauchten Menge des
Essigsäureanhydrids konnte nach Abzug der für das Anilin nöthigen
Menge der Gehalt an Monomethylanilin berechnet werden. Die Differenz
zwischen angewandter Substanz und der gefundenen Menge von Anilin
und Monomethylanlin ergab den Gehalt an Dimethylanilin.

Gegen diese Bestimmungsmethode des Monomethylanilins machte
G i r a u d [1]) einige Bedenken geltend. Die Methode von R e v e r d i n und
d e l a H a r p e erfordert die Anwendung eines absolut reinen Essigsäureanhydrids, das schwer zu beschaffen und schwer unverändert aufzubewahren ist, da es sich leicht hydratisirt. Auch kann, da das Anhydrid
ziemlich flüchtig ist und seine Reaktion mit dem Anilin bezw. Methylanilin viel Wärme entwickelt, während des Mischens der Flüssigkeiten
Verlust erfolgen.

Zur Vermeidung dieses Uebelstandes versetzte G i r a u d das Essigsäureanhydrid mit dem 10 fachen Volum Dimethylanilin. Nach Bestimmung des Titers dieser Lösung wird dieselbe in gleicher Weise wie
das reine Essigsäureanhydrid angewandt, wobei jedoch G i r a u d nach
vollendeter Acetylirung zur Zersetzung des Anhydrids nur mit Wasser
versetzt, ohne zu kochen. Hiergegen machten R e v e r d i n und d e l a
H a r p e [2]) darauf aufmerksam, dass die von G i r a u d hergestellte Lösung von Essigsäureanhydrid in Dimethylanilin nicht haltbar sei, indem
sich nach längerem Stehen Tetramethyldiamidodiphenylmethan bilde.

Die Beobachtung des Einwirkens von Essigsäureanhydrid auf Dimethylanilin wurde von mir [3]) ebenfalls gemacht. Aber auch die Methode
von R e v e r d i n und d e l a H a r p e ergab durchaus keine günstigen
Resultate, sei es, dass dies durch die allzugrosse Flüchtigkeit des Essigsäureanhydrids hervorgerufen wurde, sei es, dass sich ein Theil desselben
mit dem Dimethylanilin des Gemisches umsetzte.

Um den durch die grosse Flüchtigkeit des Anhydrids hervorge-

---

[1]) G i r a u d, Chem. Ztg. Repert. **1889, 13**, 241.

[2]) F. R e v e r d i n und d e l a H a r p e, Bull. Soc. chim. **1892**, 3. Sér. **7**, 211;
Chem. Ztg. Repert. **1892, 16**, 168.

[3]) W. V a u b e l, Chem. Ztg. **17**, Nr. 27, 1893.

rufenen Fehlern zu begegnen, sowie um eine Einwirkung desselben auf
das von Giraud als Lösungsmittel verwendete Dimethyl- bezw. Diäthylanilin zu vermeiden, wurde das Anhydrid in Xylol gelöst. Als bestes
Mischungsverhältniss wurde 7 Anhydrid zu 100 Xylol gefunden. Die
Bestimmung wurde in der Weise ausgeführt, dass eine genau abgewogene
Menge des Oelgemisches (1 bis 2 g) mittels Hahnpipette in eine durchaus
trockene Literflasche eingeführt und mit 50 ccm der Anhydrid-Xylollösung versetzt wurde. Die Flasche (siehe Figur 14) war mit einem
doppelt durchbohrten Kork versehen, in welchem ein Hahntrichter und
ein mit diesem durch Gummischlauch verbundenes Glasrohr eingefügt
waren. In den Hahntrichter wurde Wasser gefüllt und dasselbe, nachdem das Gemisch eine Stunde lang gestanden hatte, zu diesem laufen

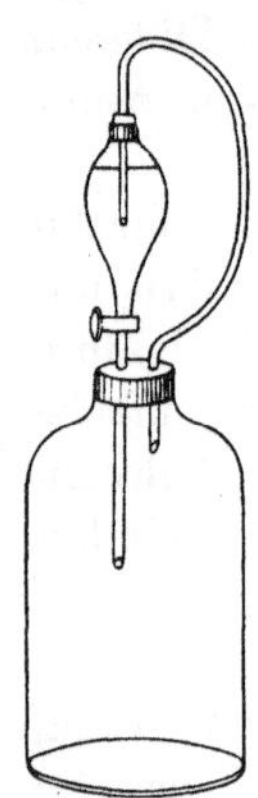

gelassen. Hierbei musste die durch das Wasser verdrängte
Luft erst dieses passiren, wobei die mitgerissenen Anhydrid-
dämpfe absorbirt wurden. Nachdem ca. 300 ccm Wasser
auf diese Weise zugeführt worden waren, wurde das nicht
zur Acetylirung verbrauchte und in Essigsäure umgewan-
delte Anhydrid unter Anwendung von $\frac{n}{3}$-Barytlösung und
Phenolphtaleïu zurücktitrirt. In derselben Weise wurden
50 ccm der Anhydrid-Xylollösung in eine solche Flasche
mit Wasser zusammengebracht, und nach erfolgter Umsetzung des Anhydrids mit Wasser der Titer der Anhydrid-
lösung genau festgestellt. Aus der Differenz wurde der
Gehalt an Monoäthylanilin berechnet, nachdem die für das
Anilin verbrauchte Menge Anhydrid abgezogen worden war.
Inbetreff des Abmessens der 50 ccm Anhydrid-Xylollösung
sei mir die Bemerkung gestattet, dass dieselbe immer in

Fig. 14.

gleicher Weise mit derselben Pipette geschah, welche jedes Mal in derselben Weise auslaufen gelassen wurde.

Trotzdem alle oben erwähnten Fehlerquellen bei dieser Methode ziemlich ausgeschlossen waren, ergab dieselbe doch mitunter Differenzen von 0,5
bis 1 $^0/_0$ des Gesammtgehaltes an Monoäthylanilin. Als besonders be-
achtenswerther Umstand erscheint das beim Zurücktitriren des unverbrauchten Essigsäureanhydrids, sowie überhaupt bei der Titrirung der
Anhydrid-Xylollösung erschwerte Erkennen des Endpunktes, indem die
durch das Phenophtaleïn bei genügender Menge Barytlösung roth gefärbte
Mischung verhältnissmässig rasch diese Farbe verliert, so dass man gezwungen ist, immer von neuem Barytwasser zuzusetzen. Diese Erscheinung wird wohl hauptsächlich dadurch hervorgerufen, dass die roth gefärbte
Phenolphtaleïnlösung von dem Xylol aufgenommen wird und ihre Farbe
verliert. Auf Zusatz einer grösseren Menge Phenolphtaleïnlösung wurde
wiederum das Auftreten einer rothen Färbung erzielt. Dieselbe Erscheinung war auch schon bei Verwendung des Dimethylanilins bezw. Diäthyl-

anilins als Lösungsmittel für Essigsäureanhydrid beobachtet worden. Sie lässt sich vielleicht durch die Annahme erklären, dass die in dem Xylol bezw. Dialkylanilin enthaltenen letzten unzersetzten Theile von Essigsäureanhydrid das Phenolphtaleïn entfärben, indem dasselbe aus der unten befindlichen wässerigen Lösung durch das Xylol bezw. Dialkylanilin ausgezogen und durch das noch vorhandene Anhydrid entfärbt wird, so dass der wässerige Theil des Gemisches alkalisch reagiren kann, ohne jedoch die Rothfärbung hervorzurufen, da es an dieser Stelle an Phenolphtaleïn fehlt. Erst auf Zusatz von weiterer Phenolphtaleïnlösung wird die Rothfärbung von neuem hervorgerufen, verschwindet aber nach einiger Zeit wieder. Selbstverständlich wurden die beiden Flüssigkeitsschichten während des Titrirens fortgesetzt gehörig durchgemischt.

Aber nicht allein bei der Bestimmung des Monoalkylanilins ergaben sich fehlerhafte Resultate. Auch die zur Anilinbestimmung vorgeschlagene Methode erwies sich als nicht ganz einwurfsfrei, indem meist zu viel Anilin gefunden wurde; und zwar zeigte sich dies besonders bei Oelen mit hohem Anilingehalte, wobei der Fehler oft mehrere Procente betrug. Es wurde dies wohl hauptsächlich durch den Umstand hervorgerufen, dass zur Ausscheidung des mit R-Salz erhaltenen Farbstoffes Kochsalz verwendet wurde. Bekanntlich wird das 2.3.6-naphtoldisulfosaure Natron (R-Salz) ebenfalls durch Kochsalz ausgefällt. Wir finden also im Filtrate weniger R-Salz als eigentlich für Anilin verbraucht wurde, und damit den Anilingehalt zu hoch. Trotz vielfacher Versuche gelang es mir nicht, diese Fehlerquelle zu beseitigen.

Auch durch die Messung der bei der Acetylirung von Anilin und Methylanilin eintretenden Temperaturerhöhung lässt sich die Bestimmung derselben ausführen. Ich habe die betreffenden Resultate unter dem Kapitel „Reaktionswärme" mitgetheilt.

X.

Methode der Benzoylirung.

In gleicher Weise wie die Acetylgruppe lässt sich bei hydroxylhaltigen Körpern sowie Aminen und Amiden auch das Radikal Benzoyl, C_6H_5CO, einführen. Die Einführung geschieht zum Zwecke der Bestimmung der Anzahl der Hydroxylgruppen u. s. w. und kann man alsdann bei einigermassen günstiger Sachlage aus den Werthen der Elementaranalyse die eingetretenen Benzoylgruppen und damit der vorhandenen Hydroxylgruppen ermitteln. Immerhin giebt es Fälle, bei denen die Unterschiede der analytischen Daten nicht ausreichen, eine Berechnung dieser Art auszuführen. Alsdann dürfte ein Vorschlag von Loring Jackson und Rolfe Beachtung verdienen, an Stelle von Benzoylchlorid das Brombenzoylchlorid zum Benzoyliren zu verwenden und aus dem Bromgehalte des erhaltenen Produktes die Anzahl der eingetretenen Benzoylgruppen zu berechnen.

Mitunter kann wohl auch eine Zerlegung der Benzoylverbindung mit Alkalien und Bestimmung der entstandenen Benzoësäure von Vortheil sein.

Als Benzoylirungsmittel kommen in Frage Benzoylchlorid, Benzoësäureanhydrid mit und ohne Natriumbenzoat, o-, m- und p-Brombenzoylchlorid p-Brombenzoësäureanhydrid; auch lässt sich Benzosulfonchlorid verwenden.

Die Eintheilung des Stoffes ist folgende:

1. Ausführung der Benzoylirung.
2. Direkte Bestimmung von Benzoyl- und Acetylgruppen.
3. Benzoylirung und Konstitution.
4. Reaktionsgeschwindigkeit bei der Esterbildung aus Benzoylchlorid und aliphatischen Alkoholen.
5. Bestimmung des Glycerins.
6. Bestimmung des Glykokolls.
7. Benzoylirung des Tannins.
8. Unterscheidung zwischen primären und sekundären Aminen.

1. Ausführung der Benzoylirung.

Die Benzoylirung kann mit den vorher erwähnten Verbindungen ausgeführt werden und in saurer oder alkalischer Lösung geschehen. Meist zieht man die letztere vor und arbeitet nach den von Lossen bezw. Baumann[1]) aufgestellten Bedingungen nach der sog. Schotten-Baumann'schen Methode.

Bringt man in Wasser gelöste Alkohole mit Benzoylchlorid zusammen und schüttelt mit Natronlauge bis zur bleibenden alkalischen Reaktion, so erhält man die Ester der Benzoësäure. Diese Reaktion lässt sich mit Vortheil benützen, um die Gegenwart kleiner Mengen von Alkohol auch bei starker Verdünnung, so auch z. B. von Methylalkohol im Aceton, nachzuweisen.

Sie eignet sich auch besonders, um die Ester der verschiedenen Kohlenhydrate zu gewinnen. Man kann den Versuch leicht so einrichten, dass eine grössere oder geringere Anzahl von Benzoylgruppen eingeführt wird. Hierbei entstehen immer Gemenge mehrerer Ester, die mitunter nur schwer von einander getrennt werden können. In einzelnen Fällen wird Benzoylchlorid so fest zurückgehalten, dass erste wiederholte Behandlung mit verdünnter Natronlauge erforderlich ist, um ein chlorfreies Produkt zu erhalten. Auf die Ausbeute und Zusammensetzung der Ester übt die Koncentration der mit Benzoylchlorid und Natronlauge zu behandelnden Substanz einen grossen Einfluss aus. Es gelingt nie, aus einer mässig koncentrirten Lösung, auch bei Anwendung eines grossen Ueberschusses von Benzoylchlorid, das Kohlenhydrat völlig in das Gemenge der in Wasser unlöslichen Ester umzuwandeln.

Beispiel: 5 g Traubenzucker in 15 g Wasser gelöst, wurden mit 210 ccm Natronlauge von 10 °/o gemischt, und die Lösung mit 30 ccm Benzoylchlorid, welche auf einmal zugegeben wurden, so lange geschüttelt, bis kein Geruch von Benzoylchlorid mehr wahrnehmbar blieb. Das so gebildete Estergemenge wog an 13 g; es stellt eine weisse, undeutlich krystallisirte Substanz dar, welche bei 60—64° schmilzt und erweist sich als ein Gemenge von Estern, dessen Zusammensetzung einem Tetrabenzoyltraubenzucker, $C_6H_8O_6(C_7H_5O)_4$, sehr nahe kommt.

Bei allmäligem Zusatz des Benzoylchlorids resultiren flüssige oder halbflüssige Produkte, welche mit dem von Berthelot dargestellten Dibenzoyl-Traubenzucker grösste Aehnlichkeit besitzen.

Glukosamin liefert unter gleichen Umständen ebenfalls ein Tetrabenzoylglukosamin, $C_6H_9NO_5(C_7H_5O)_4$.

Glycerin bildet beim Schütteln mit Benzoylchlorid und verdünnter Natronlauge ein festes Estergemenge, das zum grössten Theil aus Dibenzoat besteht.

---

[1]) E. Baumann, Ber. **19**, 3218, 1886.

Wie J. Baum[1]) nachgewiesen hat, können Amidosäuren ganz unter denselben Umständen wie Alkohole in wässeriger Lösung benzoylirt werden.

Bei alkaliempfindlichen Verbindungen empfiehlt E. Bamberger[2]) die Benzoylirung in Bikarbonatlösung. Das gleiche Verfahren schlägt E. Fischer[3]) im Interesse einer grösseren Ausbeute für Alanin, Asparaginsäure und Glutaminsäure vor, wobei man ausgezeichnete Resultate erhält, wenn man in wässeriger Lösung bei Gegenwart von viel Natriumbikarbonat mit einem erheblichen Ueberschusse von Benzoylchlorid operirt. Das Verfahren hat sich auch bei dem Leucin und Tyrosin bewährt. Leucin liefert ein bei 126—128 ⁰ schmelzendes Monobenzoylderivat, während das aktive Tyrosin ein Dibenzoylprodukt vom Schmp. 210—211⁰ giebt. Bei diesen Produkten, welche gegen Alkali nicht empfindlich sind, handelt es sich um einen ganz anderen, wie es scheint, specifischen Einfluss des Bikarbonats.

Von Interesse ist noch ein Hinweis von E. Hoffmann und V. Meyer[4]), dass in dem käuflichen technischen Benzoylchlorid sich mitunter Benzaldehyd findet, welcher zu fehlerhaften Resultaten führen kann. Diese Verunreinigung ist durch die Darstellung des Benzoylchlorids bedingt.

C. Loring Jackson und G. W. Rolfe[5]) schlagen vor, die zu untersuchenden Präparate in die entsprechenden Parabrombenzoylderivate überzuführen und deren Bromgehalt zu bestimmen. Sie ziehen ihre Methode der bisher üblichen Umwandlung in Acetyl- bezw. Benzoylderivate und der nachherigen Bestimmung des Kohlenstoffgehaltes vor, weil bei wechselnder Anzahl der Hydroxylgruppen die Differenzen im Bromgehalte grösser sind als im Kohlenstoffgehalte und somit die Fehlerquellen erheblich vermindert werden, wie folgende Beispiele zeigen:

Name und muthmassliche Formel der Verbindung.	Benzoylderivate, Differenz im C-Gehalte.	Parabrombenzoylderivate Differenz im Br-Gehalte.
Aeskuletin $C_9H_3O(OH)_3$ bezw. $C_9H_4O_2(OH)_2$	1,97	3,60
Aeskulin $C_{15}H_{10}O_3(OH)_6$ bezw. $C_{15}H_{11}O_4(OH)_5$	0,90	1,50
Fisetin $C_{23}H_{10}O_3(OH)_6$ bezw. $C_{23}H_{11}O_4(OH)_5$	0,78	1,66

Hierbei ist die Brommenge direkt ein Maass für die gesuchte Grösse.

---

1) J. Baum, Zeitschr. physiol. Ch. **9**, 465, 1885.
2) E. Bamberger, V. Meyer und E. Jacobson, Lehrb. org. Ch. 542.
3) E. Fischer, Ber. **32**, 2454, 1899.
4) E. Hoffmann und V. Meyer, Ber. **25**, 209, 1892.
5) C. Loring Jackson und G. W. Rolfe, d. Zeitschr. analyt. Ch. **29**, 358, 1890.

2. Direkte Bestimmung von Benzoyl- und Acetylgruppen.

R. Meyer und H. Meyer[1]) haben eine Methode zur direkten Bestimmung von Benzoylgruppen ausgearbeitet. Sie ist der üblichen Methode zur Bestimmung flüchtiger Fettsäuren nachgebildet und kann auch zur Acetylbestimmung angewendet werden. Ihrer Natur nach setzt sie voraus, dass der zu untersuchende Körper sich durch alkoholisches Kali verseifen lässt und dabei ausser Benzoësäure bezw. Essigsäure keine sauren, mit Wasserdämpfen flüchtigen Bestandtheile abspaltet.

Die gewogene Substanz (etwa 0,5 g) wird in einem Rundkolben von $1/4$ l Inhalt mit 30—50 ccm Alkohol und überschüssigem Aetznatron unter Rückfluss erhitzt, bis vollständige Verseifung angenommen bezw. konstatirt werden kann. Nach dem Erkalten wird der Kolbeninhalt durch Zusatz einer koncentrirten Phosphorsäurelösung oder glasiger Phosphorsäure angesäuert und darauf ·der Dampfdestillation unter Anwendung eines geeigneten Tropfenfängers unterworfen. Der Dampf wird zweckmässig in einer Zinkblechflasche entwickelt, welche mit Sicherheitsröhre versehen und zur grösseren Sicherheit mit Kalk oder Baryt beschickt ist. Während der Wasserdampf eingeleitet wird, erhitzt man den schief gestellten Kolben auf einem Sandbade oder Babo'schen Trichter.

Zuerst geht der Alkohol über und das nicht flüchtige und in Wasser unlösliche Verseifungsprodukt scheidet sich allmälig und krystallisirt aus. Letzterer Umstand ist von Wichtigkeit, weil plötzlich und daher amorph ausfallende Substanzen zuweilen harzige Beschaffenheit haben und dann die Benzoësäure einhüllen und ihre Uebertreibung durch die Wasserdämpfe erschweren. Wenn es nöthig ist, kann man die Bildung von solchen harzigen Ausscheidungen durch Anwendung grösserer Alkoholmenge und anfänglich langsamem Gang der Destillation vermeiden. Sobald je nach der zu erwartenden Benzoësäuremenge $1—1^{1}/2$ l Wasser übergegangen sind, werden 150 ccm frischen Destillates durch Titration auf einem Gehalt an Benzoësäure geprüft und, sobald dieser ausbleibt, die Destillation abgebrochen. Selbstverständlich werden die so resultirenden Theiltitrationen bei der Ermittlung des Gesammtergebnisses mit in Anrechnung gebracht.

Inzwischen dampft man das Destillat ein, nachdem man es mit einem Tropfen alkoholischer Rosolsäurelösung versetzt und mit einer gemessenen Menge $N/_{10}$ Natronlauge alkalisch gemacht hat. Alsdann titrirt man mit $N/_{10}$ Säure zurück. Beim Eindampfen der Lösung ist darauf zu achten, dass dieses keine schweflige oder nitrose Säure aus den Verbrennungsgasen absorbiren kann.

---

1) R. Meyer und H. Meyer, Ber. **28**, 2965, 1895; vgl. hierzu die nachstehend beschriebene Methode von Suhr.

3. Benzoylirung und Konstitution.

Wie schon aus den vorher gegebenen Mittheilungen ersichtlich ist, ist es nicht in allen Fällen möglich, sämmtliche vorhandenen Amido- oder Hydroxylgruppen zu benzoyliren. Hier sprechen besondere Umstände mit, die für die einzelnen Verbindungen verschieden und wohl vielfach sterischer Natur sind. Bei Verbindungen mit einer grösseren Zahl von Amido- oder Hydroxylgruppen hat bei nicht vollkommener Benzoylirung derselben diese Methode zur Konstitutionsbestimmung nur insofern Werth, als sich das Minimum der vorhandenen Hydroxyl- oder Amidogruppen damit feststellen lässt. Demgemäss ist die Gehaltsbestimmung derartiger Verbindungen durch Benzoylirung nur unter den Umständen ausführbar, dass sämmtliche benzoylirbare Gruppen auch wirklich reagiren oder dass unter Einhaltung bestimmter Bedingungen immer dasselbe Maximum von Benzoylgruppen eintritt. Vielleicht hat man in der vorerwähnten Methode der Benzoylirung mit Bikarbonat ein solches Mittel gefunden, um immer eine maximale Benzoylirung zu erreichen.

Von besonderen Erscheinungen, die durch die Konstitution theilweise bedingt sind, seien folgende mitgetheilt:

Wie O. Hess[1]) gefunden hat, ergeben die tertiären Basen, wie Dimethylanilin, Diäthylanilin, sowie die Dimethyl-α- und β-naphtyl-amine beim Erhitzen derselben mit überschüssigem Benzoylchlorid am Rückflusskühler auf 190° die Benzoylverbindungen der sekundären Basen unter Abspaltung der Methyl- bezw. Aethylgruppen, während nach Michler

und Dupertuis[2]) Dimethylamidodibenzoylbenzol $C_6H_3{-}C_6H_5CO$ ent-

$$C_6H_3 \diagup^{N(CH_3)_2}_{\diagdown C_6H_5CO}$$

stehen soll.

Hinsberg und Udransky[3]) beobachteten, dass beim freien p-Phenylendiamin sich beide Amidogruppen nach der Schotten-Bau-mann'schen Methode benzoyliren lassen. Dies gelingt jedoch nicht beim Nitro-p-phenylendiamin, welches nur ein Nitromonobenzoyl-p-phenylen-diamin bildet.

E. Goldmann und E. Baumann[4]) benützen die Benzoylirungs-methode zur Isolirung von Cystin, $[SC(CH_3NH_2)COOH]_2$, Kohlen-hydraten[5]) und Diaminen im Harn. Die Beobachtungen von L. v. Udransky und E. Baumann[6]) zeigten, dass man mit Hilfe des

---

1) O. Hess, Ber. **18**, 685, 1881.
2) Michler und Dupertuis, Ber. **9**, 1901, 1876.
3) Hinsberg und Udransky, Liebig's Ann. **254**, 254, 1889.
4) E. Goldmann und E. Baumann, Zeitschr. f. physiol. Ch. **12**, 254, 1888.
5) N. Wedenski, Zeitschr. physiol. Ch. **18**, 122, 1889.
6) L. v. Udransky und E. Baumann, Ber. **21**, 2744, 1888.

Benzoylchlorids eine Anzahl basischer Körper aus dem Harn zu isoliren vermag, wie Cadaverin und Putrescin, die unter pathologischen Verhältnissen darin vorkommen können.

4. Reaktionsgeschwindigkeit bei der Esterbildung aus Benzoylchlorid und aliphatischen Alkoholen.

L. Bruner und L. Tolloczko[1]) beobachteten, dass bei Anwendung eines genügenden Ueberschusses von Alkohol die Reaktion nach der Gleichung

$$C_6H_5COCl + R.OH = C_6H_5CO.OR. + HCl$$

zu Ende geht. Der Erwartung gemäss sollte man es hier mit einer monomolekularen Reaktion zu thun haben, welche durch die Formel

$$k = \frac{1}{t} \log \frac{A}{A-x}$$

dargestellt wird, in welcher k eine Konstante, A die zur Zeit o, A—x die zur Zeit t vorhandene Koncentration bedeuten. Die hauptsächlich bei den Temperaturen o und 25° angestellten Versuche ergaben, dass der Geschwindigkeitskoefficient stetig abnimmt, die Reaktion also nicht dem einfachen Gesetze für monomolekulare Umsetzungen gehorcht. Vielmehr muss die direkte Esterbildung von Nebenreaktionen begleitet sein, welche den Verlauf komplicirter gestalten, als er nach dem Gesetze für monomolekulare Reaktionen sein sollte.

In stöchiometrischer Hinsicht ist zu bemerken, dass die Geschwindigkeitskonstanten mit steigendem Molekulargewicht des Alkohols in üblicher und bekannter Weise stark abnehmen.

5. Bestimmung des Glycerins.

„Die Methode ist von E. Baumann[2]) zuerst empfohlen worden. Nach Diez[3]) verfährt man hierbei, um übereinstimmende Resultate zu erzielen, in der Weise, dass man von dem zu untersuchenden Glycerin 0,1 g in 10 bezw. 20 ccm Wasser löst, in einem Kolben mit 5 ccm Benzoylchlorid und 35 ccm 10%iger Natronlauge versetzt und 10 bis 15 Minuten lang unter öfterem Abkühlen und ohne Unterbrechung schüttelt. Die sich abscheidende Benzoylverbindung wird nach dem Zerreiben mit der alkalischen Flüssigkeit und kurzem Stehen auf einem bei 100° getrockneten Filter gesammelt, mit Wasser gewaschen, im Filter bei 100° 2—3 Stunden lang getrocknet, gewogen und aus dem Gewicht der Benzoate durch Multiplikation mit 0,385 der Glyceringehalt berechnet.“

---

[1]) L. Bruner und S. Tolloczko, Chem. Ztg. **24**, 59, 1900.

[2]) E. Baumann, Ber. **19**, 3218, 1886.

[3]) R. Diez, Zeitschr. physiol. Ch. **11**, 472, 1887.

„Die Methode giebt nach R. Benedikt und Cantor[1]) für die Zwecke der Fett- und Glycerinanalyse ganz unbefriedigende Resultate, indem sich wechselnde Mengen von Di- und Tribenzoaten bilden. Berechnet man aber auch aus der Verseifungszahl die im Niederschlag enthaltene Glycerinmenge, so bleibt die Methode doch noch fehlerhaft, weil beträchtliche Mengen Glycerin in Lösung bleiben."

„Vergleichende Studien über die Brauchbarkeit verschiedener Methoden für die Glycerinbestimmung bei gegohrenen Flüssigkeiten hat E. Suhr[2]) veröffentlicht und gewisse Modifikationen der Diez'schen Methode empfohlen."

„Suhr bemerkt, dass das durch Behandlung der verdünnten Glycerinlösung mit Benzoylchlorid und Natronlauge sich ausscheidende Estergemenge sich einerseits nicht gut nach den Angaben von Diez von Benzoylchlorid durch Auswaschen, eventuell unter Zerreiben befreien lässt, weil es häufig eine harzartige bis schmierige, das Benzoylchlorid fest einschliessende Masse darstellt, und dass anderseits die Trocknung des Estergemenges bei 100° C. häufig zu Differenzen führt, weil bei dieser Temperatur Zersetzung eintritt."

„Um ersterem Uebelstande abzuhelfen, schlägt er vor, das Estergemenge auf dem Filter mit Wasser von 80° C. und wenig Kalilauge so lange zu behandeln, bis der Geruch nach Benzoylchlorid gänzlich beseitigt ist und dann mit Wasser nachzuwaschen, bis dieses völlig neutral abläuft. Hierbei schmilzt das Estergemenge und giebt das eingeschlossene Benzoylchlorid leichter frei."

„An Stelle des Trocknens und Wägens des Estergemenges empfiehlt Suhr die Verseifung mit etwa $N/_2$ alkoholischer Kalilauge. Man verwendet nur einen mässigen Kaliüberschuss, kocht damit einige Zeit auf dem Wasserbade und misst das unverbrauchte Kali mit Salzsäure zurück. Suhr zeigt, dass sich im wesentlichen Tribenzoat bildet, bezw. dass der Kaliverbrauch fast genau dem Verhältniss von 3 Mol. Kalihydrat (168) zu 1 Mol. Glycerin (92) entspricht."

6. Bestimmung des Glykokolls.

Die Methode ist ursprünglich von Ch. S. Fischer ausgearbeitet worden. M. Gonnermann[3]) hat sie einer Nachprüfung unterzogen. Sie beruht auf der Ueberführung des Glykokolls in Hippursäure nach der Gleichung:

$$\underset{\text{Glykokoll.}}{\overset{\displaystyle NH_2}{CH_2COOH}} + C_6H_5COCl = \underset{\text{Hippursäure.}}{\overset{\displaystyle NHCOC_6H_5}{CH_2COOH}} + HCl.$$

---

[1]) Benedikt und Cantor, Zeitschr. angew. Ch. 1888, 460.
[2]) E. Suhr, Archiv f. Hygiene **14**, 305, 1889.
[3]) M. Gonnermann, Chem. Ztg. **19**, R. 26, 1895.

Fischer zersetzt 50 g Gelatine durch Salzsäure, digerirt alsdann unter Zusatz von Bleioxyd bis zum Auftreten der alkalischen Reaktion und fällt das Filtrat durch Einleiten von Schwefelwasserstoff. Die vom Schwefelblei abfiltrirte, auf 50 ccm eingedampfte Lösung wird in der 7 fachen Menge 30 % Natronlauge gelöst und allmälig mit Benzoylchlorid versetzt. Durch Zusatz von starker Salzsäure werden Hippursäure und Benzoësäure frei gemacht und mittels Essigäthers ausgeschüttelt. Nach dem Abdestilliren des Essigäthers wird der Rückstand in Chloroform gelöst. Aus der Lösung scheidet sich nach 24 stündigem Stehen die Hippursäure aus, welche nach dem Trocknen zur Wägung gebracht wird. Gonnermann wendet statt der Salzsäure Schwefelsäure an; den Essigätherrückstand nimmt er statt mit reinem Chloroform mit einem Gemenge von 100 ccm Chloroform und 5 ccm Benzol auf. Die abgeschiedene Hippursäure wäscht der Verfasser mit Chloroform aus, bis das Filtrat nach dem Verdunsten keinen Rückstand mehr zeigt. Gonnermann erzielt auf diese Weise höhere Ausbeuten wie Fischer. Er glaubt die zu niedrigen Resultate dieses Autors darauf zurückführen zu sollen, dass durch die Einwirkung der Salzsäure auf das käufliche Bleioxyd Chlor entsteht, welches auf das Glykokoll einwirkt und die Verluste herbeiführt.

7. Benzoylirung des Tannins.

Skraup[1]) hatte nachgewiesen, dass die Einführung einer grösseren Anzahl von Benzoylgruppen, in einzelnen Fällen die vollständige Benzoylirung bei zahlreichen Alkoholen, Phenolen und Zuckerarten gelingt.

Böttinger[2]) schloss aus der schweren Angreifbarkeit des Benzoyltannins durch verdünnte Natronlauge auf das Nichtvorhandensein der Karboxylgruppe des Tannins in demselben. Dagegen fand F. Grützner[3]) dass dasselbe noch die Karboxylgruppe besitzt und demgemäss die Benzoylirung nach folgender Gleichung vor sich gegangen ist.

$$C_{14}H_{10}O_9 + 5\,C_6H_5COCl = C_{14}H_5(C_6H_5CO)_5O_9 + 5\,HCl.$$

Dabei wurde in der Weise verfahren, dass Tannin in einem geringen Ueberschuss 10 % iger Natronlauge rasch gelöst und dann auf einmal so viel Benzoylchlorid zugegeben wird, dass dieses sich ebenfalls im Ueberschuss befand, die gesammte Reaktionsmasse aber eine entschieden alkalische Reaktion behielt. Nach dem Zusetzen des Benzoylchlorids wurde unter Kühlen gut umgeschüttelt. Nach beendeter Reaktion hatte sich eine weissliche, weiche Masse, das Benzoyltannin, am Boden des Gefässes ab-

---

1) M. Skraup, Sitzber. k. k. Akad. der Wissensch. Wien. Naturwiss. Klasse 98, II b, Mai 1889, 438.

2) E. Böttinger u. s. w., Ber. **19**, 3320, 1886; **22**, 2706, 1889; Liebig's Ann. **163**, 212; **202**, 277.

3) F. Grützner, Archiv d. Pharm. **236**, 300, 1898,

gesetzt. Dasselbe wurde schnell mit verdünnter Natronlauge ausgewaschen und unter Wasser so lange liegen gelassen, bis es erhärtet war und sich zerreissen liess. Mit Wasser bis zum Verschwinden der Chlorreaktion ausgewaschen, wurde es sodann in möglichst geringen Mengen Aceton gelöst und mit Alkohol aus dieser Lösung gefällt. Nach mehrmaligem Fällen stellte das Benzoyltannin ein fast weisses Pulver dar, das auch nach dem von Kueny[1]) bei der Krystallisation benzoylirter Kohlenhydrate angewendeten Verfahren: Erhitzen mit Essigsäureanhydrid in zugeschmolzenem Glasrohr, nicht krystallinisch erhalten werden konnte.

In Wasser, kaltem Alkohol, sowie Petroläther war das Benzoyltannin fast unlöslich, in heissem Weingeist löste es sich nur wenig, um beim Erkalten der Lösung sich in Form einer weissen Trübung auszuscheiden; löslich war es in Aceton, Chloroform, Eisessig, Essigsäureanhydrid, Phenol, Benzol, heissem Xylol.

Verdünnte Natronlauge wirkt nur wenig auf Benzoyltannin ein und erst nach mehrstündigem Stehen macht sich eine schwache Färbung der Natronlauge bemerkbar. Durch kochende 10%ige Natronlauge trat nach kurzer Zeit Verseifung ein, die aber auch nach längerer Zeit der Einwirkung nicht vollendet war. Auch Säuren spalten nur allmälig den Benzoylrest ab.

Ein scharfer Schmelzpunkt war nicht vorhanden; die Einwirkung der Hitze machte sich schon bei 135° durch Zusammensintern der Substanz bemerkbar, bei 155° wurde diese weich und war bei 165° durchsichtig zähflüssig.

Da das Benzoyltannin keine Eisenreaktion gab, konnte die Benzoylirung wohl als vollständig angesehen werden. Dass wirklich die Konstitution des Tannins in dem Benzoylprodukt gewahrt blieb, ergab sich bei der Spaltung mit koncentrirter Salzsäure im zugeschmolzenen Glasrohr, wobei sechs Stunden auf 150° erhitzt wurde. Das entstandene Produkt erwies sich als Gallussäure und drehte auch die Ebene des polarisirten Lichtes in Acetonlösung nach rechts.

Die schwere Angreifbarkeit des Pentabenzoyltannins durch verdünnte Säuren oder ätzende Alkalien erklärt sich wohl aus der o-Stellung, welche zwei Benzoylgruppen an dem einen Benzolkern des Tanninmoleküls zu der Bindungsstelle einnehmen, durch welche der andere Benzolkern esterartig mit jenem verbunden ist.

8. Unterscheidung zwischen primären und sekundären Aminbasen.

Ein von O. Hinsberg[2]) angegebenes Verfahren beruht auf der Beobachtung, dass die beim Schütteln der Amine mit Benzolsulfo-

---

[1]) Kueny, Zeitschr. physiol. Ch. **14**, 337, 1890.
[2]) O. Hinsberg, Ber. **23**, 2962, 1890; **33**, 3526, 1900.

chlorid und Alkalilauge entstehenden Benzolsulfamide alkali-
löslich sind, falls ein primäres, alkaliunlöslich, falls ein
sekundäres Amin vorliegt, während tertiäres Amin überhaupt
nicht mit dem Säurechlorid reagirt.

Nach Solonina[1]) entstehen beim Schütteln einiger primären Amine
mit Benzol- oder Toluolsulfochlorid und Natronlauge — und zwar wenn
ersteres Reagens in grossem, letzteres in geringem Ueberschuss angewendet
wird, — neben den normalen Monobenzolsulfonamiden kleine Mengen
anormaler Dibenzolsulfonamide, welche in Alkohol unlöslich sind und
daher die Anwesenheit sekundärer Basen vortäuschen können. Neigung
zu diesem anormalen Verhalten besitzen Benzylamin, Isobutyl-
amin, n-Butylamin, Isoamylamin, Anilin, m-Xylidin, n-Heptylamin, sowie
nach Bamberger[2]) auch das asymmetrische Methylphenylhydrazin.

Diese Erscheinung tritt nicht auf, wenn man sich nach Hinsberg
bei der Darstellung einer grösseren Menge von Alkali (15 ccm $25^0/_0$iger
Kalilauge auf 1 g Base) und Benzolsulfochlorid ($1\,^1/_2$—2 Mol.-Gew.)
bedient.

Eine weitere von Solonina gefundene Unvollkommenheit
ist, dass die Benzolsulfamide der primären fetten, sowie der hydrirten,
cyklischen Basen etwa von C_7 an, in überschüssiger Lauge unlösliche,
durch Wasser zerlegbare Alkali-Salze geben. Deshalb schlägt Hinsberg
vor, an Stelle des Benzolsulfochlorids das β-Anthrachinonsulfochlorid
anzuwenden, welches auch die Diagnose höherer fetter und hydrocyklischer
Basen mit Leichtigkeit ermöglicht.

Man verfährt dabei folgendermassen: Etwa 0,1 g der zu prüfenden
Base (oder eines Salzes) werden mit 5 ccm $5^0/_0$iger Natronlauge übergossen. In die kalte Flüssigkeit trägt man $1\,^1/_2$ Mol.-Gew. fein vertheilten
Anthrachinonsulfochlorids ein, das man am besten erhält durch Fällen
einer Eisessiglösung des Chlorids mit Wasser. Man sorgt durch Verreiben
mit einem Glasstabe für möglichst gleichmässige Vertheilung des sich leicht
zusammenballenden Chlorids in der Flüssigkeit und schüttelt dann 2—3
Minuten lang kräftig durch. Darauf erhitzt man vorsichtig zum Sieden,
um das überschüssig zugesetzte Chlorid in anthrachinonsulfosaures Natron
umzuwandeln, kühlt auf Zimmertemperatur ab, übersättigt mit verdünnter
Salzsäure und filtrirt das gebildete Anthrachinonsulfamid ab. Dasselbe
wird auf dem Filter mit warmem Wasser ausgewaschen, und, falls es gefärbt ist, was auf Verunreinigungen der angewandten Base hindeutet, aus
verdünntem Alkohol umkrystallisirt. Ein Theil (etwa 0,05 g) des direkt
oder durch Krystallisation erhaltenen Produktes wird, eventuell noch feucht,
in der eben zureichenden Menge heissen Alkohols gelöst, wobei eine

---

1) Solonina, Chem. Centrbl. 1897, II, 848; 1899, II, 867.
2) E. Bamberger, Ber. **32**, 1804, 1899.

farblose oder kaum merklich strohgelb gefärbte Flüssigkeit entsteht. Fügt man nun zu der noch warmen Flüssigkeit einen halben Kubikcentimeter 25%iger Kalilauge, so bleibt die Färbung unverändert, falls ein sekundäres Amin zur Anwendung kam; beim Abkühlen und Zusatz von mehr Kalilauge wird das vorhandene Sulfamid zum Theil krystallinisch ausgefällt.

Liegt ein primäres Amin zu Grunde, so färbt sich die Flüssigkeit dagegen unter Salzbildung intensiv gelb bis gelbroth.

Tertiäre Amine reagiren überhaupt nicht.

Das Verfahren hat sich brauchbar erwiesen bei:

Primären Aminen.

Aethylamin	färbt	sich	gelb
Amylamin	„	„	„
Dihydrokarvylamin	„	„	gelbroth
Anilin	„	„	„
m-Chloranilin	„	„	„
n-Heptylamin	„	„	gelb
Kamphylamin	„	„	gelbroth
β-Naphtylamin	„	„	rothgelb
n-Butylamin	„	„	gelb
o-Toluidin	„	„	gelbroth
Aethylendiamin	„	„	hellgelb
Septdecylamin	„	„	gelb

bei folgenden sekundären Aminen, welche farblos blieben:

Diäthylamin, Monomethylanilin,
Diamylamin, Piperidin.

Das Anthrachinonsulfochlorid wird also bei den Fällen Verwendung finden, bei welchen Benzolsulfochlorid versagt. Es eignet sich aber nicht zur quantitativen Trennung dieser Amine.

XI.

Methode der Bromirung.

Diese Methode beruht auf der Addition von Brom bei ungesättigten Verbindungen, wie z. B. beim Allylalkohol, $CH_2 : CHCH_2OH$.

$$CH_2 : CHCH_2OH + 2\, Br = CH_2BrCHBrCH_2O$$

oder der Substitution bei gesättigten Verbindungen, wie z. B. beim Anilin, $C_6H_5NH_2$,

$$C_6H_5NH_2 + 6\, Br = C_6H_2(Br)_3NH_2 + 3\, HBr.$$

Im ersten Falle findet also nur Addition ohne Abscheidung von HBr, im zweiten Falle dagegen Substitution mit Abscheidung von HBr statt.

Die Anwendung dieser Methode ist bereits eine sehr ausgedehnte und könnte dieselbe noch viel häufiger benützt werden, als dies bisher geschehen ist, da sie bei einer ausserordentlich grossen Zahl von Verbindungen für eine quantitative Bestimmung sehr gut brauchbare Zahlen liefert.

Die Eintheilung des Stoffes ist folgende:

1. Ausführung der Bromirung.
    A. Additionen,
    B. Substitutionen,
        a) Titration mit Bromatlösung bis zum Eintritt der Bromreaktion (Bestimmung von Phenol).
        b) Titration mit einem Ueberschuss von Bromid-Bromatlösung, nachherigem Zusatz von Jodkalium und Zurücktitriren des ausgeschiedenen Jodes mit Natriumthiosulfat (Bestimmung von Phenol).
2. Bestimmung des Allylalkohols.
3. Bestimmung des Senföls.
4. Die Bromzahl der Fette.
5. Bestimmung des Cholesterins.

11*

1. Anwendung und Ausführung der Bromirung.

Die Bromirungsmethode ist in den allgemein üblichen Arten der Ausführung von ausserordentlich weitreichender Verwendbarkeit. Bei einigen Fällen kommen besonders abgeänderte Verfahren zur Anwendung, die bei der Besprechung derselben angeführt werden.

A. Additionen.

Für Additionen ist die Methode bisher verwendet worden bei Allylalkohol, wo man gute Resultate erhält, wenn man Allylalkohol in Eisessig löst, Bromkalilösung sowie Salz- oder Schwefelsäure zugiebt und mit Bromatlösung titrirt. Der Endpunkt wird durch Tüpfeln auf Jodkaliumstärkepapier erkannt. Der Vorgang ist der folgende:

$$CH_2 : CH . CH_2OH + Br_2 = CH_2Br . CHBr . CH_2OH.$$

Weiterhin hat die Methode der Addition von Brom noch Verwendung gefunden bei den Fettsäuren. Die Homologen der Essigsäure, die der Formel $C_nH_{2n}O_2$ entsprechen, wie Laurin-, Myristin-, Palmitin-, Stearinsäure etc. verhalten sich unter gewöhnlichen Umständen indifferent gegen die Halogene. Die Homologen der Akrylsäure, die der Formel $C_nH_{2n-2}O_2$ entsprechen, wie Eruka-, Hypogaea-, Oelsäure etc. vermögen zwei Atome Halogen und die Homologen der Tetrolsäure, die der Formel $C_nH_{2n-4}O_2$ entsprechen, wie die Leinölsäure vermögen vier Atome Halogen zu addiren.

Dieses Verhalten der betreffenden Fettsäuren ist auch mehrfach benützt worden, um den Gehalt der Fette an dieser oder jener Fettsäure mit Hilfe der Bromaddition zu bestimmen. Unter gewöhnlichen Umständen ist die Aufnahme des Broms jedoch eine so langsame, dass es unbedingt erforderlich ist, das betreffende Fett zu lösen. Bisher sind folgende Verfahren vorgeschlagen worden:

„Versuche, die Menge Brom zu bestimmen, die ein Fett aufzunehmen vermag, sind zuerst von Cailletet (1857), dann von Allen[1]), ferner von Mills im Verein mit Snodgrass[2]) und mit Atkitt[3]) angestellt worden. Ferner haben sich Levallois[4]), Halphen[5]) und Schlagdenhaufen und Braun[6]) mit dieser Methode beschäftigt."

„Mills löst 0,1 g des trockenen Fettes in 50 ccm Tetrachlorkohlenstoff und lässt eine titrirte Lösung von Brom in Tetrachlorkohlenstoff hinzufliessen. Nach 15 Minuten wird der Ueberschuss des Broms mit einer Lösung von β-Naphtol in der gleichen Flüssigkeit zurücktitrirt, wobei sich Monobromnaphtol bildet."

„Halphen titrirt den Bromüberschuss mit Natronlösung zurück, welche durch Verdünnen von 20 ccm Natronlauge von 36° Bé. auf 1 l und Zusatz von 2 g Eosin bereitet wird."

„Schlagdenhaufen und Braun lösen ca. 2,5 g Oel in 50 ccm Chloroform, nehmen davon 10 ccm und versetzen partienweise so lange mit einer Auflösung von ca. 1 g Brom in 100 ccm Chloroform, bis der Ueberschuss des Broms beim Umschütteln nicht mehr verschwindet und die Flüssigkeit gelb gefärbt ist. Nun versetzt man mit 10 ccm einer verdünnten Jodkaliumlösung und mit Stärkekleister und titrirt mit Hyposulfit."

Ausserdem ist eine gewichtsanalytische Bestimmung der Bromabsorption der Fette von Otto Hehner ausgearbeitet worden. Dieselbe ist bereits früher besprochen worden in Band I.

Zu erwähnen ist dann noch ein Vorschlag zur technischen Analyse der ätherischen Oele von J. Klimont[7]), wobei eine Lösung von Brom in Chloroform zur Titration benützt wird. Zum Vergleiche wird gleichzeitig eine Titration von reinem Terebenthen (Links Pinen) ausgeführt. Durch Vergleich der verbrauchten Brommengen erhält man so die „Terebenthenzahl" des betreffenden Oeles.

---

[1]) Vgl. R. Benedikt, Analyse der Fette etc.; H. Allen, Journ. Soc. Chim. Ind. 65, 1884.

[2]) Mills und Snodgrass, ibid. 1883.

[3]) Mills und Atkitt, ibid. 1884.

[4]) Levallois, Journ. Pharm. Chim. 1887, 337.

[5]) Halphen, ibid. **20**, 247, 1889.

[6]) Schlagdenhaufen und Braun, Monit. scient. 591, 1891.

[7]) J. Klimont, Chem. Ztg. **18**, 641, 1894; **18**, 672, 1894.

Wie schon in Band I bei Besprechung der Bestimmung der Reaktionswärme mitgetheilt wurde, lässt sich die Messung dieser Grösse bei der Bromirung für die Bestimmung der Fette[1]) und Oele verwenden. Von Interesse sind noch einige von W. Louguinine und Jv. Kablukow[2]) gemachten Beobachtungen über die bei der Addition von Brom an einigen ungesättigten Substanzen entwickelten Wärmemengen. Die erhaltenen Werthe sind in folgender Tabelle gegeben.

Diallyl	2×28057	Allylacetat	2×28133
Allylchlorid	2×28821	Zimmtalkohol	2×22321
Allylbromid	2×26695	Crotonaldehyd	2×19349
Allylalkohol	2×27732	Mesityloxyd	2×20238
Allyläther	2×27017		

Die Additionswärmen von Brom an Allylalkohol und seine Derivate sind also unter einander sehr ähnlich. Für Allylchlorid und -bromid sind sie fast gleich. Die Substitution von Wasserstoff im Allylalkohol durch Phenyl (vgl. Zimmtalkohol) vermindert die Additionswärme des Broms bedeutend, desgleichen die Gegenwart von Keton- und Aldehydgruppen.

B. Substitutionen.

Eine zur Gehaltsbestimmung verwendbare Substitution von Brom findet hauptsächlich nur bei Hydroxyl- und Amidoderivaten der aromatischen Reihe statt. Bei den Phenolen ist noch besonders zu beachten, dass die Möglichkeit vorliegt, dass auch das Wasserstoffatom der Hydroxylgruppe durch Brom ersetzt wird, wie dies z. B. im Tribromphenol-

brom, $C_6H_2 {(1)OBr \atop (2)Br} {(4)Br \atop (6)Br}$ oder nach J. Thiele[3]) $OC{<}{CBr = CH \atop CBr = CH}{>}CBr_2$, der

Fall ist. Die betreffenden Verbindungen sind alkaliunlöslich geworden, und man kann deshalb mit Alkalien auf deren Vorhandensein prüfen. Zur richtigen Ausführung der Bromirungsmethode muss man demgemäss die betreffenden Bedingungen genau einhalten, und unterscheidet man hier zwei Verfahren, die von allgemeiner Giltigkeit zu sein scheinen.

a) Titration mit Bromatlösung bis zum Eintritt der Bromreaktion.

Man arbeitet bei dieser Methode vielfach am besten mit einem grossen Säureüberschuss, indem hierbei die Endreaktion am besten zu erkennen ist.

---

1) Maumené, Compt. rend. **92**, 721, 1881.
2) W. Louguinine und Jv. Kablukow, Compt. rend. **124**, 1303, 1897.
3) J. Thiele und H. Eichwede, Ber. **33**, 673, 1900.

Die von mir ausgeführten Untersuchungen haben die Brauchbarkeit der Methode für folgende Fälle erwiesen:

Phenol nimmt in diesem Falle drei Atome Brom auf und zwar in die beiden o- und die p-Stellung zur Hydroxylgruppe nach der Gleichung:

$$C_6H_5OH + 6\,Br = C_6H_2 {\scriptstyle \begin{matrix}(1)OH\\(2)Br\\(4)Br\\(6)Br\end{matrix}} + 3\,HBr.$$

Die Endreaktion ist bei guter Beobachtung leicht erkennbar sowohl an der längere Zeit nach dem Umrühren bleibenden schwachen Gelbfärbung als durch die Reaktion auf Jodkaliumstärkepapier. Das entstehende Bromid löst sich vollkommen in Alkali und zeigt den Schmelzpunkt 106°. Somit liegt reines Tribromid vor.

Beispiel: Angewandt 0,5 g Phenol in 200 H_2O + 300 ccm HCl konc. + KBr.

o-Kresol und p-Kresol nehmen unter gleichen Bedingungen zwei Atome Brom in die noch freien o- und p-Stellungen auf. m-Kresol dagegen substituirt drei Atome in gleicher Weise wie Phenol.

Hat man es also mit einem aus Kresolen und Phenol bestehenden Gemisch zu thun, so lässt sich aus der verbrauchten Bromatlösung annähernd berechnen, wie viel Phenol und m-Kresol einerseits gegenüber o- und p-Kresol anderseits vorhanden sind. Solche Bestimmungen sind nothwendig bei der Untersuchung von Karbolölen, Lysol, Kreolin und ähnlichen Produkten.

Der kleinste Ueberschuss an Brom ruft eine direkte Abscheidung von Jod und dieses wiederum eine sofortige Blaufärbung auf dem Jodkaliumstärkepapier hervor. Die Abscheidung des Jods aus dem Jodkalium erfolgt nach der bekannten Gleichung:

$$JK + Br = KBr + J.$$

Für Anfänger sei noch besonders darauf aufmerksam gemacht, dass sich das Jodkaliumstärkepapier auch unter dem gemeinsamen Einflusse der vorhandenen Säure und der oxydirenden Wirkung des Luftsauerstoffs bereits nach kurzer Zeit bläut, ehe überhaupt ein Ueberschuss an Brom vorhanden ist. Die Endreaktion kann erst dann als wirklich eingetreten bezeichnet werden, wenn die Bläuung sofort nach Auftropfen oder mitunter besser noch nach dem Aufstreichen der Lösung mit dem Glasstab sich zeigt. Ueberdies geben auch beide Arten der Bläuung charakteristische Unterschiede, von denen man sich leicht durch den Versuch überzeugen kann.

Zur Ausführung der Bromirung hat man also eine Lösung von Kaliumbromat nothwendig. Man kann dieselbe als $^N/_5$ oder $^N/_{10}$ anwenden je nach Umständen. Zur Darstellung von

$N/_5$ Kaliumbromatlösung löst man $\dfrac{167}{5} = 33{,}4$ g in 1000 ccm.

$N/_{10}$ „   „   „   „ $\dfrac{167}{10} = 16{,}7$ g „   „   „

Alsdann entspricht, wenn man es mit ganz reinem Bromat zu thun hat,

     1 ccm $N/_5$ KBrO$_3$ bei Addition   0,096 g Br.

                 bei Substitution   0,048 „ „

     1 ccm $N/_{10}$ KBrO$_3$ bei Addition   0,048 „ „

                 bei Substitution   0,024 „ „

da, wie oben erwähnt wurde, bei der Addition sämmtliches Brom aufgenommen wird, bei der Substitution aber nur die Hälfte, indem der durch Brom ersetzte Wasserstoff sich mit Brom zu Bromwasserstoff vereinigt. Gewöhnlich ist nun das Kaliumbromat nicht absolut rein und muss daher mit einer ganz reinen Substanz der Titer eingestellt werden. Hierzu sehr brauchbare Verbindungen sind Anilin, o- und p-Toluidin. Als geeignetes Beispiel sei Anilin gewählt. Die Ausführung der Titerstellung giebt dann auch zugleich die bei der Bestimmung anzuwendende Methode wieder.

In einem vorher gewogenen, dann mit Hilfe von Anwärmen und Abkühlen mit ca. 2 g Anilin gefüllten Gläschen, das an einem Ende zugeschmolzen und am anderen Ende in eine Spitze ausgezogen worden ist, wird die betreffende Menge Anilin genau abgewogen, dann in ein grösseres Pulverglas gebracht und mit Wasser und einer entsprechenden Menge von Salzsäure oder Schwefelsäure versetzt. Nach Zertrümmerung des Wiegegläschens mit Hilfe eines kräftigen Glasstabes giebt man ca. 12—15 g Bromkalium hinzu und lässt unter stetem Umrühren Kaliumbromatlösung aus einer Bürette zulaufen, bis bleibende Bromreaktion entsteht. Bei einiger Uebung ersieht man aus dem rascheren oder langsameren Verschwinden des nascirenden Broms, wie weit man noch vom Endpunkte entfernt ist. Aus der Menge des angewandten Anilins und dem Volum der verbrauchten Bromatlösung berechnet man alsdann den Gehalt der letzteren. Der Vorgang findet nach folgenden Gleichungen statt:

a) $KBrO_3 + 5\,KBr + 3\,H_2SO_4 = 3\,K_2SO_4 + 3\,H_2O + 6\,Br.$

b) $C_6H_5NH_2 + 6\,Br = C_6H_2{\scriptstyle\begin{array}{l}(1)NH_2\\(2)Br\\(4)Br\\(6)Br\end{array}} + 3\,HBr.$

Das Tribromanilin scheidet sich in dicken Flocken aus.

Bei der Titration kann man also in den meisten Fällen mit Schwefelsäure oder Salzsäure statt Bromwasserstoffsäure auskommen, falls hierdurch nicht Komplikationen eintreten. Die Berechnung erfolgt nach der Gleichung in sehr einfacher Weise.

93 g Anilin entsprechen 480 g Brom bei Additionsvorgang,

„ „ „ „ 240 g „ „ Substitutionsvorgang

wie die angewandte Menge zu . x.

x g Br entsprechen y ccm Bromatlösung.

$$1 \text{ ccm Bromatlösung} = \frac{x}{y} \text{ g Brom.}$$

b) Titration mit einem Ueberschuss von Bromid-Bromat-lösung, nachherigem Zusatz von Jodkalium und Zurück-titriren des ausgeschiedenen Jodes mit Natriumthiosulfat.

Bei einem Ueberschusse von Brom entsteht aus dem Phenol wie schon erwähnt Tribromphenolbrom, aus o-Kresol Dibromorthokresolbromid, aus p-Kresol Dibromparakresolbromid, aus m-Kresol Tribrommetakresol-bromid. Während aber die Bromverbindung des Phenols, sowie die des m-Kresols das den Wasserstoff der Hydroxylgruppe ersetzende Brom beim Zusammenbringen mit Jodkalium leicht wieder abgeben nach folgender Gleichung:

$$C_6H_2 \begin{array}{l}(1)OBr \\ (2)Br \\ (4)Br \\ (6)Br\end{array} + 2\,HJ = HBr + 2\,J + C_6H_2 \begin{array}{l}(1)OH \\ (2)Br \\ (4)Br \\ (6)Br.\end{array}$$

haben die Untersuchungen von Ditz und Cedivoda[1]) ergeben, dass dies beim o- und p-Kresolbromid nur in geringem Maasse der Fall ist. Man muss also einmal einen genügenden Ueberschuss an Bromid-Bromatlösung zugeben, so dass sich auch die entsprechenden Bromver-bindungen bilden können, dann aber müssen auch die Bromverbindungen abfiltrirt werden, und dann kann man erst im Filtrat das überschüssige Brom mit Jodkalium und Natriumthiosulfat zurücktitriren.

Vorstehend beschriebene Methode lässt sich nach den Untersuchungen von F. Freyer[2]), von C. Weinreb und S. Bondi[3]), sowie W. Fresenius und L. Grünhut[4]) auch sehr gut zur Bestimmung der Salicylsäure ver-wenden; dieselbe giebt bei Bromüberschuss ebenfalls wie Phenol selbst Tribromphenolbrom.

Historisch sei noch bemerkt, dass die Bromirung als Methode zur Gehaltsbestimmung der Phenole zuerst von Koppeschaar vorgeschlagen

[1]) H. Ditz und F. Cedivoda, Zeitschr. f. ang. Ch. **37**, 873—877, 1899; **38**, 897—902, 1899.

[2]) F. Freyer, Chem. Ztg. **20**, 820, 1896.

[3]) C. Weinreb und S. Bondy, Monatsh. f. Ch. **6**, 506, 1885.

[4]) W. Fresenius und L. Grünhut, Zeitschr. analyt. Ch. **38**, 298, 1900.

worden ist. Im Laufe der Zeit hat sich hier eine reichhaltige Litteratur angesammelt, die untenstehend kurz wiedergegeben sei [1]):

Erwähnt sei noch die Methode von Chandelon, modificirt von L. Zimmermann [2]), wonach mit unterbromigsaurem Natron bis zum Eintritt der Reaktion auf Jodkaliumstärkepapier titrirt wird. Die Methode scheint umständlich zu sein und keine Vortheile zu bieten.

2. Bestimmung des Allylalkohols.

Die Bestimmung des Allylalkohols kann in wässeriger oder sonstiger (am besten in Eisessig) Lösung, bei der das Lösungsmittel nicht Brom absorbirt, mit Bromirungsflüssigkeit geschehen. Der Vorgang geht nach folgender Gleichung vor sich:

$$CH_2 : CHCH_2OH + Br_2 = CH_2BrCHBrCH_2OH.$$

Wie schon erwähnt, findet also hier eine Addition statt. Die Bromaufnahme erfolgt verhältnissmässig rasch, und ist der Endpunkt gut erkennbar.

Die Methode ist in anderer Ausführung bereits in dem Handbuch der chemischen Technologie von Muspratt erwähnt; sie scheint mir aber in der vorher gegebenen Ausführung die einfachere zu sein.

3. Bestimmung des Senföles.

E. Haselhoff [3]) hat zur Bestimmung des Senföles vorgeschlagen, dasselbe mit Bromwasser zu titriren. Die Bestimmung giebt ebenso genaue Resultate wie die Methode der Titration mit Permanganat, wie sie von Schlicht angewandt wird.

Die Aufnahme des Broms geschieht nach folgender Gleichung:

$$CH_2 : CHCH_2NCS + Br_2 = CH_2BrCHBrCH_2NCS.$$

---

[1]) Litteratur:

1. Koppeschaar, Zeitschr. f. anal. Ch. **15**, 233, 1876.
2. J. Tott, Zeitschr. f. anal. Ch. **25**, 160, 1886.
3. Kleinert, Zeitschr. f. anal. Ch. **23**, 1, 1884.
4. Beckurts, Zeitschr. f. anal. Ch. **26**, 391, 1887.
5. Endemann, Chem. Centrbl. 892, 1884.
6. Lunge, Steinkohlentheer 315.
7. F. Keppler, Archiv f. Hygiene **18**, 51, 1893.
8. Benedikt, Liebig's Ann. **199**, 128, 1877.
9. Weinreb und Bondy, Sitzber. Wiener Akad. d. Wiss. 92/2, 351, 1885.
10. Werner, Jahresber. 1886, 633.
11. Stockmeier und Thurnauer, Chem. Ztg. **17**, 119, 131, 1893.
12. W. Vaubel, Chem. Ztg. **17**, 245, 1893, (414, 1893).
13. W. Vaubel, Journ. pr. Ch. (2), **48**, 74, 1893.
14. H. Ditz und R. Clauser, Chem. Ztg. **22**, 732, 1898.
15. H. Ditz und F. Cedivoda, Zeitschr. angew. Ch. **37**, 873—877, 1899; **38**, 897—902, 1899.

[2]) L. Zimmermann, Journ. of Chem. Soc. **46**, II, 259, 1894.

[3]) G. Haselhoff, Z. Unters. Nahr. u. Genussm. **1898**, 235.

Der Vorgang ist also genau derselbe wie bei der Bromirung des Allylalkohols, demgemäss ist auch die Ausführung u. s. w. dieselbe.

4. Die Bromzahl der Fette.

Gewisse Unsicherheiten bei der Bestimmung der Jodzahl der Fette veranlassten O. Hehner[1]) die zuerst von Allen, später von Mac Ilhiney, Mills u. a. versuchte Bestimmung der Bromzahl wieder aufzunehmen. Nach v. Hübl's Verfahren der Jodirung mit alkoholischer Jod-Quecksilberchloridlösung wird ja in Wirklichkeit nicht die Jodabsorption, sondern die Jodchlorabsorption der Fette ermittelt, da, wie zuletzt Gantter gezeigt hat, das Quecksilberchlorid einen wesentlichen Antheil an der Reaktion nimmt.

Zur Ausführung wägt man in einen kleinen weithalsigen Kolben 1—3 g Fett ein, löst in wenigen Kubikcentimeter Chloroform und fügt dann reines Brom tropfenweise bis zum deutlichen Vorwalten zu. Man erhitzt alsdann die Mischung im siedenden Wasserbade, bis das meiste freie Brom verjagt ist, setzt dann noch wenig Chloroform zu, erhitzt die Mischung wieder zur Vertreibung des Bromüberschusses und wiederholt diese Operation nöthigenfalls ein zweites Mal. Darauf trocknet man den Kolben mehrere Stunden bis zum konstanten Gewicht bei 125°. Beim Trocknen entweichen geringe Mengen Akroleïn und Bromwasserstoffsäure, und der Rückstand wird manchmal leicht geschwärzt, während sonst klare, gelbe Bromöle erhalten werden. Zum Vergleich mit der v. Hübl'schen

Jodzahl hat Hehner das Gewicht des addirten Broms mit $\dfrac{127}{80} = 1,587$

multiplicirt.

Bezeichnung.	v. Hübl's Jodzahl.	Jodzahlen aus Bromzahlen.
Olivenöl	80,3	81,5
„	80,2	79,9
„	80,1	80,7
Schweinefett	65,7	64,4
„	65,7	64,6
„	63,2	64,1
Maisöl	122,0	123,2
Butterfett	34,0	34,3
Hammelfettsäuren	48,1	47,8
Ricinusöl	83,0	69,5
Leinölfirniss	132,5	159,5
Mandelölfettsäuren	—	102,3

---

1) O. Hehner, The Analyst, **20**, 49, 1895; Chem. Centrbl. 1895, I, 813; vgl. auch das unter Addition Gesagte.

Im allgemeinen zeigen die beiden Gruppen von Jodzahlen genügende Uebereinstimmung. Für die bei Ricinusöl und Leinölfirniss sich zeigenden Verschiedenheiten weiss Hehner vorerst noch keine Erklärung.

Bereits im ersten Bande wurde eine Bromirungsmethode der Fette erwähnt, bei der mit Hilfe der Bestimmung der Reaktionswärme auf die Grösse der Bromabsorption und die Natur des Fettes geschlossen wurde.

5. Bestimmung des Cholesterins.

Obermüller[1]) verseift 1 g des cholesterinhaltigen Fettes (z. B. des Olivenöles), löst den Rückstand in wenig (1,5—2,0 ccm) Schwefelkohlenstoff und setzt so lange von einer bromhaltigen Schwefelkohlenstofflösung von bekanntem Gehalt zu, bis eine in's Gelbrothe stechende Färbung auftritt. Aus dem verbrauchten Brom lässt sich die Menge des vorhandenen Cholesterins berechnen unter Zugrundelegung der Beobachtung, dass ein Cholesterinmolekül 2 Atome Brom addirt. Das Verfahren giebt sehr befriedigende Resultate.

Eine direkte Titrirung des Cholesterins in der ursprünglichen Fettlösung ist unstatthaft, da manche Fette, namentlich die Thrane, selbst bromhaltige Schwefelkohlenstofflösung entfärben.

Der Vorgang der Bromirung des Cholesterins erfolgt nach der Gleichung:

$$C_{26}H_{44}O + Br_2 = C_{26}H_{44}OBr_2.$$

Wir haben es hier also ebenfalls mit einer Addition und nicht mit einer Substitution zu thun.

6. Theorie der Bromsubstitution bei den Benzolderivaten[2]).

Aus den in früher veröffentlichten Arbeiten mitgetheilten Versuchsergebnissen lässt sich folgendes über das Verhalten der Benzolderivate gegen nascirendes Brom herleiten:

Vor allen in den Benzolkern eintretenden Substituenten besitzen die direkt am Kern vorhandenen primären oder alkylirten, bezw. acetylirten Amido- und Hydroxylderivate die Eigenschaft, Brom mit grosser Leichtigkeit an Stelle von Wasserstoff zu setzen. Das Brom nimmt dabei immer die o- und p-Stellung zu der NH_2- und OH-Gruppe ein, wie dies bereits früher bekannt und von C. Langer[3]) in ausgedehnterem Maasse für die Amidogruppe bestätigt wurde. Keiner der gewöhnlichen Substituenten, wie CH_3, NO_2, Halogen, SO_3H, COOH, N:NR, N:NCl, verhindert den Eintritt des Broms, falls dieselben sich ebenfalls in o- und p-Stellung

---

[1]) K. Obermüller, Zeitschr. physiol. Ch. **16**, 143, 1892.

[2]) W. Vaubel, Journ. pr. Ch. **48**, 75—78 und 315—322, 1893, **49**, 540—545, 1894, **50**, 367—369, 1894, **52**, 417—428, 1895.

[3]) C. Langer, Ber. **15**, 1068 und 1728, 1882.

zum NH_2 oder OH befinden. Ausgenommen sind, die Hydroxyl- und Amidogruppe selbst: dieselben verhindern, sobald sie in o- und p-Stellung zu einander stehen, die direkte Bromaufnahme. Alsdann findet durch die Einwirkung des Broms Oxydation statt.

Die Karboxyl- und Sulfogruppen sind, falls sie sich in o- und p-Stellung zur Amido- oder Hydroxylgruppe befinden, durch Brom ersetzbar; diese Fähigkeit verlieren sie auch nicht, wenn sich andere Substituenten wie CH_3, NO_2 in m-Stellung zu ihnen befinden. In der m-Stellung zur NH_2- oder OH-Gruppe vorhandene SO_3H- und COOH-Gruppen werden nicht durch Brom verdrängt.

Die alkylirten oder acetylirten OH- und NH_2-Gruppen üben auf das Brom einen geringeren orientirenden Einfluss aus. Dies zeigt sich noch nicht bei der monoalkylirten Amidogruppe, wohl aber bei der dialkylirten. Letztere bewirkt den Eintritt von nur zwei Atomen Brom wahrscheinlich in die p- und o-Stellung, während das alkylirte OH nur noch ein Brom in die p-Stellung aufnimmt. Ebenso verhält sich die acetylirte Amidogruppe, welche nur bei Besetzung der p-Stellung in o-Stellung substituirt, andernfalls ein p-Derivat liefert. Jedoch giebt es auch eine Ausnahme, nämlich bei dem Acet-m-xylidid.

Entsprechend der geringeren Wirkung der acetylirten Amidogruppe auf die Substitution in o- und p-Stellung ist auch die das Eintreten des Broms in die m-Stellung verhindernde Eigenschaft nicht mehr in vollem Maasse vorhanden. Ich erinnere an die Beispiele des p-Phenetidins, welches kein Brom aufnimmt, und des Phenacetins, welches ein Monobromderivat bildet. Dagegen ist eine dialkylirte Amidogruppe noch im Stande, den Eintritt des Broms in m-Stellung zu verhindern, wie das Verhalten des Dimethylparaphenylendiamins zeigt.

Bei der Bromirung selbst findet vorher eine Anlagerung von Brom an die orientirende Gruppe statt und erst dann geht die Substitution[1] im Benzolkern vor sich[2]. Solche Bromprodukte sind von F. D. Chattaway und K. J. P. Orton[2] isolirt worden bei den Acetyl- und Formylderivaten des Anilins z. B.

Phenylacetylstickstoffbromid, $C_6H_5NBrCOCH_3$,
Phenylformylstickstoffbromid, $C_6H_5NBrCHO$.

Diese Körper können sich in der vorher erwähnten Weise umlagern, indem das Brom in die p- und o-Stellungen eintritt. Alsdann kann von neuem Brom an das Stickstoffatom angelagert werden u. s. f., bis sämmtliche o- und p-Stellungen besetzt sind.

Ob nun bei jeder derartigen Substitution ein Ersatz des Wasserstoffatoms der Amido- bezw. Imidgruppe stattfindet, ist schon aus dem Grunde

---

[1] W. Vaubel, Journ. pr. Ch. **52**, 419, 1895.
[2] F. D. Chattaway und K. J. P. Orton, Ber. **33**, 3573, 1900.

fraglich, weil doch auch die Dialkylaniline Brom substituiren (das gleiche gilt für die Alkylphenole), und man da keine Abspaltung von Alkyl annehmen darf, wenigstens nicht unter gewöhnlichen Umständen. Allerdings ist eine Abspaltung von Brommethyl von Claus beobachtet worden bei der Bromirung des Dimethylanilins.

Für gewöhnlich bildet sich zunächst überwiegend die p-Verbindung. Jedoch lässt sich dieselbe kaum rein erhalten, sobald noch besetzbare o-Stellungen vorhanden sind. Denn wenn man auch nur so viel Brom zugiebt, als zur Substitution in p-Stellung nothwendig ist, so bilden sich doch nebenbei o- substituirte Verbindungen. Diese Beobachtung ist bereits von Hafner[1] für das Anilin gemacht worden. E. Fischer und A. Windaus[2] fanden z. B., dass wenn auch nur 1 Mol.-Gewicht Brom in Anwendung kommt, aus je 10 g Base erhalten wurden:

beim p-Xylidin	3 g Monobromderivat
„ m-Toluidin	6—7 g „
„ o-Toluidin	11 g „
„ p-Toluidin	sehr wenig „

7. Verhalten weiterer Benzol- und Naphtalinderivate.

Salicylsäure[3], $C_6H_4{\genfrac{}{}{0pt}{}{(1)OH}{(2)COOH}}$, nimmt bei schwachem Erwärmen unter Abspaltung der Karboxylgruppe drei Atome Brom auf unter Bildung von Tribromphenol (OH . Br . Br . Br . 1 . 2 . 4 . 6). Schmp. 106°.

m-Oxybenzoësäure[4], $C_6H_4{\genfrac{}{}{0pt}{}{(1)OH}{(3)COOH}}$, nimmt drei Atome Brom auf, ebenfalls in Stellung 2 . 4 . 6 zur Hydroylgruppe.

o- und p-Nitrophenol[5], $C_6H_4{\genfrac{}{}{0pt}{}{(1)OH}{(2)NO_2}}$ und $C_6H_4{\genfrac{}{}{0pt}{}{(1)OH}{(4)NO_2}}$, nehmen je zwei Atome Brom auf unter Bildung von Dibrom o-Nitrophenol (OH . NO$_2$. Br . Br . 1 . 2 . 4 . 6), Schmelzpunkt 117°, und Dibrom-p-Nitrophenol (OHBr$_2$NO$_2$Br . 1 . 2 . 4 . 6). Schmelzpunkt 141° C.

Resorcin[6], $C_6H_4{\genfrac{}{}{0pt}{}{(1)OH}{(3)OH}}$, nimmt drei Atome Brom auf unter Bildung von Tribromresorcin ((OH)Br(OH)BrBr 1 . 2 . 3 . 4 . 6). Schmp. 111°.

---

[1] Hafner, Ber. **22**, 2524 und 2902, 1889.

[2] E. Fischer und A. Windaus, Ber. **33**, 1967, 1900.

[3] E. Lellmann und F. Grothmann, Ber. **17**, 2728, 1884; W. Vaubel, Journ. pr. Ch. **52**, 418, 1895.

[4] W. Vaubel, Journ. pr. Ch. **52**, 418, 1895.

[5] W. Vaubel, Journ. pr. Ch. **49**, 544, 1894.

[6] W. Vaubel, Journ. pr. Ch. **48**, 76, 1893.

Anilin [1]), $C_6H_5NH_2$, substituirt drei Atome Brom unter Bildung von Tribromanilin ($NH_2 . Br . Br . Br . 1 . 2 . 4 . 6$). Schmp. 119 °.

o- und p-Toluidin [5]), $C_6H_4\begin{smallmatrix}(1)NH_2\\(2)CH_3\end{smallmatrix}$ und $C_6H_4\begin{smallmatrix}(1)NH_2\\(4)CH_3\end{smallmatrix}$, verhalten sich wie o- und p-Kresol. Schmp. 50 ° und 73 °.

m-Toluidin [2]), $C_6H_4\begin{smallmatrix}(1)\,NH_2\\(3)\,CH_3\end{smallmatrix}$, verhält sich wie m-Kresol. Schmp. 100 °.

o-Amidobenzolsulfosäure [3]), $C_6H_4\begin{smallmatrix}(1)NH_2\\(2)SO_3H\end{smallmatrix}$, giebt zuerst ein Dibromid, bei weiterem Zusatz entsteht Tribromanilin.

m-Amidobenzolsulfosäure [4]), $C_6H_4\begin{smallmatrix}(1)NH_2\\(3)SO_3H\end{smallmatrix}$, nimmt drei Atome Brom auf. Nach meinen Untersuchungen erfolgt die Aufnahme sehr rasch mit nascirendem Brom, jedoch ist die Endreaktion nicht scharf erkennbar; eine Abspaltung der Sulfogruppe findet selbst beim Erwärmen nicht statt.

p-Amidobenzolsulfosäure (Sulfanilsäure [5]) $C_6H_4\begin{smallmatrix}(1)NH_2\\(4)SO_3H\end{smallmatrix}$, giebt bei vorsichtigem Arbeiten ein Dibromid mit scharf erkennbarem Endpunkt. Bei Anwendung von einem Bromüberschuss und unter Umständen etwas Erwärmung bildet sich Tribromanilin.

Toluidinsulfosäuren, $C_6H_3\begin{smallmatrix}NH_2\\-CH_3\\SO_3H\end{smallmatrix}$, zeigen das gleiche Verhalten. In o- und p-Stellung befindliche Sulfogruppen können durch Brom ersetzt werden.

m-Amidophenol [6]), $C_6H_4\begin{smallmatrix}(1)NH_2\\(3)OH\end{smallmatrix}$, nimmt drei Atome Brom auf, die Endreaktion ist gut erkennbar, das Bromid scheidet sich zum Theil in feinen Nadeln aus der wässerigen Lösung und schmilzt bei 160 ° C., nach M. Jkuta aus Ligroinlösung umkrystallirt bei 121 °, wie das m-Amidophenol selbst.

<hr>

1) H. Reinhardt, Chem. Ztg. Nr. 24, 413, 1893.
2) W. Vaubel, Journ. pr. Ch. 48, 77, 1893.
3) H. Limpricht, Ann. Chem. 181, 198.
4) A. Bernthsen, das. 177, 86.
5) Schmitt, Ann. Ch. 120, 178; Heinichen, das. 253, 267, 1889; K. Brenzinger, Zeitschr. ang. Ch. 1896, 131.
6) W. Vaubel, Journ. pr. Ch. 52, 421, 1895 und M. Jkuta, Ber. 15, 39, 1883.

m-Phenylendiamin[1]), $C_6H_4\big\langle{}^{(1)NH_2}_{(3)NH_2}$, nimmt wie das m-Amidophenol drei Atome Brom auf. Der Schmelzpunkt des Tribromids liegt
bei 157°.

m-Phenylendiacetamid[2]) nimmt zwei Atome Brom auf. Das
entstehende Dibrom-m-phenylendiacetamid $C_6H_2Br_2(NHC_2H_3O)_2$ schmilzt
bei 260°; das entsprechende Diamin bei 136°.

o-Nitranilin, $C_6H_4\big\langle{}^{(1)NH_2}_{(2)NO_2}$, nimmt zwei Atome Brom auf.

m-Nitranilin[3]), $C_6H_4\big\langle{}^{(1)NH_2}_{(3)NO_2}$, substituirt drei Atome Brom; der
Schmelzpunkt des Tribromids liegt bei 102° C.

p-Nitranilin[3]), $C_6H_4\big\langle{}^{(1)NH_2}_{(4)NO_2}$, nimmt zwei Atome Brom auf; der
Schmelzpunkt des Dibromids liegt bei 205° C.

Amidoazobenzol[3]), $C_6H_4\big\langle{}^{(1)NH_2}_{(4)N:NC_6H_5}$, nimmt zwei Atome Brom
auf, und es entsteht das schon von Berju[4]) beschriebene Dibromid vom
Schmelzpunkt 152°. Bei Anwendung höherer Temperatur findet auch
geringe Oxydation statt.

Phenylhydrazin[5]), $C_6H_5NHNH_2$, nimmt in saurer Lösung leicht
ein Atom Brom auf und zwar in p-Stellung zur Amidogruppe, so dass
das p-Bromphenylhydrazin vom Schmelzpunkt 106° C. entsteht. Ganz
ebenso, wie auch L. Michaelis[5]) bei der Bromirung in rauchender Salzsäure gefunden hat, wird ein grosser Theil des Phenylhydrazins oxydirt,
wobei Monobromdiazobenzol sich bildet. Bei meinen Versuchen ging ca.
die Hälfte des angewendeten Phenylhydrazins in p-Bromdiazobenzol über.
Lässt man die so erhaltene Lösung längere Zeit stehen, so wird nach
und nach noch mehr Brom aufgenommen.

Da nun bei allen Versuchen direkt vier Atome Brom verbraucht
wurden, so dass dieser Vorgang zur quantitativen Bestimmung des Phenylhydrazins verwandt werden kann, und da etwa die Hälfte des Phenylhydrazins sich nach Eintritt bleibender Bromreaktion als Diazoverbindung

[1]) W. Vaubel, Journ. pr. Ch. 48, 315, 1893.
[2]) C. L. Jackson und S. Calvert, Ber. 27, 20, 1894.
[3]) W. Vaubel, Journ. pr. Ch. 49, 544, 1894.
[4]) .W. Vaubel, Journ. pr. Ch. 49, 545, 1894; Berju, Ber. 17, 1403, 1885.
[5]) W. Vaubel, Journ. pr. Ch. 49, 541, 1894; L. Michaeli*, Ber. 26, 2190, 1893.

und der Rest als p-Bromphenylhydrazin vorfinden, so darf wohl die Umsetzung in folgender Weise gedacht werden.

$$1.\ C_6H_5NHNH_2 + 4\,Br = C_6H_5\overset{\diagup H}{N} - NH_2.$$
$$\qquad\qquad\qquad\qquad \overset{\|}{Br_2}\quad \overset{\|}{Br_2}$$

$$2.\ C_6H_5\overset{\diagup H}{N} - NH_2 = C_6H_4BrN:NBr + 2\,HBr + 2\,H.$$
$$\quad \overset{\|}{Br_2}\quad \overset{\|}{Br_2}$$

$$3.\ C_6H_5\overset{\diagup H}{N} - NH_2 + 2\,H = C_6H_4BrNHNH_2,\ HBr + 2\,HBr.$$
$$\quad \overset{\|}{Br_2}\quad \overset{\|}{Br_2}$$

Acetylphenylhydrazin $C_6H_5NHNH(CH_3CO)$ nimmt nach Michaelis (l. c.) in koncentrirter Salzsäurelösung zwei Atome Brom in p- und
o-Stellung auf, so dass nach Abspaltung der Acetylgruppe das Dibromid
($N_2H_3 . Br . Br . 1 . 2 . 4$) vom Schmelzpunkt 92^0 entsteht. Nebenher
bildete sich auch, besonders bei schlechter Kühlung, mehr oder weniger
von der Diazoverbindung. Nach meinen Versuchen wird bei gewöhnlicher
Temperatur unter Einwirkung nascirenden Broms wenig oder gar nichts
von demselben substituirt, sondern es wirkt fast nur oxydirend. Auch
scheint in der entstandenen Diazoverbindung kein Brom in den Benzolkern eingetreten zu sein, wenigstens war in der reducirten Lösung keine
Bromverbindung nachzuweisen. Der hier statthabende Vorgang könnte
vielleicht durch folgende Gleichungen ausgedrückt werden:

$$1.\ C_6H_5NH . NH(CH_3CO) + 4\,Br = C_6H_5NH . NH(CH_3CO).$$
$$\qquad\qquad\qquad\qquad\qquad\qquad\qquad \overset{\|}{Br_2}\quad \overset{\|}{Br_2}$$

$$2.\ C_6H_5NH . NH(CH_3CO) + H_2O = C_6H_5N:NBr + CH_3COOH$$
$$\quad \overset{\|}{Br_2}\quad \overset{\|}{Br_2} \qquad\qquad\qquad\qquad\qquad + 3\,HBr.$$

Wie auch die Gleichung angiebt, werden vier Atome Brom auf 1 Mol.
Acetylphenylhydrazin verbraucht. Die Aufnahme erfolgt rasch, und
kann auch hier, da der Endpunkt sehr gut erkennbar ist, die direkte
Bromirung wie beim Phenylhydrazin zur Gehaltsbestimmung benützt werden.

Acetanilid[1]), Antifebrin, $C_6H_5NH(CH_3CO)$, nimmt nur ein Atom Brom auf und zwar in p-Stellung zur Amidogruppe. Das Bromderivat hat den Schmelzpunkt 167—168[o].

Acet-o-Toluid[1]), $C_6H_4\frac{(1)NH(CH_3CO)}{(2)CH_3}$, verhält sich wie das Acetanilid. Das Bromprodukt zeigt den Schmelzpunkt 156—157[o].

Acet-p-Toluid[1]), $C_6H_4\frac{(1)NH(CH_3CO)}{(4)CH_3}$, nimmt ein Atom Brom in o-Stellung zur Amidogruppe auf. Schmelzpunkt des Bromprodukts 117,5[o] C.

Monomethylanilin, $C_6H_5NHCH_3$, und Monoäthylanilin, $C_6H_5NHC_2H_5$, nehmen drei Atome Brom auf, die sich natürlich in o- und p-Stellung zur Amidogruppe befinden, und zwar erfolgt die Aufnahme ganz glatt[2]).

Anisol, $C_6H_5OCH_3$, nimmt ein Atom Brom auf und zwar in p-Stellung.

Monoäthyl-o-Toluidin[3]), $C_6H_4\frac{(1)NHC_2H_5}{(2)CH_3}$, nimmt glatt zwei Atome Brom auf. Die Endreaktion ist gut erkennbar.

Dimethylanilin[4]), $C_6H_5N:\frac{CH_3}{CH_3}$, nimmt zwei Atome Brom auf und zwar ziemlich rasch, wenn auch das zweite etwas langsamer als das erste.

Diäthylanilin[4]), $C_6H_5N:\frac{C_2H_5}{C_2H_5}$, verhält sich ebenso. Nur erfolgt die Aufnahme des zweiten Bromatoms noch langsamer als beim Dimethylanilin.

Phenacetin[5]), $C_6H_4\frac{(4)OC_2H_5}{(1)NH \,.\, C_2H_3O}$, in Eisessig gelöst, mit KBr und HCl versetzt, nimmt 1 Atom Brom auf und zwar in Stellung 2 zur NHC_2H_3O-Gruppe, also $C_6H_4\frac{(1)NHC_2H_3O}{(2)Br}{(4)OC_2H_5}$. Schmp. 106[o].

Benzidin, $\frac{(4)C_6H_4(1)NH_2}{(4)C_6H_4(1)NH_2}$, nimmt vier Atome Brom auf, unter Bildung der Tetrabromverbindung $C_{12}H_8Br_4N_2$ vom Schmelzpunkt 284[o] C.

α-Naphtoläthyläther, $C_{10}H_7OC_2H_5(\alpha)$, nimmt nach Marchetti[6]) ein Atom Brom auf, wobei sich ein Bromnaphtoläthyläther

1) W. Vaubel, Journ. pr. Ch. 48, 321, 322, 1893.
2) W. Vaubel, Journ. pr. Ch. 48, 315, 1893.
3) W. Vaubel, Journ. pr. Ch. 52, 421, 1895.
4) W. Vaubel, Journ. pr. Ch. 48, 316, 1893.
5) W. Vaubel, Journ. pr. Ch. 52. 421, 1895; Ber. 32, 1875, 1899.
6) Marchetti-Fittica, Jahresbericht 1879, 543.

vom Schmelzpunkt 48° C. bildet. Dasselbe Bromid entsteht bei der Einwirkung nascirenden Broms[1]). Die Endreaktion ist gut erkennbar.

β-Naphtol, $C_{10}H_7OH(\beta)$, liefert nach Armstrong[2]) und Smith[3]) ein Bromnaphtol vom Schmelzpunkt 84°, bei Zusatz von mehr Brom ein Dibromid und schliesslich ein Tetrabromderivat. Nach meinen ebenfalls in Eisessig vorgenommenen Bestimmungen erfolgt die Aufnahme des Broms, und zwar eines Atoms, sehr glatt. Die Endreaktion ist gut erkennbar, so dass bei Zusatz von Salzsäure diese Methode der Bestimmung des β-Naphtols bequem angewendet werden kann und auch einfacher zu sein scheint als die von Küster[4]) vorgeschlagene Pikrinsäuremethode, sowie die von jenem Forscher verbesserte Jodirungsmethode von Vortmann und Messinger[5]).

β-Naphtolmethyläther[1]), $C_{10}H_7OCH_3(\beta)$, in Eisessig gelöst, nimmt glatt 1 Atom Brom auf, die Endreaktion ist gut erkennbar. Das Bromid scheidet sich in weissen, glänzenden Nadeln vom Schmelzpunkt 185° aus.

β-Naphtoläthyläther[1]), $C_{10}H_7OC_2H_5$, verhält sich wie der Methyläther, nur erfolgt die Aufnahme des Broms etwas langsamer. Das Monobromid scheidet sich in Blättchen aus, die bei 54° C. schmelzen.

α-Acetylnaphtylamin, $C_{10}H_7N : \dfrac{H}{C_2H_3O}(\alpha)$, nimmt nach Meldola[6]) in Eisessiglösung ein Atom Brom auf. Das entstehende Bromid, bei dem das Bromatom in 4 sich befindet, zeigt den Schmelzpunkt 193° C. Nach meinen[1]) Untersuchungen wird durch Zusatz von nascirendem Brom zu dem in Eisessig- und Salzsäure gelösten Acetylnaphtylamin ebenfalls ein Atom Brom substituirt. Die Endreaktion ist gut erkennbar. Das Monobromid schmilzt bei 190°. Auf Zusatz weiterer Bromlauge ($KBr +$ $KBrO_3$) wird nach und nach noch mehr Brom aufgenommen, jedoch bebeutend langsamer als zuerst.

β-Acetnaphtylamin, $C_{10}H_7N : \dfrac{H}{C_2H_3O}(\beta)$, kann nach den Untersuchungen von Cosiner[7]) ein Atom Brom in 1 substituiren. Bei der Behandlung mit nascirendem Brom wird ebenfalls ein Atom rasch in Stellung 1 aufgenommen. Die Endreaktion ist gut erkennbar. Der Schmelzpunkt liegt bei 140° C. Fügt man mehr Brom zu, so wird nach und nach Brom substituirt.

---

1) W. Vaubel, Zeitschr. anal. Ch. **35**, 165, 1896.
2) Armstrong, Ber. **15**, 206, 1882, **24**, 705 und 720, 1891.
3) Smith, Journ. of th. Ch. Soc. **35**, 789.
4) F. W. Küster, Ber. **27**, 1905, 1894.
5) Vortmann und Messinger, Ber. **23**, 2761, 1890.
6) R. Meldola, Ber. **11**, 1906, 1878.
7) Cosiner, Ber. **14**, 59, 1881.

Das Dehydrothiotoluidin, dem nach den Untersuchungen von P. Jacobson[1], Gattermann[2], Pfitzinger und Gattermann[3] folgende Konstitution

$$C_{14}H_{10}NSNH_2 = H_3C \underset{N}{\overset{S}{\diagup\diagdown}} CC_6H_5NH_2$$

zukommt, vermag infolge der Anwesenheit der Amidogruppe und zweier unbesetzter o-Stellungen zwei Atome Brom aufzunehmen. Thatsächlich entsprach auch das Dehydrothiotoluidin diesen Voraussetzungen, so dass

also die Gruppe $- C \underset{N}{\overset{S}{\diagup\diagdown}} CH_3$ keine hindernde Wirkung auf

die Bromaufnahme ausübt.

Die Aufnahme des Broms durch das in Eisessig und Salzsäure gelöste Dehydrothiotoluidin erfolgt langsam, das Bromid scheidet sich als orangefarbener Niederschlag aus. Die freie, durch Sodalösung von Säure befreite Bromverbindung zeigte einen Schmelzpunkt von 184^0 C.

Die Primulinbase, der nach Gattermann[4] folgende Zusammensetzung zukommen soll:

$$CH_3C_6H_5 \underset{S}{\overset{N}{\diagup\diagdown}} C \cdot C_6H_3 \underset{S}{\overset{N}{\diagup\diagdown}} CC_6H_3 \underset{S}{\overset{N}{\diagup\diagdown}} CC_6H_4NH_2,$$

nimmt kein oder nur äusserst langsam Brom auf. Anscheinend wirkt hier die lange Kette der in p-Stellung zum NH_2 sich befindenden Gruppe hindernd auf die Bromirung ein.

Karbazol[5], $\underset{\underset{H}{N}}{\diagup\diagdown}$, nimmt, in Eisessig und Salzsäure

gelöst, bis zur ersten bleibenden Reaktion ein Atom Brom auf. Verbraucht werden jedoch im Ganzen vier Atome Brom. Die Endreaktion ist gut erkennbar. Der Schmelzpunkt des Bromids liegt bei 178^0.

Nicht verwendbar ist die Bromirungsmethode bei folgenden Körpern, bei denen entweder Bromaufnahme stattfindet (a), aber nicht analytisch verwerthbar ist, oder b und c bei denjenigen, bei welchen überhaupt keine Bromaufnahme stattfindet, sondern unter Umständen Oxydation.

[1] P. Jacobson, Ber. **22**, 330, 1889.
[2] Gattermann, Ber. **22**, 424, 1889.
[3] Gattermann und Pfitzinger, Ber. **22**, 1067 und 1372, 1889.
[4] A. a. O.
[5] W. Vaubel, Zeitchr. angew. Ch. **1901**, 784.

a) p-Diphenol, C_6H_4OH [1]), nimmt vier Atome Brom auf, aber zu

$$\underset{C_6H_4OH}{\overset{|}{}}$$

langsam.

Hydrochinonmonomethyläther, $C_6H_4{}^{(1)OCH_3}_{(4)OH}$ [2]), giebt beim Bromiren ein Dibromid und schliesslich bei fortgesetzter Einwirkung von Bromwasser Dibromchinon.

Hydrochinondimethyläther [3]), $C_6H_4\!\!<^{(1)OCH_3}_{(4)OCH_3}$, giebt beim Bromiren Dibromhydrochinonäther.

o-Amidophenetol, $C_6H_4{}^{(1)OC_2H_5}_{(2)NH_2}$, nimmt nach Versuchen von R. Möhlau und P. Oehmichen [4]) bei der Einwirkung von Brom auf eine zum Sieden erhitzte Lösung zwei Atome Brom auf.

α-Naphtol, $C_{10}H_7OH(\alpha)$, nimmt nach den Angaben von Biedermann [5]) in eisessigsaurer Lösung zwei Atome Brom auf und zwar in Stellung 2 und 4. Das Bromid zeigt nach Fittig und Erdmann den Schmelzpunkt $108{,}5^0$, nach Biedermann 111^0. Nach meinen Untersuchungen wird das Brom rasch aufgenommen. Nach Substitution von zwei Atomen Brom erfolgt noch eine weitere Aufnahme, die jedoch viel langsamer vor sich geht. Dadurch wird das Erkennen der Endreaktion sehr erschwert, und deshalb ist die Bromirungsmethode für die Gehaltsbestimmung des a-Naphtols nicht brauchbar.

α-Naphtylamin [1]), $C_{10}H_7NH_2(\alpha)$, lässt sich nach meinen Untersuchungen nicht in für analytische Zwecke geeigneter Weise bromiren, da anscheinend geringere Mengen von Oxydationsprodukten entstehen. In der Hauptsache werden zwei Atome Brom aufgenommen.

β-Naphtylamin [6]), $C_{10}H_7NH_2(\beta)$, nimmt in der Eisessiglösung ziemlich rasch über zwei Atome Brom auf; die Endreaktion ist schlecht zu erkennen. Zum Schlusse werden etwa drei Atome Brom verbraucht, wovon ein Theil anscheinend zur Oxydation dient.

Pyrrol, C_4H_4NH [7]). Die Aufnahme von Brom erfolgt zuerst ziemlich rasch, bis zwei Atome substituirt sind. Alsdann verlangsamt sie sich und zwar besonders stark nach der Substitution von drei Atomen. Bei der Einwirkung des Broms färbt sich die Flüssigkeit zuerst dunkel,

---

1) W. Vaubel, Journ. pr. Ch. **52**, 410, 1895.

2) Benedikt, Monatsh. f. Ch. **1**, 388, 1880.

3) Habermann, Ber. 2, 1036, 1869.

4) R. Möhlau und P. Oehmichen, Journ. pr. Ch. **24**, 276, 1881.

5) Biedermann, Ber. **6**, 1119, 1873; Fittig und Erdmann, Ann. Chem. **227**, 244, 1885.

6) W. Vaubel, Zeitschr. f. analyt. Ch. **35**, 164 u. f., 1896.

7) W. Vaubel, Journ. pr. Ch. **50**, 368, 1894.

dann scheidet sich das Dibromid in grauen Flocken aus. Natürlich wird durch die Ausscheidung schon die weitere Bromaufnahme verlangsamt. Zum Schlusse sind etwas mehr wie drei Atome Brom verbraucht. Es unterliegt wohl keinem Zweifel, dass durch die leicht stattfindende Polymerisation[1]) etwas Pyrrol dem Einflusse des nascirenden Broms entzogen wird. Man darf deshalb mit Recht annehmen, dass die Imidgruppe die Aufnahme von vier Atomen Brom bewirken würde, denn nach den Ergebnissen anderer Untersuchungen kann durch Einwirkung der betreffenden Halogene in alkalischer bezw. alkoholischer Lösung das Tetrachlor-, -brom- und -jodpyrrol aus Pyrrol erhalten werden.

b) **Oxydirt werden bei der Einwirkung von Brom:**

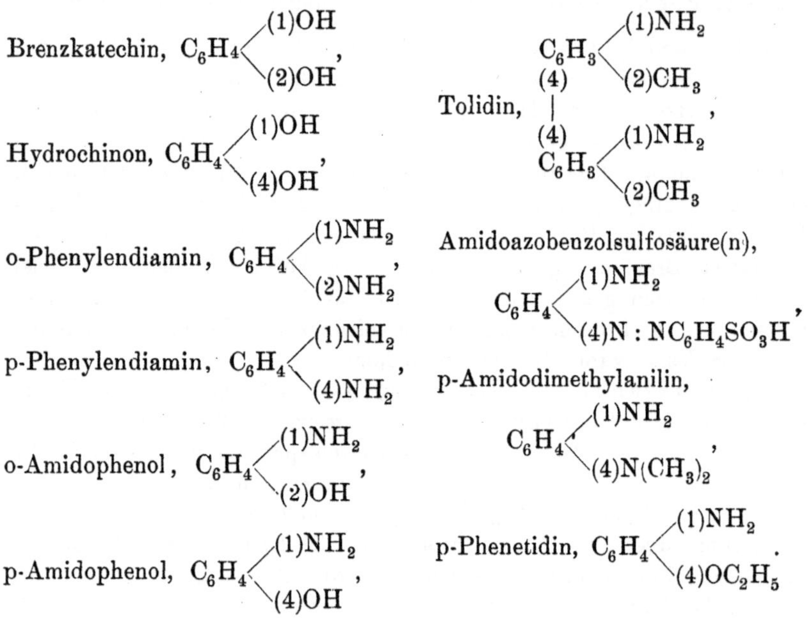

Brenzkatechin, $C_6H_4\langle$ (1)OH (2)OH,

Hydrochinon, $C_6H_4\langle$ (1)OH (4)OH,

o-Phenylendiamin, $C_6H_4\langle$ (1)NH_2 (2)NH_2,

p-Phenylendiamin, $C_6H_4\langle$ (1)NH_2 (4)NH_2,

o-Amidophenol, $C_6H_4\langle$ (1)NH_2 (2)OH,

p-Amidophenol, $C_6H_4\langle$ (1)NH_2 (4)OH,

Tolidin, $C_6H_3\langle$ (1)NH_2 (4) (2)CH_3 | (4) $C_6H_3\langle$ (1)NH_2 (2)CH_3,

Amidoazobenzolsulfosäure(n), $C_6H_4\langle$ (1)NH_2 (4)$N:NC_6H_4SO_3H$,

p-Amidodimethylanilin, $C_6H_4\langle$ (1)NH_2 (4)$N(CH_3)_2$,

p-Phenetidin, $C_6H_4\langle$ (1)NH_2 (4)OC_2H_5.

c) **Keine sichtbare Einwirkung von Brom findet in der Kälte statt bei:**

o-Nitranisol, $C_6H_4\langle$ (1)OCH_3 (2)NO_2,

Anissäure, $C_6H_4\langle$ (1)OCH_3 (2)COOH,

Phtalimid, $C_6H_4\langle$ CO CO $\rangle NH$,

Saccharin, $C_6H_4\langle$ CO SO_2 $\rangle NH$,

---

1) Dennstedt, Ber. **20**, 856, 1888; **21**, 3429, 1889; Ciamician und Zanetti, Ber. **26**, 1711, 1893.

Nitroso-Dimethylanilin, $\qquad$ Chinolin, C_9H_7N,

$$C_6H_4\Big\langle\begin{smallmatrix}(1)N(CH_3)_2\\[4pt](4)NO\end{smallmatrix}\,,$$

Phenylakridin, $C_6H_4\Big\langle\begin{smallmatrix}N\\C\end{smallmatrix}\Big\rangle C_6H_4.$

Pyridin, C_5H_5N,

C_6H_5

8. Gemische von Anilin und Toluidin.

Mit Hilfe der Bromirungsmethode lässt sich in gleicher Weise wie bei dem Phenol ein Gehalt an o- und p-Kresol, so auch beim Anilin ein Gehalt an o- und p-Toluidin feststellen, da Phenol und Anilin je drei Atome Brom, die o- und p-Kresole, sowie o- und p-Toluidine dagegen nur zwei Atome Brom in o- und p-Stellung zu substituiren vermögen. Dieser Umstand ermöglicht es auch, den Gehalt der für die Fuchsindarstellung verwendeten Rothöle, sowie der in der Anilinfarbentechnik bei verschiedenen Darstellungen auftretenden Echappées an Anilin, o- und p-Toluidin zu bestimmen, indem man das p-Toluidin mit Oxalsäure ausfällt. Nach dem Verfahren von H. Reinhardt[1] (l. c.) arbeitet man in folgender Weise:

Um mittels der Oxalatmethode ein genaues Resultat zu erhalten, muss man mehr Oxalsäure anwenden, als der vorhandenen p-Toluidinmenge entspricht. Diese muss deshalb durch einen Vorversuch annähernd ermittelt werden. Am zweckmässigsten nimmt man bei anilinarmen Oelen bei Anwendung von 100 g Oel zur Analyse den p-Toluidingehalt um 10 g, bei anilinreichen Oelen um 20 g höher an, als durch die Probe gefunden wurde und berechnet hiernach die Oxalsäure.

Im übrigen führt man die Analyse in folgender Weise aus: 100 g Oel werden mit 106 g möglichst schwefelsäurefreier Salzsäure von ca. 31 % HCl vermischt und diese Mischung sofort mit der bereitgehaltenen, fast siedenden Lösung der nothwendigen, kalkfreien Oxalsäure in der zehnfachen Menge destillirten Wassers versetzt. Diese Lösung muss selbst bei hohem p-Toluidingehalt anfangs ganz klar sein; man lässt sie unter häufigem Umrühren erkalten und 48 Stunden zur Krystallisation stehen. Die Oxalate werden dann abgesaugt, 3 Mal mit je 25 ccm destillirtem Wasser gewaschen und durch Eintragen in heisse verdünnte Kalilauge (100 ccm Kalilauge von 45° Bé., 200 ccm destillirtes Wasser) zerlegt. Das abgeschiedene Oel wird nach dem Erkalten gesammelt und gewogen. Schliesslich wird es mit Aetzkali getrocknet und der Anilingehalt in der beschriebenen Weise durch Bromtitration ermittelt.

---

[1] Vgl. auch P. Dobriner und W. Schwarz, Zeitschr. f. analyt. Ch. **34**, 735, 1896; F. F. Raabe, Chem. Ztg. **15**, 116 und 179, 1891; G. A. Schoen, Bull. de Mulhouse 1888, 365; Schoop, Chem. Ztg. **9**, 1785, 1884; P. Miniati, H. Booth, J. B. Cohen, Journ. soc. chem. Ind. **6**, 418, 1887; C. Häussermann, Chem. Ztg. **11**, 1224, 1887.

Eine einfache Umrechnung ergiebt den Gehalt des ursprünglichen Gemisches an p-Toluidin, dem eine für die angegebenen Bedingungen ermittelte, konstante Korrektur von $+$ 2,00 zugerechnet werden muss.

Nach der Voranalyse hatte z. B. ein anilinreiches Oel höchstens 10 % p-Toluidin. Die genaue Bestimmung ergab bei Fällung

mit 30 g Oxalsäure in 300 g H_2O 6,5 % p-Toluidin.
  40 g „ „ 400 g „ 6,4 % „ „
  50 g „ „ 500 g „ 7,1 % „ „

Die Zuverlässigkeit der Methode beweisen folgende, bei der Analyse von Gemischen reiner Oele erhaltene Zahlen:

	Anilin.	o-Toluidin.	p-Toluidin.
I. angew.	60,0	10,0	30,0
gef.	60,6	9,35	30,05
II. angew.	30,0	50,0	20,0
gef.	30,5	49,3	20,2
III. angew.	40,0	50,0	10,0
gef.	40,6	49,4	10,0
IV. angew.	30,0	65,0	5,0
gef.	30,25	64,6	5,25
V. angew.	10,0	80,0	10,0
gef.	10,6	79,5	9,9.

Bei der Prüfung technischer Oele nach dieser Methode wurden durchschnittlich im Blauöl 99,5 % Anilin, in dem aus Anilinsalz abgeschiedenen Oel 99,7 % Anilin gefunden.

Das o-Toluidin zeigte oft nur 95 % o-Toluidin und ziemlich regelmässig 2 % p-Toluidin. Das rohe Toluidin enthielt bei 30—35 % p-Toluidin nur etwa 1,5 % Anilin (m-Toluidin?); p-Toluidin dagegen bei 70—98 % Reingehalt höchstens 0,75 %.

In Echappées, welche p-toluidinfrei sein sollten, wurden regelmässig 4—6 % p-Toluidin, manchmal sogar 10—12 % gefunden.

9. Bestimmung der Xylidine [1]).

In den Handelsxylidinen finden sich folgende fünf Basen:

  I. $CH_3 . CH_3 . NH_2$ 1 . 2 . 4 $= \alpha$ Amido-o-Xylol.
  II. „ „ „ 1 . 2 . 3 $= \beta$ „ „ „
  III. „ „ „ 1 . 3 . 4 $= \alpha$ Amido-m-Xylol.
  IV. „ „ „ 1 . 3 . 2 $= \beta$ „ „ „
  V. „ „ „ 1 . 4 . 2 $=$ Amido-p-Xylol.

---

1) W. Vaubel, Zeitschr. analyt. Ch. **36**, 285, 1897,

Das α-Amido-m-Xylol oder asymm. m-Xylidin, sowie das Amido-p-Xylol oder p-Xylidin bilden meist den Haupttheil der betreffenden Xylidine. Häufig wird ein an asymm.-Xylidin reiches Produkt verlangt.

Zwecks Bestimmung des Gehalts an asymm.-Xylidin bedient man sich der Ausfällung mit Salzsäure oder Eisessig, da das salzsaure, beziehungsweise essigsaure Salz dieser Base in Salzsäure, beziehungsweise Eisessig, schwer oder sozusagen unlöslich ist. Nach meinen Erfahrungen liefert die Fällung mit Salzsäure meist unrichtige Resultate, da je nach der Menge der angewandten Salzsäure häufig grössere oder kleinere Mengen der salzsauren Salze der übrigen Basen mit ausfallen. Schon W. Birukoff[1] giebt an, dass das salzsaure p-Xylidin nach einigen Tagen ebenfalls auskrystallisirt.

Bei der Fällung mit Eisessig hat sich die Verwendung gleicher Mengen Säure und Base als am zweckmässigsten erwiesen. 100 g, beziehungsweise 100 ccm Xylidin werden mit 100 g, beziehungsweise 100 ccm Eisessig versetzt. Nach 24 stündigem Stehen hat sich das Salz ausgeschieden; es wird abgesaugt, mit Filtrirpapier und darauf an der Luft getrocknet und gewogen. Das erhaltene Produkt enthält zum Theil die Acetverbindung, da die Vereinigung unter ziemlicher Wärmeentwicklung vor sich geht. Man erhält deshalb nicht absolut genaue Resultate. Auch ist mitunter wohl die Acetverbindung oder das essigsaure Salz des einen oder anderen Isomeren beigemengt. Dies lässt sich leicht durch Bestimmung mittels Bromlauge (einer aus Brom und heisser Natronlauge hergestellten Lösung) feststellen.

Das asymm.-Xylidin nimmt nach meinen anderwärts[2] veröffentlichten Untersuchungen ein Atom Brom in Stellung 5 auf, wobei ein bei 45° C. schmelzendes Monobromid entsteht. Auch die Acetverbindung nimmt ein Atom Brom auf, und zwar in Stellung 2 oder 6. Letzterer Körper ist identisch mit dem bereits von Genz[3] dargestellten, bei 162° C. schmelzenden Produkt. Ersteres Bromid ist dagegen von Wroblewski[4] schon dargestellt worden, wurde jedoch für identisch mit dem von Genz aus der Acetverbindung durch Verseifen gewonnenen gehalten.

Da also das asymm.-Xylidin nur ein Atom Brom aufnimmt, wobei die Endreaktion deutlich erkennbar ist, lässt sich ein etwaiger Gehalt der durch Eisessig erhaltenen Fällung an anderen Isomeren leicht erkennen.

---

1) W. Birukoff, Ber. **20**, 870; vgl. auch L. Limpach D. R. P. 39947.

2) W. Vaubel, Journ. f. prakt. Chemie [N.F.] **53**, 552, 1896; vgl. auch E. Fischer und A. Windaus, Ber. **33**, 1972, 1900, 1806; E. Nölting, A. Braun u. G. Thesmar, Ber. **34**, 2242, 1901.

3) Genz, Ber. **3**, 225, 1870.

4) Wroblewski, Liebig's Ann. **192**, 215, 1878.

Die betreffenden Xylidine werden sich nämlich gegen Bromlauge
nach Analogie der anderen untersuchten Basen folgendermassen verhalten:

$$\text{(Xylidin)} + 4\,\text{Br} = \text{(Dibrom-Derivat)} + 2\,\text{HBr};$$

$$\text{(Xylidin)} + 4\,\text{Br} = \text{(Dibrom-Derivat)} + 2\,\text{HBr};$$

$$\text{(Xylidin)} + 2\,\text{Br} = \text{(Brom-Derivat)} + \text{HBr};\ \text{Schmelzp. }46\text{—}47^{0};$$

$$\text{(Xylidin)} + 2\,\text{Br} = \text{(Brom-Derivat)} + \text{HBr};\ \text{Schmelzp. }49\text{—}50^{0};$$

$$\text{(Xylidin)} + 4\,\text{Br} = \text{(Dibrom-Derivat)} + 2\,\text{HBr}.$$

Wie aus obigen Gleichungen ersichtlich ist, nimmt das β-Amino-
m-Xylol ebenfalls nur ein Atom Brom auf. Dieser Umstand kann jedoch
hier vernachlässigt werden, da seine Salze anscheinend verhältnissmässig
leicht löslich sind, wie aus dem Verhalten des salzsauren Salzes zu ersehen ist. Es dürfte deshalb diese Base in dem mit Eisessig erhaltenen
Niederschlag nur in geringer Menge zu finden sein.

Kommt nun beigemengte Acetverbindung in Frage, so ist es am
besten, dieselbe vor der Titration zu verseifen, da sie ja allerdings auch
ein Atom Brom aufnimmt, aber viel langsamer als das Salz. An der
Schnelligkeit der Bromaufnahme kann man leicht erkennen, wie viel Acetverbindung vorhanden ist. Zum Verseifen genügt ein zehn Minuten langes
Kochen mit Salzsäure.

Bei der Titration der durch Fällen mit Eisessig erhaltenen Krystalle

zeigte es sich nun, dass dieselben in den meisten Fällen, und zwar hauptsächlich bei Xylidinen mit geringerem Gehalt an asymm. m-Xylidin, etwas
durch andere Isomere verunreinigt waren. W. Birukoff (l. c.) hat aus
einem Xylidin durch Versetzen mit dem vierten Theil Eisessig direkt fast
reines asymm.-Xylidin erhalten; auch ich habe bei an asymm.-Xylidin
reichen Produkten durch Versetzen mit der gleichen Menge Eisessig dasselbe sehr rein erhalten, wie auch schon L. Limpach in seiner Patent-
beschreibung bezüglich der Trennung des asymm.-Xylidins von seinen Isomeren durch Fällung mit Essigsäure angiebt. Bei Xylidinen von geringerem Gehalte, die ich mir zum Theile selbst durch Mischen herstellte,
wurde $^1/_5$—$^1/_2$ mehr Brom verbraucht, als der vorhandenen Menge des
asymm.-Xylidins entsprach. Dabei wurde natürlich das Vorhandensein von
Acetverbindung statt des essigsauren Salzes in der abgewogenen Substanz
in gebührender Weise berücksichtigt. Als Verunreinigung der Fällung
käme vielleicht das α-Amino-o-Xylol in Betracht, da dessen salzsaures
Salz und dementsprechend wahrscheinlich auch das essigsaure schwer
löslich sind. Unter Umständen könnte auch p-Xylidin beigemengt sein.
Jedoch liegen darüber bis jetzt keine Untersuchungen vor.

Ein Versuch, das asymm.-Xylidin, beziehungsweise beide m-Xylidine,
durch direkte Titration des Handelsproduktes mit Bromlauge zu bestimmen,
scheiterte an der Bildung eines rothen Farbstoffes, wodurch mehr Bromlauge verbraucht wurde, als zu erwarten stand. Andernfalls wäre ja die
Berechnung leicht gewesen, da die von dem m-Xylol sich ableitenden
Basen ein Atom Brom aufnehmen, alle anderen aber zwei. Anscheinend
verhindert oder erschwert das Vorhandensein einer grösseren Zahl von
Methylgruppen in verschiedenen Stellungen die Umlagerung des bei
der Bromirung wahrscheinlich zunächst gebildeten Additonsproduktes
$C_6H_3\overset{(CH_3)_2}{NH_2},Br_2$ in das entsprechende Substitutionsprodukt, und es findet
deshalb leichter eine Kombination, beziehungsweise Oxydation, unter Bild-
ung von Farbstoff statt. Schon bei einem Gemische von o- und p-Toluidin
zeigt sich bei der Bromirung häufig eine geringe Farbstoffbildung.

Selbstverständlich müssten bei einer exakten Durchführung der Analyse erst noch alle essigsauren Salze der verschiedenen Xylidine untersucht werden in Bezug auf Löslichkeit in Eisessig und in Gemischen mit
anderen Isomeren. Für die Technik ist es jedoch hauptsächlich von
Interesse, den Gehalt an asymm.-Xylidin zu wissen, da diese Base für
viele Zwecke die wichtigere ist. Obige Methode lässt uns nun wenigstens
erkennen, ob das, was wir als asymm.-Xylidinacetat wiegen, auch thatsächlich rein ist.

Im folgenden gebe ich noch kurz die Resultate der Analyse eines
technischen Xylidins, um zu zeigen, dass die Fällung allein nicht völlig
zuverlässige Resultate giebt.

Siedepunkt:

$$
\left.
\begin{array}{rcl}
- 210^{\,0} & . \ . & 14\ \%\\
- 211^{\,0} & . \ . & 18\ \text{,,}\\
- 212^{\,0} & . \ . & 24\ \text{,,}\\
- 213^{\,0} & . \ . & 24\ \text{,,}\\
- 214^{\,0} & . \ . & 6\ \text{,,}\\
- 215^{\,0} & . \ . & 2\ \text{,,}\\
\text{Rest} & . \ . \ . & 2\ \text{,,}\\
\hline
& & 100\ \%
\end{array}
\right\}
$$

bei 750 mm. Specifisches Gewicht 0,982 bei 20 ^{0} C.

100 g Xylidin und 100 g Eisessig gaben 32 g festes Acetat. Daraus berechnen sich 20,8 % asymm.-Xylidin, da $^1/_3$ davon aus Eisessig bestehen soll. Nun zeigte sich aber bei dem Bromirungsversuch, dass ca. die Hälfte des Ausgeschiedenen aus der Acetverbindung bestand. Für 16 g Acetat berechnen sich 7,1 g Brom, für 16 g Acetverbindung 7,8 g, zusammen 14,9 g. Es wurden aber statt 14,9 g Brom 17,9 g verbraucht; somit enthielten die 20,8 g des als asymm.-Xylidin berechneten Niederschlags 3,5 g von einem der o-Xylidine oder von p-Xylidin, da diese ja, wie oben erwähnt, zwei Atome Brom aufzunehmen vermögen.

10. Bestimmung der Naphtol- und Naphtylaminsulfosäuren[1].

Die Naphtol und Naphtylaminsulfosäuren lassen sich ihrem Verhalten gegen nascirendes Brom zufolge in drei Klassen eintheilen.

Zur ersten Klasse, deren Glieder meist nur ein Atom Brom aufnehmen können und bei denen die Endreaktion deutlich erkennbar ist, gehören:

A. folgende α- und β-Naphtylaminsulfosäuren:

	NH_2	SO_3H	SO_3H
a) α-Naphtylaminsulfosäure	1	2	0
b) Naphtionsäure	1	4	0
c) Dahl's Disulfosäure II	1	4	6
d) „ „ III	1	4	7
e) α-Naphtylamin-δ-disulfosäure . . .	1	4	8
f) Amido-R-säure	2	3	6
g) γ-Monosulfosäure (2 Br)	2	5	0

	NH_2	NH_2	SO_3H
h) Naphtylenmonosulfosäure	1	6	4

---

[1] W. Vaubel, Chem. Ztg. **17**, 70, 1893; 102, 1893.

B. folgende α- und β-Naphtolsulfosäuren:

	OH	SO_3H	SO_3H	SO_3H
a) Nevile-Winther'sche Säure . .	1	4	0	0
b) α-Naphtoldisulfosäure	1	4	8	0
c) Schäffer'sche Säure . . . . :	2	6	0	0
d) F-Säure	2	7	0	0
e) R-Säure	2	3	6	0
f) β-Naphtoltrisulfosäure	2	3	6	8

Wenn auch bei mehreren dieser Säuren, wie 1.4.8 und 2.3.6.8, die Bromaufnahme ziemlich langsam erfolgt, so können dieselben doch immerhin hier angeführt werden, da der Endpunkt deutlich erkennbar ist.

Die Sulfosäuren der Klasse II nehmen mehrere Atome Brom auf, und ist der Endpunkt nicht so gut erkennbar. Es gehören dazu:

A. folgende α- und β-Naphtylaminsulfosäuren:

	NH_2	SO_3H	SO_3H
a) α-Naphtylamindisulfosäure (3 Br) . . .	1	7	0
b) α-Naphtylaminmonosulfosäure S (2 Br) .	1	8	0
c) α-Naphtylamin-β-disulfosäure (2 Br) . .	1	3	7
d) α-Naphtylamindisulfosäure Kalle (2 Br) .	1	2	7
e) Brönner'sche Säure (3 Br)	2	6	0
f) β-Naphtylamin-δ-monosulfosäure I (3 Br) .	2	7	0

B. folgende Naphtolsulfosäure:

	OH	SO_3H	SO_3H
α-Naphtolmonosulfosäure S	1	8	0

In betreff der dritten Klasse, wozu die 2.8 und 2.6.8-Derivate gehören, welche nach früherer Angabe kein Brom aufnehmen sollten, ist, was von hervorragender Bedeutung sein dürfte, eine Aenderung zu verzeichnen, und muss ich zugestehen, dass dieselben doch Brom aufnehmen, und zwar derart, dass diese Eigenschaft zur Gehaltsbestimmung verwendet werden kann. Alle anderen, oben gemachten Angaben gelten für das Verhalten der betreffenden Sulfosäuren gegen nascirendes Brom bei gewöhnlicher Temperatur, und unter solchen Umständen nehmen die 2.8 oder 2.6.8-Derivate kein oder nur sehr wenig Brom und dann noch langsam auf; dagegen ändert sich dies, sobald wir in der Hitze das Brom zur Einwirkung bringen. Bei einer Temperatur von 65—75 °C. nehmen diese Säuren glatt ein Atom Brom auf, ohne dass erhebliche, d. h. für die Analyse zu beachtende Mengen Brom entweichen. Selbstverständlich muss man mit einiger Vorsicht arbeiten. So lässt sich auf diese Weise dann auch der Gehalt der G-Säuren, sowie Croceïnsulfosäure mit verhältnissmässig kleiner Mühe bestimmen. Zu beachten ist, dass die Temperatur nicht viel unter 65 °C. herabgehen darf, da sonst die Endreaktion schwerer erkennbar ist, indem die Bromaufnahme bedeutend langsamer erfolgt.

In Gemischen der hier in Frage kommenden Säuren mit den entsprechenden 2.6- bezw. 2.3.6-Derivaten, lässt sich nun die Bestimmung nicht derart vornehmen, dass man erst bei gewöhnlicher Temperatur die Schäffer- und R-Säuren bestimmt, dann nach Eintreten der Endreaktion erwärmt und nun den Gehalt an 2.8- und 2.6.8-Sulfosäuren ermittelt. Das Vorhandensein einer grösseren Menge der G-Säure und Croceïnsulfosäure erschwert nämlich die Erkennung des Endpunktes bei der Bestimmung der 2.6- und 2.3.6-Verbindungen derart, dass die Analyse in dieser Weise nicht vorgenommen werden kann, da allem Anschein nach auch die 2.8- und 2.6.8-Derivate unter solchen Umständen schon bei gewöhnlicher Temperatur Brom aufnehmen. Man kann deshalb zur Gehaltsbestimmung derartiger Gemische den Gesammtgehalt an Sulfosäuren durch Bromiren in der Hitze ermitteln, sowie den an R-Säure bezw. Schäffer-Säure durch Kombiniren mit Diazoverbindungen. Dagegen lässt sich, worauf ich nochmals hinweise, der Gehalt der gereinigten 2.8- und 2.6.8-Derivate wohl durch Bromirung ermitteln.

Zu bemerken ist noch, dass eine Abspaltung der Sulfogruppen, soweit dies untersucht ist, bei den verschiedenen Sulfosäuren durch die Bromaufnahme nicht stattfindet[1]). Wahrscheinlich tritt das Brom immer in die Stellung ein, welche auch die Azogruppe beim Kombiniren dieser Säuren mit Diazoverbindungen einnehmen würde.

Die durch Einwirkung des nascirenden Broms entstandenen Körper krystallisiren zum Theil direkt aus der sauren Lösung aus oder lassen sich leicht durch Kochsalz ausfällen.

11. Verhalten des Phloroglucins.

Das Verhalten des Phloroglucins gegen Brom ist zuerst von R. Benedikt[2]) und dann von Benedikt und Hazura[3]) untersucht worden. Dabei hat sich gezeigt, dass das Endprodukt, nach Zincke und Kegel[4]) Oktobromacetylaceton, $C_5Br_8O_2$, in fast quantitativer Weise entsteht, wenn man Brom in der Kälte und in sehr verdünnter Lösung auf Phloroglucin einwirken lässt (1 Theil Phloroglucin, 2000 Theile Wasser, 7 Theile Brom), während sonst noch Zwischenprodukte sich bilden.

Th. Zincke und O. Kegel[4]) haben gefunden, dass die Einwirkung

---

1) Vgl. hierzu W. Vaubel, Zeitschr. angew. Ch. 1900, 686, „Ueber die Abspaltung bezw. den Ersatz der Sulfogruppen in Naphtalinderivaten durch nascirendes Chlor".

2) R. Benedikt, Liebig's Ann. **189**, 165.

3) R. Benedikt und K. Hazura, Monatsh. f. Ch. **6**, 702, 1885.

4) Th. Zincke und O. Kegel, Ber. **23**, 1706, 1890.

von Brom auf Phloroglucin in schwach erwärmter Lösung in der Art verläuft, dass sich zunächst Tribromphloroglucin bildet, welches durch die zweite Menge Brom übergeführt wird in das Pentabromketon, das seinerseits durch den entstandenen Bromwasserstoff vor der Zersetzung geschützt ist; die dritte Portion Brom führt einerseits die Pentabromverbindung in das Hexabromketon über, anderseits wirkt sie oxydirend, wodurch Hepta und Oktobromacetylaceton entstehen: zu der Bildung des letzteren kann auch das Hexabromphloroglucin beitragen. Die folgenden Formeln zeigen diese Uebergänge:

$$
\begin{array}{ccc}
\text{COH} & \text{CO} & \text{CO} \\
\text{BrC} \diagdown \diagup \text{CBr} & \text{Br}_2\text{C} \diagdown \diagup \text{CBr} & \text{Br}_2\text{C} \diagdown \diagup \text{CBr}_2 \\
\text{HOC} \diagup \diagdown \text{COH} & \text{OC} \diagup \diagdown \text{COH} & \text{OC} \diagup \diagdown \text{CO} \\
\text{CBr} & \text{CBr}_2 & \text{CBr}_2 \\
\text{I.} & \text{II.} & \text{III.}
\end{array}
$$

$$
\text{IV.}\quad \text{CBr}_3 - \text{CO} - \text{CBr}_2 - \text{CO} - \text{CBr}_2\text{H}
$$
$$
\text{V.}\quad \text{CBr}_3 - \text{CO} - \text{CBr}_2 - \text{CO} - \text{CBr}_3.
$$

12. Verhalten der Oxybenzylalkohole.

Nach Untersuchungen von K. Auwers und G. Büttner[1]) entstehen durch Einwirkung von Brom auf den o-Oxybenzylalkohol, das Saligenin, $C_6H_4 \diagup^{(1)OH}_{(2)CH_2OH}$, je nach den Versuchsbedingungen drei verschiedene Arten von Umwandlungsprodukten

a) in wässeriger Lösung bei gewöhnlicher Temperatur normale Substitutionsprodukte, nämlich Monobromsaligenin und Dibromsaligenin.

$$
C_6H_3 \diagdown^{(1)OH}_{\substack{(2)CH_2OH \\ (4)Br}} \qquad\qquad C_6H_2 \diagdown^{\substack{(1)OH \\ (2)CH_2OH}}_{\substack{(4)Br \\ (6)Br}}
$$

Monobromsaligenin   Dibromsaligenin
Schmp. 107—109°.   Schmp. 88—89°.

b) In wässeriger Lösung bei mässig erhöhter Temperatur (20—30°) entsteht ein Gemisch höher bromirter, in Alkalien theils löslicher Substanzen; bei 50—60° liefert es Tribromphenolbrom und Tribromphenol. Letzteres geht durch weiteres Bromiren in Eisessig in Tibromphenolbrom und dieses wiederum in Bromanil, $C_6O_{2(1.4)} . Br_{4(2.3.5.6)}$, über.

---

[1]) K. Auwers und G. Büttner, Liebig's Ann. **302**, 131, 1898.

c) In organischen Lösungsmitteln, wie Chloroform, Aether, Schwefelkohlenstoff und Eisessig entstehen aus Saligenin und Brom bei gewöhnlicher Temperatur alkaliunlösliche, sehr reaktionsfähige Verbindungen; nach den Untersuchungen von Auwers und Büttner sind es Bromhydrate substituirter Anhydrosaligenine, welche sich in ihrem chemischen Verhalten an die aus p-Oxyalkoholen und p-Methylphenolen gewonnenen Bromide im allgemeinen eng anschliessen. Sie entsprechen den Formeln:

Bromhydrat des Monobrom-
anhydrosaligenins
Schmp. 98⁰.

Bromhydrat des Dibrom-
anhydrosaligenins
Schmp. 116—118⁰.

p-Oxybenzylalkohol[1]), $C_6H_4\Big\langle\begin{matrix}(1)OH\\(4)CH_2OH\end{matrix}$, bildet bei der Bromirung, den Erwartungen entsprechend, ein mm-Dibrom-p-oxybenzyl-

bromid von der Formel [Formel] Schmp. 144—147⁰. Das Bromid ist unlöslich in wässerigen Alkalien, wird aber bei längerer Berührung zersetzt. Ersetzt man dagegen das Brom in der Seitenkette durch Behandlung mit Natriumacetat durch den Acetylrest, so erhält man ein alkalilösliches Produkt.

Im Gegensatz zu seinen beiden Isomeren, dem o- und dem p-Oxybenzylalkohol, liefert der m Oxybenzylalkohol[2]), $C_6H_4\Big\langle\begin{matrix}(1)OH\\(3)CH_2OH\end{matrix}$, ein alkalilösliches Reaktionsprodukt bei der Bromirung in essigsaurer

Lösung von der Formel [Formel] = Tribrom-m-oxybenzylbromid.

Schmp. 133⁰.

---

[1]) K. Auwers und S. Daecke, Ber. **32**, 3373, 1899; K. Auwers, Ber. **30**, 753, 1897.

[2]) K. Auwers und W. Richter, Ber. **32**, 3381, 1899.

Zu einer quantitativen Gehaltsbestimmung scheinen diese Bromirungs-vorgänge infolge der verhältnissmässigen Langsamkeit des Vorganges bezw. der Vielheit der Produkte nicht immer geeignet zu sein.

13. Verhalten der methylirten Phenole.

Wie vorher ausgeführt wurde, zeigen die Kresole bei geeigneter Arbeitsweise bei der Bromaufnahme ein reguläres Verhalten, indem sie den vorhandenen substituirbaren o-p-Stellungen entsprechend Brom aufnehmen, also o- und p-Kresol zwei Atome Brom und m-Kresol drei Atome Brom.

Aehnliche dem allgemeinen Substitutionsgesetz entsprechende Verbindungen scheint man auch aus den Xylenolen und Kumenolen erhalten zu können, wie die Untersuchungen von O. Jacobsen[1]) und A. Reuter[2]) ergeben haben. Nebenbei bilden sich jedoch auch andere Verbindungen.

1.3.4.m-Xylenol, liefert beim Bromiren in essigsaurer Lösung ein Monobromxylenol (fl.), dann aber auch ein Dibromxylenol vom Schmp. 73^0 und ein Tribromxylenol vom Schmp. 179^0. Hiervon würde also nur das Monobromxylenol dem Substitutionsgesetz entsprechen.

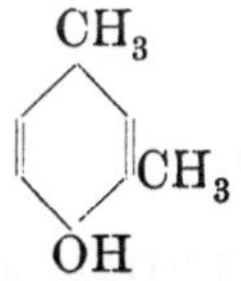

1.2.3.m-Xylenol, liefert mit überschüssigem Brom ein Tribromderivat.

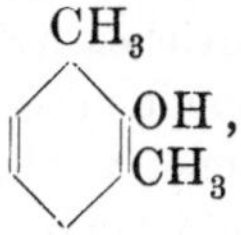

p-Xylenol liefert in essigsaurer Lösung ein Monobromprodukt vom Schmp. 87^0 und bei Einwirkung von Brom auf festes Xylenol ein Tri-bromprodukt vom Schmp. 175^0.

1.2.4-o-Xylenol, bildet ein Tribrom-o-xylenol.

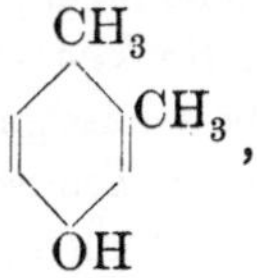

ps.-Kumenol, giebt bei vorsichtigem Bromiren

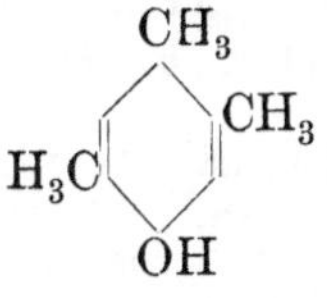

---

[1]) O. Jacobsen, Ber. **11**, 17, 1878.
[2]) O. Reuter, Ber. **11**, 29, 1878.

in essigsaurer Lösung ein Monobromderivat vom Schmp. 250⁰, was
dem Substitutionsgesetz entspricht. Ausserdem entsteht durch Einwirkung
von Brom auf das kalt gehaltene Phenol ein Dibromid vom Schmp.
149—150⁰.

Liegt schon beim Phenol selbst die Eigenschaft vor, dass das Wasserstoffatom der Hydroxylgruppe ebenfalls durch Brom ersetzt wird, und wir
demgemäss bei geeigneter Bromirung ein Tribromphenolbrom erhalten, so
ist die Möglichkeit für die methylirten Phenole zur Bildung komplicirterer
Verbindungen durch die Anwesenheit der Alkylgruppen in erhöhtem Maasse
gegeben.

Die Verhältnisse werden um so komplicirter, als wir bereits für die
Konstitution des einfachen Tribromphenolbroms mit zwei verschiedenen Formeln zu rechnen haben, nämlich mit

$$\text{I.} \qquad \text{und} \qquad \text{II.}$$

Für Formel II spricht nach J. Thiele und H. Eichwede[1]) die
leichte Umwandlung des Tribromphenolbroms in Dibromchinon, auch
stehen hiermit die starken Oxydationswirkungen in Einklang.

Nachdem wir bereits durch die Untersuchungen, die Th. Zincke im
Vereine mit seinen Schülern in zahlreichen Arbeiten über die Einwirkung
von Chlor, Chlorkalk etc. auf die Phenole ausgeführt hat, mit einer grossen
Reihe von neuen sich von den Phenolen ableitenden Körpern bekannt
geworden sind, haben nun auch die umfassenden Arbeiten von K. Auwers[2])
und seinen Mitarbeitern zu interessanten Resultaten über die Bromirungs-
produkte der methylirten Phenole und speciell des ps. Kumenols,
der Xylenole und des Mesitols geführt.

Dabei entstehen eigenartige Verbindungen, welche in Alkalien unlöslich sind und eine ausserordentliche Reaktionsfähigkeit zeigen. Sie entstehen a) durch Einwirkung von überschüssigem Brom, mit oder ohne
Zusatz von Eisessig, bei mässig erhöhter Temperatur auf Phenole, die in
p-Stellung vom Hydroxyl ein Methyl enthalten, z. B.

       asymm. o-Xylenol, $C_6H_3(CH_3)_2(1 \cdot 2) \cdot OH(4)$.

       ps. Kumenol, $C_6H_2(CH_3)_3(1 \cdot 2 \cdot 5)OH(4)$ etc.

---

[1]) J. Thiele und H. Eichwede, Ber. **33**, 673, 1900.

[2]) K. Auwers, Ber. **17**, 2976, 1884, **18**, 2655, 1885, **28**, 2888, 1895. —
K. Auwers und J. Marwedel, Ber. **28**, 2902, 1895; K. Auwers und S. Avery,
Ber. **28**, 2910, 1895; Th. Zincke, Ber. **28**, 3126, 1895; K. Auwers, Ber. **29**, 1095,
1896; K. Auwers und L. Hof, Ber. **29**, 1110, 1896; K. Auwers und H. A. Sen-
ter, Ber. **29**, 1120, 1896; K. Auwers und G. v. Campenhausen, Ber. **29**, 1129,

Bei o-ständigem Methyl verläuft die Reaktion unter Umständen analog, jedoch weniger glatt.

b) Durch Behandeln von o- oder p-Phenolalkoholen in Eisessig. Chloroform, Aether, Schwefelkohlenstoff u. s. w. bei gewöhnlicher Temperatur mit Brom, z. B.

$$\text{Saligenin, } C_6H_4 \begin{cases} (1)OH \\ (2)CH_2OH \end{cases},$$

$$\text{p-Oxybenzylalkohol, } C_6H_4 \begin{cases} (1)OH \\ (4)CH_2OH \end{cases}.$$

Von allen möglichen Formeln für die entsprechenden Verbindungen hält Auwers folgende für die wahrscheinlichsten.

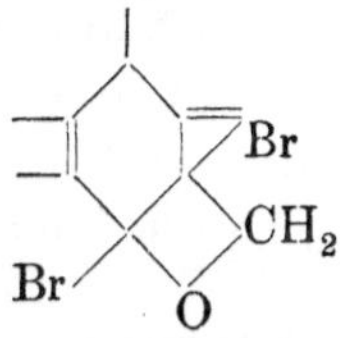

und

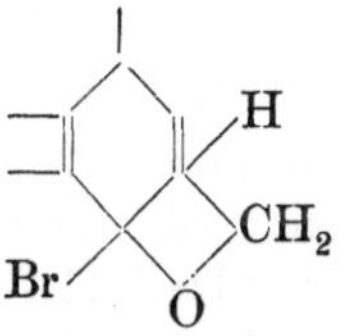

Eine eingehende Besprechung findet sich in Liebig's Ann. **301.** 203—366. 1898. Man hat diese Verbindungen als Anhydrokörper aufzufassen. So ist z. B. das aus ps-Kumenol erhältliche Tribromderivat als das Bromhydrat des Dibromanhydro-p-oxypseudokumylalkohols, das aus Mesitol erhältliche Tribromderivat als das Bromhydrat des Dibromanhydro-p-oxymesitylalkohols anzusehen.

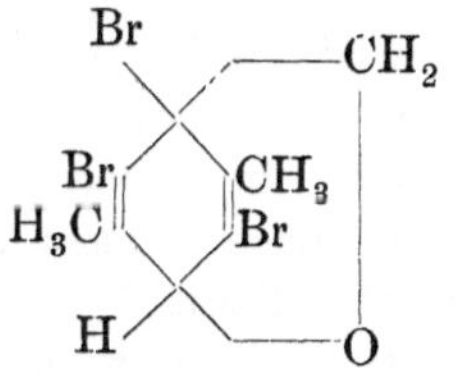

Bromhydrat des Dibromanhydropseudokumylalkohols. 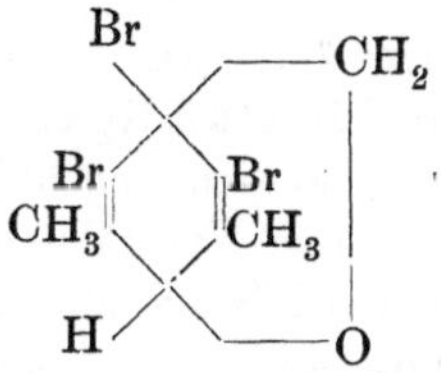   **Bromhydrat des Dibromanhydro-p-oxymesitylalkohols.**

896; K. Auwers und F. Baum, Ber. **29**, 2329, 1896; K. Auwers und E. Ziegler, Ber. **29**, 2348, 1896; K. Auwers, Ber. **30**, 753, 1897; Liebig's Ann. **301**, 203, 1898; Th. Zincke, Journ. pr. Ch. **58**, 441, **59**, 228, 1899; K. Auwers, Ber. **32**, 17, 1899; K. Auwers und H. Allendorff, Liebig's Ann. **302**, 76, 1898; K. Auwers und I. v. d. Rovaart, Liebig's Ann. **302**, 99, 1898; K. Auwers und H. Ercklentz, Liebig's Ann. **302**, 107, 1898; K. Auwers, Ber. **32**, 2978 und 2987, 1899; K. Auwers und W. Hampe, Ber. **32**, 3005, 1899; K. Auwers und R. v. Erggelet, Ber. **32**, 3010, 1899; K. Auwers und H. Burrow, Ber. **32**, 3034, 1899; K. Auwers, Ber. **32**, 3440, 1899; K. Auwers und A. Ebner, Ber. **32**, 3454, 1899; K. Auwers und Th. Maass, Ber. **32**, 3466, 1899; K. Auwers, F. A. Traun und L. Welde, Ber. **32**, 3297, 1899; **32**, 3309, 1899; K. Auwers und O. Anselmino, Ber. **32**, 3587.

Weitere Untersuchungen speciell der in m-Stellung zur Hydroxylgruppe methylirten sog. m-Phenolbromide, wie des isomeren Pseudokumenoltribromids, das sich als Verbindung von folgender

Formel $\begin{array}{c} CH_3 \\ Br\diagup\ \diagdown CH_2Br \\ H_3C\diagdown\ \diagup Br \\ OH \end{array}$ erwies, haben gezeigt, dass es wesentlich von

der Art der übrigen Substituenten abhängt, ob ein m-Phenolbromid in Alkalien löslich oder unlöslich ist. Nach den bisherigen Versuchen sind diejenigen Verbindungen am empfindlichsten gegen Alkali, welche in p Stellung zum Phenylhydroxyl, also in o-Stellung zur CH_2Br-Gruppe, ein Methyl enthalten wie die oben angeführte Verbindung und das um ein Bromatom ärmere Derivat. Dieselben werden von Natronlauge direkt unter Braunfärbung und Abspaltung von Bromwasserstoff zersetzt.

Befindet sich dagegen in p-Stellung zur orientirenden Hydroxylgruppe ein negativer Rest wie Br, CH_2OH oder CH_2OCH_3, so sind die betreffenden Körper klar in Alkali löslich; Körper wie

$$\begin{array}{c} Br \\ Br\diagup\ \diagdown CH_2Br \\ \diagdown\ \diagup Br \\ OH \end{array} \qquad \text{und} \qquad \begin{array}{c} CH_2OCH_3 \\ Br\diagup\ \diagdown CH_2Br \\ Br\diagdown\ \diagup Br \\ OH \end{array}$$

und ähnliche, unterscheiden sich bei flüchtiger Prüfung in nichts von gewöhnlichen Phenolen.

Im einzelnen weisen die m-Phenolbromide recht verschiedene Grade der Beständigkeit gegen Alkali auf. Manche, wie die oben angeführten, werden augenblicklich zerstört; andere lösen sich in gewöhnlicher verdünnter Natronlauge fast klar auf, doch nach wenigen Sekunden trübt sich die Lösung und die Zersetzung beginnt. Bei anderen tritt diese Erscheinung später ein, und die beständigsten endlich setzen sich erst bei längerem Stehen mit dem Alkali vollständig um. In vielen Fällen sind die Reaktionsprodukte amorphe, hochschmelzende Substanzen, die wohl durch Abspaltung von einem Mol. Bromwasserstoff und Polymerisirung der gebildeten Reste entstanden sind. Genauer erforscht sind diese Körper noch nicht.

Abgesehen von diesen Unterschieden Alkalien gegenüber, verhalten sich nach dem bisherigen Versuche die verschiedensten m-Phenolbromide gleich; in allen lässt sich das Bromatom der Seitenkette in normaler Weise gegen die Reste von Alkoholen, Wasser, organischen Säuren u. s. w. austauschen, doch muss bei allen diesen Reaktionen längere Zeit, d. h. mehrere Stunden gekocht werden; keine dieser Verbindungen besitzt auch nur entfernt die Reaktionsfähigkeit der o- und p-Phenolbromide.

Daraus geht hervor, dass alle m-Phenolbromide echte Phenole sind, deren graduell verschiedene Empfindlichkeit gegen Alkalien lediglich durch Art und Stellung der übrigen Substituenten, nicht aber durch eine verschiedene Konstitution bedingt wird.

Sind aber die alkaliunlöslichen m-Phenolbromide Phenole, dann drängt sich die Frage auf, ob dies nicht auch für die o- und p-Verbindungen gilt, die Substanzen des Typus … und … ,

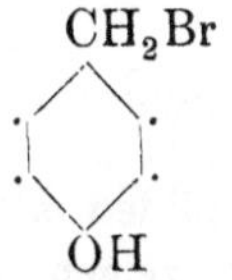

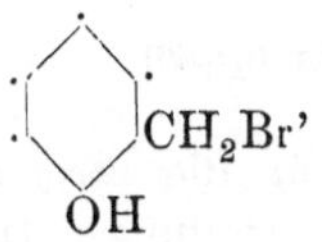

so dass diese also nicht, wie bisher angenommen wurde, Zwischenprodukte, sondern Endprodukte sind, die ihre eigenthümliche Reaktionsfähigkeit der räumlichen Anordnung ihrer Atome im Molekül verdanken. Die Unlöslichkeit dieser Phenole in Alkalien wäre dann ebenso wie bei verschiedenen m-Derivaten darauf zurückzuführen, dass bei beginnender Auflösung sofort Abspaltung von Halogenwasserstoff eintritt. Die zahlreichen Umsetzungen der o- und m-Phenolbromide würden ähnlich wie bei Benützung der neueren Zincke'schen Ketonformel

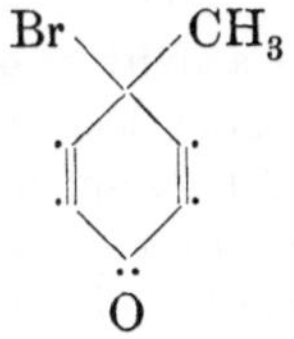

alte 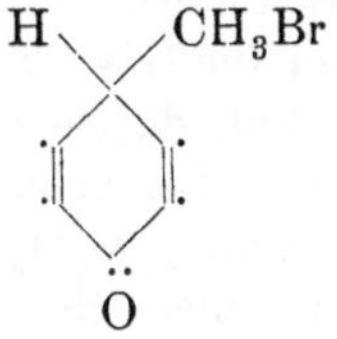   neue.

Ketonformel von Zincke.

durch die Annahme erklärt werden, dass diese Verbindungen eine grosse Neigung zur Abspaltung von Bromwasserstoff besitzen und darauf die verschiedenen Stoffe sich an die entstandenen Oxyde oder Methylenchinone anlagern. Es sind, da nach der Meinung vom Auwers das ältere Zincke'sche Schema nicht mehr in Betracht kommt, also drei Symbole möglich,

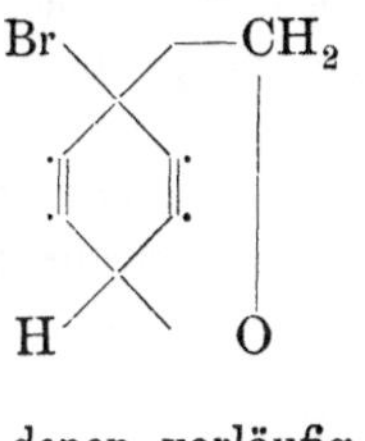

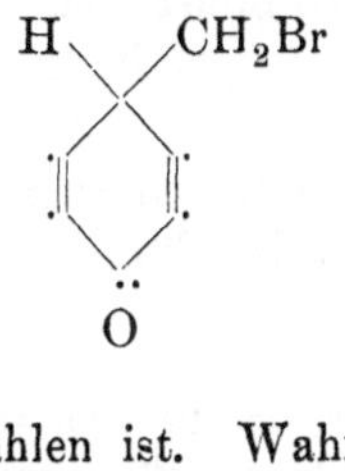

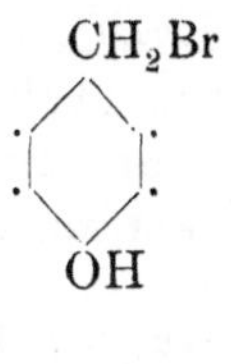

zwischen denen vorläufig zu wählen ist. Wahrscheinlich handelt es sich aber hier um desmotrope Formen, die also bald in dieser bald in jener Weise zu reagiren vermögen.

14. Verhalten der Azo- und Azoxyverbindungen.

Azo- und Azoxybenzol reagiren als solche verhältnissmässig träge, erst bei einem grossen Ueberschusse an Brom bildet sich $C_{12}H_{10}N_2Br_6$ aus dem Azobenzol.

Anders dagegen verhält es sich mit den Amido- und Hydroxylderivaten der Azo- und Azoxyverbindungen, für welche die Gruppen $-N:N-$ und $\begin{matrix} -N.N- \\ \diagdown \diagup \\ O \end{matrix}$ als solche kein weiteres Hinderniss für die Bromirung bilden als etwa hinsichtlich der besetzten o- oder p-Stellung. Dagegen zeigen sich unzweifelhaft Erscheinungen, die nur durch die gegenseitige Beeinflussung der Benzolkerne infolge der Kuppelung durch die Azo- oder Azoxygruppe bedingt sind. Einige Beispiele werden dies klar machen.

p-Amidoazobenzol, $C_6H_5N:NC_6H_4NH_2$ nimmt nach den Untersuchungen von Berju[1] und von dem Verfasser[2] zwei Atome Brom auf, und es entsteht ein Dibromid vom Schmelzpunkt 152^0. Bei Anwendung höherer Temperatur findet auch geringe Oxydation statt, die sich über 88^0 zum vollständigen Zerfall steigern kann, wobei sich anscheinend chinonartige Körper bilden.

Die Mono- und die Disulfosäure des Amidoazobenzols nehmen nur schwierig Brom auf, da sie in saurer Lösung schwer lösliche salzartige Verbindungen bilden. Bei höherer Temperatur findet Zersetzung statt.

p-Oxyazobenzol, $C_6H_5N:NC_6H_4OH =$ Benzolazophenol, nimmt nach meinen Untersuchungen in Eisessig gelöst und mit Salzsäure und Bromkalilauge versetzt 2 Atome Brom auf; es bildet sich dabei das Dibromid $C_6H_5N:N(4)C_6H_2Br_2(2.6)OH(1)$ vom Schmelzpunkt 157^0). Der Endpunkt ist gut erkennbar. Hierbei wurde mit Kaliumbromat bis zum Endpunkt titrirt.

Lässt man nach J. T. Hewitt und W. G. Aston[3] Brom in Ueberschuss auf Benzolazophenol in Eisessiglösung einwirken, in der ein Ueberschuss von Natriumacetat vorhanden ist, so erhält man die fast theoretische Ausbeute, das vorher erwähnte Dibromid. Wird jedoch das Natriumacetat weggelassen, so bildet sich ein Tribromderivat, das der Konstitution $Br(4)C_6H_4(1)N:N(4)C_6H_2Br_2(2.6)OH(1)$ entspricht und den Schmelzpunkt 148^0 besitzt.

Ferner ist von H. E. Armstrong und P. C. C. Isherwood[4] beobachtet worden, dass Benzolazodibromphenol durch überschüssiges Brom

1) Berju, Ber. **17**, 1403, 1885.
2) W. Vaubel, Journ. pr. Ch. **49**, 545, 1894.
3) J. T. Hewitt und W. G. Aston, Proc. Chem. Soc. **16**, 131, 1900.
4) H. E. Armstrong und P. C. C. Jsherwood, Proc. Chem. Soc. **15**, 243, 1897.

in Diazobenzol und Tribromphenol zerlegt wird. **Benzolazophenetol** wird durch Brom in Gegenwart von Natriumacetat in Benzolazomonobromphenetol übergeführt. Diese Verbindung bildet sich auch, wenn eine Lösung des Phenols in Eisessig bromirt wird. Gleichzeitig bildet sich aber auch ein Hydrobromid-Perbromid, das durch Reduktionsmittel leicht sein Brom verliert.

Aehnliche Verhältnisse zeigten sich bei der Nitrirung des Benzolazophenols. Noelting[1]) erhielt bei der Nitrirung in schwefelsaurer Lösung die Verbindung $O_2N(4)C_6H_4(1) . N : N(4)C_6H_4(1)OH$, während Hewitt[2]) fand, dass bei Einwirkung schwach erwärmter, verdünnter Salpetersäure auf trockenes Oxyazobenzol das Benzolazo-o-nitrophenol von der Formel $C_6H_5 . N$

$$N(4)C_6H_3 \begin{cases} (1)OH \\ (2)NO_2 \end{cases} \text{ entsteht.}$$

15. Verhalten der Diazoamidoverbindungen.

Wie schon Kekulé beobachtet hatte, wird Diazoamidobenzol in ätherischer Lösung durch Salzsäure in Diazobenzol und Anilin zerlegt; dagegen wird durch Brom Diazobenzol und Tribromanilin gebildet nach der Gleichung:

$$C_6H_5 . N : N . NH . C_6H_5 + 6 Br = C_6H_5 . N : NBr + C_6H_2Br_3NH_2 + 2 HBr.$$

Diese Reaktion [3]) lässt sich nun auch zur titrimetrischen Bestimmung der Diazoamidoverbindungen verwenden.

Diazoamidobenzol, $C_6H_5N : N . NHC_6H_5$, in Eisessig gelöst und mit Salzsäure und Bromkaliumlösung versetzt, verbraucht soviel Brom als zur Bildung von Tribromanilin (Schmelzpunkt 118° C.) erforderlich ist. Der Endpunkt ist sehr gut erkennbar.

16. Verhalten der Triphenylmethanfarbstoffe [4]).

Wie zu erwarten war, lässt sich die Bromirungsmethode auch zur Gehaltsbestimmung eines Theils der Triphenylmethanfarbstoffe sowie auch der betreffenden Leukobasen verwenden. Zur Untersuchung kamen folgende Körper:

$$\text{Tetramethyldiamidotriphenylmethan,} \quad HC \begin{cases} C_6H_5 \\ [C_6H_4N(CH_3)_2]_2 \end{cases},$$

1) Noelting, Ber. **20**, 2997, 1887.

2) J. T. Hewitt, Trans. Chem. Soc. 1900, 99; vgl. auch K. Auwers, Ber. **33**, 1312, 1900.

3) Vgl. auch E. Bamberger, Ber. **28**, 839, 1895.

4) W. Vaubel, Journ. pr. Ch. **50**, 347, 1894.

nimmt glatt zwei Atome Brom auf; das Bromid scheidet sich aus, sobald
die Bromirung beendigt ist. Weiter zugeführtes Brom bewirkt Oxydation,
wobei sich Grün bildet.

Malachitgrün G. (Sulfat) oder Brillantgrün,

$$H_5C_6 \cdot C\begin{cases} C_6H_4N(C_2H_5)_2 \\ C_6H_4N(C_2H_5)_2, {}^1/_2SO_4H_2 \end{cases},$$

nimmt nach Zusatz von Schwefelsäure in wässeriger Lösung eine gelb-
grüne Färbung an, die sich durch die Einwirkung des Broms nach und
nach in Gelb verwandelt, wobei sich ein in Wasser unlösliches Bromid
ausscheidet, das in Alkohol mit blauer Farbe löslich ist und auf Zusatz
von Natronlauge gelbroth wird. Aufgenommen werden zwei Atome Brom;
die Endreaktion ist gut erkennbar.

$$\text{Leukanilin, } H \cdot C\begin{cases} C_6H_3<\!\!\begin{matrix}NH_2\\CH_3\end{matrix} \\ C_6H_4NH_2 \\ C_6H_4NH_2 \end{cases},$$ hat die Fähigkeit, fünf Atome

Brom aufzunehmen; die Substitution erfolgt glatt. Das Bromid scheidet
sich in grauvioletten Flocken aus. Allmälig findet Oxydation statt, wobei
sich ein violetter Farbstoff bildet.

$$\text{Parafuchsin, } C\begin{cases} [C_6H_4NH_2]_2 \\ C_6H_4NH_2Cl \end{cases} + 4H_2O,$$ nimmt merkwürdiger

Weise nur fünf Atome auf, so dass wohl angenommen werden darf, dass
durch die eigenthümliche Bindung des einen Stickstoffatoms die Wirkung
jener Amidogruppe beschränkt ist. In welcher Weise dies für die Kon-
stitutionsfrage von Bedeutung sein kann, ist an anderer Stelle (l. c.) gezeigt worden. Die Bromaufnahme erfolgt rasch; das violetter gefärbte
Bromid scheidet sich direkt aus. Auch ist die Endreaktion gut erkennbar.

$$\text{Fuchsin, } C\begin{cases} C_6H_3<\!\!\begin{matrix}NH_2\\CH_3\end{matrix} \\ C_6H_4NH_2 \\ C_6H_4NH_2Cl \end{cases} + 4H_2O,$$ nimmt entsprechend den beim

Parafuchsin gemachten Erfahrungen nur vier Atome Brom auf. Hier
lässt sich die Bromirungsmethode gut zur Entscheidung der Frage verwenden, wie viel Parafuchsin in einem Fuchsin des Handels vorhanden ist,
vorausgesetzt, dass die Menge der anderen Bestandtheile, wie Wasser, anor-
ganische Substanz u. s. w. bekannt ist. Besonders auch für den Blau-
betrieb dürfte diese Methode der Gehaltsbestimmung von einiger Bedeutung sein.

Hexamethylparaleukanilin, $HC\text{=}[C_6H_4N(CH_3)_2]_3$, nimmt den Erwartungen gemäss drei Atome Brom auf, und ist die Endreaktion leicht erkennbar.

Krystallviolett = Chlorhydrat des Hexamethylpararos-anilins, $C{\Large<}\genfrac{}{}{0pt}{}{[C_6H_4N(CH_3)_2]_2}{\underline{C_6H_4N(CH_3)_2Cl}}$. Hier erfolgt die weitere Bromaufnahme, nach-dem ein Atom Brom substituirt ist und der entsprechende Körper sich ausgeschieden hat, sehr langsam. Schliesslich werden aber doch drei Atome Brom im ganzen aufgenommen. Die röthliche Flüssigkeit färbt sich beim Behandeln mit Zinkstaub wieder blau und wird dann vollständig entfärbt. Das zum grössten Theile ausgeschiedene Bromprodukt hat nur noch schwach färbende Eigenschaften. Die Bromsubstitution scheint deshalb hier einen verhältnissmässig starken Einfluss auf den Farbstoffcharakter auszuüben.

Methylgrün, $C{\Large<}\genfrac{}{}{0pt}{}{C_6H_4N(CH_3)_2}{\underline{C_6H_4N(CH_3)_2Cl}}$, $CH_3Cl + ZnCl_2$, nimmt zwei Atome Brom glatt auf; die Endreaktion ist gut erkennbar. Die Lösung färbt sich durch die Bromaufnahme gelb, und scheint der Farbstoffcharakter des Methylgrüns stark verändert zu sein. Erst durch Behandlung mit Zinkstaub tritt die grüne Farbe wieder auf, um dann vollständiger Entfärbung Platz zu machen. Da nur zwei Atome Brom aufgenommen werden, muss wohl angenommen werden, dass die Anlagerung von Chlormethyl an die dialkylirte Amidogruppe die Wirksamkeit derselben bezüglich Bromsubstitution aufhebt.

Jodgrün, $C{\Large<}\genfrac{}{}{0pt}{}{C_6H_4{<}\genfrac{}{}{0pt}{}{CH_3}{N(CH_3)_2}}{\underline{C_6H_4N(CH_3)_2Cl}}$, $CH_3Cl + ZnCl_2$, das den Erwart-ungen gemäss nur ein Atom aufnehmen könnte, verhält sich gegen das nascirende Brom nur wenig reaktionsfähig, indem die Substitution nur sehr langsam erfolgt.

Ein gleiches Verhalten zeigten die phenylirten Derivate des Rosanilins.

Hinsichtlich des Einflusses der Hydroxylgruppe auf die Bromsubstitution im Benzolkern gilt, wie schon erwähnt, der Satz, dass dieselbe den Eintritt von drei Atomen Brom in die o- und p-Stellungen begünstigt. Die alkylirte Hydroxylgruppe verhält sich, wie durch Bromirung des Anisols, $C_6H_5OCH_3$, nachgewiesen wurde, etwas anders. Unter den von mir angewandten Bedingungen wird nur ein Atom Brom und zwar in die p-Stellung aufgenommen.

Aurin, $C\begin{cases}C_6H_4OH\\C_6H_4OH\\C_6H_4O\end{cases}$, kann der Theorie nach vier Atome Brom auf-

nehmen. Als Lösungsmittel wurde Eisessig verwandt, der dann entsprechend mit Wasser u. s. w. verdünnt wurde. Die Aufnahme erfolgte glatt. Aus alkoholischer Lösung schied sich das Bromid als nicht krystallinische Masse aus.

Phenolphtaleïn, $C\begin{cases}C_6H_4OH\\C_6H_4OH\\C_6H_4COO\end{cases}$, nimmt, wie zu erwarten war, vier

Atome Brom auf. Das Bromid hat die charakteristische Eigenschaft, durch Alkalien gefärbt zu werden, fast vollständig verloren; auch ist die entstehende Färbung, wie bekannt, violetter.

Fluoresceïn, $C\begin{cases}C_6H_3OH\\ {>}O\\C_6H_3OH\\C_6H_4COO\end{cases}$, nimmt ebenfalls vier Atome Brom auf,

was nach der Bildung des Eosins durch Bromiren des Fluoresceïns mit Recht vermuthet werden durfte.

Die übrigen, hierher gehörigen Farbstoffe, wie Erythrosin, Phloxin, Rose bengale u. s. w. sind halogensubstitutirt und besitzen deshalb die Fähigkeit, noch Wasserstoff durch Brom ersetzen zu können, nicht.

Mehr zur ersten Klasse gehört noch das Rhodamin S, das Succineïn des Dimethyl- oder Aethyl-m-amidophenols, Chlorhydrat,

$$C\begin{cases}C_6H_3N(C_2H_5)_2\\ {>}O\\C_6H_3N(C_2H_5)_2,\ HCl.\\C_2H_4COO\end{cases}$$

Dieser Farbstoff nimmt jedoch nur ausserordentlich langsam Brom auf, wobei sich das Bromid direkt abscheidet. Deshalb kann diese Reaktion nicht zur Gehaltsbestimmung benützt werden.

Zum Schlusse sei noch bemerkt, dass einige der oben erwähnten Bromide, wie das Tetrabromrosanilin und die Tetrabromrosolsäure, schon früher von Caro und Gräbe beschrieben worden sind. Auch wurde das Tetrabromphenolphtaleïn bereits von Baeyer dargestellt.

In Betreff der sulfonirten Derivate der Triphenylmethan-farbstoffe[1]) liegt anscheinend noch keine genaue Untersuchung vor, so

---

[1]) W. Vaubel, Chem. Ztg. **18**, Nr. 81, 1894.

dass wir ausser auf die Patentbeschreibungen nur auf Analogieschlüsse angewiesen sind. Meine Bromirungsversuche veranlassten mich zu eingehender Betrachtung des Verhaltens dieser Körper. Wie die meisten derartigen Farbstoffe, enthält das Handelsprodukt des Säurefuchsins noch Beimischungen, die theils in der Bereitungsweise bedingt sind, theils zugefügt werden, um der Waare eine garantirte Stärke an Farbstoff zu verleihen.

Eines der von mir untersuchten Säurefuchsine enthielt 19,25 % Na_2SO_4, 18,98 % NaCl, 61,77 % Farbstoff. Bei der Bromirung wurde eine so grosse Menge von Kaliumbromat verbraucht, als der Aufnahme von ca. $4^1/_2$ Atomen Brom entspricht. Mithin lag ein Gemisch der Sulfosäuren des Rosanilins und des Pararosanilins vor. Die Aufnahme erfolgte glatt, und die Sulfogruppen wurden abgespalten. Dieser Umstand giebt uns einen sicheren Anhaltspunkt über die Stellung derselben. Nach anderweitigen Versuchen wird die Sulfogruppe nur dann durch Brom ersetzt, wenn sie sich in o- oder p-Stellung zur Amidogruppe befindet. Wir haben also für das Säurefuchsin folgende Formel anzunehmen:

$$HOC \Big\langle {{(1) C_6 H_3 \genfrac{}{}{0pt}{}{\underline{\pm}(CH_3)}{\genfrac{}{}{0pt}{}{(3)SO_3 H}{(4)NH_2}}} \atop {(1)\Big(C_6 H_3 \genfrac{}{}{0pt}{}{(3)SO_3 H}{(4)NH_2}\Big)_2}} \, .$$

Das erhaltene Bromid entsprach der Schwefelbestimmung gemäss der Formel

$$C \Big\langle {{\Big(C_6 H_3 \genfrac{}{}{0pt}{}{(3)Br}{(4)N H_2}\Big)_2} \atop {C_6 H_3 \genfrac{}{}{0pt}{}{(3)Br}{(4)NH}, \; ^1/_2 \, H_2SO_4}}$$

17. Verhalten der Chinonimidfarbstoffe.

Anschliessend an meine Arbeiten über die Bromaufnahme der Triphenylmethanfarbstoffe theile ich hier die Ergebnisse der Untersuchungen verschiedener anderer Farbstoffe, die zur grossen Klasse der Chinonimidfarbstoffe gehören, mit[1]).

Phenosafranin nimmt vier Atome Brom auf. Die Aufnahme erfolgt ziemlich rasch. Jedoch ist die Endreaktion wegen der intensiven Rothfärbung schlecht zu erkennen. Eine Substitution von vier Atomen Brom lässt sich sowohl durch die symmetrische Formel

---

[1]) Vgl. W. Vaubel, Journ. pr. Ch. **54**, 289, 1896.

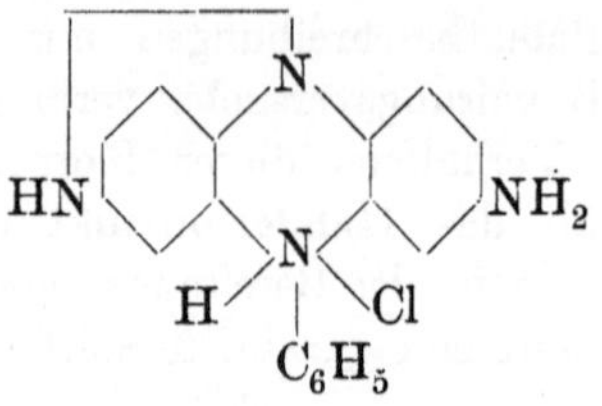

als auch durch die asymmetrische

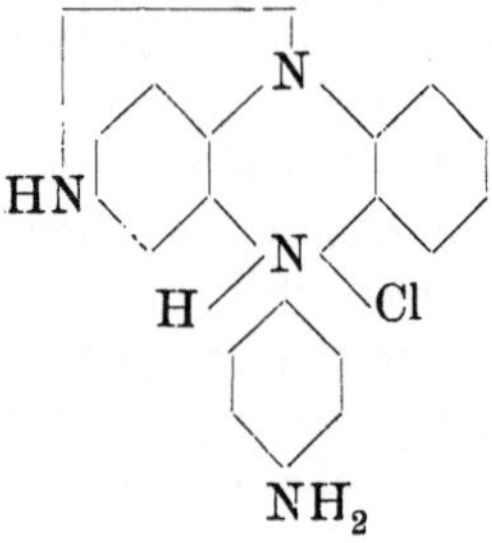

erklären. Je zwei Atome Brom dürften wohl in die Orthostellungen zu den Amidogruppen treten.

Indazin, $(H_3C)_2N$ ... $N . C_6H_5$, nimmt ein Atom Brom

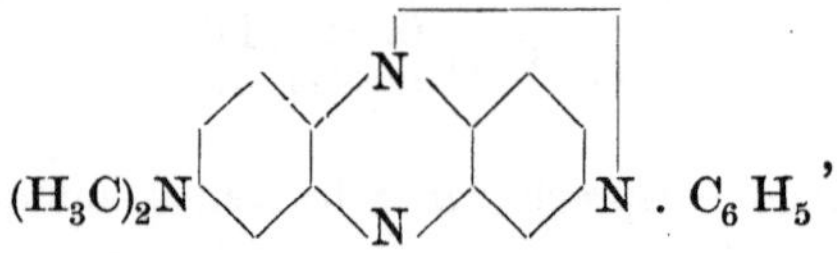

auf, jedoch nur langsam. Die Endreaktion ist schlecht erkennbar wegen der blauen Färbung; das Bromid scheidet sich direkt aus.

Rosindulin, ... NH, nimmt glatt ein Atom Brom

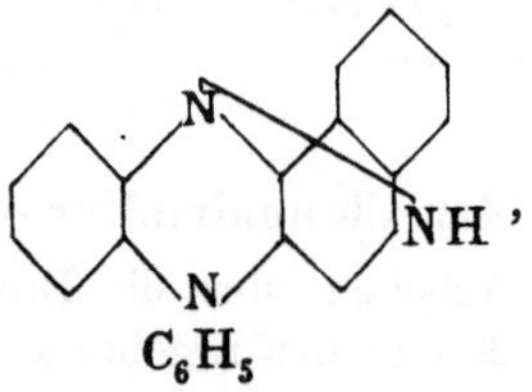

auf, die Endreaktion ist gut erkennbar. Der ihm von O. Fischer und E. Hepp[1]) zuertheilten Konstitution gemäss müsste das Brom in o-Stellung zur Imidgruppe treten.

Rosindulindisulfosäure nimmt trotz der durch Zusatz von Salzsäure hervorgerufenen Ausscheidung ziemlich rasch Brom auf. Wegen der Unreinheit des Präparates war es jedoch nicht möglich, eine genaue

---

1) O. Fischer und E. Hepp, Liebig's Ann. **256**, 233, 1890.

Bestimmung auszuführen, ebenso wenig konnte eine Abspaltung von Schwefelsäure sicher nachgewiesen werden.

Rosindon, , verhält sich wie das Rosindulin.

Die Aufnahme des einen Atom Broms erfolgt sehr rasch. Das Bromid scheidet sich direkt in Form rother Flocken aus, und die Endreaktion ist gut erkennbar. Ein mit dem hier erhaltenen anscheinend identisches Monobromid ist bereits von O. Fischer und E. Hepp[1]) beschrieben worden. Wahrscheinlich erfolgt der Eintritt des Broms in die freie o-Stellung zum Sauerstoffatom.

Magdalaroth konnte ich leider im Handel nicht in genügender Reinheit erhalten. Statt desselben scheint häufig Erythrosin verkauft zu werden.

Meldola's Blau, , nimmt anscheinend

das Brom leicht auf, und scheidet sich das Bromid direkt aus. Die Endreaktion st jedoch der intensiven Blaufärbung wegen schlecht zu erkennen.

Methylenblau, , nimmt entsprechend

dem Verhalten des Dimethylanilins nur ein Atom Brom auf. Die Ammoniumgruppe kommt also nicht zur Wirksamkeit. Das Bromid scheidet sich als kupferrothe, glänzende Masse aus. Die Endreaktion ist gut erkennbar

Resorufin[2]), , giebt beim Behandeln mit

---

[1]) Das. **262**, 243.
[2]) Bindschedler und Busch, D.R.P. Nr. 14622.

Brom ein Tetrabromresorufin. Ebenso verhält sich Resazurin, dem nach

Nietzki[1]) die Formel, zukommt.

18. Verhalten der Tannoide.

Mit dem Namen Tannoide bezeichnet Kunz-Krause[2]) sämmtliche Gerbstoffe oder Gerbsäuren. Die von diesem Forscher gegebene Eintheilung entspricht wohl bis jetzt am besten allen seitherigen Beobachtungen, und folge ich deshalb derselben nachstehend, indem an der Hand derselben das Verhalten der betreffenden Stoffe bei der Bromirung wiedergegeben wird.

Kunz-Krause giebt folgende Anordnung hinsichtlich der systematischen Klassifikation der Tannoide.

I. Hauptgruppe: Nichtglykosidische Verbindungen.

I. Gruppe: Ausgangsverbindungen (Tannogene nach Brämer[3]).

1. Untergruppe: Die Oxysäuren der Benzolreihe.

a) Protokatechusäure, $=C_6H_3\begin{cases} OH & (4) \\ OH & (3) \\ COOH & (1) \end{cases}$, liefert beim

Zusammenreiben mit Brom eine Bromprotokatechusäure $C_7H_5BrO_4$[3]). Dieselbe geht beim Erhitzen mit überschüssigem Brom auf 100^0 in Tetrabrombrenzkatechin über.

Die Vanillinsäure, die 3 Methylätherprotokatechusäure, liefert ebenfalls ein Monobromderivat.

b) Gallussäure, $=C_6H_2\begin{cases} OH & (5) \\ OH & (4) \\ OH & (3) \\ COOH & (1) \end{cases}$, giebt bei vor-

sichtiger Anwendung von Brom Substitutionsprodukte und zwar beim Zusammenreiben der molekularen Mengen eine Monobromgallussäure; da-

---

1) Ph. Nietzki, Ber. **24**, 3360, 1891.

2) H. Kunz-Krause, Pharm. Centralh. 1898; vgl. auch Hlasiwetz, Liebig's Ann. **143**, 1867; L. Brämer, Les Tannoides, Toulouse 1890; H. Trimble, The Tannins, Philadelphia 1892.

3) Barth, Liebig's Ann. **142**, 246.

gegen bildet sich eine Dibromgallussäure beim Bromiren in Chloroform-lösung. Mit überschüssigem Brom wird in der Wärme unter Abspaltung der Karboxylgruppe Tribrompyrogallol erhalten, also derselbe Körper wie aus dem Pyrogallol direkt. Mit weiterem Brom entsteht aus dem Tri-brompyrogallol der Körper $C_{18}H_{14}Br_{12}O_{14}$ [1]).

2. Untergruppe: Die Oxysäuren der Styrolreihe.

a) Dioxyzimmtsäure (Kaffeesäure):

$$\overset{\text{OH}}{\underset{\text{CH:CHCOOH}}{\bighexagon}}\!\text{OH} \qquad = C_6H_3\!\!\begin{cases} \text{OH} & (4) \\ \text{OH} & (3). \\ \text{CH:CHCOOH} & (1) \end{cases}$$

Hinsichtlich der Bromirbarkeit ist anscheinend nichts bekannt. Wahr-scheinlich werden hier Addition und Substitution neben einander hergehen; vielleicht findet aber auch entsprechend dem Verhalten des Brenzkatechins neben der Addition noch Oxydation statt.

II. Gruppe: Tannoïde (nicht glykosidische).

1. Untergruppe: Protokatechutannoïde.

A. Protokatechu-Anhydridtannoïde (Anhydride der obigen Oxy-säuren).

a) Der Benzolreihe.

Diprotokatechusäure, $C_{14}H_{10}O_7$. Dieses bisher nur auf syn-thetischem Wege erhaltene Tannoïd entsteht aus 2 Mol. Protokatechusäure durch Austritt von 1 Mol. Wasser beim Kochen der ersteren mit wässe-riger Arsensäure [2]). Es wird sich gegen Brom entsprechend wie die Pro-tokatechusäure verhalten.

$$\left.\begin{array}{l} C_6H_3\!\!\begin{cases}\text{OH}\\\text{OH}\\\text{COOH}\end{cases} \\[2em] C_6H_3\!\!\begin{cases}\text{OH}\\\text{OH}\\\text{COOH}\end{cases} \end{array}\right\} - H_2O = \begin{array}{l} C_6H_3\!\!\begin{cases}\text{OH}\\\text{OH}\\\text{CO}\end{cases} \\ \quad\quad | \\ \quad\quad O \\ C_6H_3\!\!\begin{cases}\text{OH}\\\text{OH}\\\text{COOH}\end{cases} \end{array}$$

Durch Ferrichlorid wird die Verbindung dem Gesetz von Tiemann und Parisius [3]) gemäss grün gefärbt, indem diese Forscher nachgewiesen haben, dass alle den Protokatechurest $C_6H_3\!\!\begin{cases}\text{OH}\\\text{OH}\\\text{C}\end{cases}$ enthaltenden Verbind-

1) A. Hlasiwetz, Liebig's Ann. **142**, 250; Theuren, ibid. **245**, 329, 1888.
2) Schiff, Ber. **15**, 2590, 1882; Richter-Anschütz, Org. Ch. II, 220.
3) Tiemann und Parisius, Ber. **13**, 2380, 1880; **14**, 958, 1881.

ungen in wässeriger Lösung durch Ferrichlorid grün und auf Zusatz von Ammoniak dann blauviolett bezw. roth gefärbt werden. Jedoch kommt diese Grünfärbung auch der **Phloretinsäure** (p-Oxyhydroatropasäure

oder 1.4.Oxyphenyl-α-propionsäure) $C_6H_4 \begin{cases} (1) & CH \begin{cases} COOH \\ CH_3 \end{cases} \\ (4)OH \end{cases}$ zu[1]).

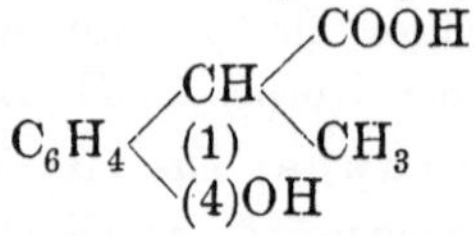

b) Der Styrolreihe.

Die der Diprotokatechusäure entsprechende Dikaffeesäure ist zur Zeit noch unbekannt.

B. Protokatechu-Ketontannoïde.

a) Der Benzol-
b) Der Styrol- $\Big\}$ Reste sind als Tannoïde zur Zeit noch unbekannt.

C. Kondensationsprodukte der Oxysäuren der Protokatechusäurereihe.

Wie vorher.

D. Oxydationsprodukte der Oxysäuren der Protokatechusäurereihe, wie bei B und C.

2. Untergruppe: Gallotannoïde.

A. Gallo-Anhydridtannoïde (Anhydride der obigen Oxysäuren).

a) Der Benzolreihe (Anhydride der Gallussäure).

α) **Digallussäure** (Tannin?), $C_{14}H_{10}O_9 =$

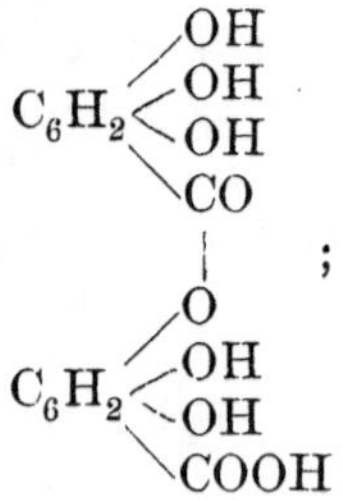

$$C_6H_2 \begin{cases} OH \\ OH \\ OH \\ CO \end{cases} \Bigg| \quad O \quad C_6H_2 \begin{cases} OH \\ OH \\ COOH \end{cases}$$

; dieselbe

entsteht durch Austritt von 1 Mol. Wasser aus 2 Mol. Gallussäure.

Die Digallussäure liefert bei der Einwirkung von Brom auf mit Eisessig angerührte Substanz Tribrompyrogallol[2]).

β) **Trigallussäure**, $C_{21}H_{14}O_{13}$, entsteht aus 3 Mol. Gallussäure durch Austritt von 2 Mol. Wasser und hat somit die Formel:

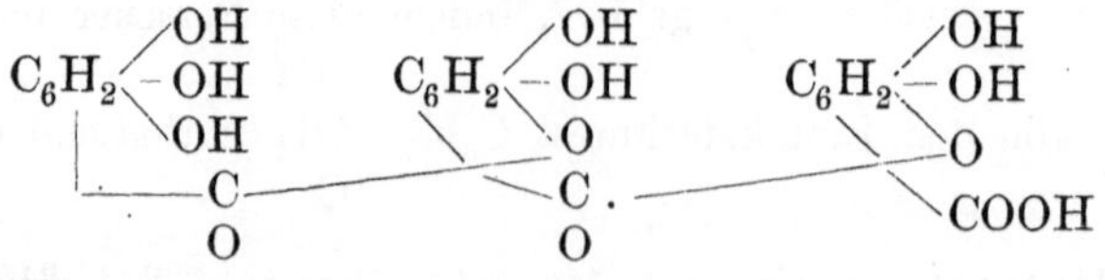

$$C_6H_2 \begin{cases} OH \\ OH \\ OH \end{cases} \quad C_6H_2 \begin{cases} OH \\ OH \\ O \end{cases} \quad C_6H_2 \begin{cases} OH \\ OH \\ O \end{cases}$$

---

[1]) Richter-Anschütz, Org. Ch. II, 219.

[2]) Webster, Journ. Chem. Soc. **45**, 207, 1883; Stenhouse, ibid. **28**, 7, 1875.

Sie wird sich hinsichtlich der Bromirung ähnlich wie die vorhergehenden verhalten.

γ) Chebulinsäure, $C_{28}H_{24}O_{19}$.

Ueber die Bromirbarkeit dieser Säure ist anscheinend nichts bekannt.

b) Der Styrolreihe. Zur Zeit noch unbekannt.

B. Gallo-Ketontannoïde.

a) Der Benzolreihe.

1. Gallylgallussäuren (Ketongerbsäuren nach Etti[1])).

Die diesen Verbindungen zu Grunde liegende Gallylgallussäure entsteht durch Kondensation aus 2 Mol. Gallussäure unter Austritt von nur 1 Mol. Wasser nach der Gleichung:

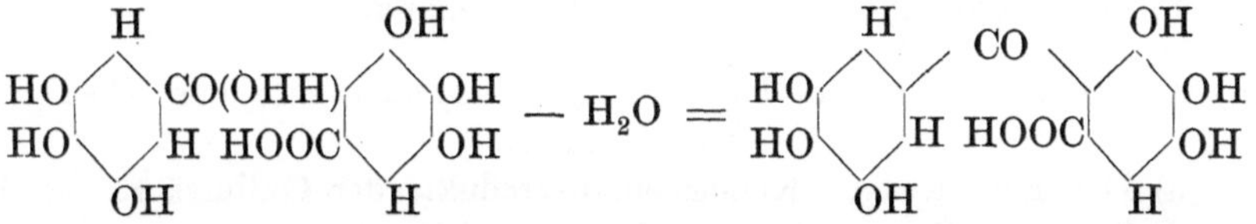

$$\underset{\underset{\textstyle OH}{\displaystyle HO\bigcirc CO(OHH)}}{\overset{\textstyle H}{HO\quad H\ HOOC}}\bigcirc\overset{\textstyle OH}{\underset{\underset{\textstyle H}{\displaystyle OH}}{OH}} - H_2O = \underset{\underset{\textstyle OH}{\displaystyle HO}}{\overset{\textstyle H}{HO\quad H\ HOOC}}\ CO\ \overset{\textstyle OH}{\underset{\underset{\textstyle H}{\displaystyle OH}}{OH}}$$

Hinsichtlich der Bromirbarkeit wird sie sich wie die übrigen Gallussäuren verhalten.

2. Die methoxylirten Gallylgallussäuren nach Etti. Dieselben gehen bei der fortschreitenden Wasserabspaltung in Phlobaphene über.

α) Eichengerbsäure, $C_{17}H_{16}O_9$ oder $C_{14}H_{14}O_7$ bezw. $C_{19}H_{16}O_{10}$, liefert nach Böttinger[2]) beim allmäligen Versetzen eines kalt bereiteten wässerigen Auszugs der Eichenrinde mit Brom eine Dibromeichenrindengerbsäure, $C_{19}H_{14}Br_2O_{10}$. In Chloroformlösung erhält man nach eintägigem Stehen mit Brom eine Tetrabromgerbsäure $C_{19}H_{10}Br_4O_{10}$.

β) Fichtengerbsäure[3]), $C_{21}H_{20}O_{10}$, giebt beim Versetzen einer kalt bereiteten wässerigen Lösung mit Brom ein Bromderivat von der Formel $C_{21}H_{14}Br_6O_{10}$.

γ) Hemlockgerbsäure[3]), $C_{20}H_{18}O_{10}$, liefert beim Schütteln der wässerigen Lösung mit Brom eine Tetrabromgerbsäure, $C_{20}H_{14}Br_4O_{10}$.

b) Der Styrolreihe. Zur Zeit noch nicht bekannt.

C. Oxydationsprodukte der Oxysäuren der Gallussäurereihe.

a) Der Benzolreihe.

Oxydationsprodukte der Gallussäure.

α) Ellagsäure, $C_{14}H_6O_8 + 2H_2O$, ist ein Abkömmling des Diphenylketons $(C_6H_5)_2CO$ und hat also die Formel

---

1) Etti, Wien. Monatsh. **10**, 647, 805, 1889.

2) E. Böttinger, Liebig's Ann. **240**, 331 und 336, 1887.

3) E. Böttinger, Ber. **17**, 1041, 1127, 1884.

$$\begin{matrix} & C_6H(OH)_2 & \\ CO & \diagdown \!\! \diagup\ O & +2\,H_2O. \\ & C_6(OH)_2COOH & \end{matrix}$$

Ueber die Bromprodukte dieser sowie einiger der folgenden Verbindungen ist anscheinend nichts bekannt geworden.

β) **Ellagengerbsäure,** $C_{14}H_{10}O_{10}$.

γ) **Purpurogallin,** $C_{18}H_{14}O_9 = HOC_6H_3 \diagup^{\,OOC_6H_3(OH)_2}_{\,OOC_6H_3(OH)_2}$, giebt in

Eisessiglösung ein Tetrabrompurpurogallin [1]).

δ) **Galloflavin,** $C_{13}H_6O_9$ bezw. $C_{12}H_8O_8$.

b) Der Styrolreihe. Zur Zeit noch unbekannt.

D. Kondensationsprodukte der Oxysäuren der Gallussäurereihe.

a) Der Benzolreihe. Kondensationsprodukte der Gallussäure, welche zwei Reihen von Kondensationsprodukten liefert.

1. Solche, welche durch Kondensation der Gallussäure für sich entstehen:

α) **Rufigallussäure** (identisch mit **Hexaoxyanthrachinon**) entsteht durch Behandeln von Gallussäure mit koncentrirter Schwefelsäure nach der Gleichung:

$$\underset{OH}{\overset{H}{HO\hexagon COOH}}\ \underset{H}{\overset{OH}{H\hexagon OH}}\ -2\,H_2O = \underset{HO\ CO\ H}{\overset{H\ CO\ OH}{HO\hexagon\hexagon OH}}$$

2. solche, welche durch Kondensation der Gallussäure mit anderen entstehen.

α) **Anthragallol (Trioxyanthrachinon)**

$$C_{14}H_5O_2(OH)_3 = \underset{H\ \ CO}{\overset{H\ CO\ OH}{H\hexagon\hexagon OH}}$$

Weiter würden hierher zu rechnen sein Pentaoxyanthrachinon, Styrogallol, Gallocyanin, Prune und Gallaminblau, die aber hier unberücksichtigt bleiben können.

II. Hauptgruppe: Glukosidische Verbindungen.

III. Gruppe: Glukotannoïde,

---

[1]) **Clermont** und **Chautard,** Jahresb. 1882, 683.

1. Untergruppe: Protokatechuglukotannoïde.

a) Der Benzolreihe.

A. Protokatechu-6-Glukotannoïde der Benzolreihe.

B. Protokatechu-5-Glukotannoïde der Benzolreihe.

α) Fustintannoïd, $C_{22}H_{28}O_{15}$. Von einer Bromverbindung ist nichts bekannt.

b) Der Styrolreihe.

A. Protokatechu-6-Glukotannoide der Styrolsäure.

α) Glukosyl-Dioxyzimmtsäure = Kaffee- oder Matégerbsäure, $C_{15}H_{18}O_8$.

B. Protokatechu-5-Glukotannoïde der Styrolreihe.

α) Chinagerbsäure.

β) Chinaroth, $C_{28}H_{22}O_{14}$.

γ) Chinovagerbsäure, $C_{14}H_{18}O_8$ (?).

δ) Chinovaroth, $C_{28}H_{26}O_{12}$.

Weiter gehören hierher Galitannsäure, Callutannsäure, Leditannsäure, Rhodotannsäure.

2. Untergruppe: Gallo-Glykotannoïde.

a) Der Benzolreihe.

A. Gallo-6-Glukotannoide der Benzolreihe.

B. Gallo-5-Glukotannoïde der Benzolreihe.

α) Granatgerbsäure, $C_{20}H_{16}O_{12}$. Ein Bromderivat ist nicht bekannt. Sie liefert bei der Spaltung mit Säuren Zucker und Ellagsäure.

b) Der Styrolreihe. Die entsprechenden Verbindungen sind zur Zeit noch nicht bekannt.

IV. Gruppe: Phloroglukotannoïde.

1. Untergruppe: Protokatechu-Phloroglukotannoïde.

a) Der Benzolreihe.

α) Quebrachogerbsäure, $C_{26}H_{24}O_{10}$. Ein Bromprodukt ist nicht bekannt.

β) Katechugerbsäure, $C_{36}H_{34}O_{15}$, wie vorher. Das zu Grunde liegende Katechin[1]) $C_{21}H_{20}O_9 + 5\,H_2O$ oder $C_{18}H_{18}O_8$ liefert mit Brom ein Bromkatechuretin, $C_{21}H_9Br_7O_7$.

γ) Filixgerbsäure, $C_{82}H_{72}N_2O_{36} + 2\,H_2O$, liefert ein Bromprodukt von der Formel $C_{82}H_{64}Br_{12}N_2O_{38}$ [1]).

b) Der Styrolreihe.

α) Oenotannin, der Gerbstoff des Rothweins, liefert anscheinend kein Bromprodukt.

2. Untergruppe: Gallo-Phloroglukotannoïde sind zur Zeit nicht bekannt.

---

1) Kraut und Delden, Liebig's Ann. **128**, 291.
2) R. Reich, Arch. d. Pharm. **238**, 658, 1900.

Im Anschluss hieran seien noch erwähnt:

M o r i n oder M o r i n s ä u r e, $C_{15}H_{10}O_7 + H_2O$, welche im Gelbholz und im Holze von Artocarpus integrifolia vorkommt. Sie liefert beim Einträufeln von 90 g Brom in eine Lösung von 50 g Morin in 500 ccm Alkohol ein Tetrabrommorin[1]), $C_{15}H_6Br_4O_7 + 2\,^{1}/_{2}\,H_2O$, dem ich folgende

Formel zusprechen möchte:

$$\begin{array}{c}\text{Br}\quad\text{O}\qquad\qquad\text{HO}\quad\text{Br}\\ \text{HO}\diagdown\;\diagup\diagdown\;\diagup\text{C}-\diagdown\;\diagup\text{OH.}\\ \text{Br}\diagup\;\diagdown\;\diagup\text{C(OH)}\quad\text{H}\diagup\;\diagdown\text{Br}\\ \text{OH}\;\text{CO}\end{array}$$

L u t e o l i n, $C_{15}H_{10}O_6 + 2H_2O =$

$$\begin{array}{c}\text{O}\qquad\qquad\text{OH}\\ \text{HO}\diagdown\;\diagup\diagdown\;\diagup\text{C}-\diagdown\;\diagup\text{OH,}\\ \diagup\;\diagdown\;\diagup\text{COH}\quad\diagdown\;\diagup\\ \text{OH}\;\text{CO}\end{array}$$

liefert ein Dibromluteolin[2]) vom Schmelzpunkt 303.

M a k l u r i n $=$ M o r i n g e r b s ä u r e, $(HO)_3C_6H_2COC_6H_3(OH)_2 + H_2O$, liefert ein Tribromderivat[3]).

19. Verhalten der Alkaloide.

Das Verhalten einiger Alkaloide zu Bromwasser hat C. L. Bloxam[4]) studirt. Beim tropfenweisen Zusatz von Bromwasser zu der Lösung der Alkaloide in Salzsäure erhielt er folgende Reaktionen:

a) S t r y c h n i n. Gelber Niederschlag, beim Kochen löslich. Wird das Bromwasser tropfenweise zugefügt und zwischen jedem Zusatz gekocht, so tritt eine schöne, violette Färbung auf. Der geringste Bromüberschuss zerstört dieselbe, doch tritt sie beim Kochen wieder auf[5]).

b) B r u c i n. Violette Färbung in der Kälte, bei vermehrtem Bromzusatz gelber Niederschlag.

c) N a r k o t i n. Reichlicher, gelber Niederschlag, selbst in verdünnten Lösungen. Beim allmäligen Bromzusatz und Kochen tritt eine rosenrothe Färbung auf, die von der durch Strychnin hervorgebrachten violetten deutlich verschieden ist.

d) C h i n i n verhält sich wie Narkotin, wird jedoch nicht so leicht durch Bromwasser gefällt. Wird eine Chininlösung nach Zusatz von überschüssigem Bromwasser mit verdünntem Ammoniak überschichtet, so

---

1) B e n e d i k t und H a z u r a, Monatsh. f. Ch. 5, 667, 1884.

2) P e r k i n, Journ. Chem. Soc. 69, 209.

3) B e n e d i k t, Liebig's Ann. 185, 117.

4) C. L. B l o x a m, Chem. News 47, 215; Zeitschr. analyt. Ch. 25, 247, 1886; A. E i l o a r t, Chem. News 50, 102.

5) H. J a c k s o n, Chem. News 48, 11.

tritt die charakteristisch grüne Farbe an der Grenze beider Flüssigkeitsschichten auf.

e) Morphin wird durch Bromwasser selbst in koncentrirter Lösung
nicht gefällt. Fügt man einen Ueberschuss von Bromwasser zu, kocht,
bringt ein Stückchen Zink oder Zinn in die Flüssigkeit, kocht noch eine
oder zwei Minuten und überschichtet nach dem Abkühlen mit verdünntem
Ammoniak, so tritt an der Berührungsfläche der Schichten eine rothe
Zone auf; beim Schütteln theilt sich die Farbe der ganzen Flüssigkeit mit.

f) Cinchonin giebt in koncentrirten Lösungen einen gelben Niederschlag ohne charakteristische Färbung.

So weit meine Erfahrungen reichen, dürfte sich die Bromirungsmethode kaum zur quantitativen Bestimmung der Alkaloide verwenden
lassen; ein Resultat, zu dem wohl auch C. Kippenberger[1]) gekommen ist.

20. Verhalten der Eiweisskörper.

Wie F. Blum und W. Vaubel[2]) nachgewiesen haben, vermögen
die ungespaltenen Eiweisskörper wie Eieralbumin und Kaseïn im Maximum
folgende Mengen Halogen aufzunehmen:

$$\text{Jod } 6\text{—}7\,\%,$$
$$\text{Brom } 4\text{—}5\,\%,$$
$$\text{Chlor } 2\text{—}3\,\%,$$
$$\text{Fluor ca. } 1\,\%.$$

Bei diesen Untersuchungen wurde nun die Beobachtung gemacht,
dass eine grössere Menge an Halogenwasserstoffsäure sich bildet, als der
Substitution von Halogen in dem dem reinen Halogeneiweiss zukommen-
den Procentsatz entspricht. Dieser Umstand hat mich veranlasst, die
Gesammtmenge des verbrauchten Halogens zu bestimmen, die sich also
zusammensetzt aus dem für die Substitution verwandten, sowie auch aus
dem, das zur Oxydation, also Wasserstoffentziehung, aufgebraucht worden
ist. Die Untersuchung hat ergeben, dass die betreffende Reaktion eine
quantitativ verlaufende ist, die also zur Gehaltsbestimmung des betreffenden
Eiweisskörpers, sowie unter Umständen auch zur Unterscheidung der einzelnen Eiweissarten von einander dienen kann. Man ist deshalb in
der Lage, zwischen den Bromzahlen der Eiweissstoffe und den Bromirungszahlen zu unterscheiden. Die Bromzahlen geben an,
wieviel Brom in einem maximal bromirten und von Bromwasserstoffsäure u. s. w. gereinigten Eiweisskörper vorhanden ist. Die Bromirungszahlen dagegen geben an, wieviel Brom insgesammt verbraucht

---

1) C. Kippenberger, Zeitschr. analyt. Ch. **39**, 609, 1900.
2) F. Blum und W. Vaubel, Journ. pr. Ch. (2), **56**, 393, 1898; **57**, 365, 1898;
W. Vaubel, Zeitschr. analyt. Ch. **40**, 470, 1901.

wird. Die letzteren eignen sich ihrer verhältnissmässig raschen Ausführbarkeit wegen am besten zu einer quantitativen Bestimmung, während die Feststellung der Bromzahlen immerhin erst eine vollständige Zerstörung der organischen Substanz nach Carius oder im Schmelztiegel mit Soda und Salpeter und Bestimmung des Broms verlangt.

Während man zur Feststellung der Bromzahlen gezwungen ist, mehrmals zu bromiren, lassen sich die Bromirungszahlen direkt bestimmen.

Man löst zu dem Zwecke 2 g des zu untersuchenden Eiweisses, wie Eieralbumin, Kaseïn, Blutalbumin in ca. 200 ccm Wasser, versetzt mit Bromkaliumlösung, 20 ccm Eisessig und 20 ccm Salzsäure. Das vorher gelöste Eiweiss scheidet sich infolge des Säurezusatzes in Form einer feinen Suspension ab, die aber trotzdem geeignet ist, Brom zu verbrauchen. Man lässt nun so lange Bromatlösung zufliessen, bis eine $1/4$ Stunde bleibende Bromreaktion vorhanden ist, die sich mit Jodkaliumstärkepapier nachweisen lässt.

Es verbrauchten hiernach je zwei Gramm der verschiedenen Eiweissarten ohne Umrechnung auf aschefreie und wasserfreie Substanzen folgende Mengen Brom:

2 g Eiereiweiss   (2,4 $^0/_0$ Asche, 14,3 $^0/_0$ Wasser) 0,2003 g Brom
2 g Blutalbumin (5,8 $^0/_0$ „   , 16,6 $^0/_0$ „   ) 0,1932 g   „
2 g Kaseïn   (4,9 $^0/_0$ „   , 11,0 $^0/_0$ „   ) 0,1680 g   „

Hierbei ist also das der Hälfte der Gleichung

$$HBrO_3 + 5\,HBr = 3\,H_2O + 6\,Br$$

entsprechende Brom, wie dies bei Substitutionsvorgängen üblich ist, in Rechnung gezogen worden. In Wirklichkeit sind ja nur 4—5 $^0/_0$ Br bei 100 g des trocknen und aschefreien Bromproduktes zur Substitution verwandt worden. Die übrigen entsprechen Additionen bezw. Entziehungen von Wasserstoff durch Bromwasserstoffbildung also gewissermassen einer Oxydation.

Für 100 g asche- und wasserfreien Materials berechnen sich in diesem Sinne bei Abzug von 9,0 g Br für Substitution und daraus gebildete Bromwasserstoffsäure:

100 g Eiereiweiss (22,02—9) 13,02 g Brom
100 g Blutalbumin (24,88—9) 15,88 g   „
100 g Kaseïn   (18—9)   9,00 g   „

Löst man die drei Eiweissarten erst in Alkali und fällt dann mit Säure, so ergeben sich folgende Zahlen.

2 g Eiereiweiss:

a) Filtrat vor dem Kochen 0,0672 g Brom,
b) Filtrat nach dem Kochen 0,0560 g
c) Acidalbumin in Wasser gelöst 0,1490 g   } 0,2050 g Brom.

2 g **Blutalbumin:**
    a) Filtrat vor dem Kochen 0,1306 g Brom,
    b) Filtrat nach dem Kochen 0,1194 g   } 0,2045 g Brom.
    c) Acidalbumin in Wasser gelöst 0,0851 g }

2 g **Kaseïn:**
    a) Filtrat vor dem Kochen 0,0205 g Brom,
    b) Filtrat nach dem Kochen 0,0131 g   } 0,1777 g Brom.
    c) Acidalbumin in Wasser gelöst 0,1646 g }

Durch das Kochen war der sonst ebenfalls mit Brom reagirende Schwefelwasserstoff entfernt worden.

21. Bromirung der Terpene.

A. von Baeyer und V. Villiger[1]) haben gefunden, dass man sich in vielen Fällen der erschöpfenden Bromirung mit Vortheil zur Feststellung des einem Terpen zu Grunde liegenden Kohlenstoffskelettes bedienen kann. So haben sie durch Reduktion des Bromirungsproduktes aus Limonen p-Cymol, aus Karvestren und Sylvestren m-Cymol, aus Euterpen Dimethyläthylbenzol, aus Isogeraniolen Hemellithol und Pseudokumol, aus Ionen endlich Trimethylnaphtalin dargestellt.

A. von Baeyer und O. Seuffert[2]) untersuchten das Bromirungsprodukt eines sauerstoffhaltigen Gliedes der Terpengruppe, des Menthons. Bei der erschöpfenden Bromirung erhielten sie ein Bromprodukt von der Zusammensetzung $C_{10}H_8Br_6O$, dem eine der nachstehenden Formeln zukommt.

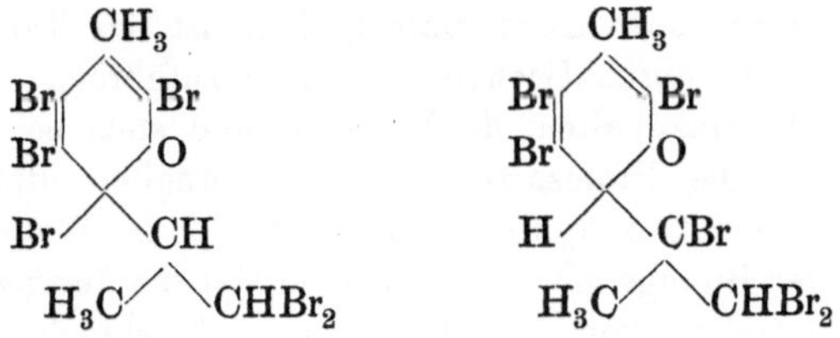

Durch Behandlung mit Alkalien entsteht Tetrabromdimethylkumaron, und dieses giebt mit Natrium und Alkohol Dimethylkumaran bezw. Dimethylhydrokumaran.

Ausser der Verbindung $C_{10}H_8Br_6O$ entsteht noch etwa zu $^1/_6$ Tetrabromm-kresol.

---

1) A. v. Baeyer und V. Villiger, Ber. **31**, 1401, 1898; **31**, 2067, 1898; **31** 2076, 1898; **32**, 2429, 1899.
2) A. v. Baeyer und O. Seuffert, Ber. **34**, 40, 1901.

22. Prüfung von Terpentinöl.

Wie Evers[1]) gefunden hat, lässt sich die Bromabsorption der verschiedenen Terpentinöle zu ihrer Prüfung auf Reinheit verwenden. Bei seinen Versuchen hat Evers die von reinem Terpentinöl aufzunehmende Brommenge zu mindestens 1,8 g für 1 ccm Oel ermittelt, während er seiner Prüfungsmethode eine zu absorbirende Mindestbrommenge von 1,7 g zu Grunde gelegt hat. Wie C. Schreiber und F. Zetsche[2]) gefunden haben, würde hierdurch die Möglichkeit gegeben sein, dass eine ziemlich beträchtliche Beimengung von Mineralöl im Patentterpentinöl übersehen wird. Ausserdem ist gegen die angegebene Untersuchungsvorschrift hervorzuheben, dass das gesättigte Bromwasser einen je nach Temperatur und Barometerstand wechselnden Bromgehalt besitzt, der die Resultate nicht unwesentlich zu beeinflussen vermag. Der Ersatz des Bromwassers durch die von Evers vorgeschlagene Lösung von bestimmten Mengen von Bromkalium, bromsaurem Kalium und Schwefelsäure ist ebenfalls nicht einwandfrei, weil eine derartige Lösung das entstehende freie Brom nicht vollständig zurückhält, sondern einen wechselnden Bromgehalt zeigt.

Schreiber und Zetsche schlagen deshalb nach eingehender Prüfung folgendes Verfahren vor: 1 ccm des zu prüfenden Terpentinöls wird mit Weingeist (90—95 %) zu 50 ccm aufgefüllt. Von der gut durchmischten Lösung werden 20 ccm in einem mit Glasstopfen versehenen Schüttelcylinder von mindestens 75 ccm Inhalt abpipettirt und 20 ccm einer Bromsalzlösung von genau 40 g Bromgehalt in 1 l, sowie 20 ccm verdünnte Schwefelsäure (1 : 3) hinzugegeben. Die Mischung wird $^1/_2$ Minute kräftig geschüttelt. Wenn keine vollständige Entfärbung der Lösung und des Bromirungsproduktes eintritt, dann ist das Terpentinöl einer weiteren Untersuchung durch Sachverständige zuzuführen. Als Versuchstemperatur sind 20 ° einzuhalten, die Versuche sind stets bei vollem Tageslicht auszuführen. Die Bromsalzlösung wird erhalten durch Auflösen von 15 g Kaliumbromat und 50 g Kaliumbromid in Wasser und Auffüllen auf 1 l. Der Bromgehalt muss maassanalytisch festgestellt und die Lösung auf einen Gehalt von 40—40,5 g in 1 l gebracht werden. Zur Ausgleichung dieser Schwankung könnte noch ein Zusatz von weiteren 0,25 ccm = 5 Tropfen Terpentinöllösung nachgelassen werden, wodurch sich die Grenze der Bromzahlen zwischen 1,975—2 bewegen würde. Eine so geringe Abweichung vermag die Brauchbarkeit der Methode nicht zu beeinträchtigen.

Bei längerer Einwirkung von Brom auf Alkohol findet auch hierbei schon Bromverlust statt, worauf aufmerksam zu machen, ich für nöthig halte.

---

1) Evers, Zeitschr. **4**, 211, 1898; Pharm. Ztg. **43**, 578, 1898.
2) C. Schreiber und F. Zetsche, Chem. Ztg. **23**, 686, 1899.

23. Verhalten der ätherischen Oele.

J. Klimont[1]) schlägt vor, zur technischen Analyse der ätherischen Oele die Additionsfähigkeit derselben für Brom zu benützen. Man verdünnt zu dem Zwecke die zu untersuchenden ätherischen Oele mit Chloroform und lässt eine Lösung von Brom in Chloroform zulaufen, bis das Brom nicht mehr unter Entfärbung absorbirt wird. Das verbrauchte Brom aus der Menge der verbrauchten Chloroformlösung zu berechnen oder den zugegebenen Ueberschuss zurückzutitriren, ist misslich, da einerseits die Brom-Chloroformlösung ihren Titer sehr rasch ändert, und anderseits von den Terpenen allmälig Brom bei einem Ueberschuss absorbirt wird. Da es sich bei technischen Analysen nicht um theoretisch richtige Zahlen, sondern nur um Vergleichswerthe handelt, kann man sich helfen, indem man gleichzeitig mit derselben Brom-Chloroformlösung den Titer eines Terebenthens (Links-Pinen) vornimmt. Durch Vergleich der verbrauchten Brommengen erhält man so die Terebenthenzahlen des betreffenden Oeles.

---

1) J. Klimont, Chem. Ztg. **18**, 641, 1894.

XII.

Methode der Jodirung.

Die Methode der Jodirung findet ebenfalls eine ausgedehnte Anwendung. Auch hier handelt es sich wie bei der Bromirung meist um Additionen oder Substitutionen. Dementsprechend lässt sich auch der Stoff eintheilen in folgende Unterabtheilungen:

1. Art der Jodirung.
2. Titration des überschüssigen Jodes.
    a) Verwendung von Thiosulfat.
    b) Verwendung von arsenigsaurem Natron.
3. Konstitution und Jodaufnahme.
    a) Additionen.
    b) Substitutionen.
    c) Besondere chemische Wirkungen.
4. Bestimmung organischer Säuren.
5. Bestimmung des Formaldehyds.
6. Bestimmung des Acetaldehyds.
7. Bestimmung des Acetons.
8. Bestimmung des Acetons im Harn.
9. Bestimmung verschiedener Zuckerarten.
10. Bestimmung des Glycerins.
11. Jodzahl der Fette.
    a) Allgemeines Verhalten der Fette.
    b) Die Jodzahl des Oleodistearins.
12. Bestimmung des Cholesterins.
13. Bestimmung der Phenole.
14. Bestimmung der Phenole im Harn.
15. Bestimmung der nitrirten Phenole.
16. Bestimmung der Chinone.
17. Bestimmung des Tannins und der Gallussäure.
18. Bestimmung des Phenylhydrazins.

19. Bestimmung des Antipyrins.
20. Bestimmung der Alkaloïde nach Prescott und Gordin.
21. Bestimmung der Alkaloïde nach Kippenberger.
22. Bestimmung der Eiweisskörper.
23. Bestimmung des Gallenfarbstoffes.

1. Art der Jodirung.

Die Art der Jodirung richtet sich ganz nach der Natur des zu jodirenden Körpers und nach dem zu erzielenden Effekt.

Man kann Jod in Jodkaliumlösung oder in Quecksilberchloridlösung verwenden, wie letzteres bei der Jodirung der ungesättigten Fettsäuren der Fall ist. Sehr häufig benützt man Lösungen in Alkohol, Chloroform, Tetrachlorkohlenstoff oder Schwefelkohlenstoff, seltener solche in Eisessig.

Bei Verwendung von alkalischen Lösungen der betreffenden Substanzen kann man ebenfalls Jodlösungen zur Jodirung verwenden oder festes Jod. Wie nachher bei der Jodirung der Phenole näher besprochen wird, ergiebt eine Jodirung der Phenole in Bikarbonatlösung ganz andere Resultate als eine solche in Sodalösung oder gar alkoholischer Lösung. Mit der Zunahme der Basicität der betreffenden Lösungen nimmt auch die Grösse der Jodaufnahme zu.

Weiterhin sei noch darauf aufmerksam gemacht, dass bei Zusatz von festem Jod zu einer alkalischen Lösung des Phenols das Jod anscheinend durch oberflächliche Absorption von Phenol in einen passiven Zustand übergeht, wobei seine Oberfläche matt wird. Dieser Zustand der Passivität bleibt selbst beim Eintragen dieses Jodes in alkalische Lösung längere Zeit erhalten[1]).

Ausser der Art der Lösung kommen noch Temperatur, Verdünnung u. s. w. in Betracht, ohne dass sich hierüber besondere Regeln feststellen liessen.

Die Analyse der jodirten Verbindungen lässt sich einmal dadurch bewerkstelligen, dass man aus dem Jodgehalt und der Masse der Jodverbindung auf die Quantität der ursprünglich vorhandenen Substanz schliesst, oder indem man den Ueberschuss des Jodes nach einer der nachstehend beschriebenen Methoden zurücktitrirt. Da man alsdann die Menge des aufgenommenen Jodes kennt, lässt sich aus der Grösse der Jodabsorption die Menge des zu bestimmenden Stoffes ermitteln.

2. Titration des überschüssigen Jodes.

Die Titration des überschüssig zugesetzten Jodes kann nach den bekannten Methoden ausgeführt werden mit Hilfe von Thiosulfatlösung oder einer Lösung von arsenigsaurem Natron von bekanntem Gehalte. Hat

---

1) W. Vaubel, Journ. pr. Ch. **63**, 381, 1901.

man Jod auf eine alkalische Lösung der betreffenden Substanz einwirken lassen, so muss man, da ja ein Theil davon in unterjodigsaures Natron oder jodsaures Natron übergegangen ist nach folgenden Gleichungen:

$$2NaOH + J_2 = NaJO + NaJ + H_2O$$
$$6NaOH + 3J_2 = NaJO_3 + 5NaJ + 3H_2O,$$

das in Alkali gelöste Jod durch Säurezusatz erst wieder frei machen, was nach folgenden Gleichungen vor sich geht:

$$NaJO + NaJ + H_2SO_4 = Na_2SO_4 + J_2 + H_2O$$
$$NaJO_3 + 5NaJ + 3H_2SO_4 = 3Na_2SO_4 + 3J_2 + 3H_2O.$$

Alsdann titrirt man den Gesammtgehalt des freien Jodes mit Thiosulfat oder Natriumarsenit.

a) Verwendung von Thiosulfat.

Je nach der zu erzielenden Genauigkeit löst man zu einer $N/_5$- oder $N/_{10}$-Lösung. Bei einer $N/_{10}$-Lösung verwendet man 24,8 g $= {}^1/_{10}$ Grammmolekül $Na_2S_2O_3,5H_2O$, auf einen Liter und stellt den Titer der Lösung mit einer genau gewogenen Menge reinen Jodes in Jodkaliumlösung. Die Umsetzung erfolgt nach folgender Gleichung:

$$2Na_2S_2O_3 + J_2 = Na_2S_4O_6 + 2NaJ.$$

Man lässt solange Thiosulfatlösung zu der Jodlösung zufliessen, bis dieselbe nur noch schwach gelb gefärbt erscheint. Alsdann fügt man etwas Stärkekleister zu und titrirt weiter bis zum Verschwinden der entstandenen Blaufärbung.

In gleicher Weise wird der Ueberschuss des zur Jodirung verwandten Jodes aus neutraler oder schwach saurer Lösung titrirt. Liegt eine stark saure Lösung vor, so kann man dieselbe bis zur schwach sauren Reaktion mit Bikarbonat oder eventuell auch Soda abstumpfen. Starke Säuren zerlegen das Thiosulfat nach folgender Gleichung [1]):

$$Na_2S_2O_3 + H_2SO_4 = H_2S_2O_3 + Na_2SO_4,$$
$$H_2S_2O_3 = H_2S + SO_3,$$
$$H_2S + SO_3 = H_2O + S + SO_2,$$

so dass als Endprodukt in den meisten Fällen S und SO_2 entstehen, in einigen aber auch H_2S direkt nachweisbar ist.

b) Verwendung von arsenigsaurem Natron.

Bei der Verwendung von arsenigsaurem Natron stellt man sich eine Lösung desselben in der Art dar, dass man 4,95 g arseniger Säure in Natronlauge löst, mit Salzsäure schwach ansäuert, mit Bikarbonat übersättigt und dann auf einen Liter verdünnt. Alsdann stellt man die Lösung, wie vorher beim Thiosulfat, mit einer kleinen Menge Jodes. Die

---

1) W. Vaubel, Ber. **22**, 1678, 1889.

Umsetzung findet in folgender Weise statt, wobei immer Bikarbonat im Ueberschuss vorhanden sein muss, da nur auf dieses das freie Jod nicht einwirkt, wohl aber auf Soda und Alkali:

$$2Na_3AsO_3 + 2J_2 + 4NaHCO_3 = 2Na_3AsO_4 + 4NaJ + 4CO_2 + 2H_2O.$$

Die Titration des zu bestimmenden Jodes geschieht dann in entsprechender Weise in Bikarbonatlösung.

3. Konstitution und Jodaufnahme.

Wie schon erwähnt wurde, wird das Jod entweder addirt, oder substituirt in gleicher Weise wie dies beim Brom der Fall ist. Es finden jedoch immerhin einige Unterschiede bezüglich der Verbindungen statt, bei welchen man Brom oder Jod zur Einwirkung kommen lassen kann. Einmal zeigen sich diese Verschiedenheiten durch den Charakter dieser beiden Halogene bestimmt, dann aber auch durch die Konstitution bezw. die Konfiguration der betreffenden organischen Verbindungen. Ausser Addition und Substitution kommen noch besondere chemische Einwirkungen des Jodes vor, die dieses Element in eigenartiger Weise zeigt.

a) Additionen.

Die Fähigkeit, Jod zu addiren, kommt natürlich den Körpern zu, welche eine Doppel- oder dreifache Bindung besitzen oder in anderer Weise ausgedrückt — ungesättigte Valenzen haben. So dient die Eigenschaft der Fette, bestimmte Mengen von Jod bezw. Chlorjod aufzunehmen, zum Nachweis von ungesättigten Fettsäuren und demgemäss zur Charakterisirung der betreffenden Fette.

Bei anderen Körpern findet eine einfache Anlagerung von Jod statt, so bei den Alkaloïden nach Prescott und Gordin, sowie nach Kippenberger. Hierbei scheint speciell der Uebergang von dreiwerthigem Stickstoff in fünfwerthigen eine Rolle zu spielen.

Aehnliche, bisher noch nicht publicirte Erscheinungen sind von mir bei den Triphenylmethanfarbstoffen beobachtet worden, welche zum Theil schön krystallisirende Anlagerungsprodukte von Jod bilden. Die Bindung des Jodes ist hierbei nicht gerade als sehr fest anzusehen. Vielmehr lässt sich das Jod entsprechend wie bei den Alkaloïdverbindungen wieder leicht abspalten.

b) Substitutionen.

Für die Substitution des Jodes kommen hauptsächlich die Phenole in Betracht, indem besonders die Hydroxylgruppe geeignet erscheint, das Jod zur Substitution anzuregen.

Die bei der Jodirung der Phenole auftretenden eigenartigen Erscheinungen sind bereits wiederholt Gegenstand der Bearbeitung gewesen. Die ersten Forscher, die über diese Reaktion Untersuchungen angestellt haben, sind wohl Lautemann[1]) und Kekulé[2]) gewesen. Es folgen dann H. Kaemmerer und E. Benzinger[3]) und hierauf Messinger und Vortmann[4]), die anscheinend von den bereits vorliegenden Untersuchungen keine Kenntniss hatten. Auch dem Patentamte scheint die frühere Bearbeitung dieses Gegenstandes nicht bekannt geworden zu sein, da es sonst die Ertheilung der von der Firma E. Bayer und Co., Elberfeld, angemeldeten und auf den Untersuchungen von Messinger und Vortmann basirenden Patente gar nicht oder doch nur unter gewisser Beschränkung zugelassen hätte.

Lautemann, Kekulé, sowie Kaemmerer und Benzinger haben besonders den aus Phenol, sowie aus Salicylsäure in Sodalösung durch Einwirkung von Jod-Jodkalium erhaltenen Körper untersucht und gefunden, dass die betreffenden Produkte identisch sind und demgemäss gleiche Zusammensetzung besitzen. Auch aus p- und m-Oxybenzoësäure sollen gleiche Körper erhalten werden. Ausserdem haben sie aus Phenol ebenfalls durch Jodirung in Sodalösung einen rothen Körper erhalten, der folgende Konstitution besitzt:

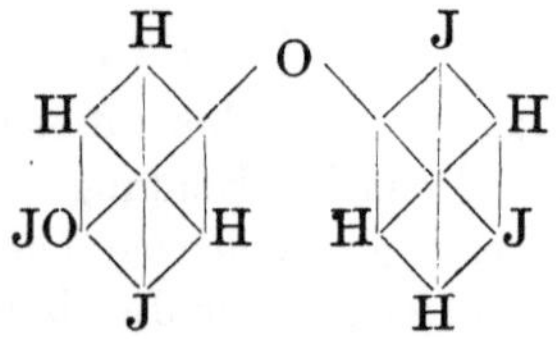

Derselbe bildet sich nach den Gleichungen:

a) $2\,C_6H_5OH + 10\,J = C_6H_3J_2OJ + C_6H_4JOJ + 5\,HJ$,

b) $C_6H_3J_2OJ + C_6H_4JOJ = C_6H_3J_2O \cdot C_6H_3JOJ + HJ$.

Bei der Jodirung des Phenols in Bikarbonatlösung habe ich[5]) den folgenden Körper dargestellt:

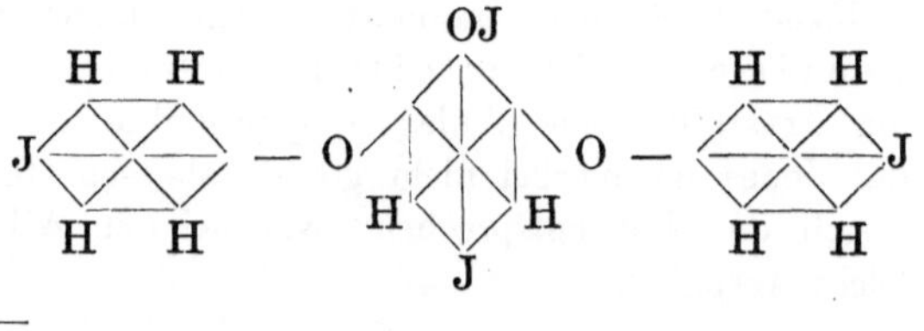

---

[1]) Lautemann, Liebig's Ann. **120**, 137, 1867.

[2]) Kekulé, Liebig's Ann. **131**, 221, 1871.

[3]) H. Kaemmerer und E. Benzinger, Ber. **11**, 557, 1878.

[4]) J. Messinger und G. Vortmann, Ber. **22**, 2312, 1889, **23**, 2753, 1890; vgl. auch J. Messinger und N. Pickersgill, Ber. **23**, 2761, 1890, D.R.P. 45226, 49739, 52828, 52883, 53752; Ostermayer, Journ. pr. Ch. **37**, 213, 1888; Kehrmann, Journ. pr. Ch. **37**, 9, 134, 1888, **38**, 392, 1888.

[5]) W. Vaubel, Chem. Ztg. **24**, 1900.

$$\text{oder} \quad \text{(structural formula: three benzene rings joined by oxygen bridges)}$$

Die Bildung derselben erfolgt nach den Gleichungen:

a) $3 C_6 H_5 OH + 6J + 3 NaHCO_3 = 3 C_6 H_4 JOH + 3 NaJ + 3 H_2 O + 3 CO_2,$

b) $3 C_6 H_4 JOH + 6J + 3 NaHCO_3 = 3 C_6 H_4 JOJ + 3 NaJ + 3 H_2 O + 3 CO_2,$

c) $3 C_6 H_3 JOJ = 3 HJ + (C_6 H_4 JO)_2 : C_6 H_2 JOJ.$

Bei der Jodirung des Phenols in alkalischer Lösung, wie sie von Messinger und Vortmann ausgeführt wurde, entsteht dann direkt das Produkt

$$C_6 H_3 J_2 OJ = \quad \text{(structural formula: benzene ring)}$$

Diese drei, als solche alkaliunlöslichen Verbindungen sind alle mehr oder weniger roth gefärbt. Mit Zunahme des Jodgehaltes steigt die Intensität der purpurrothen Färbung, so dass also das Produkt, welches bei der Jodirung in Bikarbonatlösung erhalten wird, am schwächsten gefärbt erscheint und das in alkalischer Lösung hergestellte am stärksten.

Aus diesen rothen, als solchen, infolge des Ersatzes des Wasserstoffatoms der Hydroxylgruppe durch Jod, alkaliunlöslichen Verbindungen lassen sich durch Einwirkung von Natronlauge oder besser noch alkoholischer Natronlauge weisse alkalilösliche Körper erhalten, bei denen das Jod der Hydroxylgruppe in den Kern gewandert ist, also z. B.:

a) $\quad$ (structural formula) $\rightarrow$ (structural formula) $\quad$ oder

b) $\quad$ (structural formula) $\rightarrow$ (structural formula) $\quad$ oder

c) →

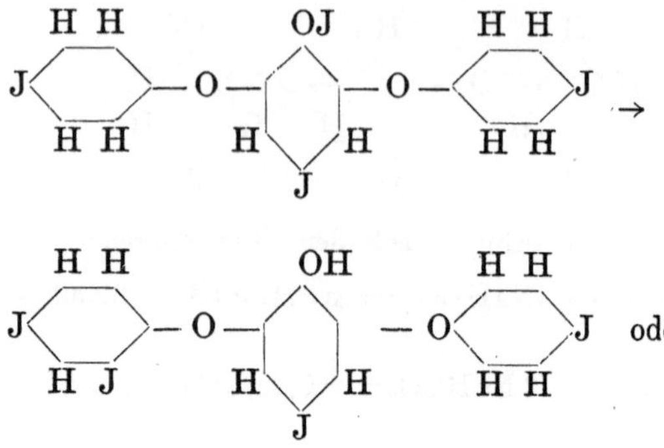

oder

c₁) →

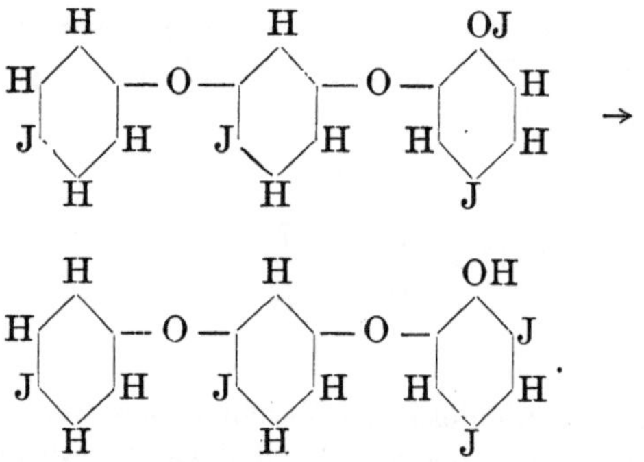

Bei der aus Phenol in Bikarbonatlösung hergestellten Verbindung entsprechen einem Molekül Phenol $1\tfrac{1}{3}$ Atome Jod, bei dem in Sodalösung hergestellten Produkt zwei Atome Jod und bei dem in alkalischer Lösung hergestellten drei Atome Jod. Es lässt sich deshalb mitunter schon aus dem Jodgehalt bei den anderen Phenolen und Phenolderivaten auf die Art der Zusammensetzung des betreffenden Produktes schliessen. Liegen Körper vor, bei denen die Analyse pro Phenolmolekül der gesättigten Jodverbindung $\tfrac{1}{3}$ Atome Jod, sei es $\tfrac{1}{3}$ oder $1\tfrac{1}{3}$ Jod ergiebt, so werden wahrscheinlich dreifach zusammengesetzte Komplexe entstanden sein, bei solchen, bei denen $\tfrac{1}{2}$ oder $1\tfrac{1}{2}$ Jod sich ergeben, zweifach zusammengesetzte, während bei denjenigen Jodphenolverbindungen, bei denen ganze Atome Jod auf ein Molekül Phenol kommen, erst genauere Untersuchungen ausgeführt werden müssen.

So ergiebt sich, dass Salicylsäure mit $1\tfrac{1}{3}$ Jod, in Bikarbonatlösung jodirt, dieselbe Zusammensetzung hat, wie das entsprechende Phenolprodukt; o-Nitrophenol, p-Nitrophenol und Tyrosin mit je 1,5, 1,5 und 0,5 Atomen Jod pro Phenolrest wahrscheinlich doppelt zusammengesetzt sind. Eine ausführlichere Zusammenstellung der bis jetzt erhaltenen Werthe giebt nachstehende Tabelle.

Name.	Jodirung in:		
	Bikarbonatlösung.	Sodalösung.	Alkalilösung.
Phenol	64,6—64,7 Proc. J. = 1 ¹/₃ J. (Vaubel)	73,7—73,5 Proc. J. = 2 J. (Kaemmerer und Benzinger, Vaubel)	78,95—79,70 Proc. J. = 3 J. (Messinger und Vortmann)
Salicylsäure	64,6 Proc. J. = 1 ¹/₃ J. ohne COOH (Vaubel)	73,5 Proc. (K. u. B.) = 2 J. (ohne COOH) 76.1 Proc. J. = 2 ¹/₃ (Vaubel)	59,73—61,01 Proc. J. für $C_6H_3J{<}^{OJ}_{COOK}$ = 2 J. (Messinger und Vortmann)
m-Oxybenzoësäure	—	—	79,5 Proc. J. für $C_6HJ_3{<}^{OJ}_{COOH}$ = 4 J. (Messinger und Vortmann)
o-Kresol	—	—	66,38 Proc. J. = 1—2 J. (Messinger und Vortmann)
m-Kresol	74,99 Proc. J. = 2—3 J. (Vaubel)	—	75,63 Proc. J. = 2—3 J. (Messinger und Vortmann)
p-Kresol	—	—	67,1 Proc. J. = 1—2 J. (Messinger und Vortmann)
o-Kresoldibromid	Gefunden: 34,9 Proc. Br. 18,3 „ J. Berechnet: für $C_6H_2Br_2{<}^{CH_3}_{OJ}$ 34,7 Proc. Br. 18,1 „ J. (Vaubel)	—	—
Thymol	—	—	59,6 Proc. = 1,5 J. (55,63 Proc.) (Messinger und Vortmann) Aristol = 48—52 Proc. J.
Guajakol	—	—	59,5 Proc. = 1,88 J. (Messinger und Vortmann)

Berechnete Proc.
2 J. = 70,6; 3 J. = 78,23. (umfasst o-Kresol, m-Kresol, p-Kresol)

Name.	Jodirung in:		
	Bikarbonatlösung.	Sodalösung.	Alkalilösung.
Resorcin	—	—	72,49 Proc. = 3 J. (Messinger und Vortmann)
o-Nitrophenol	65,1 Proc. = 2,04 J. (Vaubel)	—	—
p-Nitrophenol	60,25 Proc. = 1,74 J. (Vaubel)	—	—
Tyrosin[1])	26,0 Proc. = 1,5 J. (Vaubel)	—	—
β-Naphtol[2])	—	—	Dinaphtoldijodid (Messinger und Vortmann)

c) Besondere chemische Wirkungen.

Das Jod hat weiterhin die Eigenschaft in bestimmter Weise verändernd auf einige Körper einzuwirken. Ich erinnere nur an die Bildung von Jodoform aus Aceton, die Oxydation des Formaldehyds zu Ameisensäure, die Oxydation der Glukose zu Glukonsäure, an die Umwandlung von Phenylhydrazin in Phenyljodid. Es genügt auf diese Reaktionen hingewiesen zu haben, da dieselben nachstehend noch ausführlich besprochen werden.

Erwähnt sei noch das Verhalten der Harnsäure. Nach Vitali[3]) wirkt Jod im Sinne der Gleichung:

$$C_5H_4N_4O_3 + J_2 + 2\,H_2O = CO\!\!\diagdown\!\!\begin{array}{c}NH_2\\NH_2\end{array} + CO\!\!\diagdown\!\!\begin{array}{c}NH-CO\\NH-CO\end{array}\!\!\diagup\!\!CO + 2\,HJ.$$

Harnstoff.   Alloxan.

T. Gigli[4]) fand jedoch, dass die von der Harnsäure fixirten Mengen Jod mit der Zeit zunehmen, so dass eine quantitative Bestimmung sich hierauf nicht gründen lässt.

---

1) W. Vaubel, Chem. Ztg. **32**, 82, 1899.

2) J. Messinger und G. Vortmann, Ber. **23**, 2753, 1890; F. W. Küster, Ber. **27**, 1905, 1894; W. Fresenius und L. Grünhut, Zeitschr. anal. Ch. **38**, 392, 1900; J. Messinger, Journ. pr. Ch. **61**, 236, 1900.

3) Vitali, Chem. Ztg. **22**, 330, 1898.

4) F. Gigli, ibid. **24**, 569, 1900.

4. Bestimmung organischer Säuren.

Die Behauptung Schönbein's[1] und Berthelot's[2], dass beim Eintragen von Jod in kalte konc. Kalilauge nicht der allgemeinen Annahme gemäss jodsaures Kalium, sondern unterjodige Säure entsteht, erhielt einen weiteren Beweis durch die von Baumann[3] gemachten Entdeckungen bei der Behandlung von alkalischer Jodlösung mit Wasserstoffsuperoxyd. Es reagirt demgemäss Jod analog dem Chlor und Brom auf Kalilauge nach folgender Gleichung:

$$J_2 + K_2O = JOK + JK,$$

und werden die entstehenden Verbindungen bei der Behandlung mit Wasserstoffsuperoxyd in folgender Weise zersetzt:

$$JOK + JK + H_2O_2 = 2\,JK + H_2O + O_2,$$

nach welcher Gleichung auf 2 Theile Jod 2 Theile Sauerstoff entwickelt werden. Da aber das gebildete unterjodigsaure Kalium in kürzester Zeit, nach Berthelot schon nach einer Minute, in jodsaures Salz übergeht, so ist es erforderlich, will man auf Grund obiger Reaktion durch Messen des entwickelten Sauerstoffes freies Jod bestimmen, die Zeit der Einwirkung der Kalilauge auf das Jod möglichst zu verkürzen. Es wird dies durch schnelles Vermischen der neutralen Jodlösung mit alkalischem Wasserstoffsuperoxyd erreicht.

Man kann also organische Säuren entweder nach Mohr[4] bestimmen, wobei das Jod, welches durch die Säure aus einem Gemisch von Kaliumjodat und Jodkalium frei gemacht wird, titrimetrisch gefunden wird, oder man kann das ausgeschiedene Jod mit alkalischem Wasserstoffsuperoxyd nach H. Kux[5] in Form des gebildeten Sauerstoffs gasvolumetrisch bestimmen.

5. Bestimmung des Formaldehyds.

Diese von G. Romijn[6] ausgearbeitete Methode beruht auf der leichten Oxydirbarkeit der Aldehydgruppe durch Jod. Die Reaktion geht nach folgender Gleichung vor sich:

$$HCHO + J_2 + 3\,NaOH = HCOONa + 2\,NaJ + 2\,H_2O.$$

10 ccm der Adehydlösung werden mit 25 ccm $N/10$ Jodlösung und soviel Tropfen starker Natronlauge vermischt, dass die Farbe in hellgelb übergeht. Nach 10 Minuten wird die Flüssigkeit mit Salzsäure versetzt

---

1) Schönbein, Journ. pr. Ch. **84**, 385.

2) Berthelot, Ber. **10**, 900, 1877.

3) K. Baumann, Zeitschr. angew. Ch. 1891, 203.

4) Vgl. auch Gröger, Zeitschr. angew. Ch. 1890, 353.

5) H. Kux, Zeitschr. analyt. Ch. **32**, 129, 1893.

6) G. Romijn, Zeitschr. f. analyt. Ch. **36**, 19, 1897; vgl. hierzu Angaben des Vereins für chemische Industrie in Mainz, ibid. **39**, 60, 1900.

bis zur starken Braunfärbung und das ausgeschiedene Jod mit $N/_{10}$ Thiosulfat zurücktitrirt. Zwei Atome Jod zeigen also 1 Vol. Formaldehyd an.

Die Methode ist nicht verwendbar bei Anwesenheit anderer Aldehyde oder von Aceton.

6. Bestimmung des Acetaldehyds.

M. Rocques[1]) empfiehlt den Acetaldehyd mit Bisulfitlösung zu versetzen und den Ueberschuss der schwefligen Säure mit Jod zurückzutitriren.

Er verwendet eine Bisulfitlösung, welche aus 12,6 g reinem neutralen Natriumsulfit (wasserfrei) durch Auflösen in 400 ccm Wasser, Zufügen von 100 ccm N-Schwefelsäure und Auffüllen mit 96 grädigem Alkohol auf 1 l hergestellt wird. Man lässt 24 Stunden stehen und filtrirt. 10 ccm der Bisulfitlösung entsprechen 20 ccm $N/_{10}$ Jodlösung und 1 ccm der letzteren ist äquivalent 0,0022 g Acetaldehyd.

Zur Bestimmung des Acetaldehyds in einer alkoholischen Lösung werden in einem 100 ccm Kölbchen 10 ccm desselben mit 50 ccm der Bisulfitlösung versetzt und das Ganze mit 50 grädigem Alkohol zur Marke aufgefüllt. In gleicher Weise werden 50 ccm der Bisulfitlösung direkt mit 50 grädigem Alkohol auf 100 ccm gebracht. Man schüttelt gut, lässt bis zum folgenden Tage stehen und titrirt je 50 ccm der beiden Lösungen mit $N/_{10}$ Jodlösung. Die Differenz dient zur Berechnung der Acetaldehydmenge.

7. Bestimmung des Acetons.

Zur Bestimmung des Acetons nach G. Krämer[2]), welche auf der Umwandlung in Jodoform nach der Gleichung

$$CH_3COCH_3 + 6\,J + H_2O = CHJ_3 + CH_3COOH + 3\,HJ$$

beruht, wobei sich als Zwischenglied Trijodaceton[3]) bildet, hat man folgende Umstände zu berücksichtigen. Man verwende den Holzgeist in solcher Verdünnung, dass der Acetongehalt 1 % nicht übersteigt; die 5 ccm Doppelnormaljodlösung müssen tropfenweise zugegeben werden (30 Tropfen in der Minute) zu der stets in Bewegung erhaltenen alkalischen Acetonlösung. Das gebildete Jodoform extrahirt man mit Aether und bestimmt es als Rückstand. Bei dem Verdampfen des Aethers, der alkoholfrei sein muss, darf keine Temperaturerhöhung stattfinden, da andernfalls das Jodoform ganz oder theilweise mit verdunstet.

---

1) M. Rocques, Ref. Zeitschr. analyt. Ch. **39**, 472, 1900.
2) G. Krämer, Ber. **13**, 1000, 1880.
3) M. Klar, Chem. Ind. 1896, 73; Journ. Americ. ch. Soc. **16**, 618; vgl. ferner E. Hintz, Zeitschr. analyt. Ch. **27**, 182, 1888; W. Fresenius und P. Dobriner, Zeitschr. analyt. Ch. **35**, 597, 1896.

L. Vignon[1]) findet, dass die Methode auch bei Gegenwart von Aethylalkohol verwendbar ist; nur übersteigt der Verbrauch an Jod den theoretisch erforderlichen um ein Bedeutendes, da alsdann in viel stärkerem Maasse die Einwirkung von Jod auf Natronlauge stattfindet.

Die Krämer'sche Methode lässt sich nur für ca. 1 %oige Acetonlösung verwenden, dagegen ist die von J. Messinger eingeführte titrimetrische Methode für alle Koncentrationen verwendbar und giebt Resultate, die auf 0,001 %o genau sind.

Nach der Vorschrift von Messinger[2]) verfährt man so, dass man die acetonhaltige Lösung mit 5,6 %o iger Kalilauge versetzt, eine titrirte Jodlösung im Ueberschuss zugiebt und nach dem Ansäuern mit Schwefelsäure und 2 Minuten langem Stehenlassen unter Verwendung von Stärkekleister als Indikator mittelst Thiosulfat zurücktitrirt. Diese von Huppert[3]) modificirte Methode wurde von H. Ch. Geelmuyden[4]) zur Bestimmung des Acetons im Harn von Thieren und Menschen mit gutem Erfolge für grössere Acetonmengen verwendet. Nur für die Bestimmung des Acetons der Athemluft war dieselbe nicht verwendbar, da eine Mischung von Jodlösung und Kalilauge, wie schon Collischonn[5]) gefunden hatte, sehr schnell, schon nach einigen Minuten die Fähigkeit verliert, Aceton quantitativ unter Jodoformbildung zu spalten. Im Harn bestimmt man das Aceton im Destillat (200 ccm Harn, 50 ccm Destillat).

F. Robineau und G. Rollier[6]) empfehlen folgendes Verfahren. Dasselbe beruht, wie auch die Krämer'sche Methode, auf der Ueberführung des Acetons in Jodoform durch Behandeln mit Jod und Natronlauge, nur mit dem Unterschiede, dass hier erst das Jod aus einer alkalischen Lösung von Jodkalium durch eine Lösung von unterchlorigsaurem Natron bei Gegenwart von Aceton erzeugt wird. Solange noch Aceton vorhanden ist, giebt ein Tropfen der Lösung mit Stärkelösung keine Jodreaktion, erst wenn alles Aceton in Jodoform verwandelt ist, erzeugt das durch das überschüssig zugesetzte unterchlorigsaure Natron gebildete unterjodigsaure Natron mit Stärkelösung, die eine genügende Menge Natriumbikarbonat enthält, die bekannte blaue Färbung.

Die Lösung des Acetons muss hinreichend alkalisch sein, das Jodkalium muss im Ueberschuss vorhanden sein. Man wählt zweckmässig

---

1) L. Vignon, Compt. rend. **112**, 873, 1891; G. Arachequesne, Compt. rend. **110**, 642, 1890.

2) J. Messinger, Ber. **21**, 3366, 1888.

3) Huppert, Neubauer und Vogt, 9. Aufl., Analyse des Harns, 476; Zeitschr. analyt. Ch. **29**, 632, 1890.

4) H. Chr. Geelmuyden, Zeitschr. analyt. Ch. **35**, 503, 1896.

5) F. Collischonn, Zeitschr. analyt. Ch. **29**, 562, 1890.

6) F. Robineau und G. Rollier, Monitur scientif. **7**, 272; Zeitschr. analyt. **33**, 87, 1894.

stets ähnliche Koncentrationsverhältnisse und bewirkt, was unbedingt nothwendig ist, die Titration unter stetigem Umrühren. Zur Stellung der
Hydrochloritlösung benützt man reines, aus der Bisulfitverbindung darge-
stelltes Aceton. Die Anwesenheit von Methyl- und Aethylalkohol beeinträchtigt die Resultate nicht, die Gegenwart von Paraldehyd nur um ein
Geringes. Die Titrationen werden zweckmässig unter Ausschluss des
Sonnenlichtes ausgeführt; der Wirkungswerth der Hypochloritlösung muss
bei jeder Versuchsreihe von neuem festgestellt werden. Das Ende der
Titration giebt sich ausser durch die Stärkereaktion auch dadurch zu erkennen, dass die einfallende Hypochloritlösung nur noch geringe Trüb-
ungen von gebildetem Jodoform erzeugt.

E. R. Squibb[1]) empfiehlt die Methode ebenfalls; er hat einige un-
wesentliche Modifikationen angebracht und giebt genaue Koncentrationen
der zu verwendenden Lösungen.

8. Bestimmung des Acetons im Harn.

Nach den Versuchen von H. Huppert[2]) eignet sich die Messinger'sche Methode, wie schon erwähnt wurde, auch zur Bestimmung des
Acetons im Harn. Nur ist es nothwendig, denselben vorher durch Destillation von Phenol, Ammoniak und salpetriger Säure frei darzustellen.
Phenol würde durch unterjodige Säure in Trijodphenol, Ammoniak in
Jodstickstoff übergeführt und damit ein Verlust an Jod veranlasst werden,
salpetrige Säure würde im Gegentheil Jod aus gebildetem Jodalkali frei-
machen. Diese Uebelstände werden vermieden, wenn man 100 ccm Harn
zunächst mit bloss 2 ccm reiner 50 % Essigsäure, welche die Phenol-
sulfosäuren nicht spaltet, destillirt, dann das saure, aber ammoniakhaltige
Destillat nach Zusatz von 1 ccm achtfach verdünnter Schwefelsäure, und,
falls salpetrige Säure vorhanden ist, von etwas Harnstoff nochmals der
Destillation unterwirft.

Das zweite Destillat wird dann, wie vorher angegeben, jodirt. Tritt
hierbei nach dem Zusatz von Jodlösung und darauffolgendem Zusatz der
Lauge an der Grenze der Jodlösung und der Lauge schwärzliche Trübung
von Jodstickstoff ein. so ist diese Probe zu verwerfen und eine neue anzustellen.

1 ccm $N/10$ Jodlösung entspricht 9,967 mg Aceton.

Die Bestimmung des Acetons im Harn wird nach G. Argenson[3])
in der Weise ausgeführt, dass man von 200 ccm Harn 50 ccm abdestillirt, welche vollständig das Aceton enthalten, in Jodoform über-

1) E. R. Squibb, Journ. Americ. ch. Soc. 18, 1068.
2) H. Huppert, Zeitschr. analyt. Ch. 29, 632, 1890.
3) G. Argenson, Bull. soc. chim. (3. Ser.) 15, 1055.

führt wie vorher, dasselbe mit alkoholischer Kalilauge zerlegt und das frei gewordene Jod titrimetrisch bestimmt.

E. Salkowski[1]) fand, dass stark angesäuerter und anhaltend erhitzter Harn viel mehr Aceton liefert bezw. jodoformgebende Substanz als anderer. Er wies nach, dass verschiedene Kohlenhydrate wie Dextrose, Rohrzucker und Lävulose auf diese Weise behandelt im Destillat Acetonreaktionen erkennen lassen. Starkes Ansäuern und anhaltende Destillation ist deshalb unzulässig.

9. Bestimmung der verschiedenen Zuckerarten.

Im Allgemeinen geht die Einwirkung des Jods auf eine alkalische Glukoselösung in der Weise vor sich, dass Glukonsäure gebildet wird.

$$CH_2OH(CHOH)_4CHO + 2J + 3NaOH = CH_2(CHOH)_4COONa$$
$$+ 2NaJ + 2H_2O.$$

Jedoch bleibt die Reaktion hierbei nicht stehen, so dass keine genauen Resultate zu erhalten sind. Auch bei Verwendung von Alkalikarbonat oder Bikarbonat bezw. Ammoniak sind die Resultate nicht völlig befriedigend. Dagegen führt die Verwendung von Borax zum Ziel, und zwar kann man hierdurch eine exakte Bestimmung von Glukose neben Fruktose, im allgemeinen von Aldosen neben Ketosen ausführen. Die betreffenden Versuche sind von G. Romijn[2]) angestellt worden.

Er verwendet eine mit Borax versetzte Jodlösung für die Oxydation der Zucker. Bei der Mischung wird die braune Farbe nur sehr wenig heller, es findet somit nur eine geringe Bildung von Hypojodit und Jodat statt. Doch wirkt diese Lösung auf Thiosulfat ganz ähnlich ein, wie Topf[3]) es für die mit Alkalikarbonat und Bikarbonat gefunden hat; d. h. es ist für die Reduktion weniger Thiosulfat benöthigt als für die angesäuerte Lösung, und der fehlende Betrag wird nur theilweise durch die nach dem Ansäuern aus dem gebildeten Jodat frei werdende Jodmenge gedeckt. Ein Theil des Thiosulfats ist also zu Sulfat oxydirt worden. Die aus der alkalisch titrirten Flüssigkeit nach dem Ansäuern frei werdende Jodmenge war bei frischen Lösungen sehr gering, betrug auch nach dem Erwärmen auf 60—70° C. oder in alten Lösungen nur 12—30 % der beim Titriren der vorher angesäuerten Lösung erhaltenen Quantität. Man kann die gemischte Lösung also aufbewahren, ohne eine grosse Abnahme der Wirksamkeit befürchten zu müssen.

Romijn's Lösungen enthielten in 25 ccm 1 g Borax und so viel Jod, dass sie nach dem Ansäuern 30—33 ccm $N/10$ Thiosulfat verbrauchten.

---

1) E. Salkowski, Pflüger's Archiv **56**, 339, 1894.
2) G. Romijn, Zeitschr. analyt. Ch. **36**, 349, 1897.
3) Topf, Zeitschr. analyt. Ch. **26**, 137, 1887.

Wenn man von dieser Lösung 25 ccm mit einer bestimmten Menge Traubenzuckerlösung vermischt, wird sie anfangs sehr schnell, dann aber immer langsamer verbraucht; auch ist der Verbrauch bei einer geringen Zuckermenge höher als bei einer grösseren; ebenso nimmt derselbe zu mit Erhöhung der Temperatur. Man hat also Temperatur, Zeit und Zuckermenge zu beachten, ausserdem auch die Verdünnung.

Man verwendet deshalb am besten eine Temperatur von 25 ^{0} C., eine Einwirkungsdauer von 16—22 Stunden. Nach der angegebenen Zeit wird nach Zusatz von 1,5 ccm Salzsäure von 1,120 spec. Gew. der Rest des Jodes bestimmt. Die Reaktionsflüssigkeit beträgt ca. 50 ccm und wird in einer mit Glasstöpsel fest verschlossenen Flasche im Thermostaten längere Zeit auf 25 ^{0} C. erwärmt.

Die verschiedenen Zuckerarten zeigen ein verschiedenes Verhalten. Sämmtliche Aldosen werden oxydirt, die Ketosen wie Fruktose, Sorbose dagegen nicht. Saccharose und Raffinose werden etwas angegriffen.

Folgende Tabelle giebt die für die verschiedenen Zuckerarten erhaltenen Resultate wieder:

Name des Zuckers.	Quantität in mg.	Einwirkungs- dauer in Stunden.	Gefunden in mg.	Procente der angewandten Menge.
Galaktose	169,3	20	171,92	101,55
Glukose	154,32	16	153,54	99,47
Mannose	166,4	18^1/$_2$	168,94	101,53
Arabinose	149,4	18	144,53	96,75
Xylose	142,7	18^1/$_2$	143,79	100,72
Rhamnose	146,2	18	145,69	99,65
Chitosamin-HCl	187,4	18^1/$_2$	199,72	106,56
Fruktose.	160	17^1/$_2$	4,87	3,04
Sorbose	166,3	18^1/$_2$	4,43	2,66
Maltose	338,4	20	351,94	103,71
Laktose	300,70	17^1/$_2$	318,40	105,88
Saccharose	334,72	17^1/$_2$	50,67	15,14
Raffinose.	298,1	18^1/$_2$	122,61	41,13
Stachyose	318,6	18^1/$_2$	133,11	41,78

Die Boraxjodlösung wirkt auch auf andere jodoformliefernde Körper, wie Aethylalkohol, Aceton, Glycerin, Weinsäure, Milchsäure mehr oder weniger ein, dagegen fast nicht auf Acetaldehyd.

Zusatz von Borsäure zur Boraxjodlösung vermindert die hydrolytische Dissociation des Boraxes und damit zugleich die Reaktionsfähigkeit der Lösung.

10. Bestimmung des Glycerins.

Eine rasch ausführbare Methode der Glycerinbestimmung speciell in Fetten gründen A. Wanklyn und B. Johnstone[1] auf die bekannte Reaktion des Glycerins mit Jodwasserstoffsäure, bei welcher sich freies Jod und Isopropyljodid bilden nach der Formel:

$$C_3H_5(OH)_3 + 5HJ = 3H_2O + 2J_2 + C_3H_7J.$$

Die Menge des gebildeten Isopropyljodids soll bestimmt werden. Weiteres ist vorerst nicht über die Methode veröffentlicht worden.

11. Jodzahl der Fette[2].

a) Allgemeines Verhalten der Fette.

„Die Jodzahl der Fette giebt an, wieviel Procente Jod ein Fett zu addiren vermag und bildet demnach ein Maass für den Gehalt eines Fettes an ungesättigten Fettsäuren. Diese ungesättigten Fettsäuren können Homologe der Akrylsäure ($C_nH_{2n-2}O_2$) wie Erukasäure, $C_{22}H_{42}O_2$, Hypogaeasäure, $C_{16}H_{30}O_2$, Oelsäure, $C_{18}H_{34}O_2$ u. s. w. sein, oder Homologe der Tetrolsäure $C_nH_{2n-4}O_2$) wie Leinölsäure, $C_{18}H_{32}O_2$ u. s. w. Die Mengen dieser Säuren scheinen in einem Fette innerhalb gewisser Grenzen bestimmte zu sein, so dass also die Bestimmung des Jodadditionsvermögens als werthvolles Charakteristikum der betreffenden Fette dienen kann."

„Es sind auch Versuche angestellt worden, die Menge Brom zu bestimmen, die ein Fett aufzunehmen vermag, so von Cailletet (1857), von Allen[3], Mills und Snodgrass[4], Mills und Akitt[5], Levallois[6], Halphen[7], Schlagdenhaufen und Braun[8]."

„Jedoch giebt die Methode von v. Hübl[9], nach welcher die durch die Fette zum Verschwinden gebrachte Menge freien Jods gemessen wird, viel zuverlässigere Resultate. Bei gewöhnlicher Temperatur wirkt Jod nur sehr träge auf Fette ein, während man in der Wärme keine gleichmässigen Resultate erhält. Dies wird erst erreicht durch Verwendung einer Jodquecksilberchloridlösung."

„Die zur Jodirung verwendete Jodquecksilberchlorid-

---

1) A. Wanklyn und B. Johnstone, Chem. News **63**, 251, 1891.

2) Vgl. R. Benedikt, Analyse der Fette u. s. w., dessen Angaben ich im wesentlichen folge.

3) Allen, Journ. Soc. Chem. Ind. 1884, 65.

4) Mills und Snodgrass, ibid. 1883.

5) Mills und Akitt, ibid. 1884.

6) Levallois, Journ. Pharm. Chim. 1887, I, 333.

7) Halphen, ibid. 1889, **20**, 247.

8) Schlagdenhaufen und Braun, Monit. scientif. 1891, 591.

9) v. Hübl, Dingler's polyt. Journ. **253**, 281; vgl. hierzu R. Benedikt, Zeitschr. f. chem. Ind. 1887, Heft 8; Morawski und Demski, Dingler's Journ. **258**, 41, 1885.

lösung wird in der Weise hergestellt, dass man 25 g Jod in 500 ccm freien Alkohols (Fahrion empfiehlt Methylalkohol statt Aethylalkohol) von 98% löst und die beiden Lösungen nach einer eventuellen Filtration miteinander mischt. Der Titer der Lösung wird mit $N/10$ Thiosulfat nach zwölfstündigem Stehen ermittelt. Man muss so lange stehen lassen, damit der sich anfangs rasch ändernde Titer konstant zu werden vermag. Diese Jodquecksilberchloridlösung entspricht ungefähr einer $N/5$ Jodlösung, so dass also 10 ccm davon 20 ccm $N/10$ Thiosulfat gleichkommen."

„Zur Ausführung der Bestimmung werden von trocknenden Oelen ca. 0,2—0,3 g, von nicht trocknenden Oelen 0,3—0,4 g und von festen Fetten 0,8—1,0 g in eine 500 ccm fassende, mit gut eingeriebenem Glasstopfen versehene Flasche gebracht, hierzu 10 ccm eines auf Jodlösung nicht wirkenden Chloroforms gegeben und nach Lösung des Fettes im Chloroform 25 ccm Jodlösung zugefügt. Ist die Flüssigkeit nach dem Umschwenken noch nicht völlig klar, so wird noch etwas Chloroform zugegeben, ebenso Jod, falls die Flüssigkeit nach 1—2 Stunden nicht mehr stark braun gefärbt ist. Man lässt noch einige Zeit, im ganzen 3—4 Stunden stehen, giebt 15—20 ccm einer 10% Jodkaliumlösung hinzu und titrirt unter Verwendung einer 1% Stärkelösung mit $N/10$ Thiosulfat zurück. Aus der Differenz wird die absorbirte Jodmenge in Procenten der angewandten Fettmenge, also die Jodzahl, berechnet."

W. Fahrion[1]) weist darauf hin, wie vor ihm schon Ganther[2]) u. a., dass neben der Addition von Jod zu den doppelten Bindungen noch andere Processe vor sich gehen, wodurch die Jodzahl etwas zu hoch gefunden wird. Auch spielen Licht und Wärme eine ziemlich bedeutende Rolle.

Für die reinen Fettsäuren berechnen sich folgende Jodzahlen. (Benedikt.)

Name.	Formel.	100 g der Säure addiren Jod:	
		berechnet:	gefunden:
Hypogäasäure	$C_{16}H_{30}O_2$	100,00 g	—
Oelsäure u. Isoölsäure	$C_{18}H_{34}O_2$	90,07	89,8—90,5
Erukasäure	$C_{22}H_{42}O_2$	75,15	—
Ricinusölsäure	$C_{18}H_{34}O_3$	85,24	—
Linolsäure	$C_{18}H_{32}O_2$	181,43	—
Linolensäuren	$C_{18}H_{30}O_2$	274.10	—

Für die Fette und die daraus abgeschiedenen Fettsäuren wurden folgende Jodzahlen gefunden. (Schädler.)

---

1) W. Fahrion, Chem. Ztg. **17**, 110, 1893.
2) F. Ganther, Zeitschr. analyt. Ch. **32**, 178 und 181, 1893.

	Jodzahlen	
	des Oels.	der Fettsäuren.
Aprikosenkernöl	100—102	—
Kottonöl	106—107	112—115
Butter	28—32	—
Kakaoöl	34	—
Kokosöl	9—9,5	8,5—9,0
Kolzaöl	100—101	97—99
Kurkasöl	127	—
Erdnussöl	94—96	96—97
Gundschitöl	162	167
Hammelfett	43—44	—
Hanföl	143—144	122—124
Hederichöl	105	—
Japantalg	4,2	—
Knochenfett	66—68	56—57
Kürbiskernöl	121	—
Leberthran med.	128—130	—
Leberthran braun	135—140	—
Leinöl	177—178	155
Mandelöl	82—83	87—90
Maisöl	119,5	125
Mohnöl	134—135	—
Nussöl (Juglans)	142—143	—
Olivenöl (Speise)	82—83	87—88
Olivenkernöl	82	—
Palmöl	51,5	—
Palmkernöl	13,5—14	12
Ravisonöl	96—97	—
Rapsöl	98—100	—
Ricinusöl	93—94	87—88
Rindstalg	38—40	26—30
Robbenthran	125—130	—
Rüböl	98—100	97—99
Schweinefett	59—60	—
Sesamöl	103—105	110—111
Sonnenblumenöl	129	133—134
Tacamahac	63	—
Ungnadiaöl	81,5—82	86—87
Walrat	108	—
Walratöl	88	—
Wollschweissfett	36	—

F. Ganther[1]) empfiehlt die Verwendung von Tetrachlorkohlenstoff als Lösungsmittel für das Jod und ohne Benützung von Quecksilberchlorid; da dieses mit in die Reaktion eintritt, so sind die nach Hübl's Vorschrift erhaltenen Zahlen nur relative. Die Einwirkung einer alkoholischen Lösung ohne Quecksilberchlorid geht aber nur sehr langsam vor sich. Dagegen ist die Jodirung bei Benützung von Tetrachlorkohlenstoff als Lösungsmittel für Jod und auch des Fettes bei Anwendung eines 4—5fachen Ueberschusses nach 50—60 Stunden eine vollständige. Die Bestimmung der Jodzahl muss immer bei mittlerer Zimmertemperatur vorgenommen werden, da bei niederer Temperatur die Jodzahl höher, bei höherer Temperatur dagegen niedriger gefunden wird.

P. Welmans[2]) empfiehlt zur Lösung des Jodes eine Mischung aus gleichen Raumtheilen reiner Essigsäure und Essigäther oder Aethyläther. 25 g J, 30 g $HgCl_2$ werden kalt mit Aethyläther zu 500 ccm gelöst und die Lösung mit Essigsäure auf 1 l verdünnt. Hierdurch soll die Unbeständigkeit der Hübl'schen Jodlösung vermieden werden.

E. Dieterich[3]) bestätigt die grössere Haltbarkeit der Lösungen von Ganther und Welmans; er findet jedoch die mit diesen Lösungen erhaltenen Resultate weniger übereinstimmend als die mit der Hübl'schen Lösung erhaltenen.

b) Die Jodzahl des Oleodistearins.

Oleodistearin, also ein gemischtes Glycerid, das am Glycerinrest zwei Stearinsäurereste und einen Oelsäurerest gebunden enthält, ist nach den Untersuchungen von R. Heise[4]) der Hauptbestandtheil des Mkanifettes, des Samenfettes des ostafrikanischen Talgbaumes, Stearodendron Stuhlmann-Engl. Als Jodzahl wurde 28,8 gefunden. Es wurde nun von R. Henriques und H. Künne[5]) versucht, ob es in diesem Falle nicht möglich wäre, das Endprodukt der Jodzahlbestimmung in Substanz zu fassen. Wie bekannt, hat schon Hübl in seiner klassischen Arbeit die Vermuthung ausgesprochen, dass bei der Einwirkung der von ihm empfohlenen Lösung auf ungesättigte Ester und Säuren Chlorjodadditionsprodukte dieser Verbindungen entständen, und diese Vermuthung wurde dadurch indirekt bestätigt, dass es Ephraim[6]) gelang, mit einer Lösung von Chlorjod in Alkohol Jodzahlen zu erhalten, die mit den Hüblschen gut übereinstimmten. Auch die Arbeiten von J. J. A. Wijs[7])

---

1) l. c.

2) P. Welmans, Pharm. Ztg. **38**, 219.

3) E. Dieterich, Helfenberger Ann. 1892, S. 3.

4) R. Heise, Arb. aus Kais. Ges. **1896**, 540.

5) R. Henriques und H. Künne, Ber. **32**, 387, 1899.

6) Ephraim, Zeitschr. ang. Ch. **1895**, 254.

7) J. J. A. Wijs, Zeitschr. anal. Ch. **1898**, 277; Zeitschr. ang. Ch. **1898**, 291; Ber. **31**, 750, 1898; Ch. Rev. Fett- u. Harzind. **1898**, 137, **1899**, 5.

hatten ergeben, dass die Chlorjodadditionsverbindungen als die stabilen Endprodukte zu betrachten sind. In Substanz gewonnen waren solche Verbindungen bisher noch nicht.

Dies ist Henriques und Künne verhältnissmässig leicht gelungen, indem sie die Chloroformlösung des Glycerids mit überschüssiger Hübl-schen oder Waller'schen Lösung versetzten. Fügt man nach mindestens sechsstündigem Stehen zu der klaren Flüssigkeit allmälig Alkohol, so erfüllt sie sich bald mit einem Gewirr feiner, weisser Nädelchen, deren Gewicht bei genügendem Alkoholzusatz das der angewandten Substanz um ein Beträchtliches überragt (erhalten aus 10 g Oleostearin ca. 11 g; Theorie 11,8 g) und die sich aus Aether-Alkohol leicht umkrystallisiren und rein gewinnen lassen. Die Analyse ergab, dass hier in der That ein Chlorjodoleodistearin vorlag:

$$C_{57}H_{108}O_6 . JCl; \qquad \text{Ber. Cl. 3,38 \quad J. 12,08}$$
$$\text{Gef. \quad „ \quad 3,50 \quad „ \quad 12,40.}$$

Dieselbe Verbindung erhält man ebenso leicht, wenn man eine ätherische Lösung des Oleodistearins mit alkoholischer Chlorjodlösung stehen lässt. Sie krystallisirt dann in reichlicher Menge allmälig aus. Der Schmelzpunkt liegt bei 44,5—45,5 °; die geschmolzene und wieder erstarrte Substanz schmilzt bei 41,5—42,5 °, zeigt also dasselbe Verhalten wie das Oleodistearin selbst.

Das Chlorjodoleodistearin ist von einer völlig unerwarteten Beständigkeit: weder durch Behandlung mit verdünnten Säuren, noch durch noch so langes Liegen am Licht wird auch nur eine Spur Halogen abgespalten. Mit alkoholischem Kali wird nur ein Theil des Halogens abgespalten, und zwar wird fast alles Jod, vom Chlor aber nur ein Drittel abgespalten. Dagegen wird beim Erhitzen mit Anilin oder Chinolin alles Halogen abgespalten, und bildet sich dabei in der Hauptsache jodwasserstoffsaures Chloranilin. Mit alkoholischem Ammoniak scheidet sich nichts ab.

Das Oleodistearin lässt sich in das Elaïdodistearin vom Schmp. 61 ° umwandeln und giebt letzteres ein Chlorjod-Elaïdodistearin vom Schmp. 57—58 °. Beide zeigen, was gegenüber dem Verhalten des Oleodistearins und seines Chlorjodproduktes bemerkenswerth ist, nur einen Schmelzpunkt.

Die Beständigkeit des Chlorjodadditionsproduktes des Oleodistearins ist auch deshalb umso auffallender, als nach den Untersuchungen von Schweitzer und Lungwitz[1] sowie von Waller[2] für gewöhnlich bei der Bestimmung der Jodzahl der Fette freie Säure entsteht, die sich nach Wijs als Chlorwasserstoff erwiesen hat.

---

[1] Schweitzer und Lungwitz, Journ. Soc. Chem. Ind. **14**, 130, 1030, 1895.
[2] Waller, Chem. Ztg. **19**, 1786 und 1831, 1895.

12. Bestimmung des Cholesterins.

J. Lewkowitsch[1]) wendet zur Bestimmung des Cholesterins die Ermittlung seiner Jodzahl an. Es wurde die von Hübl'sche Methode verwendet und als Jodzahl 68,09 und 67,3 gefunden, während die Formel $C_{26}H_{44}O$ die Jodzahl 68,3 erfordert.

13. Bestimmung der Phenole.

Dieselbe wird nach Messinger und Vortmann in folgender Weise ausgeführt.

2—3 g des Phenols werden in Natronlauge gelöst, so dass auf 1 Mol. Phenol mindestens 4 Mol. Natron vorhanden sind. Man verdünnt die Lösung auf 250 oder 500 ccm und bringt von dieser so verdünnten Lösung 5 oder 10 ccm (genau gemessen) in ein Kölbchen, erwärmt auf etwa 60° C. und fügt so lange N/10 Jodlösung hinzu, bis die Flüssigkeit durch überschüssiges Jod stark gelb gefärbt ist, worauf nach dem Umschütteln der Niederschlag entsteht. Nach dem Erkalten wird mit verdünnter Schwefelsäure angesäuert, die Lösung auf 250—500 ccm gebracht und in einem aliquoten Theile des Filtrats mittels auf die N/10 Jodlösung eingestellter Natriumthiosulfatlösung der Ueberschuss an Jod festgestellt. Aus dem Verhältniss von Phenol und verbrauchtem Jod berechnet sich alsdann der Phenolgehalt.

1 Mol. Phenol	entspricht	6	Atomen	Jod,
1 „ Thymol	„	4	„	„ ,
1 „ β-Naphtol	„	3	„	„ ,
1 „ Salicylsäure	„	6	„	„ .

Beim Thymol ist ein Erwärmen auf 60° C. nicht nöthig, da schon in der Kälte alles Thymol mittels Jods ausgefällt wird. Die Methode lässt sich auch zur Bestimmung der Salicylsäure bei Gegenwart von Benzoësäure benützen, da letztere keinen Einfluss auf die Reaktion ausübt.

Die verwandte Natronlauge muss frei von Nitriten sein, da diese auch einen Jodverbrauch bedingen würde.

14. Bestimmung des Phenols im Harn.

Nach den Verfahren von Kossler und Penny wird aus dem Harn durch Eindampfen bei alkalischer Reaktion das Aceton entfernt; der Rückstand wird nach dem Ansäuern destillirt, das Destillat zur Bindung etwa vorhandener salpetriger Säure und Ameisensäure mit Calciumkarbonat geschüttelt und wieder destillirt. In diesem Destillate wird das Phenol mit Jodlösung titrirt.

---

1) J. Lewkowitsch, Ber. **25**, 1, 1892.

C. Neuberg[1]) zeigt, dass diese Methode bei Gegenwart von Traubenzucker im Harn zu wesentlich höheren Werthen führt, da aus dem Traubenzucker jodbindende Produkte entstehen, welche in das Destillat übergehen. Ebenso verhalten sich Fruktose, Milchzucker, Glykogen und Glykuronsäure, so dass auch der normale Harn nach der Methode von Kossler und Penny zu hohe Werthe liefern muss.

Auf folgende Weise wird der durch die Gegenwart der Kohlehydrate verursachte Fehler vermieden: Das letzte nach dem obigen Verfahren erhaltene Destillat wird mit einem grossen Ueberschuss von lufttrockenem, hydratischen Bleioxyd, das aus Bleinitrat mit Barytwasser frisch gefällt ist, und 5 ccm einer konc. Lösung von basischem Bleiacetat geschüttelt, oder das Destillat wird mit einer Lösung von 1 g Aetznatron und 6 g festem Bleizucker versetzt. Die aus den Kohlehydraten entstandenen Aldehyde werden auf dem Wasserbade bezw. durch Destillation verjagt, während die Phenole als basische Bleiphenolate gebunden sind. Schliesslich wird der Rückstand mit Schwefelsäure angesäuert, destillirt, und das Destillat mit Jod titrirt. So wurden für die tägliche Phenolmenge des menschlichen Harns 0,0332 g gefunden.

15. Bestimmung nitriter Phenole.

S. Schwarz[2]) gründet ein Bestimmungsverfahren der nitrirten Phenole auf die Eigenschaft dieser Verbindungen als Säuren zu fungiren. Bekanntlich reagiren selbst schwache Säuren, wie die meisten organischen Säuren, auf eine Lösung von Kaliumjodat und Kaliumjodid im Sinne folgender Gleichung:

$$KJO_3 + 6\,KJ + 6\,H\,\text{Säurerest} = 6\,K\,\text{Säurerest} + 3\,H_2O + 6\,J.$$

In ausführlicher Weise ist diese Methode, welche zuerst von C. von Than[3]) vorgeschlagen wurde, von F. Fessel[4]) geprüft worden.

Die nitrirten Phenole spalten nicht direkt quantitativ das Jod ab. Der in Wasser gelöste Körper muss im Druckfläschchen z. B. in dem von Lintner zum Aufschluss der Stärke empfohlenen nach Zusatz von Kaliumjodid in geringem und von Jodkalium in grossem Ueberschuss im Wasserbade erhitzt werden. Das ausgeschiedene Jod soll in der Flüssigkeit vollkommen gelöst sein. Bei Tri- und Tetranitroderivaten ist die Dauer der Einwirkung ohne Einfluss auf die Bestimmung. Bei Dinitroprodukten wirkt bei zu langem Erhitzen im Druckfläschchen das freie Jod substituirend. Aus diesem Grunde ist auch eine Bestimmung

---

1) C. Neuberg, Zeitschr. phys. Ch. **27**, 123, 1899.
2) L. Schwarz, Monatsh. f. Ch. **19**, 139; Zeitschr. analyt. Ch. **38**, 369, 1899.
3) C. von Than, Zeitschr. analyt. Ch. **16**, 477, 1877.
4) F. Fessel, Zeitschr. analyt. Ch. **38**, 439, 1899.

von Mononitroverbindungen nicht durchführbar. Im allgemeinen genügt ein Erhitzen von einer Stunde.

Aethylalkohol als Lösungsmittel für die Nitrokörper zu benützen, ist nicht rathsam. Sind alkoholische Jodlösungen schon bei gewöhnlicher Temperatur wenig beständig, so ist dies in noch gesteigertem Maasse der Fall beim Erhitzen auf höhere Temperatur und bei vermehrtem Druck.

Die Titrationen müssen gleich nach vollzogener Umsetzung bezw. nach Oeffnen der verwandten Druckgefässe geschehen, da auch die Kohlensäure der Luft aus dem Gemenge von Jodid und Jodat Jod frei zu machen im Stande ist.

Folgende Tabelle giebt eine Uebersicht über die erhaltenen Resultate und liefert auch ein anschauliches Bild über die Arbeitsweise.

Angew. Substanz.	Gramme.	ccm Wasser.	Dauer des Erhitzens.	Gefunden g Jod.	Gefunden % der Nitroverbindung.
Pikrinsäure	0,5944	20	45 M.	0,3289	99,79
„	0,4682	„	1½ St.	0,2591	99,78
2.4 Dinitrophenol	0,4134	„	15 M.	0,2845	99,71
„	0,4474	„	1 St.	0,3023	97,88
Trinitroresorcin	0,2703	15	1 St.	0,2791	99,62
„	0,2065	20	1½ St.	0,2134	99,79
2.4 Dinitro-α-Naphtol . .	0,3307	50	45 M.	0,1751	99,90
„ . .	0,5045	60	1 St.	0,2734	99,89
Trinitro-α-Naphtol . . .	0,4856	25	1 St.	0,2210	99,90
Dinitrokresol 3.5	0,3444	20	1½ St.	0,2197	99,46
„	0,5416	25	2 St.	0,3467	99,80
Dinitrothymol 2.6 . . .	0,5092	—	1½ St.	0,2692	99,92
„ . . .	0,5555	—	2 St.	0,2921	99,37
3.5 Dinitrosalicylsäure . .	0,3488	15	1 St.	0,1950	99,77
„ . .	0,5723	20	1 St.	0,3187	99,99
„ . .	0,3365	15	3 St.	0,1425	76,02
„ . .	0,4048	20	4 St.	0,1262	55,99

Bei dem zweiten Versuch mit Dinitrophenol sowie dem dritten und vierten bei Dinitrosalicylsäure macht sich die zu lange Dauer des Erhitzens geltend. Bei dem Dinitrothymol wurde die Substanz in acetonfreiem Methylalkohol gelöst, die Jodsalze in wenig Wasser und das Gemenge im Einschmelzrohr im Wasserbad erhitzt.

16. Bestimmung der Chinone.

A. Valeur[1]) schlägt folgende Methode vor, welche auf der Reduktion der Chinone durch Jodwasserstoff zu Hydrochinon besteht, wobei sich dann Jod in entsprechender Weise ausscheidet:

$$C_6H_4O_2 + 2\,KJ + 2\,HCl = C_6H_6O_2 + 2\,KCl + J_2,$$

---

[1]) A. Valeur, Compt. rend. **129**, 252, 1899.

Man löst eine 0,2—0,5 g Jod entsprechende Menge des reinen und trockenen Chinons in ein wenig Alkohol von 95 %. Hierzu fügt man ein eben bereitetes Gemenge von 20 ccm einer 10 %igen Jodkaliumlösung und 20 ccm konc. Salzsäure, welche vorher mit dem gleichen Volum auf 0° abgekühlten Alkohols von 95 % verdünnt war. Das ausgeschiedene Jod wird dann mit $N/10$ Thiosulfat bestimmt. Die Resultate stimmen sehr gut.

17. Bestimmung des Tannins und der Gallussäure.

Nach F. Jean[1]) verfährt man jetzt in folgender Weise: Setzt man zu einer durch Natriumbikarbonat alkalisch gemachten Lösung von Tannin oder Gallussäure tropfenweise eine Jod-Jodkalilösung, so bildet sich eine johannisbeerrothe lösliche Jodverbindung, welche Stärke nicht mehr bläut. Diese Reaktion geben alle gerbenden Substanzen. Als Massstab für die durch Gelatine **fällbaren Tannine** dient die Digallussäure, für die **nicht fällbaren Gerbsäuren** die Gallussäure.

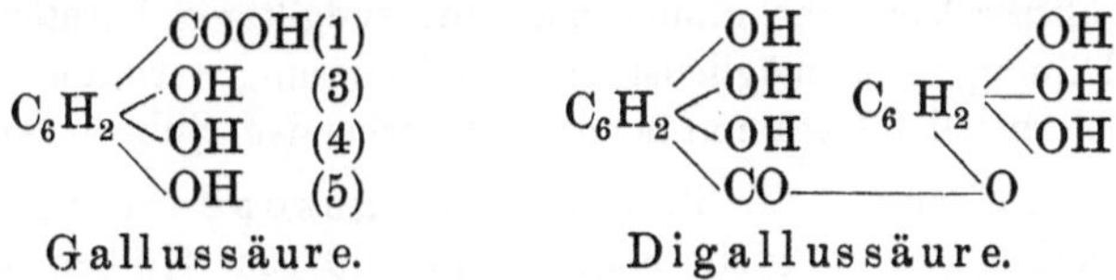

Gallussäure.   Digallussäure.

Zur Titrationsflüssigkeit löst man 2,7 g Jod mit 2,6 g Jodkali zu einem Liter. Als Reagenspapier dient Filtrirpapier, auf dessen eine Seite man trockene Stärke aufreibt, deren Ueberschuss abgeklopft wird. Als Urtiter dienen 0,1 %ige Lösungen von Tannin und Gallussäure. In je 10 ccm dieser giebt man 5 ccm kalt gesättigter Bikarbonatlösung in einem Becherglas, das eine 50 ccm Marke trägt. Man lässt tropfenweise unter gutem Schwenken die Jodlösung zu, bis ein auf das Stärkepapier gebrachter Tropfen einen grauen Fleck mit blauem Rande hervorruft. Alsdann verdünnt man auf 50 ccm, giebt auf einmal 5—6 Tropfen Jodlösung zu und titrirt weiter, bis die blaue Färbung wieder eintritt. Die Jodlösung hat die richtige Koncentration, wenn für 10 ccm der Tanninlösung 10—10,5 ccm verbraucht werden. Ebenso stellt man den Titer der Jodlösung gegenüber Gallussäure, von der 10 ccm aber etwa 13 ccm Jodlösung verbrauchen. Durch einen völlig gleich ausgeführten Versuch stellt man fest, wie viel Jodlösung für 50 ccm Flüssigkeit nöthig ist, um durch einen Tropfen die Bläuung des Stärkepapiers hervorzurufen. Meist sind es 0,4 ccm, welche bei der Berechnung von dem Titer der Jodlösung in Abzug zu bringen sind.

----

[1]) F. Jean, Ann. chim. anal. appl. **5**, 134, 1900; Chem. Centrbl. 1900, I, 1109; vgl. auch W. Bord und H. W. de Blonay, Arch. Sc. phys. nat. Genève **6**, 160, 1898; Chem. Centrbl. 1898, II, 797.

Zur Trennung von Tannin und Gallussäure dient eine Lösung von Eieralbumin (früher Hautpulver). Man reibt 2 g Albumin mit Glycerin von 28—30 ⁰ Bé. zu einem dicken Brei an, lässt $1/2$ Stunde stehen und verdünnt mit lauem Wasser zu 1 l. Zur Haltbarmachung dieser, wie der Tannin- und Gallussäurelösung giebt man einige Stückchen Kampher zu und verschliesst das Gefäss mit Watte, die mit einigen Tropfen Formol imprägnirt ist.

Die zu titrirende Lösung muss ebenfalls etwa 0,1 ⁰/o Gerbstoff enthalten. 1 g der zu feinem Pulver zerkleinerten Substanz erhitzt man in einem Kölbchen $1/2$ Stunde lang mit 15 ccm Wasser auf 50⁰, dekantirt vorsichtig in ein 100 ccm Kölbchen und erschöpft die Substanz durch wiederholtes 10 Minuten langes Kochen mit je 10—15 ccm Wasser bis zur Füllung des Kölbchens, lässt auf 15 ⁰ erkalten und füllt mit destillirtem Wasser zur Marke. Flüssige Extrakte werden zu einem ihrem Gehalte entsprechenden Volum verdünnt. Als Vorversuche werden 10 ccm der klaren Lösung ganz genau, wie die Titerstellung erfolgte, titrirt. Nach dem Ausfall dieser Vorprobe nimmt man zur endgiltigen Titration so viel der Gerbstofflösung, dass möglichst 10 ccm Jodlösung verbraucht werden. Man erhält hierbei die Gesammtmenge der gerbenden Substanzen.

Zur Abscheidung des Tannins und gesonderter Bestimmung der Gallussäure giebt man in ein 100 ccm Kölbchen 50 ccm der Gerbstofflösung, 15 ccm der Albuminlösung, 20 g NaCl und destillirtes Wasser bis zur Marke, schüttelt kräftig, filtrirt, beseitigt die ersten Theile des Filtrats und giebt die doppelte Menge, als man zur ersten Titration genommen hatte, in ein Porcellanschälchen. Man kocht unter Zugabe eines Tropfens Essigsäure auf, filtrirt, wäscht mit ca. 10—35 ccm in das Becherglas mit der 50 ccm Marke aus, lässt erkalten und titrirt wie vorher. Das Resultat giebt die Gallussäure. Die Verwendung des Eiweisses bedingt noch eine Korrektur, welche ein für allemal festgestellt wird. 15 ccm der Eiweisslösung und 20 g NaCl werden mit destillirtem Wasser zu 100 ccm gefüllt, 20 ccm der Lösung coagulirt und filtrirt. Filtrat und Waschwasser werden nach Zugabe von 5 ccm der Bikarbonatlösung, wie immer mit Jodlösung titrirt, und verbrauchen meist 0,7 ccm, welche von den für die Gallussäure gefundenen ccm abzuziehen sind.

Die Berechnung ist einfach. Die korrigirte Gallussäuretitration wird mit Hilfe des Gallussäuretiters der Jodlösung auf diese Säure berechnet. Die Differenz des gesammten Verbrauches und der für die Gallussäure nöthigen ccm giebt unter Zugrundelegung des auf Digallussäure bezogenen Jodtiters das Tannin. Gerbstoffe, welche in Wasser lösliche Stärke enthalten, sind mit Alkohol auszuziehen. Sind im Gerbstoffextrakte Sulfite vorhanden, so sättigt man diese in saurer Lösung durch Titration mit der Jodlösung, bis auf Stärkepapier die Bläuung eintritt, macht dann alkalisch und titrirt wie oben.

A. Moullade[1] empfiehlt an Stelle des Stärkekleisters Schwefelkohlenstoff zur Ermittlung der Endreaktion anzuwenden. Er wendet das Verfahren an zur Bestimmung des Gerbstoffs im Thee, Cider und Wein. Im Weine wirken ausser dem Oenotannin auch noch andere Körper, wie Farbstoff, Pektinsäure, Ester u. s. w. auf die Jodlösung ein. Um den Einfluss derselben zu eliminiren, bestimmt man den Jodverbrauch direkt und nach Ausfällung des Weingerbstoffes mit Gelatinelösung. Man fügt zu 10 ccm Wein 30 ccm des Natriumbikarbonats (1 : 10) und bestimmt den Jodverbrauch. Alsdann versetzt man 50 ccm Wein mit 50 ccm einer Gelatinelösung (2 : 1000), schüttelt gut um, filtrirt und bestimmt wieder den Jodverbrauch in 20 ccm des Filtrats (entsprechend 10 ccm Wein) nach Zusatz von 20—30 ccm Bikarbonatlösung. Die Differenz bei den Bestimmungen entspricht dem Gehalt an Oenotannin im Wein.

Nach E. Kokosinski[2] ist die Jean'sche Methode auch zur Bestimmung des Gerbstoffgehaltes im Hopfen geeignet. 10 g ganze Hopfendolden werden mit destillirtem Wasser gekocht und der Absud auf 500 ccm aufgefüllt. In ein 100 ccm fassendes Fläschchen werden 10 ccm destillirtes Wasser, in ein zweites 10 ccm Tanninlösung, enthaltend 0,005 g Tannin und in ein drittes 10 ccm Hopfenabsud gebracht. Hierauf giebt man in jedes Fläschchen 4 ccm N-Sodalösung und 20 ccm $^N/_{50}$ Jodlösung. Nach fünf Minuten setzt man 4 ccm N-Schwefelsäure und $^N/_{50}$ Lösung von Thiosulfat hinzu. Nun wird mit Jodlösung zurücktitrirt. Der Jodverbrauch bei dem zweiten Fläschchen minus dem Jodverbrauch bei dem ersten Fläschchen, der durch die Reagentien bedingt ist, giebt die von 5 mg Tannin gebundene Jodmenge, welche man mit dem Jodverbrauch des dritten Fläschchens minus dem des ersten vergleicht.

18. Bestimmung des Phenylhydrazins.

Während sich bei Ueberschuss des Phenylhydrazins die von E. Fischer[3] beobachtete Zersetzung

$$2C_6H_5NHNH_2 + 4J = 3HJ + C_6H_5NH_2 . HJ + C_6H_5N_3$$

vollzieht, wird durch Einwirkung einer grösseren Jodmenge nach E. v. Meyer[4] die Reaktion so abgeändert, dass sich unter Stickstoffentwicklung Jodwasserstoffsäure und Jodbenzol bilden. Die Reaktion wird durch folgende Gleichung veranschaulicht:

$$C_6H_5NHNH_2 + 4J = 3HJ + 2N + C_6H_5J.$$

1) A. Moullade, Chem. Ztg. **14**, R., 251, 1890.
2) E. Kokosinski, Chem. Ztg. **15**, R., 26, 1891.
3) E. Fischer, Ber. **10**, 1335, 1877.
4) E. v. Meyer, Journ. pr. Ch. (N.F.) **36**, 115, 1887.

Auf diese Umsetzung, die namentlich in stark verdünnter Lösung ganz glatt verläuft, gründet nun v. Meyer sein titrimetrisches Verfahren.

Er empfiehlt ein abgemessenes Volum $N/_{10}$ Jodlösung anzuwenden, mit Wasser zu verdünnen, die stark verdünnte Lösung der Base oder ihres salzsauren Salzes zuzusetzen und den Jodüberschuss sodann mit Thiosulfat zurückzutitriren.

Es wurden in zwei Versuchen verbraucht:

| | | berechnet |
| | | (4 At. Jod zu 1 g Phenylhydrazin) |
g Jod.	zu g Phenylhydrazin.	g Phenylhydrazin.
0,0914	0,0194	0,01943
0,1812	0,0388	0,03873.

Statt Jod lässt sich auch Jodsäure anwenden. Der Verf. hebt hervor, dass in starker Verdünnung Jodlösung ohne Einfluss auf Anilin ist.

19. Bestimmung des Antipyrins.

M. C. Schuyten[1]) lässt eine wässerige Jodlösung auf eine verdünnte Lösung des Antipyrins einwirken. Es bildet sich Jodphenyldimethylpyrazolon, sodass 1 Mol. Antipyrin 1 Mol. Jod binden kann. Durch Multiplikation der verbrauchten Jodmenge, welche man solange zugiebt, bis die eingetretene Gelbfärbung deutlich sichtbar bleibt, mit 1,45 findet man den Gehalt an Antipyrin. Der Gebrauch von Stärke ist hierbei nicht zu empfehlen.

Der erste, der die Einwirkung des Jodes auf Antipyrin studirte, war Manseau[2]). Kippenberger[3]), der die Versuche wiederholte, fand, dass der Vorgang der Einwirkung von Jod in folgender Weise erfolgt, indem sich zuerst jodwasserstoffsaures Antipyrin bildet:

$$5C_{11}H_{12}N_2O + 6J + x\,KJ + 6H_2O = 5C_{11}H_{12}N_2OHJ$$
$$+ HJO_3 + x\,KJ + 3H_2O.$$

Lässt man die Einwirkung weiter vor sich gehen, so bildet sich das jodwasserstoffsaure Salz des Dijodphenyldimethylpyrazolons:

$$C_{11}H_{12}N_2O \cdot HJ \cdot J_2.$$

20. Bestimmung der Alkaloide nach Prescott und Gordin.

Die Methode der Gehaltsbestimmung der Alkaloide nach A. B. Prescott und H. M. Gordin[4]) besteht auf der Beobachtung, dass gewisse

---

1) M. C. Schuyten, Chem. Ztg. **19**, 1786, 1898.

2) Manseau, Pharm. Ztg. **34**, 459.

3) C. Kippenberger, Zeitschr. analyt. Ch. **35**, 659, 1896.

4) A. B. Prescott und H. N. Gordin, Journ. Americ. Chem. Soc. **20**, 329, 706, 1898, **21**, 231, 1898; Pharmac. Archiv **1**, 121, 1898; Chem. Centrbl. 1898, II, 113, 512, 861, 1899, I, 1000.

Alkaloide beim Vorhandensein eines Ueberschusses von Jodjodkaliumlösung bestimmte Jodderivate bilden, bei denen der grösste Theil des
Jodes nur locker gebunden ist. Wenn man Jodjodkaliumlösung zur
Lösung eines Alkaloidsalzes bringt und dafür sorgt, dass stets Alkaloid
in Ueberschuss vorhanden ist, so entsteht das niedrigste Perjodid und zwar
meist ein Trijodid. Giebt man umgekehrt die Alkaloidlösung zu einem
grossen Ueberschuss der Jodlösung, so entsteht das höchste Perjodid.
Diese Regel bestätigt sich bei Atropin, Strychnin, Brucin, Akonitin.

Einige der höheren Perjodide zersetzen sich leicht in niedere und
Jod. Vom Morphin ist nur das eine schon bekannte Tetrajodid zu erhalten.

Die Bestimmung der Alkaloide geschieht immer in der Weise,
dass man zu der Lösung derselben einen bestimmten Ueberschuss an
Jodjodkaliumlösung giebt, das Jodprodukt, welches sich ausscheidet, absitzen lässt, auf ein bestimmtes Volumen auffüllt und einen aliquoten
Theil des Filtrates mit Thiosulfatlösung zurücktitrirt. Aus der Anzahl der
verbrauchten ccm Jodjodkaliumlösung wird dann der Gehalt an Alkaloid
nach den betreffenden, in Frage kommenden Verhältnisszahlen berechnet.

Atropinperjodide. Ein Trijodid und ein Pentajodid des Atropins,
$C_{17}H_{23}NO_3$, sind schon seit längerer Zeit bekannt. Die höchst mögliche
Zahl von Jodatomen, welche mit einem Molekül Atropin zusammentreten
können, scheint 9 zu sein.

Ein solches Atropinenneajodid, $C_{17}H_{23}NO_3 . HJ . J_8$, wird folgendermassen erhalten. Eine Atropinlösung von höchstens $0{,}5^0/_0$ wird zu
einer wenigstens $1^0/_0$igen, mit Salzsäure oder Schwefelsäure angesäuerten
Jodlösung gefügt und zwar in kleinen Portionen und unter Schütteln. Mit
dem Zusatz wird aufgehört, wenn die über dem dunkeln, körnigen Niederschlag befindliche Flüssigkeit klar geworden, aber noch dunkel gefärbt
ist. Es ist ein dunkles Pulver, welches in trockener Luft beständig,
gegen Feuchtigkeit dagegen empfindlich ist. Es ist sehr wenig löslich in
Aether, Chloroform, Benzol und Schwefelkohlenstoff; leicht löslich in
heissem Alkohol, aus welchem es in dunkelgrünen Prismen krystallisirt;
es ist unlöslich in kaltem Wasser und wird von heissem leicht zersetzt.
Bei 90^0 entweicht Jod, bei 140^0 schmilzt die Substanz zu einer dunkelen
Flüssigkeit. Acht Atome Jod werden leicht durch reducirende Agentien
entfernt und können volumetrisch mit Natriumthiosulfat bestimmt werden.

Das Enneajodid kann auch bequem erhalten werden, wenn man
20 g Atropin zu einer warmen Lösung von 30 g Jod in 500 ccm Chloroform hinzufügt.

1 ccm $^N/_{10}$ Jodlösung entspricht 0,0036048 g Atropin.

Strychninheptajodid, $C_{21}H_{22}N_2O_2 . HJ . J_6$, wird in ähnlicher
Weise aus dem Strychnin erhalten wie das Jodid des Atropins. Es bildet
ein dunkelbraunes Pulver, wenig löslich in Aether, Chloroform, Benzol,

leicht löslich in ziemlich viel Alkohol. Es zerfällt leicht in Trijodid und Jod.

1 ccm $N/_{10}$ Jodlösung entspricht 0,00555467 g Strychnin.

Brucinheptajodid, $C_{23}H_{26}N_2O_4 . HJ . J_6$, hat ähnliche Eigenschaften, es reducirt Silbersalze.

1 ccm $N/_{10}$ Jodlösung entspricht 0,00655299 g Brucin.

Akonitinheptajodid, $C_{33}H_{34}NO_{12} . HJ . J_6$, wurde ebenfalls erhalten, ebenso ein Akonitintrijodid. Letzteres krystallisirt aus Alkohol in schönen braunrothen Krystallen, ist sehr leicht löslich in Alkohol, unlöslich in Wasser, und wenig löslich in Aether, Benzol und Chloroform. Der Schmelzpunkt liegt bei 211—212 ^{0}.

Morphin bildet ein Tetrajodid, $C_{17}H_{19}NO_3 . HJ . J_3$.

1 ccm $N/_{10}$ Jodlösung entspricht 0,0094793 g Morphin.

Aus dem Opium werden die Opiumalkaloïde durch Ammoniak in Freiheit gesetzt, dann wird Narkotin, Papaverin, Kodeïn und Thebaïn durch Ausschütteln mit Chloroform entfernt. Durch Ausschütteln mit Aceton wird nun das Morphin gelöst. Das Aceton wird abgedampft und der Rückstand zur Reinigung mit Kalkwasser gelöst. Die filtrirte Lösung wird mit Salzsäure angesäuert und schliesslich das Morphin durch Titration als Perjodid bestimmt.

Emetin liefert ein Oktojodid, bei dem die Analyse am besten auf die Lefort'sche und Wurtz'sche Formel, $C_{28}H_{40}N_2O_5 . HJ . J_7$, stimmt. Inbetreff der Löslichkeitsverhältnisse zeigt es dieselben Eigenschaften wie die vorigen.

1 ccm $N/_{10}$ Jodlösung entspricht 0,006083 g Emetin.

Koffeïn, $C_8H_{10}N_4O_2$, liefert ein Pentajodid, $C_8H_{10}N_4O_2 . HJ . J_4$, 1 ccm $N/_{10}$ Jodlösuug entspricht 0,00485 g Koffeïn.

21. Bestimmung der Alkaloide nach Kippenberger.

Die Arbeiten Kippenberger's haben den verschiedenartigen Einfluss der Jodkaliummengen in den Jod-Jodkalilösungen auf die Alkaloide klar gelegt. Aehnlich wie Prescott und Gordin die höheren Perjodide zur quantitativen Bestimmung der Alkaloide unter gewissen Versuchsbedingungen benützen, so lassen sich auch niedere Jodide gleichmässiger Zusammensetzung herstellen. Die Alkaloide lassen sich jedoch nur dann in wässeriger Lösung mit wässeriger Jod-Jodkaliumlösung bestimmen, wenn die Jodlösung jeweilig gegen eine analoge aus abgewogenen Mengen Alkaloidsalz hergestellte wässerige Lösung eingestellt ist.

In Bezug auf die Polemik über diesen Gegenstand zwischen Kippenberger[1] und Scholtz[2] muss ich auf die Litteratur verweisen.

[1] C. Kippenberger, Zeitschr. analyt. Ch. **34**, 294, 1895; **35**, 10, 407, 422, 659, 1896; **38**, 230, 280, 1891.

[2] M. Scholtz, **38**, 226, 278, 1899.

22. Bestimmung der Eiweisskörper.

Wie schon gelegentlich der Bromirung der Eiweisskörper mitgetheilt wurde, haben Blum und Vaubel die Beobachtung gemacht, dass die maximale Jodaufnahme eines ungespaltenen Eiweisskörpers zu einem Derivat mit 8—9 % Jod führt. In gleicher Weise wie bei der Bromirung wird bei der Jodirung mehr Jod verbraucht als der Jodaufnahme entspricht, indem dabei gleichzeitig eine Entziehung von Wasserstoff stattfindet.

Verfährt man nach den Angaben von K. Dieterich[1]), so erhält man Jodirungszahlen, die mit den von mir beobachteten Bromirungszahlen nicht gleichwerthig sind. Nach Dieterich bringt man 1 g lufttrocknes Albumin in einer Literflasche mit gut eingeschliffenem Stöpsel mit 50 ccm Wasser zusammen, fügt nach dem Auflösen (Stehen über Nacht) ohne vorherige Filtration 20 ccm $N/10$ Jodlösung hinzu und lässt drei Tage stehen. Es sollen, nachdem 500 ccm Wasser zugefügt worden sind, nicht mehr als 11 ccm Thiosulfatlösung und nicht weniger als 6,5 ccm verbraucht werden.

Nach dieser Methode habe ich[2]) für die drei auch hinsichtlich der Bromirung untersuchten Eiweissarten folgende Resultate erhalten:

Es verbrauchten

Jodlösung:

2 g Eiereiweiss (2,4 % Asche, 14,3 % Wasser) 28,0 ccm $N/10$ = 0,3556 g J.
2 g Blutalbumin (5,8 „   „ , 16,6 „   „) 27,2 „   „ = 0,3454 g J.
2 g Kaseïn   (4,9 „   „ , 11,0 „   „) 27,6 „   „ = 0,3505 g J.

Hieraus berechnen sich für asche- und wasserfreie Substanz folgende Werthe:

Jod:

100 g Eiereiweiss verbrauchen 21,345 g
100 g Blutalbumin   „   22,285 g
100 g Kaseïn   „   20,844 g.

Zieht man hiervon $6,5 \times 2$ g als zur Jodsubstitution und dementsprechende Jodwasserstoffbildung verwandt ab, so erhält man folgende Werthe, welche dem durch Jod entzogenen Wasserstoff ohne Substitution von Jod entsprechen.

	Jod : Wasserstoff,	Brom : Wasserstoff.
100 g Eiereiweiss	8,345 : 0,0657	35,04 : 0,4380
100 g Blutalbumin	9,285 : 0,0731	40,76 : 0,5095
100 g Kaseïn	7,244 : 0,0570	27,00 : 0,3450

---

[1]) K. Dieterich, Pharm. Centrhl. **39**, 789, 811, 1898; Chem. Ztg. **23**, 123, 1899.

[2]) W. Vaubel, Zeitschr. analyt. Ch. **40**, 470, 1901.

Wie man sieht, sind die aus der Bromirung und der nach obiger Methode ausgeführten Jodirung berechneten Wasserstoffwerthe nicht identisch. Vielmehr zeigt sich, dass, wie auch schon anderweitige Beobachtungen ergeben haben, diese Jodirungsmethode nicht zur vollständigen maximalen Jodirung führt.

Verfährt man nun in der Weise, dass man Jodlösung auf eine mit Bikarbonat versetzte Eiweisslösung wirken lässt, so sind allerdings die betreffenden Verbrauchszahlen bedeutend höhere, aber die Erkennung des Endpunktes ist eine weit unsicherere, da hier Stärkelösung als Indikator versagt. Man muss alsdann bis zur eintretenden Entfärbung des gelben Niederschlags titriren.

Lässt man zu einer mit 10 g Bikarbonat versetzten Lösung von 2 g Eiweiss in 500 ccm Wasser 100 ccm $N/10$ Jodlösung zufliessen und bei gewöhnlicher Temperatur 24 Stunden lang stehen, so werden verbraucht für

$$
\begin{array}{lll}
\text{2 g Eiereiweiss} & 74{,}0 \text{ ccm } N/10 \text{ Jodlösung,} \\
\text{2 g Blutalbumin} & 74{,}4 \text{ „ „ „ ,} \\
\text{2 g Kaseïn} & 68{,}7 \text{ „ „ „ .}
\end{array}
$$

Rechnet man diese Werthe auf aschefreie und wasserfreie Substanz um, so ergiebt sich für

$$
\begin{array}{lll}
\text{100 g Eiereiweiss} & 56{,}41 \text{ g Jod} \\
\text{100 g Blutalbumin} & 60{,}87 \text{ g „} \\
\text{100 g Kaseïn} & 51{,}88 \text{ g „ .}
\end{array}
$$

Zieht man hiervon wiederum 13 g Jod für Substitution u. s. w. ab, so ergeben sich folgende Vergleichszahlen:

	Jod : Wasserstoff,	Brom : Wasserstoff
100 g Eiereiweiss	43,41 : 0,3418	35,04 : 0,4380
100 g Blutalbumin	47,87 : 0,3770	15,88 : 0,1985
100 g Kaseïn	38,88 : 0,3061	9,00 : 0,1125

Die aus den Jodirungszahlen berechneten Wasserstoffwerthe sind etwas kleiner als die aus den Bromirungszahlen berechneten. Obgleich bei einer einmaligen Bromirung keine vollständige Bromsubstitution erreicht wird, sind diese Unterschiede nicht sehr auffallend, wozu noch kommt, dass Jodirung und Bromirung sich nicht nothwendiger Weise vollständig entsprechen zu brauchen.

Nicht unerwähnt möge bleiben, dass die Methode von K. Dieterich zur Analyse der Eiweisskörper des Handels brauchbare Resultate zu liefern vermag.

23. Bestimmung des Gallenfarbstoffes.

Nach A. Jolles[1]) tritt 1 Mol. Bilirubin mit 4 Atomen Jod in Reaktion. Diese Eigenschaft kann bei Untersuchung von Galle unmittelbare Verwendung finden. Man benützt alkoholische $N/10$ Jodlösung; das entstandene Produkt ist ein grüner Farbstoff, den Jolles als Biliverdin ansieht. Bei Anwendung ikterischen Harns muss wegen der Fähigkeit verschiedener normaler und pathologischer Harnbestandtheile Jod aufzunehmen, die vorherige Isolirung des Gallenfarbstoffes erfolgen. Dies geschieht nach Versetzen von 5—25 ccm des klar filtrirten Harns mit 10 ccm einer 20%igen Chlorbaryumlösung, 2 ccm 2%iger Schwefelsäure durch Extraktion mit Chloroform, welche Auszüge alsdann direkt zur Titration mit Jodlösung verwendet werden können, unter Benützung von Stärke als Indikator.

Werden mehr als 10 ccm Jodlösung verbraucht, so ist die Bestimmung mit einer geringeren Harnmenge zu wiederholen. Normale und pathologische, aber nicht ikterische Harne verbrauchen nach Jolles' Erfahrungen bei der angegebenen Verarbeitung 0,0—0,8 ccm Jodlösung auf 100 ccm.

---

1) A. Jolles, Pflüger's Arch. **57**, 9, 1893.

XIII.

Methode der Diazotirung.

Die Methode der Diazotirung eignet sich nur für die Gehaltsbestimmung der primären aromatischen Amine. Dieselben gehen bekanntlich durch Einwirkung von Nitrit auf ihre salzsauren oder schwefelsauren Lösungen in Diazoverbindungen über nach der Gleichung:

$$C_6H_5NH_2 + 2HCl + NaNO_2 = C_6H_5NNCl + NaCl + 2H_2O.$$
Anilin   Diazobenzolchlorid

Diazolösungen sind meist leicht zersetzliche Verbindungen, die nur in mit Eis gekühlter Lösung oder auch stark angesäuert von einiger Haltbarkeit sind. Tetrazolösungen, also Lösungen eines diazotirten Diamins wie Benzidin, Tolidin u. s. w. sind meist bedeutend besser haltbar.

Der nachstehend beschriebene Stoff ist folgendermassen eingetheilt:
1. Ausführung der Diazotirung.
   a) Gehaltsbestimmung des Nitrits durch Diazotirung.
   b) Gehaltsbestimmung des Nitrits mit Permanganat.
   c) Diazotirungsgeschwindigkeit.
2. Konstitution und Diazotirungsvermögen.
3. Haltbarkeit der Diazolösungen.
4. Bestimmung des p-Nitranilins.
5. Diazotirung des m-Phenylendiamins.
6. Bestimmung von Benzidin und Tolidin.
7. Die Diazotirung des Safranins.
8. Bestimmung von Amidosäuren der Fettreihe.

1. Ausführung der Diazotirung.

Man bedarf also zu der Ausführung der Diazotirung vor allem einer Nitritlösung von bekanntem Gehalt. Am besten bleibt man auch hier zur Erleichterung der Uebersicht in möglichster Nähe von N, $^N/_2$, $^N/_5$ oder $^N/_{10}$ Lösung.

Die **Gehaltsbestimmung des Nitrits** kann dann auf zweierlei Art geschehen, einmal mit sulfanilsaurem Natron, dann aber auch mit Kaliumpermanganat. Von diesen Methoden ist diejenige, welche sich des sulfanilsauren Natrons bedient, vorzuziehen, da die Titration dann unter den Verhältnissen geschieht, wie sie der Verwendung in der Technik entsprechen, während die Permanganatmethode dieser Forderung nicht entspricht und mitunter auch Resultate liefert, die etwas verschieden sind von den durch die Diazotirung erhaltenen.

a) **Gehaltsbestimmung des Nitrits durch Diazotirung.**

Die **Gehaltsbestimmung des Nitrits durch Diazotirung des sulfanilsauren Natrons** bezw. **der Sulfanilsäure** beruht auf der Möglichkeit, das sulfanilsaure Natron leicht durch Krystallisation in reinem Zustande mit 2 Mol. Krystallwasser zu erhalten. Von diesem wiegt man ungefähr 2 g ab, wobei das Präparat keine verwitterten Flächen zeigen darf und nicht allzulange vorher gepulvert sein darf, da sonst weniger Krystallwasser vorhanden ist, und man demgemäss falsche Resultate enthält.

Man löst die abgewogene Menge des sulfanilsauren Natrons (ca. 2 g) in 500 ccm Wasser, versetzt mit 10 ccm Salzsäure und lässt solange von der Nitritlösung zulaufen, bis Jodkaliumstärkepapier gerade und bleibend gebläut wird. Alsdann berechnet sich der Gehalt des Nitrits nach der Gleichung:

$$C_6H_4\begin{cases}(1)\,NH_2\\(4)\,SO_3Na\end{cases},\; 2H_2O + 2HCl + NaNO_2 = C_6H_4\begin{cases}N=N\\ \diagup\\ SO_3\end{cases} + 2NaCl + 4H_2O.$$

$$\begin{array}{ccc}231 & : & 69 \\ 2 & : & x \end{array} \Bigg\} \quad x = \frac{69 \cdot 2}{231}$$

x g Natriumnitrit sind in der Anzahl der verbrauchten a ccm enthalten, demgemäss in einem der a-te Theil, $1\,ccm = \dfrac{x}{a}$.

Hiermit ist zugleich auch angegeben, wie man überhaupt bei der Ausführung dieser Methode verfährt. An Stelle von sulfanilsaurem Natron kann man auch nach meinen Erfahrungen p-Toluidin verwenden, wenn man in sehr saurer Lösung arbeitet, ohne befürchten [1] zu müssen, dass

---

[1] Vgl. die bestätigenden Versuche von A. Hantzsch und M. Schuhmann, Ber. **32**, 1691, 1899, wonach diese Amine bei Anwendung von $^N/_{100}$ Lösung nach 15 Minuten nahezu völlig diazotirt sind.

sich Diazoamidoverbindung bildet. Das Gleiche gilt meines Erachtens auch für o-Toluidin und Anilin. Das sind Körper, die immerhin mit grösserer Zuverlässigkeit in absolut reinem Zustand erhalten werden können als gerade das krystallisirte sulfanilsaure Natron, welches eventuell etwas verwittert sein kann. Auch empfiehlt sich nicht, eine grosse Quantität einer Lösung von sulfanilsaurem Natron längere Zeit aufzubewahren, da dieselbe den Titer ändert. Ich würde für diesen Fall reines p-Toluidin bevorzugen, welches leicht abgewogen werden kann, während man bei Anilin und o-Toluidin immer erst die Einfüllung in besondere Wägegläschen nöthig hat, wenn es sich um sorgfältige Messungen handelt. Häufig enthält auch Anilin noch eine geringe Beimischung von o-Toluidin.

Die hier hauptsächlich in Frage kommenden Amine[1]) sind folgende:

Name.	Formel.	Mol. Gew.
Anilin	$C_6H_5NH_2$	93
Nitranilin	$C_6H_4{<}^{NH_2}_{NO_2}$	138
Phenylendiamin	$C_6H_4{<}^{NH_2}_{NH_2}$	108
Toluidin	$C_6H_4{<}^{NH_2}_{CH_3}$	107
Nitrotoluidin	$C_6H_3{<}^{NH_2}_{CH_3}_{NO_2}$	152
Toluylendiamin	$C_6H_3{<}^{NH_2}_{CH_3}_{NH_2}$	122
Xylidin	$C_6H_3{<}^{NH_2}_{CH_3}_{CH_3}$	121
Kumidin	$C_6H_2(CH_3)_3NH_2$	135
Naphtylamin	$C_{10}H_7NH_2$	143
Benzidin	$\begin{matrix}C_6H_4NH_2 \\ | \\ C_6H_4NH_2\end{matrix}$	184
Tolidin	$\left(-C_6H_3{<}^{NH_2}_{CH_3}\right)_2$	212

---

1) Diese Zusammenstellung wurde G. Schultz, Ch. d. Steinkohlentheers, entnommen.

Name.	Formel.	Mol. Gew.
Dianisidin	$\left(-C_6H_3\!\!<^{NH_2}_{OCH_3}\right)_2$	244
Diamidostilben	$C_{14}H_{10}(NH_2)_2$	210
Amidoazobenzol	$C_6H_5NNC_6H_4NH_2$	197
Amidoazotoluol	$C_6H_4(CH_3)NNC_6H_3(CH_3)NH_2$	225
Amidoazoxylol	$C_6H_3(CH_3)_2NNC_6H_2(CH_3)_2NH_2$	253
Sulfanilsäure	$C_6H_4\!\!<^{NH_2}_{SO_3H}$	173
Natronsalz, wasserfrei		195
„ $+2H_2O$		231
Toluidinsulfosäure	$C_6H_3NH_2(CH_3)SO_3H$	187
Xylidinsulfosäure	$C_6H_2NH_2(CH_3)_2SO_3H$	201
Kumidinsulfosäure	$C_6HNH_2(CH_3)_3SO_3H$	215
Naphtylaminsulfosäure	$C_{10}H_6 . NH_2 . SO_3H$	223
Natronsalz, wasserfrei		245
„ $+4H_2O$ (Naphtionat)		317
Benzidindisulfosäure	$C_{12}H_6(NH_2)_2(SO_3H)_2$	344
Tolidindisulfosäure	$C_{12}H_4(CH_3)_2(NH_2)_2(SO_3H)_2$	372
Amidoazobenzolmonosulfosäure	$C_6H_4\!\!<^{NH_2}_{N\,:\,NC_6H_4SO_3H}$	277
Amidoazobenzoldisulfosäure	$C_{12}H_{11}N_3O_6S_2$	357
Amidoazotoluolmonosulfosäure	$C_{13}H_{13}N_3O_3S$	305
Amidoazotoluoldisulfosäure	$C_{13}H_{13}N_3O_6S_2$	385
Amidobenzoësäure	$C_6H_4(NH_2)CO_2H$	137
Amidotoluylsäure	$C_6H_3(CH_3)(NH_2)CO_2H$	151
Amidonaphtoësäure	$C_{10}H_6(NH_2)CO_2H$	187

$=$ Amidonaphtalinkarbonsäure.

Jedes Gramm-Molekül der primären Monamine entspricht also 69 g Natriumnitrit, jedes Gramm-Molekül der primären Diamine 2×69 g Natriumnitrit.

b) Gehaltsbestimmung des Nitrits mit Permanganat.

Die zweite Methode der Gehaltsbestimmung des Nitrits ist von Feldhaus und Lunge[1]) empfohlen worden. Sie beruht auf der Eigenschaft, dass das Nitrit durch Kaliumpermanganat leicht in das Nitrat übergeführt wird nach der Gleichung:

$$2\,KMnO_4 + 5\,NaNO_2 + H_2O = 5\,NaNO_3 + 2\,MnO + 2\,KOH.$$

---

1) Feldhaus und Lunge, Fresenius, Anl. zur quant. Analyse.

Zur Ausführung der Analyse löst man 10 g des zu untersuchenden Nitrits in einem Liter Wasser und lässt von dieser Lösung so viel in dünnem Strahle in eine mit Schwefelsäure angesäuerte und auf 40° erwärmte Auflösung von $N/2$ Chamäleonlösung in 130 ccm Wasser einfliessen, bis schliesslich ein Tropfen nach einigem Stehen keine Entfärbung herbeiführt.

c) Diazotirungsgeschwindigkeit.

Ueber die Diazotirungsgeschwindigkeit der Anilinbasen haben A. Hantzsch und M. Schumann[1]) gearbeitet. Sie sind zu folgenden allgemeinen Ergebnissen gelangt, die den Erwartungen entsprechen:

α) Die Diazotirung der Anilinbasen verläuft, wenn man störende Nebenprocesse, vor allem die Bildung von Diazoamidokörpern ausschliesst, auch in sehr starker Verdünnung so gut wie vollständig.

β) Die Reaktionsgeschwindigkeit des Diazotirungsprocesses ist ausserordentlich gross; sie nimmt aber, wie zu erwarten war, mit steigender Temperatur bedeutend zu.

γ) Die Diazotirungsgeschwindigkeit der untersuchten aromatischen Amine, Anilin, p-Toluidin, m-Xylidin, p-Bromanilin, p-Nitranilin ist auffallender Weise fast gleich gross; sie wird also durch Einführung positiver oder negativer Gruppen in den Benzolrest der Anilinbase nicht merklich beeinflusst, sofern auch hier sekundäre Reaktionen, vor allem Diazoamidobildung vermieden werden.

δ) Die Diazotirungsgeschwindigkeit wird durch überschüssige Säure etwas vergrössert; mehr als 1 Mol. überschüssiger Säure hat jedoch auf die Geschwindigkeit keinen merklichen Einfluss mehr, ist aber besonders bei schwachen Aminen (p-Nitranilin) wegen ihrer Schutzwirkung gegen sekundäre Bildung von Diazoamidokörpern für den vollständigen Verlauf der Diazotirung erforderlich.

ε) Aus der Diazotirungsgeschwindigkeit berechnet sich annähernd eine Konstante nach der Gleichung zweiter Ordnung:

$$k = \frac{x}{a - x} \cdot \frac{1}{t}.$$

Daraus geht hervor, dass der Process sich ausschliesslich zwischen zwei Stoffen vollzieht. Diese zwei aktiven Stoffe können, mit Rücksicht darauf, dass der Process

---

[1]) A. Hantzsch und M. Schümann, Ber. **32**, 1691, 1899.

auch bei Anwesenheit überschüssiger Salzsäure sich vollzieht, nur Aniliniumionen einerseits und undissociirte salpetrige Säure anderseits sein.

Die Diazotirung ist also folgendermassen zu formuliren:

$$\mathrm{Arr} \underset{\ldots}{.\,N} + NO_2H = \mathrm{Arr} \underset{\ldots}{.\,N} + 2\,H_2O$$
$$H_3 \qquad\qquad N$$

oder in üblicher Schreibweise:

$$\mathrm{Arr} \underset{\ldots}{.\,N} . Cl + NO_2H = \mathrm{Arr}\,\underset{\ldots}{N} . Cl + 2\,H_2O.$$
$$H_3 \qquad\qquad N$$

In guter Uebereinstimmung steht damit, dass überschüssige Salzsäure den Process beschleunigt; denn eine rein wässerige Lösung von Anilinchlorhydrat enthält bekanntlich infolge hydrolytischer Spaltung auch eine gewisse Menge freies, also gegenüber der Diazotirung inaktives Anilin, $C_6H_5NH_2$. Dieser Bruchtheil wird durch überschüssige Salzsäure ebenfalls in Aniliniumionen $C_6H_5NH_3$ verwandelt und vermehrt somit die Masse der gegen salpetrige Säure aktiven Substanz und damit die Reaktionsgeschwindigkeit.

Zur Bestimmung der Reaktionsgeschwindigkeit kam die von Trommsdorff angegebene Methode in Anwendung, welche auf der Blaufärbung von Jodzinkstärke durch salpetrige Säure beruht. Die von Kopp angegebene und von L. Spiegel[1]) ausgearbeitete Methode der Bläuung von Diphenylamin in konc. Schwefelsäure durch salpetrige Säure war nicht brauchbar, da die durch den Zusatz der konc. Schwefelsäure hervorgebrachte Temperaturerhöhung eine beschleunigende Wirkung auf den Diazotirungsprocess ausübt.

2. Konstitution und Diazotirbarkeit.

Die Entdeckung der Diazoderivate verdankt man P. Griess, welcher fand, dass bei der Einwirkung der salpetrigen Säure auf das Salz eines aromatischen Amins sich dieses umwandelt in einen Körper von ausserordentlich charakteristischen Eigenschaften und von grosser Reaktionsfähigkeit. Bei der Bildung von Diazosalzen darf es an Säure nicht fehlen, da andernfalls Diazoamidoverbindungen entstehen.

Infolge der Untersuchungen von Blomstrand, Bamberger und Hantzsch nimmt man an, dass wir es bei den gewöhnlichen Diazosalzen, den Salzen der Diazoniumbase $C_6H_5N : N$, mit Verbindungen folgender Konstitution zu thun haben.

$$C_6H_5N(HSO_4) : N \quad oder \quad C_6H_5N(NO_3) : N.$$
Diazobenzolsulfat   Diazobenzolnitrat,

---

1) L. Spiegel, Zeitschr. f. Hygiene **1887**, 189.

während nach Walther[1]) die Bildung der Diazoverbindungen nach folgender Gleichung erfolgt:

$$C_6H_5NH_2,\ HCl + HNO_2 = C_6H_5N(HCl) . NHO + H_2O.$$

Meiner Ansicht[2]) nach ist auch die Möglichkeit gegeben, dass das Diazobenzolchlorid etc. folgende Konstitution besitzt:

$$C_6H_5N \vdots NCl.$$

Aus diesem Diazoniumsalz können speciell bei Nitro- und Sulfoderivaten Verbindungen entstehen, bei denen die Diazogruppe einen Säurecharakter zeigt und sich dementsprechend mit Alkalien zu Salzen vereinigen kann.

Beim Versetzen eines Diazoniumsalzes mit Alkali in der Kälte bildet sich das entsprechende Salz des Diazohydrats.

a) $O_2NC_6H_4N \vdots NCl + 2\,KOH = O_2NC_6H_4N : NOK + KCl + H_2O$

b) $O_2NC_6H_4N(Cl) \vdots N + 2\,KOH = O_2NC_6H_4N + KCl + H_2O\,(Hantzsch)$
$$K\ddot{O}N$$
K-salz des Syndiazobenzolhydrats.

Lässt man dagegen die Reaktion in der Wärme vor sich gehen bei etwa 60°, so entsteht eine isomere Verbindung, die von Schraube und Schmidt bezw. Bamberger entdeckt wurde und ein bedeutend geringeres Kuppelungsvermögen zeigt. Die Bildung des Isohydrats, oder nach Hantzsch Antidiazohydrats erfolgt nach der Gleichung

a) $O_2NC_6H_4N \vdots NCl + 2\,KOH = O_2NC_6H_4N : NO + KCl + H_2O,$
$$K$$

b) $O_2NC_6H_4N \vdots NCl + 2\,KOH = O_2NC_6H_4N\quad + KCl + H_2O.$
$$\uparrow \quad \ddot{N}OK \qquad (Hantzsch)$$
K-salz des Antidiazobenzolhydrats.

Nach meiner Auffassung lassen sich dieselben am besten durch folgende Formeln wiedergeben:

C₆H₅N ⫶ NCl,

<table>
<tr><td>$C_6H_5N \vdots NCl,$</td><td>$O_2NC_6H_4N$</td><td>$O_2NC_6H_4N$</td></tr>
<tr><td>Diazobenzolchlorid</td><td>$K\ddot{O}N,$</td><td>$\ddot{N}OK,$</td></tr>
<tr><td></td><td>Schwer kuppelndes</td><td>Leicht kuppelndes</td></tr>
<tr><td></td><td>Isohydrat,</td><td>normales Hydrat,</td></tr>
</table>

während Bamberger[3]) folgende Formulirung vorzieht:

<table>
<tr><td>$\overset{V}{C_6H_5NOK} : N$</td><td>$\overset{...}{C_6H_5N} : NOK$</td></tr>
<tr><td>Normal-Diazobenzolkalium</td><td>Isodiazobenzolkalium.</td></tr>
</table>

---

[1]) R. v. Walther, Journ. pr. Ch. **51**, 530, 1895.
[2]) W. Vaubel, Stereosch. Forsch. Bd. I, Heft 2, 1899.
[3]) E. Bamberger, Ber. **28**, 444, 1895.

Die Diazokörper sind als Diazoniumsalze und normale Diazobenzol-
hydratsalze meist weniger beständig, etwas beständiger schon als Isodiazo-
hydratsalze. Sie zersetzen sich leicht unter Stickstoffentwicklung und
Bildung eigenartiger, bisher noch wenig erforschter Körper, die neben
Phenolen entstehen. Beim Vorhandensein von Eis und grösseren Mengen
von Säuren sind die Diazoverbindungen entsprechend haltbarer.

Die Diazogruppe lässt sich unter Anwendung geeigneter Mittel durch
H, OH, Cl, Br, J und CN ersetzen, wie z. B. bei der Sandmeyer-
schen Reaktion. Durch Einführung negativer Gruppen kann die Beständigkeit der Diazoverbindungen erhöht werden. Alkyle aber vermindern
die Beständigkeit. So sind die Salze des Diazoxylols weniger beständig
als die des Diazobenzols, und zwar sind nach Oddo und Ampola[1])
die p-Derivate am beständigsten, die m-Derivate am unbeständigsten.

Von Interesse sind noch einige Beobachtungen, die bei der Diazotirung von Diaminen gemacht worden sind.

Aus o-Phenylendiamin entsteht nach E. Ladenburg[2]) bei der Be-

handlung mit salpetriger Säure Azimidobenzol, $C_6H_4 \diagup\!\!\!\diagdown \!\! \begin{smallmatrix} N \\ \\ N \end{smallmatrix} \!\! \diagdown\!\!\!\diagup NH.$ m-Phe-

nylendiamin liefert bei der Diazotirung das Bismarckbraun oder
Vesuvin, einen Farbstoff, den man früher immer als salzsaures Tri-
amidobenzol angesehen hat, der aber wahrscheinlich je nach der Bereitungsweise von verschiedener Zusammensetzung ist, aber in der Hauptsache aus m-Phenylendisazo-m-phenylendiamin besteht, wie die Untersuchungen von W. Vaubel[3]), F. Gattermann und H. Küchle[4]), E. Täuber und F. Walder[5]) sowie R. Möhlau und L. Meyer[6]) dargethan
haben. Neben dem m-Phenylendisazo-m-phenylendiamin kommt in mehr
oder weniger untergeordneter Menge auch das Triamidoazobenzol vor, von
dem man die beste Ausbeute erhält, wenn die durch die Gleichung:

$$C_6H_4 \diagup\!\!\!\diagdown \begin{smallmatrix} NH_2 \\ \\ N_2Cl \end{smallmatrix} + C_6H_4(NH_2)_2 = C_6H_4 \diagup\!\!\!\diagdown \begin{smallmatrix} NH_2 \\ \\ N_2 - C_6H_3(NH_2)_2 \end{smallmatrix} . HCl$$

wiedergegebene Umsetzung in der Weise vor sich gehen lässt, dass man
2 Mol. salzsaures m-Phenylendiamin mit 1 Mol. Natriumnitrit in Gegenwart von 3 Mol. Natriumacetat in Wechselwirkung bringt.

Das Bisdiazoniumchlorid des m-Phenylendiamins wurde

---

[1]) Oddo und Ampola, Gazzetta chimica ital. **26**, (2), 545, 1894.

[2]) E. Ladenburg, Ber. **9**, 219, 1876; P. Gries, Ber. **15**, 1878, 1882.

[3]) G. Schultz, Chem. d. Steinkohlentheers, II. Aufl., **2**, 193; W. Vaubel,
Chem. Ztg. **18**, 1501, 1894.

[4]) F. Gattermann und H. Küchle, Inaug. Dissert. Heidelberg, 1895.

[5]) E. Täuber und F. Walder, Ber. **30**, 2111, 2899, 1897.

[6]) R. Möhlau und L. Meyer, Ber. **30**, 2203, 1897; vgl. auch K. Eiermann,
Ber. **31**, 188, 1898.

von A. Hantzsch und H. Borghaus[1]) durch Diazotiren in der fünffachen Menge konc. Salzsäure aus der stets rothgelb bleibenden Lösung
isolirt in festem Zustande und zeichnet sich durch eine grosse Explosibili-
tät aus.

p-Phenylendiamin giebt, in der üblichen Weise diazotirt, vor-
zugsweise p-Amidodiazobenzol. Beim Einfliessenlassen einer Lösung von
salzsaurem p-Phenylendiamin in eine Lösung von salpetriger Säure, die
angesäuert ist, erhält man p-Tetrazobenzolchlorid. Nach Hantzsch und
Borghaus (l. c.) lässt sich das Sulfat auch in festem Zustande erhalten.

$$\alpha\text{-Toluylendiamin, } C_6H_3\!\!\begin{cases}(1)CH_3\\(2)NH_2\\(4)NH_2\end{cases}\text{, verhält sich gegen salpetrige}$$

Säure wie m-Phenylendiamin[2]).

$$\beta\text{-Toluylendiamin, } C_6H_3\!\!\begin{cases}(1)CH_3\\(3)NH_2\\(4)NH_2\end{cases}\text{, liefert in gleicher Weise wie}$$

das o-Phenylendiamin ein Azimidotoluol $C_6H_3(CH_3)\!\!\begin{array}{c}N\\ \diagdown \\ N\end{array}\!\!>\!NH.$

$$\text{Benzidin, } C_6H_4\!\!\begin{cases}(1)NH_2\\(4)C_6H_4\end{cases}\!\!\begin{array}{c}(1)NH_2\end{array}\text{, und Tolidin,}$$

$$H_3C(2)C_6H_3\!\!\begin{cases}(1)NH_2\\(4)C_6H_3\end{cases}\!\!\begin{cases}(1)NH_2,\\(2)CH_3\end{cases}$$

geben mit der entsprechenden Menge Säure und Nitrit Tetrazoverbindungen.

$$\begin{array}{l}C_6H_4NH_2,\,HCl\\ \big|\\ C_6H_4NH_2,\,HCl\end{array} + 2\,HNO_2 = \begin{array}{l}C_6H_4N:NCl\\ \big|\\ C_6H_4N:NCl\end{array} + 4\,H_2O.$$

Führt man dagegen die Diazotirung nur mit einem Molekül Nitrit
und zwar am besten in essigsaurer Lösung aus, so bildet sich ein inneres
Diazodiamidodiphenyl[3]) nach der Gleichung:

$$\begin{array}{l}C_6H_4NH_2\\ \big|\\ C_6H_4NH_2\end{array} + HNO_2 = \begin{array}{l}C_6H_4-NH\\ \big|\qquad\qquad >N + 2\,H_2O.\\ C_6H_4-N\end{array}$$

Durch weitere Einwirkung von salpetriger Säure wird dann das
Tetrazoderivat erhalten:

---

[1]) A. Hantzsch und H. Borghaus, Ber. **30**, 92, 1897.
[2]) E. Ladenburg, Ber. **11**, 1651, 1878.
[3]) D. R. P. 51576, H. Baum übertragen auf die Farbenfabrik von F. Bayer,
Elberfeld.

$$\begin{matrix} C_6H_4NH \\ | \quad\quad\quad\quad >N \\ C_6H_4-N \end{matrix} + 2\,HCl + HNO_2 = \begin{matrix} C_6H_4 . N : NCl \\ | \\ C_6H_4 . N : NCl \end{matrix} + 2H_2O.$$

Auch löst sich der braune Körper $\begin{matrix} C_6H_4NH \\ | \quad\quad >N \\ C_6H_4-N \end{matrix}$ mit überschüssiger

Salzsäure auf zu $\begin{matrix} C_6H_4-NH_2,\ HCl \\ | \\ C_6H_4-N : NCl \end{matrix}$ nach der Gleichung:

$$\begin{matrix} C_6H_4-NH-N \\ | \quad\quad\quad\quad \\ C_6H_4-N \end{matrix} + 2\,HCl = \begin{matrix} C_6H_4-NH_2,\ HCl \\ | \\ C_6H_4-N : NCl. \end{matrix}$$

Von den nitrirten Diaminen ist noch bemerkenswerth, dass das
o-Nitro-p-phenylendiamin, $C_6H_3 \begin{smallmatrix} (1)NH_2 \\ (2)NO_2 \\ (4)NH_2 \end{smallmatrix}$, selbst bei einem Ueberschusse
von salpetriger Säure sowie Salzsäure nur in eine Diazoverbindung über-
führbar ist, wie die Versuche von Bülow, sowie Bülow und Mann[1])
dargethan haben. Erst wenn man diese eine Diazogruppe mit einem
Phenol gekuppelt hat, ist auch die zweite Amidogruppe diazotirbar. Diejenige Amidogruppe, welche zuerst diazotirbar ist, ist die in m-Stellung
zur Nitrogruppe befindliche, nach dem Benzolschema der Nitrogruppe also
nicht direkt benachbarte Gruppe.

Ueber den Einfluss der Methoxyle auf die Diazotirung
einiger aromatischer Verbindungen hat P. Biginelli[2]) Versuche ausgeführt. Dieselben haben ergeben, dass die Methoxyle theilweise die Diazotirung von Amidoverbindungen verhindern, indem sich in
einer Anfangsphase der Reaktion Kondensationsprodukte zwischen den
Amidoverbindungen und dem Hydroxyl bilden.

Auch aliphatische Verbindungen vermögen Diazokörper zu
bilden, wobei ich auf die Arbeiten von Th. Curtius verweise, der aus
Glykokolläthyläther durch Einwirkung von salpetriger Säure den Diazoessigäther nach folgender Gleichung darstellte:

$$CH_2NH_2 . COOC_2H_5 + HNO_2 = \begin{matrix} \quad\ H \\ C\!\!<_{\ N}^{\ N} \\ | \\ COOC_2H_5 \end{matrix} + 2\,H_2O.$$

Glykokolläthyläther $\qquad\qquad$ Diazoessigäther.

---

[1]) C. Bülow, Ber. **29**, 2284, 1896; C. Bülow und E. Mann, Ber. **30**, 977,
1897.

[2]) P. Biginelli, Chem. Centrbl. 1897, II, 1148.

Aehnliche Verbindungen werden erhalten aus Glycin, Alanin, Tyrosin, Leucin, Amidomalonsäure, Asparaginsäure.

3. Haltbarkeit der Diazolösungen.

Aus den Versuchen von R. Hirsch[1]) ergiebt sich, dass der Eintritt der Methylgruppe in die p-Stellung dem Diazobenzol eine sehr bemerkenswerthe Beständigkeit giebt, während die o-Stellung der Methylgruppe in noch höherem Grade in entgegengesetztem Sinne, die Zersetzung fördernd, wirkt. m-Xylidin stellt sich zwischen o- und p-Toluidin, während diazotirtes p-Xylidin noch viel zersetzlicher zu sein scheint als Diazo-o-Toluol.

Nachfolgende Tabelle giebt einen Ueberblick über diese Verhältnisse. Im Anfange der Versuchsreihe verbrauchten 25 ccm Naphtollösung je 25 ccm der Diazolösungen. Letztere blieben bei Zimmertemperatur sich selbst überlassen und wurden von Stunde zu Stunde untersucht. Es wurde alsdann folgende Anzahl von ccm gegenüber 25 vorher verbraucht:

Stunden.	Anilin.	o-Toluidin.	p-Toluidin.	m-Xylidin.	Sulfanilsäure.
1	26,0	32	25,5	27,5	25,5
2	26,5	40	25,5	30,0	25,5
3	29,0	50	25,5	33,0	25,5
4	30,5	77	26,0	37,5	25,5
5	31,0	94	27,0	43,0	26,0
6	34,0	112	27,5	46,0	26,5
24	50,0	265	27,8	70,0	27,0
240	—	—	50,0	—	—

Die Lösungen wurden in der Weise hergestellt, dass man 9,3 g Anilin, je 10,7 g o- und p-Toluidin, 12,1 g m-Xylidin und 17,3 g Sulfanilsäure in ca. 700 ccm Wasser und 30 ccm Salzsäure löste und durch Zugabe einer Lösung von 7,2 g Nitrit in so viel Wasser diazotirte, dass das Volumen 1 l betrug.

Weiterhin führte Hirsch Untersuchungen aus über die Haltbarkeit einer Diazobenzollösung unter verschiedenen Bedingungen. Dieselbe wurde a) bei gewöhnlicher Temperatur, b) bei 0°, c) bei 35° sich überlassen, d) mit 10% des Volums an Salzsäure, e) mit überschüssiger Natronlauge und f) mit Natriumacetat versetzt. Alsdann verbrauchten 25 ccm Naphtolsulfosäurelösung folgende Anzahl von ccm:

Stunden.	bei 15°.	bei 0°.	bei 35°.	mit HCl.	mit NaOH.	mit Natriumacetat.
3	29,5	26,5	ca. 1200	27,5	30,5	32
6	34	26,5	—	31	34	37
24	—	29	—	—	—	—.

---

1) R. Hirsch, Ber. **24**, 324, 1891.

Das beste Mittel eine Diazobenzollösung vor Zersetzung zu schützen, ist mithin starke Abkühlung; ein Zusatz von Säure übt einen, wenn auch nur geringen erhaltenden Einfluss aus, während ein Zusatz von Alkali oder Acetat eine geringe Zunahme der Zersetzlichkeit bedingt.

Für andere Diazo- bezw. Tetrazolösungen werden die Verhältnisse entsprechend verändert sein; immerhin geben die vorher angeführten Werthe einen Ueberblick über die hier obwaltenden Umstände, die zu einer Beschleunigung oder Verlangsamung der Zersetzung führen.

Entgegen der allgemeinen Ansicht ist für die Paranitranilinrothfärberei und für die Entwicklung der sog. Benzonitrol- bezw. Nitrazolfarben in der Färberei und Druckerei gebrauchte, in bekannter Weise hergestellte Lösung von diazotirtem p-Nitranilin auch bei Gegenwart von Natriumacetat relativ beständig. A. Buntrock[1]) untersuchte die Haltbarkeit des diazotirten p-Nitranilins in der Weise, dass gleiche Quantitäten von Diazolösungen aus bestimmten Mengen p-Nitranilin während verschiedener Zeiträume theils direkt, also mit einem deutlichen Ueberschuss an Salzsäure, theils nach Zusatz von Natriumacetat (ohne Ueberschuss), also in essigsaurer Lösung, dem direkten Tageslichte ausgesetzt wurden. Zum Vergleiche wurden Parallelversuche angestellt mit gleichartig zusammengesetzten Lösungen bei Abschluss jeglichen Lichtes während der ganzen Versuchsdauer. Die Temperatur der Diazolösungen betrug im Mittel 24°. Nach einer bestimmten Zeit wurden die einzelnen Diazolösungen mit einer entsprechenden Menge 1,4 Naphtolsulfosäure in soda-alkalischer Lösung gekuppelt, und nach vollendeter Kuppelung wurde die überschüssige Naphtolsulfosäure mit einer Lösung von diazotirtem Anilin zurückbestimmt. Folgende Tabelle giebt die Resultate wieder.

Von dem ursprünglich in der Diazolösung enthaltenen diazotirten p-Nitranilin sind noch vorhanden:

Nach 2 Stunden: Procente.

    In salzsaurer Lösung, belichtet   99,8

    „   „   „ nicht belichtet   99,8

    In essigsaurer Lösung, belichtet   99,3

    „   „   „ nicht belichtet   99,7

Nach 12 Stunden:

    In salzsaurer Lösung, belichtet   98,7

    „   „   „ nicht belichtet   98,9

    In essigsaurer Lösung, belichtet   95,9

    „   „   „ nicht belichtet   97,3

---

1) A. Buntrock, Leipzg. Monatsschr. Textil. Ind. **13**, 608, 1898; Chem. Ztg. Rep. **23**, 71, 1898.

Nach 7 Tagen: Procente.

   In salzsaurer Lösung,   belichtet   91,3
    ,,   ,,   ,,   nicht belichtet   92,6
   In essigsaurer Lösung, belichtet   80,2
    ,,   ,,   ,,   nicht belichtet   85,2

Nach 28 Tagen:

   In salzsaurer Lösung,   belichtet   77,8
    ,,   ,,   ,,   nicht belichtet   82,4
   In essigsaurer Lösung, belichtet   61,6
    ,,   ,,   ,,   nicht belichtet   69,1

Die Versuche zeigen deutlich den Einfluss, den Belichtung und die Art der Säure auf die Haltbarkeit des p-Nitrodiazobenzols ausüben.

4. Bestimmung des p-Nitranilins.

Das p-Nitranilin hat eine grosse Bedeutung gewonnen für die Herstellung des Nitranilinroths, welches direkt auf der Faser entwickelt wird durch Einwirkung der p-Nitranilindiazolösung auf die mit β-Naphtol imprägnirte Waare. Neben dem p-Nitranilin kommen hier noch für die Darstellung sog. Eisfarben in Frage: Dianisidin für Dianisidinblau, sowie die m-Nitroverbindung desselben, Benzidin, Tolidin, Naphtylamin, Phenylendiamin und zwar Acetylphenylendiamin, Toluylendiamin, Amidoazobenzol, bezw. -toluol, Primulin, eventuell auch Anilin, Toluidin und Xylidin.

Alle diese Verbindungen mit Ausnahme der Amidoazokörper lassen sich leicht in lösliche Form bringen, und es kann dann ihr Gehalt an Base durch Titriren mit Nitritlösung ermittelt werden.

Obgleich nun für die Färbereitechnik hauptsächlich die in stabile Form gebrachte Diazoverbindung des p-Nitranilins, wie das Chlorzinkdoppelsalz von Feer[1], das Nitrosamin der Bad. Anilin und Sodafabrik, welches das Kaliumsalz der isomeren Form des p-Nitrodiazobenzols darstellt u. s. w. in den Handel kommen, und man deren Gehalt durch Ermittlung ihrer Kombinationsfähigkeit bestimmen kann, ist es doch von Interesse auch das Verfahren kennen zu lernen, nach welchem man zunächst eine ausgiebige p-Nitranilinlösung und auch eine entsprechende Diazolösung erhalten kann.

Eine Zusammenstellung von V. Werner[2] giebt uns hierüber Aufschluss.

---

[1] Feer, Ber. industr. Gesellsch. von Mühlhausen 1891, 220—228; vgl. auch Ch. Gassmann, Lehne's Färberzeitung **8**, 67, 1897.
[2] V. Werner, Lehne's Färberzeitung **6**, 294 und 314, 1895.

Paranitranilinlösung. Schon beim Lösen des p-Nitranilins in Wasser und Salzsäure ist eine gewisse Sorgfalt angezeigt, d. h. es ist auf eine vollständige Lösung zu achten. Ungelöste Theile gehen nachher auch beim Nitritzusatz nicht mehr in Lösung, werden also nicht diazotirt und gehen alsdann verloren; zudem haften die ungelösten Theile leicht — falls vor der Passage nicht filtrirt wird — der passirenden Waare an und beflecken sie.

Zur Auflösung von p-Nitranilin sind zwei Verfahren vorgeschlagen, von den Höchster Farbwerken und von L. Cassella & Co., und zwar Ueberführung in das salzsaure Salz und Ueberführung in das schwefelsaure. Die Methode der Ueberführung in das schwefelsaure Salz (Cassella) erfordert ein äusserst vorsichtiges Arbeiten und bietet gegenüber der Verwendung von Salzsäure keinerlei Vortheile, da auch mit dieser bei Anwendung von heissem Wasser ohne Kochen eine vollständige Lösung erzielt werden kann.

Die Angaben über die Salzsäuremenge, welche zum Lösen und zum Diazotiren nöthig ist, sind verschieden.

Die Farbwerke Höchst nehmen auf 140 g p-Nitranilin 220 ccm Salzsäure von 22° Bé.

L. Cassella & Co. nehmen auf 138 g p-Nitranilin 400 ccm Salzsäure von 22° Bé.

Für Lösen und Diazotiren sind jedoch am besten zu verwenden auf 140 g p-Nitranilin 280 ccm Salzsäure von 22° Bé.

Bei Verwendung von Wasser, dessen Temperatur dem Siedepunkte nicht ziemlich nahe liegt, oder wenn zuerst Salzsäure und dann das heisse Wasser zum p-Nitranilin zugesetzt wird, tritt vollständige Lösung erst bei nachträglichem Kochen ein.

Diazolösung: Die Diazotirung vollzieht sich um so glatter, in je feinerer Vertheilung sich das salzsaure p-Nitranilin befindet; es ist deshalb nothwendig, die heisse salzsaure Lösung möglichst rasch abzukühlen. Ferner muss der Nitritzusatz schnell und auf einmal erfolgen, wenn eine klare Diazolösung resultiren soll. Die Anwendung von Eis ist keine Nothwendigkeit, jedoch rathsam, indem die Zersetzung der Diazolösung, die bei einer Temp. von 23° C. vollkommen klar war, erst nach ca. 75 Minuten begann.

Für die Herstellung der für die Färberei zu verwendenden Diazolösung benützt man am besten einen geringen Ueberschuss an Nitrit.

5. Diazotirung des m-Phenylendiamins.

Be anntlich bilden sich beim Diazotiren des m-Phenylendiamins direkt braune Körper, die als Farbstoff unter dem Namen Bismarckbraun (siehe vorher) Verwendung finden. Das Bismarckbraun ist je nach der Art der Herstellung aus verschiedenen Produkten zusammengesetzt, und zwar ist dies abhängig von der Art des Diazotirens, wie E. Täuber und F. Walder[1]) nachgewiesen haben. Je nach der Art der Herstellung enthält es hauptsächlich Triamidoazobenzol, $H_2NC_6H_4N:NC_6H_3(NH_2)_2$ oder Phenylendisazo-m-phenylendiamin, das entweder als C_6H_4: $[.N:NC_6H_3(NH_2)_2]_2$, als $(NH_2)_2C_6H_2(N:N.C_6H_4NH_2)_2$ oder als $H_2NC_6H_4$. $N:N.C_6H_3(NH_2)N:N.C_6H_3(NH_2)_2$ anzusehen ist.

Lässt man Nitrit $+$ HCl auf zweifach saures m-Phenylendiamin einwirken, so werden 29,1 %/o des im Diamin enthaltenen Stickstoffes als Gas entwickelt, und zwar tritt diese Gasentwicklung, welche der Menge des zugefügten Nitrits proportional zu sein scheint, schon dann auf, wenn noch viel unverändertes Diamin vorhanden ist; die zur vollständigen Umwandlung des zweifach salzsauren m-Phenylendiamins in Farbstoff verbrauchte Menge Nitrit steht zu letzterem im Verhältniss von 5 : 6 Mol.

Verwendet man einfach salzsaures m-Phenylendiamin, so tritt keine Gasentwicklung auf, aber eine vollständige Umwandlung des Diamins in Farbstoff gelingt überhaupt nicht, man hat zuletzt unverändertes Nitrit und Diamin in Lösung.

Eine vollkommene Ausnützung des Diamins ohne Gasentwicklung wird jedoch erreicht, wenn man auf drei Mol. desselben vier Mol. Salzsäure und etwa zwei Mol. Nitrit einwirken lässt; der erhaltene Farbstoff ist jedoch auch in diesem Falle nicht einheitlich, er enthält aber viel Triamidoazobenzol.

6. Bestimmung von Benzidin und Tolidin.

Die Bestimmung des Gehalts[2]) der Benzidin- und Tolidinbase geschieht selbstverständlich am besten mit Nitrit. Ausserdem dürfte der Schmelzpunkt maassgebend sein, der für Benzidin nicht unter 125 ⁰ C., für Tolidin nicht unter 120 ⁰ liegen soll. Durch die alleinige Bestimmung mit Nitrit wird jedoch kein für die Fabrikation der Kongofarbstoffe brauchbares Resultat erhalten, indem auch die im Benzidin und Tolidin noch als Verunreinigung enthaltenen Basen, die aus anderen Diphenylabkömmlingen bestehen und für die Reinheit der betreffenden Farbstoffe von Bedeutung sind, dadurch mittitrirt werden. Zur Bestimmung dieser Basen, deren Diazo- beziehungsweise Tetrazoverbindungen mit Naphtionsäure keine direkt färbenden Baumwollfarbstoffe liefern, wird die salzsaure Lösung des Benzidins oder Tolidins mit Schwefelsäure oder einem wasserlöslichen Sulfat gefällt und die im Filtrat bleibende Base mit Nitrit bestimmt. Bei

1) E. Täuber und F. Walder, Ber. **30**, 2111, 1897; vgl. auch W. Vaubel, Chem. Ztg.; K. Eiermann, Ber. **31**, 188, 1898.
2) W. Vaubel, Zeitschr. analyt. Ch. **35**, 163, 1896.

verschiedenen Handelsprodukten, die ich in genau gleicher Weise untersuchte, wurden folgende auf Benzidin, beziehungsweise Tolidin berechnete Werthe an fremder Base gefunden:

	Benzidin.	Tolidin.
1.	0,3 %	5,0 %
2.	0,2—0,3 %	5,0 %
3.	0,55 %	2,8 %

Diese Zahlen sind natürlich nur in diesem Zusammenhang verwendbar, da die Löslichkeit des Benzidin- und Tolidinsulfats mit in Rechnung zu ziehen ist. Dieselbe beträgt für

Benzidinsulfat . . 0,0076 g Benzidin in 1000 ccm Wasser
Tolidinsulfat . . 0,03 g Tolidin „　„　„　„

Der hierdurch entstehende Fehler wäre nicht sehr beträchtlich, so dass man die Fällung der Schwefelsäure, beziehungsweise des Sulfats, mit Benzidin zu einer Titrirmethode ausarbeiten könnte, wenn nicht die Löslichkeit des Benzidin- beziehungsweise Tolidinsulfats durch Zusatz von Salzsäure bedeutend zunehmen würde. So wurden für Benzidin folgende Werthe erhalten:

1000 ccm Wasser, 20 ccm Salzsäure (35 %)　　　　lösen 0,02 g Benzidin
　„　　„　　„　50 „　　„　　„　　　　　　„ 0,48„　　„
　„　　„　　„　50 „　　„　100 g essigs. Natron　„ 0,45„　　„
　　　　　　　　als Benzidinsulfat.

Für das Tolidinsulfat gelten folgende Zahlen:

1000 ccm Wasser, 20 ccm Salzsäure = 0,513 g Tolidin
　„　　„　　„　50 „　　„　= 4,42 „　　„

Hiernach würde eine Gehaltsbestimmung der Sulfate, bezw. der Schwefelsäure, nach dieser Methode nur annähernd richtige Werthe liefern, und sind deshalb die oben für die Verunreinigungen von Benzidin und Tolidin gefundenen Zahlen nur in diesem Zusammenhang von Bedeutung. In Wirklichkeit dürfte der Gehalt an fremden Basen bedeutend kleiner sein.

7. Die Diazotirung des Safranins.

Bereits durch die Untersuchungen von R. Nietzki[1] ist bekannt geworden, dass sich in verdünnter saurer Lösung eine Amidogruppe des Safranins diazotiren lässt, in koncentrirter saurer Lösung dagegen sind es zwei Amidogruppen, denen diese Fähigkeit zukommt. G. F. Jaubert[2]

---

[1] R. Nietzki, Ber. **16**, 468, 1883.
[2] G. F. Jaubert, Compt. rend. **130**, 661, 1900; Bull. soc. chim. (3), **23**, 178, 1900.

hat die betreffenden Bedingungen etwas genauer erforscht. Bekanntlich bildet das Safranin einsäurige rothe Salze, zweisäurige blaue und dreisäurige grüne Salze. Von diesen sind nur die rothen Salze unzersetzt in Wasser löslich. In dem rothen Salze ist nur eine Amidogruppe diazotirbar; das Gleiche gilt für das blaue Dichlorhydrat. Das grüne dreisäurige Salz des Phenosafranins verbraucht dagegen so viel Nitrit beim Diazotiren, wie einem Tetrazoderivat entspricht. Es gelten demgemäss für die einzelnen Chlorhydrate folgende Formeln:

$$HCl.H_2N \diagdown \diagup N \diagdown \diagup = NH \qquad\qquad HCl.H_2N \diagdown \diagup N \diagdown \diagup = NH.HCl$$
$$N.C_6H_5 \qquad\qquad\qquad\qquad\qquad N.C_6H_5$$

Monochlorhydrat   Dichlorhydrat
roth.   blau.

$$HCl.H_2N \diagdown \diagup N \diagdown \diagup NH_2.HCl$$
$$H_5C_6NCl$$

Trichlorhydrat
grün.

Die Fähigkeit des rothen Monohydrats des Safranins, nur ein Monodiazoderivat zu bilden, wird auch zur Gehaltsbestimmung desselben benützt.

8. Bestimmung von Amidosäuren der Fettreihe.

Von Th. Curtius[1]) ist eine allgemeine Reaktion auf Amidosäuren der Fettreihe angegeben worden, die anscheinend auch zu quantitativen Bestimmungen verwendbar ist. Die Ueberführung von fetten Amidosäuren in ihre diazotirten Ester giebt ein bequemes Mittel an die Hand, um in sehr charakteristischer Weise zu erkennen, ob gegebenen Falls ein Körper vom Verhalten einer Amidosäure die Amidogruppe in nicht substituirtem Zustande enthält, indem man die Diazoverbindung darstellt.

Man bringt etwas von der zu prüfenden Substanz — wenige Centigramme genügen in der Regel — in ein Reagensrohr, fügt absoluten Alkohol hinzu und leitet Salzsäuregas bis zur Sättigung ein. Hierauf verjagt man den Alkohol direkt über der Flamme, oder wenn man Zersetzung der Amidosäure befürchtet, in einem Uhrglase auf dem Wasserbade, fügt wieder einige Tropfen Alkohol hinzu und verdampft nochmals möglichst vollständig, um überschüssige Salzsäure zu entfernen.

---

1) Th. Curtius, Ber. **17**, 959, 1882.

In allen Fällen bleibt ein dicker, in Alkohol und Wasser leicht löslicher Syrup zurück, welcher das Chlorhydrat der esterificirten Amidosäure repräsentirt. Alle fetten Amidosäuren, welche noch basische Eigenschaften besitzen, lassen sich auf diese Weise auch in ihre salzsauren Ester
umwandeln.

Um den salzsauren Amidosäureester in die Diazoverbindung überzuführen, löst man den beim Verdunsten des Alkohols gebliebenen
Rückstand im Reagensrohr in möglichst wenig kaltem Wasser, schüttet
reichlich Aether darüber und setzt dann einige Tropfen einer koncentrirten wässerigen Lösung von Natriumnitrit zu. Die wässerige Flüssigkeit wird alsbald gelb und trübe, zugleich tritt geringe Stickstoffentwicklung ein, da immer noch etwas freie Salzsäure vorhanden ist.
Man schüttelt daher sofort mit Aether aus, um die gebildete Diazoverbindung einer weitergehenden Zersetzung zu entziehen. Wird jetzt die
abgegossene ätherische Lösung verdunstet, so erhält man den betreffenden
Ester der diazotirten Fettsäure in meist sehr eigenthümlich riechenden
gelben Oeltröpfchen. Diese geben auf Zusatz von Salzsäure unter heftigem
Aufbrausen ihren Stickstoff ab. Die Verbindung wird zugleich farblos
und besteht nun aus dem Ester der betreffenden gechlorten Säure, welcher
sich durch den gänzlich veränderten, intensiven Geruch bemerkbar macht.

XIV.

Methode der Bildung von Azofarbstoffen.

Diese Methode kann einmal dazu dienen, den Gehalt einer Diazolösung festzustellen, dann aber auch dazu, denjenigen einer Lösung eines Amins, Phenols oder eines Derivates derselben. Sie beruht auf dem allgemein für die Darstellung der Azofarbstoffe üblichen Verfahren, eine Diazolösung mit dem in Frage kommenden Amin, Phenol u. s. w. in einer entsprechend sauer oder alkalisch gehaltenen Lösung zusammen zu bringen und dadurch in Azofarbstoffe überzuführen. Die Grundlagen zu diesem Verfahren hat P. Griess geliefert; später haben sich noch zahlreiche andere Forscher um den Ausbau verdient gemacht.

Die Eintheilung des Stoffes ist folgende:

1. Der Vorgang der Kombinirung oder Kuppelung der Diazoverbindung mit dem betreffenden Amin oder Phenol.

   a) Bestimmung von Anilin in Gemischen mit Alkylanilinen.

2. Gesetzmässigkeiten bei der Bildung der Azofarbstoffe.

   a) Aufnahme von mehr als einem Molekül Diazo- bezw. Tetrazoverbindung.

   b) Entstehen von Diazoamidoverbindungen statt der erwarteten Amidoazoverbindung.

   c) Fehlen oder Erschwerung der Fähigkeit mit Diazolösung zu kuppeln.

   d) Dynamik der Bildung der Azofarbstoffe.

3. Die Diazoreaktion von Ehrlich.

1. Der Vorgang der Kombinirung oder Kuppelung der Diazoverbindung mit dem betreffenden Amin oder Phenol.

Der Vorgang der Kombinirung oder Kuppelung der Diazoverbindung mit dem betreffenden Amin oder Phenol kann durch folgende Gleichungen wiedergegeben werden, wobei wir annehmen, wir hätten uns bereits die Diazolösung nach dem im vorigen Kapitel angegebenen Verfahren hergestellt.

$$\alpha)\ \text{Diazobenzol-p-sulfosäure} + \text{Phenol.}$$

$$C_6H_4\!\!<^{(1)N:N}_{(4)\ \ SO_3}|\ +\ C_6H_5OH = C_6H_4\!\!<^{(1)N:N(4)C_6H_4(1)OH}_{(4)SO_3H.}$$

Hierbei bildet sich, wenn man Diazobenzol verwendet und dasselbe auf Phenol einwirken lässt, auch zu ca. 1 % die o-Verbindung neben der hauptsächlich auftretenden p-Verbindung. Diese Beobachtung wurde von E. Bamberger[1] gemacht, dem es schon früher gelungen war, die o-Verbindung aus Nitrosobenzol und Aetzalkali zu erhalten.

$$\beta)\ \text{Diazobenzol-p-sulfosäure} + \text{p-Kresol.}$$

$$C_6H_4\!\!<^{(1)N:N}_{(4)\ \ SO_3}|\ +\ C_6H_4\!\!<^{(1)OH}_{(4)CH_3} = C_6H_4\!\!<^{(1)N:N(2)C_6H_3<^{(1)OH}_{(4)CH_3.}}_{(4)SO_3H}$$

$$\gamma)\ \text{Diazobenzol-p-sulfosäure} + \alpha\text{-Naphtol.}$$

$$C_6H_4\!\!<^{(1)N:N}_{(4)\ \ SO_3}|\ +\ C_{10}H_7(\alpha)OH = C_6H_4\!\!<^{(1)N:N(4)C_{10}H_6(1)OH.}_{(4)SO_3H}$$

$$\delta)\ \text{Diazobenzol-p-sulfosäure} + \beta\text{-Naphtol.}$$

$$C_6H_4\!\!<^{(1)N:N}_{(4)\ \ SO_3}|\ +\ C_{10}H_7(\beta)OH = C_6H_4\!\!<^{(1)N:N(1)C_{10}H_6(2)OH.}_{(4)SO_3H}$$

$$\varepsilon)\ \text{Diazobenzol-p-sulfosäure} + \alpha\text{-Naphtylamin.}$$

$$C_6H_4\!\!<^{(1)N:N}_{(4)\ \ SO_3}|\ +\ C_{10}H_7(\alpha)NH_2 = C_6H_4\!\!<^{N:N(4)C_{10}H_6(1)NH_2.}_{SO_3H}$$

$$\zeta)\ \text{Diazobenzol-p-sulfosäure} + \beta\text{-Naphtylamin.}$$

Hierbei bildet sich, wie später näher ausgeführt wird, folgende Verbindung:

---

[1] E. Bamberger, Ber. **33**, 3288, 1900.

$$C_{10}H_6 \underset{\underset{H}{N}}{\overset{\overset{H}{N}}{\diamond}} NC_6H_4SO_3H,$$ über deren Konstitution man noch im Zweifel ist.

Ehe die Diazogruppe sich an den betreffenden Kern anlagert, findet immer erst eine Anlagerung an die betreffende orientirende Hydroxyl- oder Amidogruppe statt unter der Bildung von folgenden Verbindungen:

$$C_6H_5 \cdot N : N \cdot OC_{10}H_7 \text{ (Diazooxyverbindung),}$$

bezw. $C_6H_5N : N \cdot NHC_{10}H_7$ (Diazoamidoverbindung).

Vielfach geht gerade die Umlagerung der Diazoamidoverbindungen nicht oder nur in unvollkommener Weise weiter vor sich. Es bedarf einmal schon zur Bildung der Diazoamidoverbindungen der Einhaltung gewisser Bedingungen, dann aber auch zur Umwandlung in den betreffenden Azofarbstoff wieder der Herstellung bestimmter Verhältnisse. Hierzu gehört meistens die Einhaltung von neutraler oder alkalischer und zwar meist sodaalkalischer Reaktion. Mitunter geht die Kuppelung und Umwandlung bereits in durch Natriumacetat essigsauer gemachter Lösung vor sich. Da die Diazolösungen meist bei einer Temperatur von 10—15 ^{0} beginnen sich zu zersetzen, so ist es nothwendig, dieselben kühl zu halten, eventuell auch die Kuppelung in mit Eis versetzter Lösung vorzunehmen. Bei Tetrazolösungen, wie z. B. dem aus Benzidin erhältlichen Tetrazodiphenyl ist diese Vorsichtsmassregel nicht in dem Maasse nothwendig.

Man verfährt nun bei der Titration folgendermassen: Zunächst stellt man sich eine den Umständen entsprechende Diazolösung von N oder $^N/_2$, $^N/_5$ und $^N/_{10}$ Gehalt her aus sulfanilsaurem Natron. Man wägt also für die Herstellung eines Liters $^N/_{10}$ Diazobenzolsulfosäure 23,1 g krystallisirten Natronsalzes ab (die entsprechenden Zahlen sind im vorigen Kapitel gegeben). Darauf bringt man diese Menge in einen Liter-Messkolben, versetzt mit 500 ccm Wasser, nach der Lösung mit 30 ccm konc. Salzsäure von ca. 30 $^0/_0$ HCl und giebt so viel von einer $^N/_1$ Nitritlösung, von der man also ungefähr 100 ccm braucht, zu, bis gerade Jodkaliumstärkepapier gebläut wird. Ein etwaiger kleiner Ueberschuss an salpetriger Säure kann durch Zusatz von etwas Harnstoff beseitigt werden, der sich nach folgender Gleichung mit der salpetrigen Säure umsetzt:

$$CO \underset{NH_2}{\overset{NH_2}{<}} + 2\,HNO_2 = CO_2 + 3\,H_2O + 2\,N_2.$$

Dabei muss fortwährend für gute Kühlung durch Einführen von Eisstückchen gesorgt werden. Alsdann füllt man auf 1 l auf und stellt nach dem Mischen den Kolben kühl.

Wir kennen also in diesem Falle den Gehalt der Diazolösung und wollen den irgend eines sich glatt kombiniren-
den anderen Körpers kennen lernen. Wir nehmen als Beispiel
das sog. R-salz, das Natronsalz der β-Naphtoldisulfosäure 2·3·6·, also

von der Formel (Naphthalinformel mit Positionen 8, 1, 7, 2, 6, 3, 5, 4; OH an 2, SO$_3$H an 3, HO$_3$S an 6). Man wägt von diesem Körper,

der verhältnissmässig einfach und in einer Reinheit von ca. 80 % zu erhalten ist, 50 g ab und löst sie in 1 l Wasser. Davon wendet man
100 ccm, also 5 g entsprechend, an, bringt dieselben in einen grossen
Stutzen von ca. 3 l Inhalt, giebt 1000 ccm Wasser, etwas Eis und ca.
30 g krystallisirte Soda hinzu, die sich rascher löst als die calcinirte.

Das Molekulargewicht des R-salzes ist 304. Also 304 g entsprechen
231 g sulfanilsauren Natrons. Wir berechnen demgemäss nach der
Gleichung:

$$304 : 231 = 5 : x; \quad x = 3,8 \text{ g}.$$

3,8 g sulfanilsauren Natrons entsprechen also 5 g R-salz, vorausgesetzt,
dass dieses 100 % enthält. Wir wissen nun:

$$23,1 \text{ g} : 1000 \text{ ccm} = 3,8 : y; \quad y = 164,5 \text{ ccm}.$$

Wir würden also bei der Titration 164,5 ccm verbrauchen, vorausgesetzt, dass das R-salz 100 % enthält. Dies ist aber nicht der Fall.
Wir wissen also bereits, dass wir weniger als 164,5 ccm verbrauchen
müssen.

Man lässt nun die Diazolösung aus einer Bürette zufliessen. Es
entsteht direkt ein rother Azofarbstoff. Man rührt gut um und versetzt
von Zeit zu Zeit mit etwas Kochsalz, wodurch der Farbstoff sich gut zusammenballt und die Feststellung der Endreaktion, die durch Tüpfeln
geschieht, erleichtert wird. Man tüpfelt auf weisses Filtrirpapier, lässt
den Tropfen auslaufen und giebt von der Seite her mit einem anderen
Glasstabe etwas von der Diazolösung. Sobald an der Berührungsstelle der
beiden Tropfen noch eine gefärbte Zone auftritt, ist noch nicht gekuppeltes
R-salz vorhanden. Man kann bei einiger Uebung aus der Tiefe der
Färbung der Zone ersehen, wie weit man noch vom Endpunkt entfernt
ist. Derselbe ist erreicht, sobald keine Färbung mehr auftritt. Man
wiederholt die Titration, wenn es sich um eine genaue Bestimmung handelt, nochmals mit noch grösserer Vorsicht in der Nähe des Endpunktes.

Die Berechnung ist sehr einfach. Wir haben vorher einen Verbrauch
von 164,5 ccm für eine 100 % R-salzlösung berechnet. Nehmen wir an,
wir hätten nur 130 ccm verbraucht, so würden wir nach der folgenden
Proportion den Gehalt berechnen können:

$$164,5 : 130 = 100 : x; \quad x = 79,02 \%.$$

a) Bestimmung von Anilin in Gemischen mit Alkylanilinen.

Kennt man den Gehalt der R-salzlösung, so lässt sich umgekehrt derjenige einer Diazolösung, bezw. eines diazotirbaren Amins bestimmen. In dieser Weise haben F. Reverdin und Ch. de la Harpe[1]) das Verfahren benützt, um den Gehalt eines Gemisches aus Anilin, Monomethyl- und Dimethylanilin an Anilinbase festzustellen.

Man löst 7—8 g des zu untersuchenden Gemisches in 28—30 ccm Salzsäure und verdünnt mit Wasser auf 100 ccm. Anderseits bereitet man eine titrirte Lösung von R-salz, welche davon in 1 l eine mit ungefähr 10 g Naphtol äquivalente Menge enthält.

Man nimmt 10 ccm der Lösung der Basen, verdünnt mit etwas Wasser und Eis, fügt zur Diazotirung so viel Natriumnitrit hinzu, als wenn man nur Anilin allein hätte und giesst nach und nach das Reaktionsprodukt in eine abgemessene, mit einem Ueberschusse von Natriumkarbonat versetzte R-salzlösung. Der gebildete Farbstoff wird gefällt mit Kochsalz, filtrirt und das Filtrat durch Hinzufügen von Diazobenzol resp. Rsalz auf einen Ueberschuss des einen oder anderen dieser Körper geprüft. Durch wiederholte Versuche stellt man das Volum R-salzlösung fest, welches nöthig ist, das aus den 10 ccm Basengemischlösung entstandene Diazobenzol zu binden. Ein Gemisch, welches 10,76 % Anilin enthielt, gab 10,24—10,40 %.

Selbstverständlich kann man hierbei auch direkt mit Diazolösung, deren Titer bekannt ist, den Ueberschuss an R-salz zurücktitriren. Ebenso lässt sich auch an Stelle der Prüfung im Filtrat die Tüpfelprobe vornehmen.

2. Gesetzmässigkeiten bei der Bildung der Azofarbstoffe.

Die hinsichtlich der Bildung der Azofarbstoffe obwaltenden Gesetzmässigkeiten sind bereits durch die Arbeiten von P. Griess[2]) sowie der vielen anderen auf jenem Gebiete thätigen Forscher erschlossen worden. Diese Erscheinungen sind den bei der Bromirung aromatischer Verbindungen sich zeigenden so ähnlich, dass ich mich veranlasst sah[3]), die in der Litteratur noch vielfach verstreuten Angaben zu sammeln und je nach Umständen zu ergänzen.

Nach der sog. „Griess'schen Regel" ist der Eintritt einer Azogruppe in den Benzol-, bezw. einen anderen aromatischen Kern an das Vorhandensein einer Hydroxyl- oder Amido-

---

1) F. Reverdin und Ch. de la Harpe, Ber. **22**, 1004, 1889; Chem. Ztg. **13**, 1387, 407, 1889.

2) P. Griess, Ber. **9**, 628, 1876.

3) W. Vaubel, Journ. pr. Ch. **52**, 284, 1895.

gruppe geknüpft. Eine Ausnahme wird weiter unten erwähnt werden. Der Eintritt der Azogruppe erfolgt in die p-Stellung oder, falls diese besetzt ist, in o-Stellung. Sind die p- und beide o-Stellungen substituirt, so findet keine Kombination statt. Es können auch zwei Azogruppen in denselben aromatischen Kern eintreten.

Beispiele: Phenoldiazobenzoldiazotoluol[1]), und Resorcindisazofarbstoffe [2]).

Eine hindernde Wirkung auf den Eintritt einer Azogruppe üben andere Substituenten in der m-Stellung zur Amido- oder Hydroxylgruppe nicht aus, in der o- oder p-Stellung nicht bei den Gruppen: Alkyl, NO_2, Halogen, SO_3H, CO_2H. Auch der Chinonsauerstoff zeigt in dieser Hinsicht keinen Einfluss. So hat F. Kehrmann[3]) Azofarbstoffe aus Monochlor-p-dioxychinon, (Formel) dargestellt.

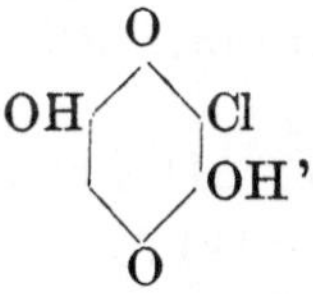

Ebenso verhalten sich Nitrodioxychinon, Dioxytoluchinon, sämmtliche aus Naphtolgelb S dargestellte Sulfosäuren, welche die SO_3H-Gruppe in einer β-Stellung des zweiten Kerns besitzen. Die Reaktion versagt dagegen, wenn sich das Hydroxyl nicht mit der Chinongruppe im nämlichen Kern befindet.

Die CO_2H-Gruppe kann in der p-Stellung durch die Azogruppe ersetzt werden.

Beispiele: Diazobenzol und p-Oxybenzoësäure vereinigen sich immer unter Abspaltung von CO_2[4]), auch bei der Resorcylsäure $C_6H_3(COOH)(OH)_2$ (1·2·4) kann Abspaltung erfolgen.

Sind in o- und p-Stellung alkylirte oder nicht alkylirte Amido- oder Hydroxylgruppen vorhanden, so findet nur ausnahmsweise Kombination statt.

Beispiele: Nach bisheriger Annahme gelang es nicht, im Hydrochinon oder Brenzkatechin die Azogruppe einzuführen; dagegen zeigten O. N. Witt und Fr. Meyer[5]), dass Brenzkatechin mit konc. Diazolösung Farbstoffe giebt. Hydrochinon [6]) liefert, wahrscheinlich seiner

---

1) P. Griess, l. c.
2) O. Wallach, das. **15**, 22, 1882.
3) F. Kehrmann, Chem. Ztg. 1890, 146; F. Kehrmann und Tiesler, Journ. pr. Ch. **40**, 480, 1889.
4) H. Limpricht, Ann. Chem. **263**, 224.
5) O. N. Witt und Fr. Meyer, Ber. **26**, 1072, 1893.
6) O. N. Witt und E. S. Johnson, das. **26**. 1032, 1893.

stark reducirenden Eigenschaften wegen, mit Diazolösungen keinen Farbstoff, wohl aber das Monobenzoylderivat. o-Phenylendiamin[1]) giebt mit Diazobenzolsulfosäure Azimidobenzol und Sulfanilsäure; aus dem p-Phenylendiamin entsteht eine braune, gummiartige, nicht näher untersuchte Masse. Nach meinen Untersuchungen vereinigen sich Dimethylparaphenylendiamin, p-Phenetidin, Monobromparaphenetidin nicht mit Diazolösungen.

Ist die Amidogruppe alkylirt, so kann sie doch substituirend auf die Azogruppe wirken.

Beispiele: Bildung von Dimethylanilinorange aus Dimethylanilin und Diazobenzolsulfosäure, von Phenylamidoazobenzolsulfosäure aus p-Diazobenzolsulfosäure und saurer alkoholischer Diphenylaminlösung u. s. w.

Dagegen kombiniren alkylirte Hydroxylgruppen nicht mehr oder kaum noch mit Diazolösungen, wie das Verhalten von Anisol, Phenetol, Anissäure und der Naphtoläther zeigt.

Ebenso verhält sich eine acetylirte oder benzylirte Amido- oder Hydroxylgruppe.

Beispiele: s. oben 1. das Verhalten des Benzoylhydrochinons, bei welchem die benzoylirte Hydroxylgruppe nicht mehr hindernd und deshalb wohl auch nicht mehr substituirend wirkt. 2. Acetanilid wirkt anscheinend nicht auf Diazolösungen.

Bemerkenswerth ist hier das Verhalten des Naphtylglycins,

$$C_{10}H_7NH \cdot CH_2COOH,$$

welches nach A. Donner[2]) mit Diazobenzol Farbstoffe liefert.

Der Substitution der Azogruppe in o- und p-Stellung geht mit grösster Wahrscheinlichkeit eine Anlagerung der Azogruppe an die Amido- oder Hydroxylgruppe voraus.

Begründung: Bildung von Diazoamidoverbindungen als End- oder Zwischenprodukt, häufig bemerktes Auftreten einer Zwischenverbindung, wie z. B. bei der Darstellung der Kongofarbstoffe.

Da bei den dialkylirten Aminen alsdann ebenfalls eine vorhergehende Anlagerung an die Amidogruppe stattfinden muss, sind wir gezwungen, folgenden Vorgang anzunehmen:

$$\text{a) } C_6H_5NH_2 + ClN:NC_6H_5 = C_6H_5 \cdot N{\Big\langle}{\genfrac{}{}{0pt}{}{H_2}{Cl}}{-}N:NC_6H_5 =$$

$$C_6H_5\overset{H}{N} \cdot N:N \cdot C_6H_5 + HCl = C_6H_4{\Big\langle}{\genfrac{}{}{0pt}{}{NH_2}{N:N \cdot C_6H_5}} + HCl.$$

[1]) P. Griess, Ber. **15**, 2189, 1882.
[2]) A. Donner, Ber. **24**, 2902, 1891.

b) $C_6H_5N(CH_3)_2 + Cl \cdot N : N \cdot C_6H_5 = C_6H_5 \cdot N \overset{(CH_3)_2}{\underset{\cdot Cl}{\diagup\!\!\diagdown}} N : NC_6H_5 =$

$$C_6H_4 \overset{N(CH_3)_2}{\underset{N : N \cdot C_6H_5}{\diagdown\!\!\!\diagup}} + HCl.$$

Auf die Konstitution der o-Azoverbindungen ist hier absichtlich nicht eingegangen worden, da die bisher bekannt gewordenen Versuchsergebnisse für keine der beiden möglichen Annahmen zu einem vollgiltigen Beweise geführt haben, so dass wahrscheinlich tautomere Formen angenommen werden müssen.

Unter gewissen in ihrer Gesetzmässigkeit noch nicht vollständig erkannten Umständen findet überhaupt **keine Substitution oder nur wenig statt**, dagegen überwiegend die **Bildung von Diazoamido- oder Diazooxyverbindungen.** Auch andere Umsetzungen können vor sich gehen. So erfolgt beim Anilin die Einführung der Azogruppe in den Kern schon schwierig, beim p-Toluidin nur unvollkommen. o-Nitrophenol lässt sich mit o-Diazobenzoësäure zu einer Azoverbindung vereinigen, p-Nitrophenol dagegen liefert eine Substanz von wahrscheinlich folgender Zusammensetzung: $C_6H_4(CO_2H)N : N \cdot OC_6H_4NO_2$ [1]). Nach Griess [2]) vereinigt sich auch die p-Diazophenolsulfosäure nicht mit Phenol, während dies sonst mit Diazolösung sich leicht kombinirt.

Dem Verhalten von Anilin und p-Toluidin gegenüber, die vielfach Diazoamidoverbindungen bilden, ist das des p-Xylidins $\overset{CH_3}{\underset{CH_3}{\langle\,\,\rangle}}NH_2$ auffallend, welches sich nach D.R.P. Nr. 67991 [3]) mit grösster Leichtigkeit zu Azoverbindungen kombinirt und deshalb mit dem α-Naphtylamin verglichen werden kann.

In Betreff anderer vom Benzol sich ableitenden Verbindungen sei bemerkt, dass das Pyrrol nach O. Fischer und E. Hepp [4]) im Stande ist, Azo- und Disazoverbindungen zu liefern. Auch Aethylpyrrol, $C_4H_4N(C_2H_5)$, giebt mit Diazolösung Farbstoffe. Das Verhalten des Pyrrols bei diesen Reaktionen erinnert lebhaft an Resorcin, welches letztere ebenfalls mit Leichtigkeit Azo- und Disazofarbstoffe bildet. Aus der Identität des Pyrroldisazobenzol-β-naphtalins mit Pyrroldisazo-β-naphtalinbenzol kann man den Schluss ziehen, dass der Eintritt der Azogruppe in das Molekül

---

1) P. Griess, Ber. **17**, 340, 1884.
2) Das. **16**, 1631, 1883.
3) Vergl. Chem. Ztg. 1893, 731.
4) O. Fischer und E. Hepp, Ber. **19**, 2251, 1886.

des Pyrrols in symmetrischer Weise zum Stickstoff stattfindet. Die Disazoverbindungen sind demnach entweder $\alpha\alpha$- oder $\beta\beta$-Derivate. Für die $\alpha\alpha$-Stellung spricht der Umstand, dass die α-Karbopyrrolsäure unter Eliminirung der Karboxylgruppe dasselbe Produkt giebt, wie das Pyrrol. Dass aber auch, wenn die α-Stellungen besetzt sind, die Azogruppe in die β-Stellung eintreten kann, zeigt das Verhalten des $\alpha\alpha$-Dimethylpyrrols. Nur kurz möchte ich darauf hinweisen, dass diese Beobachtungen in sehr gutem Einklange mit den von mir bei der Bromirung gemachten und demgemäss mit der von mir entwickelten Theorie über die Konstitution des Pyrrols[1]) stehen.

Von Interesse ist noch das Verhalten des Thiënylmerkaptans C_4H_3SSH, welches sich nach A. Biedermann[2]) mit Diazolösungen kombinirt, während das beim Phenylmerkaptan nicht der Fall ist. Wir haben hier das einzige Beispiel einer derartigen Wirksamkeit der SH-Gruppe, die sie jedoch erst durch das Vorhandensein des Schwefelatoms im Kern erlangt.

Bezüglich der Naphtalinderivate sei bemerkt, dass sich die α-Verbindungen wie orthosubstituirte Benzolderivate verhalten, dagegen ist bei den β-Verbindungen merkwürdig, dass nur die α-o-Stellung besetzt wird. Ob dies seinen Grund in räumlichen Verhältnissen hat, mag einer späteren Erörterung vorbehalten bleiben. Eine andere auffallende Erscheinung ist die, dass aus α_1-Amido β_1-naphtol mit Diazoverbindungen sich Farbstoffe[3]) herstellen lassen, welche in Folge des Umstandes, dass die Amido- und Hydroxylgruppe in o-Stellung zu einander stehen, die Eigenschaft zeigen, Metallbeizen anzufärben. Jedoch ist es fraglich, ob bei diesen Farbstoffen die beiden Gruppen OH und NH_2 noch intakt enthalten sind, da jenes Amidonaphtol nach anderer Angabe nicht kombinirt wird. Vielleicht zeigt sich aber auch hier, wie beim Brenzkatechin gefunden wurde, eine Kombination bei Anwendung koncentrirter Lösungen.

Aus der vorstehenden Zusammenstellung ergiebt sich, dass die Bildung der Azofarbstoffe sehr wohl mit der Bromirung aromatischer Hydroxyl- und Amidoverbindungen verglichen werden kann. Unterschiede zeigen sich nur in geringem Maasse, und liegt dies hauptsächlich wohl in der grösseren Verwandtschaft der Amidogruppe zur Azogruppe gegenüber dem Hydroxyl und der geringeren acidificirenden Wirkung der Azogruppe gegenüber dem Brom, sowie in den räumlichen Verhältnissen der Azogruppe gegenüber dem Bromatom. Dabei ist noch zu bemerken, dass die Bromirung in saurer Lösung erfolgt, die Bildung der Azofarbstoffe meist in alkalischer oder neutraler, selten in saurer.

1) W. Vaubel, Journ. pr. Ch. [2], **50**, 367, 1894.
2) A. Biedermann, Ber. **19**, 1615, 1886.
3) D.R.P. Nr. 77256; Chem. Ztg. 1894, Nr. 91.

Fettaromatische Diazoverbindungen sind folgende bestimmt geworden:

1. Die Kuppelungsprodukte des Acetessigesters mit Tetrazonium diphenyl[1]).

2. Die des Acetessigesters mit o-Diaminodiphensäure[2]).

3. Die der Methylenverbindungen vom Typus des Acetessigesters mit diazotirtem Monoacet-p-phenylendiamin[3]).

a) Aufnahme von mehr als einem Molekül Diazo- bezw. Tetrazoverbindung.

Wie bereits erwähnt wurde, haben **Resorcin** und verwandte Körper die Eigenschaft[4]) sich mit ein oder auch zwei Mol. Diazolösung zu Farbstoffen zu vereinigen. Auch **Phenol** vermag, wie schon P. Griess[5]) gefunden hat, zwei Mol. Diazokörper aufzunehmen, wie das Beispiel des Phenoldiazobenzoldiazotoluols zeigt. In gleicher Weise verhalten sich Pyrrol[6]), Amidonaphtol[7]) und Amidonaphtolsulfosäuren[6]). Bei den Amidonaphtolen kommt sowohl die Wirkung der Amido- als auch der Hydroxylgruppe in Betracht. Nach D.R.P. 89911 haben die Monoazofarbstoffe der Phenole die Eigenschaft mit 1 Mol. Tetrazoverbindung ein Zwischenprodukt zu bilden, das sich mit 1 Mol. Aminonaphtolsulfosäure zu substantiven Farbstoffen zu vereinigen vermag. Eine Diazogruppe der Tetrazolösung tritt dabei in o-Stellung zur Hydroxylgruppe des zur Bildung der Monoazofarbstoffe verwendeten Phenols.

Ich habe nun bereits vor längerer Zeit die Beobachtung[8]) gemacht, dass die Baumwolle direkt anfärbenden Farbstoffe, sowie einige andere, die Eigenschaft haben, sich mit ein oder mehr als ein Mol. Tetrazoverbindung zu unlöslichen, braunen bis schwarzen Körpern zu vereinigen. Hierzu eignen sich die eine Hydroxyl- oder Aminogruppe enthaltenden Farbstoffe sowohl, als auch die aus den Aminonaphtol- und Dioxynaphtalinsulfosäuren hergestellten Körper. Folgende Beispiele seien erwähnt:

Das aus Tetrazodiphenyl und R-Salz hergestellte **Benzidinblau** vermag sich nach und nach mit ca. 2 Mol. Tetrazodiphenyl zu vereinigen. Der entstehende Körper wird mit der Aufnahme weiterer Tetrazodiphenyls immer weniger löslich und zuletzt völlig unlöslich in Wasser bezw. alkalischer Lösung.

---

1) E. Wedekind, Liebig's Ann. **295**, 233, 1898.
2) K. Bülow, Ber. **31**, 2579, 1897.
3) K. Bülow, Ber. **33**, 187, 1899.
4) O. Wallach, Ber. **15**, 22, 1882.
5) P. Griess, Ber. **9**, 628, 1876.
6) O. Fischer, und E. Hepp, Ber. **19**, 2251, 1886.
7) D.R.P. 86848 Leop. Cassella & Co.
8) W. Vaubel, Chem. Ztg. **21**, 68, 1897.

Bei der Darstellung des aus Tetrazodiphenyl und 1,5-Dioxynaphtalin-sulfosäure gebildeten Naphtocyanins ist eine äusserst vorsichtige Behandlung nöthig, da andernfalls schon bei Verwendung von 1 Mol. Tetrazolösung auf 2 Mol. Dioxynaphtalinsulfosäure nebenher unlösliche Körper entstehen. Der Farbstoff selbst vermag noch allmälig ca. 3 Mol. Tetrazoverbindung aufzunehmen. Dabei entsteht ein in Wasser bezw. Alkali völlig unlöslicher Körper.

Aehnlich verhält sich auch der aus 1,6-Dioxynaphtalin-4-sulfosäure bezw. 6-Amino-1-oxynaphtalin-4-sulfosäure hergestellte Farbstoff. Er wird bei weiterer Einwirkung von Tetrazoverbindung zunächst schwer löslich, später völlig unlöslich.

Die hierbei durch Einwirkung von Tetrazolösung auf die in Sodalösung befindlichen Farbstoffe zunächst hergestellten Körper mögen sich wohl durch Anlagerung von Tetrazodiphenyl bezw. einer anderen Tetrazoverbindung an die Hydroxyl- bezw. Aminogruppe gebildet haben, also Verbindungen von der Formel:

$$\text{Farbstoffrest} \quad O - N = NC_6H_4 - C_6H_4N = NCl \quad \text{bezw.}$$
$$\text{„} \quad NH - N = NC_6H_4 - C_6H_4N = NCl$$

sein. Ausserdem kann ein Eintritt der Azogruppe in o- oder eine andere entsprechende Stelle zur Hydroxyl- oder Aminogruppe erfolgt sein. Mehrere dieser betreffenden Moleküle können unter einander verknüpft sein etc. Es liegt also eine grosse Zahl von Möglichkeiten vor. Jedenfalls findet aber die Einwirkung ohne nennenswerthe Entwicklung von Stickstoff statt. Auch ist eine freie Diazogruppe nach einiger Zeit nicht mehr nachweisbar. Die in weiterer Folge entstandenen Körper unterscheiden sich durchaus von den in D.R.P. 89911 beschriebenen. Nicht unerwähnt will ich lassen, dass Diazolösungen, wenn überhaupt, nur sehr langsam einwirken. Auch auf die meisten Wollfarbstoffe der Azoreihe, also hauptsächlich Monoazofarbstoffe, ist die Einwirkung der Tetrazokörper eine sehr geringe.

Weiterhin habe ich nun die Beobachtung gemacht, dass die durch Einwirkung von Tetrazolösung auf Azofarbstoffe entstehenden Körper sich auch auf der Baumwollfaser bilden, wodurch zumeist sehr echte Färbungen erzeugt werden. Die Nüance der hierbei erhaltenen Farbtöne liegt vorwiegend zwischen Gelb und Braun. Bei einigen Farbstoffen erfolgt die Einwirkung der Tetrazoverbindung nicht rasch genug; alsdann färbt dieselbe die Baumwolle direkt, und es entstehen Mischfarben. Aehnliche Mischfarben würden sich auch erzeugen lassen, wenn man zunächst nach D.R.P. 55837 (Kalle & Co.) die Baumwollfaser mit einer Diazo- bezw. Tetrazolösung an- und nachher mit einer anderen Baumwollfarbe überfärben würde. Hierbei könnte auch die Diazo- bezw. Tetrazoverbindung als Beize dienen, z. B. für Methylenblau; in diesem Falle würde letztere Farbe mit dem Gelb des Diazokörpers ein Grün erzeugen.

Je nach der Dauer der Einwirkung der Tetrazolösung resultiren verschiedene Färbungen. Meist sind dieselben nach kürzerer Zeit braun; nach längerer Dauer ähnelt die Nüance bei einigen wieder der des ursprünglich angefärbten Körpers. Bei anderen entstehen die vorher erwähnten Mischfarben.

Wir können also die Baumwollfarbstoffe nach der Art der mit der Tetrazolösung auf der gefärbten Baumwolle erhaltenen Färbung in drei Klassen eintheilen:

1. Solche, bei denen nach längerer Einwirkungsdauer die entstandene Farbnüance der des ursprünglich angewendeten Farbstoffes ähnelt. Hierzu gehören:

	Ursprüngliche Farbe.	Nach 5—10 Min.	Nach 15 Stunden.
Benzidinblau	blau	gelblichbraun	violettbraun
Benzidin-1,6-dioxynaphtalinsulfosäure	rotbraun	braun	dunkelrotbraun
Diaminechtrot	rot	braun	braunrot

2. Solche, bei denen auch nach längerer Einwirkungsdauer die Farbnüance braun bleibt, ohne sich der des ursprünglich angewendeten Farbstoffes zu nähern. Beispiele:

	Ursprüngliche Farbe.	Nach 5—10 Min.	Nach 15 Stunden.
Naphtocyanin	blau	braun	dunkelbraun
Benzidinsalicylsäure, Bisulfit . . .	gelb	bräunlichgelb	gelblichbraun
Diaminviolett N	violett	braun	braun
Kongo	rot	braun	braun

3. Mischfarben, d. h. solche, die durch Kombination der ursprünglichen Farbe mit der braungelben der Tetrazolösung entstehen. Beispiele:

	Ursprüngliche Farbe.	Nach 5—10 Minuten.
Benzoazurin G	blau	grün
Methylenblau	blau	grün

Natürlich finden in einzelnen Fällen auch Uebergänge statt, so dass wir manche Farbstoffe in Klasse 1 und 2 event. auch 3 unterzubringen hätten.

Die Einwirkung geschah in allen Fällen in schwach sodahaltiger Lösung, worin bekanntlich Tetrazokörper längere Zeit haltbar sind. Die entstehenden braunen Farbtöne zeichnen sich durch grosse Echtheit und häufig auch Sattheit aus, und es dürfte vielleicht die Anwendung von Tetrazolösung zum Nüanciren, bezw. bei Erzeugung von Druckfarben in manchen Fällen von Vortheil sein.

Es sei noch darauf hingewiesen, dass gewisse Oxy-Amidonaphtalinsulfosäuren je nach der Art der Lösung entweder unter der orientirenden

Wirkung der Oxy- oder der Amidogruppe kuppeln. In alkalischer Lösung ist es die Hydroxylgruppe, welche die Stellung des Azorestes bedingt, in neutraler oder saurer die Amidogruppe. Auf diese Weise wurden aus der γ-Amidonaphtolsulfosäure nach D.R.P. 55024 die entsprechenden Farbstoffe dargestellt und nach D.R.P. 75015 aus Amidonaphtolsulfosäure H. Diese beiden Säuren haben folgende Konstitution:

γ-Amidonaphtolsulfosäure.   Amidonaphtolsulfosäure H.

b) Entstehen von Diazoamidoverbindungen etc. statt der erwarteten Amidoazoverbindung.

Lässt man Diazobenzolchlorid auf Anilin, o- und p-Toluidin u. s. w. einwirken, so entstehen in der Hauptsache Diazoamidoverbindungen, welche dann durch entsprechende Behandlung in die Amidoazoverbindung übergeführt werden können.

$$C_6H_5NNCl + C_6H_5NH_2 = C_6H_5NNNHC_6H_5 + HCl.$$

Das Gleiche gilt für Diazotoluol bei seiner Wirkung auf Anilin und Toluidin, wobei bekanntlich identische Produkte entstehen, einerlei, ob man z. B. Diazobenzol auf p-Toluidin oder p-Diazotoluol auf Anilin einwirken lässt.

Lässt man die wässerigen Lösungen gleicher Moleküle p-Diazobenzolsulfosäure mit salzsaurem Anilin stehen, so bildet sich nach P. Griess[1]) nach 24 Stunden neben Amidoazobenzolsulfosäure,

$$C_6H_4 \begin{cases} (1)N = NC_6H_4NH_2 \\ (4)SO_3H \end{cases},$$

die sich als gelblich-weisser Niederschlag abscheidet, salzsaures Diazobenzol und Sulfanilsäure, also ein Wechsel der Diazogruppe, der auch sonst noch häufiger beobachtet worden ist[2]).

Bei Anwendung von 2 Mol. Anilin und 1 Mol. p-Diazobenzolsulfosäure entstehen neben ca. 20 % Amidoazobenzolsulfosäure Diazoamidobenzol bezw. Amidoazobenzol und Sulfanilsäure, wie ebenfalls P. Griess beobachtet hat. Ebenso verhalten sich o- und m-Toluidin entsprechend. Wendet man salzsaures p-Toluidin an, so bildet sich nur salzsaures p-Diazotoluol und Sulfanilsäure.

---

[1]) P. Griess, Ber. **15**, 2184, 1882.

[2]) Vgl. z. B. A. Hantzsch und F. M. Perkin, Ber. **30**, 1412, 1897; C. Schraube und M. Fritzsch, Ber. **29**, 287, 1896.

Dagegen liefern die beiden Naphtylamine mit p-Diazobenzolsulfosäure glatt die entsprechenden Azoverbindungen.

Lässt man p-Diazobenzolsulfosäure auf durch Soda alkalisch gemachte Sulfanilsäure einwirken, so bildet sich nach meinen Untersuchungen[1] nur zum Theil die Azoverbindung, während auch zu ca. $45\,\%$ die Diazoamidoverbindung entstanden ist.

$$\text{a)}\quad C_6H_4 \Big\langle{}^{(1)NN}_{(4)SO_3}\Big\rangle + C_6H_4 \Big\langle{}^{(1)NH_2}_{(4)SO_3H} =$$

$$C_6H_4 \Big\langle{}^{(1)NNNH(1)C_6H_4(4)SO_3H.}_{(4)SO_3H}$$

$$\text{b)}\quad C_6H_4 \Big\langle{}^{(1)NNNH(1)C_6H_4(4)SO_3H}_{(4)SO_3H} =$$

$$C_6H_3 {\Big\langle}{}^{(1)NH_2}_{\;(2)NN(1)C_6H_4(4)SO_3H.}_{(4)SO_3H}$$

Die Reaktion ist also nur ungefähr zur Hälfte nach Gleichung b weiter vor sich gegangen. Die andere Hälfte blieb unveränderte Diazoamidoverbindung trotz der vorhandenen alkalischen Lösung.

Wie die Untersuchungen von P. Griess weiterhin ergeben haben, liefert die p-Diazobenzolsulfosäure mit m-Phenylendiamin glatt die entsprechende Sulfosäure des Chrysoïdins.

$$C_6H_4 \Big\langle{}^{(1)NN}_{(4)SO_3}\Big\rangle + C_6H_4 \Big\langle{}^{(1)NH_2}_{(3)NH_2} =$$

$$C_6H_3 {\Big\langle}{}^{(1)NH_2}_{\;(3)NH_2}_{(4)-N=N(1)C_6H_4(4)SO_3H.}$$

o-Phenylendiamin liefert gleichsam, als würde es selbst mit salpetriger Säure behandelt, Azimidobenzol, $C_6H_4\Big\langle{}^{(1)N}_{(2)N}\!\!\Big\rangle\!NH$ und Sulfanilsäure.

$$C_6H_4 \Big\langle{}^{(1)N\,.\,N}_{(4)\;\;SO_3}\Big\rangle + C_6H_4 \Big\langle{}^{(1)NH_2}_{(2)NH_2} =$$

$$C_6H_4 \Big\langle{}^{(1)NH_2}_{(4)SO_2H} + C_6H_4 \Big\langle{}^{(4)N}_{(2)N}\!\!\Big\rangle\!NH.$$

---

[1] W. Vaubel, Zeitschr. angew. Ch. **1900**, 762.

p-Phenylendiamin liefert eine braune, bis jetzt noch nicht näher untersuchte Masse.

Für die aus β-Naphtol entstehenden Verbindungen, die in Alkali unlöslich sind, während die entsprechenden α-Naphtolverbindungen löslich sind, weiss man noch nicht, welche Konstitution man denselben zuschreiben soll.

Liebermann[1]) gab z. B. der aus Diazobenzol und β-Naphtol entstehenden Verbindung folgende Formel

$$C_6H_5N-NH \atop \diagdown O \Big\} C_{10}H_6.$$

Zincke[2]) hielt die Verbindung für ein Hydrazid und formulirte

$$\left.{C_6H_5N_2H \atop O}\right\} C_{10}H_6.$$

Auf Grund gemeinsam mit R. C. Farmer angestellter Versuche über das elektrochemische Verhalten von Oxyazokörpern und ihren Salzen kommt A. Hantzsch[3]) zu dem Schluss, dass diese Substanzen zu den „Pseudosäuren" gehören. Alle sogenannten Oxyazokörper der o- und der p-Reihe sollen nach seiner Ansicht in freiem Zustande thatsächlich Chinhydrazone, die aber von ihnen ableitbaren Salze echte Oxybenzolsalze sein.

K. Auwers und K. Orton[4]) haben dagegen auf Grund der Ergebnisse einer kryoskopischen Untersuchung der Oxyazokörper gefolgert, dass nur die o-Derivate als Chinhydrazone, die p-Verbindungen dagegen als Phenole zu betrachten seien.

Die Ergebnisse der beiden von Hantzsch und Auwers angewandten physikalischen Methoden stehen also in einem vorläufig unlösbaren Widerspruch zu einander.

Auch für die aus β-Naphtylamin und Diazoverbindungen entstehenden Verbindungen haben die Untersuchungen[5]) ergeben, dass hier eigenartige Verhältnisse vorliegen. Die erhaltenen Produkte zersetzen sich beim Kochen mit koncentrirteren Säuren unter Bildung von β-Naphtylamin, Stickstoff und Phenolen. Sie verhalten sich also wie echte Diazoamidoverbindungen.

Mit Essigsäureanhydrid bilden sie Acetylderivate, mit Benzoylchlorid entstehen Benzoylderivate. Reduktionsmittel liefern $\alpha\beta$-Naphtylendiamin und die Basen des Ausgangsmaterials. Die betreffenden Verbindungen liefern weiterhin bei der Oxydation Körper, die zu den von P. Griess[6])

---

1) C. Liebermann, Ber. **16**, 2863, 1883.

2) F. Zincke, Ber. **17**, 3032, 1884.

3) A. Hantzsch und R. C. Farmer, Ber. **32**, 3089, 1899, Bd. I, 302 u. f.

4) K. Auwers und K. Orton, Zeitschr. physik. Ch. **21**, 355, 1896; K. Auwers und Pelzer, Zeitschr. physik. Ch. **23**, 449, 1897; K. Auwers und Dohrn, Zeitschr. physik. Ch. **30**, 529, 1899; K. Auwers, Ber. **33**, 1302, 1900.

5) T. A. Lawson, Ber. **18**, 796, 2422, 1885; O. Sachs, Ber. **18**, 3125, 1885.

6) P. Griess, Ber. **15**, 1878, 1882.

entdeckten Azimidoverbindungen in naher Beziehung zu stehen scheinen. Zincke[1]) nimmt demgemäss an, dass hier Hydrazimidoverbindungen vorliegen, denen unter Umständen bei Annahme von Tautomerie alle oder eine der folgenden Formeln zukommen:

$$\text{I. } C_6H_5N\underset{NH}{\overset{NH}{<\quad>}}C_{10}H_6; \quad \text{II. } C_6H_5 - NH\overset{N}{\underset{NH}{<\ |\ >}}C_{10}H_6;$$

$$\text{III. } C_6H_5 - NH - N = C_{10}H_6 = NH.$$

Wie ich schon vorher bei dem Beispiel der Einwirkung von p-Diazobenzolsulfosäure auf Sulfanilsäure in Sodalösung zeigte, kommen trotz der in weitestem Maasse gegebenen Möglichkeit, Azoverbindungen zu bilden, doch Verhältnisse vor, unter denen die zunächst entstehenden Diazoamidoverbindungen sich nicht vollständig in Azoverbindungen umwandeln. Es entstehen also in diesem Falle Gemische.

Diese Beobachtung veranlasste mich, eine Reihe von Azofarbstoffen auf das Vorhandensein von Diazoamidokörpern zu untersuchen. Die Prüfung geschah durch Erhitzen mit konc. Salzsäure und Auffangen des etwa gebildeten Stickstoffs.

Die Untersuchung ergab, dass folgende Azofarbstoffe zu einem gewissen Procentsatze Diazoamidoverbindungen enthielten:

5 g Brillant-Ponceau 4 R. aus Naphtionat und G-säure lieferte 20 ccm Stickstoff.

5 g Farbstoff aus α-Diazonaphtalin und G-säure lieferten 50 ccm Stickstoff.

5 g Farbstoff aus Diazonaphtalin-p-sulfosäure und Naphtionat lieferten 120 ccm Stickstoff. Also bestand gerade die Hälfte aus Diazoamidoverbindung.

5 g Farbstoff aus Diazonaphtalin-o-sulfosäure und α-Naphtol-4-sulfosäure lieferten 80 ccm Stickstoff.

5 g Farbstoff aus p-Diazobenzolsulfosäure und α-Naphtolkarbonsäure lieferten 30 ccm Stickstoff.

5 g Amidoazoxylolsulfosaures Natron lieferte ca. 25 ccm Stickstoff.

Aus diesen Versuchen ergiebt sich, dass thatsächlich ausser bei den bereits bekannten Verbindungen auch bei manchen Farbstoffen, bei denen man dies bisher nicht vermuthet hat, Diazoamidoverbindungen vorhanden sind.

Keine Diazoamidoverbindungen wurden gefunden bei den Farbstoffen aus der Diazoverbindung von

---

[1]) F. Zincke, Ber. **18**, 3135, 1885, **19**, 1461, 1886, **20**, 1169, 1887.

1. Naphtionsäure mit α-Naphtol,
2.   „   „ β- „   (Roccelline),
3. β-Naphtylamin „ G-säure,
4. β-Naphtylamin-1-sulfosäure mit Neville-Winther'scher Säure,
5.   „   „ β-Naphtol,
6. Sulfanilsäure mit β-Naphtol (Orange II),
7.   „   „ β-Naphtolmonosulfosäure B (Croceïnscharlach),
8. Tetrazodiphenyl mit Naphtionsäure (Kongo),
9. Amidoazobenzolsulfosäure = Neugelb G. M.

c) Fehlen oder Erschwerung der Fähigkeit mit Diazolösung zu kuppeln.

Wie schon erwähnt wurde, findet keine Vereinigung der Diazolösung mit dem entsprechenden Amin oder Phenol statt, wenn die p-Stellung und beide o-Stellungen besetzt sind. So konnten Nölting und Kohn[1]) weder aus Tribromphenol, $C_6H_2\begin{smallmatrix}(1)OH\\(2)Br\\(4)Br\\(6)Br\end{smallmatrix}$

noch Mesitol, $C_6H_2\begin{smallmatrix}(1)OH\\(2)CH_3\\(4)CH_3\\(6)CH_3\end{smallmatrix}$ eine Oxyazoverbindung erhalten und aus

Mesidin, $C_6H_2\begin{smallmatrix}(1)NH_2\\(2)CH_3\\(4)CH_3\\(6)CH_3\end{smallmatrix}$, keine Amidoazoverbindung.

Weiterhin wissen wir, dass nur unter gewissen Umständen, die von den gewöhnlich zur Verwendung gelangenden sehr abweichen, Hydrochinon, $C_6H_4\begin{smallmatrix}(1)OH\\(4)OH\end{smallmatrix}$ und Brenzkatechin, $C_6H_4\begin{smallmatrix}(1)OH\\(2)OH\end{smallmatrix}$ mit Diazolösungen kuppeln. Das Gleiche gilt für p-Phenylendiamin, $C_6H_4\begin{smallmatrix}(1)NH_2\\(4)NH_2\end{smallmatrix}$, während o-Phenylendiamin, $C_6H_4\begin{smallmatrix}(1)NH_2\\(2)NH_2\end{smallmatrix}$, Azimidobenzol liefert. (Litteratur s. vorher.)

Nach den Untersuchungen von Nölting und Binder[2]) verbindet Diazobenzolchlorid sich nicht mit p-Nitranilin.

---

[1]) E. Nölting und O. Kohn, Ber. **17**, 358, 1884.
[2]) E. Nölting und F. Binder, Ber. **20**, 3013, 1887.

o-Nitrophenol liefert mit Diazobenzoësäure eine Azoverbindung, p-Nitrophenol[1]) dagegen eine Substanz, die die Zusammensetzung

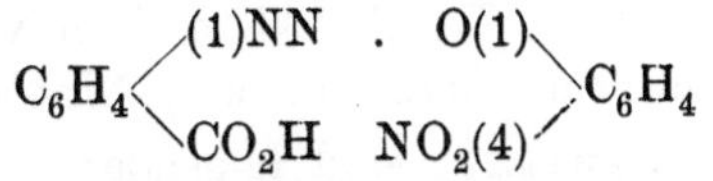

$$C_6H_4 \big\langle\!\!\begin{array}{l}(1)NN\ .\ O(1)\\ CO_2H\ \ NO_2(4)\end{array}\!\!\big\rangle C_6H_4$$

hat, oder als eine salzartige Bildung anzusehen ist. Durch kochendes Wasser zerfällt sie sofort in Salicylsäure, p-Nitrophenol und Stickstoff.

Ausserdem beobachtete Griess (l. c.), dass die p-Diazophenol-sulfosäure sich nicht mit Phenol zu vereinigen vermag, während dieser Körper mit fast allen anderen Diazokörpern leicht Oxyazokörper bildet.

Weiterhin sind einige Eigenthümlichkeiten von Naphtol- und Naphtylaminsulfosäuren bekannt geworden.

β-Naphtolmonosulfosäure (Bayer), und

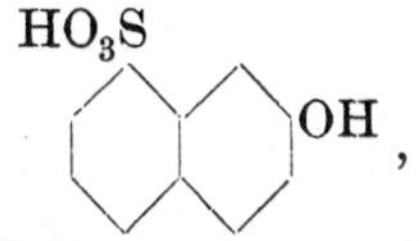

β-Naphtoldisulfosäure G., reagiren im allge-meinen viel träger mit den Diazolösungen als andere Säuren. Sie ver-einigen sich auch in verdünntem Zustande mit Diazobenzol, mit Diazo-benzolsulfosäure schon schwieriger. Dagegen vereinigen sie sich nicht mit verdünnten Lösungen der Diazoverbindungen von α- und β-Naphtylamin sowie Xylidin.

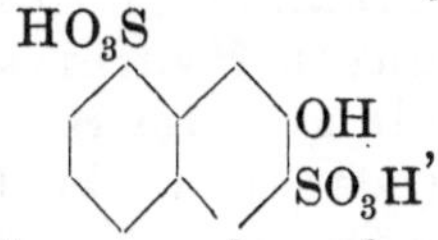

Gar keine Farbstoffe sollen mit Diazolösungen geben die Amido-G-säure, und die α-Naphtoldisulfosäure S.,

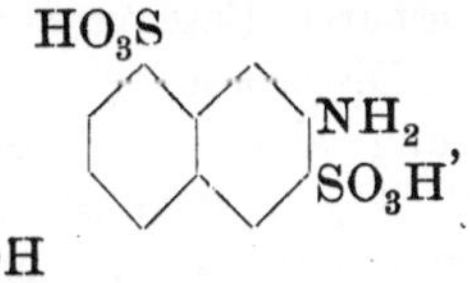

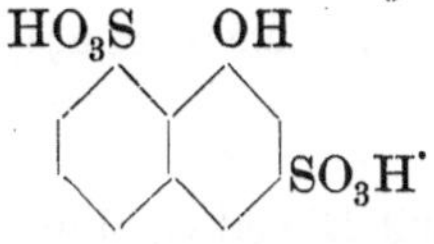

d) Dynamik der Bildung der Azofarbstoffe.

Die diesbezüglichen Versuche sind von H. Goldschmidt[2]) im Verein mit A. Merz[2]), F. Buss[3]), E. Bürkle[4]) und G. Keppeler[5]) ausgeführt worden und erstrecken sich auf die Vorgänge der Bildung von

---

1) P. Griess, Ber. **17**, 340, 1884.
2) H. Goldschmidt und A. Merz, Ber. **30**, 670, 1897.
3) H. Goldschmidt und F. Buss, Ber. **30**, 2075, 1897.
4) H. Goldschmidt und E. Bürkle, Ber. **32**, 355, 1899.
5) H. Goldschmidt und G. Keppeler, Ber. **33**, 893, 1900.

Amidoazokörpern aus Dimethylanilin, Diäthylanilin mit Diazobenzolsulfosäure, Diazobenzolchlorid, m- und p-Nitrodiazobenzolnitrat und Oxyazokörpern aus Phenol, m-Kresol, o-Kresol, β-Naphtol, Thymol und Resorcin mit Diazobenzolsulfosäure, sowie p-Nitroisodiazobenzolnatrium.

Die betreffenden Resultate sind folgende:

1. Bei der Kuppelung des salzsauren Salzes eines tertiären Amins mit Diazobenzolsulfosäure reagirt die durch Hydrolyse in Freiheit gesetzte Base mit der Diazobenzolsulfosäure als solcher.

2. Ueberschuss an Salzsäure verringert die Kuppelungsgeschwindigkeit.

3. Die Koncentration des salzsauren Salzes und der Diazobenzolsulfosäure ist ohne Einfluss auf die Umsetzungszeit.

4. Bei der Bildung der Oxyazokörper aus Phenolen und Diazokörpern in alkalischer Lösung sind die wirksamen Bestandtheile die durch Hydrolyse in Freiheit gesetzten Antheile des Phenols und der Syndiazoverbindung.

5. Dementsprechend wirkt Ueberschuss an Alkali verlangsamend.

6. Die zur Umsetzung erforderliche Zeit ist um so grösser, je koncentrirter die Lösung des Phenols und des Diazokörpers ist.

Es war vorauszusehen, dass die Geschwindigkeit der Farbstoffbildung dieselbe sein muss, wenn man an Stelle von Salzsäure irgend eine andere Säure von gleicher Stärke zur Lösung der tertiären Base verwendet, denn die hydrolytische Konstante ist nur von dem Dissociationsgrade der Säure, nicht aber sonst von deren Zusammensetzung abhängig. Versuche mit HBr, HNO_3, Benzolsulfosäure und auch H_2SO_4 ergaben die Richtigkeit dieser Annahme; dabei gestattet die Schwefelsäure als schwächere Säure einen schnelleren Verlauf der Farbstoffbildung.

$$\begin{array}{ccccccc} \text{HBr} & : & HNO_3 & : & C_6H_5SO_3H & : & H_2SO_4 = \\ 0{,}00054 & : & 0{,}00054 & : & 0{,}00063 & : & 0{,}00102 \end{array} \Bigg\} \text{ mit Dimethylanilin.}$$

Hinsichtlich einer Reihe von anderen Säuren giebt folgende Tabelle die entsprechenden Werthe. Hierbei ist:

ϑ = Temperatur.

K_{HCl} = Affinitätskonstante der hydrolytisch dissociirten Salzsäure.

K' = Affinitätskonstante der betreffenden Säure.

K_{HCl} und K' berechnen sich nach der Formel =

$$\frac{\text{Konc. d. Wasserstoffionen} + \text{Konc. d. Säureionen}}{\text{Konc. d. nicht dissociirten Säure.}}$$

Bei der Berechnung sind die Werthe für K' den Bestimmungen von Ostwald[1]) entnommen.

Säure.	Base.	ϑ	K_{HCl}	100 K'	$\dfrac{K_{HCl}}{K'} = K$ berech.	K gefunden
Monochloressigsäure .	Diäthylanilin	25°	0,00145	0,155	0,94	1,15
Essigsäure	„	„	„	0,0018	80,6	77,7
„	„	20°	0,00095	0,0018	52,8	49,2
Ameisensäure . . .	Dimethylanilin	„	0,00053	0,0214	25,0	25,8
„	Diäthylanilin	„	0,00095	0,0214	4,4	3,9
„	„	25°	0,00145	0,0214	6,8	7,0
Propionsäure	„	20°	0,00095	0,00134	70,9	61,0
„	„	25°	0,00145	0,00134	108,2	108,7
Lävulinsäure	„	20°	0,00095	0,00255	37,3	38,3
„	„	25°	0,00145	0,00255	57,0	75,3
Milchsäure	„	20°	0,00095	0,0310	3,1	3,1
„	„	25°	0,00145	0,0310	4,7	5,0

Wie aus der Tabelle ersichtlich ist, reagirt Diäthylanilin wesentlich langsamer als Dimethylanilin (bei Ameisensäure). Hiernach müsste also der hydrolytisch gespaltene Antheil des Diäthylanilinsalzes geringer sein als der des Dimethylanilinsalzes. Im übrigen zeigt sich bei den berechneten und den gefundenen K-Werthen eine gute Uebereinstimmung, die die Brauchbarkeit der Methode durchaus beweist.

3. Die Diazoreaktion von Ehrlich.

Die von P. Ehrlich angegebene Diazoreaktion, die bisher fast nur zu qualitativer Untersuchung des Harns benutzt wurde, lässt sich selbstverständlich leicht in eine quantitative umwandeln, sobald man die näheren Beziehungen erkannt hat, unter denen sie eintritt. Demgemäss habe ich nicht gezögert, dieselbe hier unter den quantitativen Methoden der Gehaltsbestimmung näher zu besprechen.

Die Ehrlich'sche Diazoreaktion tritt bei gewissen pathologischen Harnen besonders von Typhuskranken auf. Dieselben geben mit dem Reagens von Ehrlich eine karminrothe Färbung. Trotzdem man über den diagnostischen Werth dieser Methode sehr verschiedene Urtheile hört, scheint doch die Zahl der Kliniker, die sich ihrer bedient, in steter Zunahme begriffen zu sein.

Die Zusammensetzung des Reagens von Ehrlich ist folgende:

Diazoreagens I besteht aus 1 g Sulfanilsäure, 50 g koncentrirte Salzsäure gelöst in Wasser zu 1000 ccm.

---

1) W. Ostwald, Zeitschr. physik. Ch. **3**, 418, 1888; s. Bd. I d. Werkes, S. 262 u. f.

Diazoreagens II besteht aus einer 0,5 %-igen wässerigen Natriumnitritlösung.

Beim Gebrauch werden 100 ccm der Lösung I mit 2 ccm der Lösung II gemischt. Man vermischt alsdann 10 ccm des zu untersuchenden Harns mit 10 ccm der Reagensmischung und setzt nach dem Umschütteln zur Flüssigkeit 2,5 ccm Ammoniak auf einmal zu. Alsdann wird kräftig geschüttelt. Vielleicht empfiehlt sich hier die Anwendung von Soda oder Natriumacetat an Stelle des mit Diazoverbindungen leicht eigenartige, gefärbte Verbindungen liefernden Ammoniaks.

Lässt man bei positiv ausgefallener Reaktion die rothgefärbte Flüssigkeit bei Luftzutritt etwa 24 Stunden stehen, so hat sich der Farbstoff als grüner Niederschlag abgeschieden. Dieser Niederschlag besteht nach den Untersuchungen von Wolf[1]) aus gelb gefärbtem Tripelphosphat und dunkelgefärbtem, harnsauren Ammonium. Die Bildung desselben soll durch die Gegenwart von harnsaurem Ammonium bedingt sein; sie bleibt indessen bei Tuberkulose trotz positiver Reaktion sehr oft aus.

Auch Brieger[2]) versuchte, die der Diazoreaktion zu Grunde liegende Substanz zu isoliren. Zu dem Zwecke fällte er den Harn von Phthisikern und Typhuskranken mit Bleiacetat. Der Niederschlag wurde mit Schwefelwasserstoff zerlegt und das Filtrat im Vakuum eingedampft. Es hinterblieb ein Sirup, der die Diazoreaktion stark zeigte. Aus demselben wurden durch Ammoniak und Alkohol die Phosphate entfernt und das Filtrat eingedampft; der in Wasser leicht lösliche Rückstand wurde in Wasser aufgenommen. Er lieferte bei Alkoholzusatz eine leicht zerfliessliche Masse von saurer Reaktion und ausgezeichnetem Vermögen, die Diazoreaktion zu erzeugen. Weiterer Zusatz von Aether bringt noch mehr von dieser Substanz zur Ausscheidung. Die völlige Reindarstellung des Körpers, welcher die Diazoreaktion vermittelt, und der völlig ungiftig ist, gelang noch nicht.

Nach P. Clemens[3]) wird diejenige Substanz, welche die Diazoreaktion giebt, von den Alkaloïdreagentien durch Gerbsäure niedergeschlagen bezw. vernichtet, denn aus dem Niederschlag lässt sich der Körper nicht wieder gewinnen. Hydroxylamin, Phenylhydrazin und Benzoylchlorid verbinden sich nicht mit ihm. Mit Wasserstoffsuperoxyd und durch Erhitzen ist er theilweise, mit Permanganat und Chlorkalk völlig oxydirbar. Zu den Aetherschwefelsäuren scheint der die Diazoreaktion liefernde Körper nicht zu gehören. Aceton giebt mit dem Ehrlich'schen Reagens keine charakteristische Reaktion. Der Stoff hat Eigenschaften, welche man bei den Aminen nicht beobachtet. Berücksichtigt man, dass die Farbstoffbildung am intensivsten in alkalischer Lösung erfolgt, so kann man ver-

---

[1]) Wolf, Wien. klin. Wochenschr. **1898**, 703.

[2]) Brieger, Mediz. Woch. **1900**, 6.

[3]) P. Clemens, Deutsch. Archiv f. klin. Med. **63**, 1899.

muthen, dass es sich um eine Hydroxylverbindung handelt, welche nicht der aromatischen Reihe anzugehören scheint. Der alkalische Farbstoff, mit Kalilauge oder Ammoniak dargestellt, ist durch Natronlauge grösstentheils fällbar. Er geht von allen Lösungsmitteln nur in Anilinöl gut über. Säuert man mit Essigsäure an, so wird er rothgelb und in fast allen Medien löslich, besonders in einem Gemisch gleicher Theile Aether und Essigester. Durch Wiederholung des Alkalisirens, Ansäuerns und Ausschüttelns erhält man offenbar einen gereinigten Azokörper, welcher sogar zeitweise Krystallbildung zeigt, dann aber bald unter Abscheidung von öligen Tropfen sich zersetzt. In koncentrirter Schwefelsäure lösen sich diese Produkte mit rother bis rothvioletter Farbe, die bald schmutzig braun wird. Offenbar ist der Azokörper fast ebenso leicht oder wohl noch leichter in alkalischer Lösung oxydirbar als der ursprüngliche Körper.

Clemens hält den betreffenden Körper für ein abnormes und relativ specifisches Zerfallsprodukt des Körpereiweisses.

A. Krokiewicz und J. Batko[1] verwenden das Ehrlich'sche Reagens zum Nachweis der Gallenfarbstoffe im Harn. Sie benützen eine 1 %-ige Lösung von Sulfanilsäure, eine 1 %-ige wässerige Natriumnitritlösung und koncentrirte reine Salzsäure. Je 2 ccm von der Sulfanilsäurelösung und der Nitritlösung rufen mit 2—5 Tropfen des gallenfarbstoffhaltigen Harns geschüttelt eine rubinrothe Färbung hervor, die nach Zusatz von 1—2 Tropfen Salzsäure amethystviolett und bald farblos wird. Zur Probe ist frischer Harn zu verwenden. Der Farbstoff geht aus saurer Lösung, nicht in Chloroform, Aether, Schwefelkohlenstoff und nur spurenweise in Amylalkohol über. Die Reaktion ist 140 mal empfindlicher beim Verdünnen mit Wasser, wobei der Zusatz etwas modificirt wird, als diejenige Gmelin's oder Smith-Maréchal's. Versuche mit über 1000 pathologischen Harnen zeigten, dass diese Reaktion nicht von eingegebenen Medikamenten, deren Produkte in den Harn übergehen, oder von Indikan und anderen Bestandtheilen herrührt, sondern nur von Gallenfarbstoffen.

Nach den Untersuchungen von G. Wesenberg[2] und Burghart[3] kann auch durch einige Arzneimittel z. B. Opiumtinktur sowie 0,1 g Naphtalin, eine Diazoreaktion künstlich hervorgerufen werden, während sie durch andere Mittel z. B. Tanninpräparate scheinbar zum Verschwinden gebracht wird. Zur Vermeidung der Verwechslung mit Bilirubin (s. vorher) beseitigt man dasselbe am besten durch Thierkohle oder Bleizucker.

Von empfohlenen Modifikationen des Reagens kommt ausser un-

---

1) A. Krokiewiez und J. Batko, Wien. klin. Wochenschr. **11**, 173, 1898; vgl. hierzu C. Krukenberg, Zeitschr. analyt. Ch. Ref. **26**, 672, 1887, der die Spektren des Farbstoffs aus Bilirubin und Ehrlich's Reagens untersuchte.

2) G. Wesenberg, Apoth. Ztg. **15**, 326, 1900.

3) Burghart, Berl. klin. Wochenschr. **38**, 276, 1901.

nöthigen, bis zu 5 g betragenden Steigerungen der Sulfanilsäuremenge nur der Ersatz dieser Säure durch 0,5 g p-Amidoacetophenon, das sogen. Ehrlich-Friedenwald'sche Reagens in Frage. Dann hat auch noch P. A. Lamanna[1]) die Abänderung vorgeschlagen, in dem Ehrlich'schen Reagens das destillirte Wasser durch absoluten Alkohol zu ersetzen, wodurch er eine grössere Empfindlichkeit zu erreichen vermeint.

Erwähnt sei noch der Vorschlag von H. Causse[2]) zum Nachweis von Cystin in verunreinigten Wässern. Das Cystin, welches als Eisenverbindung in dem betreffenden Wasser enthalten war, giebt mit dem Chloromerkurat des p-diazobenzolsulfosauren Natrons eine Gelbfärbung, die je nach dem Cystingehalt mehr oder weniger intensiv ist. M. Molinié[3]) bestätigt die Verwendbarkeit dieser Methode.

[1]) P. A. Lamanna, Chem. Centrbl. 1899, II, 793.
[2]) H. Causse, Chemiker Ztg. **24**, Ref. 215, 302, 1900 und **25**, 39, 1901.
[3]) M. Molinié, ibid. **24**, 1000, 1900.

XV.

Methode der Bestimmung durch Kondensation mit Phenylhydrazin.

Das Phenylhydrazin, $C_6H_5NH\,NH_2$, welches durch Reduktion von Diazobenzolchlorid zuerst von E. Fischer[1]) erhalten worden war, ist eine Verbindung, die wegen ihrer leichten Reaktionsfähigkeit zu einer grossen Zahl von Kondensationen Verwendung finden kann.

So sind es vor allen anderen die Aldehyde und Ketone, welche sich mit Phenylhydrazin unter Austritt von Wasser kondensiren.

$$CH_3CHO + H_2N\,.\,NHC_6H_5 = CH_3CH:N\,.\,NHC_6H_5 + H_2O.$$
Acetaldehyd.

$$CH_3COCH_3 + H_2N\,.\,NHC_6H_5 = (CH_3)_2C:N\,.\,NHC_6H_5 + H_2O$$
Aceton.

Die entstehenden Verbindungen nennt man Hydrazone.

Da die verschiedenen Zuckerarten alle eine Aldehyd- oder Ketongruppe enthalten, so ist es mit Hilfe der Phenylhydrazinderivate möglich geworden, eine Identificirung der Zuckerarten und damit auch eine Klassifikation dieser wichtigen Körpergruppe zu bewerkstelligen. Es sind hauptsächlich die Arbeiten von E. Fischer, welche dieses bewirkt haben.

Es sei hier schon erwähnt, dass bei den Zuckerarten ausser den Hydrazonen auch sog. Osazone sich bilden können, bei denen auf 1 Mol. Zucker 2 Mol. Phenylhydrazin kommen.

Ueber die Einwirkung von Phenylhydrazin auf Phenole hat A. Seyewitz[2]) im Anschluss an die Arbeiten von v. Baeyer und Kochendörfer[3]), sowie von E. Fischer[4]) weitere Studien angestellt.

---

1) E. Fischer, Liebig's Ann. **190**, 67, 1878; Ber. **17**, 572, 1884; vgl. auch V. Meyer, Ber. **16**, 2976, 1883.
2) A. Seyewitz, Compt. rend. **113**, 264; Zeitschr. analyt. Ch. **31**, 329, 1892.
3) A. v. Baeyer und Kochendörfer, Ber. **22**, 2189, 1889.
4) E. Fischer, Ber. **22**, 2735, 1889.

Er findet, dass das eigentliche Phenol, die Kresole und die Naphtole keine Verbindungen mit Phenylhydrazin liefern. Die weiteren Resultate seiner Untersuchungen fasst Seyewitz in folgende Sätze zusammen:

1. Von allen Phenolen gehen die zweisäurigen am leichtesten Verbindungen mit Phenylhydrazin ein.

2. Eine Anzahl Phenole bilden analoge Verbindungen, sowohl mit Anilin wie mit Phenylhydrazin. Jedoch ist dieses nicht die Regel; einzelne Phenole reagiren sehr leicht mit Phenylhydrazin, dagegen äusserst schwierig oder gar nicht mit Anilin. Ebenso häufig findet auch das umgekehrte Verhältniss statt.

3. Für die Bildungsweise der Phenol-Phenylhydrazinverbindungen lässt sich keine allgemeine Regel aufstellen. Sie entstehen gewöhnlich am leichtesten, wenn ihre Löslichkeit in dem angewandten Lösungsmittel eine geringere ist als die ihrer Komponenten.

Diese Körper sind Molekularverbindungen von wechselndem Verhältniss zwischen Phenol und Phenylhydrazin. Die Verbindung erfolgt theils unter Austritt der Bestandtheile des Wassers, theils durch einfache Aneinanderlagerung. Seyewitz erhielt die Körper meist, wenn er der koncentrirten, wässerigen Lösung des Phenols eine Auflösung von Phenylhydrazin in wenig Wasser hinzufügte, welches mit einigen Tropfen Essigsäure angesäuert war. Nach einiger Zeit entsteht die Verbindung; sie wird auf einem Filter gesammelt, mit wenig Essigsäure enthaltendem Wasser ausgewaschen und aus heissem Benzol umkrystallisirt.

$$\text{Sehr leicht geht das } Orcin, \quad C_6H_3 \begin{cases} (1)\,OH \\ (3)\,OH \\ (5)\,CH_3 \end{cases}, \text{ mit Phenylhydrazin}$$

eine Verbindung ein. Durch Einwirkung von zwei Molekülen Hydrazin

$$\text{auf 1 Mol. Orcin wurde die Verbindung } C_6H_3 \begin{cases} OH\,(H_2N.NHC_6H_5) \\ OH\,(H_2N.NHC_6H_5) \\ CH_3 \end{cases} \text{er-}$$

halten; dieselbe ist in kaltem Wasser sehr wenig löslich, dagegen leicht in warmem Wasser, Alkohol, Chloroform, Aether und kochendem Benzol. Die Reaktion geht fast quantitativ vor sich, so dass Seyewitz dieselbe für die Bestimmung des Orcins geeignet erachtet; nur müsste der geringen Löslichkeit der Phenylhydrazinverbindung durch eine Korrektur Rechnung getragen werden.

Durch Einwirkung des Phenylhydrazins auf die Chloride, Anhydride und Ester der organischen Säuren, sowie durch blosses Erhitzen der freien Säure mit Phenylhydrazin entstehen gerade so wie die Amide, die Phenylhydrazide[1]. Die letztere Methode hat Bülow[2] benützt, um die Hydrazide der Aepfelsäure, Weinsäure, Schleim-

---

1) E. Fischer, Liebig's Ann. **190**, 125, 1879.

2) C. Bülow, ibid. **236**, 194, 1886.

säure und Phenylessigsäure zu gewinnen. Ferner bilden sich Hydrazide beim Erwärmen von Laktonen mit essigsaurem Phenylhydrazin in wässeriger Lösung[1]). Unter denselben Bedingungen erhielt Maquenne[2]) die Doppelhydrazide der Zuckersäure und Schleimsäure, und dasselbe beobachtete Michael[3]) für die Citronensäure. E. Fischer und F. Passmore[4]) haben gefunden, dass die Hydrazidbildung in wässeriger Lösung bei den mit Sauerstoff stark beladenen Oxysäuren der Zuckergruppe allgemein sehr leicht erfolgt.

Erwähnt sei noch, dass Phenylhydrazin auch mit Acetessigester und ähnlichen Verbindungen Kondensationsprodukte liefert. So entsteht aus Acetessigester und Phenylhydrazin die Muttersubstanz des Antipyrins, wobei die Umsetzung nach folgenden Gleichungen vor sich geht:

$$C_6H_5NHNH_2 + CH_3COCH_2COOC_2H_5 = C_6H_5N \begin{cases} N=C\diagdown^{CH_3} \\ \quad\; | \\ C-CH_2 \\ \overset{..}{O} \end{cases}$$

$$+ C_2H_5OH + H_2O$$

Phenylhydrazin + Acetessigester = 1 Phenyl.3 Methylpyrazolon.

Durch Methyliren geht dann dieses Produkt in Antipyrin über:

$$\begin{matrix} CH_3\diagdown & & \diagup CH_3 \\ & C-N & \\ & \| & \quad>N-C_6H_5 = \text{Antipyrin (Phenyldimethylpyrazolon)}. \\ HC-C:O & & \end{matrix}$$

Von den Hydrazonen der Aldehyde[5]) seien folgende erwähnt:

	Schmelzpunkt der α-Modifikation.	der β-
Acetaldehydphenylhydrazon (beide Modifikationen können in einander übergeführt werden)	63—65°	98—101°
Benzaldehydphenylhydrazon	152,5—154°	
Salicylaldehydphenylhydrazon	104—105°	142—143°
Furfurolphenylhydrazon	97—98°	

---

1) W. Wislicenus, Ber. **20**, 401, 1887; V. Meyer und Münchmeier, Ber. **19**, 1707, 1886.

2) Maquenne, Ber. **21**, R. 186.

3) Michael, Ber. **19**, 1387, 1886.

4) E. Fischer und F. Passmore, Ber. **22**, 2728, 1889.

5) Vgl. E. Fischer, Ber. **30**, 1241, 1897.

Von den Hydrazonen der Ketone seien erwähnt:

	Schmelzpunkt.	
Acetonphenylhydrazon	42^0 (des Hydrats 160)	
Acetophenonphenylhydrazon	105^0	
Acenaphtenonphenylhydrazon	90^0	
Benzophenonphenylhydrazon	137^0	
Benzoïnphenylhydrazon	$155^0\ (\alpha)$	$106^0\ (\beta)$

Das Phenylhydrazin ist bei gewöhnlicher Temperatur ein farbloses Oel, das beim Abkühlen erstarrt. Der Schmelzpunkt liegt bei 23^0 und der Siedepunkt bei $233-234^0$ unter 750 mm Druck. Es wird leicht oxydirt, schon allmälig durch den Sauerstoff der atmosphärischen Luft unter Dunkelfärbung. Fehling'sche Lösung, Kupfersulfat und Eisenchlorid verwandeln es in Benzol.

Das salzsaure Phenylhydrazin, $C_6H_5NHNH_2$, HCl, bildet weisse Blättchen, die leicht in heissem Wasser, schwerer in kaltem löslich sind.

Bei dem Arbeiten mit Phenylhydrazin ist grosse Vorsicht geboten, da dasselbe bei manchen Personen zu sehr unangenehmen Entzündungen der Haut Veranlassung giebt. Auch wirkt es bei längerem Arbeiten intensiv auf das Nervensystem.

Die weitere Eintheilung ist folgende:

1. Bestimmung der Karbonylzahl (äth. Öle und Harze).

2. Bestimmung des Formaldehyds mit p-Dihydrazindiphenyl.

3. Charakterisirung und Bestimmung der Zuckerarten:
  a) Hydrazone,
  b) Osazone.

4. Bestimmung des Harnzuckers.

5. Bestimmung der Glukuronsäure.

6. Bestimmung der Dextrose, Lävulose und Saccharose.

7. Bestimmung der Mannose.

8. Bestimmung der Pentosen bezw. Pentosane nach der Phenylhydrazinmethode.

9. Bestimmung des Benzaldehyds im Bittermandelwasser.

10. Bestimmung der Nitrosogruppe.

1. Bestimmung der Karbonylzahl.

Diese Methode ist von H. Strache[1]), bezw. R. Benedikt und H. Strache[2]) ausgearbeitet worden und beruht auf der Einwirkung von

---

[1]) H. Strache, Monatsh. f. Ch. **12**, 524, 1891, **13**, 299, 1892.
[2]) R. Benedikt und H. Strache, Monatsh. f. Ch. **14**, 270, 1893.

überschüssigem Phenylhydrazin auf Aldehyde und Ketone und der Bestimmung des Ueberschusses an Phenylhydrazin durch Oxydation desselben mit siedender Fehling'scher Lösung, welche allen Stickstoff frei macht. Bei Einwirkung von Fehling'scher Lösung in der Kälte entsteht nebenher etwas Anilin, wie bereits E. Fischer gefunden hat. Der Vorgang ist also folgender:

a) $\dfrac{R_1}{R_2}\!\!>\!CO + H_2N\,.\,NHC_6H_5 = \dfrac{R_1}{R_2}\!\!>\!C:NNHC_6H_5 + H_2O.$

b) $C_6H_5NHNH_2 + O = C_6H_6 + N_2 + H_2O.$

Die Ausführung geschieht in folgender Weise: Man versetzt die zu untersuchende Substanz (0,1—0,5 g) in einem mit Marke versehenen 100 ccm Kolben mit einer genau gemessenen Quantität der Phenylhydrazinlösung (5 %), giebt hierzu die $1^{1}/_{2}$ fache Menge krystallisirten essig-

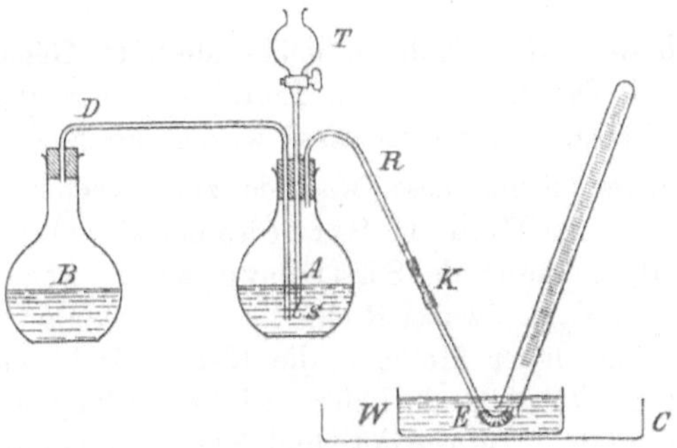

Fig. 15.

sauren Natrons einer 10 %igen Lösung, bringt das Volum auf etwa 50 ccm und erwärmt das Ganze $^1/_4$ bis $^1/_2$ Stunde auf dem Wasserbade. Nach dem Erkalten füllt man bis auf 100 ccm auf und versetzt 50 ccm davon mit 200 ccm Fehling'scher Lösung in einem $^3/_4$ bis 1 l fassenden Kolben A, Fig. 15, der einerseits mit einem Wasserdampf liefernden Kochkolben B, anderseits mit einer graduirten Röhre C zum Auffangen des Stickstoffs in Verbindung steht. Man erhitzt beide Gefässe vor dem Zugeben der Fehling'schen Lösung bis zur vollständigen Vertreibung der Luft, giebt dann die Fehling'sche Lösung durch Trichter T zu und fängt den Stickstoff in der Messröhre auf. Von diesem Volum zieht man dasjenige der trotz des Austreibens mit Wasserdampf in dem Kolben enthaltenen Luft ab, welches vorher durch einen blinden Versuch ermittelt worden ist.

1 g salzsaures Phenylhydrazin entwickelt 154,63 ccm Stickstoff bei 0° und 760 mm. In Wirklichkeit findet man anstatt dieser Zahl im

Mittel 160 ccm. Dieser Fehler ist durch die unvollkommene Verdrängung der Luft aus dem Apparate bedingt.

Durch den Wasserdampf wird das bei der Oxydation gebildete
Benzol mit in die Messröhre getrieben. Man muss demgemäss die
Tension desselben ebenso wie die des Wasserdampfes mit in Rechnung
ziehen. Folgende Tabelle giebt die theilweise aus den Régnault'schen
Beobachtungen durch Interpolation erhaltenen Werthe.

Temperatur.	Tension von Benzol und Wasserdampf.	Temperatur.	Tension von Benzol und Wasserdampf.
15° C.	72,7 mm	21	98,8 mm
16° „	76,8 „	22	103,9 „
17° „	80,9 „	23	109,1 „
18° „	85,2 „	24	114,3 „
19° „	85,3 „	25	119,7 „
20° „	93,7 „ .		

Immerhin besitzt diese Tabelle keine absolute Genauigkeit. Man
kann deshalb auch das Benzol durch Einführen einer alkoholisch-wässe-
rigen Lösung entfernen und ersetzt diese wieder durch Wasser.

A. Jolles[1]) empfiehlt diese Methode zum Nachweis und zur Bestimmung des Acetons im Harn. H. Strache und S. Iritzer[2]) verwenden
sie auch bei der Bestimmung der Säurehydrazide von der allgemeinen
Formel R . NH . NHC$_6$H$_5$, wobei R ein einwerthiges Säureradikal bedeutet.
M. Kitt[3]) hat nach dieser Methode die Karbonylzahl einer Reihe von
Harzen bestimmt. Die Methode liefert bei Anwendung grösserer Mengen
befriedigende Resultate. Benedikt und Strache ermittelten die Karbonylzahlen einer grossen Reihe ätherischer Oele.

Karbonylzahlen der ätherischen Oele.

R. Benedikt und H. Strache (l. c.) haben mittels der vorstehend
beschriebenen Methode die Karbonylzahlen einiger ätherischen Oele bestimmt und seien diese nachstehend wiedergegeben:

---

1) A. Jolles, Zeitschr. analyt. Ch. **31**, 576, 1892.
2) H. Strache und S. Iritzer, Monatsh. f. Ch. **14**, 33, 1893.
3) M. Kitt, Chem. Ztg. **22**, 358, 1898.

Name.	Karbonylzahl: Der Gehalt an Karbonylsauerstoff in $^1/_{10}$ %.	Aldehyd oder Keton. Name.	%.	Eigenschaften des Hydrazons.
Anisöl, russ., M. & O.	2,3	—	—	flüssig, gelblich
Angelikaöl, M. & O.	2,5	—	—	} flüssig, gelb
„ aus den Wurzeln, M. & O.	0,9	—	—	
Bajolaöl, M. & O.	5,1	—	—	fl., dunkelgelb
Bergamotteöl, M. & O.	2,1	—	—	fl., grünlichgelb
Kajeputöl, M. & O.	1,8	—	—	fl., gelb
Kalmusöl, M. & O.	5,7	—	—	fl., braungelb
Cedernholzöl, M. & O.	0,9	—	—	fl., gelb
Citronellöl, M. & O.	9,9	Citronell-Aldehyd $C_{10}H_{18}O$	9,2	} fl., orangegelb
„ „ H. H.	15,0		14,5	
„ „ rektificirt, H. H.	15,5		15,0	
Melissenöl, Ceylon, Sch. & Co.	12,6		12,1	
Citronenöl, M. & O.	4,9	—	—	} dickfl., gelb
„ „ Messina I., Sch. & Co.	3,9	—	—	
„ „ „ II., Sch. & Co.	4,4	—	—	
„ „ prima Messina,	4,5	—	—	
„ „ terpenfrei, H. H.	51,3	—	—	
Kubebenöl, M. & O.	1,4	—	—	fl., gelb
Kuminöl, Sch. & Co.	51,8	Kuminol $C_{10}H_{12}O$	47,9	flockig, gelb
„ „ H. H.	45,2		41,8	kryst., hochgelb
„ „ terpenfrei, H. H.	96,7		89,4	flockig, gelb
Fenchelöl, M. & O.	2,6	Fenchon $C_{10}H_{16}O$	2,5	} flüssig, gelb
„ „ I. aus Samen, Sch. & Co.	2,5		2,4	
„ „ terpenfrei, H. H.	2,3		2,2	
„ „ aus Samen, H. H.	2,9		2,7	
Krauseminzöl, M. & O.	36,7	Krauseminz-Karvol $C_{10}H_{14}O$	34,4	} kryst., hochgelb
„ „ Sch. & Co.	48,2		45,1	
„ „ H. H.	33,3		30,9	
„ „ terpenfrei, H. H.	39,6		37,2	
Kümmelöl aus holl. Samen, M. & O.	42,0		39,3	} kryst., gelb
„ „ do. dopp. rektific. Sch. & Co.	33,6		31,5	
„ „ wie vorher, H. H.	38,3	Karvol $C_{10}H_{14}O$	35,9	} kr., orangegelb
„ „ terpenfrei, H. H.	61,1		57,3	
Karvol, H. H.	84,0		78,8	
„ Kümmelöl für Seifen, H. H.	1,3		1,2	flüssig, gelb
Macisöl	1,4	—	—	fl., hellgelb

Name.	Karbonylzahl: Der Gehalt an Karbonylsauerstoff in $\frac{1}{10}$ %.	Aldehyd oder Keton. Name.	%.	Eigenschaften des Hydrazons.
Matrikoöl	2,5	—	—	fl., dunkelgelb
Mandelöl, bitteres, rektificirt, H. H.	147,5	} Benz-aldehyd C_7H_6O	97,7	} flockig, weiss
„ „ bitteres, blausäurefrei H. H.	147,7		97,8	
Bittermandelöl, künstlich, H.H.	145,3		96,2	
Nelkenöl, M. & O.	5,9	—	—	flüssig, orange
Pfefferminzöl, Mitcham	11,9—20,3	—	—	} flüssig, gelb
„ „ Japan, Sch. & Co.	35,6	—	—	
„ „ „ H. H.	15,9	—	—	
Pomeranzenöl, bitter, M. & O.	0,9	—	—	flüssig, gelb
„ „ süss, M. & O.	1,3	—	—	flüssig, orange
Rautenöl, H. H.	12,3	—	—	} flüssig, roth
„ „ spanisch, Sch. & Co.	89,0	—	—	
Rosmarinöl, franz., Sch. & Co.	5,4	—	—	} flüssig, gelb
„ „ „ H. H.	5,9	—	—	
„ „ italien., H. H.	6,5	—	—	
„ „ terpenfrei, H. H.	7,0	—	—	
Sandelholzöl, Bombay, M. & O.	7,9	—	—	flüssig, gelb
Wachholderöl, M. & O.	1,9	—	—	flüssig, orange
Zimmtöl, Ceylon, Sch. & Co.	97,7	} Zimmt-aldehyd C_9H_8O	76,5	} flüssig, gelb
„ „ I., H. H.	77,4		63,9	
Kassiaöl, Hongkong, Sch. & Co.	94,3		77,8	
„ „ M. & O.	79,9		66,0	
„ „ H. H.	77,9		64,3	
„ „ rektificirt, H. H.	77,3		63,8	
„ „ terpenfrei, H. H.	93,8		77,0	

Sch. & Co. bedeutet Schimmel & Co., Leipzig.

H. H. bedeutet Heinrich Hänsel, Pirna.

M. & O. bedeutet Metzner & Otto, Leipzig.

Karbonylzahl der Harze.

M. Kitt (l. c.) giebt hierfür folgende Werthe, wobei also Karbonylzahl die Procente Karbonylsauerstoff der angewendeten Substanz bedeutet.

Name.	Karbonylzahl.	Name.	Karbonylzahl.
Sanderak	0,43—0,94	Jalapenharz	1,02
Harz von Pinus	0,54, 0,57,	Gummigutti	1,15; 1,25
halepensis	0,28		1,37; 1,38
Eleni	0,09—1,08	Ostind. Kopal	0,61
Ueberwallungsharz	0,79—1,04	Asa foetida	0,20
Rothes Drachenblut	0,92	Olibanum	0,36
Kolophonium	0,54—0,56	Akaroidharz, gelb	0,29—0,46
Kino	0,19	Xanthorrhoeharz, roth	0,84—0,98

2. Bestimmung des Formaldehyds mit p-Dihydrazindiphenyl.

Das zuerst von E. Fischer[1]) erhaltene und von Arheidt[2]) näher untersuchte p-Dihydrazindiphenyl bildet, wie C. Neuberg[3]) gefunden hat, mit Formaldehyd ein charakteristisches Hydrazon, das zur qualitativen und quantitativen Ermittlung dieses Aldehyds dienen kann. Wässerige Lösungen von Chlorhydrat der erwähnten Hydrazinbase geben mit Formalin auch in beträchtlicher Verdünnung nach kurzem Stehen bei Zimmertemperatnr, augenblicklich beim Erwärmen auf 50—60⁰, einen flockigen, gelben Niederschlag, dessen Zusammensetzung der Formel

$$C_6H_4NHN : CH_2$$
$$|$$
$$C_6H_4NHN : CH_2$$

entspricht.

Diese Verbindung, die bei langsamer Ausscheidung aus sehr feinen Nädelchen besteht, ist unlöslich in fetten Alkoholen, Benzol und Homologen, Aether, Schwefelkohlenstoff, Chloroform, Essigester, Anilin, Benzaldehyd, Nitrobenzol, kohlensauren und ätzenden Alkalien; von Mineralsäuren und Essigsäure wird sie bald zersetzt.

Zum Zwecke der quantitativen Bestimmung ist nur reinstes, mehrfach umkrystallisirtes salzsaures Dihydrazindiphenyl, das sich in Wasser ohne Rückstand farblos lösen muss, zu verwenden. Das betreffende Hydrazin ist nach den gebräuchlichen Methoden aus Benzidin leicht zu erhalten. Man setzt zu der kalten, wässerigen Lösung des Dihydrazindiphenyls langsam und unter beständigem Rühren die formaldehydhaltige Flüssigkeit und erwärmt im Verlaufe einer Viertelstunde sehr allmälig auf 50—60⁰. Man lässt nun absitzen und filtrirt ohne weiteren Verzug am besten in einem Gooch-Tigel an der Saugpumpe. Man wäscht das Hydrazin erst mit heissem Wasser, dann mit Alkohol und absolutem Aether und trocknet im Schrank bei 90⁰. Dabei muss der Tiegelinhalt

---

1) E. Fischer, Ber. 9, 891, 1876.
2) Arheidt, Liebig's Ann. 239, 208, 1887.
3) C. Neuberg, Ber. 32, 1961, 1899.

seine hellgelbe Farbe bewahren. Nur dann und bei gehöriger Verdünnung erhält man brauchbare Resultate. Letztere ist so zu wählen, dass
die Lösung 1—2 Theile Formaldehyd auf 1000 Theile Wasser enthält.

20,0 ccm einer Lösung, deren Gehalt an Formaldehyd durch Titration
mit Ammoniak zu 1,4400 g in Litern ermittelt war, ergaben:

I. 0,2253 g Hydrazon $\Big\rangle$ im Mittel 0,2253 g = 0,0284 g Formaldehyd.
II. 0,2245 g   „   statt 0,0288 g   „
III. 0,2261 g   „   = 98,62 der Theorie.

Trotz dieses Fehlers, der mit zunehmender Koncentration wächst,
kann man sich der Methode mit Vortheil bedienen, wenn man den
Formaldehyd in Gemischen mit beliebigen Aldehyden, Ketonen oder
Säuren etc. quantitativ bestimmen will, wo die titrimetrischen Verfahren
versagen.

In diesen Fällen setzt man vor Zugabe des p-Dihydrazindiphenyl-
chlorhydrats zu der zu prüfenden Flüssigkeit das gleiche bis doppelte
Vol. absoluten Aethyl- oder besser Methylalkolols je nach der Menge
anderer Bestandtheile, und verfährt im übrigen wie für reine Aldehydlösungen angegeben ist.

So z. B. wurde gefunden aus einem Gemisch von

I. 20 ccm der erwähnten Formaldehydlösung
    10   „   2 $^0/_{00}$ Furfurol
    10   „   5 $^0/_{00}$ Acetaldehyd   0,2260 g Hydrazon.
    10   „   5 $^0/_0$ Essigsäure
    80   „   Alkohol

    II. 20 ccm der Formaldehydlösung
       10   „   1 $^0/_0$ Aceton
       10   „   1 $^0/_0$ Diäthylketon   0,2249 g Hydrazon.
       60   „   Alkohol

Sind ausser Formaldehyd keine auf das Hydrazinsalz, Jod und
Thiosulfat wirkenden Körper zugegen, so kann man den Aldehyd auch
titrimetrisch bestimmen, indem man in der vom Hydrazon durch Filtration
getrennten Flüssigkeit das nicht verbrauchte Hydrazin nach der Methode
von E. von Meyer[1]) mittels Jod und Thiosulfat zurücktitrirt. Doch
muss man auch hierbei sehr grosse Verdünnungen anwenden und wird
sich daher bequemer der schönen Methode von Blank und Finkenbeiner[2]) bedienen.

---

[1]) E. von Meyer, Journ. pr. Ch. **36**, 115, 1887; vgl. S. 243 d. Werkes.
[2]) Blank und Finkenbeiner, Ber. **31**, 2979, 1897; vgl. S. 98 d. Werkes.

3. Charakterisirung und Bestimmung der Zuckerarten.

Die Benützung der Phenylhydrazinverbindungen der Zuckerarten (der sog. Osazone) zur Charakterisirung der einzelnen Zucker hat Emil Fischer[1] vorgeschlagen. Ihm gelang es hauptsächlich mit Hilfe des Phenylhydrazins das so ausserordentlich verwickelte Gebiet soweit zu klären, dass es jetzt keine hervorragenden Schwierigkeiten mehr bietet, eine Systematik dieser überaus wichtigen Gruppe der organischen Verbindungen aufzustellen.

Als Verbindungen mit einer Aldehydgruppe (Aldosen) oder mit einer Ketongruppe (Ketosen) haben die Zuckerarten, wie schon erwähnt, die Eigenschaft, sich mit Phenylhydrazin zu kombiniren, und zwar bildet sich bei Einwirkung von 1 Mol. Phenylhydrazin auf 1 Mol. Glukose in der Kälte ein Glukosephenylhydrazon nach der Formel:

$$C_6H_{12}O_6 + C_6H_5NHNH_2 = C_6H_{12}O_5 : NNHC_6H_5 + H_2O.$$

Lässt man dagegen 2 Mol. Phenylhydrazin in der Wärme einwirken, so wird nicht nur der Sauerstoff der Aldehyd- oder Ketongruppe durch $NNHC_6H_5$ ersetzt, sondern es bildet sich ein Körper mit zwei Hydrazinresten, ein sog. Glukosazon; und zwar erhält man z. B. dasselbe Produkt, einerlei, ob man von Dextrose, Lävulose oder Mannose ausgeht.

$$CH_2OH(CHOH)_3COCH_2OH + 2\,C_6H_5NHNH_2 =$$

Lävulose

$$CH_2OH(CHOH)_3C : NNHC_6H_5 . CHNNHC_6H_5 + 2\,H + 2\,H_2O,$$

Glukosazon (Schmelzp. 204—205^0)

$$CH_2OH(CHOH)_3CHOHCHO + 2\,C_6H_5NHNH_2 =$$

Dextrose, Mannose

$$CH_2OH(CHOH)_3 . C : NNHC_6H_5 . CHNNHC_6H_5 + 2\,H + 2\,H_2O.$$

Glukosazon (Schmelzp. 204—205^0).

Ein Theil des Phenylhydrazins wird dabei durch den frei werdenden Wasserstoff reducirt.

Die Hydrazone zeigen meist viel weniger sichere Merkmale zur Erkennung der Zuckerarten als die Osazone. So ist z. B. bei dem Glukosephenylhydrazon vom Schmelzp. 144—145^0 auch noch ein solches vom Schmelzp. 115—116^0 bekannt, welches auch leichter löslich ist als das erstere. Auch sind die Hydrazone meist weniger fällbar als die Osazone.

---

[1] E. Fischer, Ber. **17**, 579, 1884, **20**, 821, 2569, 1887, **21**, 2631, 1888, **22**, 87, 1889.

A. Hydrazone.

Die wichtigsten Hydrazone sind folgende:

			Schmelzp.	Löslichkeit in Wasser.
Hydrazon der	d-Mannose		$195{-}200^0$	1 Th. in $80{-}100^0$ sieden-den Wassers, in kaltem sehr wenig.
„	„	Galaktose	158^0	in 50 Th. kaltem Wasser.
„	„	d-Glukose		sehr leicht löslich.
„	„	α-Modifikation	$144{-}145^0$	sehr leicht löslich.
		β- „	$115{-}116^0$	
„	„	l. Gulose	143^0	—
„	„	Rhamnose	159^0	leicht löslich.

An Stelle des Phenylhydrazins empfiehlt R. Stahel[1] die Anwendung des Diphenylhydrazins $(C_6H_5)_2NNH_2$ zur Charakterisirung der Zucker-arten.

Glukosediphenylhydrazon, schmilzt bei $161{-}162^0$ C.
$$C_6H_{12}O_5 = N{-}N = (C_6H_5)_2.$$
Mannosediphenylhydrazon, „ „ 155^0 C.
Galaktose „ „ „ „ 157^0 C.
Rhamnose „ „ „ „ 134^0 C.

Im Anschlusse hieran sei noch darauf hingewiesen, dass nach P. Griess und G. Harrow[2] die dem Phenylhydrazin isomeren Dia-midobenzole und auch deren Karbonsäuren mit Zucker sich zu krystalli-sirten Verbindungen vereinigen. Besonders bemerkenswerth sind in dieser Hinsicht die Orthodiamine.

L. de Bruyn und Alberda van Ekenstein[3] haben sich mit gutem Erfolge des Benzylphenylhydrazins bedient. Dasselbe zeichnet sich vor dem einfachen Phenylhydrazin durch die leichte Bildungsweise und die Schwerlöslichkeit seiner Hydrazone, vor den anderen substituirten Phenylhydrazinen durch seine einfache Darstellungsweise aus. Man erhält es aus Benzylchlorid und Phenylhydrazin[4], die man unter Abkühlung zusammengiebt und dann erst erwärmt.

$$C_6H_5NHNH_2 + C_6H_5CH_2Cl = C_6H_5 - N - NH_2 + HCl.$$
$$C_6H_5CH_2$$

1) R. Stahel, d. Zeitschr. analyt. Ch. **33**, 228, 1894.
2) P. Griess und G. Harrow, Ber. **20**, 281, 1887.
3) L. de Bruyn und Alb. v. Ekenstein, Rec. trav. chim. Pays-Bas. **15**, 97, 297, 1896.
4) G. Minnuni, Gaz. chim. ital. **22**, (2), 219, 1892.

Auch O. Ruff und G. Ollendorff[1]) empfehlen die Anwendung des Benzylphenylhydrazins. Man erhält die Hydrazone (d-Xylose und d-Arabinose) gleich in ziemlich reinem Zustande, wenn man nicht in essigsaurer, sondern in neutraler alkoholischer Lösung arbeitet.

Zu erwähnen ist noch, dass auch p-Nitrophenylhydrazin[2]), sowie p-Bromphenylhydrazin zur Darstellung von Hydrazonen zur Verwendung gekommen sind. Besonders das letztere bietet mitunter gewisse Vortheile vor dem Phenylhydrazin, wie dies auch für das Diphenylhydrazin und Benzylphenylhydrazin geltend gemacht wird.

Durch Abspaltung des Phenylhydrazins mit Salzsäure[3]) kann aus den Hyrazonen der ursprüngliche Zucker mit der gleichen Drehungsrichtung wieder hergestellt werden.

Bei dem Dextrosephenylhydrazin ist der Versuch schwierig auszuführen, weil leicht durch sekundäre Vorgänge eine Bräunung der Reaktionsmasse erfolgt.

Sehr glatt verläuft dagegen die Spaltung beim Galaktosephenylhydrazin. Uebergiesst man dasselbe mit der fünffachen Menge rauchender Salzsäure und kühlt die Lösung durch Eiswasser, so scheidet sich sehr bald ein dicker Niederschlag von salzsaurem Phenylhydrazin aus. Nach 1 bis 2 Stunden ist die Reaktion zu Ende und das Gemisch nur wenig gelb gefärbt. Mit Wasser verdünnt zeigt die Lösung jetzt starke Rechtsdrehung und enthält offenbar regenerirte Galaktose.

Ebenso lässt sich Mannose[4]) leicht aus ihrem Hydrazon wieder erhalten.

Ein weiteres Verfahren der Spaltung ist von Herzfeld[5]) angegeben worden und beruht auf der Umsetzung mit Benzaldehyd, wie folgende Gleichung zeigt:

$$C_6H_{12}O_5 : N . NHC_6H_5 + C_6H_5CHO = C_6H_5CH : N . NHC_6H_5 + C_6H_{12}O_6.$$

O. Ruff und G. Ollendorf erhielten keine guten Resultate bei der Zerlegung der Benzylphenylhydrazone von l-Xylose und d-Arabinose, indem dabei gelb bis braun gefärbte Syrupe resultirten, die sich mit der Zeit noch etwas dunkler färbten und durch Thierkohle nicht mehr entfärben liessen. Auch lösten sich dieselben wahrscheinlich infolge von Kondensation nicht mehr in Alkohol.

Nach den Beobachtungen von O. Ruff und G. Ollendorff[6]) geben diese Methoden nur bei weniger empfindlichen Zuckern ein befriedigendes

1) O. Ruff und G. Ollendorff, Ber. **32**, 3234, 1899.
2) E. Hyde, Ber. **32**, 1810, 1899.
3) E. Fischer und J. Tafel, Ber. **20**, 2569, 1887.
4) E. Fischer und J. Hirschberger, Ber. **22**, 3219, 1889.
5) A. Herzfeld, Ber. **28**, 442, 1895; Liebig's Ann. **288**, 144.
6) O. Ruff und G. Ollendorff, Ber. **32**, 3234, 1899.

Resultat. Sie haben deshalb ein neues Verfahren ausgearbeitet, das auf der Spaltung der Benzylphenylhydrazone mit Formaldehyd beruht. Das Verfahren soll sehr gute Resultate liefern und wird auch von C. Neuberg[1]) als sehr brauchbar bei der Zerlegung von Diphenylhydrazonen beschrieben und zwar speciell des Hydrazons einer Pentose (Arabinose).

Formaldehydbenzylphenylhydrazon erhält man beim Eindampfen von Benzylphenylhydrazon mit Formaldehydlösung auf dem Wasserbade als leichtgefärbtes Oel, das nach einiger Zeit erstarrt und aus Alkohol binnen 24 Stunden in centimeterlangen, rein weissen Nadeln vom Schmp. 41° krystallisirt. Es ist in fast allen Lösungsmitteln, ausser in Wasser sehr leicht löslich.

Vielleicht ist bei der Spaltung der Hydrazone mit Formaldehyd der Hinweis nicht ohne Werth, dass Formaldehyd und Salzsäure in der Weise auf Zucker einwirken, dass Methylenderivate sich bilden. Auf diese Weise gelang es B. Tollens[2]) und seinen Schülern Methylen in die Mannose, Kohlehydratsäuren sowie in Glukose einzuführen.

B. Osazone.

Die wichtigsten Osazone sind folgende:

1. Azone von der Formel $C_{18}H_{22}N_4O_4$.

Sie sind in heissem Wasser sehr schwer löslich, in Aether, Chloroform und Benzol fast unlöslich, am leichtesten werden sie von heissem Eisessig aufgenommen; aber diese Lösung färbt sich bald dunkel, so dass der Eisessig zum Umkrystallisiren wenig geeignet ist.

a) Phenylglukosazon. Dasselbe entsteht aus Dextrose, Lävulose und Mannose, ferner aus dem Dextrose-Phenylhydrazin, endlich aus dem Glukosamin und Isoglukosamin. Es schmilzt in reinem Zustande bei 204—205° C. (unkorr.) unter Gasentwicklung. In heissem absoluten Alkohol ist es schwer löslich, leichter wird es von heissem verdünnten Alkohol (60 %) aufgenommen und krystallisirt daraus in feinen, gelben, mit blossem Auge leicht erkennbaren Nädelchen.

b) Phenylgalaktosazon wurde bisher aus der Galaktose und dem Galaktosephenylhydrazin gewonnen. Es ist in heissem absoluten Alkohol etwas leichter löslich als das vorhergehende und krystallisirt daraus in gelben, ziemlich kompakten Nadeln. Beim raschen Erhitzen färbt es sich gegen 188° C. dunkel und schmilzt vollständig bei 193 bis 194° C. unter Gasentwicklung.

c) Phenylsorbinazon wurde bisher nur aus Sorbin gewonnen. In heissem absoluten Alkohol und Aceton ist es erheblich leichter löslich

---

1) C. Neuberg, (E. Salkowski), Ber. **33**, 2245, 1900.
2) B. Tollens, Schulz, Henneberg und Weber, Liebig's Ann. **289**, 20, **292**, 31, 40, **299**, 316, Ber. **32**, 2545, 1899.

als die vorhergehenden. Aus der konc. alkoholischen Lösung scheidet es sich in der Kälte langsam in eigenthümlichen, kugeligen Aggregaten ab, welche unter dem Mikroskop als äusserst feine, biegsame Nädelchen erscheinen. Die reine Verbindung sintert gegen 162° C. zusammen und schmilzt vollständig bei 164° C. ohne Gasentwicklung.

Inosit ist gegen Phenylhydrazin indifferent.

2. Azone von der Formel $C_{24}H_{32}N_4O_9$.

Sie sind in heissem Wasser verhältnissmässig leicht löslich, in Aether, Benzol, Chloroform fast unlöslich, in heissem Eisessig leicht löslich.

a) Phenyllaktosazon schmilzt bei 200° C. unter Gasentwicklung und löst sich vollständig in 80—90 Thl. heissem Wasser. Beim Erkalten scheidet es sich als gelbe, körnig krystallinische Masse ab, welche unter dem Mikroskop als aus feinen, kurzen, in kugeligen Aggregaten vereinigten Prismen bestehend erscheint. Durch sehr verdünnte Schwefelsäure wird es in das Anhydrid $C_{24}H_{30}N_4O_8$ verwandelt, welches auch in heissem Wasser fast unlöslich ist und bei 223—224° C. ohne Gasentwicklung schmilzt.

b) Phenylmaltosazon löst sich in ungefähr 25 Thl. kochendem Wasser; in heissem Alkohol ist es etwas leichter löslich. Aus heissem Wasser krystallisirt es leicht in schönen gelben, mit blossem Auge kenntlichen Nadeln, welche nicht wie bei dem Laktosazon zu Aggregaten verbunden sind und dadurch leicht von jenen unterschieden werden können. Der früher angegebene Schmelzpunkt 190—191° C. ist nicht richtig. Erhitzt man die aus Wasser krystallisirte Verbindung rasch, so schmilzt sie erst bei 206° C. vollständig zu einer dunkelen Flüssigkeit, welche sich sofort unter starker Gasentwicklung zersetzt. Bei langsamen Erhitzen wird die Beobachtung sehr unsicher, schon bei 190—193° färbt sich dann die Substanz dunkel, sintert zusammen und schmilzt unter völliger Zersetzung.

Trehalose giebt keine Fällung und keine Färbung.

Beythien und Tollens[1]) heben hervor, dass es bei der Schmelzpunktsbestimmung der Osazone auf die Zeitdauer des Erhitzens ankommt und empfehlen ausser der allgemeinen Regel, dass man schnell erhitzen soll, die, dass man neben der zu untersuchenden Probe eine Probe von dem Osazon erhitzt, welches man unter den Händen zu haben glaube.

Weiterhin machen sie darauf aufmerksam, dass, wenn man bei der Darstellung der Osazone nach der Fischer'schen Vorschrift, wonach mit dem Phenylhydrazinacetat in wässeriger Lösung ohne Verdampfen erhitzt werden soll, abweicht, leicht dadurch Irrthümer herbeigeführt werden

---

1) Beythien und Tollens, Liebig's Ann. **255**, 217, 1889.

können, dass sich auch ohne Anwesenheit von Glukosen osazonähnliche Abscheidungen bilden können.

Ausser den sonstigen Verschiedenheiten unterscheiden sich nach A. Maquenne[1]) auch die Osazone der verschiedenen Zuckerarten durch die Mengen, welche sich bei Einhaltung gleicher Versuchsbedingungen, aber unter Anwendung verschiedener Zuckerarten abscheiden, und er schlägt vor, diesen Umstand zur Charakterisirung der Zucker heranzuziehen. Wurde 1 g des Zuckers mit 100 g Wasser und 5 ccm einer Lösung, welche in 160 ccm 40 g Phenylhydrazin und 40 g Eisessig enthielt, eine Stunde lang auf 100° C. erhitzt, so ergaben sich, nachdem die ausgeschiedene Masse aus der erkalteten Flüssigkeit abfiltrirt, mit 100 ccm Wasser gewaschen und bei 110° C. getrocknet worden war, folgende Mengen von Osazonen:

Zuckerart.	Gewicht des Osazons.	Bemerkungen.
Sorbin krystallisirt	0,82 g	nach 11 Min. Trübung.
Lävulose	0,70 „	„ 5 „ Niederschlag.
Xylose	0,40 „	„ 13 „ „
Glukose wasserfrei	0,32 „	„ 8 „ „
Arabinose krystallisirt	0,27 „	„ 30 „ Trübung.
Galaktose	0,23 „	„ 30 „ Niederschlag.
Rhamnose	0,15 „	„ 25 „ „
Laktose	0,11	} scheidet sich oft beim
Maltose	0,11	Erkalten ab.

Auch zeigt Maquenne, dass die Inversionsprodukte der Biosen und Triosen nach Scheibler unter gleichen Versuchsbedingungen die gleichen Mengen Osazon liefern, wie die entsprechenden künstlichen Gemische der bei der Inversion sich bildenden Zuckerarten.

Die Rückverwandlung der Osazone in Zucker ist kein so leichtes Problem wie bei den Hydrazonen[2]). Durch Reduktion mit Zinkstaub und Essigsäure lassen sich dieselben allerdings in Aminbasen verwandeln, welche durch Behandlung mit salpetriger Säure in Zucker übergehen. Aber das Verfahren hat bisher nur bei dem Phenylglukosazon befriedigende Resultate geliefert.

Etwas bessere Erfolge erhält man durch Behandeln des Osazons mit kalter, rauchender Salzsäure, wodurch dieselben mit dunkelrother Farbe gelöst und nach einiger Zeit unter Abspaltung von salzsaurem

$$\text{Phenylhydrazin zerlegt werden. Die Osazongruppe} \quad \begin{array}{c} | \\ C = N_2H \cdot C_6H_5 \\ | \\ C = N_2HC_6H_5 \\ | \end{array} \quad \text{wird}$$

[1]) A. Maquenne, Compt. rend. **112**, 799; Zeitschr. analyt. Ch. **33**, 226, 1894.
[2]) E. Fischer, Ber. **21**, 2631, 1888.

dabei in die Gruppe — CO . CO — verwandelt. So entsteht aus dem Phenylglukosazon ein Produkt, welches nach seinen Reaktionen die Konstitution CH_2OH . $(CHOH)_3COCHO$ besitzt. Und zwar entsteht hierbei aus dem in gleicher Weise aus Glukose, Fruktose und Mannose erhältlichen Osazon derselbe Körper, ein sog. Oson. Dieses aus den drei Zuckerarten und ihrem zugehörigen Osazon gewonnene Oson geht durch Reduktion mit Zinkstaub und Essigsäure in Fruktose über, so dass man also auf diesem Wege von der Glukose und Mannose zur Fruktose gelangen kann.

Verreibt man das aus Milchzucker (Glukose $+$ Galaktose $-$ H_2O) erhältliche Phenyllaktosazon, $C_{12}H_{20}O_9(N_2HC_6H_5)_2$ mit konc. Salzsäure, so entsteht neben salzsaurem Phenylhydrazin das Laktoson. Das Laktoson hydrolysirt sich beim Erhitzen mit verdünnter Salzsäure zu Galaktose und Glukoson.

$$C_{12}H_{20}O_{11} + H_2O = C_6H_{12}O_6 + C_6H_{10}O_6.$$
$$\text{Galaktose} \qquad \text{Glukoson.}$$

4. Bestimmung des Harnzuckers.

Nach v. Jacksch[1]) verfährt man in folgender Weise: In eine Eprouvette, welche 6—8 ccm Harn enthält, werden zwei Messerspitzen chemisch-reinen, salzsauren Phenylhydrazins und drei Messerspitzen essigsauren Natrons gebracht, und wenn sich die zugesetzten Salze beim Erwärmen nicht gelöst haben, noch etwas Wasser hinzugefügt[2]). Das Gemisch wird in einer Eprouvette in kochendes Wasser gesetzt und nach ca. 20—30 Min., noch besser erst nach 1 St. (Hirschl), in ein mit kaltem Wasser gefülltes Becherglas gebracht. Falls der Harn nur halbwegs grössere Mengen Zucker enthält, entsteht sofort ein gelber, krystallinischer Niederschlag. Erscheint dieser Niederschlag makroskopisch amorph — was zuweilen der Fall ist, — so wird man bei mikroskopischer Untersuchung doch theils einzelne, theils in Drusen angeordnete, gelbe Nadeln finden. Handelt es sich um sehr geringe Mengen Zucker, so bringt man die Probe in ein Spitzglas und untersucht das Sediment. Bei den geringsten Spuren von Zucker wird man einzelne Phenylglukosazonkrystalle beobachten können.

Nach E. Laves[3]) lässt sich die Ausbeute an Osazon durch Vermehrung des Phenylhydrazins steigern und durch Wägen des Osazons unter Berücksichtigung der Löslichkeit die Menge desselben quantitativ bestimmen.

---

1) v. Jacksch, Zeitschr. f. klin. Med. **11**, 20, 1886.
2) v. Jacksch, Klinische Diagnostik 374, Leipzig und Wien, 1896.
3) E. Laves, Archiv d. Pharm. **231**, 366, 1893.

P. A. Lamanna[1]) modificirt die von v. Jacksch gegebene Methode des Nachweises von Traubenzucker im Harn mittels Phenylhydrazin. Man schüttelt zu dem Zwecke 4 Tropfen reines Phenylhydrazin, 10 Tropfen Essigsäure und 10 Tropfen Salzsäure in einem Reagensglas bis zur völligen Lösung, fügt 5 ccm von filtrirtem Harn hinzu, schüttelt wieder bis zur völligen Lösung, erhitzt die Lösung einige Augenblicke zum Sieden und senkt dann das Gefäss in kaltes Wasser. So erhält man in wenigen Sekunden einen gelben Niederschlag, der sich zur Untersuchung unter dem Mikroskop eignet.

Nach den Untersuchungen von M. Jaffé[2]) ist darauf Rücksicht zu nehmen, dass Phenylhydrazin aus konc. Harnstofflösungen eine Abscheidung von Phenylsemikarbazid ($C_6H_5NHNHCONH_2$) hervorbringt. Menschenharn, sowie Harn von mit Brot oder Milch gefütterten Hunden liefert bei Verwendung von 10 ccm Phenylhydrazin auf 200 ccm Harn, Ansäuern mit $50\,^0/_0$ Essigsäure bis zur stark sauren Reaktion und zweistündigem Erhitzen im Wasserbad kein Phenylsemikarbazid, wohl aber der harnstoffreichere Harn von ausschliesslich mit Fleisch gefütterten Hunden. Durch Steigerung des Phenylhydrazinzusatzes und tagelanges Stehenlassen nach dem Erhitzen gelingt es übrigens auch aus minder konc. Lösungen z. B. solchen von $2\,^0/_0$ den Harnstoff fast ganz als Phenylsemikarbazid zur Ausfällung zu bringen.

Das Vorkommen von kleineren und grösseren gelben Plättchen oder stark lichtbrechenden braunen Kügelchen ist für Zucker nicht beweisend, da dieselben nach Hirschl durch die Anwesenheit der Glukuronsäure bedingt sein sollen. Es müssen die charakteristischen Kryställchen vom Schmp. $205\,^0$ vorhanden sein.

Die Probe ist auch für eiweisshaltige Harne verwendbar[3]); jedoch ist es für diesen Zweck besser, die Hauptmenge des Eiweisses vorher durch Kochen zu entfernen. Im übrigen ist die Probe so empfindlich, dass man noch $0,1\,^0/_0$ Zucker mit grosser Sicherheit nachweisen kann, zumal wenn man mit der Methode der Ausführung der Untersuchung erst näher vertraut ist.

Nach A. Neumann[4]) empfiehlt es sich, die Menge des Phenylhydrazins möglichst zu beschränken, dagegen einen Ueberschuss von Essigsäure zu nehmen. Da das Auskrystallisiren des Osazons durch diesen Ueberschuss erschwert wird, ist nach beendigter Reaktion mit Alkali abzustumpfen. Auch die Gegenwart von Natriumacetat begünstigt die Ab-

---

1) P. A. Lamanna, Boll. chim. farm. **36**, 4, 1897.
2) M. Jaffé, Zeitschr. physiol. Ch. **22**, 532, 1896; vgl. auch E. Salkowski, Zeitschr. f. physiol. Ch. **17**, 329, 1893.
3) Hirschl, Zeitschr. physiol. Ch. **14**, 383, 1890.
4) A. Neumann, Arch. Anat. Phys. (His-Engelmann) Physiol. Abth. 1899, Suppl. 549—552, Chem. Centrbl. 1899, II, 1033.

scheidung des Osazons. In 5 ccm Zuckerlösung bezw. Zuckerharn werden 2 ccm mit Natriumacetat gesättigter Essigsäure und 2 Tropfen Phenylhydrazin hinzugefügt, die Mischung wird auf 3 ccm eingedampft, was in einem im unteren Drittel kugelförmig ausgebauchten Reagensglase in 1 Minute erreicht wird. Beim Abkühlen scheidet sich das Osazon aus.

E. Roos[1]) weist darauf hin, dass die Phenylhydrazinprobe im Menschenharn stets erhalten wird, und dass die mikroskopische Beschaffenheit der erhaltenen Kryställchen nicht, wie Hirschl[2]) annahm, eine Entscheidung ermöglicht, ob es sich im einzelnen Falle um Zucker oder Glukuronsäure handelt. Der Schmelzpunkt des Phenylosazons der Glukuronsäure liegt bei 150⁰.

A. Jolles[3]) beobachtete das Auftreten eines reducirenden Stoffes nach Benzosolgebrauch. R. Glan[4]) fand nach Sulfonal-, Trional- und Salolgebrauch Schwärzung von alkalischer Wismuthtartratlösung. Eine ausführliche Besprechung der Fehlerquellen des Zuckernachweises im Harn hat Neumann-Wender[5]), namentlich im Hinblick auf den Uebergang von Arzneistoffen und ihren Umwandlungsprodukten in den Harn geliefert.

C. Neuberg[6]) hat Versuche über die Löslichkeitsverhältnisse der Osazone im Harn angestellt und gefunden, dass alle organischen stickstoffhaltigen Körper, auch solche, welche nicht basischer Natur sind, Osazon in Lösung zu halten vermögen. Es empfiehlt sich daher, dieselben vor der Osazondarstellung zu entfernen, und zwar giebt man zur Zerstörung des Harnstoffs vorsichtig Natriumnitrit und Essigsäure hinzu unter Erwärmen zum Austreiben der Gase. In allen den Fällen, in denen die Kohlehydratmenge gering ist, bemisst man die Hydrazinmenge nach dem Ausfall der Titration oder Polarisation.

Von besonderer Wichtigkeit ist noch die Beobachtung von E. Salkowski[7]), der das Vorkommen einer Pentose im Harn nachwies. Dieselbe ist nach neueren Untersuchungen von im Auftrage von Salkowski durch C. Neuberg[8]) ausgeführten Untersuchungen die optisch inaktive, racemische Form der Arabinose (Schmelzpunkt 163—164⁰). Aus dem Harn selbst lässt sie sich nach dem Einengen und Ausfällen der Hauptmenge der anorganischen Salze durch

1) E. Roos, Zeitschr. physiol. Ch. **15**, 513, 1891.

2) A. Hirschl, Zeitschr. physiol. Ch. **14**, 377, 1890.

3) A. Jolles, Centrbl. f. inn. Med. **15**, 1025.

4) R. Glan, Deutsche Medizinalztg. **16**, 689.

5) Neumann-Wender, Pharmac. Post. **26**, 573, 614.

6) C. Neuberg, Zeitschr. physiol. Ch. **29**, 274, 1900.

7) E. Salkowski, Centrbl. f. med. W. 1892, Nr. 19 und 35; Zeitschr. physiol. Ch. **27**, 525, 1899.

8) C. Neuberg, Ber. **33**, 2243, 1900.

Alkohol mit Diphenylhydrazin fällen, nicht aber mit p-Bromphenylhydr-
azin, Methylphenylhydrazin oder Phenylhydrazin selbst noch mit dem
Benzylphenylhydrazin. Die Zersetzung des Hydrazons geschah nach der
Methode von Ruff und Ollendorff mittels Formaldehyd.

Nach der Reindarstellung konnten auch die anderen Hydrazone dargestellt werden, doch erwies sich Diphenylhydrazon als das schwerlös-
lichste.

Diphenylhydrazon   Schmelzpunkt 206^0
Osazon (Phenylhydrazin)   „   164—168^0.

Derartige Fälle, bei denen Pentose, die man früher nur als Zucker
des Pflanzenreichs gekannt hatte, andauernd und in beträchtlicher Menge
vom menschlichen Organismus ausgeschieden wird, sind durchaus nicht
vereinzelt geblieben; sowohl von dem Entdecker selbst, wie auch von
anderen Forschern sind mehrere Fälle[1] dieser Art beobachtet worden.
Die nähere Untersuchung ergab, dass es sich in diesen Fällen um eine
neue Art von Zuckerkrankheit handelt, bei der an Stelle von Traubenzucker Pentose ausgeschieden wird und die von Salkowski im Gegensatze zu der lange bekannten Glukosurie den Namen Pentosurie
erhielt.

5. Bestimmung der Glukuronsäure.

P. Mayer und C. Neuberg[2] führen die Bestimmung derart aus,
dass sie den Harn zur Zerlegung der gepaarten Glukuronsäure mit verdünnter Schwefelsäure als p-Bromphenylhydrazinverbindung zur Abscheidung bringen. Die Erhitzung des Harns, dem 1 ^{0}/o koncentrirte Schwefelsäure zugegeben wurde, geschieht am besten in einer Steingutflasche mit
Patentverschluss eine Stunde lang im kochenden Wasserbad. 300 ccm
dieser Flüssigkeit werden nach dem Erkalten nach genauer Neutralisation
mit Soda, mit 8 g p-Bromphenylhydrazinacetat oder einem Gemenge des
entsprechenden Chlorhydrats mit der nöthigen Menge Natriumacetat in
einem bedeckten Becherglase ca. 10 Minuten im Wasserbade erhitzt, und
beim Beginn der Krystallabscheidung filtrirt man rasch. Man wiederholt
diese Operationen, Erwärmen und Abfiltriren, so lange noch Krystallaus-
scheidung stattfindet, wascht das ausgeschiedene Hydrazin mit heissem
Wasser und absolutem Alkohol, löst eventuell in Pyridin, und fällt mit
Ligroin. Auf diese Weise konnten in 50 l normalen Harns ca. 2 g
(= 0,004 ^{0}/o) Glukuronsäure als Phenyl-, bezw. Indoxyl-Glukuronsäure
nachgewiesen werden.

---

1) F. Blumenthal, Berl. klin. Wochenschr. 1895, Nr. 26; E. Reale, Centrlb.
f. inn. Med. 1894, 680; Colombini, Maly's Jahresb. 1897. 753; Külz und Vogel,
Zeitschr. f. Biologie **32**, 185; Bial, Zeitschr. f. klin. Med. **39**, Heft 5.

2) P. Mayer und C. Neuberg, Zeitschr. physiol. Ch. **29**, 256, 1900.

Das Glukuronsäurehydrazin ist dadurch charakterisirt, dass es die Ebene des polarisirten Lichtes viel stärker nach links dreht als die Hydrazinverbindungen aller anderen Kohlehydrate. 0,2 g in 4 ccm Pyridin und 6 ccm absolutem Alkohol gelöst, gaben eine Drehung von — $7^0 25'$, was etwa der Drehung einer 13,2 %igen Traubenzuckerlösung entspricht.

6. Bestimmung der Dextrose, Lävulose und Saccharose.

Zur Bestimmung dieser Zuckerarten benützen C. J. Lintner und E. Kröber[1]) die Unlöslichkeit ihrer Osazone in heissem Wasser. Die Methode gestattet die Bestimmung obiger Zucker, neben Maltose, Isomaltose und Dextrinen.

Nicht mehr als 0,2 g Dextrose werden in 20 ccm Wasser gelöst, mit 1 g Phenylhydrazin und 1 g 50 % Essigsäure versetzt und hierauf wird $1^1/_2$ Std. auf siedendem Wasserbad erhitzt; bei Gegenwart von Dextrin sind 2 Stunden erforderlich. Man filtrirt auf ein gewogenes Filter und wäscht mit 60—80 ccm heissem Wasser aus. Das Osazon wird nach dreistündigem Trocknen bei 105—110 ^{0} gewogen.

1 Osazon entspricht 1 Dextrose, bei Gegenwart von Maltose und Dextrin 1,04 Dextrose.

Für Lävulose ist unter ähnlichen Bedingungen 1 Osazon = 1,43 Lävulose.

Zur Bestimmung der Saccharose muss vorher mit Salzsäure invertirt und die Säure mit Natriumacetat abgestumpft werden. 1 Saccharose entspricht 1,33 Osazon. Bei Gegenwart von Saccharose fallen die Osazonwerthe für Dextrose etwas zu hoch aus.

E. Laves[2]) hatte bereits früher dieselbe Methode der Gewichtsanalyse vorgeschlagen und konstatirt, dass man bei gleichen Zuckermengen (etwa 0,1 bis 0,2 g) das 20fache an Phenylhydrazin und das 30fache an Eisessig anwenden muss, um vollständige Fällung zu erzielen; bei grösserer Menge ist jedenfalls auch ein grösserer Ueberschuss dieser Reagentien erforderlich, wenn er auch nicht das eben angegebene Maass erreicht; bei sehr verdünnten Lösungen empfiehlt sich eine Steigerung des Ueberschusses. Laves arbeitete in der Weise, dass das Reaktionsgemisch nach $1^1/_2$ stündigem Erhitzen auf dem Wasserbade mit Wasser auf 100 ccm aufgefüllt wurde. Nach dem Abkühlen auf 20 ^{0} C. wurde das Osazon auf einem gehärteten Filter gesammelt, mit 50 ccm Wasser ausgewaschen und dann nach dem Trocknen gewogen. Zur Ermittlung der Korrektion für die in Lösung gebliebene Menge des Osazons zieht Laves folgende von ihm ermittelten Löslichkeitsverhältnisse heran:

[1]) C. J. Lintner und E. Kröber, Zeitschr. f. d. ges. Brauwesen **18**, 153; Zeitschr. analyt. Ch. **35**, 95, 1896.

[2]) E. Laves, Archiv d. Pharm. **231**, 366, 1893.

100 Theile kochenden Wassers   lösen Osazon   0,01
100   „   Wasser von 20 ^{0} „   „   0,0042
100   „   2 ^{0}/o Essigsäure von 20^0 „   „   0,007
100   „   3 „   „   „   „   „   „   0,0145
100   „   4 „   „   „   „   „   „   0,022
100   „   5 „   „   „   „   „   „   0,031
100   „   10 ^{0}/o schwach angesäuerten Alkohols von 20^0 C. lösen
Osazon 0,0075.

Laves hat die Methode namentlich für die Bestimmung des Zuckers im Harn ausgebildet und empfiehlt, zuckerarme Urine erst nach dem Ausfällen mit Bleiessig zu koncentriren, weil beim direkten Zusatz des Phenylhydrazinacetats leicht durch fremde Körper verunreinigtes Osazon ausfällt. Er ist der Ansicht, dass sich die Methode mit Erfolg auch zur Bestimmung anderer Zuckerarten in pflanzlichen und thierischen Extrakten anwenden lasse, bei denen wegen der Anwesenheit fremder Körper die gewöhnlichen Methoden versagen.

7. Bestimmung der Mannose.

Die Mannose, $CH_2OH(CHOH)_4CHO$, bildet mit Phenylhydrazin ein in Wasser sehr schwer lösliches Hydrazon, $C_6H_{12}O_5:NNHC_6H_5$, vom Schmp. 188 bezw. 195—200^0. Man verwendet zur Bestimmung[1]) das essigsaure Phenylhydrazin, welches nach kurzer Zeit in der Kälte oder in sehr gelinder Wärme das in Wasser fast unlösliche Mannosehydrazon ausfällt, während andere Zuckerarten erst bei tagelangem Stehen in der Kälte einen Niederschlag geben.

E. Bourquelot und H. Hérissey[2]) haben im Anschluss an ihre Arbeit über die Natur des Eiweissstoffes der Samen des Johannisbrotes untersucht, wie weit das unlösliche Mannosehydrazon zur quantitativen Bestimmung dieses Zuckers dienen kann. Die Versuche ergaben, dass man die Mannose sehr wohl durch Phenylhydrazin bestimmen kann, und dass die Gegenwart anderer Zucker wie Galaktose, Arabinose, Maltose sowie Dextrin die Resultate nicht merkbar beeinflusst. Letztere sind genügend genau, wenn man bei möglichst niederer Temperatur (+ 10^0) arbeitet, und die Lösungen 3—6^0/o Mannose enthalten. In den Fällen, wo die Lösungen verdünnter sind, muss das Gewicht des gefundenen Hydrazons pro 100 ccm Lösung um 0,04 g erhöht werden.

---

1) Vgl. B. Tollens, Kohlehydrate, II. Bd. 115. 1895.

2) E. Bourquelot und H. Hérissey, Compt. rend. **129**, 339, 1899; Chem. Centrbl. 1899, II. 573.

8. Bestimmung der Pentosen bezw. Pentosane nach der Phenylhydrazinmethode.

Nachdem die Entstehung von Furfurol aus Arabinose durch Stone und Tollens und aus Xylose durch Wheeler und Tollens nachgewiesen war, wobei die Reaktion nach der Gleichung

$$C_5H_{10}O_5 = C_5H_4O_2 + 3H_2O$$

vor sich geht, suchten diese sowie Allen das beim Destilliren von Vegetabilien, aus den obigen Pentosen mit Säure entstandene Furfurol durch Fällung mit Ammoniak als Hydrofurfuramid zu bestimmen.

Da diese Fällung aber unvollständig ist und augenscheinlich zu niedrige Zahlen liefert, sind Tollens, Günther und de Chalmot[1]) dazu übergegangen, das Furfurol mit Phenylhydrazinacetat zu fällen.

Die Methode ist folgende:

a) Destillation mit Salzsäure.

5 g Substanz werden mit 100 ccm (12 %) in Kolben von 300 ccm Inhalt destillirt. Die Erhitzung der Kolben geschieht im Bade von Rose's Metall. Das Destillat wird in Cylinderchen aufgefangen und jedesmal, wenn 30 ccm überdestillirt sind, füllt man 30 ccm Salzsäure nach. Man destillirt so lange, bis kein Furfurol mehr im Destillat mit Hilfe von Anilinacetatpapier nachweisbar ist.

b) Hydrazonfällung.

Das in Bechergläsern von $1^1/_2$ l Inhalt, welche bei 500 ccm eine Marke tragen, gesammelte Destillat wird mit zerriebenem, durch ein 1 mm Sieb getriebenen, trockenen kohlensauren Natron neutralisirt und mit Essigsäure schwach wieder angesäuert. Man füllt dann bis zu 500 ccm auf. Hierauf giebt man 10 ccm Phenylhydrazinacetatlösung (oder bei an Pentaglukosen sehr reichem Material mehr) von bestimmter Koncentration zu und rührt 5 Minuten lang mit einer Federfahne. Der Hydrazonniederschlag scheidet sich auf diese Weise gut aus.

Die Phenylhydrazinlösung wird aus 12 g Phenylhydrazin, 7,5 g Eisessig und Wasser zu 100 ccm hergestellt. 10 ccm dieser Lösung genügen zur Fällung von 0,75 g Furfurol. Man kann die Lösung mehrere Tage ohne Schaden aufbewahren.

Auch titrimetrisch lässt sich das Furfurol mit Phenylhydrazinacetatlösung bestimmen, wobei Anilinacetatpapier als Indikator dient. Sobald sich dies nicht mehr röthet, ist die Endreaktion eingetreten.

Der Hydrazonniederschlag wird filtrirt und der Rückstand mit

---

[1]) A. Günther, G. de Chalmot und B. Tollens, Ber. **24**, 3575, 1892.

100 ccm Wasser gewaschen. Der möglichst trocken gesaugte Niederschlag wird im Strome trockener, verdünnter Luft bei 50—60° getrocknet.

Aus dem Gewichte des Hydrazons erhält man durch Multiplikation mit 0,516 das Furfurol, welches niedergeschlagen worden ist. Zu diesem muss man das Furfurol addiren, welches von der Fällungs- und Waschflüssigkeit in Lösung gehalten wird, und welches nach besonderen Versuchen 0,025 g im Mittel beträgt.

Die Umrechnung des Furfurols auf Pentosen geschieht nach folgender Tabelle:

Erhalten aus 5 g Substanz. Procente Furfurol.   **Faktoren für Arabinose.**

$2^1/_2\,\%$ oder weniger $100/_{53}$

$5\,\%$ „   „ $100/_{49}$

Faktoren für Xylose.

$1\,\%$ „   „ $100/_{70}$

$2^1/_2\,\%$ „   „ $100/_{59}$

$5\,\%$ oder mehr $100/_{53}$

Faktoren für Pentaglukosen.

$2^1/_2\,\%$ oder weniger $100/_{60}$

$5\,\%$ oder mehr $100/_{52}$.

Weniger als $1\,\%$ Pentose oder 0,05 g in 5 g Material kann man nicht bestimmen, denn das dieser Menge entsprechende Furfurol (ca. 0,025 g) ist gerade die Quantität, welche als Hydrazon von den Fällungs- und Waschflüssigkeiten in Lösung gehalten wird.

Folgende Tabelle giebt einen Ueberblick über die von de Chalmot und Günther im Laboratorium von Prof. Tollens erhaltenen Resultate, die zugleich zeigen, dass Pentosen bezw. Pentosane mitunter in sehr reichlicher Menge vorhanden sind.

Untersuchte Substanzen.	Procente an Pentaglukosen.	Procente an Pentosan (Xylan oder Araban) Spalte 2 × 0,88.	Procente an stickstofffreien Extraktstoffen.
Roggenstroh . . .	25,2 (Ch)	22,2	33,3
Weizenstroh . . .	{ 25,8 (G) 27,7 (Ch)	22,7 24,4	} 36,9
Gerstenstroh . . .	25,6 (Ch)	22,5	36,7
Haferstroh. . . .	{ 25,8 (G) 26,1 (Ch)	22,7 23,0	} 36,2
Erbsenstroh . . .	16,9 (Ch)	14,9	34,0
Wiesenheu. . . .	18,3 (Ch)	16,1	41,4
Kleeheu I. . . .	9,2 (Ch)	8,1	} 35—38
„ II. . . .	10,6 (Ch)	9,3	
Buchenholz . . .	{ 23,8 (G) 19,7 (Ch)	20,9 17,3	— —
Tannenholz . . .	{ 13,2 (G) 7,9 (Ch)	11,6 7,0	— —
Steinnussabfall . .	{ 0,8 (G) 1,1 (Ch)	0,7 1,0	— —
Biertreber	22,4 (G)	19,7	43,6
Weizenkleie . . .	24,7 (G)	21,7	55—58
Rübenschnitzel . .	33,4 (G)	29,4	54,0
Rübenmark . . .	24,9 (Ch)	21,9	—
Holzgummi . . .	108,6 (G)	95,9	—
Kirschgummi . . .	45,6 (Ch)	40,1	—
Gummi arabicum .	27,9 (G)	24,5	—
Rohfaser aus Haferstroh	13,9 (Ch)	12,2	—

Die Methode ist auch von A. Stift[1]) geprüft und für sehr brauchbar befunden worden. Trotzdem schlägt Tollens vor, die weniger umständliche Phloroglucinmethode zu verwenden.

9. Bestimmung des Benzaldehyds im Bittermandelwasser.

Nach C. Denner[2]) erwärmt man sog. Bittermandelwasser $^1/_2$ Stunde lang im Wasserbade mit der gleichen Menge einer 10 g Phenylhydrazin in 1 l ganz verdünnter Essigsäure enthaltenden Lösung, filtrirt das gebildete Benzylidenphenylhydrazin nach 12 stündigem Stehen an einem kühlen Orte ab, trocknet und wägt. Das Gewicht des erhaltenen Niederschlags mit 0,5408 multiplicirt, ergiebt die entsprechende Menge Benzaldehyd.

Man kann auch das überschüssige Phenylhydrazin mit Jodlösung

1) A. Stift, Oest. ung. Zeitschr. Zucker-Ind. u. Landw. **23**, 925, 1895; Chem. Centrbl. 1895, I, 448.

2) C. Denner, Pharm. Centrh. **28**, 527; Zeitschr. analyt. Ch. **29**, 228, 1890.

oder mit Bromirungslösung oder mit Fehling'scher Lösung zurücktitriren.

10. Bestimmung der Nitrosogruppe.

Bereits Spitzer[1]) hatte darauf aufmerksam gemacht, dass die Reaktion zwischen organischen Nitrosoverbindungen und Phenylhydrazin, welche
nach folgender Gleichung verläuft:

$$R \cdot NO + C_6H_5NH \cdot NH_2 = R \cdot N : + C_6H_6 + H_2O + N_2,$$

sofern man nur bestimmte Bedingungen einhält, zur quantitativen Bestimmung von Nitrosogruppen verwendbar ist. Hierbei dürfte sich der
Rest RN: wahrscheinlich zu RN : NR verdoppeln [2]).

R. Clauser[3]), der weitere Versuche anstellte, führt die Bestimmung
in der Weise aus, dass das Volumen des mit Benzol und Wasserdämpfen
völlig gesättigten Stickstoffs gemessen wird. Die Luft wird aus dem betreffenden Apparat, der dem in Fig. 14 wiedergegebenen sehr ähnlich ist,
durch Kohlensäure verdrängt und diese nachher bei dem Versuch in Kalilauge absorbirt. In den Zersetzungskolben giebt man einen 4—5 fachen
Ueberschuss an Phenylhydrazin in 30—40 ccm Eisessig gelöst zu der
Nitrosoverbindung und erwärmt schwach.

---

[1]) O. Spitzer, Oester. Chem. Ztg. Nr. 20, **1900**; E. Bamberger, Ber. **33**,
3508, 1900.

[2]) Vgl. auch R. Walther, Journ. pr. Ch. **52**, 141, 1895.

[3]) R. Clauser, Ber. **34**, 889, 1901.

XVI.

Methode der Kondensation von Aldehyden mit Phenolen.

———

Aus seinen Untersuchungen glaubte A. von Baeyer[1]) entnehmen
zu können, dass bei der Reaktion von Aldehyden mit Phenolen anscheinend immer je zwei Mol. Aldehyd mit je zwei Mol. Phenolen vereinigt sind. Die entstehenden Körper gehören in die Gruppe der Phenol-
farbstoffe.

Je zwei Mol. Benzaldehyd vereinigen sich mit zwei Mol. Pyrogallussäure nach der folgenden Gleichung:

$$2\,C_6H_5CHO + 2\,C_6H_3(OH)_3 = C_{26}H_{22}O_7 + H_2O.$$

Mit Naphtol erfolgt sie in folgender Weise:

$$2\,C_6H_5CHO + 2\,C_{10}H_7OH = C_{34}H_{36}O_3 + H_2O.$$

Das Bittermandelöl schien sich immer in diesem Verhältniss mit
den Phenolen zu verbinden, auch mit dem gewöhnlichen Phenol, dessen
Verbindung aber noch keine genau stimmenden Zahlen ergeben hatte.
Weiterhin wurden Verbindungen mit Aldehyd, Chloral, Glyoxal, Furfurol
u. s. w. dargestellt.

So konnte auch vorausgesetzt werden, dass für eine Aldehydgruppe
ein Phenol aufgenommen wird, gerade wie 1 Mol. Phtalsäureanhydrid
2 Mol. Phenol aufnimmt, weil darin die Säuregruppe zweimal vorkommt
und die vierbasische Pyromellithsäure 2, 3 und 4 Mol. der Naphtole
bindet. Es erschien demnach am wahrscheinlichsten, dass bei der
Einwirkung des Bittermandelöls auf Phenol zunächst die Verbindung
C_6H_5CHOH, C_6H_4OH entsteht, und dass erst in einer zweiten Periode
der Reaktion 2 Mol. dieser Verbindung Wasser abgeben, um die Substanz (2 Aldehyd $+$ 2 Phenol $-$ 1 H_2O) zu bilden.

———

[1]) A. von Baeyer, Ber. **5**, 25 und 280, 1872.

Man konnte also erwarten, dass die Reaktion nach folgenden Gleichungen verläuft:

$$C_6H_5CHO + C_6H_5OH = C \begin{cases} C_6H_5 \\ C_6H_4OH \\ H \\ OH \end{cases}$$

$$2\,C \begin{cases} C_6H_5 \\ C_6H_5OH \\ H \\ OH \end{cases} = O \begin{cases} C-\!\!\begin{cases} C_6H_5 \\ C_6H_5OH \\ H \end{cases} \\[1em] C-\!\!\begin{cases} C_6H_5 \\ C_6H_5OH \\ H \end{cases} \end{cases} + H_2O.$$

Wie man jedoch aus den beiden aus Pyrogallussäure erhaltenen Verbindungen ersieht, kann die Anhydridbildung in verschiedener Weise vor
sich gehen. Auch haben die weiteren Arbeiten von Schülern v. Baeyer's
wie Jäger[1]), ter Meer[2]), Fabinyi[3]) und Stein[4]) für Kondensationen
von Aldehyden mit Phenolen ergeben, **dass das Verhältniss fast
immer 1 Aldehyd: 2 Phenolen ist.**

Weiterhin giebt nach v. Baeyer Furfurol mit Resorcin oder Pyrogallussäure gemischt, beim Benetzen mit einer Spur Salzsäure eine pracht-
volle indigoblaue Substanz, die sich mit grüner Farbe in Wasser löst und
durch Salzsäure in blauen Flocken gefällt wird. Das Verhalten erinnert
an die Farbstoffe des Chlorophylls und macht es wahrscheinlich, dass
diese zu derselben Gruppe gehören. Phenol verhält sich ähnlich.

Von grösserem Interesse sind zunächst die mit **Formaldehyd und
Phenolen erhältlichen Kondensationsprodukte**, die zum Theil
in der Patentlitteratur beschrieben sind. So bildet sich nach D. R. P. 49970
aus Formaldehyd und Salicylsäure unter Anwendung von Oxydationsmitteln Aurintrikarbonsäure, deren Ammonsalz unter der Bezeichnung
Chromviolett in den Handel kommt. Als erstes Einwirkungsprodukt wird
Dioxydiphenylmethandikarbonsäure nach folgender Gleichung gebildet:

$$2\,C_6H_4{\textstyle{(1)OH \atop (2)COOH}} + CH_2O = H_2C \begin{cases} C_6H_3 \begin{cases} (1)OH \\ (2)COOH \end{cases} \\[1em] C_6H_3 \begin{cases} (1)OH \\ (2)COOH \end{cases} \end{cases} + H_2O.$$

[1]) Jäger, Ber. **7**, 1197, 1874.
[2]) ter Meer, Ber. **7**, 1200, 1874.
[3]) Fabinyi, Ber. **11**, 283, 1878.
[4]) Steiner, Ber. **11**, 287, 1878.

Die Bildung der Aurintrikarbonsäure findet dann nach der Gleichung

$$H_2C \begin{cases} C_6H_3 \begin{cases} (1)OH \\ (2)COOH \end{cases} \\ C_6H_3 \begin{cases} (1)OH \\ (2)COOH \end{cases} \end{cases} + C_6H_4 \begin{cases} (1)OH \\ (2)COOH \end{cases} + O_2 =$$

$$C \begin{cases} \left(C_6H_3 \begin{cases} (1)OH \\ (2)COOH \end{cases} \right)_2 + 2\,H_2O \quad \text{statt.} \\ C_6H_3 \begin{cases} (1)O \\ (2)COOH \end{cases} \end{cases}$$

o-Nitrophenole lassen sich nach D. R. P. 72490[1]) in Gegenwart von koncentrirter Schwefelsäure mittels Formaldehyd in Diphenylmethanderivate überführen, und zwar erhält man aus o-Nitrophenol mit Formaldehyd Dinitrodioxydiphenylmethan und aus o-Nitrophenetol Dinitrodiäthoxydiphenylmethan:

$$2\,C_6H_4 \begin{cases} (1)OH \\ (2)NO_2 \end{cases} + CH_2O = H_2C \begin{cases} C_6H_3 \begin{cases} (1)OH \\ (2)NO_2 \end{cases} \\ C_6H_3 \begin{cases} (1)OH \\ (2)NO_2 \end{cases} \end{cases} + H_2O.$$

Ebenso wie o-Nitrophenol und -Phenetol verhalten sich die entsprechenden p- sowie die m-Derivate nach D. R. P. 73946 und 73951.

In D. R. P. 88082 der Firma C. Merck ist die Darstellung eines Kondensationsproduktes aus Tannin und Formaldehyd, des Tannoforms, beschrieben. Wird Tannin in einem Lösungsmittel aufgenommen und hier herein Formaldehyd in Gasform eingeleitet, oder in wässeriger Lösung zugegeben, so scheidet sich bei Zusatz eines Kondensationsmittels z. B. Salzsäure eine neue chemische Verbindung als röthlich-weisser Niederschlag ab, welche der Formel $C_{29}H_{20}O_{18}$ entspricht und sich nach folgender Gleichung bildet:

$$2\,C_{14}H_{10}O_9 + HCHO = H_2O + CH_2 \begin{cases} C_{14}H_9O_9 \\ C_{14}H_9O_9 \end{cases}.$$

Tannoform.

<hr>

[1]) Vgl. hierzu M. Schoepf, Ber. **27**. 2321, 1894.

Claus und Trainer[1]) untersuchten die Einwirkung von Acet-aldehyd auf Naphtole in ätherischer Lösung bei Gegenwart von Salz-säure und kamen zu dem Resultat, dass α-Naphtol ein wirkliches Kon-densationsprodukt, Aethyliden-di-α-Naphtol, liefert, während β-Naphtol unter solchen Bedingungen eine acetalartige Verbindung erzeugt. Claisen[2]) konnte zeigen, dass je nach der Leitung der Operation verschiedene Pro-dukte entstehen. In manchen Fällen bilden sich nicht gleich eigentliche Kondensationsprodukte sondern zunächst acetalartige Verbindungen, $R . CH (OC_{10}H_7)_2$, die erst im weiteren Verlaufe der Reaktion durch Wander-ung des Aldehydrestes in den Kern in die isomeren Verbindungen $RCH(C_{10}H_6(OH))_2$ bezw. unter Waserabspaltung in deren Anhydride

$$RCH\Big\langle{}^{C_{10}H_6}_{C_{10}H_6}\Big\rangle O$$ übergehen.

Bei der Einwirkung des Formaldehyds auf Naphtole erhielten Hosaeus[3]) bezw. Abel[4]) in Alkalien lösliche Dinaphtolmethane, $CH_2 (C_{10}H_6OH)_2$ ohne Bildung von Zwischenprodukten.

Aehnliche Kondensationsprodukte hat Tollens[3]) durch Erhitzen von verdünnten Formaldehydlösungen mit Phenol, Resorcin, Pyrogallol, Phloroglucin im Wasserbade unter Zusatz von etwas koncentrirter Schwefel-säure oder Salzsäure erhalten, welche sich harzartig abscheiden und in allen gewöhnlichen Lösungsmitteln schwer löslich oder unlöslich sind.

Von M. Rogow[5]) sind noch eine Reihe anderer Konden-sationsprodukte von β-Naphtol mit Aldehyden untersucht worden.

Vanillin und β-Naphtol wirken nach folgender Gleichung auf einander ein:

$$C_6H_3(OCH_3)(OH)CHO + 2\,C_{10}H_7OH = 2\,H_2O + C_{28}H_{20}O_3.$$

Nach demselben Schema, wie mit Vanillin, kondensirt sich β-Naphtol mit Piperonal, $CH_2\Big\langle{}^{O}_{O}\Big\rangle C_6H_3CHO$, Kuminol $(CH_3)_2CHC_6H_4CHO$, Anisaldehyd, $CH_3OC_6H_4CHO$ und Salicylaldehyd $C_6H_4\Big\langle{}^{(1)OH}_{(2)CHO}$.

Es entstehen also hierbei dieselben anhydridartigen Körper, wie sie von Claisen (l. c.) beobachtet worden sind.

Bei Anwendung von Benzaldehyd und β-Naphtol erhielten

1) Claus und Trainer, Ber. **19**, 3009, 1886.
2) J. Claisen, Ber. **19**, 3316, 1886; Liebig's Ann. **237**, 261.
3) H. Hosaeus, Ber. **25**, 3213, 1892.
4) J. Abel, Ber. **25**, 3477, 1892.
5) M. Rogow, Ber. **33**, 3535, 1900.

J. T. Hewitt und A. J. Turner[1]) zunächst keine Einwirkung, als sie in kaltem Eisessig auflösten; fügt man aber etwas koncentrirte Salzsäure zu, so scheidet sich aus der kalten Lösung im Laufe einiger Stunden

$$\text{das Phenyldinaphtolmethan, } C_6H_5CH{\Large\langle}\begin{array}{l} C_{10}H_6OH\ (\beta) \\ C_{10}H_6OH\ (\beta) \end{array} \text{ in schönen,}$$

ganz farblosen Krystallen aus. Aehnliche Resultate wurden von Zenoni[2]) mit Nitrobenzaldehyd erhalten, und zwar bildeten sich Körper, die durch Kochen der sauren Lösungen leicht in Anhydride übergeführt werden konnten.

Hierher dürfte auch die von H. Molisch[3]) aufgefundene Zuckerreaktion zu rechnen sein, welche auf der Einwirkung von α-Naphtol und Schwefelsäure bezw. von Thymol und Schwefelsäure auf Zucker beruht. Die Ausführung ist folgende:

Benetzt man $^1\!/_2$—1 ccm der zu prüfenden Flüssigkeit mit 2 Tropfen einer 15—20 %igen alkoholischen α-Naphtollösung und schüttelt, so trübt sich die Flüssigkeit infolge der Ausscheidung eines Theiles des α-Naphtols. Giesst man nun das gleiche bis doppelte Volumen konc. Schwefelsäure zu der Flüssigkeit und schüttelt rasch durch, so nimmt die Probe bei Gegenwart von Zucker momentan eine tiefviolette Färbung an, welche einen purpurfarbenen Stich zeigt. Verdünnt man mit Wasser, so scheidet sich ein blauvioletter Niederschlag aus, welcher sich in Alkohol, sowie in Aether mit gelblicher, in Kalilauge mit goldgelber Farbe auflöst, in Ammoniak zu gelblichbraunen Tropfen zerfliesst.

Die Reaktion tritt bei mehreren Zuckerarten, Kohlehydraten und Glukosiden ein. Nach J. Seegen[4]) kommt Molisch's Zuckerprobe auch Lösungen von Pepton, reinem Eieralbumin, Serumalbumin und Kaseïn zu, so dass dieselbe jedenfalls nicht zum Nachweis des Zuckers im Harn herangezogen werden darf. C. Lenken[5]) macht darauf aufmerksam, dass auch Menthol an Stelle des α-Naphtols oder Thymols verwendet werden kann, ebenso Terpin und Laurineenkampher. Nach Molisch sind die mit Eiweiss auftretenden Färbungen verschieden von denen mit Zucker.

E. Barbet[6]) hat vorgeschlagen die Reaktionsfähigkeit der Aldehyde gegenüber den Phenolen zum qualitativen Nachweis der ersteren in Alkoholen zu benützen, da die entstehenden Körper entsprechend gefärbt sind. Er bringt folgende Methode in Vorschlag:

---

1) J. T. Hewitt und A. J. Turner, Ber. **34**, 202, 1901.

2) Zenoni, Gazz. chim. ital. II, 215.

3) H. Molisch, Monatsh. f. Chem. **6**, 198, 1885, **7**, 198, 1886; Centrbl. f. d. med. Wiss. 1887, 34 und 49.

4) J. Seegen, Chem. Ztg. **10**, Ref. 257, 1886.

5) C. Lenken, Apoth. Ztg. **1**, 246, 1886.

6) E. Barbet, Zeitschr. Ver. Rübenz.-Ind. 1897, 935; Chem. Centrbl. 1897. II, 1163.

In ein Reagensglas bringt man einige Centigramme eines Phenols oder phenolartigen Körpers und fügt dazu 2 ccm des auf Aldehyde zu untersuchenden Alkohols. Nachdem das Phenol sich gelöst hat, lässt man 1 ccm reine konc. Schwefelsäure an der Wandung des Glases entlang fliessen, welche sich am Boden ansammelt. Enthält der Alkohol Aldehyde, so tritt an der Trennungsfläche der Flüssigkeiten eine Färbung auf. Darauf wird die Flüssigkeit durchgemischt. Je nach der Unreinheit des Alkohols, nach dem verwendeten Reagens und der Art der vorherrschenden Aldehyde entstehen verschiedene Färbungen. Die Art der Farbe giebt Aufschluss über die Art des Aldehyds, die Intensität giebt einen Begriff von der Menge.

Karbolsäure liefert in Gegenwart von Akroleïn eine sehr schöne Heliotropfärbung.

Resorcin und Thymol erzeugen unter diesen Bedingungen einen blassblauen Ring.

Pyrogallol färbt violett-weinroth, Phloroglucin sehr intensiv hochroth.

Formaldehyd wird durch Gallussäure charakterisirt etc.

Eingehender besprochen sind:

1. Bestimmung von Formaldehyd mit Phloroglucin.

2. Bestimmung der Pentosen bezw. Pentosane nach der Pyrogallolmethode.

3. Bestimmung der Pentosen bezw. Pentosane nach der Phloroglucinmethode.

1. Bestimmung von Formaldehyd mit Phloroglucin.

Die direkte Bestimmung des Formaldehyds selbst sowie speciell in seinen Verbindungen, d. h. Methylen in doppelter Sauerstoffbindung, ist nach der von Weber und Tollens zuerst beschriebenen Reaktion der Formaldehyd-Derivate mit Phloroglucin und Salzsäure möglich. Das Verfahren ist von B. Tollens und G. H. A. Clowes[1]) weiter umgearbeitet worden, und verfährt man hiernach folgendermassen:

Man erhitzt die betreffenden auf Methylen oder Formaldehyd zu prüfende Substanz mit 5 ccm Wasser und dem Gemisch von 15 ccm Salzsäure von 1,19 spec. Gew., 15 ccm Wasser und etwas überschüssigem Phloroglucin zwei Stunden lang im Wasserbad bei 70—80 °. Der Formaldehyd bezw. die Methylengruppe setzt sich nach der Gleichung

$$HOC_6H_3\!\!<^{OH}_{OH} + CH_2O = HOC_6H_3\!\!<^{O}_{O}\!\!>CH_2 + H_2O$$

mit dem Phloroglucin um.

---

1) B. Tollens und G. H. Clowes, Ber. **32**, 2841, 1899; vgl. auch C. Councler, Chem. Ztg. 1896, II, 599.

Das Filtrat von dem ausgeschiedenen Phloroglucid versetzt man mit etwas koncentrirter Schwefelsäure und erhitzt wieder; wenn jetzt noch Phloroglucid ausfällt, ist die Salzsäuremischung nicht genügend zur Zersetzung des Methylenderivates gewesen, und man muss den Versuch wiederholen, indem man die Substanz mit 5 ccm Wasser und der Mischung von 10 bezw. 20 ccm koncentrirter Schwefelsäure, 10 ccm Wasser und Phloroglucin erhitzt.

Alsdann wird das gelbe Phloroglucid 12 Stunden stehen gelassen, in mit Asbest versehenem, bei 100^0 getrockneten und gewogenen Gooch-Tiegeln abgewogen, mit 60 ccm Wasser nachgewaschen, 4 Stunden im Wassertrockenschrank, also nahezu bei 100^0, getrocknet und nach einer Stunde in verschlossenen Wägegläsern gewogen. Division durch 4,6 giebt die Menge an Formaldehyd oder CH_2O, Division durch 9,85 das Methylen oder CH_2.

Beispiele:

Trimethylenmannit, $C_6H_8(CH_2)_3O_6$, 0,1285 g Substanz gaben 0,2456 g Phloroglucid.

$$\frac{0,2456}{4,6} = 0,05339 \text{ g} = 41,55\ \%\ CH_2O.$$

$$\frac{0,2456}{9,8} = 0,02493 \text{ g} = 19,40\ \%\ CH_2.$$

$C_6H_8(CH_2)_3O_6$. Ber.: CH_2O 41,3 ; CH_2 19,3
Gef.: „ 41,55; „ 19,40.

	Untersuchte Substanz.	Formel.	Formaldehydprocente.		
			Berechnet.	Gefunden.	
mit Salzsäure allein	Trimethylenmannit	$C_6H_8(CH_2)_3O_6$	41,3	41,5	40,6
	Trimethylensorbit	„	41,3	41,0	11,1
	Dimethylendulcit	$C_6H_{10}(CH_2)_2O_6$	29,1	28,7	28,8
	Dimethylenrhamnit	$C_6H_{10}(CH_2)_2O_5$	31,6	31,9	
	Dimethylengalaktonsäure	$C_6H_8(CH_2)_2O_7 + H_{20}$	25,2	25,6	25,5
	Dimethylenglukonsäure	$C_6H_8(CH_2)_2O_7$	27,3	27,3	26,7
	Monomethylen-Rhamnon-säure-Lakton	$C_6H_8(CH_2)O_5$	17,2	—	17,4
mit 10 ccm konz. Schwefelsäure	Dimethylen-Xylonsäure	$C_5H_6(CH_2)_2O_6 + \frac{1}{2} H_2O$	30,1	30,9—31,8	30,9
	Monomethylen-Mannon-säure-Lakton	$C_6H_8(CH_2)O_6$	15,8	15,5—16,7	
	Monomethylen-d-Glukose	$C_6H_{10}(CH_2)O_6 + \frac{1}{2} H_2O$	14,9	15,5—16,1	
	Monomethylen-Weinsäure	$C_4H_4(CH_2)O_6$?	18,5	8,5	
mit 20 ccm konz. Schwefelsäure	Monomethylen-Zuckerlak-tonsäure	$C_6H_6(CH_2)O_7 + H_2O$	13,5	14,1	
	Trimethylen-di-Saccharin	$C_{12}H_{14}(CH_2)_3O_{10}$	25,0	24,3	

E. Salkowski[1]) empfiehlt die Verwendung der Phloroglucinmethode auch zum Nachweis und zur Bestimmung der Pentosen im Harn (Ausschüttelung des rothgefärbten Produkts mit Amylalkohol und kolorimetrische Bestimmung).

2. Bestimmung der Pentosen bezw. Pentosane nach der Pyrogallolmethode.

In dem nach den Angaben von Tollens erhaltenen Destillat des betreffenden Untersuchungsobjektes wird die Gehaltsbestimmung des aus den Pentosanen gebildeten Furfurols nach der Methode von E. Hotter[2]) in folgender Weise vorgenommen (vergl. vorstehendes Kapitel).

Gleiche Volumina des Destillates werden mit der nach der Baeyerschen Gleichung berechneten Menge Pyrogallol und Salzsäure versetzt und die Lösung hierauf im zugeschmolzenen Rohre mehrere Stunden auf 100^0 erhitzt. Der gebildete Niederschlag wird auf ein gewogenes Filter gebracht, ausgewaschen und nach vollständigem Trocknen bei 108^0 gewogen. Die erhaltenen Gewichtsmengen des Niederschlags sind stets gleich. Die Reaktion verläuft unter Einhaltung der angegebenen Versuchsbedingungen stets quantitativ. Jedoch muss man, um gute Resultate zu erhalten, mindestens 0,1—0,2 g Furfurol verwenden, und ausserdem darf der Gehalt der Reaktionsflüssigkeit nicht unter $12^0/_0$ sinken. Das durch 1,974 dividirte Gewicht des Niederschlages ergiebt die Menge des in der Lösung enthaltenen Furfurols. Theoretisch berechnet sich 2,2187.

Hotter findet bei der Elementaranalyse Zahlen, die für die Formel $C_{22}H_{18}O_9$ sprechen, wobei dann die Umsetzung nach folgender Gleichung vor sich gegangen wäre:

$$C_5H_4O_2 + C_6H_6O_3 = C_{11}H_{10}O_5$$
$$2C_{11}H_{10}O_5 = C_{22}H_{18}O_9 + H_2O.$$

Councler[3]) beobachtete jedoch Werthe, die für die Formel $C_{16}H_{12}O_6$ mehr stimmen, wonach das Kondensationsprodukt aus 1 Mol. Phloroglucin und 2 Mol. Furfurol — 1 Mol. H_2O sich gebildet haben würde.

3. Bestimmung der Pentosen bezw. Pentosane nach der Phloroglucinmethode.

An Stelle des von E. Hotter angewandten Pyrogallols schlägt C. Councler[4]) die Anwendung von Phloroglucin zur Bestimmung des

1) E. Salkowski, Centrbl. f. d. medizin. Wissensch. 1892, 254; Berliner klin. Wochenschr. **32**, 364.
2) E. Hotter, Chem. Ztg. **17**, 1743, 1893.
3) C. Councler, Chem. Ztg. **18**, 966, 1894.
4) C. Councler, Chem. Ztg. **18**, 966, 1894.

aus den Pentosanen durch Destillation mit Salzsäure erhaltenen Furfurols vor.

Auch hier entspricht das erhaltene Produkt nicht ganz demjenigen, welches man nach der Gleichung

$$C_5H_4O_2 + C_6H_6O_3 = C_{11}H_{10}O_5$$
$$2C_{11}H_{10}O_5 = C_{22}H_{18}O_9 + H_2O$$

erwarten sollte. Vielmehr kommen auf 1 Theil Furfurol, wenn ca. 0,2 g Niederschlag erhalten wurden, im Mittel etwa 2,12, wenn ca. 0,05—0,1 g Niederschlag erhalten wurden, im Mittel etwa 1,98 Theile Niederschlag. Die theoretische Menge 2,2187 Theile Niederschlag für 1 Theil Furfurol wurde niemals erhalten, da auch das Kondensationsprodukt nicht ganz unlöslich in Wasser ist, wie dies die meist auftretende, schwach grünliche Färbung des Waschwassers beweist, ferner wohl deshalb, weil das Produkt eben nicht ganz dem erwarteten entspricht. Ob dies allein durch Wasserstoffverlust bewirkt wird, wie etwa bei dem isomeren Produkt, welches von Baeyer aus Bittermandelöl und Pyrogallol erhalten wurde, ist wohl fraglich.

Die Ausführung der Analyse geschieht wie bei Hotter, nur bedarf es nicht des Erhitzens in zugeschmolzenen Röhren. Vielmehr geht die Reaktion am besten bei gewöhnlicher Temperatur vor sich. Der Gehalt an Salzsäure muss mehr als 20 %, am besten 25 % betragen.

Aus den Untersuchungen von Welbel und Zeisel[1] ergiebt sich, dass sich 3 Mol. Furfurol und 2 Mol. Phloroglucin bei längerer Dauer der Reaktion vollständig ausfällen, doch kann sowohl von der einen wie von der anderen Verbindung etwas mehr in die Reaktion eintreten. Bei Verwendung von 1,25—3,0 Th. Phloroglucin auf 1 Th. Furfurol erhält man bei Einhaltung gewisser Bedingungen Niederschläge, deren Gewichte dem Furfurol genügend proportional sind, um zu dessen quantitativer Bestimmung dienen zu können.

Die fraglichen Kondensationsprodukte enthalten Chlor, von welchem ein Theil als HCl an Wasser abgegeben wird, ein anderer Theil fest gebunden ist. Die von Councler angegebenen Gleichungen über das Phloroglucinfurfurolkondensationsprodukt sind nicht richtig[2], weil Councler diresorcinhaltiges Phloroglucin verwendet, die Oxydation des Produktes beim Trocknen nicht verhindert und die in Alkohol löslichen Nebenprodukte nicht aus dem Kondensationsprodukt entfernt hat.

Zum Nachweis des Diresorcins im Phloroglucin lässt sich nach Stift[3] nicht immer die gewöhnliche Methode anwenden, nämlich Prüfung mit

[1] B. Welbel und F. Zeisel, Monatsh. f. Ch. **16**, 283, 1895.
[2] Vgl. jedoch M. Kröber, Journ. Landw. **48**, 357, 1901.
[3] A. Stift, Oest. ung. Zeitschr. Zucker-Ind. u. Landw. **27**, 19, 1898; Chem. Centrbl. 1898, I, 908.

Essigsäureanhydrid und reine konc. Schwefelsäure. Besser gelingt der Nachweis durch Zusatz von Schwefelsäure zu der zum Sieden erhitzten Lösung in Essigsäureanhydrid.

Nach Zeisel lässt sich das Diresorcin entfernen durch Schütteln mit dem gleichen Volum reinen Aethers (auf 20 g Phloroglucin 20 ccm Aether) und Waschen mit Aether, bis obige Reaktion ausbleibt. Das in den Aether übergegangene Phloroglucin lässt sich wieder gewinnen, indem man den Aether abdestillirt und den Rückstand mit kleinen Mengen Aether, wie oben angegeben, behandelt.

M. Krüger und B. Tollens[1]) haben ebenfalls die Phloroglucin-methode einer Prüfung unterzogen. Sie lösten 0,1—0,5 g Furfurol in 12 %/o HCl, rührten die Mischung gut um, liessen dieselbe bis zum folgen-den Tage stehen im verkorkten Erlenmeyerkolben und sammelten und bestimmten den Niederschlag nach Councler.

1 g Furfurol lieferte bei Anwendung von 0,1 g Furfurol 1,82 g Phloroglucid
1 „   „   „   „   „   „ 0,2 g   „   1,92 g   „
1 „   „   „   „   „   „ 0,3—0,5 g „   1,93 g   „   .

Es wurden 96,96—101,42 %/o des angewandten Furfurols wieder ge-funden. Die Phenylhydrazin- und Phloroglucinmethode differirten um höchstens 0,7 %/o bei Eichenholz. Hiernach ist die umständlichere Phenyl-hydrazinmethode durch die einfachere Phloroglucinmethode zu ersetzen.

Ausführung der Phloroglucinmethode: Man destillirt 2—5 g Substanz mit 100 ccm Salzsäure von spec. Gew. 1,6 = 12 %/o HCl aus einem 300 ccm Kolben, der in einem Metallbade erhitzt wird. Sobald nach ca. 10 Minuten 30 ccm überdestillirt sind, giesse man 30 ccm der-selben Salzsäure durch das Trichterhahnrohr in den Kolben, destillirt wieder 30 ccm ab, giesse 30 ccm nach u. s. w., bis ein Tropfen des Destillats Anilinacetatpapier nicht mehr röthet. Die in 500 ccm Kolben gesammelten Destillate versetzt man mit etwas mehr als dem zweifachen Gewicht des zu erwartenden Furfurols an Phloroglucin, das in wenig 12 %/o Salzsäure gelöst ist, füllt mit dieser auf 400 ccm auf, schüttelt gut um und lässt im verkorkten Kolben stehen.

Nach 3 Stunden prüft man mit Anilinacetatpapier auf freies Furfurol, setzt eventuell noch salzsaure Phloroglucinlösung zu und prüft nach 3 Stunden wieder. Am folgenden Tage sammelt man den Niederschlag auf einem bei 98 ° getrockneten Filter unter sehr gelindem Saugen mit der Strahlpumpe oder mit dem Picard'schen Rohr, wäscht mit 150 ccm Wasser und legt die Filter auf mehrfach zusammengefaltetes Filtrirpapier, trocknet 3—4 Stunden bei 97 ° und wägt in über Schwefelsäure erkaltetem Filterwägegläschen das Phloroglucid. Zur Berechnung des Furfurols

---

1) W. Krüger und B. Tollens, Z. Ver. Rübenz.-Ind. 1896, 21; Chem. Centrbl. 1896, I, 577.

dividirt man die Phloroglucidmenge je nach der Menge des angewandten Furfurols durch einen sich aus den oben angeführten Zahlen ergebenden Faktor und interpolirt bei dazwischen liegenden Zahlen den entsprechenden Werth.

Phloroglucid: 0,20; 0,22; 0,24; 0,26; 0,28; 0,30; 0,32; 0,34;
Divisor: 1,82; 1,839; 1,856; 1,871; 1,884; 1,895; 1,904; 1,911;
Phloroglucid: 0,36; 0,38; 0,40; 0,45; 0,50; 0,60.
Divisor: 1,916; 1,919; 1,920; 1,927; 1,930; 1,930.

Zur Umrechnung des Furfurols auf Pentosan und Pentosen benützt man folgende Faktoren:

$$(\text{Furfurol} - 0{,}0104) \times 1{,}68 = \text{Xylan.}$$
$$(\quad \text{''} \qquad \text{''} \quad) \times 2{,}07 = \text{Araban.}$$
$$(\quad \text{''} \qquad \text{''} \quad) \times 1{,}88 = \text{Pentosan im allgemeinen.}$$
$$(\text{Furfurol} - 0{,}0104) \times 1{,}91 = \text{Xylose.}$$
$$(\quad \text{''} \qquad \text{''} \quad) \times 2{,}35 = \text{Arabinose.}$$
$$(\quad \text{''} \qquad \text{''} \quad) \times 2{,}13 = \text{Pentose im allgemeinen.}$$

Bei Futterstoffen wird man konventionell Furfurol auf Pentosan und Pentose berechnen, da man selten weiss, ob Arabinose oder Xylose u. s. w. vorliegen. Das Verfahren ist ebenfalls nur ein konventionelles, da die Furfurolausbeute von der Menge der Pentosane beeinflusst wird.

Sehr gute Resultate erhielten mit dieser Methode auch A. Komers und A. Stift[1]). Nach K. Andrlik[2]) wird bei Gegenwart von Saccharose nach der Phloroglucinmethode mehr Furfurol erhalten, als der vorhandenen Menge von Pentosen entspricht. So werden im Gemische mit reiner Saccharose um 0,6—0,89 % Arabinose mehr gefunden, als vorhanden war. Aehnliche Erfahrungen hat auch schon W. L. A. Warnier[3]) gemacht.

E. Votoček[4]) hat die Methode ausgedehnt auf das aus der Rhamnose, also einer Methylpentose, erhältliche Methylfurol. Im allgemeinen ist die Grösse der bei der Destillation erhaltenen Ausbeute ähnlich wie bei den Furfurol liefernden Körpern. Das erhaltene Methylfurolphloroglucin ist zinnoberroth, wird durch Auswaschen gelb und chlorfrei und besitzt freie Hydroxylgruppen. Es muss in Wasserstoffatmosphäre getrocknet werden, da es sich sonst merklich oxydirt. Die Ausbeute an

---

1) A. Komers und A. Stift, Oest. ung. Zeitschr. Zucker-Ind. und Landw. **26**, 627, 1897; Chem. Centrbl. 1897, II, 645.

2) K. Andrlik, Zeitschr. f. Zucker.-Ind. Böhm. **23**, 314, 1899; Chem. Centrbl. 1899, I, 905.

3) W. L. A. Warnier, Rec. trav. chim. Pays.-Bas. **17**, 377, 1899; Chem. Centrbl. 1899, I, 712.

4) C. Votoček, Ber. **32**, 1195, 1899; Zeitschr. f. Zucker-Ind. Böhm. **23**, 229, 1899; Chem. Centrbl. 1899, I, 642.

Phloroglucid steigt relativ mit der Menge des gefällten Methylfurols in schwach ansteigender Kurve, aus der die dem Phloroglucid entsprechenden Methylfurolwerthe abgelesen werden können.

Eine ausführliche Arbeit über die Verwendbarkeit der Salzsäure-Phloroglucinmethode hat M. Kröber[1]) ausgeführt. Die Versuche über den Einfluss des Diresorcins als Beimengung des Phloroglucins zeigten, dass ein Gehalt an Diresorcin keine Fehler verursacht. Das Trocknen des Phloroglucids soll 4 Stunden dauern, ferner muss dasselbe in geschlossenen Gefässen gewogen werden, da es hygroskopisch ist. Die Gewichte der Kondensationsprodukte ändern sich nicht bei mehrmaligem bezw. längerem Trocknen, wenn die Vorsicht angewandt wird, dass das Phloroglucid nach dem Herausnehmen aus dem Trockenschrank, dem Abkühlen und Stehen, sowie beim Wägen kein Wasser anziehen kann. Die Phloroglucidmengen nehmen an Gewicht zu, wenn dieselben frei an der Luft stehend Wasser aufnehmen, und behalten das höhere Gewicht dann auch nach fernerem Trocknen. Die Versuche zeigen, dass durch eine inzwischen erfolgte Wasseraufnahme dem Phloroglucid die Möglichkeit gegeben wird, sich bei dem nachfolgenden Trocknen, während welcher Zeit das aufgenommene Wasser zwar wieder abgegeben wird, weiter zu oxydiren, welche Erscheinung sicherlich auch schon beim ersten Trocknen in geringem Grade auftritt.

Von 96 Thl. Furfurol werden 184,9 Thl. Phloroglucid erhalten. Dies ist fast genau die Quantität Phloroglucid, welche entstehen muss, wenn die Reaktion nach der Gleichung:

$$C_5H_4O_2 + C_6H_6O_3 = 2\,H_2O + C_{11}H_6O_3$$

verläuft, denn dann ergiebt sich für das Phloroglucid ein Molekulargewicht von 186.

---

[1]) M. Kröber, Journ. Landw. **48**, 357, 1901; Chem. Ztg. Repert. **25**, 40, 1901.

XVII

Methode der Kondensation von Aldehyden mit Aminen.

Die Aldehyde vereinigen sich mit primären, sekundären und tertiären Aminen der aromatischen Reihe. In den meisten Fällen verlaufen diese Reaktionen jedoch nicht so durchaus in dem Sinne der Umsetzungsgleichungen, als dass man im Stande wäre, dieselben zu quantitativen Bestimmungen zu verwenden. Immerhin liegt die Möglichkeit vor, doch die eine oder andere Reaktion in entsprechender Weise verwerthen zu können.

Es werden nachstehend besprochen:

1. Verhalten der Aldehyde gegen Amine.
2. Verhalten des Formaldehyds gegen Amine.
3. Bestimmung des Formaldehyds.
4. Bestimmung von Acetaldehyd und Paraldehyd.
5. Verfahren zur Trennung von Gemengen aromatischer Basen mittels Formaldehyd.
   a) Trennung von o- und p-Toluidin.
   b) Trennung von p-Xylidin und as.-m-Xylidin.
6. Bestimmung des Harnstoffs.

1. Verhalten der Aldehyde gegen Amine.

Je nachdem man es mit primären, sekundären oder tertiären aromatischen Aminen zu thun hat, findet auch die Umsetzung mit Aldehyden in verschiedener Weise statt.

Sekundäre und tertiäre Amine vereinigen sich direkt mit den Aldehyden, wie folgende Beispiele zeigen:

$$C_6H_5N(CH_3)_2 + CCl_3CHO = C_6H_4 \Big\langle \begin{matrix} (1)N(CH_2)_2 \\ \quad H \\ (4)C{-}OH \\ \quad CCl_3 \end{matrix}$$

$$\text{Dimethylanilin} + \text{Chloral} = \text{p-Dimethylamidophenyl-}$$
$$\text{trichloräthylalkohol.}$$

Als Ausnahme sei das Dimethyl-o-toluidin erwähnt, welches nicht in dieser Weise reaktionsfähig ist.

Von den Pyridinbasen, die auch als tertiäre Amine anzusehen sind, eignen sich nur solche zur Anlagerung, welche eine Methylgruppe in o- oder p-Stellung zum Stickstoff des Pyridinkerns besitzen, wobei sich alsdann ein Wasserstoffatom dieser Methylgruppe an den Aldehydsauerstoff anlagert.

$$\alpha\text{-Pikolin} + \text{Chloral} = \omega\text{-Trichlor-}\alpha\text{-oxypropyl-}$$
$$\text{pyridin.}$$

$$\text{Chinaldin} + \text{Chloral} = \text{Py-1-}\omega\text{-Trichlor-}\alpha\text{-oxypropyl-}$$
$$\text{chinolin.}$$

Primäre aromatische Amine liefern Anlagerungsprodukte unter Ausscheidung von Wasser oder, falls Kondensationsmittel zugegen sind, finden weitergehende Umsetzungen unter Bildung von Wasserstoff neben Wasser statt:

$$C_6H_5NH_2 + C_6H_5C \Big\langle \begin{matrix} H \\ O \end{matrix} = C_6H_5N:CHC_6H_5 + H_2O$$

$$\text{Anilin} + \text{Benzaldehyd} = \text{Benzylidenanilin.}$$

$$C_6H_5NH_2 \,(+\, HCl) + 2CH_3CHO = \text{[Chinaldin-Struktur]} + H_2O + H_2$$

$$\text{Anilin} + \text{Salzsäure} + \text{Acetaldehyd} = \text{Chinaldin.}$$

Die zuletzt gegebene Synthese des Chinaldins nach dem Verfahren von Doebner[1]) ist ausserordentlich fruchtbar gewesen und hat zur Darstellung der verschiedensten Chinaldinderivate geführt, wie Methylchinaldin, Oxychinaldin, Naphtochinaldin u. s. w. Weitere ausführliche Mittheilungen hierüber sind in dem Werke von K. Elbs, „Die synthetischen Darstellungsmethoden der Kohlenstoffverbindungen" zu finden.

Die Einwirkung aromatischer Aldehyde auf p-substituirte Aniline ist von O. Kühling[2]) untersucht worden. Die Bildung von Benzylidenverbindungen ist unter diesen Umständen ebenso ausgeschlossen wie die Entstehung von Triphenylmethanderivaten. Kondensationsprodukte werden allerdings von einigen negativ substituirten Anilinen gebildet; jedoch hat die Untersuchung ergeben, dass die erhaltenen Verbindungen nicht wie man erwarten sollte, aus gleichen Molekülen der Komponenten, sondern aus 3 Aldehyd- und 2 Anilinmolekülen entstehen, und zwar sind es Derivate des Dihydroimidazols. Beispielsweise entspricht die aus p-Nitranilin und Benzaldehyd entstehende Verbindung dem folgenden Bildungsschema:

$$C_6H_5CHO + NH_2C_6H_4NO_2$$
$$+ CHOC_6H_5 =$$
$$C_6H_5CHO + NH_2C_6H_4NO_2$$

$$\begin{array}{c} C_6H_5CN(C_6H_4NO_2) \\ \vdots \\ C_6H_5CN(C_6H_4NO_2) \end{array} \Big\rangle CHC_6H_3 + 3H_2O.$$

Von den zur Untersuchung herangezogenen Anilinderivaten liefert nur p-Nitranilin einigermassen erheblichere Ausbeuten. p-Chloranilin und p-Amidophenol geben zwar ähnliche Kondensationsprodukte, jedoch in sehr geringer Menge. Die durch positive Gruppen substituirten Aniline werden entweder, wie p-Phenylendiamin und Dimethyl-p-phenylendiamin, unverändert wiedergewonnen oder erleiden, wie das p-Toluidin, starke Verharzung.

Mit den substituirten aromatischen Aldehyden kondensirt sich p-Nitranilin in ganz analoger Weise wie mit dem Benzaldehyd selbst.

2. Verhalten des Formaldehyds gegen Amine.

Wie die Versuche von B. Tollens[3]) gelehrt haben, giebt Anilin mit Formaldehyd zusammengebracht das Anhydroformanilin:

$$C_6H_5NH_2 + OCH_2 = C_6H_5NCH_2 + H_2O.$$

1) O. Doebner und W. von Müller, Ber. 17, 1698, 1884.

2) O. Kühling, Ber. 27, 567, 1894.

3) B. Tollens, Ber. 17, 652, 1884; vgl. auch Ch. Wellington und B. Tollens, Ber. 18, 3309, 1885.

o- und p-Toluidin verhalten sich ebenso, nur wird beim p-Toluidin noch ein zweiter Körper in geringerer Menge gebildet. Wie nachher beschrieben wird, unterscheiden sich die p-substituirten Amine hinsichtlich der Reaktionsfähigkeit von den anderen, indem die p-substituirten sich viel langsamer mit Formaldehyd vereinigen, wie die anderen Amine.

Lässt man auf das Anhydroformaldehydanilin salzsaures Anilin einwirken, so bildet sich nach dem D.R.P. 53937 der Farbwerke vormals Meister, Lucius und Brüning Diamidodiphenylmethan,

$$C_6H_5N:CH_2 + H_2NC_6H_5 = CH_2{\Large\diagup}{\overset{\textstyle C_6H_4NH_2}{\underset{\textstyle C_6H_4NH_2}{}}}.$$

Das Diamidodiphenylmethan bildet, da es leicht in Triphenylmethanderivate übergeführt werden kann, das Ausgangsmaterial für Rosanilinfarbstoffe.

p-Toluidin liefert unter gleichen Umständen o - o - Diamidoditolylmethan. Benzidin- und Tolidin geben Verbindungen, deren Konstitution nicht genügend aufgeklärt ist.

Aus o-Toluidin stellt man auf die vorbeschriebene Weise nach D.R.P. 59735 das Diamidoditolylmethan und hieraus das entsprechende Triamidotri-o-tolylkarbinol dar, welches in das Trimethylfuchsin umgewandelt als Neufuchsin in den Handel kommt und sich durch grössere Löslichkeit, blauere Nuance und die Unfähigkeit bei Einwirkung von Anilin in phenylirte Derivate überzugehen, auszeichnet[1]).

Auch sekundäre Amine vereinigen sich mit Formaldehyd; jedoch ist z. B. die Reaktion mit Diphenylamin (D.R.P. 67013) nicht glatt genug, um eine technisch brauchbare Darstellung von Triphenyl-p-Rosanilin zu ermöglichen.

Wichtiger sind die Produkte, welche aus tertiären Aminen erhalten werden können. Nach D.R.P. 62339 werden als Diphenylmethanderivate am besten das Tetramethyldiamidodiphenylmethan, die Dimethyldibenzyldiamidodiphenylmethanmono- und Disulfosäure, die Trimethylbenzyldiamidodiphenylmethanmonosulfosäure bezw. die analogen Aethylverbindungen verwendet. Von den nach diesem Patent der Firma L. Cassella & Co. dargestellten Farbstoffen ist namentlich Formylviolett S_4B zu nennen, das aus Diäthyldisulfodibenzyldiamidodiphenylmethan und Dimethylanilin dargestellt wird. Aehnliche Verbindungen werden von der Firma J. R. Geigy nach D.R.P. 59811 dargestellt aus Aethylbenzylanilinsulfosäure und Formaldehyd. Ein derartig hergestellter Farbstoff kommt unter der Bezeichnung Säureviolett 6B in den Handel.

------

[1]) Vgl. Friedländer, Fortschritte d. Theerfarbenfabr., Thl. III, 114.

Ueber die Einwirkung des Formaldehyds auf o-Dimethyltoluidin,

$$C_6H_4 \begin{cases} (1)N(CH_3)_2 \\ (2)CH_3 \end{cases},$$

hat H. Alexander[1]) berichtet. In der Hoffnung, dass sich Form-
aldehyd mit o-Dimethyltoluidin bei Gegenwart von Wasser in derselben
Weise wie mit den homologen Pyridinen, also ohne Austritt von Wasser,
kondensiren würde, wurde die Base mit Formaldehyd und Wasser im
Einschlussrohre erhitzt. Selbst bei langandauerndem Erhitzen auf hohe
Temperaturen fand keine Einwirkung statt. Erst bei Anwesenheit von
Chlorzink wurde unter Wasseraustritt eine Kondensation erzielt.

Die Umsetzung hat dann nach folgender Gleichung statt:

$$2\,C_6H_4 \begin{cases} N(CH_3)_2 \\ CH_3 \end{cases} + HCHO = H_2O +$$

$$C_6H_4 \begin{cases} N(CH_3)_2(CH_3)_2N \\ CH_2 . CH_2 . CH_2 \end{cases} C_6H_4.$$

Lässt man Formaldehyd auf substituirte m-Amidophenole bei
Gegenwart einer Mineralsäure einwirken, so entsteht nach der Patent-
Anmeldung L. 5528 der Firma Leonhardt und Co. ein Diphenyl-
methanderivat. Bei Anwendung von Dimethylamidophenol, z. B.

$$CH_2O + 2\,C_6H_3 \begin{cases} (1)OH \\ (3)N(CH_3)_2 \end{cases} = H_2O + CH_2 \left[C_6H_3 \begin{cases} OH \\ N(CH_3)_2 \end{cases} \right]_2 .$$

Erwärmt man Tetraäthyldiamidodioxydiphenylmethan mit Wasser
entziehenden Mitteln auf ca. 100^0, so tritt Lösung und Gelbfärbung der
Masse ein, wobei molekulare Wasserabspaltung stattfindet,

$$CH_2 \begin{cases} C_6H_3 \begin{cases} N(CH_3)_2 \\ OH \end{cases} \\ C_6H_3 \begin{cases} OH \\ N(CH_3)_2 \end{cases} \end{cases} - H_2O = CH_2 \begin{cases} C_6H_3 \begin{cases} N(CH_3)_2 \\ O \end{cases} \\ C_6H_3 \begin{cases} N(CH_3)_2 \end{cases} \end{cases},$$

also Derivate des Diphenylmethanoxydes sich bilden.

Durch Behandlung dieser Verbindungen mit Oxydationsmitteln entstehen die Pyronine.

Mit m-Toluylendiamin liefert Formaldehyd nach D.R.P. 52324
der Firma Leonhardt und Co. mit grösster Leichtigkeit und quantitativ schon bei kurzer Einwirkung in der Kälte ein Diphenylmethan-

---

1) H. Alexander, Ber. **25**, 2408. 1892.

derivat, welches sich in ein Farbstoffderivat des Akridins umwandeln lässt. Der betreffende Farbstoff kommt unter dem Namen Akridingelb in den Handel.

Ueber die Einwirkung von Formaldehyd auf o-Diamine haben O. Fischer und Wreszinski[1]) gearbeitet. In saurer Lösung entstehen hierbei Imidazole und zwar aus o-Phenylendiamin das einfachste Glied derselben, das Methylmethenylphenylenamidin, nach der Gleichung:

$$C_6H_4 \Big\langle {(1)NH_2 \atop (2)NH_2} + 2\,OCH_2 = C_6H_4 \Big\langle {(1)N \atop (2)N} \Big\rangle CH + 2\,H_2O.$$
$$\overset{\cdot}{C}H_3$$

Aus 1.3.4 Toluylendiamin wird das Methylmethenyltoluylenamidin gebildet. Ebenso wurde das entsprechende Produkt aus o-Naphtylendiamin dargestellt.

Lässt man Formaldehyd und o-Diamine in neutraler Lösung auf einander einwirken, so entstehen eigenthümliche Basen; nach den neuerdings wieder aufgenommenen Untersuchungen O. Fischer's[2]) kommt dem aus o-Phenylendiamin erhaltenen Produkt wahrscheinlich die Formel

$$\bigcirc {=N-\!\!\!-CH_2-\!\!\!-N= \atop HC_2 \qquad\qquad CH_2} \bigcirc$$

zu, und gehört es zu den sog. Schiff'schen Basen.

Eine analoge Base hat C. A. Bischoff[3]) aus Formaldehyd und Aethylendiamin dargestellt und hat ihr auch die der obigen entsprechende Formel gegeben.

3. Bestimmung von Formaldehyd.

Eine interessante Verwendung der früher mitgetheilten Methode zur Bestimmung von Anilin macht M. Klar[4]) zur Gehaltsbestimmung von Formaldehyd. Anstatt nach älterem Verfahren die Formaldehydlösung in Anilinlösung einzutragen und aus dem Gewicht des ausgeschiedenen Anhydroformaldehydanilins durch Multiplikation mit 0,2857 den Formaldehyd zu berechnen, empfiehlt Klar die Anwendung des folgenden Verfahrens: 3 g reinsten Anilins werden zu 1000 ccm gelöst und der Gehalt durch Titriren mit $N/10$ Salzsäure und einigen Tropfen Kongorothlösung (1:1000) ermittelt, wobei der Umschlag in ein stark blaustichiges Violett

[1]) O. Fischer und H. Wreszinski, Ber. **25**, 2711, 1892.
[2]) O. Fischer, Ber. **32**, 245, 1899.
[3]) C. A. Bischoff, Ber. **31**, 3254, 1898.
[4]) M. Klar, Pharm. Ztg. **40**, 611, 1895.

als Endpunkt der Titration angesehen wird. In 400 ccm dieser Anilinlösung, in einem 500 ccm-Kolben befindlich, wird 1 ccm der zu prüfenden Formaldehydlösung tropfenweise zugegeben, die Flüssigkeit bis zur 500 ccm Marke aufgefüllt, nach einiger Zeit der Ruhe abfiltrirt und ein aliquoter Theil des Filtrats mit $N/10$ Salzsäure und Kongoroth als Indikator zurücktitrirt, wonach dann der Formaldehyd zu berechnen ist.

Anilin und Formaldehyd setzen sich dabei nach folgender Gleichung um:

$$C_6H_5NH_2 + CH_2O = C_6H_5N:CH_2 + H_2O,$$

wobei sich also Anhydroformaldehydanilin bildet, das nach dem Vorschlage von A. Trillat[1]) abfiltrirt und bei 40° C. ohne Zersetzung getrocknet und gewogen werden kann.

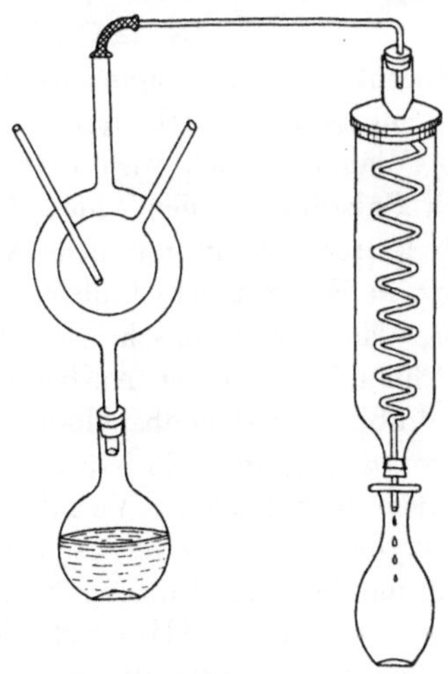

Fig. 16.

4. Bestimmung von Acetaldehyd und Paraldehyd.

Zur Bestimmung des Acetaldehyds neben Paraldehyd soll sich folgende in Fabriklaboratorien verwendete Methode eignen: Man wiegt 100 g des zu untersuchenden Aldehyds ab, bringt denselben in ein Kölbchen, auf welches eine Kühlschlange aufgesetzt wird, von der die Dämpfe nachher in eine zweite Kühlschlange (siehe Fig. 16) gelangen und dort kondensirt werden. Das Kölbchen mit dem Aldehyd wird auf ein Wasserbad gesetzt. Es destillirt der Aldehyd, welcher bei 21° siedet, über, wird aufgefangen und gemessen. Der bei 124° siedende Paraldehyd bleibt zurück neben Wasser.

Die Menge desselben wird in dem Rückstand dadurch bestimmt, dass

---

1) A. Trillat, Bull. soc. chim. (5), **9**, 305, 1893.

man 15 g Anilinsalz zugiebt, 24 Stunden stehen lässt und mit Kalilauge versetzt. Alsdann wird das überschüssige Anilin abdestillirt, das entstandene Chinaldin abfiltrirt, getrocknet und gewogen. Aus der Menge des entstandenen Chinaldins lässt sich dann die Quantität des ursprünglich vorhandenen Paraldehyds berechnen.

Das Verfahren vermag anscheinend nur angenäherte Resultate zu liefern.

Die Bildung des Chinaldins mit Hilfe des Paraldehyds ist von O. Doebner und W. v. Miller[1]) beschrieben worden und machen dieselbe folgende Angaben. Wird ein Gemisch von $1^1/_2$ Thl. Paraldehyd, 1 Thl. Anilin und 2 Thl. roher Salzsäure auf dem Wasserbade erwärmt, so ist schon nach einigen Stunden die Chinaldinbildung vollendet.

$$C_6H_5NH_2 + 2\,CH_3CHO = C_6H_4\!\!<\!\!\begin{array}{c} CH{=}CH \\[2pt] | \\[2pt] N\ {=}CCH_3 \end{array} + 2\,H_2O + H_2.$$

Diese Reaktion vollzieht sich auch ohne äussere Wärmezufuhr beim Mischen der genannten Substanzen durch freiwillige Erwärmung, wenn auch nur unvollständig. Wahrscheinlich wird hierbei der Aldehyd vorher durch die Berührung mit Salzsäure in den Aldehyd der β-Oxybuttersäure (Aldol) verwandelt. Ob letzterer direkt mit dem Anilin unter Wasserabspaltung reagirt oder erst in Krotonaldehyd übergeht, ist noch nicht entschieden. Thatsache ist, dass ein Gemisch von Anilin, Salzsäure und Aldol beim Erwärmen Chinaldin in guter Ausbeute lieferte.

Der bei der Chinaldinbildung sich abspaltende Wasserstoff, welcher bei Gegenwart eines Oxydationsmittels wie Nitrobenzol zu Wasser oxydirt werden kann, muss bei dem beschriebenen Verfahren, welches sich durch die Abwesenheit jeden Oxydationsmittels unterscheidet, nothwendigerweise nach einer anderen Richtung hin zur Wirkung kommen, da er nach den Beobachtungen von Doebner und v. Miller sich nicht im freien Zustande entwickelt, sondern zu Reduktionswirkungen verbraucht wird. Bei der Darstellung des Chinaldins werden neben diesem in geringer Menge höher siedende Basen erhalten, welche nach ihren Eigenschaften als Reduktionsprodukte des Chinaldins angesehen werden können. Bemerkt sei, dass Chinaldin durch Reduktion mit Zinn und Salzsäure in Tetrahydrochinaldin verwandelt wird.

5. Verfahren zur Trennung von Gemengen primärer aromatischer Basen mittels Formaldehyd.

In D.R.P. No. 87615 vom 1. Juni 1896 beschreiben die Farbwerke vorm. Meister, Lucius und Brüning folgendes Verfahren[2]):

---

[1]) O. Doebner und W. v. Miller, Ber. **14**, 2713, 1881, **15**, 3017, 1882, **16**, 2464, 1883.

[2]) Entnommen aus Friedländer, Fortschritte der Theerfarbenfabrikation, 4. Th., 65, Springer, Berlin 1899.

Nach ihrem Verhalten gegenüber Formaldehyd kann man die homologen Basen der Anilinreihe in zwei Gruppen theilen:

a) solche, deren Benzolkern ein in der p-Stellung zur Amidogruppe stehendes, unbesetztes, d. h. an Wasserstoff gebundenes Kohlenstoffatom besitzt. Von den technisch wichtigen Basen gehören hierher:

$$NH_2 \qquad NH_2 \qquad NH_2$$

Anilin.　　　　　o-Toluidin.　　　　　p-Xylidin.

Die Basen dieser Gruppen können sich, wie in D.R.P. No. 53937 und 55565 beschrieben ist, mit Formaldehyd zu Diamidodiphenylmethanbasen vereinigen.

b) solche, deren Benzolkern ein in der p-Stellung zur Amidogruppe stehendes, besetztes, für gewöhnlich methyltragendes Kohlenstoffatom besitzt. Hierher gehören:

$$NH_2 \qquad \text{und} \qquad NH_2$$

p-Toluidin.　　　as. m-Xylidin.

Die Basen dieser zweiten Gruppe vereinigen sich nun, wie sich gezeigt hat, weit schwieriger mit Formaldehyd, als die Basen der oben erwähnten ersten Gruppe unter den gleichen Verhältnissen, und die Basen der zweiten Gruppe vereinigen sich im Gemenge mit solchen der ersten Gruppe überhaupt nicht mit Formaldehyd, so lange noch Basen der ersten Gruppe vorhanden sind.

Diese Thatsache gestattet eine technisch werthvolle, absolut quantitative Trennung und demgemäss quantitative Bestimmung dieser Gemenge.

a) Trennung von o- und p-Toluidin.

100 g (oder Ko. für die technische Trennung) von 60 % o-Toluidin und 40 % p-Toluidin, welches Mengenverhältniss etwa dem technischen Rohtoluidin entspricht, werden in der erforderlichen Menge Salzsäure und etwa 300—400 ccm (Ltr.) Wasser aufgelöst. Hierauf fügt man 21 g Formaldehyd von 40 % hinzu und erhitzt einige Stunden auf 70—100°. Nun wird mit Alkali übersättigt und mit Wasserdampf destillirt. Es destillirt reines p-Toluidin, während Diamidodi-o-tolylmethan vom Schmp. 149° zurückbleibt.

b) Trennung von p-Xylidin und as. m-Xylidin.

100 g eines Gemenges von 60% as. m-Xylidin ($NH_2.CH_3.CH_3.1.2.4$) und 40% p-Xylidin, wie es etwa dem technischen Rohxylidin entspricht, werden in der erforderlichen Menge Salzsäure und 300—400 ccm Wasser gelöst, hierauf werden 12,4 g Formaldehyd (40%) hinzugefügt und einige Stunden auf 70—100° erwärmt. Die Weiterverarbeitung erfolgt genau wie vorher. Man erhält einerseits Diamidodi-p-xylylmethan (Schmp. 140 bis 141°) und anderseits reines as. m-Xylidin.

Ebenso kann man verfahren, wenn es sich um die Trennung von Gemengen der Basen oben erwähnter Gruppe handelt, z. B. um die Trennung von Anilin und p-Toluidin, Anilin und as. m-Xylidin, o-Toluidin und as. m-Xylidin, p-Xylidin und p-Toluidin.

Wie Friedländer auf Grund des D.R.P. No. 59757, 61146 (Bd. III S. 112) mittheilt, lässt sich die angegebene Trennung in Verbindung mit der Fuchsindarstellung aus Diamido-o-tolylmethan praktisch mit Erfolg verwerthen.

6. Bestimmung des Harnstoffs mit Formaldehyd.

K. Goldschmidt[1]) hat vorgeschlagen, die Methode der Fällung des Harnstoffs mit Formaldehyd zur quantitativen Bestimmung zu verwenden.

H. Thoms[2]) zeigt dem gegenüber, dass Harnstoff nicht quantitativ mit Formaldehyd ausfällt, und dass dem betreffenden Reaktionsprodukt nicht die von K. Goldschmidt angenommene Formel zukommt, sondern der Tollens-Hölzer'schen Auffassung gemäss $NH_2CO.N:CH_2$. Das Semikarbazid reagirt in gleicher Weise, wobei wahrscheinlich $NH_2CO.NHN:CH_2$ entsteht.

K. Goldschmidt[1]) hält jedoch an seiner Auffassung, dass dem Kondensationsprodukt die Formel $C_5H_{10}N_4O_3$ zukommt, fest.

---

1) K. Goldschmidt, Ber. **29**, 2438, 1897; Chem. Ztg. **21**, 586, 1897.
2) H. Thoms, Ber. d. pharm. Ges. **7**, 161, 1897.

XVIII.

Methode der Zersetzung durch Säuren.

Spaltungen durch Säuren finden sich auch unter anderen Methoden beschrieben, so z. B. bei der Spaltung der Pentosane durch Salzsäure. Das hierbei entstehende Furfurol ist jedoch nur als Zwischenprodukt anzusehen, da dasselbe alsdann nach der Phloroglucin- oder Phenylhydrazinmethode bestimmt wird. Als Spaltung durch Säuren sind weiterhin die Inversionen der Polysaccharide zu bezeichnen, sowie die Verseifung der Ester. Letztere wird jedoch meist durch Alkalien vorgenommen, so dass dieselben hier unberücksichtigt bleiben können, und bei der Inversion der Polysaccharide werden ebenfalls die entstehenden Monosaccharide nach dem einen oder anderen Verfahren bestimmt.

Wenngleich ein durchgreifender Unterschied zwischen Spaltung und Zersetzung nicht zu machen ist, so wird mit der letzteren Benennung mehr eine Zerstörung des eigentlichen Charakters der Verbindung bezeichnet werden. Man kann also hier besonders folgende Fälle unterbringen, die sich sonst nicht leicht einordnen lassen:

1. Bestimmung der Diazokörper.
2. Bestimmung der Diazoamidokörper.

1. Bestimmung der Diazokörper.

Die Diazoverbindungen, wie z. B. Diazobenzolchlorid, zersetzen sich beim Erhitzen mit Säuren leicht in das entsprechende Phenol unter Freiwerden von Stickstoff:

$$C_6H_5N : NCl + H_2O = HCl + C_6H_5OH + N_2.$$

Aus der Menge des gebildeten Stickstoffs kann man nun die Quantität der vorhanden gewesenen Diazoverbindung berechnen.

Man kann die Methode in der Weise ausführen, dass man das Erhitzen mit Säure im Kohlensäurestrom vornimmt und das gebildete Gas in einer Messröhre über Kalilauge auffängt[1]), oder mit 40 %iger Schwefelsäure im Lunge'schen Nitrometer[2]) zersetzt. Je nach der Art der Zersetzlichkeit der Diazoverbindung wird man die eine oder die andere Methode vorziehen.

---

[1]) Vgl. E. Knoevenagel, Ber. **23**, 2997, 1890; A. Hantzsch, Ber. **28**, 1741, 1895.
[2]) E. Bamberger, Ber. **27**, 2598, 1894.

Auch in fetten Diazokörpern[1]) lässt sich auf diese Weise der Stickstoffgehalt bestimmen, indem dieselben durch Kochen mit verdünnter Schwefelsäure zersetzt werden, so z. B.:

$$N_2CHCOOH + H_2O = (HO)CH_2COOH + N_2$$
Diazoessigsäure.   Glykolsäure.

$$2N_2CHCOOH + H_2O = O\begin{cases} CH_2COOH \\ CH_2COOH \end{cases} + N_2$$
Diglykolsäure.

Man erhält jedoch niemals den vollen Werth des Stickstoffgehalts, wie ihn die Verbrennung ergiebt. Die Differenz zwischen dem wahren Stickstoffgehalt und dem gefundenen beträgt selten weniger als $1/2\,^0/_0$, aber auch nicht mehr als $1^1/_2\,^0/_0$, so dass diese Methode trotz ihrer absoluten Ungenauigkeit der grossen Einfachheit und Schnelligkeit halber, mit welcher sie ausgeführt werden kann, besonders für die Prüfung der Reinheit von flüchtigen Diazoverbindungen doch von bedeutendem Werthe ist, da sie sehr gleichmässige Resultate liefert.

Auch durch Titriren mit Jod lassen sich die fetten Diazoverbindungen bestimmen. Die Umsetzung erfolgt nach der Gleichung:

$$N_2CHCO_2R + J_2 = CHJCO_2R + N_2.$$

Etwas mehr als die berechnete Menge Jod wird genau abgewogen, in absolutem Aether gelöst und zu einer Auflösung der abgewogenen Menge Diazoessigäther in Aether aus einer Bürette zufliessen gelassen, bis die citronengelbe Farbe in Roth umschlägt. Man erwärmt gegen das Ende der Reaktion auf dem Wasserbade. Der Farbenumschlag lässt sich scharf erkennen. Die übrig bleibende Jodlösung wird in einem Kölbchen von bekanntem Gewicht vorsichtig abgedampft und das zurückbleibende Jod gewogen.

Wahrscheinlich lässt sich auch der Ueberschuss des Jodes nach einer der bekannten Methoden zurücktitriren.

2. Bestimmung der Diazoamidokörper.

Die Bestimmung der Diazoamidokörper kann in gleicher Weise ausgeführt werden wie die der Diazokörper, da die Zersetzung unter dem Einfluss der Säure in gleicher Weise verläuft. So entsteht aus Diazoamidobenzol Phenol, Anilin und Stickstoff nach der Gleichung:

$$C_6H_5N_2N\begin{cases} H \\ C_6H_5 \end{cases} + HCl + H_2O = C_6H_5OH + C_6H_5NH_2,\ HCl + N_2.$$

---

1) Th. Curtius, Journ. pr. Ch. **38**, (2), 417, 1888.

XIX

Methode der Nitrosirung.

Diese Methode beruht einmal auf der Einwirkung der salpetrigen Säure HNO_2 oder ihres Anhydrids N_2O_3 auf solche Körper, welche sich damit zu Nitrosoverbindungen vereinigen wie z. B.

$$C_6H_5N \diagup^{H}_{\diagdown C_2H_3O} + HNO_2 = C_6H_5N \diagup^{NO}_{\diagdown C_2H_3O} + H_2O.$$

Acetanilid.   Acetylphenylnitrosamin.

$$C_6H_5N \diagup^{H}_{\diagdown CH_3} + HNO_2 = C_6H_5N \diagup^{NO}_{\diagdown CH_3} + H_2O.$$

Monomethylanilin. Nitrosamin des Monomethylanilin $=$ Phenylmethylnitrosamin.

$$C_6H_5N \diagup^{CH_3}_{\diagdown CH_3} + HNO_2 = C_6H_4 \diagup^{(1)N(CH_3)_2}_{\diagdown (4)NO} + H_2O.$$

Dimethylanilin.   Nitrosodimethylanilin.

$$C_6H_5OH + HNO_2 = C_6H_4 \diagup^{(1)OH}_{\diagdown (4)NO} + H_2O.$$

Phenol.   Nitrosophenol.

Dann aber auch kommen solche Fälle in Betracht, bei denen sich die wahrscheinlich vorher gebildete Nitrosoverbindung unter Stickstoffentwicklung zersetzt wie z. B.

$$CO \diagup^{NH_2}_{\diagdown NH_2} + 2\,HNO_2 = CO_2 + 3\,H_2O + N_2.$$

Harnstoff.

Der Bearbeitung dieses Kapitels liegt folgende Eintheilung zu Grunde:

1. Nitrosirungsmittel.
2. Einwirkung der salpetrigen Säure auf die Amine der Fettreihe.
   a) Bestimmung des Harnstoffs.
   b) Bestimmung von primären, sekundären und tertiären Aminen mit demselben Alkoholradikal.
3. Einwirkung der salpetrigen Säure auf acylirte aromatische Amine.
4. Einwirkung der salpetrigen Säure auf sekundäre aromatische Amine.
   a) Bestimmung des Monomethylanilins in Gemischen mit Anilin und Dimethylanilin.
5. Einwirkung der salpetrigen Säure auf tertiäre aromatische Amine.
6. Einwirkung der salpetrigen Säure auf Phenole.
   a) Millon'sche Reaktion.
7. Einwirkung der salpetrigen Säure auf andere Kohlestoffverbindungen.

1. Nitrosirungsmittel.

Man kann in gleicher Weise wie bei der Diazotirung eine entsprechende Menge von Nitritlösung zu der Lösung des salzsauren Salzes der mono- oder dialkylirten aromatischen Amine geben und erhält alsdann die betreffenden Nitrosoverbindungen. Auch Amylnitrit kommt mitunter zur Anwendung.

Entwickelt man die salpetrige Säure aus Arsenik mit roher Salpetersäure, so ist man, wie auch die Versuche von Stoermer ergeben haben, welche nachher besprochen werden sollen, — der Gefahr ausgesetzt, auch noch Nitrogruppen einzuführen.

Auch Lösungen von nitrosen Gasen in Chloroform lassen sich mitunter zur Darstellung von Nitrosoverbindungen benützen.

2. Einwirkung der salpetrigen Säure auf die Amine der Fettreihe.

Aus primären Aminen werden durch die Einwirkung salpetriger Säure unter Stickstoffentwicklung Alkohole gebildet, oder es findet auch unter gewissen Umständen wie beim Harnstoff Zersetzung statt:

$$C_2H_5NH_2 + HNO_2 = C_2H_5OH + N_2 + H_2O.$$
Aethylamin $\rightarrow$ Aethylalkohol.

$$CO\begin{cases}NH_2\\NH_2\end{cases} + 2\,HNO_2 = CO_2 + 2\,N_2 + 3\,H_2O.$$

Harnstoff.

Sekundäre Amine setzen sich mit salpetriger Säure zu den von Geuther[1]) entdeckten **Nitrosaminen** um, z. B.

$$(CH_3)_2NH + HNO_2 = (CH_3)_2NNO + H_2O.$$

Dimethylamin → Dimethylnitrosamin.

Bei der Behandlung mit koncentrirter Salzsäure entstehen wiederum die sekundären Amine, während bei der Reduktion mit Zinkstaub und Essigsäure in alkoholischer Lösung die Hydrazine sich bilden[2]).

$$(CH_3)_2NNO + 2\,H_2 = (CH_3)_2NNH_2 + H_2O.$$

Dimethylnitrosamin → Dimethylhydrazin.

Der Bildung der Nitrosamine geht wahrscheinlich die Bildung eines salpetrigsauren Salzes voraus, doch ist ein solches bisher nur beim Diisopropylamin, nicht aber beim Dipropylamin als Zwischenprodukt isolirt worden[3]).

$$(C_3H_7)_2NH + HNO_2 = (C_3H_7)_2NH,\ HNO_2 = (C_3H_7)_2NNO + H_2O.$$

Auffallender Weise entstehen die Nitrosamine sekundärer Basen auch, wie P. v. Romburgh[4]) beobachtet hat, durch Erhitzen der Nitrate derselben auf etwa 150°, wobei Wasser und Sauerstoff sich abspalten.

$$(CH_3)_2NH,\ HNO_3 = (CH_3)_2NNO + H_2O + O.$$

Die **tertiären Amine** werden durch salpetrige Säure nur wenig verändert, bezw. angegriffen, unter Abspaltung einer Alkylgruppe.

Man kann diese verschiedenartige Einwirkung der salpetrigen Säure auf die Amine zur Trennung der Reindarstellung der sekundären Amine benützen, wie dies von Heintz (l. c.) angegeben worden ist. Da das Nitrosamin der sekundären Base kaum in der salzsauren Lösung löslich ist, lässt es sich abheben und kann bei den Verbindungen mit geringerem Molekulargewicht durch Wasserdampf übergetrieben werden. Die Nitrosamine werden dann durch Salzsäure wieder in die sekundären Amine umgewandelt.

a) Bestimmung des Harnstoffs.

E. Riegler[5]) empfiehlt die Zersetzung des Harnstoffs mit Millon's

1) Geuther, Liebig's Ann. **128**, 153; vgl. a. Heintz, ibid. **138**, 319.
2) E. Fischer, Liebig's Ann. **199**, 308, 1879.
3) v. d. Zande, Rec. trav. chim. **8**, 207, 1889.
4) P. v. Romburgh, ibid. **5**, 246, 1886.
5) E. Riegler, Zeitschr. analyt. Ch. **33**, 49, 1894.

Reagens, wodurch derselbe in gleiche Theile Kohlensäure und Stickstoff zerlegt wird. Die Umsetzung findet nach der Gleichung:

$$CO(NH_2)_2 + 2HNO_2 = CO_2 + 2N_2 + 3H_2O$$

statt. Eine entsprechende Tabelle für die Bestimmung hat L. Vanino[1]) berechnet.

Es dürfte sich wahrscheinlich empfehlen, an Stelle der theueren Millon'schen Lösung direkt eine Lösung von Nitrit zu verwenden und diese auf die saure Lösung des Harnstoffs einwirken zu lassen.

Auch hier ist in gleicher Weise wie bei der Hüfner'schen Methode der Oxydation mit Hypobromit zu berücksichtigen, dass auch andere im Harn möglicher Weise vorhandene Stoffe durch die salpetrige Säure angegriffen werden; ich erinnere z. B. an die Arbeit von Paal[2]) über die Desamidirung des Glutinpeptons. Jedenfalls dürfte eine Titration des verbrauchten Nitrits nicht ohne weitere Versuche angezeigt erscheinen, sowie die volumetrische Bestimmung des Stickstoffs erst die Untersuchung anderer im Harne vorkommenden Körper erforderlich machen.

b) Bestimmung von primären, sekundären und tertiären Aminen mit demseben Alkoholradikal.

Das Verfahren ist von Ch. Gassmann[3]) ausgearbeitet worden. Er benützte es bei der Bestimmung und Trennung der drei Aethylendiamine:

$$
\begin{array}{ccc}
\begin{array}{c} CH_2NH_2 \\ | \\ CH_2NH_2 \end{array},
&
\begin{array}{c} CH_2 . NH . CH_2 \\ | \qquad | \\ CH_2 . NH . CH_2 \end{array},
&
\begin{array}{c}
N \\
\diagup \ | \ \diagdown \\
CH_2 \ CH_2 \ CH_2 \\
| \quad | \quad | \\
CH_2 \ CH_2 \ CH_2 \\
\diagdown \ | \ \diagup \\
N
\end{array}.
\end{array}
$$

Man bestimmt zunächst das Gesammtgewicht der wasserfreien und getrockneten Basen; dasselbe sei a g. Diese Menge löst man in Wasser zu einem bestimmten Volum. In einem aliquoten Theile der Lösung bestimmt man durch Titration mit N-Salzsäure, unter Benützung von Phenolphtaleïn als Indikator, die Gesammtalkalinität. Jedoch giebt P. Dobriner an, dass sich nach seinen Erfahrungen das Diäthylendiamin (Piperazin) nicht quantitativ unter Anwendung von Phenolphtaleïn titriren lässt. Es seien b ccm N-Salzsäure verbraucht.

In einem anderen aliquoten Theile bestimmt man in bekannter Weise den Verbrauch an N-Nitritlösung; die Endreaktion wird durch Tüpfeln auf Jodkaliumstärkepapier erkannt. Es seien c ccm Nitritlösung verbraucht.

---

1) L. Vanino, Zeitschr. analyt. Ch. **34**, 55, 1895.
2) C. Paal, Ber. **29**, 1084, 1896.
3) Ch. Gassmann, Compt. rend. **123**, 133; Zeitschr. analyt. Ch. **36**, 327, 1897.

Da nach Angabe des Verf. die drei Basen mit je 2 Mol. Salzsäure neutrale Salze liefern, und Nitrit nur auf Mono- und Diäthylendiamin unter Stickstoffentwicklung bezw. Nitrosirung einwirkt, wobei jede der beiden Basen 2 Mol. Nitrit verbraucht, so sind die Bedingungen zur Berechnung der Mengenverhältnisse der drei Basen gegeben.

In dem angewandten Gemenge seien vorhanden:

x g Mono-Aethylendiamin (Mol.-Gew. $=$ Mx)
y g Di-   „   „   „ $=$ My)
z g Tri-   „   „   „ $=$ Mz)

Die Berechnung der vorhandenen Mengen geschieht dann nach den folgenden Gleichungen:

$$x + y + z = a$$

$$\frac{2000\,x}{Mx} + \frac{2000\,y}{My} + \frac{2000\,z}{Mz} = b$$

$$\frac{2000\,x}{Mx} + \frac{2000\,y}{My} = c.$$

Die Zahl 2000 ergiebt sich aus dem Umstande, dass hier Diamine vorliegen. Für Monoamine würde natürlich 1000 in Rechnung zu setzen sein.

3. Einwirkung der salpetrigen Säure auf acetylirte u. s. w. aromatische Amine.

Diejenigen primären Amine, bei denen noch ein Wasserstoffatom durch einen Säurerest ersetzt ist, geben mit salpetriger Säure ebenfalls entsprechende Nitrosoverbindungen. So entsteht aus Acetanilid das sehr unbeständige Acetylphenylnitrosamin nach der schon vorher gegebenen Gleichung.

Analoge Verbindungen werden aus Acet-p-toluid, Formanilid und Oxanilid erhalten, dagegen giebt Benzanilid keine Nitrosoverbindung.

4. Einwirkung der salpetrigen Säure auf sekundäre aromatische Amine.

Wie schon oben erwähnt wurde, wirkt salpetrige Säure auf aromatische sekundäre Amine unter Bildung eines Nitrosoderivates ein nach der Gleichung:

$$C_6H_5N{<}^{CH_3}_{H} + HNO_2 = C_6H_5N{<}^{CH_3}_{NO} + H_2O.$$

Je nach der Art des Amins und der Versuchsbedingungen kann die Einwirkung eine verschiedenartige sein. Mitunter bilden sich hierbei

Nitroverbindungen [1]). Bei den tertiären Aminen tritt die Nitrogruppe in die p-Stellung, wenn diese frei ist; ist sie besetzt, so erfolgt der Eintritt in die o-Stellung, seltener in die m-Stellung, wobei immer salpetrige Säure im Ueberschuss angewandt wird.

Erwähnt sei noch die interessante und seltener beobachtete Thatsache, dass durch die salpetrige Säure bezw. deren Salze in aromatischen, gebromten oder sulfonirten, tertiären Aminen ein direkter Ersatz von Brom oder SO_3H stattfinden kann.

Die Untersuchungen von Stoermer haben nun ergeben, dass die sekundären Amine der Benzolreihe alle bei längerer Einwirkung von Salpetrigsäuregas in Nitro- oder sogar Dinitroverbindungen übergehen. Die einkernigen heterocyklischen Amine, wie das Piperidin, liefern keine Nitroverbindungen und von den mehrkernigen nur die, welche einen Benzolkern enthalten und ausgesprochene Basen sind, also den stickstoffhaltigen Kern vollständig hydrirt enthalten; nicht also das Methylindol,

$$C_6H_4 \diagup{\overset{\displaystyle CH}{}}\diagdown \quad CH, \text{ wohl aber sehr leicht das Hydromethylindol,}$$

$$C_6H_4 \diagup{CH_2}\diagdown CH_2.$$

Bemerkenswerth ist der Unterschied zwischen diesen Aminen und den sekundären Basen der Benzolreihe; während erstere oft schon nach Verlauf weniger Minuten in die gut krystallisirenden Nitronitrosoverbindungen übergehen, müssen letztere häufig stundenlang mit salpetriger Säure behandelt werden, um das gewünschte Resultat zu liefern. Hierbei ist die Art und Stellung der sonst noch im System vorhandenen Gruppe von grossem Einfluss.

Nach O. N. Witt besteht bekanntlich die gasförmige salpetrige Säure aus einem Gemisch von N_2O_4 und NO. Dass die nitrirende Wirkung der Säure wohl im wesentlichen auf der Gegenwart von N_2O_4 beruht, geht daraus hervor, dass letzteres im reinen Zustande die gleiche Umsetzung meist noch viel schneller bewirkt. Man würde danach wohl folgende Gleichung dafür annehmen können:

$$CxHyN\diagup{\overset{H}{}}\diagdown_{R} + NO_2.O.NO = CxHy\text{-}1,(NO_2)N\diagup{\overset{NO}{}}\diagdown_{R} + H_2O,$$

und in der That scheint die ausserordentlich schnelle Wirkung der salpetrigen Säure bei den ringförmigen Aminen für den gleichzeitigen Ein-

---

[1]) Vgl. R. Stoermer, Ber. **31**, 2523, 1898, wo auch die weitere Litteratur zu finden ist.

tritt von NO und NO_2 zu sprechen. Da bei den sekundären Aminen
der Benzolreihe indessen fast immer intermediär die Bildung eines Nitros-
amins zu konstatiren ist, so kann in dieser Reihe der Vorgang vielleicht
folgender sein:

$$C_6H_5N{<}{}^H_R + NO_2 . O . NO = C_6H_5N{<}{}^{NO}_R + NO_2OH$$

$$C_6H_5 . N{<}{}^{NO}_R + NO_2OH = C_6H_4(NO_2)N{<}{}^{NO}_R + H_2O,$$

so dass die nitrirende Wirkung der salpetrigen Säure der der Salpetersäure
gleich käme. Es muss aber demgegenüber hervorgehoben werden, dass,
wie besondere Versuche beim Diphenylamin festgestellt haben, ein Nitrosamin bei Ausschluss von Wasser in einem indifferenten Lösungsmittel
durch reines Stickstofftetroxyd sehr glatt und schnell in einen Nitrokörper
übergeführt wird.

Aus denjenigen sekundären Aminen, welche im Benzolkern keine
Substituenten enthalten, entsteht in glatter Weise p-Nitrophenylalkyl-
nitrosäure, bei den Monomethyltoluidinen verläuft die Reaktion verschieden.
Monomethyl o- und p-Toluidin liefern Dinitronitrosokörper, das Monomethyl-
m-toluidin eine Mononitronitrosoverbindung.

'NH.CH₃ / H₃C–C₆H₃   liefert   N<NO/CH₃ ; CH₃–C₆H₂(NO₂)(NO₂)–N<NO/CH₃ '

NHCH₃ / CH₃–C₆H₃   „   O₂N–C₆H₂(NO₂)(CH₃)–N<NO/CH₃ '

NHCH₃ / CH₃–C₆H₃   „   NO₂–C₆H₃(CH₃)–N<NO/CH₃   oder   O₂N–C₆H₃(CH₃)–N<NO/CH₃

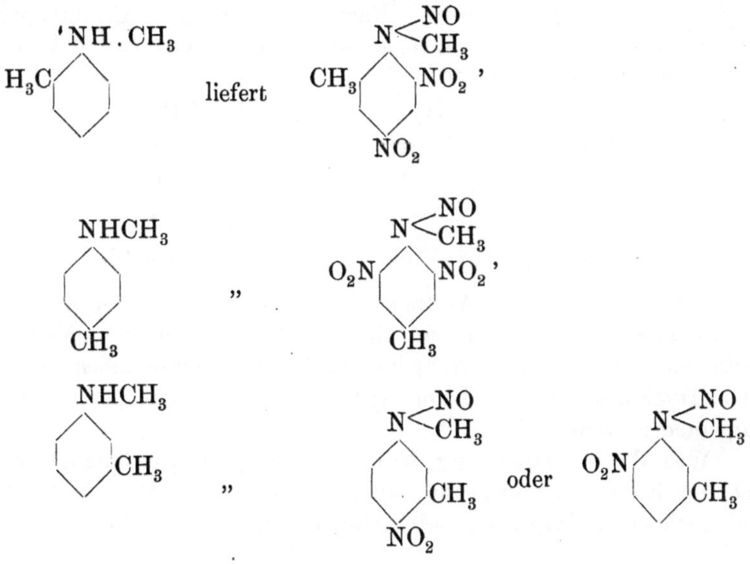

Von den methylirten Chloranilinen liefern die o- und die m-Verbindung normal eine Nitronitrosoverbindung, ebenso das m-Chlor-o-toluidin,

$\overset{(1)}{C_6 H_3 (N H C H_3)} \overset{2}{(C H_3)} \overset{5}{Cl}$, Monomethyl-p-Chloranilin dagegen als Hauptprodukt ein Dinitrosamin, neben einer kleinen Menge o-Nitromethyl-p-Chloranilin.

Das Diphenylamin lieferte in alkoholischer Lösung in sehr glatter Reaktion zunächst p-Nitronitrosodiphenylamin, eine Substanz, die bisher direkt mittels salpetriger Säure nicht hat erhalten werden können. Bei längerer Einwirkung in Chloroformlösung entsteht p-Dinitrodiphenylamin der Hauptsache nach, neben etwas Trinitrodiphenylamin.

Auch bei den sekundären Aminen tritt also die Nitrogruppe in die p-Stellung, und nur wenn diese besetzt ist, in o-Stellung zum Stickstoff. Nicht mit Sicherheit ermittelt wurde die Stellung der Nitrogruppe beim m-Chloranilin und m-Chlor-o-Toluidin, weil einmal eine die Nitrogruppe in die m-Stellung zum Chloratom dirigirende Wirkung dieses letzteren nicht ausgeschlossen erscheint, und dann, weil bei den Reduktionsprodukten die Diaminreaktionen nicht einwandfrei auftreten.

„Von besonderem Interesse waren die Nitroprodukte bei den heterocyklischen basischen Ringsystemen. Tetrahydrochinolin lieferte ein Produkt, das nach Aussehen und Schmelzpunkt durchaus dem schon bekannten Nitronitrosotetrahydrochinolin (dargestellt aus Nitrosamin mit Salpetersäure) glich. Es zeigte sich aber, dass dieses von L. Hoffmann und Koenigs [1]) dargestellte Produkt vom Schmelzp. 137—138^0 ein Gemisch von Isomeren bildet, die sich durch sorgsame fraktionirte Krystallisation trennen lassen. Nach den bisherigen Erfahrungen war man berechtigt, anzunehmen, dass hier eine p- und eine o-Verbindung gleichzeitig entstanden waren:

CH₂
O₂N CH₂ CH₂ N.NO
und
CH₂
NO₂ CH₂ CH₂ N.NO

Schmelzp. 154—155^0.   Schmelzp. 99—100^0.

„Dieses gleichzeitige Auftreten von Isomeren, das bei den Aminen der Benzolreihe auch nicht ein einziges Mal beobachtet werden konnte, hatte auch statt beim Tetrahydrotoluchinolin, Tetrahydrochinaldin und beim Hydromethylketol. Beim Hydrophenylindol konnten Isomere nicht aufgefunden werden.“

Was die Abspaltung der Nitrosogruppe anlangt, so lässt sich mit Erfolg die rauchende Salzsäure anwenden. Wie O. N. Witt [2]) und nachher R. Henriques [3]) gefunden haben, wird die Nitrosogruppe

1) L. Hoffmann und Königs, Ber. 16, 730, 1881.
2) O. N. Witt, Ber. 10, 1309, 1877; 11, 757, 1878.
3) R. Henriques, Ber. 17, 2672, 1884.

durch Anilinchlorhydrat bezw. durch Anilin abgespalten. Jedoch bilden
sich dabei allerlei Nebenprodukte, weswegen Stoermer die Anwendung
von rauchender Salzsäure empfiehlt. Dieselbe wirkt besonders dann
direkt abspaltend, wenn in der o- oder p-Stellung eine Nitrogruppe oder
ein Chloratom steht. Bei einigen in der o-Stellung nitrirten Nitrosoverbindungen trennt sich die Nitrosogruppe vom Stickstoff schon beim Kochen mit
Alkohol, und man erhält die betreffenden Nitroverbindungen leicht in grosser
Reinheit. Aus dem p-Nitronitrosohydrochinolin konnte die Nitrosogruppe
durch Erhitzen mit Alkohol unter Druck gleichfalls abgesprengt werden.

Wie O. Fischer und E. Hepp[1]) gefunden haben, wandeln sich
die Nitrosamine der sekundären Base durch Erhitzen mit alkoholischer Salzsäure oder Bromwasserstoffsäure um in die entsprechenden, in
p-Stellung mit der Nitrosogruppe substituirten Verbindungen, z. B.

$$C_6H_5N\begin{cases}NO\\CH_3\end{cases} = C_6H_4\begin{cases}(1)N<\begin{smallmatrix}H\\CH_3\end{smallmatrix}\\(4)NO\end{cases}.$$

Das so entstandene p-Nitrosomonomethylanilin wird durch verdünnte
Salpetersäure in die Nitroverbindung umgewandelt: es löst sich leicht in
verdünnter Kali- oder Natronlauge und kann hieraus wieder durch Einleiten von Kohlendioxyd abgeschieden werden.

Man kann das Natriumsalz auch isoliren durch Verwendung alkoholischer Lösungen und Ausfällen mit Aether. Legt man die Chinon-
oximformel von H. Goldschmidt[2]) für das Nitrosophenol zu Grunde,
so würde dieses Natriumsalz folgende Konstitution haben:

$$\bigcirc\begin{cases}N<\begin{smallmatrix}CH_3\\H\\OH\end{smallmatrix}\\N-ONa\end{cases}.$$

Die Abspaltung der Nitrogruppe kann nach Stoermer auch sehr
leicht mit Salpetersäure bewirkt werden, wenn in der p-Stellung eine
Nitrogruppe oder vielleicht ein Chloratom steht, wobei aber dann, selbst
wenn man verdünnte Salpetersäure anwendet, zugleich eine Nitrogruppe
in die o-Stellung zur Amidogruppe eintritt. Die plausibelste Erklärung
hierfür ist folgende Annahme des Reaktionsverlaufs:

$$\underset{NO_2}{\bigcirc}N<\begin{smallmatrix}CH_3\\NO\end{smallmatrix} + O = \underset{NO_2}{\bigcirc}N<\begin{smallmatrix}CH_3\\NO_2\end{smallmatrix} \rightarrow \underset{NO_2}{\bigcirc}N<\begin{smallmatrix}CH_3\\H\end{smallmatrix}\ NO_2$$

1) O. Fischer und E. Hepp, Ber. **19**, 2991, 1886; **20**, 1247, 1887.
2) H. Goldschmidt, Ber. **17**, 213 und 801, 1884.

welche den von E. Bamberger[1]) bezüglich der Nitrirung gemachten Beobachtungen entspricht.

a) Bestimmung des Monomethylanilins in Gemischen mit Anilin und Dimethylanilin.

Behandelt man Monomethylanilin in saurer Lösung mit Nitritlösung, so bildet sich Methylphenylnitrosamin bezw. aus Monoäthylanilin das Aethylphenylnitrosamin nach folgender Gleichung:

$$C_6H_5N{<}^{H}_{CH_3} + HNO_2 = C_6H_5N{<}^{NO}_{CH_3} + H_2O.$$

Auf diese Weise lässt sich nach Nölting und Boasson[2]) in Gemischen mit Diäthylanilin bezw. auch Anilin der Gehalt an Monomethyl- bezw. -äthylanilin bestimmen, indem man dasselbe mit Aether extrahirt und zur Wägung bringt.

Man löst etwa 1 g der Basen in überschüssiger, mässig verdünnter Salzsäure, setzt ein paar Tropfen Natriumnitritlösung hinzu, schüttelt mit Aether, trocknet den ätherischen Auszug mit Chlorcalcium und verdunstet auf einem Uhrglas. Das Methylphenylnitrosamin bleibt in kleinen gelblichen Tröpfchen zurück und wird durch einen charakteristischen Geruch und die Liebermann'sche Reaktion leicht erkannt.

Nach den Untersuchungen von Reverdin und Ch. de la Harpe[3]) liefert die Methode keine guten Resultate, da eine weitergehende Einwirkung durch Nitrirung des Methylphenylnitrosamins eintreten kann, wodurch die Resultate bedeutend zu hoch ausfallen. Auch nach meinen Erfahrungen dürfte es nicht leicht sein, absolut zuverlässige Werthe zu erhalten.

5. Einwirkung der salpetrigen Säure auf tertiäre aromatische Amine.

Tertiäre aromatische Amine geben mit salpetriger Säure direkt das im Benzolkern substituirte Nitrosodialkylanilin, obgleich ja eine vorherige Anlagerung der Nitrosogruppe an die Amidogruppe sehr wahrscheinlich ist, wobei alsdann dieselbe in die p-Stellung übergeführt wird. Wir haben also folgende Vorgänge als wahrscheinlich anzusehen:

$$C_6H_5N(CH_3)_2 + HNO_2 = C_6H_5N{<}^{(CH_3)_2}_{NO}{-}OH =$$

[1]) E. Bamberger, Ber. **26**, 490, 1893; **27**, 361, 1894; **28**, 401, 1895; **30**, 1252, 1897.

[2]) E. Nölting und J. Boas Boasson, Ber. **10**, 795, 1877.

[3]) F. Reverdin und Ch. de la Harpe, Chem. Ztg. **12**, 787, 1888.

$$C_6H_4\begin{cases}(1)N(CH_3)_2\\(4)NO\end{cases} + H_2O.$$

Das Nitrosodimethylanilin wird erhalten durch Versetzen einer Lösung von 10 g Dimethylanilin, 30 g konc. Salzsäure und 200 ccm Wasser mit einer Lösung von 5,7 g Natriumnitrit in 200 ccm Wasser. Durch Zusatz weiterer konc. Salzsäure wird das salzsaure Nitrosodimethylanilin in gelben Nadeln erhalten, welches durch Versetzen mit Alkalikarbonat die freie Base in grossen, grünen, bei 92° schmelzenden Blättern liefert.

Nitrosodiäthylanilin wird in gleicher Weise erhalten. Es schmilzt bei 84°.

Diese Nitrosoverbindungen bilden das Ausgangsmaterial werthvoller Farbstoffe.

6. Einwirkung der salpetrigen Säure auf Phenole.

Bei der Einwirkung der salpetrigen Säure auf Phenole bilden sich die betreffenden Nitrosoverbindungen, bei denen die Nitrosogruppe in die p- oder, wenn diese besetzt ist, in die o-Stellung tritt. So giebt Phenol selbst folgende Verbindung:

$$C_6H_5OH + HNO_2 = C_6H_4\begin{cases}(1)OH\\(4)NO\end{cases} + H_2O.$$

Dieselbe Verbindung entsteht aber auch nach H. Goldschmidt[1]) aus Chinon und salzsaurem Hydroxylamin, weshalb man diese Verbindungen auch als Chinonoxime von der Formel ansieht.

Die Bildung aus Chinon geht alsdann in folgender Weise vor sich:

$$O: \langle \rangle : O + H_2NOH = O: \langle \rangle : NOH + H_2O.$$

Nitrosophenol bildet Krystalle, die sich bei 125° zersetzen. Durch oxydirende Mittel wird es in die Nitroverbindungen übergeführt. Mit Phenolen giebt es in konc. Schwefelsäure die Liebermann'sche Reaktion, d. h. es bilden sich Farbstoffe von unbekannter Konstitution.

Resorcin, $C_6H_4\begin{cases}(1)OH\\(3)OH\end{cases}$, bildet ein Mononitrosoderivat, welches sich bei 112° bräunt und bei 148°, ohne zu schmelzen, zersetzt.

---

1) H. Goldschmidt, Ber. **17**, 213 und 801, 1884.

α-Naphtol, $C_{10}H_7(\alpha)OH$, liefert zwei Nitrosoverbindungen [1].

β-Nitroso-α-Naphtol α-Nitroso-α-Naphtol
Schmelzp. 152^0.   Zersetzt bei 190^0.

β-Naphtol giebt nur ein Nitrosonaphtol, nämlich:

vom Schmelzpunkt 109,5^0.

Die Nitrosonaphtole lösen sich in Alkalien und einfachen kohlensauren Alkalien und werden aus denselben durch Kohlensäure wieder abgeschieden.

α-Nitroso-β-naphtol und β-Nitroso-α-naphtol geben mit Kobaltchlorür [2] in alkoholischer Lösung kobalthaltige chlorfreie Verbindungen; die aus Nitroso-β-Naphtol hat folgende Zusammensetzung $(C_{10}H_6ONO)_3Co$. Da mit Nickelsalzen keine derartige Verbindung entsteht, lässt sich diese Reaktion zur Trennung von Kobalt- und Nickelsalzen benützen.

Eine ähnliche Zusammensetzung dürfte das aus Nitroso-β-naphtolmonosulfosäure (Schäffer) und Eisenchlorid oder Ferrosulfat erhältliche Naphtolgrün besitzen.

a) Millon'sche Reaktion.

Besondere Erwähnung verdient noch die Einwirkung des Millonschen Reagens, das aus Merkuronitrat und Stickoxyd besteht, auf Phenole. Hierbei hat sich nach meinen Untersuchungen [3] folgendes ergeben:

a) Der Vorgang bei der Einwirkung des Millon'schen Reagens auf Phenol unter Rothfärbung und nachheriger Bildung eines braunrothen Körpers wird dargestellt durch folgende Gleichungen:

$$\alpha)\quad 2C_6H_5OH + 2NO + O = 2C_6H_4{<}^{NO}_{OH} + H_2O.$$

---

[1] Vgl. hierzu Julius Schmidt, Ber. **32**, 3244, 1900, der auch Nitrokörper aus den Naphtolen durch Einwirkung salpetriger Säure darstellte.

[2] Vgl. Ilinski und G. v. Knorre, Ber. **18**, 699, 1885.

[3] W. Vaubel, Zeitschr. angew. Ch. **1900**, Heft 45.

$$\beta)\ C_6H_4\!\!<^{NO}_{OH} + 4HgNO_3 + 3NO + 3C_6H_5OH =$$

$$HON \equiv \left(\begin{array}{c} -\ N\ -\ O\ C_6H_4\ -\ O \\ \quad\ |\qquad\qquad\qquad\ \ | \\ \quad\ O\!\!-\!\!-\!\!-\!\!-\!\!-\!\!-\!\!-\!\!-\!\!-\!\!Hg \end{array}\right)_4 + 3NO_2 + 3H_2O.$$

b) Beim Erhitzen mit Natronlauge giebt dieser Körper das Quecksilber ab, und es bildet sich eine in Natronlauge mit rothbrauner Farbe lösliche Verbindung, die durch Säuren ausgefällt werden kann. Der Vorgang bei der Herausnahme des Quecksilbers ist anscheinend folgender:

$$HON \left(\begin{array}{c} -\ N\ -\ OC_6H_4O \\ \quad |\qquad\qquad\ | \\ \quad O\!\!-\!\!-\!\!-\!\!-\!\!-\!\!-\!\!Hg \end{array}\right)_4 + 9NaOH =$$

$$NaON\!\!<^{(OC_6H_4ONa)_2}_{(C_6H_4ONa)_2} + 4Hg + 5H_2O + 2NaNO_2 + 2NaNO_3.$$

c) Die so erhaltene Verbindung nimmt 4 Atome Brom auf in die Phenolgruppen und vielleicht eins in Folge von Salzbildung an die Stelle der Hydroxylgruppe im $\equiv$ NOH. Dabei bildet sich der Körper

$$BrN\!\!<^{(OC_6H_3BrOH)_2}_{(C_6H_3BrOH)_2}\ .$$

d) Die Reaktion mit Millon's Reagens tritt ein bei allen Körpern mit Phenolgruppen (Eiweiss, Tyrosin u. s. w.), wobei sich eine Rothfärbung zeigt. Sie tritt nicht auf bei di-o- und di-m-substituirten Verbindungen.

e) Bei den Naphtolen liefert nur das β-Naphtol ein dem aus dem Phenol erhältlichen ähnliches Produkt. Alle übrigen Naphtolderivate, soweit sie untersucht sind, geben dagegen Nitrosoverbindungen.

7. Einwirkung der salpetrigen Säure auf andere Kohlenstoffverbindungen.

Ueber die Einwirkung der salpetrigen Säure auf die aliphatischen Ketone $CH_3CH_2COCH_2R$ haben G. Ponzio und A. De-Gaspari[1]) gearbeitet. Es entstehen, wenn die Ketone eine normale Struktur besitzen, immer zwei Isonitrosoketone. Haben jedoch die Ketone eine tertiäre Struktur, so wird nur ein Isonitrosoketon gebildet. Im letzteren Falle wird immer der Wasserstoff der Methylengruppe des normalen und niemals der des tertiären Alkoholradikals durch die Gruppe NOH ersetzt. Die betreffenden Isonitrosoketone wurden aus Aethylpropyl-, Aethylbutyl-, Aethylamyl-, Aethylisoamyl- und Aethylisohexylketon dargestellt.

---

[1]) G. Ponzio und A. De-Gaspari, Journ. pr. Ch. **58**, 392, 1898.

Wie Angelo Angeli[1]) gefunden hat, vereinigen sich viele aromatische Verbindungen, welche die ungesättigte Seitenkette $R . CH : CHCH_3$ enthalten, mit salpetriger Säure zu krystallinischen Additionsprodukten, während den entsprechenden Propenylderivaten, $R . CH_2CH : CH_2$, diese Fähigkeit abgeht. Im ersteren Falle entstehen neben den Nitrositen anhydridartige Verbindungen, die als Hyperoxyde eines Dioxims

$$RC - CCH_3$$
$$\| \quad \|$$
$$NO-ON$$
aufzufassen sind und durch Reduktion in das Dioxim

$$RC - CCH_3$$
$$\| \quad \|$$
$$NOH \ HON$$
übergehen.

Bei der Einwirkung von NOBr oder $SnCl_4 + 2NOCl$ auf die Quecksilberverbindungen der betreffenden Kohlenwasserstoffe wurden von von Baeyer[2]) Nitrosobenzol, C_6H_5NO, und Nitrosonaphtalin, $C_{10}H_7NO$, erhalten, jedoch nur letztere Verbindung in reinem Zustande dargestellt. Die Umsetzung geht nach folgender Gleichung vor sich:

$$(C_6H_5)_2Hg + NOBr = Hg(C_6H_5)Br + C_6H_5NO,$$

Quecksilberdiphenyl.   Quecksilber-   Nitrosobenzol.
phenylbromid.

$$(C_{10}H_7)_2Hg + NOBr = Hg(C_{10}H_7)Br + C_{10}H_7NO.$$

Quecksilbernaphtyl.   Quecksilber-   Nitrosonaphtalin.
naphtylbromid.

Anthracen giebt in Eisessigsuspension nach den Untersuchungen von Liebermann und Lindemann[3]) mit salpetrigsauren Dämpfen Salpetersäureanthracen, $C_{14}H_{10}$, NO_3H, und Untersalpetersäureanthracen, $C_{14}H_{10}$, $2NO_2$.

Aus Chinon erhielt Jul. Schmidt[4]) durch Einwirkung von salpetriger Säure Nitrosoverbindungen.

---

[1]) Angelo Angeli, Ber. **24**, 3994, 1891; **25**, 1956, 1892.

[2]) A. v. Baeyer, Ber. **7**, 1638, 1874; vgl. auch Bamberger, Storch und Landsteiner, Ber. **26**, 473 und 483, 1893.

[3]) Liebermann und Lindemann, Ber. **13**, 1585, 1880; vgl. hierzu J. Meisenheiner, Ber. **33**, 3547, 1900; O. Dimroth, Ber. **34**, 219, 1901.

[4]) Jul. Schmidt, Ber. **33**, 3246, 1900.

XX.

Methode der Einwirkung von Salpetersäure.

Die Wirkung der Salpetersäure auf organische Verbindungen kann in einer mehr oder weniger weit gehenden Oxydation oder in einer Nitrirung bestehen. Auch können bei der Einwirkung auf Alkohole unter geeigneten Umständen Ester entstehen. Ein solcher Ester ist z. B. das sog. Nitroglycerin, dem dieser Name eigentlich fälschlich zugelegt ist, und das wir als salpetersauren Glycerinester ansehen müssen; die Bildung desselben erfolgt nach der Gleichung:

$$C_3H_5(OH)_3 + 3\,HNO_3 = C_3H_5(NO_3)_3 + 3\,H_2O.$$

Aehnlich ist die Bildung von anderen meist fälschlich als Nitroverbindungen bezeichneten Körper wie Nitromannit, $C_6H_8(NO_3)_6$, Nitrocellulosen, $C_6H_7(NO_3)_3O_2$, u. s. w.

Eigentliche Nitrogruppen, denen also die Gruppe NO_2 zukommt und bei denen dieselbe mit dem Stickstoff an Kohlenstoff gebunden ist, bilden sich hauptsächlich in der aromatischen Reihe, wo die Festigkeit des Kerns meist leichter eine Nitrirung als eine weitergehende Oxydation zulässt. Von aliphatischen Nitroverbindungen seien erwähnt Nitromethan CH_3NO_2, Nitroform, $CH(NO_2)_3$ u. s. w.

Ueber die Einwirkung von Salpetersäure auf gesättigte Kohlenwasserstoffe machte W. W. Markownikoff[1]) folgende Angaben: Wenn beim Zusammenschütteln gleicher Volumina des Kohlenwasserstoffs mit der allerstärksten Salpetersäure bei Zimmertemperatur Erwärmung eintritt, so enthält derselbe tertiären Kohlenstoff. Ist dieses nicht der Fall, so hat man es mit einem normalen Paraffin oder einem Kohlenwasserstoff R_4C mit normalen Radikalen oder einem nicht substituirten Polymethylen zu thun. Bei einem Gemische sich zur Säure ver-

---

1) W. W. Markownikoff, Chem. Ztg. **23**, 659, 1899; vgl. auch Francis und Young, Journ. Chem. Soc. 1898, 920; Bouveault und Wahl, Chem. Ztg. **24**, 975, 1900.

schieden verhaltender Kohlenwasserstoffe kann man, bis zu einem gewissen Grade die Menge derjenigen bestimmen, auf welche die Salpetersäure nur langsam einwirkt.

Hier seien auch die Beobachtungen von M. J. Konowaloff[1]) über die nitrirende Einwirkung der Salpetersäure auf Grenzkohlenwasserstoffe (Methan, Triäthylmethan) sowie auf ungesättigte Kohlenwasserstoffe erwähnt.

R. A. Worstall[2]) beobachtete folgende Wirkungen der Salpetersäure auf die Paraffine:

Normales Hexan, Schmp. 68—69^0, bedarf zur Nitrirung rauchende Salpetersäure vom spec. Gew. 1,60 und liefert 6 % Mononitrohexan und 4 % Dinitrohexan der theoretischen Ausbeute. Weiter wurden als Oxydationsprodukte beobachtet: Essigsäure, Oxalsäure, Bernsteinsäure und Kohlensäure.

Normales Heptan, Schmp. 98—99^0, giebt mit Salpetersäure vom spec. Gew. 1,42, mit einem Gemische aus Schwefelsäure sowie auch mit rauchender Salpetersäure Nitroderivate. Mit Salpetersäure allein entstehen 16 % Mononitro- und 24 % Dinitroheptan und ausserdem dieselben Oxydationsprodukte wie beim Hexan.

Normales Nonan, Schmp. 150—151^0, wird mit einer Salpetersäure vom spec. Gewicht 1,080 zu 22 % Mono- und zu 48 % Dinitrononan nitrirt unter Bildung der gleichen Oxydationsprodukte wie vorher.

Aehnlich verhalten sich Dekan, Hendekan und Dodekan.

Von anderen Verbindungen sei an dieser Stelle erwähnt, dass Amylalkohol[3]) bei der Oxydation mit Salpetersäure (200 g vom spec. Gew. 1,4 mit 100 g Wasser verdünnt und mit 200 g Amylalkohol versetzt) bei gewöhnlicher Temperatur in einem Zeitraum von ca. 8 Monaten Valeriansäure, Valeriansäureamylester, Amylnitrat und Oxalsäure liefert. Aldehyde waren nicht nachweisbar.

Die Koncentration der zu verwendenden Salpetersäure richtet sich ganz nach dem zu erzielenden Erfolg, und sind dementsprechend die Angaben gehalten.

Besondere Erwähnung verdient noch die umlagernde Wirkung, welche verdünnte Salpetersäure (1,25 spec. Gew.) sowie auch salpetrige Säure auf die Oleïnsäure ausüben, welche dadurch in Elaïdinsäure übergeht[4]).

Die Eintheilung ist folgende:

1. Bestimmung von Rhodanverbindungen.
2. Bestimmung von Petroleum im Terpentinöl.

---

[1]) M. J. Konowaloff, Chem. Ztg. **23**, 660, 1061, 1899.

[2]) R. A. Worstall, Amer. Chem. Journ. **21**, 210, 1899.

[3]) Z. de Peska, Listy chemické **22**, 185, 1898; Chem. Ztg. Repert. **23**, 124, 1899.

[4]) F. G. Edmed, Chem. Ztg. Ref. **24**, 988, 1899.

3. Bestimmung der Raffinose.
4. Bildung von Nitroverbindungen.
5. Nitrirung des Anilins.
6. Bestimmung von m-Kresol in Kresolgemischen.

1. Bestimmung von Rhodanverbindungen.

Hierzu empfiehlt H. Alt[1]) ein gewichtsanalytisches Verfahren. Dasselbe beruht auf der Zersetzung der Rhodanwasserstoffsäure in Blausäure und Schwefelsäure bei der Behandlung mit Oxydationsmitteln; letztere lässt sich alsdann in der üblichen Weise bestimmen.

Zur Ausführung des Versuchs löst man das Rhodanat in Wasser, setzt überschüssiges krystallisirtes Chlorbaryum zu und säuert stark mit Salpetersäure an. Nach kurzer Zeit, besonders bei gelindem Erhitzen, scheidet sich der schwefelsaure Baryt aus. Man erhitzt dann zur Vertreibung der Blausäure die Flüssigkeit zum Sieden, verdünnt mit heissem Wasser und bringt den abfiltrirten schwefelsauren Baryt zur Wägung. 1 Mol. Baryumsulfat entspricht 1 Mol. Rhodanwasserstoffsäure.

Auch mit Permanganat lässt sich die Oxydation ausführen; diese Methode zeigt jedoch keine Vortheile gegenüber der Verwendung von Salpetersäure.

2. Trennung von Harzöl und Mineralöl.

Hierzu benützt P. C. Mc. Ilhiney[2]) das seit längerer Zeit bekannte[3]) Verhalten beider gegen Salpetersäure. Harzöl wird von dieser stark angegriffen, während Mineralöl keine merkliche Veränderung erleidet.

Zur Ausführung des Verfahrens werden 50 ccm Salpetersäure vom spec. Gewicht 1,2 in einem Kolben von $^3/_4$ l Inhalt zum Sieden erhitzt. Dann entfernt man von der Flamme, fügt 5 g des zu analysirenden Oeles hinzu und erwärmt 15—20 Minuten unter häufigem Umschütteln auf dem Wasserbade. Hierauf giebt man 400 ccm kaltes Wasser zu, dann — nach völligem Erkalten — 50 ccm Petroläther und schüttelt um. Das Mineralöl löst sich im Petroläther, das verharzte Harzöl bleibt in Suspension. Man giesst nun in einen Scheidetrichter ab und lässt die ausgeschiedenen Harzklumpen möglichst in der Flasche zurück. Dieselben werden nochmals mit Petroläther, den man 10 Minuten auf sie einwirken lässt, abgewaschen. Die vereinigten Petrolätherlösungen werden durch Destillation vom Lösungsmittel befreit, worauf man das zurückbleibende Mineralöl wiegt.

---

1) H. Alt, Ber. **22**, 3258, 1889.
2) P. C. Mc. Ilhiney, Journ. Americ. Chem. Soc. **16**, 385; Ref. Zeitschr. analyt. Ch. **39**, 385, 1900.
3) Muspratt-Stohmann, 4. Aufl. **4**, 127; W. M. Burton. Chem. Ztg. Rep. **14**, 105, 1890.

Da reines Mineralöl bei der vorgeschriebenen Behandlung 10% seines Gewichtes verliert, so muss man eine entsprechende Korrektur anbringen, indem man das gefundene Resultat durch 0,9 dividirt.

3. Bestimmung der Raffinose.

Die Raffinose, $C_{18}H_{32}O_{16} + 5\,H_2O$, wird durch die Einwirkung der Salpetersäure zu Schleimsäure oxydirt, wie die Versuche von Tollens und Rischbiet[1]) ergeben haben. Es werden hierbei aus Raffinose 22 bis 23% bei 100^0 getrocknete Schleimsäure erhalten.

$$
\begin{array}{ccc}
R_{,} & R_{,,} & R_{,,,} \\
\end{array}
\rightarrow
\quad
\mathrm{HOOC}\ \overset{\displaystyle\mathrm{H}}{\underset{\displaystyle\mathrm{OH}}{C}}-\overset{\displaystyle\mathrm{OH}}{\underset{\displaystyle\mathrm{H}}{C}}-\overset{\displaystyle\mathrm{HO}}{\underset{\displaystyle\mathrm{H}}{C}}-\overset{\displaystyle\mathrm{H}}{\underset{\displaystyle\mathrm{OH}}{C}}\ \mathrm{COOH}
$$

Lävuloserest-Dextroserest-Galaktoserest → Schleimsäure.

Raffinose.

Der Struktur der Schleimsäure entsprechend bildet sich dieselbe nur aus dem Galaktoserest der Raffinose.

Hierauf hat R. Creydt[2]) ein Verfahren zur Bestimmung der Raffinose begründet, da von allen in Betracht kommenden Stoffen nur noch aus dem von v. Lippmann entdeckten Lävulan bei der Oxydation Schleimsäure gebildet wird. Bei der Ausführung der Bestimmung bedient man sich folgender Vorschrift:

Eine gewogene Menge der zu untersuchenden Substanz, in welcher stets nahe an 5 g Trockensubstanz vorhanden sein müssen, wird in einem Bechergläschen mit 60 ccm Salpetersäure von 1,15 spec. Gewicht versetzt und im Wasserbade unter zeitweiligem Umrühren auf genau $^1/_3$ Vol. eingedampft. Nach dem Erkalten fügt man 0,5 g trockene Schleimsäure zu, rührt dieselbe möglichst gleichmässig ein und setzt noch 10 ccm Wasser zu. Man rührt nun 6 mal in möglichst gleichmässigen Zeitabständen um, filtrirt am dritten Tage, möglichst genau 48 St. nach Beendigung der Oxydation, auf ein gewogenes Filter ab, wäscht zweimal mit je 5 ccm Wasser aus, trocknet und wägt.

Die nach Abzug des Filtergewichts und der 0,5 g zugesetzten Schleimsäure sich ergebende neugebildete Schleimsäuremenge giebt ein Maass für die vorhandene Raffinose. Creydt hat jedoch kein direktes rationelles Verhältniss zwischen Raffinose und Schleimsäure angegeben, sondern nur auf Grund zahlreicher, mit verschiedenen Mischungen von Raffinose und Rohrzucker angeführten Bestimmungen empirisch eine Kurve konstruirt, aus welcher man die der gefundenen Schleimsäuremenge entsprechende Raffinosemenge entnehmen kann.

---

1) B. Tollens und P. Rischbiet, Ber. **18**, 2616, 1885.
2) R. Creydt, Ber. **19**, 3115, 1886.

Herzfeld[1]) hat die Erfahrung gemacht, dass bei der Schleimsäure-Methode Produkte, die viel organischen Milchzucker enthalten, häufig gar keinen Schleimzucker abscheiden. Es empfiehlt sich dann, den Zucker mit Methylalkohol auszuziehen oder mit Strontianhydrat unter starkem anhaltenden Kochen zu behandeln, so die Raffinose mit etwas Rohrzucker abzuscheiden und erst das dann gewonnene, reinere und an Raffinose reichere Produkt der Oxydation mit Salpetersäure zu unterwerfen.

Bemerkt sei noch, dass sich Schleimsäure ausser aus dem Galaktose-rest der Raffinose auch aus dem des Milchzuckers, der Galaktose selbst, dem Dulcit, der Melitose und dem Quercit bildet. Aus Galaktose erhielten Tollens und Rischbiet 74—77 $^0/_0$, aus Milchzucker 36—38 $^0/_0$, aus Gemengen von Galaktose oder Milchzucker mit Dextrose die für die vorhandenen Mengen Galaktose oder Milchzucker berechneten Quantitäten, dagegen aus Raffinose, wie oben bereits erwähnt wurde, 22 bis 23 $^0/_0$ bei 100^0 getrockneter Schleimsäure.

4. Bildung von Nitroverbindungen.

Die Darstellung der Nitroverbindungen geht meist nicht in der Weise von statten, dass dieselbe zu einer Gehaltsbestimmungsmethode brauchbar sein würde. Dass jedoch unter gewissen Umständen diese Methode trotzdem verwendbar sein kann, beweist das von Raschig ausgearbeitete Verfahren, Metakresol in Kresolgemischen zu bestimmen.

Die Darstellung der Nitroverbindungen der aromatischen Reihe, die in ausserordentlichem Maasse in der verschiedensten Weise in technischen Betrieben ausgeführt wird, geschieht in der Hauptsache mit Salpetersäure, wobei die zu nitrirende Substanz in wässeriger Lösung oder in einer solchen von koncentrirter Schwefelsäure etc. zur Anwendung kommt. Der Vorgang bei der Darstellung von Nitrobenzol lässt sich durch folgende Gleichung wiedergeben:

$$C_6H_6 + HNO_3 = C_6H_5NO_2 + H_2O.$$

Bei weiterer Einwirkung von Salpetersäure bildet sich m-Dinitro-benzol.

$$C_6H_5NO_2 + HNO_3 = C_6H_4 \begin{matrix} (1)NO_2 \\ (3)NO_2 \end{matrix} + H_2O.$$

$$\text{m-Dinitrobenzol.}$$

Bei dem Vorhandensein weiterer Gruppen von gleichem Charakter wie die Nitrogruppe also wie NO_2 selbst, SO_3H, Br. etc. tritt die Nitrogruppe weiterhin hauptsächlich in m-Stellung.

Sind dagegen andere orientirende Gruppen wie OH und NH_2 vorhanden, so tritt die Nitrogruppe hauptsächlich in o- und p-Stellung zur Hydroxyl- und Amidogruppe.

---

[1]) A. Herzfeld, Chem. Ztg. **14**, R. 108, 1890.

Beispiele:

a) $C_6H_5OH + HNO_3 = C_6H_4 \begin{matrix}(1)OH\\(2)NO_2\end{matrix}$ oder $C_6H_4 \begin{matrix}(1)OH\\(4)NO_2\end{matrix} + H_2O.$

o-Nitrophenol.   p-Nitrophenol.

b) $C_6H_4 \begin{matrix}(1)OH\\(2)NO_2\end{matrix} + 2\ HNO_3 = C_6H_2 \begin{matrix}(1)OH\\(2)NO_2\\(4)NO_2\\(6)NO_2\end{matrix} + 2\ H_2O.$

Pikrinsäure.

c) $C_6H_5NH_2 + HNO_3 = C_6H_4 \begin{matrix}(1)NH_2\\(2)NO_2\end{matrix}$ oder $C_6H_4 \begin{matrix}(1)NH_2\\(4)NO_2\end{matrix} + H_2O.$

o-Nitroanilin.   p-Nitroanilin.

Bei Kresolen, Toluidinen etc. wird also, falls die Methylgruppe in o- und p-Stellung vorhanden ist, nur die entsprechende freie Stelle mit der Gruppe NO_2 besetzt.

Ch. Cloez[1]) stellt folgende, für die Nitrirung der bisubstituirten Benzolderivate giltige Regeln auf.

a) Das bisubstituirte Benzolderivat enthält eine basische Gruppe: NH_2 (acetylirt) oder NR_2. Ist die zweite substituirende Gruppe neutral (CH_3, Cl), schwach sauer (OH) oder sauer (COOH), so findet die Nitrirung stets in p- oder o-Stellung zu NH_2 statt, so dass die Amidogruppe die orientirende Wirkung ausübt.

b) Das bisubstituirte Benzolderivat ist ein Phenol (OH, schwach sauer). Das Phenolradikal ist die orientirende Gruppe, wenn die zweite substituirende Gruppe CH_3, Cl, NO_2 oder COH ist. Diese Regel gilt aber nicht für die Phenolester.

c) Das bisubstituirte Benzolderivat enthält eine neutrale Gruppe (Cl oder CH_3). Das Cl übt dann die orientirende Wirkung gegenüber den sauren Gruppen NO_2, COOH und CHO aus. CH_3 ist ebenfalls orientirende Gruppe für dieselben Gruppen.

d) Das bisubstituirte Benzolderivat enthält die beiden sauren Gruppen COOH und NO_2. In diesem Falle kann man a priori nichts aussagen, da COOH und NO_2 gewissermassen dieselbe Anziehungskraft für die zweite NO_2-Gruppe besitzen.

5. Nitrirung des Anilins.

Wie E. Bamberger[2]) gefunden hat, entsteht bei der Nitrirung des Anilins zunächst Diazobenzolsäure und dann erst o- und p-Nitranilin, und zwar konnte die Diazobenzolsäure erhalten werden, als Stick-

---

1) Ch. Cloez, Chem. Ztg. **24**, 1094, 1900.
2) E. Bamberger, Ber. **27**, 584, 1894.

stoffpentoxyd auf Anilin einwirkte. Die Umsetzung findet nach folgender Gleichung statt:

$$2\,C_6H_5NH_2 + N_2O_5 = 2\,(C_6H_5NHNO_2) + H_2O.$$

Neben der als Hauptprodukt entstehenden Diazobenzolsäure findet man salpetersaures Anilin, salpetersaures Diazobenzol, Diazoamidobenzol, o- und p-Nitranilin und vielleicht auch Spuren von Azobenzol.

Durch die Einwirkung von Mineralsäuren findet die Wanderung der Nitrogruppe aus der Seitenkette in den Kern statt.

$$C_6H_5NH(NO_2) \quad\rightarrow\quad C_6H_4\!\!\begin{array}{l} \diagup (NO_2) \\ \diagdown NH_2 \end{array}.$$

Diazobenzolsäure.   Nitranilin.

Wahrscheinlich tritt auch bei dem üblichen mittels Salpetersäure ausgeführten Nitrirungsprocess das Säureradikal zunächst in die Seitenkette ein und verlegt erst dann durch die umlagernde Wirkung der nitrirenden Säure seinen Platz in den Benzolkern.

6. Bestimmung von m-Kresol in Kresolgemischen.

F. Raschig[1]) giebt hierüber folgende Mittheilungen:

„Schon seit einer Reihe von Jahren wird als Ersatz der Pikrinsäure, die unter dem Namen „Melinit", „Lyddit" etc. zum Füllen von Spreng-geschossen dient, ein Kresylit genanntes Produkt angewandt, welches beim Behandeln des Kresols, wie es in der Karbolsäurefabrikation abfällt und billig verkauft wird, mit Salpetersäure entsteht. Dieses Kresol besteht aus einem Gemisch der drei bekannten Isomeren, o- m- und p-Kresol, das daraus entstehende Nitroprodukt ist aber ausschliesslich Trinitro-m-Kresol; o- und p-Kresol verbrennen bei der Nitrirungsart, die hier in Frage kommt, nämlich in der Siedehitze und bei Gegenwart von Salpeter-säureüberschuss, vollständig zu Oxalsäure."

„Das Kresol des Handels wird im Mittel 40 % o-Kresol, 35 % m-Kresol und 25 % p-Kresol enthalten und liefert rund 60 % Trinitro-m-Kresol. Dabei gehen grosse Mengen von Salpetersäure verloren, weil sie zur Oxydation des o- und p-Kresols aufgebraucht werden. Man kann durch eine sehr sorgfältige und oft wiederholte fraktionirte Destillation aus dem Kresolgemisch das bei 188° siedende o-Kresol vollständig ab-scheiden und erhält dann ein Gemisch von rund 60 % m-Kresol und 40 % p-Kresol. Diese beiden sieden bei fast genau der gleichen Tempe-ratur, bei 200° und 199,5°; sie lassen sich also durch Fraktioniren nicht mehr trennen. Aber schon dieses Gemisch der zwei Kresole zeigt

---

1) F. Raschig, Zeitschr. f. angew. Ch. 1900, 759; vgl. a. H. Ditz, Zeitschr. angew. Ch. 1900, 1050, 1901, 160; F. Russig und G. Fortmann, ibid. 1901, 157.

gegenüber dem oben genannten aus dreien so grosse Vortheile — es liefert etwa 100 %/o Trinitro-m-Kresol und gebraucht dabei weniger Salpetersäure —, dass es von den betreffenden Fabriken gern vorgezogen und höher bezahlt wird."

„Um beim Handel mit solchen Fabrikaten, deren Werth sich nach ihrem m-Kresolgehalt bestimmt, Differenzen nach Möglichkeit zu vermeiden, hat nun Raschig ein Verfahren ausgearbeitet, das m-Kresol in derartigen Gemischen zu bestimmen. Dasselbe ist schon seit $1^1/_2$ Jahren in seiner Fabrik in Gebrauch und hat sich in der ganzen Zeit als zuverlässig und hinreichend genau bewährt. Das Verfahren beruht auf der erwähnten Eigenschaft des Kresolgemisches, beim Behandeln mit einem Ueberschuss von Salpetersäure in der Siedehitze ausschliesslich Trinitro-m-Kresol zu liefern, welches sich, als fast ganz unlöslich in Wasser leicht abscheiden, trocknen und wiegen lässt. Es waren demnach die Versuchsbedingungen so anzuordnen, dass unter allen Umständen, bei grossem und bei geringem Gehalt an m-Kresol und gleichgiltig, ob die Beimischung vorwiegend aus o-Kresol oder aus p-Kresol bestand, oder beide in grossen Mengen enthielt, die Quantität des abgeschiedenen Trinitro-m-Kresols genau proportional dem m-Kresolgehalt ausfielen. Dazu gehört erstens, dass man das Kresol vor dem Nitriren sulfurirt und dafür sorgt, dass der Sulfosäure auch nicht mehr die geringste Menge freien Kresols beigemischt ist und zweitens, dass die Gesammtmenge der Sulfosäure möglichst schnell und bei Gegenwart eines Ueberschusses von Salpetersäure auf die Siedetemperatur des Gemisches, die zwischen 110 und 115 ° liegt, kommt. Um der ersteren Forderung zu genügen, reicht es nicht aus, wie vielfach geglaubt wird, das Kresol mit koncentrirter Schwefelsäure einfach zu mischen; denn trotzdem dabei die Temperatur auf 50—60 ° C. steigt, bleibt auch bei Schwefelsäureüberschuss leicht ein Theil des Kresols unsulfurirt. Man muss vielmehr mindestens eine Stunde lang Kresol mit Schwefelsäure auf 95—100 ° erhitzen. Zur Erfüllung der zweiten Bedingung mischt man die Sulfosäure, welche zu diesem Behufe vorher abgekocht ist, mit einer Menge Salpetersäure, die mehr als ausreicht, um alles Kresol zu nitriren bezw. zu oxydiren, die aber anderseits so klein ist, dass die bei der Reaktion entstehende Wärme im Stande ist, das ganze Gemisch in $1—1^1/_2$ Minuten auf seine Siedetemperatur zu erhitzen. Diese Menge beträgt für 10 g Kresol 90 ccm einer Salpetersäure von 40 Bé."

Das eigentliche Verfahren ist folgendes:

Genau 10 g Kresol werden in einem kleinen Erlenmeyer-Kolben gewogen und mit 15 ccm gewöhnlicher Schwefelsäure von 66 Bé. gemischt. Der Kolben bleibt dann mindestens eine Stunde in einem Dampftrockenschrank stehen. Alsdann giesst man seinen Inhalt in einen weithalsigen Kolben von etwa 1 l Fassungsraum und kühlt diesen unter

Umschwenken an der Wasserleitung ab. Dabei legt sich die in der Wärme dünnflüssige Sulfosäure als dicker Syrup an die Wände des Literkolbens.

Nunmehr giesst man in den Erlenmeyer-Kolben, welcher zur Sulfurirung diente, und dem noch geringe Reste der Sulfosäure anhaften, zum Ausspülen dieser Reste 90 ccm gewöhnliche Salpetersäure von 40⁰ Bé., bringt durch Umschwenken die Sulfosäurerückstände in Lösung und giebt sodann dieses ganze Quantum Salpetersäure auf einmal in den Literkolben. Dieser wird dann sofort kräftig geschüttelt, bis alle Sulfosäure gelöst ist, was etwa 20 Sekunden dauern mag. Dann stellt man den Kolben so- gleich unter einen Abzug. Nach Verlauf von ungefähr 1 Minute tritt eine heftige Reaktion ein; der Inhalt kommt in lebhaftes Kochen, wobei viel rothe Dämpfe entweichen; dann trübt sich die bis dahin klare Flüssig- keit plötzlich; Oeltropfen von Trinitrokresol scheiden sich aus und sam- meln sich am Boden, und nach 5 Minuten scheint die ganze Reaktion beendet. Man lässt aber noch mindestens fernere 5 Minuten stehen, weil doch noch geringe Nachnitrirung eintritt; alsdann giesst man den ganzen Kolbeninhalt in eine Schale, die bereits 40 ccm Wasser enthält und spült mit weiteren 40 ccm nach. Bei diesem Mischen mit Wasser erstarrt das Oel unter Aufquellen und Entweichen nitroser Gase zu einem Krystall- brei von Trinitro-m-Kresol. Dieser bleibt bis zum völligen Erkalten der Flüssigkeit, mindestens zwei Stunden stehen, wird dann mit einem Pistill grob zerdrückt und auf ein papiernes Saugfilter gebracht. Das Filtriren verläuft sehr schnell; man wäscht mit 100 ccm Wasser, welche man am besten aus einem in eine Spitze ausgezogenen Trichter auf die Krystalle fliessen lässt, nach, trocknet mit dem Filter bei 95—100⁰ und wiegt mit ihm, wobei man ein Filter von gleicher Grösse als Gegengewicht be- nützt.

Bei einiger Uebung ist man in fünf Stunden mit der Bestimmung fertig und kann leicht 10—20 dieser Analysen neben einander machen.

10 g chemisch reinen m-Kresols liefern, auf diese Weise behandelt, genau 17,4 g Trinitrokresol, und es ist durch eine grosse Anzahl von Versuchen nachgewiesen worden, dass die verschiedenartigsten Gemische von m-Kresol mit p-Kresol, mit o-Kresol und mit beiden stets auf 1 % m-Kresol 1,74 % Trinitrokresol geben. Ja selbst wenn man 9 g m-Kresol mit 1 g Phenol gemischt so behandelt, erhält man genau $9 \times 1{,}74 = 15{,}6$ g Nitroprodukt. Wahrscheinlich bleibt die aus dem Phenol unter diesen Umständen entstehende Pikrinsäure hier in Lösung; bei mehr als 10 % Phenolgehalt aber scheidet sie sich mit dem Trinitrokresol aus und erhöht dessen Gewicht; auf stark phenolhaltige Kresolgemische ist das Verfahren demnach nicht anwendbar. Solche kommen aber in der Regel im Handel nicht vor, und in ihnen verräth sich das Phenol auch sehr leicht durch seinen Siedepunkt, ferner auch dadurch, dass das Nitroprodukt im Trocken-

schrank bei 95—100⁰ nicht fest bleibt, sondern zerfliesst oder wenigstens zu einem weichen Brei wird.

Auch Xylenole, die schon häufiger im Kresol des Handels zu finden sind, verrathen sich in derselben Weise; das Nitroprodukt zerfliesst in der Wärme, oder es will sogar in der Kälte nicht erstarren. Ein Kresol dagegen, welches in seiner allergrössten Menge zwischen 190 und 200⁰ destillirt und demnach kaum Phenol noch Xylenole enthält, giebt bei Innehaltung obiger Vorschrift stets einen hellgelben Krystallkuchen, dessen Gewicht durch 1,74 dividirt, direkt den Gehalt an m-Kresol angiebt. Die Resultate schwanken nicht über 1 %/o nach oben und nach unten.

Die gewählte Salpetersäuremenge ist erheblich grösser als zur vollständigen Nitrirung bezw. Oxydation nothwendig ist, und man hat bei den Durchschnittskresolen von 35—60 %/o m-Kresol auch schon mit 70 ccm gute Resultate. Aber in diesem Falle tritt die Reaktion oft so schnell ein, dass man kaum Zeit hat, Sulfosäure und Salpetersäure gründlich zu mischen und den Kolben fortzustellen; ja es ist einige Male vorgekommen, dass das Sieden so plötzlich und stürmisch anfing, dass der Kolben auseinander flog. Ebenso soll man den Reaktionskolben nicht kleiner als 1 l Inhalt wählen und darauf achten, dass derselbe einen weiten Hals hat. Auch ist es nöthig, die ganze Salpetersäuremenge auf einmal und schnell zur Sulfosäure zu geben; lässt man langsam zufliessen, so fängt die Reaktion leicht schon an, bevor alle Säure im Kolben ist.

XXI.

Methode der Einwirkung von Arsensäure bezw. arseniger Säure.

———

Die Arsensäure hat als Oxydationsmittel eine allzureichliche Anwendung nicht gefunden. Erwähnenswerth ist die früher üblich gewesene Benützung derselben als Oxydationsmittel bei der Fuchsinbereitung, während man gegenwärtig mit einer einzigen Ausnahme wohl überall das Nitrobenzolverfahren in Gebrauch genommen hat, wobei die Nitroverbindung in gleicher Weise wie bei der Skraup'schen Chinolinsynthese den bei der Umsetzung sich bildenden Wasserstoff wegnimmt, dadurch dass sie reducirt wird.

Zur quantitativen Bestimmung ist die Anwendung der Arsensäure nur für die Bestimmung des Phenylhydrazins empfohlen worden.

Umgekehrt übt die arsenige Säure bei gewissen Verbindungen eine reducirende Wirkung aus, wobei sich dieselbe in Arsensäure umwandelt.

Die Eintheilung ist folgende:

1. Bestimmung der Arsensäure und der arsenigen Säure.
2. Bestimmung des Phenylhydrazins.
3. Reduktion von Nitroverbindungen.
   a) Reduktion des Nitrobenzols.
   b) Reduktion von Nitrobenzoësäure.
   c) Reduktion von m-Nitrobenzolsulfosäure.

1. Bestimmung der Arsensäure und der arsenigen Säure.

Die Arsensäure lässt sich in der gleichen Weise quantitativ bestimmen wie die Phosphorsäure, indem man dieselbe als arsensaure Ammoniak-Magnesia fällt, den Niederschlag von Ammonium-Magnesiumarsenat entweder auf einem bei 105.⁰ getrockneten und gewogenen Filter zur Wägung bringt oder auch als Magnesiumpyroarsenat, $Mg_2As_2O_7$, bestimmt. Hierzu bringt man den Niederschlag in einen Porcellantiegel, giebt etwas Salpetersäure zu, äschert das Filter ein, nachdem man etwas Ammoniumnitrat oder Salpetersäure zugefügt hat und erhitzt erst im Luftbade bei 120—130⁰. Alsdann steigert man die Temperatur bis zu 400⁰ und schliesslich bis zur hellen Rothglut.

Auch als Arsenpentasulfid, As_2S_5, lässt sich die Arsensäure bestimmen, wobei man nach dem Fällen mit Schwefelwasserstoff abfiltrirt auf ein bei 105⁰ getrocknetes und gewogenes Filter und zur Entfernung des in geringen Mengen vorhandenen freien Schwefels mit Alkohol und mit Schwefelkohlenstoff behandelt. Alsdann trocknet man bei 105⁰ und wägt.

Die arsenige Säure kann nach der im Kapitel über die Methode der Jodirung beschriebenen Weise mit Jodlösung maassanalytisch bestimmt werden.

2. Bestimmung des Phenylhydrazins.

Phenylhydrazin hat die Fähigkeit Arsensäure unter Bildung von Phenol und Stickstoff zu arseniger Säure zu reduciren gemäss der Gleichung:

$$As_2O_5 + C_6H_5NHNH_2 = N_2 + C_6H_5OH + As_2O_3 + H_2O.$$

Hierauf gründet H. Causse[1]) eine Methode zur Bestimmung des Phenylhydrazins.

0,2 g salzsaures Phenylhydrazin oder freie Base bringt man in einen Rundkolben von etwa 500 ccm Inhalt. Man übergiesst mit 60 ccm Arsensäurelösung, welche man erhält, indem man 125 g reine Arsensäure in 450 ccm Wasser und 150 ccm reiner koncentrirter Salzsäure auf dem Wasserbade löst, nach dem Erkalten filtrirt und mit Eisessig auf 1 l auffüllt. Man erhitzt am Rückflusskühler zunächst gelinde, bis die Gasentwicklung aufgehört hat und erhält dann während ca. 40 Minuten im Sieden. Um Stossen zu vermeiden, bringt man in den Kolben eine Platinspirale.

Man lässt nun erkalten, verdünnt mit 200 ccm Wasser und macht mit einer Natronlauge, die 200 g Aetznatron im Liter enthält, schwach alkalisch, bis Phenolphtaleïn eine Röthung zeigt. Alsdann säuert man mit Salzsäure eben an, fügt 60 ccm einer gesättigten Bikarbonatlösung hinzu und titrirt mit $^N/_{10}$ Jodlösung. 1 ccm $^N/_{10}$ Jodlösung entspricht 0,0023 g Phenylhydrazin.

Eine Reihe von Versuchen ergab für 0,20 g salzsaures Phenylhydrazin im Mittel einen Verbrauch von 56 ccm $^N/_{10}$ Jodlösung = 0,2022 g salzsaures Phenylhydrazin.

Dieselbe Methode ist auch anwendbar für die Kondensationsprodukte des Phenylhydrazins mit Aldehyden, die Hydrazone. Gehört der Aldehyd

---

[1]) H. Causse, Compt. rend. **125**, 712, 1898; Zeitschr. analyt. Ch. **39**, 65, 1900.

der Fettreihe an, so ist es nöthig, denselben vor der Hydrazinbestimmung zu entfernen, da die Aldehyde der Fettreihe ebenfalls auf Arsensäure wirken. Die Kombinationen mit Aldehyden der Benzolreihe lassen sich dagegen direkt nach obiger Methode bestimmen.

3. Reduktion von Nitroverbindungen.

Nitroverbindungen der aromatischen Reihe sollen sich nach H. Loesner[1]), D.R.P. 77563, in fast quantitativer Weise durch Reduktion mit arseniger Säure in alkalischer Lösung in Azoxyverbindungen überführen lassen. Es liegt deshalb die Möglichkeit vor, diese Reaktion zu einer quantitativen Bestimmungsmethode auszuarbeiten.

Nach Woehler[2]) soll bei der Einwirkung von arsenigsauren Salzen auf Nitrobenzol Anilin gebildet werden. Der Verlauf dieses Processes ist jedoch erst durch Loesner aufgeklärt worden. Das Hauptprodukt der Reaktion ist immer Azoxybenzol; Anilin entsteht bei diesem Process nur als sekundäres Reaktionsprodukt. In fast quantitativer Ausbeute erhält man die entsprechende Azoxyverbindung, wenn man die berechnete Menge des Reduktionsmittels auf die Nitroverbindung einwirken lässt, wobei sich die Umsetzung nach folgenden Gleichungen vollzieht:

$$2\ RNO_2 + 3\left(As{<}{\begin{smallmatrix}ONa\\ONa\\ONa\end{smallmatrix}}\right) = RN{\diagup}^{O}{\diagdown}NR + 3\left(O:As{<}{\begin{smallmatrix}ONa\\ONa\\OH\end{smallmatrix}}\right).$$

Hierbei bedeutet R irgend ein aromatisches Radikal.

Die Reaktion verläuft glatt beim Nitrobenzol, der m- und p-Nitrobenzoësäure, der m-Nitrobenzolsulfosäure, gelingt dagegen nicht bei o-substituirten Körpern, wie o-Nitrotoluol, o-Nitrobenzoësäure, o-Nitrophenol.

a) Reduktion des Nitrobenzols.

50 g Nitrobenzol werden mit 60 g arseniger Säure, 75 g Aetznatron (bezw. 102 g Aetzkali) und ca. 600 g Wasser 6—10 Stunden unter Umrühren zum Sieden erhitzt. Das gebildete Azoxybenzol wird filtrirt und durch Umkrystallisiren aus Alkohol gereinigt.

b) Reduktion der Nitrobenzoësäure.

30 g Nitrobenzoësäure werden mit 30 g arseniger Säure, 44 g Aetznatron (bezw. 61 g Aetzkali) und ca. 500 g Wasser versetzt, die entstandene Lösung ca. 5 Stunden zum Sieden erhitzt Darauf wird die

---

[1]) H. Loesner, D.R.P. 77563, vgl. Friedländer, Fortschr. d. Theerfarbenfabrik. 4. Theil, 1899.

[2]) A. Woehler, Liebig's Ann. **102**, 129.

Azoxybenzoësäure mittels Salzsäure gefällt, abfiltrirt und durch Digeriren mit verdünnter Salzsäure von Arsen befreit.

c) Reduktion von m-Nitrobenzolsulfosäure.

27 g m-nitrobenzolsulfosaures Natrium oder Kalium werden mit 18 g arseniger Säure, 24 g Aetznatron und 300 g Wasser 6—10 Stunden zum Sieden erhitzt. Darauf wird das Arsen mittels der berechneten Menge Chlorbaryum oder Chlorcalcium als arsensaures Salz gefällt, abfiltrirt und das Kalium- oder Natriumsalz der Azoxyverbindung durch Umkrystallisiren gereinigt.

XXII.

Methode der Oxydation mit koncentrirter Schwefel-
säure.

Von der Verwendbarkeit der koncentrirten Schwefelsäure als Oxydationsmittel wird unter Benützung eines Ueberträgers, wie Quecksilberoxyd oder Kupfersulfat bei der Kjeldahl'schen Stickstoffbestimmungsmethode ausserordentlich häufig Gebrauch gemacht. Auch die Technik
hat sich dieses Verfahrens bemächtigt. So wird nach einem Patent der
Bad. Anilin- und Sodafabrik Phtalsäure aus Naphtalin durch Oxydation
mit koncentrirter Schwefelsäure unter Anwendung von Quecksilber als
Ueberträger hergestellt.

Eine eigenartige Verwendung findet die koncentrirte Schwefelsäure
bei dem nachstehend beschriebenen Verfahren, wo die Oxydation des
Glycerins nur soweit gehen soll, als gerade zur Umwandlung des Wasser-
stoffs in Wasser nothwendig ist, während der Kohlenstoff unverändert
zurückbleibt.

1. Bildung von Sulfosäuren.
2. Bestimmung des Glycerins.

1. Bildung von Sulfosäuren.

Die Darstellung von Sulfosäuren ist eine in der Technik häufig
und speciell bei aromatischen Verbindungen vielfach ausgeübte Operation.
Indem man die Sulfosäuren herstellt, kann man dadurch in Wasser vorher
unlösliche Farbkörper in wasserlösliche umwandeln. Meist geht man auch
bei der Darstellung der Farbstoffe direkt von sulfurirten Zwischenprodukten aus und erhält, wie dies die zahlreichen Beispiele der Naphtol-
und Naphtylaminsulfosäuren beweisen, je nach der Stellung der Sulfogruppe auch verschiedenartig nuancirte Farbstoffe.

Die Bildung der Sulfosäuren kann mit koncentrirter oder rauchender Schwefelsäure vorgenommen werden und geht nach folgendem Schema vor sich:

$$a)\ C_{10}H_7OH + H_2SO_4 = C_{10}H_6\Big\langle{}^{OH}_{SO_3H} + H_2O.$$

$$b)\ C_{10}H_8 + SO_3 = C_{10}H_7 . SO_3H.$$

Vor dem Eintritt in den Kern findet eine Anlagerung der Sulfogruppe an die Hydroxylgruppe statt, wobei sich alsdann der entsprechende Schwefelsäureester bildet.

Beim Behandeln mit Aetzalkali lässt sich die Sulfogruppe häufig durch die Hydroxylgruppe ersetzen:

$$C_{10}H_7SO_3H + NaOH = C_{10}H_7OH + NaHSO_3.$$

Thiophen, C_4H_4S, liefert bei der Behandlung mit Schwefelsäure erst eine Sulfosäure, die dann in Dithienyl,

$$C_4H_3S - C_4H_3S,$$

sich umwandelt, wie die Untersuchungen von A. Töhl[1]) ergeben haben. Nebenher bildet sich in grösserer Menge noch ein anderes bisher noch nicht untersuchtes Produkt.

· Von Gesetzmässigkeiten, die durch den orientirenden Einfluss anderer vorhandener Gruppen bedingt sind, seien folgende erwähnt.

Bei aromatischen Verbindungen üben die Hydroxyl- und die Amidogruppen ihren Einfluss bei der Sulfurirung in der Weise aus, dass sie bestrebt sind, die Sulfogruppe in p- oder o-Stellung zu versetzen; dagegen bewirken negative Reste wie SO_3H, $COOH$, NO_2 etc. eine Bevorzugung der m-Stellung. Erwähnt sei noch, dass bei den Naphtalinderivaten die Verhältnisse ungleich komplicirter liegen und nicht so leicht zu übersehen sind.

2. Bestimmung des Glycerins.

Nach dem Verfahren von Laborde[2]) geschieht die Bestimmung des Glycerins in der Weise, dass man dasselbe in eine möglichst koncentrirte Form bringt und dann nach Zusatz von ungefähr dem dreifachen Volum koncentrirter Schwefelsäure und Erhitzen in einem mit Gummistopfen und Glasrohr geschlossenen Kolben auf dem Sandbade bis gegen 150^0 erhitzt. Die Masse wird schwarz und entwickelt weisse Dämpfe von Wasser und schwefliger Säure; dabei steigt die Temperatur bis gegen 200^0, und hält sich ungefähr auf dieser Höhe. Wenn die verkohlte Masse auf der Säure schwimmende Klümpchen bildet, entfernt man das Feuer, lässt erkalten,

1) A. Töhl, Ber. **27**, 665, 1894.
2) J. Laborde, Ann. chim. anal. appl. **4**, 76, 110, 1899; Chem. Centrbl. 1899, I, 905 und 1086. Vgl. auch F. Jean, Rev. Chim. ind. **11**, 34, 1900.

giebt in den Kolben 5 ccm zur Hälfte verdünnter Salzsäure und erhitzt von Neuem auf dem Sandbade, bis wiederum weisse Dämpfe auftreten. Nach dem Erkalten giesst man ungefähr 100 ccm Wasser in den Kolben, erhitzt zum Kochen und filtrirt durch ein glattes Filter. Die zurückbleibende Kohle wäscht man zur Entfernung der Säure mit kochendem Wasser aus. Hierauf durchstösst man das Filter, spült mit heissem Wasser die Kohle in eine gewogene Platinschale, giebt einige Tropfen Ammoniak hinzu und verdampft den Ueberschuss an Wasser im Ofen oder auf dem Sandbade. Der trockene Rückstand wird beinahe zur Rothglut erhitzt und dann gewogen. Das Gewicht der Kohle giebt mit 2,56 multiplicirt das Gewicht des Glycerins.

Die Methode beruht also auf dem Umstande, dass Glycerin durch koncentrirte Schwefelsäure nach dem vorher beschriebenen Verfahren vollständig in Kohlenstoff übergeführt wird.

J. Laborde führt die Bestimmung des Glycerins in gegorenen Flüssigkeiten auf dieselbe Weise aus.

J. Lewkowitsch[1]), der die Methode nachprüfte, hält dieselbe für werthlos, da sich z. B. in einem 80 %igen Glycerin Differenzen bis zu 53 % ergaben.

---

[1]) J. Lewkowitsch, The Analyst **26**, 35, 1901.

XXIII.

Methode der Oxydation mit Halogenen und deren Sauerstoffverbindungen.

———

Die unterchlorigsauren und unterbromigsauren Alkalisalze haben bekanntlich die Eigenschaft leicht ihren Sauerstoff abzugeben und beruht hierauf z. B. die bleichende Wirkung des Eau de Javelle (Natriumhypochlorit) sowie des Chlorkalks.

Die Eintheilung ist folgende:

1. Gehaltsbestimmung der Hypochlorite und Hypobromite.
2. Konstitution des Chlorkalks.
3. Wirkung der Hypochlorite und Hypobromite auf organische Verbindungen.
4. Bestimmung des Harnstoffs.
5. Bestimmung der Harnsäure.

1. Gehaltsbestimmung der Hypochlorite und Hypobromite.

Die Gehaltsbestimmung der Hypochlorite und Hypobromite geschieht in der Weise, dass man die Lösung derselben mit Kaliumjodid versetzt, Salzsäure und Stärkelösung zugiebt und das nach der Gleichung

$$Ca\!\!<^{Cl}_{OCl} + 2KJ + 2HCl = CaCl_2 + 2KCl + J_2 + H_2O$$

ausgeschiedene Jod mit Thiosulfatlösung zurücktitrit. Je 2 Atome Jod entsprechen, wie die Gleichung besagt 1 Mol. $Ca\!\!<^{Cl}_{OCl}$, 1 Mol. NaOCl, 1 Mol. NaOBr.

2. Konstitution des Chlorkalks.

Wie die ausgedehnten Untersuchungen von H. Ditz[1]) ergeben haben, ist die Bildung des Chlorkalks kein einheitlicher Vorgang, welcher durch eine Reaktionsgleichung ausdrückbar ist. Bei niedriger Temperatur treten zwei Moleküle $Ca(OH)_2$ mit 1 Mol. Cl_2 in Reaktion unter Bildung einer intermediären Verbindung nach der Gleichung:

$$2Ca(OH)_2 + Cl_2 = CaO \cdot Ca\Big\langle {Cl \atop OCl} \, , \; H_2O + H_2O \; (I).$$

Wird die Temperatur nicht erniedrigt, so tritt unter dem Einflusse des bei der Bildung dieser Verbindung frei gewordenen Wassers und bei Fortdauer des Chloreinflusses eine Dissociation derselben ein nach der Gleichung:

$$CaO \cdot Ca\Big\langle {Cl \atop OCl} \, , \; H_2O + H_2O = Ca(OH)_2 + Ca\Big\langle {Cl \atop OCl} \, , \; H_2O.$$

Das hierbei primär entstehende Kalkhydrat nimmt eine neue Menge Chlor auf gemäss der Gleichung (I) und bildet sich demnach nach der Gleichung:

$$4Ca(OH)_2 + 3Cl_2 = 2Ca\Big\langle {Cl \atop OCl} \, , \; H_2O + CaO \cdot Ca\Big\langle {Cl \atop OCl} \, , \; H_2O + H_2O$$

ein Chlorkalk (II).

Enthält das verwendete Kalkhydrat einen genügenden Ueberschuss von Wasser über die zur Bildung des Monohydrats nöthige Menge, so entsteht durch wiedereintretende Dissociation der intermediären Verbindung und weiterer Aufnahme von Chlor nach der Gleichung:

$$8Ca(OH)_2 + 7Cl_2 = 6Ca\Big\langle {Cl \atop OCl} \, , \; H_2O + CaO \cdot Ca\Big\langle {Cl \atop OCl} \, , \; H_2O + H_2O$$

ein Chlorkalk (III).

Durch Steigerung des Ueberschusses an Wasser im Kalkhydrate bezw. durch Zusatz von verschieden grossen Wassermengen zu dem gebildeten Chlorkalk (III) ist es möglich, in Fortsetzung dieses Vorgangs die höher procentigen Chlorkalktypen zu erzeugen, und gelingt es also Chlorkalke herzustellen, die mit Berücksichtigung der vorhandenen Verunreinigungen einen theoretischen Gehalt an bleichendem Chlor von 32,39, 41,81, 45,60, 47,32, 48,13, 48,34 Procent und dementsprechend einen

Gehalt an in Form der Verbindung $CaO \cdot Ca\Big\langle {Cl \atop OCl}$, H_2O vorhandenem,

---

1) H. Ditz, Zeitschr. angew. Ch. **1901**, 57, 105.

nicht chlorirten CaO von 25,58, 11,00, 5,15, 2,49 1,23, 0,61 Procent aufweisen.

Abgesehen von dem nöthigen Ueberschusse an Wasser bei den höheren Gliedern der Reihe entstehen die verschiedenen Chlorkalktypen nach der allgemeinen Gleichung:

$$2nCa(OH)_2 + 2(n-1)Cl_2 = 2(n-2)Ca\langle{}^{Cl}_{OCl}, H_2O$$

$$+ CaO, Ca\langle{}^{Cl}_{OCl}, H_2O + H_2O.$$

In den aufgestellten Gleichungen ist die dualistische Schreibweise angewandt sowie die Odling'sche Formel $Ca\langle{}^{Cl}_{OCl}$. Ganz abgesehen davon, dass bei letzterer dem vorhandenen, zur Konstitution gehörigen Wasser nicht Rechnung getragen wird, hält Ditz die durch die dualistische Schreibweise zum Ausdruck gebrachte Zugehörigkeit des Wassers zu den Verbindungen

$$Ca\langle{}^{Cl}_{OCl}, H_2O \quad \text{bezw.} \quad CaO.Ca\langle{}^{Cl}_{OCl}, H_2O$$

für nicht genügend zur vollständigen Charakterisirung dieser Molekülkomplexe.

Bei der Aufstellung der rationellen Formeln sowohl für die Verbindung $CaO.Ca\langle{}^{Cl}_{OCl}, H_2O$, wie für die Verbindung $Ca\langle{}^{Cl}_{OCl}, H_2O$ kommen folgende Momente in Betracht:

a) Die bei den Temperaturen bis 100^0 beständige Verbindung $CaO-Ca\langle{}^{Cl}_{OCl}, H_2O$ zersetzt sich bei etwas höherer Temperatur, ohne dass eine Chlorabgabe stattfindet, unter Entbindung von Sauerstoff; das im Rückstand verbleibende $CaO.CaCl_2.H_2O$ giebt dann das Wasser erst bei Rothglut ab.

b) Die Verbindung $Ca\langle{}^{Cl}_{OCl}, H_2O$, die, nach dem Verhalten des Chlorkalks in der Wärme zu schliessen, mit grösster Wahrscheinlichkeit das Molekül $2(Ca\langle{}^{Cl}_{OCl}, H_2O)$ enthält, wandelt sich, von Nebenreaktionen abgesehen, beim Erhitzen im trockenen, kohlensäurefreien Luftstrom bis auf eine Temperatur von 100^0 unter Chlor- und Wasserabgabe in die

intermediäre Verbindung $CaO \cdot Ca\langle{}^{Cl}_{OCl}$, H_2O um. Daraus folgt

c) dass die in dem Moleküle $2(Ca\langle{}^{Cl}_{OCl}, H_2O)$ vorhandenen 2 Wasser-

moleküle bezw. die Elemente derselben verschieden gebunden sind, und muss dieser leichten Abspaltbarkeit des einen Moleküls Wassers unter gleichzeitiger Abspaltung von 1 Mol. Cl_2 bei der Aufstellung der Konstitutionsformel Rechnung getragen werden.

d) Während die Verbindung $Ca\langle{}^{Cl}_{OCl}$, H_2O (das Vorhandensein einer geringen Menge von Feuchtigkeit vorausgesetzt) durch trockene Kohlensäure unter Chlorentbindung zersetzt wird, bleibt die Verbindung

$$CaO \cdot Ca\langle{}^{Cl}_{OCl}, \; H_2O$$

zum grossen Theile intakt und wird nur theilweise bei relativ höherer Temperatur und unter dem Einflusse des entweichenden Chlors unter Sauerstoffabgabe zersetzt.

3. Wirkung der Hypochlorite und Hypobromite auf organische Verbindungen.

Die Einwirkung von Chlor auf organische Verbindungen verläuft entweder nur chlorirend oder chlorirend und oxydirend zugleich. Im Princip wenig verschieden hiervon ist auch die Einwirkung von unterchloriger Säure bezw. deren Salze. Wenn wir hierbei berücksichtigen, dass Chlorkalk z. B. nur Sauerstoff oder auch je nach der Zusammensetzung Chlor und Sauerstoff zugleich zu liefern vermag, wie die vorerwähnten Versuche von H. Ditz ergeben haben, so bietet diese Analogie wenig Auffallendes.

Namentlich von Zincke sind eine grosse Anzahl von Chlorirungsprodukten in ausführlicher Weise behandelt worden und haben dessen Untersuchungen zu äusserst interessanten Ergebnissen geführt. Um jedoch nicht allzuweit von dem eigentlichen Thema abzuschweifen, sollen nachstehend nur die Versuche besprochen werden, welche mit unterchloriger Säure u. s. w. erhalten worden sind.

Ueber die Einwirkung von unterchloriger und unterbromiger Säure auf Acetylen und monosubstituirte Acetylene hat N. M. Wittorf[1] gearbeitet. Zwischen 0 und 50^0 geht die unterchlorige Säure mit

---

[1] N. M. Wittorf, Chem. Ztg. **23**, 659, 1899.

dem Acetylen keine Verbindung ein, die unterbromige Säure bildet Dibromacetaldehyd, $CHBr_2CHO$, der ausser dem bekannten Monohydrat noch ein beständiges Dihydrat giebt. Durch Addition von unterbromiger und unterchloriger Säure zu Allylen wurden Dibrom- und Dichloracetone erhalten und durch Addition zu Trimethylallylen krystallinische Dibrom- und Dichlorpinakoline vom Schmp. 75—75,5 ⁰ und 51⁰.

Allyläthyläther, $C_3H_5OC_2H_5$, giebt nach den Untersuchungen von R. Lauch[1]) mit unterchloriger Säure (erhalten aus Chlorkalk und Borsäure) Aethylchlorhydrin, $C_3H_5Cl(OH)OC_2H_5$; aus Bromallyl und unterchloriger Säure entsteht Chlorbromhydrin, $CH_2Br—CHCl—CH_2OH$; aus Diallyl bildet sich Diallyldichlorhydrin, $C_6H_{10}(OH)_2Cl_2$.

Wie Th. Chandelon[2]) gefunden hat, entstehen durch Einwirkung alkalischer Hypochloritlösung auf Phenole die Chlorphenole, und zwar erhält man je nach der Menge des einwirkenden Hypochlorits o-Chlorphenol, o-p-Dichlorphenol bezw. o-o-Dichlorphenol sowie Trichlorphenol $(OH.Cl.Cl.Cl.1.2.4.6)$.

Th. Zincke, welcher im Verein mit seinen Schülern eine grosse Zahl von Arbeiten über die Chlorirungsprodukte von Phenolen, Chinonen u. s. w. veröffentlichte, hat auch Versuche über die Einwirkung von unterchloriger Säure bezw. Chlorkalk angestellt. Von denselben seien erwähnt, die Einwirkung von Chlorkalk auf β-Naphtochinon, wobei, wie Zincke und Scharfenberg[3]) bezw. Rabinowitsch[4]) gefunden haben, zwei Verbindungen entstehen: $C_{10}H_6O_4$ und $C_{10}H_8O_5$. Erstere ist ein Dioxynaphtochinon (α oder β), letztere ein Lakton der o-Phenylglycerinkarbonsäure und zwar das δ-Lakton derselben, entsprechend der Formel

$$C_6H_4\begin{cases} CO\text{———}O \\ \quad\quad\quad\quad | \\ CH(OH)—CH—COOH \end{cases}$$

Weiterhin kamen zur Untersuchung Monochlor-, Monobrom- und Dichlor-β-naphtochinon[5]). Hierbei zeigte sich, dass der Eintritt negativer Gruppen in das Molekül des β-Naphtochinons den Verlauf der Reaktion ganz ausserordentlich beeinflusst. Während aus dem β-Naphtochinon die beiden oben erwähnten Verbindungen entstehen:

$$C_6H_4\begin{cases} CO.CO \\ \quad\quad\quad\cdot \\ C=C \\ HO\quad OH \end{cases} \quad \text{und} \quad C_6H_4\begin{cases} CO\quad O \\ \quad\quad\quad\cdot \\ CH.CHCOOH, \\ \quad OH \end{cases}$$

geht das Nitro-β-naphtochinon über in das Lakton

1) R. Lauch, Ber. 18, 2287, 1885.

2) Th. Chandelon, Ber. 16, 1749, 1883.

3) Th. Zincke und O. Scharfenberg, Ber. 25, 400, 1892.

4) Th. Zincke, Ber. 25, 1168, 1892; vgl. auch E. Bamberger und M. Kitschelt, Ber. 25, 133, 888, 1892.

5) Th. Zincke und W. Schmidt, Ber. 27, 733, 1894.

$$C_6H_4\begin{cases}CO\\ \quad\quad >O\\ CHCCl_2NO_2,\end{cases}$$

welches durch Oxydation der zunächst sich bildenden Säure

$$C_6H_4\begin{cases}CO.COOH\\ \\ CH(OH)CCl_2NO_2\end{cases}$$

entsteht.

Das Monochlor-β-naphtochinon geht unter dem Einfluss von Chlorkalk der Hauptmenge nach über in eine Säure $C_{10}H_6Cl_2O_4$, welche einbasisch ist, bei der Reduktion aber die zweibasische o-Hydrozimmt-

karbonsäure, $C_6H_4\begin{cases}COOH\\ \\ CH_2CH_2COOH\end{cases}$, giebt, woraus folgt, dass in ihr das

γ- oder δ-Lakton einer gechlorten Oxyhydrozimmtsäure vorliegt:

$$C_6H_4\begin{cases}CO\ .\ O\\ \quad\quad .\\ CHCl.CClCOOH\end{cases}\quad\text{oder}\quad C_6H_4\begin{cases}CO\\ \quad\quad >O\\ CH.CCl_2COOH\end{cases}$$

$$\text{I.}\qquad\qquad\qquad\qquad\text{II.}$$

Das Monobrom-β-naphtochinon stimmt in seinem Verhalten gegen Chlorkalk durchaus mit dem Chlorderivat überein, es entsteht neben

dem Hydrindenderivat, $C_6H_4\begin{cases}CO\\ \quad\quad >CClBr\\ CO\end{cases}$, eine Säure, welche mit Ba-

rythydrat das Halogen verliert und eine Säure von der Zusammensetzung $C_{10}H_6O_5$ und der wahrscheinlichen Formel

$$C_6H_4\begin{cases}CO\\ \quad\quad >O\\ CH.COCOOH\end{cases}$$

liefert, welche Verbindung in gleicher Weise aus der entsprechenden Chlorverbindung (Formel I) entsteht.

Das α-Naphtochinon[1]) reagirt mit Chlorkalk in etwas anderer Weise wie das isomere β-Derivat. Hierbei geht die Reaktion nicht über die Bildung eines Additionsproduktes hinaus; eine Spaltung des Naphtalinringes findet nicht statt. Die entstehende Verbindung ist aber kein Dihydroxyderivat, kein Glykol, sondern das Oxyd eines solchen. Sie ist isomer mit dem Oxynaphtochinon und kann als $\alpha\alpha$-Diketotetrahydronaphtylenoxyd bezeichnet werden.

Während also bei dem β-Derivat Addition von Wasserstoffsuperoxyd stattfindet, lagert sich hier ein Atom Sauerstoff an; als erstes Produkt wird auch hier ein Chlorhydrin sich bilden, welches dann Salzsäure abgiebt:

---

1) Th. Zincke, Ber. **25**, 3599, 1892.

Das zugehörige Glykol ist wahrscheinlich sehr unbeständig; man wird es höchstens in der wässerigen Lösung des Oxyds annehmen können.

Weiterhin ist es Zincke[1]) gelungen, mit Hilfe von Chlorkalk die o-Diketochloride durch Behandeln mit Chlorkalk in gechlorte Keto-R-pentene umzuwandeln.

Bei den Untersuchungen der Einwirkung von Chlorkalk auf Diazo-verbindungen erhielt Zincke[2]) ebenfalls interessante Resultate. Bei der p-Diazobenzolsulfosäure werden mit Chlorkalk 4 Hydroxyl-gruppen unter Abspaltung von Wasser aufgenommen. Der entstehende Körper besitzt die Zusammensetzung: $C_6H_4 \Big\langle \begin{smallmatrix} N_2O_3H_3 \\ SO_3H \end{smallmatrix}$. Die Reaktion ver-läuft also nach der Gleichung:

$$C_6H_4 \Big\langle \begin{smallmatrix} N_2 \\ | \\ SO_3 \end{smallmatrix} \; + \; 4\, \begin{smallmatrix} OH \\ OH \end{smallmatrix} \; = \; C_6H_4 \Big\langle \begin{smallmatrix} N_2O_3H_3 \\ SO_3H \end{smallmatrix} \; + \; H_2O.$$

Die Salze des Diazobenzols reagiren ebenfalls mit Chlorkalk, aber sehr heftig; es tritt Verharzung, unter Umständen, wie beim salpeter-sauren Salz, auch Verpuffung ein. Bei den Diazophenolen werden nur gechlorte Diazophenole gebildet.

Anilin liefert mit Chlorkalk die bekannte Violettfärbung, welche Reaktion bereits von A. W. von Hofmann zur Identificirung vorge-schlagen worden ist. Dieselbe beruht auf der Bildung eines mauveïnartigen Farbstoffes. Um die Reaktion zu erhalten, muss immer ein grosser Ueberschuss an Chlorkalk zugegeben werden. Ein allzu grosser Ueber-schuss bewirkt einen raschen Farbenumschlag von Violett in Braun[3]). Hat man Anilinsalz in Lösung, so muss die Säure desselben vorher durch Alkalilauge abgestumpft werden. Ein Ueberschuss der letzteren wirkt nicht störend, wohl aber scheint Natriumkarbonat die Schärfe der Reaktion zu beeinträchtigen.

Aus Anilin und Toluidin können jedoch auch Azoverbindungen erhalten werden durch die Einwirkung von unterchloriger Säure[4]). Ebenso verhalten sich nach den Untersuchungen von W. Meigen und W. Nor-

---

[1]) Th. Zincke, Ber. **27**, 562, 1894.

[2]) Th. Zincke, **28**, 2948, 1895.

[3]) Vgl. R. Nietzki, Ber **27**, 3263, 1894.

[4]) R. Schmitt, Journ. pr. Ch. (2), **8**, 2, 1873; **18**, 195, 1878

mann[1]) p-Xylidin, Sulfanilsäure, Dibromsulfanilsäure und o-Nitro-p-toluidin.

Aus β-Naphtylamin erhielten Claus und Jaeck[2]) das bereits von Laurent dargestellte Naphtazin.

$$2\,C_{10}H_7NH_2 + 3O = 3\,H_2O + C_{10}H_6 \diagup\!\!\!\!\diagdown \begin{array}{c} N \\ | \\ N \end{array} \diagdown\!\!\!\!\diagup C_{10}H_6$$

β-Naphtylamin. $\alpha(\alpha\beta)$-Naphtazin.

Ebenso verhält sich nach Meigen und Normann die 2 . 6 . Naphtylaminsulfosäure, während aus α-Naphtylamin und seinen Sulfosäuren überhaupt kein krystallisirendes Produkt erhalten werden konnte.

Ueber die Einwirkung von unterchloriger Säure auf tertiäre Amine machen R. Willstätter und F. Iglauer[3]) folgende Mittheilungen. Unterchlorige Säure wirkt auf tertiäre Amine heftig ein unter Abtrennung eines Alkyls und Bildung von dialkylirten Stickstoffchloriden oder Iminchloriden, die mit den Produkten der Einwirkung von Chlor oder unterchloriger Säure auf sekundäre Amine identisch sind, und die sich leicht und glatt durch Reduktion in sekundäre Basen umwandeln lassen. Trotzdem vorerst Zwischenprodukte nicht isolirt worden sind, liegt es nahe, anzunehmen, dass in der ersten Phase der Reaktion unterchlorige Säure an das tertiäre Amine addirt wird.

$$\text{a)}\quad \begin{array}{c} R_1 \\ R_2 \\ R_3 \end{array}\!\!\!>\!N + ClOH = \begin{array}{c} R_1 \\ R_2 \\ R_3 \end{array}\!\!\!>\!N\!<\begin{array}{c} Cl \\ OH \end{array}$$

$$\text{b)}\quad \begin{array}{c} R_1 \\ R_2 \\ R_3 \end{array}\!\!\!>\!N\!<\begin{array}{c} Cl \\ OH \end{array} = R_1OH + \begin{array}{c} R_2 \\ R_1 \end{array}\!\!\!>\!NCl.$$

Bei der Behandlung von Acetanilid mit unterbromigsaurer Natronlösung hat E. E. Slosson[4]) Acetylbromamidobenzol, $C_6H_5N\!<\begin{array}{c} COCH_3 \\ Br \end{array}$, erhalten und zwar unter Anwendung von Borsäure in Form einer sehr reinen Verbindung bei guter Ausbeute.

4. Bestimmung des Harnstoffs.

Der Harnstoff wird durch oxydirende Mittel leicht in Kohlendioxyd und Stickstoff zerlegt. Hierauf beruht die Verwendung von Hypochlorit

---

1) W. Meigen und W. Normann, Ber. **33**, 2711, 1900.
2) Claus und Jaeck, D.R.P. 78748 v. 16. Aug. 1892.
3) R. Willstätter und F. Iglauer, Ber. **33**, 1836, 1900; vgl. auch A. Einhorn und L. Fischer, Ber. **25**, 1391, 1892.
4) E. E. Slosson, Ber. **28**, 3260, 1895.

oder Hypobromit zur Bestimmung des Harnstoffs im Harn, wobei die Umsetzung alsdann in folgender Weise vor sich geht.

$$CO(NH_2)_2 + 3\,KBrO = CO_2 + N_2 + 2\,H_2O + 3\,KBr.$$

Diese Reaktion ist zuerst von Hüfner[1]) zur quantitativen Bestimmung des Harnstoffs verwendet worden unter Benützung eines von ihm kon-

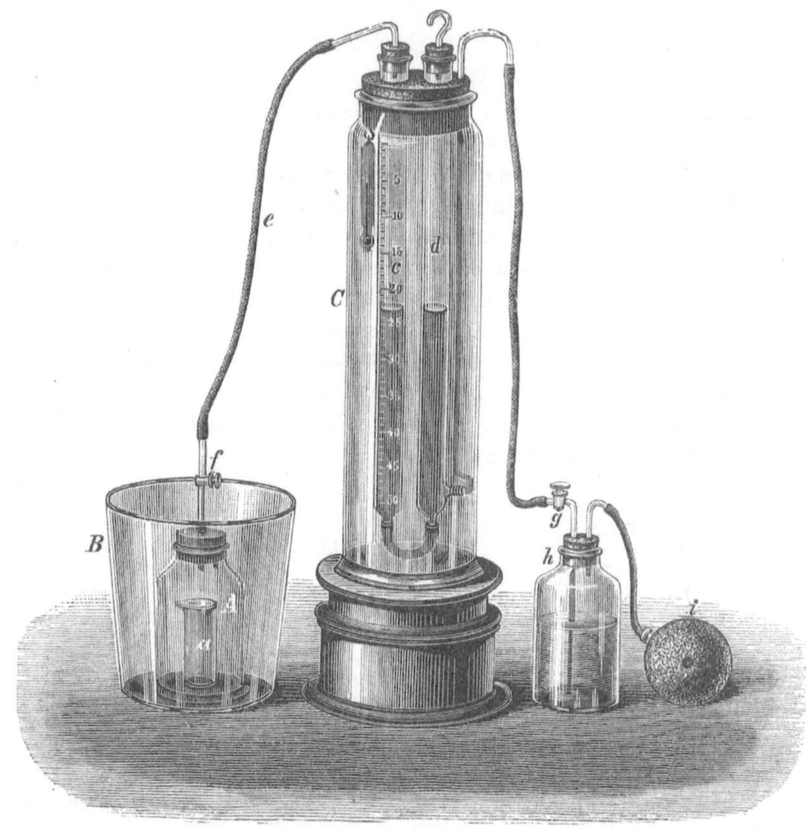

Fig. 17.

struirten Apparates[2]) zum Auffangen des Stickstoffs. Hierbei wird die Kohlensäure durch Lauge absorbirt.

Man kann sich auch sehr gut eines Knop'schen oder Knop-Wagner'schen Azotometers bedienen. Benützt man letzteres, das beifolgende Figur 17 wiedergiebt, so verfährt man folgendermassen:

1) Hüfner, Journ. pr. Ch. (2), 3, 1, 1871.
2) Vgl. hierzu R. v. Jacksch, Klinische Diagnostik, S. 434. Wien und Leipzig 1896.

Man giebt in das kleine Gefäss ca. 2—3 ccm des zu untersuchenden
Harns und in das grössere Gefäss A die betreffende Bromlauge, welche
durch Auflösen von 5 ccm Brom und 60 ccm Natronlauge vom spec.
Gewicht 1,34 unter Zusatz von 20 ccm Wasser hergestellt wurde. Nach
Verschluss und Einstellen des Niveaus in den Röhren c und d auf
gleiche Höhe, lässt man eine Zeit lang stehen, bis das im Gefäss B befind-
liche Reaktionsgefäss mit der in C befindlichen Flüssigkeit, die aus Wasser
unter Zusatz von etwas Salzsäure zur Verhütung des Wachsthums von
Schimmelpilzen besteht, gleiche Temperatur angenommen haben. Alsdann
prüft man nochmals durch leichtes Drücken auf den Ballon i, ob die
Niveaus der in beiden Röhren befindlichen verdünnten Natronlauge gleich
hoch bleiben, schüttelt darauf das Gefäss A mehrmals gut um, so dass
Bromlauge und Harn innig gemischt werden und liesst dann nach einiger
Zeit nach Gleichstellung der beiden Niveaus in der Röhre a das gebildete
Volum Stickstoff ab, nachdem man sich nochmals von der Konstanz der
Temperatur überzeugt hat.

Die Berechnung geschieht nach der Formel

$$G = \frac{v\,(b-f)}{354{,}3 \cdot 760\,(1 + 0{,}00366\,t)}.$$

Hierbei bedeutet:

G = Gewicht des Harnstoffs in Grammen,

v = Volum des entwickelten Gases in Kubikcentimeter,

t = Temperatur,

b = Barometerstand,

f = Tension des Wasserdampfs für die Temperatur t,

0,00366 ($^1/_{273}$) = Ausdehnungskoëfficient der Gase für 1^0 Temperaturerhöhung und Volumeinheit,

354,3 = empirisch gefundene Stickstoffmenge aus 1 g Harnstoff,
während sich theoretisch 372,7 für 760 mm Druck und
0^0 Temperatur berechnen. Hierbei ist alsdann die Absorption des Stickstoffs in der Bromlauge berücksichtigt.

Die Tension des Wasserdampfs kann man den entsprechenden Tabellen von Bunsen z. B. im Chemiker-Kalender entnehmen. Ich gebe
hier eine abgekürzte Tabelle, die den gewöhnlichen Ansprüchen genügen
dürfte. Die Zahlen beziehen sich auf Millimeter.

10^0 C.	9,165	18^0 C.	15,357
11^0 „	9,792	19^0 „	16,346
12^0 „	10,457	20^0 „	17,391
13^0 „	11,162	21^0 „	18,495
14^0 „	11,908	22^0 „	19,659
15^0 „	12,699	23^0 „	20,888
16^0 „	13,536	24^0 „	21,184
17^0 „	14,421	25^0 „	23,550

Die Methode liefert, wie mehrfach konstatirt worden ist[1]), nicht absolut genaue, sondern etwas zu geringe Werthe, sie ist aber rasch durchführbar und wird deshalb vielfach angewandt.

Bekanntlich wird in gleicher Weise die Bestimmung des in Ammoniakform vorhandenen Stickstoffs nach der von Knop angegebenen, von Wagner und Dietrich modificirten Methode durch Zersetzung mit Bromlauge ausgeführt, wobei die Umsetzung nach der Gleichung

$$2\,NH_3 + 3\,KBrO = N_2 + 3\,H_2O + 3\,KBr$$

vor sich geht.

Ausserdem geben auch Lösungen, welche andere organische Stickstoffverbindungen enthalten (worauf besonders von Schulze[2]), Pagel[3]) und A. Morgen[4]) aufmerksam gemacht worden ist), wie Eiweissstoffe, Amide, Peptone, Fermente u. s. w. ebenfalls mehr oder minder starke Entwicklung von Gasen mit Hyprobromit.

Trotzdem findet sich meist etwas zu wenig Stickstoff, weshalb die betreffende Zahl des aus 1 g Harnstoff erhältlichen Stickstoffs entsprechend reducirt werden musste. L. Garnier und L. Michel[5]) fanden, dass vorhandene Glukose die Entwicklung von Stickstoff erheblich einschränkt.

Nach R. Luther[6]) ist dies dadurch bedingt, dass etwas Stickstoff (ca. $1^1/2\,^0/0$) nach Beendigung der Gasentwicklung in einer Form zurückbleibt, aus der er durch Destillation mit Alkali als Ammoniak gewonnen werden kann, dass ferner ein erheblicher Theil ($3—4\,^0/0$) zu Salpetersäure oxydirt wird. Letzteres ist bereits von Fauconnier[7]) nachgewiesen worden. Auch die Angabe Fauconnier's, dass die Bildung der Salpetersäure durch Zusatz von Glukose vermieden werden kann, findet durch Luther Bestätigung. Weitere Apparate und Methoden sind im folgenden angeführt:

Einen Apparat zur raschen Bestimmung des Harnstoffs mit unterbromigsaurem Natron hat E. Sehrwald[8]) empfohlen. Der Harn wird hierbei in die mit Bromlauge gefüllte und in einer koncentrirten Kochsalzlösung stehende Röhre eingespritzt, so dass ein Verlust vollständig vermieden ist.

---

1) E. Pflüger und F. Schenck, Pflüger's Archiv 38, 325, 1886; F. Schenck, ibid. 38, 511, 1886.

2) Schulze, Zeitschr. analyt. Ch. 17, 172, 1878.

3) Pagel, ibid. 15, 282, 1876.

4) A. Morgen, ibid. 20, 37, 1881; vgl. auch W. Camerer und Söldner, Zeitschr. f. Biolog. 38, 227, 1901.

5) L. Garnier und L. Michel, Journ. de Pharm. et de Chim. 12, 53, 1885.

6) R. Luther, Zeitschr. physiol. Ch. 13, 500, 1889.

7) Fauconnier, Zeitschr. analyt. Ch. 19, 508, 1880.

8) E. Sehrwald, Münch. med. Wochenschr. 1888, 775.

E. Salkowski[1]) benützt ähnlich wie Eijkmann[2]) den bekannten Apparat, welcher zur Bestimmung der Salpetersäure im Wasser als Stickoxyd nach Schulze-Tiemann dient. Der Harn wird auf das 10 bis 15fache verdünnt, dann ein Volum von 25 ccm, entsprechend 5 bezw. 2,5 ccm Harn abgemessen, in den Kolben gebracht, das gleiche Volum Wasser nebst 2 Tropfen Salzsäure hinzugefügt, der Stöpsel, der die Röhrenleitungen trägt, aufgesetzt, das Gasableitungsrohr geschlossen und nun der Kolben bis zum beginnenden Sieden erhitzt. Dann wird die Flamme entfernt, das Steigrohr mit heissem Wasser gefüllt, die Klemme des Gasableitungsrohres geöffnet und der Kolben luftleer gekocht. Ist dies geschehen, so wird die Klemme geschlossen, eine ansehnliche Menge Bromlauge (aus 5 ccm Brom, 60 ccm Natronlauge von 1,34 spec. Gew. und 30—35 ccm ausgekochtem Wasser bereitet) eintreten gelassen und die Flüssigkeit nach Schluss der Steigrohrklemme zum Sieden erhitzt, bis Ueberdruck vorhanden ist. Giebt man nun den Kautschukschlauch des Ableitungsrohres frei, so strömt der Stickstoff in die Messröhre. Will man ihn ganz gewinnen, so kocht man noch einige Zeit. Die Resultate fallen stets etwas zu niedrig aus, doch ist das Verfahren bequem[3]).

S. H. Smith[4]) bringt 5 ccm des zu untersuchenden Harns mit 7—8 ccm Hypobromitlösung in einem Nitrometer zusammen und berechnet durch Division der aus 5 ccm entwickelten ccm Stickstoff durch 18,55 den Harnstoffgehalt in Procenten.

Die Hypobromitlösung wird stets durch Zusatz von 1 ccm Brom zu je 10 ccm einer Lösung von 200 g Aetznatron auf 500 ccm Wasser frisch bereitet.

Das Verfahren benützten C. W. Heaton und J. A. Vasey[5]).

Zur Bestimmung des Harnstoffs mit Hypobromit haben E. W. Bartley[6]) und C. J. H. Warden[7]) rasch ausführbare Verfahren angegeben, wobei sie sich besonderer Apparate bedienen. Bartley benützt hierbei eine Mischung einer 20 %/o Lösung von Bromkalium mit 3 Theilen Natriumhypochloritlösung (Eau de Labarraque) zur Stickstoffentwicklung.

Fowler[8]) vermischt 1 Vol. Harn, dessen Dichte genau bekannt ist, mit 7 Vol. einer Natriumhypochloritlösung von ebenfalls bekannter Dichte, lässt 2—3 Stunden stehen und bestimmt die Dichte nochmals. Die

---

1) E. Salkowski, Zeitschr. physiol. Ch. **10**, 110, 1886.

2) Eijkman, vgl. Zeitschr. analyt. Ch. **23**, 594, 1884.

3) Vgl. auch E. Pflüger und F. Schenck, Pflüger's Arch. **38**, 325, 1886; E. Pflüger und K. Bohland, ibid. **39**, 1, 1886.

4) S. H. Smith, Chem. Centrbl. 1890, 856; vgl. C. Frutiger, Bull. soc. chim. de Paris **46**, 641, 1886; J. Marshall, Zeitschr. physiol. Ch. **11**, 179, 1887.

5) C. W. Heaton und J. A. Vasey, d. Zeitschr. analyt. Ch. **30**, 260, 1891.

6) E. H. Bartley, Chem. Centrbl. 1891, I, 168.

7) C. J. H. Warden, ibid. 1891, I, 286.

8) Fowler, Chem. Centrbl. 1889, II, 515.

Differenz dieses Werthes gegenüber der Zahl, welche sich aus der Dichtig-
keit der ursprünglichen Gemengtheile berechnet, ist durch die erfolgte
Zersetzung des Harnstoffs bedingt. Durch Multiplikation derselben mit
780 berechnet Fowler den Procentgehalt an Harnstoff.

Oechsner de Coninck[1]) verwendet Chlorkalklösung, die er mit
Soda vermischt und bestimmt den Stickstoff volumetrisch.

5. Bestimmung der Humussäure.

Da die aus ihren alkalischen Lösungen durch Salzsäure abgeschiedene
Humussäure sich sehr schwer filtriren und noch schwerer auswaschen
lässt, empfiehlt H. Bornträger[2]) folgendes Verfahren:

Man stellt sich zunächst eine Normallösung her, indem man z. B.
10 g Casseler Braun Ia in etwa 3 g calcinirter Soda und 100 g Wasser
1 Stunde kochend löst und dann auf 1000 ccm auffüllt.

1 ccm dieser Lösung entspricht somit 0,01 g Humussäure, da 1 g
Casseler Braun etwa 98 % Humussäure enthält.

Ebenso löst man in bekannter Weise ca. 20 g Chlorkalk in 1 l
Wasser auf und filtrirt. Zu 10 ccm der Casseler Braunlösung giebt man
3 ccm koncentrirter Salzsäure und titrirt mit der Chlorkalklösung kalt,
hierbei wird die Humussäure mit wenigen ccm entfärbt werden. Sind z. B.
15 ccm verbraucht, so entsprechen diese 15 ccm 0,1 g Humussäure.

Die so gestellte Chlorkalklösung benützt man zur Bestimmung der
Probe Humussäure, welche zur Untersuchung vorliegt, indem man 20 g
derselben mit 3 g calcinirter Soda und 100 ccm Wasser etwa 1 Stunde
kocht, auf 1000 ccm auffüllt und eine gewisse Menge filtrirt. Alsdann
titrirt man wie vorher.

---

[1]) Oechsner de Coninck, Compt. rend. de la soc. biol. (10), **1**, 457, 1894;
Zeitschr. analyt. Ch. **34**, 255, 1894; E. R. Squitt, Chem. Centrbl. 1892, II, 270.
[2]) H. Bornträger, Zeitschr. analyt. Ch. **39**, 790, 1900.

XXIV.

Methode der Oxydation mit Chromsäure.

In den meisten Fällen ist die oxydirende Wirkung der Chromsäure bezw. von Kaliumdichromat und Schwefelsäure auf die organischen Verbindungen eine so weitgehende, dass eine völlige Zerstörung der organischen Substanz stattfindet, ohne dass es gelingt, auf die oxydirende Wirkung dieses Agens ein Titrirverfahren von allgemeinerer Anwendbarkeit zu begründen. Man hat sich mehrfach bemüht, die Oxydation mit Chromsäure und Schwefelsäure zu einer vollständigen zu gestalten, so dass der Kohlenstoff und Wasserstoff der organischen Verbindungen zu Kohlensäure und Wasser oxydirt werden, bisher jedoch ist ein hinreichender Erfolg noch nicht erzielt worden [1].

Von besonderen Untersuchungen über die Oxydation organischer Verbindungen mit Chromsäure seien die von Oechsner de Coninck [2] erwähnt. Von den Amiden erwiesen sich am widerstandsfähigsten Succinimid und Succinamid. Oxamid, Sarkosin, Formanilid, Acetanilid, Glykokoll zerfallen unter Abspaltung von Kohlensäure; Formamid zersetzt sich nach der Gleichung

$$HCONH_2 + O + H_2SO_4 = CO_2 + (NH_4)HSO_4.$$

Aehnlich verhält sich Acetamid. Benzamid wird nur theilweise zersetzt, dabei entsteht etwas Benzonitril.

Die aliphatischen Amine (Methyl- und Aethylamin) werden bei Anwesenheit von Chromschwefelsäuregemisch allmälig zersetzt unter Entbindung von Stickstoff und Kohlendioxyd. Es bilden sich keine Farbstoffe. Unter denselben Bedingungen liefern die aromatischen Amine (Anilin, o- und p-Toluidin, β-Naphtylamin, Diphenylamin die 3-Phenylen-

---

[1] Vgl. H. Heidenhain, Zeitschr. analyt. Ch. **32**, 357, 1893; J. Barnes, Journ. Soc. Chem. Ind. **15**, 82, 1896; W. Scholz, Centrbl. f. inn. Med. 1897, Nr. 15 und 16.

[2] Oechsner de Coninck, Chem. Ztg. **24**, 24, 110, 148, 190, 1900.

diamine, Rosanilin, Sulfanilsäure, Benzylamin, Piperidin) Farbstoffe und werden rasch zersetzt unter Bildung von Kohlendioxyd. Dabei häuft sich der Stickstoff in dem Moleküle der entstehenden Farbstoffderivate an. Namentlich Sulfanilsäure wird sofort unter Entwicklung von Strömen von Kohlendioxyd zersetzt. Diese Reaktion eignet sich zu einem Vorlesungsversuch.

Von den sekundären und tertiären Aminen liefert das Dimethylaminchlorhydrat kaum Spuren von Kohlendioxyd, ebenso wenig Trimethylamin. Pyridin wird zum Unterschied von Piperidin nicht angegriffen; auch α- und β-Pikolin werden sehr wenig zersetzt. β-Lutidine und α-Kollidin werden dagegen sehr leicht zersetzt, ebenso Chinolin und Lepidin. Auch Azobenzol spaltet Kohlendioxyd ab, dem Spuren von Stickstoff beigemengt sind.

Von Harnstoff und seinen Derivaten wird Harnstoff selbst durch Chromsäuregemisch unter Entbindung von Kohlendioxyd und einer geringen Menge Stickstoff zersetzt. Schwefelharnstoff bildet Sulfocyansäure, Disulfocyansäure, Ammoniumsulfat und -bisulfat. Beim Benzylharnstoff konnte Ammoniumsulfat und in geringer Menge das nach der Gleichung

$$CO\begin{cases} NHC_7H_7 \\ NH_2 \end{cases} = NH_3 + O : C : NCH_2C_6H_5$$

gebildete Benzylkarbimid nachgewiesen werden.

Von den Kohlenwasserstoffen ist vom Naphtalin bekannt, dass es unter geeigneten Umständen zu Phtalsäure oxydirt wird. Anthracen liefert Antrachinon, wie nachher noch ausführlich besprochen wird.

Besondere Erwähnung verdienen wohl die Versuche von Étard[1]), welche derselbe mit Chromylchlorid, CrO_2Cl_2, ausgeführt hat. Diesem Körper kommt die merkwürdige Eigenschaft zu, Methylgruppen aromatischer Kohlenwasserstoffe in Schwefelkohlenstofflösung, die auch noch andere Substituenten besitzen können, in die Aldehydgruppe überzuführen. So liefert Nitrotoluol Nitrobenzaldehyd. Dabei bildet sich immer ein Zwischenprodukt, bei dem 1 Mol. des zu oxydirenden Körpers mit 2 Mol. Chromylchlorid zusammentritt. Durch Zugabe von Wasser zersetzt sich dieselbe unter Bildung des Aldehyds.

Bornemann[2]) stellte auf diese Weise m-Toluylaldehyd dar und zeigte gleichzeitig, dass selbst bei Anwendung von Schwefelkohlenstoff man mit Chromylchlorid vorsichtig arbeiten muss, da andernfalls leicht Explosionen stattfinden.

Nach demselben Verfahren hat Richter[3]) den p-Nitrobenzaldehyd

---

1) Étard, Liebig's Ann. **218**, 1883.
2) Bornemann, Ber. **17**, 1464, 1884.
3) V. Richter, Ber. **19**, 1061, 1886.

dargestellt, doch gelang die Ueberführung des Dinitrotoluols in Dinitrobenzaldehyd nicht.

Nitrobenzol liefert hierbei Nitrochinon. Bei Benzoësäure und Essigsäure werden mit Chromylchlorid keine brauchbaren Resultate erhalten.

Als Lösungsmittel verwendet man bei der Oxydation mit Chromsäure Eisessig oder koncentrirte Schwefelsäure je nach Umständen. Die Wahl des Lösungsmittels ist häufig für den Ausfall der Reaktion von Bedeutung. So erhielten O. Fischer und H. van Loo[1]) bei der Oxydation des β-Dichinolylins in Eisessiglösung mit der berechneten Menge Chromsäure die Metachinolinkarbonsäure, in Schwefelsäure dagegen die Pyridylchinolinkarbonsäure.

Die Eintheilung ist folgende:

1. Titration der Chromsäure und der Chromate.
2. Elementaranalyse organischer Substanzen mit Chromsäure und Schwefelsäure.
3. Allgemeine Methode zur Bestimmung organischer Substanzen.
4. Bestimmung des Methylalkohols im Formaldehyd.
5. Bestimmung des Alkohols.
6. Bestimmung des Glycerins.
7. Bestimmung der Ameisensäure.
8. Bestimmung des Anthracens.

1. Titration der Chromsäure und der Chromate.

Die Titration des Chromsäure und der Chromate wird durch Ferrosalz und zwar am besten Ferroammoniumsulfat ausgeführt, indem man so lange von der Ferrosalzlösung zutröpfeln lässt, bis Ferricyankalium das Vorhandensein von Ferrosalz anzeigt. Die Ermittlung des Endpunktes geschieht mit der Tüpfelprobe, wobei man zu einem Tropfen der zu untersuchenden Lösung einen Tropfen einer frisch bereiteten Lösung von Ferricyankalium giebt.

Der Reduktionsvorgang bei der Umsetzung der Chromsäure bezw. der Chromate ist folgender:

$$K_2Cr_2O_7 + 6FeSO_4 + 7H_2SO_4 = 3Fe_2(SO_4)_3 + Cr_2(SO_4)_3$$
$$+ K_2SO_4 + 7H_2O.$$

Bei der Bildung des Berlinerblaus, die als Reaktion zur Erkennung des Endpunktes dient, findet folgende Umsetzung statt:

$$3FeSO_4 + 2Fe(CN)_3, 3KCN = 2Fe(CN)_3, 3Fe(CN)_2 + 3K_2SO_4.$$

Man kann die Bestimmung der Chromsäure bezw. der Chromate auch in der Weise ausführen, dass man das Chromat mit Salzsäure in dem

---

[1]) O. Fischer und H. van Loo, Ber. **19**, 2474, 1886.

von **Bunsen** für die Bestimmung des Braunsteins angegebenen Apparat (Fig. 18) kocht und das gebildete Chlor in Jodkaliumlösung auffängt. Hierdurch wird Jod frei, und kann dasselbe alsdann mit Thiosulfatlösung zurücktitrirt werden.

Wir haben es hierbei mit folgenden Umsetzungen zu thun:

$$K_2Cr_2O_7 + 14HCl = 6Cl + Cr_2Cl_6 + 2KCl + 7H_2O,$$
$$6Cl + 6KJ = 6J + 6KCl,$$
$$6J + 6Na_2S_2O_3 = 6NaJ + 3Na_2S_4O_6.$$

2. Bestimmung des Kohlenstoffgehalts organischer Substanzen.

Versuche, auf die Oxydation der organischen Verbindungen durch Chromsäure eine Methode zur Bestimmung des Kohlenstoffgehaltes derselben zu begründen, sind von verschiedener Seite gemacht worden.

C. F. **Cross** und E. J. **Bevan**[1]) stellten fest, dass bei der Oxydation der organischen Körper mit Chromsäure und Schwefelsäure nicht aller Kohlenstoff in Form von Kohlensäure erhalten wird, sondern dass

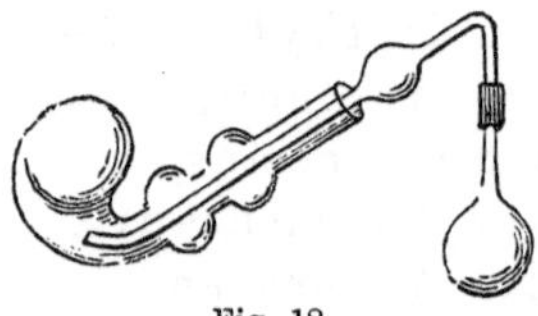

Fig. 18.

sich auch Kohlenoxyd bildet, so dass man genöthigt ist, die Verbrennungsgase zu messen, indem ja natürlich ein Wägen der Kohlensäure zu niedrige Kohlenstoffwerthe liefern muss.

E. **Ladenburg**[2]) hatte bereits früher darauf aufmerksam gemacht, dass Chromsäure und Schwefelsäure auch Sauerstoff entwickeln. Dies würde die betreffende Methode der Messung der Gase unbrauchbar machen. **Cross** und **Bevan** haben sich aber durch specielle Versuche davon überzeugt, dass diese Fehlerquelle unter den von ihnen gewählten Versuchsbedingungen ganz ausser Betracht gelassen werden kann, weil, wie **Cross** und **Higgin** nachgewiesen haben, eine merkliche Sauerstoffentwicklung sich erst bei einer Temperatur zeigt, die über 100° liegt, und eine starke Reaktion zwischen Chromsäure und Schwefelsäure erst bei einer dem Siedepunkte nahe liegenden Temperatur eintritt.

Eine möglichst geringe Menge Kohlenoxyd bildet sich nun, wenn 1. die Menge der organischen Substanz so gewählt wird, dass sich etwa 90—100 ccm Gas bilden; 2. die Menge der Schwefelsäure stets die gleiche

---

1) C. F. **Cross** und E. J. **Bevan**, Journ. chem. soc. **53**, 889; Zeitschr. analyt. Ch. **26**, 91, 1887; **29**, 80, 1890.
2) E. **Ladenburg**, Liebig's Ann. **135**, 1, 1877.

ist — als richtigste Quantität fanden die Verfasser 9 ccm —; 3. ein
Ueberschuss an Chromsäure angewandt wird, welcher etwa 30% der
Menge beträgt, die theoretisch zur völligen Verbrennung nothwendig wäre.

Die Substanz wird in der Schwefelsäure aufgelöst und dann die erforderliche Chromsäuremenge in einem Röhrchen in den horizontal gelegten
Hals des Kölbchens gebracht, welches nun seinerseits mit dem Auffang-
und Messapparat verbunden wird. Letzterer ist im allgemeinen eine
U-förmige, mit Quecksilber gefüllte Röhre, bei welcher in der einen oder
anderen bekannten Weise die Möglichkeit vorliegt, den Stand des Quecksilbers in beiden Schenkeln auf gleiche Höhe zu bringen (eventuell ein
Nitrometer u. s. w.). Man stellt das Quecksilber in beiden Schenkeln
auf gleiche Höhe ein, liest die Temperatur der Luft ab, richtet dann das
Entwicklungskölbchen auf, lässt so die Chromsäure in die Schwefelsäure
hinabgleiten und schüttelt das Kölbchen tüchtig um. Die Oxydation
vollzieht sich rasch, wobei die Temperatur auf $60-70^0$ steigt. Wenn
etwa $^2/_3$ des zu erwartenden Gases aufgefangen sind, muss man erwärmen,
um den Rest desselben auszutreiben, was erst bei 100^0 gelingt. Das Ende
der Verbrennung lässt sich leicht daran erkennen, dass die Masse im
Kölbchen aufhört zu schäumen. Man lässt nun abkühlen und liest die
Gasmenge in bekannter Weise ab. Wenn man noch ein zweites Mal
erhitzt und nach dem Abkühlen wieder abliest, so darf sich keine Ver-
grösserung des Gasvolums zeigen. Bei richtiger Operation tritt dies auch
nicht ein.

Um den Fehler zu bestimmen, welcher durch die unvermeidliche
Absorption von Kohlensäure in der Schwefelsäure verursacht wird, haben
Cross und Bevan eine Reihe von Analysen ausgeführt, aus welchen
sich für die oben angeführten Mengen von Substanz und Schwefelsäure
folgender Korrektionsfaktor ergiebt.

Die absorbirte Menge der Kohlensäure ist gleich 0,016 mal der als
Gas gemessenen, und es muss demnach die gefundene Menge um diesen
Betrag erhöht werden.

Hinsichtlich der Anwendbarkeit der Methode führen die Verfasser an,
dass ihnen eine vollkommene Verbrennung nur bei den Fettsäuren und
bei den stickstoffhaltigen (basischen) Körpern nicht gelungen ist. Sie
sind aber der Ansicht, dass die partielle Verbrennung dieser Körper, wie
sie die Methode liefert, ein wichtiges Hilfsmittel zur Erforschung der
Konstitution derselben bieten könne.

Bei der zuerst von den Gebrüdern Rogers und später von Brunner
empfohlenen Bestimmung des Kohlenstoffs organischer Körper mit Chromsäure und Schwefelsäure wird also nach Cross und Bevan der Kohlenstoff der Cellulose und anderer organischen Körper nicht vollständig verbrannt, sondern es bildet sich auch Kohlenoxyd. Auch J. Widmer[1]

---

[1] J. Widmer, Zeitschr. analyt. Ch. **29**, 160, 1890.

hat das Auftreten von Kohlenoxyd bei der Verbrennung von Graphit mit Chromsäure beobachtet. J. Messinger[1]) dagegen fand, dass bei den von ihm untersuchten Substanzen die Oxydation eine vollständige war, und empfiehlt demgemäss seine Methode zur gewichtsanalytischen Bestimmung des Kohlenstoffs durch Auffangen der Kohlensäure in Absorptionsröhrchen.

Zur Ausführung der Analyse bringt man in den mit Trichterrohr, Einführungs- und Abzugsrohr versehenen Kolben 5 bis 6 g Chromsäure oder gepulvertes, chromsaures Kali und alsdann das Röhrchen mit der abgewogenen Substanz (ca. 0,2—0,3 g). Man entfernt die im Apparat vorhandene Kohlensäure durch Einleiten von entsprechend gereinigter Luft und verbindet alsdann das Abzugsrohr mit einer mit Glasperlen versehenen Trockenröhre, schliesst hieran den gewogenen Kaliapparat, ein gewogenes Natronkalkröhrchen und ein das Zurücksteigen von Feuchtigkeit verhinderndes Chlorcalciumrohr. Alsdann lässt man durch das Trichterrohr 30 ccm koncentrirte Schwefelsäure zufliessen und unterbricht den Luftstrom. Man erwärmt schwach bis zum Beginn der Reaktion, löscht die Flamme aus und kühlt bei zu lebhaftem Gange der Umsetzung. Bei stark verminderter Kohlendioxydentwicklung erwärmt man wieder und leitet alsdann nochmals Luft durch den Apparat zur vollständigen Ueberführung des Kohlendioxyds in den Kaliapparat und die Natronkalkröhre.

Ausser etwa zu erwartenden fehlerhaften Resultaten in Folge der Kohlenoxydbildung hat diese Methode der Kohlenstoffbestimmung organischer Verbindungen auch den Nachtheil, dass sie nicht auch zugleich den Wasserstoffgehalt liefert. Aus diesem Grunde hat sich die Methode auch nicht eingebürgert und dürfte nur in seltenen Fällen Verwendung finden.

3. Allgemeine Methode zur Bestimmung organischer Substanzen.

Während alle auf Oxydationsvorgängen beruhenden Methoden entweder eine vollständige Verbrennung zu Kohlensäure und Wasser oder die Bildung bestimmter Oxydationsprodukte, z. B. Oxalsäure, zur Grundlage haben, verfährt H. Heidenhain[2]) in allen Fällen gleichartig, indem er beobachtet hat, dass unter Einhaltung gleicher Bedingungen, auch wenn die Oxydation unvollständig ist, von einer bestimmten Menge Substanz stets gleich viel Chromsäure verbraucht wird, und man demnach durch Bestimmung des noch vorhandenen Chromsäure-Ueberschusses einen Schluss auf die Menge der Substanz ziehen kann.

Das Verhältniss zwischen Substanzmenge und Chromsäureverbrauch muss für jede einzelne Substanz empirisch festgestellt werden. Es müssten

1) J. Messinger, Ber. **21**, 2910, 1888.
2) H. Heidenhain, Zeitschr. analyt. Ch. **32**, 357, 1893.

dann für die einzelnen Substanzen Tabellen aufgestellt werden, analog wie dies z. B. bei der Allihn'schen Bestimmung des Traubenzuckers mit Fehling'scher Lösung der Fall ist.

Heidenhain hat nun gefunden, dass bei vielen Körpern der Chromsäureverbrauch der vorhandenen Menge der Substanz bezw. proportional ist, so dass man, wenn man das Verhältniss kennt, einer Tabelle nicht bedarf.

Die Erfordernisse für die Ausführung der Methode sind:

1. Eine $N/_5$ Lösung von Kaliumbichromat (9,841 g im Liter).

2. Chemisch reine konc. Schwefelsäure.

3. Eisenoxydullösung oder Mohr'sches Salz in trockener Form, eine Lösung von rothem Blutlaugensalz, Porcellanplatte und Tropfgläschen.

4. Ein Glaskolben, in welchem die Oxydation vorgenommen wird und in dessen Hals das knieförmige Stück einer durch Wasserdurchfluss zu kühlenden Röhre eintaucht. Hierdurch wird die Berührung der Reaktionsflüssigkeit mit organischen Verbindungsstücken wie Kork und Gummi vermieden.

Die Lösung der zu untersuchenden Substanz soll in ihrem Reduktionswerthe der $N/_5$ Bichromatlösung entsprechen, was durch einen Vorversuch zu ermitteln ist.

Die Ausführung ist kurz die, dass 20 ccm der Lösung der Substanz mit 30 ccm $N/_5$ Bichromatlösung gemischt werden, und dieses Gemisch unter Umschwenken des Kölbchens mit 33 ccm konc. Schwefelsäure versetzt wird. Dann wird auf einem Drahtnetz bis zum Sieden erhitzt und nun die Flamme so regulirt, dass die Flüssigkeit von Zeit zu Zeit aufwallt. Während der ganzen Zeit des Erhitzens ist der Rückflusskühler natürlich in Thätigkeit und verhindert, dass grössere Mengen Wassers verdampfen, kleinere Verluste sind ohne Bedeutung. Das Erhitzen wird nach dem Anfange des Siedens 10 Minuten lang fortgesetzt. Dann entfernt man vom Feuer, entleert in ein Becherglas und bestimmt die unzersetzt gebliebene Chromsäure mit Eisenoxydulsalz und rothem Blutlaugensalz in bekannter Weise, wobei die Titration mit der heissen Lösung vorgenommen werden kann.

Die oben angegebenen Verhältnisse zwischen Lösung der Substanz, Chromsäure und Schwefelsäure sind keine willkürlichen, sondern das Ergebniss einer Reihe von Versuchen, die ich der Wichtigkeit halber anführen will. War es einerseits wünschenswerth, möglichst viel Schwefelsäure zu verwenden, um eine energische Einwirkung auf die organischen Substanzen ausüben zu können und auch möglichst hohe Temperaturen zu erreichen, so musste anderseits doch jede Gefahr einer Zersetzung der Chromsäure durch die Schwefelsäure allein vermieden werden. Um dies Verhältniss zu ermitteln, erhitzte Heidenhain $N/_5$ Bichromatlösung mit konc. Schwefelsäure ohne irgend welche Zusätze 13 Stunden lang ohne

Rückflusskühler. Es wurde mit sehr grossen Mengen Schwefelsäure angefangen und solange probirt, bis ein Punkt gefunden wurde, bei dem die Zersetzung so gering war, dass sie vernachlässigt werden konnte. Bei dem von Heidenhain schliesslich zur Anwendung empfohlenen Verhältniss ist der Fehler nur noch klein und kann eventuell in Anrechnung gebracht werden.

Die Resultate der Bestimmungen nach dieser Methode für eine Reihe von Körpern, die in zwei Koncentrationen untersucht wurden, sind folgende.

Substanz.	Es wurden verbraucht bei einer Koncentration, die	
	gleichwerthig einer $N/_5$ Lösung war.	gleich $^2/_5$ der vorigen war.
	%	%
Oxalsäure	100	100
Weinsäure	99,48	99,75
„	99,56	—
Dextrose	98,45	99,90
Mais-Stärke (Handelswaare) mit 11,56 % Feuchtigkeit	85,0	—
Glycerin pur. unter Berücksichtigung des Wassergehaltes	97,50 97,73 97,65	} Jedes Mal neu abgezogen
Essigsäure	0	0
Alkohol	33,6	wahrscheinlich genau 33 $^1/_3$
α-Naphtol pur.	75	
β- „	83	} $^1/_2$ St. am Rückflusskühler gekocht
Benzoësäure	sehr wenig	
Salicylsäure konc.	über 90	
Morphin	63	

Zum Beweise, wie sehr es auf die Menge der angewandten Chromsäure ankommt, seien die Versuche von Holm[1]) erwähnt, welcher bei der Oxydation von Dibromfluoren in Eisessig mit der genau berechneten Menge Chromsäureanhydrid ein Dibromfluorenketon vom Schmelzp. 142,5 erhielt. Bei Verwendung eines Ueberschusses an Chromsäure bildete sich die zweite bei 197° schmelzende isomere Modifikation.

4. Bestimmung des Methylalkohols im Formaldehyd.

Der Verein für chemische Industrie in Mainz[2]) benützt folgende Methode:

In ein gewogenes 10 ccm Kölbchen werden 10 g Formaldehyd von

---

[1]) F. Holm, Ber. **16**, 1081, 1883.
[2]) Zeitschr. analyt. Ch. **39**, 62, 1900.

höchstens 40 % Aldehydgehalt abgewogen und nach dem Auffüllen mit destillirtem Wasser zur Marke von dieser verdünnten Flüssigkeit 5 ccm mit 100 ccm einer Kaliumbichromatlösung, welche im Liter 29,52 g Kaliumbichromat und 32 g Schwefelsäure (koncentrirt) enthält, im zugeschmolzenen Rohr 6 Stunden auf 140 ⁰ erhitzt. Nach dem Erkalten der Flüssigkeit verdünnt man dieselbe auf 250 ccm und titrirt davon 25 ccm unter Zusatz von Jodkalium und Salzsäure mit $N/_{10}$ Thiosulfatlösung. Vor der Titration muss die Lösung mit Jodkalium und Salzsäure fünf Minuten lang geschüttelt werden.

Beispiel: 25 ccm der verdünnten Kaliumbichromatlösung verbrauchten 15,3 ccm $N/_{10}$ Thiosulfat, welche 0,0752 g Kaliumbichromat entsprechen. Demnach enthält die ganze Lösung (250 ccm) 0,752 g Kaliumbichromat. Angewandt wurden 100 ccm Kaliumbichromatlösung, welche 2,952 g Kaliumbichromat enthalten. Also waren zur Oxydation von Formaldehyd, Ameisensäure und eventuell vorhandenem Methylalkohol 2,2 g Kaliumbichromat verbraucht. Eine Analyse des Aldehyds hätte 40,3 % Formaldehyd und 0,1 % Ameisensäure ergeben, so wären in 5 ccm, entsprechend 0,5 g Formaldehydlösung, 0,2015 g Formaldehyd und 0,0005 g Ameisensäure vorhanden.

Die 0,2015 g Formaldehyd brauchen zur vollstän-
digen Oxydation . . . . 1,32 g $K_2Cr_2O_7$.
Die 0,0005 g Ameisensäure brauchen zur vollstän-
digen Oxydation . . . . 0,001 g   „

Summa   1,321 g $K_2Cr_2O_7$.

Demnach sind für Methylalkohol

$$2,2 - 1,321 = 0,879 \text{ g } K_2Cr_2O_7$$

verbraucht, welche 0,0953 g Methylalkohol = 19,06 % nach der Formel

$$CH_3OH + K_2Cr_2O_7 + 4\,H_2SO_4 = CO_2 + 6\,H_2O + K_2SO_4 + Cr_2(SO_4)_3$$

entsprechen.

5. Bestimmung des Alkohols.

R. Bourcat[1]) bestimmt Alkohol und Aldehyd in der Weise, dass er sie mit Bichromat und Schwefelsäure in Röhren einschliesst und erhitzt. Nach dem Erkalten wird der Röhreninhalt in ein Becherglas gespült, Jodkalilösung zugegeben und das ausgeschiedene Jod zurücktitrirt. Alkohol bedarf zur Oxydation zur Essigsäure $^2/_3$ Mol. Bichromat, Aldehyd $^1/_3$ Mol. Bichromat.

Die von Nicloux[2]) vorgeschlagene Methode, den Alkohol mittels saurer Bichromatlösung zu titriren, ist wegen der Endreaktion unsicher.

1) R. Bourcat, Chem. Ztg. **14**, R. 29, 1890.

2) Nicloux, Ann. de Chim. analyt. 1896, 438; vgl. auch F. Bordas und S. de Raczkowski, Compt. rend. **123**, 1031, 1896.

Cotte[1]) hat daher das auf gleicher Grundlage beruhende Verfahren von Reischauer modificirt.

Er benützt eine Lösung von 103,816 g $K_2Cr_2O_7$ in 150 ccm reiner Schwefelsäure und 1 l Wasser, von der also 10 ccm = 0,25 g absoluten Alkohols sind. Von dieser bringt er 50 ccm in einen Kolben und fügt hierzu eine Quantität der zu bestimmenden alkoholischen Flüssigkeit, so dass nur der vierte oder fünfte Theil des Chromats reducirt wird. Das Ganze wird auf dem Wasserbade langsam erhitzt. Nach dem Erkalten wird auf 100 ccm aufgefüllt und davon 10 ccm mit Wasser verdünnt und mit Ferroammoniumsulfat zurücktitrirt. — F. G. Benedikt und R. S. Norris[2]) oxydiren wie Heidenhain[3]) in stark koncentrirter Schwefelsäure (2 g des Alkohols in 50 ccm konc. H_2SO_4).

Dasselbe Verfahren ist von A. Béhal und M. François[4]) angewandt worden, um den Alkoholgehalt des Chloroforms zu bestimmen, wobei sie allerdings den Endpunkt nach dem Verfahren von F. Nicloux feststellten.

A. Trillat[5]) will auf diese Weise aus Methylalkohol beim Abdestilliren Methylal erhalten, während aus Aethylalkohol Acetaldehyd, Aethylal und Essigsäure entsteht. Das Methylal bestimmt er kolorimetrisch durch Kondensation mit Dimethylanilin.

6. Bestimmung des Glycerins.

Durch die Einwirkung des Bichromats wird das Glycerin zu Kohlensäure und Wasser oxydirt und beruht die Bestimmung auf der Ermittlung des hierzu nöthigen Bichromats. Sind in der Glycerinlösung noch andere oxydirbare Stoffe vorhanden, so wird die Bestimmung fehlerhaft.

Die Methode ist von Legler[6]), Burghardt, Cross und Bevan[7]) sowie von Hehner[8]) empfohlen worden. Letzterer verwendet folgende Titerflüssigkeiten:

a) Kaliumbichromatlösung, welche 74,86 g Bichromat und 150 ccm Schwefelsäure im Liter enthält. Der Titer wird in gewöhnlicher Weise mit Eisendraht oder Ferroammoniumsulfat bestimmt.

b) Ferroammoniumsulfatlösung, welche ca. 240 g des Salzes im Liter enthält.

---

1) Cotte, Rev. intern. falsific. **10**, 206, 1898.

2) F. G. Benedikt und R. S. Norris, Americ. Chem. Soc. **20**, 293, 1898.

3) Heidenhain, Zeitschr. analyt. Ch. **32**, 387, 1893.

4) A. Béhal und M. François, J. Pharm. Chim. **5**, 417, 1897.

5) A. Trillat, Compt. rend. **127**, 232, 1898; Ann. chim. anal. appl. **4**, 42, 1899.

6) L. Legler, Repert. analyt. Ch. **6**, 631, 1885.

7) Cross und Bevan, Chem. New. **55**, 2, 1887.

8) O. Hehner, Journ. Soc. Chem. Ind. **8**, 4, 1889; The Analyst **12**, 44, 1889; Zeitschr. analyt. Ch. **27**, 518, 1888; **18**, 362, 1889.

c) Kaliumbichromatlösung, welche zehnmal so stark verdünnt ist als die erste.

Der Titer der Eisenlösung entspricht genau dem Titer der Bichromatlösung, von welcher 1 ccm 0,01 g Glycerin entspricht.

Die Ausführung der Bestimmung geschieht in der Weise, dass man etwa 3 g Fett mit alkoholischem Kali verseift, die Seife mit verdünnter Schwefelsäure zersetzt, die Fettsäuren abfiltrirt und auswäscht und das gesammte Filtrat in einem Becherglas auf die Hälfte einkocht. Man fügt 25 ccm Schwefelsäure und 50 ccm Bichromatlösung. hinzu, erhitzt zwei Stunden bis nahe zum Sieden und titrirt mit der Ferroammoniumsulfatlösung zurück, wobei man zweckmässig einen kleinen Ueberschuss derselben mit der verdünnten Bichromatlösung bestimmt unter Verwendung von Ferricyankalium als Indikator.

Für die Bestimmung des Rohglycerins werden ungefähr 1,5 g davon in einem 100 ccm Kolben zur Fällung von Chlor und Oxydation von Aldehyden mit wenig Silberoxyd versetzt und nach Zusatz von Wasser während 10 Minuten stehen gelassen. Man fügt nun zur Fällung von Verunreinigungen Bleiessig im geringen Ueberschuss zu, füllt das Kölbchen bis zur Marke auf und filtrirt einen Theil durch ein trockenes Filter ab. 25 ccm hiervon werden zur Oxydation wie vorher verwendet.

F. Ganther[1]) empfiehlt die gasvolumetrische Bestimmung der bei der Oxydation entstehenden Kohlensäure in dem von ihm beschriebenen Gasvolumeter.

7. Bestimmung von Ameisensäure.

Ameisensäure oxydirt sich mit Chromsäure glatt zu Kohlendioxyd und Wasser, Essigsäure thut dies nicht. F. Freyer[2]) hat diesen Umstand benützt, eine Methode zur Bestimmung von Ameisensäure auszuarbeiten, die auch für Gemische mit Essigsäure brauchbar ist. Die Chromsäure wird nach Vollendung der Oxydation, die mit 10—20 ccm einer Ameisensäurelösung mit 0,5 g Ameisensäure unter Zusatz von 50 ccm einer 6 ^{o}/oigen Kaliumbichromatlösung und 10 ccm koncentrirter Schwefelsäure unter ^{1}/$_2$—1 Stunden langem Kochen am Rückflusskühler ausgeführt wurde, nach dem Verfahren von Zulkowsky zurücktitrirt.

Die angeführten Beleganalysen sind befriedigend.

8. Bestimmung des Anthracens.

Für die Bestimmung des Anthracens hat man allgemein das Verfahren[3]) der Firma Meister, Lucius und Brüning vom Oktober 1876 adoptirt.

---

1) F. Ganther, Zeitschr. analyt. Ch. **34**, 421, 1895; **32**, 553, 1893.
2) F. Freyer, Chem. Ztg. **19**, 1184, 1896.
3) Vgl. Zeitschr. analyt. Ch. **12**, 347, 1873; **16**, 61, 1877.

Besondere Beachtung verdient ein Bleigehalt der Chromsäure, der die Bestimmung schädlich beeinflusst. Auch kommt es sehr wesentlich auf die Einhaltung einer bestimmten Arbeitsvorschrift an [1]).

Bei einer Serie von Anthracenbestimmungen beobachtete H. Bassett [2]) einmal schwer erklärliche Unregelmässigkeiten, die sich schliesslich als durch die verwendete Essigsäure verursacht herausstellten. Die anscheinend gute Essigsäure hatte einen Schmp. von 13,3 ^{0}, enthielt aber geringe Mengen Aldehyd und Acetone. Sie reducirte Chromsäure stärker als eine ganz reine Essigsäure vom Schmp. 16,7 ^{0} unter den bei der Anthracenbestimmung gebräuchlichen Verhältnissen 0,83 g Chromsäure gegen 0,16 g; bei vollständigem Kochen 6,45 g gegen 4,44 g. Bei zehnstündigem Kochen verändern sich Chromsäurelösungen mit gleichen Volumen Wasser und Essigsäure nicht. Ohne Wasser bildet sich zu etwa $^2/_3$ essigsaures Chrom; mit der üblichen Menge Wasser scheidet sich das Acetat erst nach 48stündigem Kochen ab. Das Oxydationsgemisch, welches anfangs klar roth ist, bräunt sich allmälig unter leichter Trübung durch Reduktion. Es sollte daher höchstens 14 Tage alte Lösung genommen werden und ganz reine Essigsäure. Der durch die unreinere Essigsäure verursachte Fehler betrug 0,4 ^{0}/o Anthracen, durch Verwendung vier Wochen alter Lösung 0,3 ^{0}/o.

P. Bassett [3]) schlägt folgende Arbeitsweise bei der Bestimmung des Anthracens vor:

Man oxydirt das Anthracen in der üblichen Weise unter Anwendung von 15 g reiner schwefelsäurefreier Chromsäure von mindestens 98 ^{0}/o. Am nächsten Morgen verdünnt man mit 400 ccm Wasser, lässt drei Stunden lang stehen, filtrirt und wäscht mit kaltem Wasser aus. Das Chinon wird alsdann auf dem Filter bei 100 ^{0} im Wassertrockenkasten getrocknet und in einen Kolben von üblicher Grösse gebracht, wobei die letzten Antheile vom Filter mittels 45 ccm Eisessig abgespritzt werden. Hierauf fügt man 2,6 ccm Chromsäurelösung, enthaltend 1,5 g Chromsäure und 10 ccm reine Salpetersäure vom spec. Gew. 1,42 hinzu. Man erhält unter Benützung eines Rückflusskühlers 1 Stunde lang im Kochen. Am nächsten Morgen wird wiederum mit 400 ccm Wasser verdünnt. Man lässt 3 Stunden stehen, filtrirt, wäscht zunächst mit kaltem, dann mit heissem Wasser nach der üblichen Vorschrift aus. Hierauf spritzt man das Anthrachinon in eine flache Schale, trocknet bei 100 ^{0} C., übergiesst mit dem zehnfachen Gewicht reiner koncentrirter Schwefelsäure (nicht rauchender) und erhitzt während 10 Minuten bei 100 ^{0} C. Man

---

[1]) Vgl. hierzu W. Fresenius und P. Dobriner, Zeitschr. analyt. Ch. **35**, 98, 1896.

[2]) H. Bassett, Chem. New. **79**, 157, 1899.

[3]) P. Bassett, Chem. New. **71**, 202, **73**, 178; Zeitschr. analyt. Ch. **36**, 247, 1897.

lässt nun über Nacht Wasser anziehen, giebt weiteres Wasser zu, filtrirt und bringt das Anthrachinon nach gutem Auswaschen zur Wägung.

Die erhaltenen reinen Anthrachinone sind frei von Nitroprodukten. Folgende Beleganalysen zeigen den Werth der empfohlenen Methode im Vergleich zu der üblichen Methode. A und B sind in England im Handel übliche Qualitätsbezeichnungen.

	Bisher angewandte Methode.	Neue Methode.	Differenzen	
			absolut.	in %.
Handelsprodukt B.	34,92	33,26	1,66	4.7
„ B.	32,78	31,20	1,58	4,8
„ A.	19,60	19,35	0,25	1,3
„ A.	51,19	50,68	0,51	1,0
„ B.	39,29	38,65	0,64	1,6
Rückstand-Anthracen	18,28	16,31	1,97	10,8
Wiedergewonnenes Anthracen	12,41	11,60	0,88	6,5
Handelsprodukt A.	13,87	13,57	0,30	2,2
„ B.	35,82	34,63	1,19	3,3
„ A.	32,23	31,84	0,39	1,2
Reines Anthracen	95,27	95,02	0,25	0,26
„ „	61,76	61,72	0,04	0,06
„ „	81,75	81,15	0,60	0,73
Handelsprodukt A.	82,00	81,75	0,25	0,30
„ B.	36,38	35,78	0,60	1,6
„ B.	31,37	30,52	0,85	2,7
„ A.	32,31	31,42	0,89	2,7
„ A.	41,64	40,83	0,81	1,9

XXV.

Methode der Oxydation mit Permanganat.

Die Methode der Oxydation mit Permanganat ist eine von denjenigen, die schon seit einer grossen Reihe von Jahren zur Ermittlung der Konstitution eines Körpers aus seinen Spaltungsprodukten verwendet worden ist. Wenngleich diese Art der Verwendung nicht in allen Fällen zum Ziele geführt hat, so sind doch die aus diesen Versuchen sich ergebenden Resultate von grossem Interesse, weil man aus dem verschiedenartigen Verhalten der Verbindungen gegenüber Permanganat weitgehendere Schlüsse in theoretischer Hinsicht zu ziehen vermag.

Je nach der Art der Einwirkung, ob in saurer oder alkalischer Lösung, wird man vielfach verschiedenartige Produkte zu erwarten haben, und richtet sich die Form der Anwendung nach der Natur der zu verarbeitenden Substanz und den zu erwartenden Resultaten.

Die Eintheilung ist folgende:

1. Bestimmung des Permanganats.
2. Allgemeine Oxydationswirkungen des Permanganats.
3. Bestimmung des Glycerins.
4. Bestimmung des Formaldehyds.
5. Bestimmung der Ameisensäure.
6. Bestimmung der Oxalsäure.
7. Bestimmung der Zuckerarten.
8. Bestimmung der Milchsäure.
9. Bestimmung des Senföls.
10. Bestimmung der Harnsäure im Harne.
11. Bestimmung der Harnsäure im Harne, sowie der Ureïde und Purinbasen.
12. Bestimmung des Indigos.
13. Bestimmung des Harnindikans.

14. Die Trennung von Strychnin und Brucin.

15. Bestimmung des Gerbstoffs.

1. Bestimmung des Permanganats.

Zur Darstellung einer annähernd $N/_{10}$ Kaliumpermanganatlösung löst man 3,16 g in einem Liter Wasser, welche 3,16 g $KMnO_4$ 5,6 g Eisen entsprechen. Man stellt diese Permanganatlösung mit Eisendraht (Blumendraht), von dem man eine bestimmte Menge in verdünnter Schwefelsäure auflöst unter Abschluss der Luft, wobei der sich entwickelnde Wasserstoff durch ein Bunsen-Ventil entweicht, um gegen den oxydirenden Einfluss der atmosphärischen Luft zu schützen. Man giebt dann so lange von der Permanganatlösung hinzu, als noch Entfärbung eintritt. Die Umsetzung erfolgt nach der Gleichung:

$$2\,KMnO_4 + 10\,FeSO_4 + 8\,H_2SO_4 =$$
$$5\,Fe_2(SO_4)_3 + K_2SO_4 + 2\,MnSO_4 + 8\,H_2O.$$

Auch auf Ferroammoniumsulfat lässt sich das Permanganat in gleicher Weise wie vorher einstellen.

Ebenso eignet sich Oxalsäurelösung zur Einstellung, wobei die Oxydation beim Erwärmen der Lösung nach folgender Gleichung vor sich geht:

$$2\,KMnO_4 + 2\,H_2SO_4 + 5\,\begin{vmatrix}COOH\\COOH\end{vmatrix} =$$
$$K_2SO_4 + 2\,MnSO_4 + 10\,CO_2 + H_2O.$$

Hierbei entsprechen

$$1\ ccm\ {}^N/_{10}\ KMnO_4 = 0{,}0056\ g\ Fe = 0{,}0063\ g\ Oxalsäure\ \left(\begin{matrix}COOH\\COOH\end{matrix},\ 2\,H_2O\right).$$

2. Allgemeines über Oxydationswirkungen des Permanganats.

A. von Baeyer[1]) hat die Kaliumpermanganatreaktion zur Unterscheidung gesättigter und ungesättigter Verbindungen, vornehmlich bei Karbonsäuren, empfohlen.

Man verwendet dabei an Stelle des Aetzkalis oder Aetznatrons besser eine Lösung von Natriumkarbonat oder Bikarbonat, weil dabei der Uebergang des Permanganats in ein braunes Oxyd des Mangans ohne die die Beobachtung störende Zwischenstufe des Manganats direkt stattfindet. Beim tropfenweisen Eintragen einer Permanganatlösung in eine verdünnte Sodalösung, die mit einer ungesättigten Säure versetzt ist, beobachtet man einen momentanen Uebergang der Farbe in Kaffeebraun. Nach längerer

---

1) A. v. Baeyer, Liebig's Ann. **245**, 146, 1888.

oder kürzerer Zeit gelatinirt diese klare Lösung unter Abscheidung eines Manganhydroxyds. Die geringsten Spuren von überschüssigem Permanganat lassen sich dann im Mikroskop deutlich erkennen. Bei schwach alkalischer Reaktion scheidet sich das Manganoxyd gleich in Flocken aus.

Die Terephtalsäure und ihre Reduktionsprodukte verhalten sich folgendermassen:

„Terephtalsäure wird in der Kälte gar nicht, in der Wärme sehr langsam angegriffen. Dihydro- und Tetrahydroterephtalsäure werden in der Kälte momentan oxydirt. Hexahydroterephtalsäure wird in der Kälte nicht, in der Wärme ziemlich schnell angegriffen."

Ebenso verhalten sich die halogenhaltigen Säuren, indem die Substitutionsprodukte der Tetrahydrosäure in der Kälte zerstört werden, die der Hexahydrosäure dagegen nicht.

„Handelt es sich z. B. darum, zu untersuchen, ob die Dihydrosäure noch Terephtalsäure enthält, so löst man eine geringe Menge davon in kalter Sodalösung, fügt Permanganat bis zur bleibenden Rothfärbung hinzu und entfärbt die Flüssigkeit durch Zusatz von schwefliger Säure und überschüssiger verdünnter Schwefelsäure. Ist viel Terephtalsäure vorhanden, so scheidet sich dieselbe gleich aus, beim Vorhandensein geringer Spuren trübt sich die Flüssigkeit erst nach einiger Zeit durch Abscheidung von Nädelchen."

„Ein anderes Beispiel ist die Untersuchung, ob bei der Reduktion eines Bromsubstitutionsproduktes der Hexahydrosäure Tetra- oder Hexahydrosäure entsteht. Man verfährt dabei genau ebenso und extrahirt nur schliesslich der Leichtlöslichkeit der Säure halber mit Aether, welcher bei ausschliesslicher Anwesenheit der Tetrahydrosäure nur einen geringen, in Wasser leicht löslichen Rückstand hinterlässt. Ist derselbe bedeutender, so nimmt man ihn mit einer Spur heissen Wassers auf, um zu sehen, ob die Hexahydrosäure mit ihren charakteristischen Formen auskrystallisirt."

„Da diese Methode ein ausgezeichnetes Mittel darbietet, um alle ungesättigten Säuren von gesättigten und von Benzolkarbonsäuren zu trennen, so wurden folgende vergleichende Versuche vorgenommen:

Momentan oxydirt:	Nicht momentan oxydirt:
	Offene Formen.
Ameisensäure,	Essigsäure,
Fumarsäure,	Oxalsäure,
Citrakonsäure,	Malonsäure
Itakonsäure,	(Malonsäureäther wird dagegen momentan oxydirt, ebenso Acetessigester).
Mesakonsäure,	
Bromakrylsäure,	
Propiolsäure,	
Zimmtsäure,	

Naphtylakrylsäure,
Oelsäure wird oxydirt, aber langsamer.

Ringförmig geschlossene Formen.

Die ungesättigten Wasserstoffadditionsprodukte der Benzolkarbonsäuren, z. B. Di- und Tetrahydroterephtalsäure, Di- und Tetrahydrophtalsäure; Dibromid der Dihydroterephtalsäure.

Benzol- und Naphtalinkarbonsäure. Die mit Wasserstoff gesättigten Benzolkarbonsäuren, z. B. Hexahydrophtal- und Terephtalsäure, ferner Dibromid der Tetrahydroterephtalsäure, Hydrobromid der Tetrahydroterephtalsäure u. s. w.

Weiterhin macht v. Baeyer noch folgende Angaben:

Methyl- und Aethylalkohol werden bekanntlich erst nach längerem Stehen oxydirt. Glycerin wird sehr schnell, Mannit langsam, Phenol momentan angegriffen.

Die Aldehyde, wie Bittermandelöl, Chloralhydrat, werden sehr schnell, aber doch langsamer als die ungesättigten Säuren oxydirt.

Aceton und Acetophenon verhalten sich wie die Aldehyde. Das Verhalten des Acetons gestattet den Nachweis desselben in Holzgeist auf sehr einfache Weise.

Traubenzucker und Milchzucker werden momentan, Rohrzucker langsam oxydirt.

„Die Oxysäuren werden verhältnissmässig sehr langsam angegriffen und lassen sich dadurch sehr leicht von ungesättigten und den α-Ketonsäuren, unterscheiden, so Milchsäure, Aepfelsäure, Weinsäure, Citronensäure, Chinasäure; selbst Schleimsäure wird zwar rasch, aber nicht momentan oxydirt. Von den Ketonsäuren verhalten sich die α-Säuren wie das Aceton, Acetessigester, Benzoylessigsäure und ihr Aether. Brenztraubensäure wird momentan zerstört. Lävulinsäure ist dagegen beständig. Brenzschleimsäure wird ferner beinahe momentan angegriffen.“

Neuerdings empfehlen A. v. Baeyer und V. Villiger [1] als kräftigstes Oxydationsmittel sehr ein Gemisch von Kaliumpermanganat, Caroscher Säure und verdünnter Schwefelsäure. Man stellt sich dasselbe dadurch her, dass man 2 g Kaliumpersulfat mit 8,5 g konc. Schwefelsäure verreibt, 10 Minuten stehen lässt, die Flüssigkeit auf zerstossenes Eis giesst und bis auf 40 bis 50 ccm verdünnt. Bei der Probe gibt man hierzu einige Tropfen Permanganatlösung, bis die Flüssigkeit intensiv violett gefärbt ist. Diese Farbe bleibt bei gewöhnlicher Temperatur mindestens 5 Minuten lang unverändert. Von Beispielen seien erwähnt:

---

[1] A. v. Baeyer und V. Villiger, Ber. **33**, 2496, 1900.

Benzol entfärbt sofort, Hexamethylen schnell, doch bleibt die Flüssigkeit kurze Zeit violett; Benzin entfärbt erst nach einigen Minuten. — Bernsteinsäure und Oxalsäure sind sehr beständig, dagegen Phtalsäure und Adipinsäure nicht.

Ueber die Oxydation des Aethylalkohols durch Permanganat machen R. Benedikt und J. Neudörfer[1]) Angaben, wonach die Ueberführung in Oxalsäure keine quantitative ist, wie R. Röse[2]) angegeben hat. Die grösste Ausbeute an Oxalsäure (67 %/o des vorhandenen Alkohols entsprechend) wurde erhalten beim Eintragen des Alkohols in die siedende Lösung von Permanganat und Alkali. Neben der Oxalsäure konnte die gleichzeitige Bildung von Essigsäure konstatirt werden.

Auch die vollständige Oxydation von Aepfelsäure führte nach C. Micko[3]) zu negativen Resultaten. Weder konnte eine vollständige Oxydation erzielt werden, noch wurden konstante Resultate erhalten. Nach G. Denigès[4]) bildet sich bei Zusatz von Permanganat zu der heissen Lösung der Aepfelsäure Aldehyd, dagegen in der Kälte Oxalessigsäure, $HOCOCH_2COCOOH$.

Citronensäure[4]) giebt in der Kälte Kohlendioxydentwicklung, wobei sich fast die gesammte Citronensäure in Acetondikarbonsäure verwandelt.

Bei der Oxydation verdünnter alkalischer Lösungen von ungesättigten Fettsäuren mit Kaliumpermanganat entstehen aus denselben Oxyfettsäuren, und zwar addiren diese Säuren soviel Hydroxylgruppen als sie freie Valenzen enthalten. So entsteht aus

Ricinusölsäure, $C_{18}H_{33}O_2(OH)$,	Trioxystearinsäure, $C_{18}H_{33}O_2(OH)_3$.
Oelsäure, $C_{18}H_{34}O_2$,	Dioxystearinsäure $\Big\}\ C_{18}H_{34}O_2(OH)_2$.
Elaïdinsäure, $C_{18}H_{34}O_2$,	Isooxystearinsäure
Linolsäure, $C_{18}H_{32}O_2$,	Sativinsäure, $C_{18}H_{32}O_2(OH)_4$.
Linolensäure, $C_{18}H_{30}O_2$,	Linusinsäure $\Big\}\ C_{18}H_{30}O_2(OH)_6$.
Isolinolensäure, $C_{18}H_{30}O_2$,	Isolinusinsäure

Diese Beobachtung ist von K. Hazura[5]) zur Charakterisirung der betreffenden Säuren in Leinöl, Hanföl, Nussöl, Mohnöl und Kottonöl benützt werden.

Der Hazura'schen Regel folgen, wie W. Fahrion[6]) beobachtet hat, nicht die ungesättigten Thranfettsäuren mit mehr als einer doppelten Bindung. Immerhin fand Heyerdahl[7]) auf diesem Wege im Dorsch-

1) R. Benedikt und J. Neudörfer, Chem. Ztg. **16**, 77, 1892.
2) B. Röse, vgl. Zeitschr. anal. Ch. **28**, 355, 1889.
3) C. Micko, Zeitschr. analyt. Ch. **31**, 464, 1892.
4) G. Denigès, Chem. Ztg. **24**, 39, 1900.
5) K. Hazura, Zeitschr. angew. Ch. 1888, 312.
6) W. Fahrion, Chem. Ztg. **23**, 1048, 1899.
7) Heyerdahl, Chem. Ztg. Repert. **19**, 375, 1895.

leberthran die Jecoleïnsäure, $C_{19}H_{36}O_2$, Ljubarsky[1] im Seehundthran Oelsäure, $C_{18}H_{34}O_2$, und Hypogaeasäure, $C_{16}H_{30}O_2$. Im Dorschleberthran fand H. Bull[2] eine ungesättigte Fettsäure $C_{21}H_{40}O_2$, in allen übrigen Thranen Erukasäure, $C_{22}H_{42}O_2$.

Nach den Untersuchungen von E. Donath und H. Ditz[3] liefern die fetten Säuren bei der Oxydation in alkalischer Lösung in der Mehrzahl der Fälle Oxalsäure, zum Unterschiede von der Oxydation in schwefelsaurer Lösung, welche bis zur Bildung von Kohlensäure und Wasser fortschreiten kann. Auch scheint die Annahme berechtigt zu sein, dass Körper der aliphatischen Reihe mit mindestens zwei unmittelbar benachbarten Kohlenstoffketten in der Regel bei energischer Oxydation mit alkalischer Permanganatlösung nebst anderen immer Oxalsäure liefern.

Weiterhin seien noch die Versuche von Bamberger erwähnt, der Anilin mit Permanganat in saurer Lösung oxydirte. Er erhielt folgende Reihenfolge der Oxydationsprodukte je nach den Umständen, unter denen er verschiedene Oxydationsmittel anwandte:

$$C_6H_5NH_2 \rightarrow C_6H_5NHOH \rightarrow C_6H_5NO \rightarrow C_6H_5NO_2$$
$$\searrow C_6H_4 {(1)NH_2 \atop (4)HO}$$
$$\searrow C_6H_4 {<}{O \atop O}.$$

Das Nitrosobenzol wurde von Bamberger und Tschirner[4] aus Anilin durch Behandeln mit wenig Formaldehyd und Permanganat in schwefelsaurer Lösung erhalten.

Das Nitrobenzol wurde von Bamberger und Meimberg[5] aus Anilin mit Permanganat in neutraler Lösung neben Azobenzol dargestellt. Das Azobenzol war bereits von Glaser[6] bei dieser Reaktion erhalten worden und bildet das Hauptprodukt.

Nicht weniger unentbehrlich ist diese Methode geworden für die Untersuchung von Basen z. B. in einigen Alkaloïdgruppen, wie R. Willstätter[7] nachgewiesen hat. Von wesentlicher Bedeutung sind bei den stickstoffhaltigen Verbindungen die Bedingungen, unter welchen Permanganat zur Anwendung gelangt. Es zeigte sich, dass viele basische Substanzen, wie z. B. Tropin und Tropinsäure, obwohl sie gesättigt

---

[1] Ljubarsky, Chem. Ztg. **22**, 160, 1898.

[2] H. Bull, Chem. Ztg. **23**, 996, 1897.

[3] E. Donath und H. Ditz, Journ. pr. Ch. **60**, 566, 1899.

[4] E. Bamberger und F. Tschirner, Ber. **31**, 1523, 1898.

[5] E. Bamberger und F. Meimberg, Ber. **26**, 496, 1893.

[6] Glaser, Liebig's Ann. **142**, 364, 1867.

[7] R. Willstätter, Ber. **28**, 2280, 1895; **29**, 3282, 1896; **30**, 702, 704, 717, 724, 1897.

sind, von Permanganat in alkalischer oder neutraler Lösung momentan oxydirt werden, während diese Verbindungen hingegen in saurer Lösung im Sinne der v. Baeyer'schen Reaktion genügend beständig sind. Deshalb hat Willstätter vorgeschlagen, die Permanganatreaktion bei Basen in schwefelsaurer Lösung anzuwenden. Er hat die Zuverlässigkeit der Methode erprobt sowohl bei der Kontrolle der Reinheit gesättigter Verbindungen wie Tropin[1]), Hydroekgonidin[1]) sowie auch bei der Prüfung auf Doppelbindungen [1]). Immerhin darf nicht unerwähnt bleiben, dass A. Lipp[2]) bei der Untersuchung des N.-Methyltetrahydropikolin gefunden hat, dass dasselbe sehr widerstandsfähig gegen Permanganat ist. Da die Beständigkeit vieler Basen, namentlich sauerstoffhaltiger, gegen das Reagens nur eine relative ist, so empfiehlt es sich, in sehr verdünnter Lösung die Probe vorzunehmen, wie folgende Beispiele zeigen:

1. 0,01 g Tropin in 4 ccm N.-Schwefelsäure mit 1 Tropfen 2 %iger Permanganatlösung bei Zimmertemperatur versetzt; Rothfärbung bleibt 1/2 Std. intakt, dann beginnt die Reduktion, nach 2 Std. ist die Entfärbung vollständig.

2. 0,1 g Tropin in 1 ccm N.-Schwefelsäure mit 1 Tropfen Permanganat (2 %) versetzt; nach 10 Minuten völlig entfärbt, dann in 5 Minuten drei weitere Tropfen u. s. f. Diese Lösung ist demnach für die Prüfung zu koncentrirt.

3. 0,01 g Piperidin in 4 ccm N.-Schwefelsäure mit 1 Tropfen Permanganat versetzt, bleibt mehr als 24 Std. intensiv gefärbt.

4. 0,01 g Piperidinchlorhydrat in 4 ccm N.-Schwefelsäure mit 1 Tropfen Permanganat bleibt über 12 Std. intensiv roth.

5. 0,01 g Tropidin, wie vorher behandelt, zeigt momentan Entfärbung, ebenso nach Zusatz von noch mehr als 10 Tropfen in wenigen Stunden.

Es hat auch nicht an Versuchen gefehlt, die Reaktion nach dem Vorgange v. Baeyer's bei Karbonsäuren, Kohlenwasserstoffen u. dergl. zur Reinigung gesättigter Basen, denen ungesättigte beigemengt sind, anzuwenden. Vielfach, namentlich bei sauerstofffreien Basen, gelang diese Anwendung, wie z. B. in folgenden Fällen:

1. Das Gemenge von 9 g Tropan und 1 g Tropidin wurde in verdünnter schwefelsaurer Lösung unter Eiskühlung mit Permanganat versetzt, bis die Farbe 1 Std. stehen blieb; bei der Isolirung wurden 7,8 g reines permanganatbeständiges Tropan erhalten.

2. 20 g Piperidin wurden mit 1 g Tropidin und 1 g Methyltropin vermengt, in 800 g 10 %iger Schwefelsäure gelöst und unter Kühlung

---

1) R. Willstätter, Ber. **28**, 2280, 1895; **29**, 3282, 1896; **30**, 702, 704, 717, 724, 1897.

2) A. Lipp, Liebig's Ann. **294**, 150, 1897.

mit Permanganat versetzt, bis die Farbe $1/2$ Std. bestehen bleibt; verbraucht wurden 580 g 4 %iger Lösung.

Nach der Isolirung wurden über 14 g permanganatbeständiges Piperidin zurückerhalten, das bei der Destillation von einer geringen Menge
höher siedender Produkte getrennt werden musste.

Hingegen ergab die Anwendung von Permanganat zur Reinigung
gesättigter Basen, die Sauerstoff enthalten, öfters sehr unbefriedigende Resultate; wenn man sie erheblichen Mengen Kaliumpermanganat aussetzt, werden die sogen. permanganatbeständigen Basen selbst
verändert, auch in schwefelsaurer Lösung und in der Kälte. Beispiele
dafür sind Amidoketone und Amidoalkohol, z. B. das Tropin,
das man von beigemengtem Tropidin nicht mit Hilfe von Permanganat
befreien kann.

Es war von Interesse zu beobachten, in welcher Weise unter diesen
Bedingungen solche gesättigte Basen aliphatischer Natur von
Permanganat angegriffen werden. Es ergab sich z. B. bei der Untersuchung der Oxydation von Tropin ein bemerkenswerthes Beispiel für die
gänzlich verschiedenartige Wirkungsweise von Permanganat in alkalischer
und in saurer Lösung.

In alkalischer Lösung greift das Oxydationsmittel (ebenso auch
bei Ekgonin u. a.) die an Stickstoff gebundene Methylgruppe
an, und so entsteht, wie G. Merling[1]) gezeigt hat, die Normalverbindung
Tropigenin:
$$C_7H_{12}ONCH_3 \rightarrow C_7H_{12}ONH.$$
Während unter diesen Bedingungen vermuthlich in der ersten Phase
Sauerstoff unter Bildung eines Aminoxyds aufgenommen wird, bleibt in
schwefelsaurer Lösung zunächst die basische Gruppe geschützt. Hier
erwies sich das sekundäre Hydroxyl als Angriffspunkt der Oxydation,
welche Tropinon liefert,
$$CH(OH)(C_7H_{13}N) \rightarrow CO(C_7H_{13}N),$$
das bis jetzt nur durch Chromsäureoxydation dargestellt worden war; ähnlich wirkt auch auf andere Alkamine Permanganat in saurer Lösung
unter Ketonbildung ein; z. B. erhielt Willstätter auf diesem Wege
Dimethylamidosuberon.

Das verschiedenartige Verhalten der Basen in saurer oder alkalischer
Lösung gegen Permanganat führt D. Vorländer[2]) darauf zurück, dass
dieselben in saurer Lösung eben als gesättigt angesehen werden müssen,
indem der ungesättigte dreiwerthige Stickstoff der Ammoniakverbindung
in den gesättigten fünfwerthigen des Ammoniums übergeht. Hierdurch
werden die Basen beständiger gegen die Einwirkung des Permanganats.

<hr>

[1]) G. Merling, Liebig's Ann. **216**, 340; vgl. auch R. Willstätter, Ber. **29**,
1578, 1896.

[2]) D. Vorländer, Ber. **34**, 1637, 1901.

3. Bestimmung des Glycerins.

Wie zuerst von W. Fox und J. A. Wanklyn[1]) gefunden worden ist, lässt sich Glycerin mit Permanganat bestimmen. Das Verfahren ist von R. Benedikt und R. Zsigmondy[2]) weiter ausgearbeitet worden und haben dieselben beobachtet, dass das Glycerin in stark alkalischer Lösung bei gewöhnlicher Temperatur in der nach der Gleichung

$$C_3H_8O_3 + 3\,O_2 = C_2H_2O_4 + 3\,H_2O + CO_2$$

angegebenen Weise oxydirt wird, so dass 1 Mol. Glycerin quantitativ genau je 1 Mol. Oxalsäure liefert.

Man verfährt nach Benedikt und Zsigmondy in der Weise, dass man 2—3 g Fett mit Kalihydrat und ganz reinem Methylalkohol verseift, den Alkohol durch Abdampfen verjagt, den Rückstand in heissem Wasser löst und die Fettsäuren aus der Seife durch Versetzen mit verdünnter Salzsäure und Erwärmen abscheidet, wobei man bei flüssigen Fetten wie bei der Bestimmung der Hehner'schen Zahl zweckmässig etwas hartes Paraffin zusetzt, um die obenauf schwimmenden Fettsäuren bei dem nun folgenden Abkühlen zum Erstarren zu bringen. Nach dem Abfiltriren und gutem Auswaschen neutralisirt man unter Zufügung von etwas Phenolphtaleïn mit Kalilauge und setzt noch 10 g Aetzkali hinzu. Alsdann giebt man soviel einer 5 %igen Permanganatlösung hinzu, bis die Flüssigkeit nicht mehr grün, sondern blau oder schwärzlich gefärbt ist. Auch kann man fein gepulvertes Permanganat zugeben. Hierauf wird zum Kochen erhitzt, wobei sich Mangansuperoxyd ausscheidet und Rothfärbung der Flüssigkeit eintritt, und versetzt man dann mit gerade so viel schwefliger Säure, als zur vollständigen Entfärbung nothwendig ist, jedoch so, dass die Flüssigkeit noch stark alkalisch bleibt.

Man filtrirt sodann möglichst rasch über ein grosses Filter, wäscht mit siedendem Wasser sehr gut aus, säuert, selbst wenn Spuren vom Mangansuperoxyd mit durch das Filter gegangen sind, mit Essigsäure an, wodurch schweflige Säure frei wird und dadurch die Lösung entfärbt wird. Die 600—1000 ccm betragende Lösung wird mit 10 ccm einer 10—12 %igen Chlorcalcium- oder Calciumacetatlösung versetzt, wodurch die Oxalsäure als Calciumsalz gefällt wird. Da leicht noch Gips sowie Kieselsäure mit ausfallen können, so titrirt man am besten den Niederschlag in saurer Lösung mit Permanganat[3]) oder nach dem Glühen alkalimetrisch, indem man in $^N/_{10}$ Salzsäure löst und den Ueberschuss derselben zurücktitrirt.

---

1) W. Fox und J. A. Wanklyn, Chem. Ztg. **9**, 66, 1885; Chem. News 53, 15, 1885.

2) R. Benedikt und R. Zsigmondy, Chem. Ztg. **9**, 975, 1885; vgl. auch R. Benedikt, Analyse der Fette und Harze.

3) Vgl. H. Allen, Commercial organic Analysis, London 1886.

Bei der Verseifung muss Methyl- und nicht Aethylalkohol verwendet
werden, weil der Aethylalkohol bei gewissen Koncentrationen und einem
bestimmten Alkaligehalt ebenfalls Oxalsäure liefert. Dagegen geben etwa
noch gelöst gebliebene Fettsäuren nach der vorher gegebenen Vorschrift
weder Oxalsäure noch eine andere durch Kalk in essigsaurer Lösung
fällbare Substanz, so dass dadurch die Glycerinbestimmung nicht beeinflusst wird. Nach Johnston soll allerdings Buttersäure bei der Oxydation nahezu vollständig in Oxalsäure übergeführt werden; doch entspricht dies nach Mangold[1]) nicht den Thatsachen, indem Buttersäure
in stark alkalischer Lösung und bei anhaltendem Kochen allerdings Oxalsäure giebt; sie bleibt jedoch unverändert bei Einhaltung der von Benedikt und Zsigmondy eingehaltenen Bedingungen.

Giebt man zuviel schweflige Säure hinzu, so fallen die Resultate zu
niedrig aus, was sich jedoch nach Allen durch Zusatz von Natriumsulfit an Stelle der schwefligen Säure vermeiden lässt. Herbig[2]) giebt
nur einen geringen Ueberschuss von Permanganat hinzu und reducirt mit
Wasserstoffsuperoxyd. Der Rest desselben wird durch $^{1}/_{2}$ stündiges Kochen
vertrieben und die Oxalsäure in der mit Schwefelsäure versetzten Lösung
direkt titrirt mit Permanganat.

Die Brauchbarkeit der Methode ergiebt sich aus nachstehender Tabelle,
in der die unter d angeführten Zahlen von van der Becke gewichtsanalytisch ermittelt worden sind, während die anderen von Benedikt und
Zsigmondy berechnet bezw. bestimmt wurden.

	a Verseifungszahl.	b Glycerin aus a ber.	c Glycerin (B. u. Z.).	d Glycerin (v. d. B.).
Olivenöl . .	191,8—203,0	10,49—11,10	10,15—10,38	6,41
Leinöl . . .	188,4—195,2	10,24—10,66	9,45—9,97	6,20
Kokosöl . .	270—275	14,76—14,83	13,3—14,5	—
Talg	196,5	10,72	9,94—9,98—10,21	7,84
Kuhbutter .	227	12,51	11,59	10,59.

Die Methode der Oxydation mit Permanganat liefert also richtige
Werthe und zeigt sich der gewichtsanalytischen Bestimmung weit über-
legen. Sie soll sich aber nach Hazura und Allen[3]) für stark oxy-
dirtes Leinöl nicht mehr eignen, indem hier aus anderen Substanzen ebenfalls Oxalsäure entsteht.

Erwähnt sei noch der Vorschlag von Planchon[4]), in schwefelsaurer
Lösung zu oxydiren und die entstehende Kohlensäure im Kaliapparat

---

1) Mangold, Zeitschr. angew. Ch. **1891**, Heft 13.
2) Herbig, Inaug. Diss. Leipzig 1890.
3) R. Benedikt, Analyse der Fette u. s. w.
4) Planchon, Zeitschr. analyt. Ch. **28**, 356, 1889; vgl. auch H. Grünwald,
Zeitschr. angew. Ch. **1889**, 34.

aufzufangen, während S. Salvatori[1]) dieselbe volumetrisch bestimmen will.

4. Bestimmung des Formaldehyds.

Bei Behandlung von Formaldehyd in der Kälte mit alkalischer Permanganatlösung wird derselbe völlig zu Ameisensäure oxydirt. Nimmt man diese Reaktion dagegen bei Kochhitze vor, so wird Formaldehyd zu Kohlensäure und Wasser oxydirt.

Diese Beobachtungen hat H. M. Smith[2]) dazu verwendet, eine Methode zur quantitativen Bestimmung des Formaldehyds auszuarbeiten. Man benützt zu diesem Zwecke zwei Lösungen.

a) **Permanganatlösung** enthält 5,26 g in 1 l, von der also

$$1 \text{ ccm } 0,0008 \text{ g O,}$$
$$\text{„ „ } 0,00115 \text{ g HCOOH (siedend),}$$
$$\text{„ „ } 0,00075 \text{ g HCOH (siedend),}$$
$$\text{„ „ } 0,00150 \text{ g HCOH (in der Kälte)}$$

entspricht.

b) **Kalilösung** enthält 50 g KOH in 100 ccm.

In einem Vorversuche giebt man eine gemessene Menge HCOH-Lösung in eine Porcellanschale, setzt soviel Kalilauge zu, dass die Flüssigkeit 10 % KOH enthält und lässt dann aus der Bürette langsam Permanganatlösung zufliessen. Zuerst entsteht infolge Manganatbildung eine Grünfärbung, die zumal beim schwachen Erwärmen schnell in Rothbraun übergeht. Der Zusatz von Permanganatlösung wird unterbrochen, wenn beim Umrühren, am besten mit einem Thermometer, die grüne Farbe nur langsam verschwindet. Dann erwärmt man die Lösung auf 30°, da sich bei dieser Temperatur der Superoxydniederschlag am leichtesten abscheidet.

Man fährt mit dem Permanganatzusatz fort, und zwar immer 0,5 ccm auf einmal, bis die olivengrüne Farbe 15—20 Sekunden anhält, worauf die erste Phase der Reaktion vollendet ist.

$$2\,KMnO_4 + KOH + 3\,HCOH = 2\,MnO(OH)_2 + 3\,HCOOK.$$

Bei geringem Ueberschuss an Permanganat wird die Farbe der über dem Niederschlag stehenden Flüssigkeit nicht stärker, wohl aber diejenige des Niederschlags dunkler. Man notirt die verbrauchten Kubikcentimeter KMnO$_4$-Lösung, lässt in eine gleiche Menge HCOH-Lösung auf einmal 2 ccm weniger Permanganatlösung einfliessen und erhitzt zum Sieden. Nach dem Absitzen des Niederschlags darf die Flüssigkeit keine Grünfärbung zeigen. Bleibt beim weiteren Zusatz von vier oder fünf Tropfen auf einmal nach dem Aufkochen 10 Minuten eine Grünfärbung bestehen,

1) S. Salvatori, Journ. chem. Soc. **64**, II, 247, 1893.
2) H. M. Smith, The Analyst **21**, 148, 1897.

so ist die zweite Phase der Reaktion beendet, die nach folgender Gleichung vor sich geht.

$$2\,KMnO_4 + KOH + 3\,HCOOK = 2\,MnO(OH)_2 + 3\,K_2CO_3.$$

In einem zweiten Versuche stellt man den genauen Permanganatverbrauch fest.

Man muss zu langes Erhitzen vermeiden, da Alkalimanganate durch Karbonate allmälig zersetzt werden. Bei Formalinlösungen muss man noch die freie Säure ermitteln und dieselbe bei der Titration als Ameisensäure (vgl. nachfolgende Arbeit) in Rechnung ziehen. Die Resultate sind befriedigend.

5. Bestimmung der Ameisensäure.

Nach den Untersuchungen von A. Lieben[1]) lässt sich Ameisensäure mit Permanganat bestimmen, wenn andere hierdurch oxydirbare Substanzen nicht zugegen sind. Die Oxydation in saurer Lösung erweist sich als nicht praktisch. Um gute Resultate zu erhalten, muss die Reaktion nach der Gleichung

$$3\,HCOOK + 2\,KMnO_4 = 2\,MnO_2 + 2\,K_2CO_3 + KHCO_3 + H_2O$$

geleitet werden. Man arbeitet am besten mit erwärmten Lösungen, da sich hierdurch der Braunstein schneller absetzt, und so die Farbe der überstehenden Flüssigkeit rascher zu erkennen ist. Gegen Ende der Titration verschwindet die Farbe des Permanganats nicht sogleich; man muss also abwarten, ob die Farbe längere Zeit beständig bleibt. Ein Zusatz von mehr oder weniger Soda ist für die Titration ohne Bedeutung.

H. C. Jones[2]) schlägt vor, zur Erkennung des Endpunktes nach der vollständigen Oxydation der Ameisensäure direkt einen Ueberschuss von Permanganat in mit Alkalikarbonat versetzter Lösung mit Schwefelsäure anzusäuern, und das überschüssige Permanganat und das Mangandioxyd mit einem gemessenen Quantum Oxalsäure zu versetzen. Der Ueberschuss an Oxalsäure wird dann mit Permanganat zurücktitrirt.

6. Oxydation von Oxalsäure.

Die ersten Tropfen, welche beim Titriren in die Oxalsäure fallen, werden nach den Beobachtungen von G. v. Georgievicz und L. Springer[3]) wesentlich langsamer entfärbt als die folgenden. Die beiden Forscher schreiben die raschere Wirkung der späteren Tropfen der Gegenwart von Mangansulfat zu und beobachten, dass auch die ersten Tropfen gleich

---

1) A. Lieben, Monatsh. f. Ch. **14**, 746, 1894; vgl. auch Pean de Saint-Gilles, Ann. de Chim. de Physique, (3), **55**, 374.

2) H. C. Jones, Amer. Chem. I. **17**, 539, 1895.

3) G. v. Georgievicz und L. Springer, Sitzber. Akad. Wiss. Wien. **109**, II, 308, 1900; Chem. Centrbl. **1900**, II, 267.

rasch entfärbt werden, falls der Oxalsäure vorher eine Spur Mangansulfat zugesetzt worden ist. Sie nehmen an, dass das Permanganat auf Mangansulfat unter Bildung von Mangansuperoxyd wirke und dieses in Gegenwart von Schwefelsäure das eigentliche Oxydationsmittel sei. In allen Phasen dieser Oxydation beobachteten sie die Bildung eines Superoxyds, dessen Gegenwart durch die Abscheidung von Jod aus Jodkalium und die Gelbfärbung von Titanlösung nachgewiesen werden kann. Dieses Superoxyd kann nicht wohl Wasserstoffsuperoxyd, sondern muss vielmehr ein organisches Superoxyd sein.

7. Bestimmung der Zuckerarten.

Eine gleich der Benützung von Fehling'scher Lösung auf der Oxydation des Zuckers beruhende Methode der Zuckerbestimmung mit Hilfe von übermangansaurem Kali hat Karez[1] angegeben. Der Zucker wird bei Gegenwart von Schwefelsäure völlig in Kohlensäure und Wasser umgesetzt. Man wendet eine überschüssige Menge titrirter Chamäleonlösung an, setzt dann einen Ueberschuss von $N/10$ Oxalsäure zu und titrirt mit Permanganatlösung zurück. Die Methode ist selbstverständlich nur bei Abwesenheit anderer durch übermangansaures Kali oxydirbaren Körper anwendbar.

Auch die Untersuchungen von A. Smolka[2] haben ergeben, dass Glukose in der Siedehitze vollständig zu Kohlensäure und Wasser oxydirt wird; bei der Einwirkung in der Kälte bildet sich daneben noch eine kleine Menge Oxalsäure. Dieser Umstand dürfte somit kein Hinderniss für die Ausführbarkeit der von Karez angegebenen Methode bilden, wenn man genügend vorsichtig arbeitet, so dass das Permanganat nicht schon theilweise durch das Erhitzen mit Schwefelsäure zersetzt wird.

8. Bestimmung der Milchsäure.

Nach F. Ulzer und H. Seidel[3] lässt sich die vorher beschriebene Methode der Bestimmung von Glycerin nach dem Benedikt-Zsigmondy'schen Verfahren in gleicher Weise für die Bestimmung der Milchsäure verwenden, welche durch Permanganat in Oxalsäure überführbar ist nach der Gleichung:

$$C_3H_6O_3 + 5O = CO_2 + C_2H_2O_4 + 2H_2O.$$

Die Ausführung geschieht in derselben Weise wie vorher beschrieben wurde. Nach diesem Verfahren wurden in einer technischen Milchsäure 90,13 % gefunden, nach der Titration mit Alkali bezw. vorher erfolgter Verseifung der vorhandenen Laktone zu 89,50 %.

[1] Karez, Chem. Ztg. **15**, R., 307, 1892.
[2] A. Smolka, Monatsh. f. Chem. **8**, 1, 1887.
[3] F. Ulzer und H. Seidel, Monatsh. f. Chem. **18**, 138, 1897.

9. Bestimmung des Senföls.

Dircks[1]) wendet zur Senfölbestimmung Kaliumpermanganat in alkalischer Lösung an, welches das Senföl, $CH_2:CHCH_2SCN$, leicht oxydirt und den Schwefel desselben in Schwefelsäure überführt. Man verdampft alsdann mit Salzsäure zur Trockene, wobei auch das überschüssige Permanganat zerstört wird und bestimmt als schwefelsaurer Baryt.

A. Schlicht[2]) erhitzt mit der alkalischen Permanganatlösung und versetzt alsdann mit Alkohol, wodurch sämmtliches noch nicht gefälltes Mangan sich als $KH_3Mn_4O_{10}$ abscheidet. Nach vollständigem Erkalten wird auf 500 oder 1000 ccm aufgefüllt, filtrirt und die gebildete Schwefelsäure wie vorher bestimmt.

10. Bestimmung der Harnsäure im Harn.

Die Methode von Hopkins bezw. von Haycraft[3]) besteht darin, dass man 25 ccm Harn mit ca. 1 g Natriumbikarbonat versetzt sowie 2—3 ccm Ammoniakflüssigkeit zugiebt, die einen Niederschlag von phosphorsaurem Ammonium-Magnesium verursachen. Wenn man nun 1—2 ccm ammoniakalische Silberlösung (5 g $AgNO_3$ in 100 ccm Wasser versetzt mit Ammoniakflüssigkeit bis zur klaren Lösung) zum Filtrat zusetzt, so fällt harnsaures Silber aus. Man filtrirt, wäscht gut aus, löst den Niederschlag in Salpetersäure und bestimmt das Silber nach Volhard. Bei Anwesenheit von Eiweissstoffen müssen diese vorher entfernt werden.

Wie E. Salkowski[4]) nachweist, ist der Niederschlag jedoch nicht reines harnsaures Silber, sondern es wird mehr als ein Atom Silber auf ein Molekül Harnsäure gefunden.

F. G. Hopkins[5]) schlug dann vor, aus dem mit Ammoniumchlorid erhaltenen Niederschlag die freie Harnsäure darzustellen, später empfahl er direkt das harnsaure Ammon, welches aus 20 ccm Harn durch Sättigen mit Chlorammonium erhalten wurde, abzufiltriren, mit Ammonsulfatlösung chlorfrei zu waschen, sodann mit dem Filter in ein Kölbchen zu spülen, mit koncentrirter Schwefelsäure (20 ccm auf 100 ccm Flüssigkeit) zu versetzen und mit $N/_{20}$ Permanganat zu titriren. Die Ausführbarkeit der Methode bestätigte G. v. Ritter[6]); 1 ccm $N/_{20}$ Permanganat entspricht 3,61 mg Harnsäure nach v. Ritter, 3,75 mg nach Hopkins.

---

1) Dircks, Landw. Versuchsstat. **28**, 179; Zeitschr. analyt. Ch. **22**, 461, 1883.

2) A. Schlicht, Zeitschr. analyt. Ch. **30**, 662, 1891.

3) J. B. Haycraft, Zeitschr. analyt. Ch. **25**, 165, 1886.

4) E. Salkowski, Zeitschr. physiol. Ch. **14**, 31, 1890; vgl. auch Gossage, Ber. **21**, R., 8, 57, 1888.

5) F. G. Hopkins, Zeitschr. analyt. Ch. **32**, 266, 1897; **35**, 727, 1896.

6) G. v. Ritter, Zeitschr. physiol. Ch. **21**, 288, 1895.

Als Vereinfachung der Hopkins'schen Methode schlägt O. Folin[1]) vor an Stelle von Ammoniumchlorid Ammoniumkarbonat oder -acetat zur Ausfällung der Harnsäure zu verwenden. Der Niederschlag kann dann direkt in Schwefelsäure gelöst und mit Permanganat titrirt werden. Diese Titration wird nicht durch die Gegenwart von Xanthin und Hypoxanthin, wohl aber durch die von Guanin beeinflusst.

E. Mallet[2]) empfiehlt die Fällung der Harnsäure als Kupfersalz mit der Chamäleontitration in der Art zu verbinden, dass 100 ccm Harn mit 10 ccm einer 12%igen Lösung wasserfreier Soda versetzt werden und in 82 ccm des Filtrats die Harnsäure als Kupfersalz ausgefällt wird. Der alkalifrei, gewaschene Niederschlag wird in 500 ccm Wasser mit 5 ccm reiner Schwefelsäure gelöst und nach Haycraft mit $N/_{10}$ Chamäleonlösung bis zur bleibenden Röthung titrirt. Die Zahl der verbrauchten Kubikcentimeter entspricht direkt Centigrammen Harnsäure im Liter Harn.

Hinsichtlich der Oxydation der Harnsäure sei noch darauf hingewiesen, dass dieselbe nach zwei Richtungen erfolgen kann, entweder bildet sich Allantoin oder Alloxan. Weitere Oxydationsprodukte sind aus diesen beiden Körpern entstanden:

$$\text{a)} \quad
\begin{array}{c}
\text{NH} - \text{C} - \text{NH} \\
| \qquad \| \qquad | \\
\text{CO} \quad \text{C} - \text{NH} \\
| \qquad | \\
\text{NH} - \text{CO}
\end{array}
{\Large \rangle} \text{CO} + \text{O} + \text{H}_2\text{O} =
\text{CO}{\Large \langle}
\begin{array}{c}
\text{NHCO} \\
| \\
\text{NHCH.NHCONH}_2
\end{array}
+ \text{CO}_2.$$

Allantoin.

$$\text{b)} \quad
\begin{array}{c}
\text{NH} - \text{C} - \text{NH} \\
| \qquad \| \qquad | \\
\text{CO} \quad \text{C} - \text{NH} \\
| \qquad | \\
\text{NH} - \text{CO}
\end{array}
{\Large \rangle} \text{CO} + \text{O} + \text{H}_2\text{O} =
\begin{array}{c}
\text{NH} - \text{CO} \\
| \qquad | \\
\text{CO} \quad \text{CO} \\
| \qquad | \\
\text{NH} - \text{CO}
\end{array}
+ \text{CO}(\text{NH}_2)_2.$$

Alloxan.   Harnstoff.

Diese beiden Verbindungen bilden sich niemals neben einander, sondern es entsteht immer nur die eine von beiden.

Allantoin entsteht beim Kochen von Harnsäure mit Wasser und Bleisuperoxyd, mit Wasser und Braunstein, mit Kalilauge und rothem Blutlaugensalz, mit Ozon und mit Chamäleonlösung.

Alloxan wird erhalten beim Einwirken von Chlor, Brom, Salpetersäure oder Braunstein mit Schwefelsäure. Als weiteres Zersetzungsprodukt kann sich bei der Oxydation mit Salpetersäure noch Parabansäure bilden:

---

[1]) O. Folin, Zeitschr. physiol. Ch. **24**, 224, 1897; vgl. hierzu ferner E. Wörner, ibid. **29**, 70, 1900; M. Lewandowsky, Zeitschr. klin. Med. **40**, 199, 1900.
[2]) E. Mallet, Ann. Chim. anal. appl. **4**, 82.

$$
\begin{array}{ll}
\mathrm{NH-CO} & \mathrm{NH-CO} \\
\mathrm{CO\quad CO}+\mathrm{O}=\mathrm{CO_2}+\mathrm{CO} \\
\mathrm{NH-CO} & \mathrm{NH-CO}
\end{array}
$$

11. Bestimmung der Harnsäure im Harne sowie der Ureïde und Purinbasen.

Die Folin'sche Methode der Bestimmung der Harnsäure giebt wohl bei Anwendung von reiner Harnsäure genaue Resultate; bei der Bestimmung im Harne dagegen giebt sie keine konstanten und zu hohe Werthe. Die Rothfärbung verschwindet wieder nach einiger Zeit, da die bei der Oxydation der Harnsäure entstandenen Produkte weiter oxydirt werden.

A. Jolles[1]) hat deshalb eine neue Methode ausgearbeitet, welche sich auf die völlige Oxydation der Harnsäure in heisser, saurer Lösung gründet. Hierbei entsteht kein Ammoniak, sondern nur Harnstoff und Kohlensäure nach folgender Gleichung:

$$
\begin{array}{l}
\mathrm{NH-C-NH} \\
\mathrm{CO}\qquad \mathrm{C-NH}\!\!>\!\!\mathrm{CO}+3\mathrm{O}+2\mathrm{H_2O}=2\mathrm{CO}\!\!<\!\!\begin{array}{l}\mathrm{NH_2}\\\mathrm{NH_2}\end{array}+3\mathrm{CO_2}. \\
\mathrm{NH-CO}
\end{array}
$$

Man verfährt in folgender Weise: In 50—200 g Harn werden 5—20 g festes Ammoniumacetat gelöst. Der mit Ammoniak schwach alkalisch gemachte Harn wird nach 3 Stunden filtrirt, der Niederschlag mit gesättigter Lösung von Ammoniumkarbonat chlorfrei gewaschen, mit heissem Wasser in ein Becherglas gespritzt und mit Magnesia usta bis zur völligen Entfernung des Ammoniaks gekocht. Nach Ansäuern mit Schwefelsäure wird in die kochende Flüssigkeit so lange ca. 0,8 %ige Permanganatlösung gegeben, bis die Farbe nach $^1/_4$ stündigem Kochen nicht mehr verschwindet. Nach Entfärbung mit Oxalsäure wird die abgekühlte Flüssigkeit mit Natronlauge alkalisch gemacht und der Harnstoff mit Bromlauge nach Hüfner bestimmt unter Benützung eines modificirten Knop'schen Azotometers (s. vorher Kap. 22).

Bei Verwendung von 100 ccm Harn berechnet sich die Menge x der Harnsäure nach folgender Gleichung:

$$
x = V\frac{3(b-w)\,1{,}2540}{760(1+0{,}00366\,t)}
$$

[1]) A. Jolles, Zeitschr. physiol. Ch. **29**, 222, 1900; Ber. **33**, 1246 und 2119, 1900.

wobei V die abgelesenen ccm Stickstoff, b der Barometerstand, t die Temperatur und w die dieser Temperatur entsprechende Tension des Wasserdampfes bedeuten.

Weitere in dieser Richtung angestellte Versuche ergaben, dass nach dem beschriebenen Verfahren der Stickstoff des

$$\text{Alloxans, } CO\!\!<^{NHCO}_{NHCO}\!\!>CO, \text{ Alloxantins, } \left(CO\!\!<^{NH.CO}_{NH.CO}\!\!>COH\right)_2,$$

$$\text{Allantoins, } CO\!\!<^{NH.CH.NHCO.NH_2}_{\quad\quad|\atop NH.CO}, \text{ und des } Xanthins,$$

$$\begin{array}{l} NHCH\!:\!CNH\!\!\searrow \\ \quad|\quad\quad\quad\quad\!>CO, \text{ quantitativ in Harnstoff übergeführt wird.} \\ CO.NH.C\!:\!N\!\!\nearrow \end{array}$$

$$\text{Beim } Hypoxanthin, \; CH\!\!<^{\textstyle N-CH}_{\quad NH.\dot{C}=N}\!\!{\overset{\dot{C}.NH}{}}\!\!>CO, \; Adenin, \; C_5H_5N_5,$$

und Guanin, $C_5H_5N_5O$ werden von den 5 Stickstoffen 4 als Harnstoff gefunden, während der 5. in Form von Glykokoll erscheint.

Hinsichtlich des Verhaltens der methylirten Purinbasen sei bemerkt, dass Koffeïn, $C_8H_{10}N_4O_2$, und Hydroxykoffeïn, $C_8H_{10}N_4O_3$, dieselben Spaltungsprodukte geben. Aus je einem Molekül dieser Basen entstanden drei Moleküle Methylamin. Der vierte im Molekül vorhandene Stickstoff wurde merkwürdiger Weise als Harnstoff wiedergefunden.

Beim Theophyllin, 1.3 Dimethylxanthin, findet unter den betreffenden Oxydationsverhältnissen nicht nur die Bildung von Harnstoff, sondern auch jene von Ammoniak statt, was auf die volumetrische Bestimmung natürlich ohne Einfluss ist.

Das Paraxanthin, 1.7 Dimethylxanthin, zerfällt unter gleichen Bedingungen in Methylamin und Ammoniak. Aehnlich verhält sich das Heteroxanthin, 7 Methylxanthin.

Nachstehende Tabelle umfasst die Resultate der quantitativen Bestimmungen:

Substanz.	Stickstoff					Bemerkungen.
	theoretisch %.	gefunden %.	volumetrisch %.	im oxalsauren Harnstoff.	im Phosphorwolframsäure Niederschlag.	
Koffeïn . . .	28,85	28,78	7,16	7,05	21,08	mit koncentr. Säure 30 ccm dasselbe Ergebniss.
Hydroxykoffeïn	26,67	26,58	6,56	6,39	20,57	
Theophyllin. .	32,61	32,57	16,83	8,63	17,04	
Heteroxanthin .	33,73	32,76	24,54	—	8,15	in verdünnterer Säurelösung Harnstoffbildung.
Xanthin . . .	36,84	36,62	36,59	36,60	—	
Harnsäure . .	33,33	33,32	33,15	33,35	—	

Von den in den untersuchten Purinbasen enthaltenen vier N-Atomen finden sich also ebenso viele im Phosphorwolframsäure-Niederschlag wieder, als Methylgruppen im Molekül enthalten sind.

12. Bestimmung des Indigos.

Die direkte Bestimmung des Indigos durch Titration mit Kaliumpermanganat giebt keine brauchbaren Resultate. Dagegen ist die von Rawson vorgeschlagene Methode des Aussalzens des Farbstoffes aus der schwefelsauren Lösung und Titration des Niederschlags mit Permanganat sehr zu empfehlen, zumal wenn sie mit einer Färbungsprobe vereinigt ist. Sämmtliche Oxydationsmethoden beruhen darauf, dass das Indigblau durch Oxydation in farbloses Isatin übergeht nach der Gleichung [1]):

$$C_{16}H_{10}N_2O_2 + O_2 = 2\,C_8H_5NO_2.$$
Indigblau. Isatin.

Die Titration des Indigos durch Permanganat ist zuerst von C. Mohr [2]) angegeben worden. Man lässt solange unter Umrühren Permanganatlösung in die Indigolösung einfliessen, bis dieselbe eine weingelbe Farbe zeigt. Anfangs geht die blaue Farbe der Lösung in Grün über, und braucht man bis dahin nicht besonders vorsichtig mit dem Zufliessenlassen des Permanganats zu sein. Ist die Lösung aber nur noch schwach

1) Vgl. auch O. Miller, Ber. **25**, R., 919, 1892.
2) C. Mohr, Dingler's Polyt. Journ. Bd. **132**, 363; vgl. auch v. Georgievicz Indigo, Deuticke, Wien 1892.

grün gefärbt, so muss die Permanganatlösung nur noch tropfenweise zugefügt werden, bis in der Flüssigkeit keine Spur einer grünen Färbung mehr zu erkennen ist.

Der Endpunkt lässt sich nur bei einiger Uebung genau treffen, und titrirt man am besten zugleich einen reinen Indigo oder ein Indigotin von bekanntem Gehalt unter genau denselben Umständen.

Die Umrechnung des Indigos aus den verbrauchten Kubikcentimetern Permanganatlösung lässt sich mit Hilfe der Verhältnisszahlen berechnen, wonach 1 Fe 1,1696 Indigotin entspricht.

Bei unreinen Indigosorten erschwert das vorhandene Indigroth die Erkennung des Endpunkts. Deshalb und weil bei unreinem Indigo auch andere Produkte zur Oxydation gelangen, und man somit immer zu hohe Resultate erhält, schlug Rawson[1]) vor, das Indigkarmin aus der schwefelsauren Lösung mit Kochsalz zu fällen und den Niederschlag zu titriren. Immerhin ist darauf zu achten, dass Indigkarmin in kochsalzhaltigem Wasser nicht absolut unlöslich ist.

Es kommen auch Java-Indigos in den Handel, die noch durch einen gelben Farbstoff[2]) verunreinigt sind. Man erkennt dessen Gegenwart am besten, wenn man eine Probe des gepulverten Indigos in einer Schale mit Natronlauge oder Ammoniak übergiesst, wobei sich die Lösung sofort tiefgelb färbt. In diesem Falle muss man die für die Bestimmung des Indigotins gewogene Probe entweder mit verdünntem Ammoniak oder besser mit Alkohol erhitzen und durch ein Asbestfilter giessen. Der Filterrückstand wird wie gewöhnlich für die Indigotinbestimmung in Schwefelsäure gelöst. Es ist zu beachten, dass durch Alkohol oder Ammoniak auch das Indigrubin in Lösung gebracht wird.

W. Holtschmidt[1]), der eine kritische Uebersicht über die Gehaltsbestimmungsmethoden des Indigos giebt, macht darauf aufmerksam, dass man bei der Sulfonirung jede Erwärmung über 85° ängstlich vermeiden muss. Er benützt deshalb nicht reine Schwefelsäure, sondern ein Gemisch mit 40°/o P_2O_5.

Die zweite Fehlerquelle besteht darin, dass der Endpunkt der Titration mitunter nur schlecht wahrnehmbar ist. Holtschmidt schlägt deshalb die Titration auf Wolkenbildung vor. Die Chamäleonlösung wird gleichmässig tropfenweise (120—130 Tropfen in der Minute) zugegeben, bis in der Flüssigkeit eine Wolkenbildung durch die neu einfallenden Tropfen nicht mehr zu bemerken ist. Von den verbrauchten Kubikcentimetern der Permanganatlösung werden 0,1—0,2 ccm abgezogen, je nachdem man

---

1) Chr. Rawson, Chem. News 51, 255; vgl. auch Skalweit, Repert. analyt. Ch. 4, 247; J. Grossmann, J. Soc. Chem. Ind. 16, 974, 1897.

2) Chr. Rawson, J. Soc. Chem. Ind. 18, 251, 1899.

1) W. Holtschmidt, Zeitschr. angew. Ch. 1899, 451; vgl. auch Donath und Strasser, Zeitschr. angew. Ch. 1894, 11 und 47.

zum Schlusse mit 2 oder 4 Tropfen übertitrirt hat. Die Titration ist bei nicht zu dunkler, aber auch nicht zu greller Beleuchtung auszuführen; sie ist auch bei künstlichem Licht möglich.

13. Bestimmung des Harnindikans.

Eyvin Wang[1]) giebt folgende Methode an. Je nach dem Indikangehalte des Harns werden 25—300 ccm Harn mit einer 20%oigen Bleizuckerlösung gefällt. Das Filtrat wird alsdann nach dem Vermischen mit dem gleichen Volum des Obermayer'schen[2]) Reagens, das aus 1 l konc. Salzsäure von dem spec. Gew. 1,19 und ca. 2 g Eisenchlorid besteht, versetzt. Hierdurch wird das Harnindikan mit Chloroform extrahirbar. Man zieht wiederholt mit Chloroform aus, so lange sich dasselbe noch blau färbt, und digerirt den nach dem Abdestilliren des Chloroforms bleibenden Rückstand zunächst mit 50 ccm 45%oigen Alkohols zur Entfernung rothbrauner Farbstoffe und dann 24 Stunden lang mit 3—4 ccm koncentrirter Schwefelsäure. Nach dieser Zeit wird diese Lösung in Wasser gegossen und mit Permanganatlösung entsprechend dem vorher beschriebenen Verfahren titrirt.

Jac. Bouma[3]) macht darauf aufmerksam, dass die von Obermayer mit 50 ccm 45%oigem Alkohol und die von Wang mit einer Mischung von Aetheralkohol aus dem Chloroformrückstand ausgezogenen Farbstoffe von rother und brauner Nuance nicht entfernt werden dürfen, da sie Modifikationen des Indigos darstellen. Man muss sie deshalb ebenfalls mit Kaliumpermanganat titriren.

Verfährt man dagegen nach Obermayer, so erhält man 20%, nach Wang aber 30% zu wenig.

Hier sei auch noch des Vorschlags von Amann[4]) gedacht, der an Stelle des Obermayer'schen Reagens Natriumpersulfatlösung (10%) anwendet. Auch Skatol liefert dadurch gefärbte Körper, die aber nicht mit in das Chloroform übergehen.

14. Die Trennung von Strychnin und Brucin.

G. Sandor bewirkt die Trennung dieser beiden Alkaloide durch Permanganat, durch welches Strychnin nicht angegriffen, Brucin aber zerstört wird. Znr Ausführung des Versuches erwärmt man 0,2 g des Alkaloidgemisches in einem Becherglas mit soviel Schwefelsäure (10%), als zur Lösung erforderlich ist, stellt in kaltes Wasser, setzt tropfenweise

---

1) Eyvin Wang, Zeitschr. physiol. Ch. **25**, 406, 1898; **27**, 135, 1899.
2) Vgl. auch F. Obermayer, Wiener klin. Rundsch. 1898, Nr. 34; Chem. Centrbl. 1899, I, 69 und Zeitschr. phys. Ch. **26**, 427, 1898.
3) Jac. Bouma, Zeitschr. physiol. Ch. **27**, 348, 1899.
4) Amann, Chem. Centrbl. 1898, I, 152.

eine frisch bereitete Lösung von 2 g Kaliumpermanganat in 100 g
$10\,^0/_0$iger Schwefelsäure hinzu, bis die Lösung eben gefärbt erscheint,
füllt in einen kleinen Scheidetrichter, setzt Ammoniak bis zur alkalischen
Reaktion zu und schüttelt 10 Minuten lang mit einem Gemische von
20 g Chloroform und 30 g Aether aus. Die klare Chloroformlösung
wird in einem tarirten Kölbchen filtrirt, die Flüssigkeit abdestillirt und
das trockene Strychnin gewogen. Aus dem Alkaloidgemisch von Nux
vomica erhielt S a n d o r 43,9—45,6 $^0/_0$, aus dem der Fabae Ignatii 60,7
bis 62,8 $^0/_0$ Strychnin.

15. Bestimmung des Gerbstoffs.

Von der Kommission zur Feststellung einer einheitlichen Methode
der Gerbstoffbestimmung wurde (1889) das L ö w e n t h a l - S c h r ö d e r'sche
Verfahren, das unter dem Namen der „Kubikcentimeter-Methode" bekannt
ist, allgemein zur Gerbstoffbestimmung in Gerbmaterialien angenommen.
Diese Methode liefert übereinstimmende Resultate. Man oxydirt dabei
mit Permanganat in der Kälte. Die verbrauchte Menge an Permanganatlösung giebt nicht diejenige Menge Permanganat an, welche zur vollständigen Oxydation des gesammten vorhandenen Tannins erforderlich ist,
sondern nur eines gewissen Theiles. F. G a n t h e r[1] hat nun gefunden,
dass Tannin in der Siedehitze durch Permanganat vollständig oxydirt
werden kann. Man kocht die betreffende Gerbstofflösung mit einem
Ueberschuss an Permanganat und titrirt mit Oxalsäure zurück. Nach
den Versuchen dieses Forschers ist 1 mg Tannin äquivalent mit 3,988 mg
Permanganat oder 7,951 mg Oxalsäure. Bei der Methode L ö w e n t h a l -
S c h r ö d e r wird nur die Hälfte des Gerbstoffs oxydirt.

Das Verfahren ist auch bereits von N e u b a u e r[2] angewandt worden.

L é o V i g n o n[3] empfiehlt dasselbe ebenfalls, und zwar titrirt er vor
dem Fällen mit Seide mit Permanganat und nach dem Fällen. T. G u t h r i e[4]
hat jedoch gefunden, dass diese Methode nicht ganz einwandfrei ist, indem durch die Seide auch die Gallussäure absorbirt wird. Das Tannin
wird allerdings vollkommener absorbirt als durch Gelatinefällung, wahrscheinlich auch deshalb, weil die Seide eben auch einen Theil der Gallussäure absorbirt.

R. P r o c t e r[5] weist darauf hin, dass der nach der G a n t h e r'schen
Methode ermittelte Faktor nicht immer richtig ist, sondern dass unter
anderen Umständen 1 g Tannin zur vollständigen Oxydation 4,7 g Per-

---

1) F. G a n t h e r, Zeitschr. f. angew. Ch. **1889**, 577.

2) N e u b a u e r, Zeitschr. analyt. Ch. **10**, 1, 1871; vgl. auch P. S i s l e y, Bull.
soc. chim. (3), **9**, 755.

3) V i g n o n, Compt. rend. **127**, 369, 1898.

4) T. G u t h r i e, J. Soc. Chem. Ind. **18**, 252, 1899.

5) R. P r o c t e r, Journ. Soc. Chem. Ind. **9**, 260. 1890.

manganat verlange, während Ganther den Verbrauch an Permanganat
zu 3,988 g bestimmte.

Aus der Formel

$$C_{14}H_{10}O_9 + 24\,O = 14\,CO_2 + 5\,H_2O$$

berechnen sich für 1 g Tannin 4,784 g Permanganat.

Bei dem Ganther'schen Verfahren bilden sich gegen Ende der
Oxydation schwer oxydirbare Produkte, und wahrscheinlich findet beim
Kochen der verdünnten Permanganatlösung bei der Anwesenheit von
Mangansulfat Zersetzung und Sauerstoffverlust statt, so dass die erhaltenen
Resultate zu hoch ausfallen.

Dagegen kommen v. Schröder und J. Pässler[1] zu dem Resultat,
dass die Ganther'sche Methode recht brauchbar sei, und rechnen sie zu
den besseren der zahlreichen vorhandenen Gerbstoffbestimmungsmethoden.
Sie besitzt vor der Löwenthal'schen Methode den Vorzug, dass sie
sich auch ohne grössere Uebung in der Handhabung derselben leicht ausführen lässt und dann gut übereinstimmende Resultate giebt, sowie ferner
den, dass sie, weil sie einen grösseren Chamäleonverbrauch ergiebt, namentlich bei gerbstoffreicherem Material eine grössere Genauigkeit der Resultate ermöglicht. Die Verfasser haben die von Ganther gegebenen Vorschriften genauer präcisirt und modificirt. Ganther hat über die Koncentration der Schwefelsäure und über die anzuwendende Menge keine
Angaben gemacht. Schröder und Pässler finden, dass je grösser die
Menge der vorhandenen Säure ist, desto weitgehender ist die Oxydation.
Deshalb kann auch nicht, wie Ganther angiebt, das Verhältniss zwischen
Tannin und Kaliumpermanganat ein konstantes sein. Es ist nur konstant bei Einhaltung gleicher Arbeitsweise.

Ausführung der Ganther'schen Methode: Schröder und
Pässler wenden bei ihren Versuchen stets auf 1 mg Tannintrockensub-
stanz 0,5 ccm einer verdünnten Schwefelsäure (1 : 5) an und finden, dass
hierbei 1 Theil Tannin zu seiner Oxydation 3,997 Theile $KMnO_4$ verbraucht, eine Zahl, die mit der von Ganther gefundenen 3,988 gut
übereinstimmt.

Die zu titrirende Gerbstofflösung wird in einem ca. 350 ccm fassenden Kolben nach Zusatz der obigen Verhältnissen entsprechenden Menge
Schwefelsäure (1 : 5) zum Sieden erhitzt, wobei man jedes raschere Kochen
vermeidet. Man nimmt alsdann den Kolben vom Feuer, lässt kubikcentimeterweise die Chamäleonlösung hinzufliessen und schüttelt nach jedem
Zusatz ca. 3 Stunden lang um. Die rothe Färbung verschwindet langsamer und langsamer und bleibt endlich auch bei 5 Sekunden langem
Schütteln bestehen. Alsdann erhitzt man von Neuem den Inhalt des Kolbens
zum Sieden, lässt wieder die Chamäleonlösung kubikcentimeterweise zu-

---

[1] von Schröder und J. Pässler, Dingler's polyt. J. **277**, Heft 8; Zeitschr.
analyt. Ch. **29**, 698, 1890.

fliessen und achtet darauf, dass man nach jedem Zusatz die Flüssigkeit 1 Minute lang im Kochen erhält.

Mit dem Zusatz der Chamäleonlösung fährt man fort, bis ein starker Niederschlag von Manganoxydhydrat entsteht, der auch bei 1 Minute langem Kochen kaum abnimmt. Man notirt sich die Anzahl der verbrauchten Kubikcentimeter und lässt nur in dem Falle die Titrationszahlen gelten, wenn die bis jetzt verbrauchte Chamäleonlösung 1—2 ccm mehr beträgt als das Endresultat ergiebt. Man versetzt nach dem Erscheinen des starken, bleibenden Niederschlages mit noch 5 ccm Chamäleonlösung, ohne weiter zu erhitzen, fügt Oxalsäurelösung bis zur vollkommenen Klärung der Flüssigkeit hinzu und titrirt mit Chamäleonlösung zu Ende. Man nimmt als Endpunkt der Titration den Moment an, wenn die Rothfärbung $1/2$ Minute lang erhalten bleibt. Hat man etwa übertitrirt, so lässt sich der Fehler durch Zusatz von Oxalsäure und nochmalige Titration mit Chamäleonlösung korrigiren. Dieser Umstand bildet auch einen Vorzug der Ganther'schen Methode vor der Löwenthal'schen, bei welcher im Falle der Uebertitrirung der Versuch nicht zu benützen ist.

Zur Titerstellung benützt man eine Tanninlösung, die im Liter ca. 2 g Trockensubstanz enthält. Von dieser Lösung verwendet man zur Titration 10—25. ccm.

Von den anderen Gerbmaterialien wendet man solche Mengen an, dass in 1 l ca. 2 g gerbende Substanzen vorhanden sind.

Man extrahirt demnach bei:

Eichen- oder Fichtenrinde	20 g auf 1 l,
Sumach, Quebrachoholz und Mimosenrinde 8—10 g auf 1 l,
Valoneen, Knoppern, Myrobalanen . . . 5—7 g auf 1 l,
Dividivi und Algarobilla	5 g auf 1 l,
Festem Quebrachoextrakt . . . . 3—4 g auf 1 l.

Von diesen Lösungen titrirt man 10 ccm nach Zusatz von 10 ccm verdünnter Schwefelsäure.

Bestimmt man die durch Hautpulver etc. fällbaren Tannine, von denen die Digallussäure als Beispiel gegeben sei, getrennt von den nicht fällbaren, wie Gallussäure, so muss bei der Bestimmung im Filtrat des durch Hautpulver gefällten Niederschlags die durch die aus dem Hautpulver selbst extrahirten Stoffe verbrauchte Menge der Chamäleonlösung in Abzug gebracht werden, da sonst Fehler bis zu 5 % erhalten werden können. Zu dem gleichen Ergebniss kamen A. Klinger und A. Bujard[1]).

Es ist noch zu empfehlen, für jeden Gerbstoff einzeln den Verbrauch an Permanganat zu bestimmen, da der für Tannin ermittelte Faktor nicht überall in gleicher Weise verwendbar ist.

Die nachstehende Tabelle lässt erkennen, dass auch die Ganthersche Methode ebenso wenig wie die Löwenthal'sche absolut richtige,

----

[1]) A. Klingler und A. Bujard, Zeitschr. angew. Ch. 1891, 513.

d. h. mit der gewichtsanalytischen übereinstimmende Resultate liefert, sondern nur für jede Gerbstoffart, bezw. für jedes Gerbmaterial für sich vergleichbare Werthe ergiebt. Sind auch diese Resultate weniger von den gewichtsanalytischen verschieden als die nach Löwenthal erhaltenen, so müssen sie doch, wie bereits erwähnt wurde, mit einem gewissen Faktor und zwar bei jedem Material mit einem anderen Faktor multiplicirt werden.

In streitigen Fällen ist demnach die gewichtsanalytische Methode als die ausschlaggebende zu betrachten. Neben ihr sind je nach Lage der Umstände sowohl die Ganther'sche als auch die Löwenthal'sche durchaus brauchbar.

Bezeichnung.	1 Gerbstoffgehalte % Gewichtsmethode.	2 Gerbstoffgehalte % nach Ganther.	3 Faktoren 1:2	4 Mittel.	5 Gewichtszahlen mit Mittelfaktor berechnet.	6 Unter 5 mehr (+) oder weniger (−) berechnet als unter 1 gefunden.
Fichtenrinden	9,74	9,55	1,020	1,009	9,64	− 0,10
	18,42	18,45	0,998		18,62	+ 0,20
Valoneen	21,75	17,75	1,225		22,51	+ 0,76
	24,50	18,80	1,303	1,268	23,84	− 0,66
	30,78	23,93	1,286		30,34	− 0,44
	34,54	26,71	1,293		33,87	− 0,67
Eichenholzextrakte	22,83	17,97	1,270	1,261	22,66	− 0,17
	25,58	20,45	1,251		25,78	+ 0,20
Dividivi	40,07	33,64	1,191		40,57	+ 0,50
	42,21	35,21	1,199	1,206	42,56	+ 0,35
	49,21	40,09	1,227		48,35	− 0,86
Knoppern	24,08	20,86	1,154		24,11	+ 0,03
	32,78	28,21	1,162	1,156	32,61	− 0,40
	35,29	30,64	1,152		35,42	+ 0,13
Algarobilla	42,21	36,29	1,163		41,88	− 0,33
	42,78	37,29	1,147	1,154	43,03	+ 0,25
	43,64	37,71	1,157		43,52	− 0,12
Myrobalanen	31,15	27,86	1,118	1,143	31,84	+ 0,69
	39,00	33,43	1,167		38,21	− 0,79
Sumach	28,78	25,36	1,135		28,89	+ 0,11
	29,15	25,43	1,146	1,139	28,96	− 0,19
	29,86	26,29	1,136		29,94	+ 0,08
Mimosenrinden	23,90	29,20	0,818	0,822	24,00	+ 0,10
	40,90	49,57	0,825		40,75	− 0,15
Quebrachoholz	25,30	33,20	0,762		25,93	+ 0,63
Teigförmige Quebrachoextrakte	47,80	62,77	0,762		49,02	+ 1,22
	48,57	61,05	0,797		47,68	− 0,89
	49,77	62,23	0,800	0,781	48,60	− 1,17
Feste Quebrachoextrakte	68,80	88,38	0,778		69,02	+ 0,22
	69,83	86,33	0,809		67,42	− 2,41
	72,75	96,00	0,758		74,98	+ 2,23

XXVI.

Methode der Oxydation mit Fehling's Lösung bezw. anderen Kupferoxydverbindungen.

Die Fehling'sche Lösung enthält Kupfer in alkalischer Lösung in der Form eines Doppelsalzes gelöst und dient zum Nachweis leicht oxydirbarer Gruppen wie der Aldehyd- und Ketongruppe,

$$R - C - H \qquad \text{und} \qquad R_1 - C - R_2$$
$$\underset{O}{\|} \qquad\qquad\qquad \underset{O}{\|} \quad ,$$

wobei alsdann die Kupriverbindung zu einer Kuproverbindung reducirt wird unter Ausscheidung von gelblichem bis röthlichem Kupferoxydul.

In der Fehling'schen Lösung übt das Vorhandensein der Weinsäure eine besondere Wirksamkeit aus. Für manche Reaktionen zum qualitativen Nachweis kommt auch alkalische Kupferlösung ohne Anwesenheit von Weinsäure zur Verwendung.

Die Eintheilung der Stoffe ist folgende:

1. Die Herstellung einer geeigneten Fehling'schen Lösung.
2. Verwendung von Kupferkaliumkarbonatlösung.
3. Ermittlung des Verbrauchs an Fehling'scher Lösung.
   a) Bestimmung des Kupferoxyduls als solches.
   b) Ueberführung des Kupferoxyduls in Kupfer.
   c) Ueberführung des Kupferoxyduls in Kupferoxyd.
4. Wirkungen des Bleiacetats bei vorhergehender Fällung gewisser Substanzen durch diesen Stoff.
5. Die Selbstreduktion der Fehling'schen Lösung bezw. Reduktion während des Titrirens.
6. Ausführung der Bestimmung.
7. Verhalten der einzelnen Zuckerarten.
8. Das Reduktionsvermögen des Rohrzuckers.

9. **Untersuchung der Zuckerabläufe auf Invertzucker-gehalt.**
10. **Bestimmung von Rohrzucker, Invertzucker, Dextrose und Lävulose bei gleichzeitiger Anwesenheit.**
11. **Bestimmung von Rohrzucker neben Milchzucker.**
12. **Bestimmung des Rohrzuckers in Gemischen mit Maltose, Isomaltose und Dextrin.**
13. **Bestimmung des Zuckers in thierischen Flüssigkeiten.**
14. **Bestimmung der Stärke.**
15. **Bestimmung der Harnsäure.**

1. Die Herstellung einer geeigneten Fehling'schen Lösung.

Die ersten Beobachtungen der Oxydation von Traubenzucker durch alkalische Kupferlösung führten Trommer bezw. Fehling und andere Forscher dazu folgendermassen zusammengesetzte Lösungen vorzuschlagen:

a) Eine Lösung von 34,639 g reinen Kupfersulfats in 500 ccm Wasser.

b) Eine Lösung, die in 500 ccm 60 g reinen käuflichen Natron-hydrats und 173 g reinen krystallisirten Kaliumnatriumtartrats enthält.

Beide Lösungen sind gesondert aufzubewahren und kurz vor dem Gebrauch erst zu mischen.

Die ursprüngliche Fehling'sche Lösung enthält weinsaures Kali. Auch weicht sie im Alkaligehalt von den heute gebräuchlichen ab.

Bödtker führte das Seignettesalz statt des weinsauren Kalis ein und gebrauchte 480 ccm Natronlauge vom specifischen Gewichte 1,14 = 68,4 g NaOH in 1000 ccm, während Fehling nur 54,5 bis 63,6 g NaOH in 1000 ccm hatte.

Soxhlet beschränkte die Quantität des Alkalis auf 50 g NaOH in 1000 ccm, also auf weniger als das Minimum von Fehling und ihm folgten Meissl und Herzfeld mit der völlig gleichen Lösung nach.

Maercker und Allihn verwendeten Kalihydrat an Stelle von Natronhydrat. Maercker gebrauchte später auch eine Lösung von 63 g NaOH in 1000 ccm. Kjeldahl endlich hat 65 g NaOH in titrirter Menge verwendet.

Die Soxhlet-Meissl-Herzfeld'sche Lösung, welche am wenigsten Alkali von allen enthält, ist nach G. Bruhns[1]) heute die einzige, welche allgemeine, ja internationale Anerkennung in der Zuckerindustrie gefunden hat. Sie ist auch die am besten erforschte von allen, und diejenigen, welche ihre Eigenschaften genau kennen, wissen, dass die Schuld zum kleinsten Theile an dieser Lösung liegt, wenn die mit ihr erzielten Ana-

---

1) Vgl. G. Bruhns, Zeitschr. analyt. Ch. **38**, 77, 1898.

lysenergebnisse in verschiedenen Händen ungleich ausfallen. Alkali-reichere Lösungen zerstören allerdings schneller die reducirenden Zucker-arten und tragen dadurch zur grösseren Schnelligkeit und Sicherheit der Analyse bei, aber auch bei der Soxhlet'schen Lösung sind die nöthigen Zeiten sehr annehmbar, nämlich 2, 4 und 6 Minuten. Ausserdem hat aber die Soxhlet'sche Lösung gerade wegen ihres geringen Alkali-gehalts den sehr hoch anzuschlagenden Vortheil einer möglichst geringen Einwirkung auf die sog. nicht reducirenden Zuckerarten, namentlich auf den Rohrzucker, welcher durch seine häufige Anwesenheit in den Analysen-substanzen eine grosse Rolle spielt.

Wie wenig Alkali bei der Zerstörung der reducirenden Zuckerarten verbraucht wird, zeigen die nachstehenden Versuche von Bruhns:

Versuch a) 10 ccm frisch bereitete Soxhlet'sche Lösung aus genau gleichen Theilen Kupfersulfatlösung und Seignettesalz-Natronlauge brauchten zur Neutralisation 9,25 ccm N.-Schwefelsäure (als Indikator Phenolphtaleïn).

Versuch b) 10 ccm der hierbei benützten Seignettesalz-Natronlauge brauchten zur Neutralisation 22,40 ccm N.-Schwefelsäure. Die Differenz zwischen beiden Ergebnissen 9,25 : 11,20 rührt davon her, dass Kupfer-sulfat gegen Phenolphtaleïn stark sauer reagirt.

Versuch c) 10 ccm Soxhlet'sche Lösung wurden mit 0,0474 g Dextrose, welche genau zur Reduktion sämmtlichen Kupfers ausreichen, in einem Proberöhrchen 5 Minuten im Wasserbad erhitzt, dann mit Wasser verdünnt, schnell filtrirt und nachgewaschen. Das Filtrat verbrauchte 7,65 ccm N.-Schwefelsäure. Die Menge des verbrauchten Alkalis be-trägt das Aequivalent von 1,55 ccm N.-Schwefelsäure, also nur 16,7 % der vorher gemessenen Alkalinität von (9,25), oder richtiger, da nach vollendeter Reduktion kein Kupfer mehr in Lösung ist, nur 13,8 % der

$$\text{ursprünglichen Alkalinität von } \frac{22,40}{2} = 11,20.$$

Versuch d) 0,050 g Dextrose, also ein kleiner Ueberschuss, ver-brauchten bei gleicher Behandlung 1,75 ccm N.-Schwefelsäure, also 15,6 % von 11,20.

Man erkennt hieraus, dass selbst die letzten Antheile des reducirenden Zuckers noch etwa 85 % des ursprüng-lichen Alkalis zu ihrer Zerstörung vorfinden, wenn man die Soxhlet'sche Lösung anwendet.

Eine ausführliche Untersuchung über Kupferoxyd-Alkali-tartrate und Fehling'sche Lösung ist von F. Bullnheimer und E. Seitz[1]) ausgeführt worden. Man nimmt gewöhnlich an, dass in der Fehling'schen Lösung ein Körper von der Zusammensetzung

$$C_4H_2CuNa_2O_6$$

---

[1]) F. Bullnheimer und E. Seitz, Ber. **32**, 2347, 1899; **33**, 818, 1900.

enthalten sei und begründet diese Annahme mit der Thatsache, dass ein Mol. Gewicht Weinsäure bei Gegenwart von überschüssigem Alkali ein Mol. Gewicht Kupferhydroxyd in Lösung zu halten vermag. Wenn auch diese Annahme durch die Existenz ähnlicher Kupferoxydverbindungen, wie z. B. des von Werther[1]) dargestellten Kupferoxyd-Natriumracemats oder des von G. Luff[2]) erhaltenen Kupferoxyd-Kaliumcitrats an Wahrscheinlichkeit gewinnt, so dürfte doch der endgiltige Beweis für die Richtigkeit dieser Voraussetzung erst mit der Isolirung der fraglichen Verbindung als erbracht gelten.

Die oben erwähnten Forscher haben nun gefunden, dass drei Reihen der Kupferoxyd-Alkalitartrate existiren, nämlich zwei solche, in denen auf 1 Cu 2 Weinsäure und solche, in welchen auf 1 Cu 1 Weinsäure enthalten ist. Die betreffenden Verbindungen sind als Alkalisalze einer Säure HOOCCH————CHCOOH aufzufassen. Alle Versuche, diese Säure

$$\overset{\displaystyle |\qquad\qquad\quad|}{\text{O}-\text{Cu}-\text{O}}$$

frei zu erhalten, verliefen resultatlos, indem stets, wenn man ein Salz mit der berechneten Menge Säure zerlegte, eine Umsetzung zu Kupritartrat stattfand. In der That haben Masson und Steele[3]) durch elektrolytische Versuche nachgewiesen, dass in der Kupferoxydalkalitartratlösung das Kupfer elektrolytisch ausgeschieden werden kann.

Es existiren also drei Klassen von Kupferoxyd-Alkalitartraten und zwar:

1. einfache Salze, welche als Kupferoxyd-Monotartrate bezeichnet werden;

2. Doppelsalze, bestehend aus 1 Mol. Monotartrat und 1 Mol. basischem Alkalitartrat, welche Kupferoxyd-Ditartrate genannt werden, und

3. Doppelsalze, zusammengesetzt aus 1 Mol. Monotartrat und 1 Mol. basischem Kupritartrat.

In der Fehling'schen Lösung können nur Salze der zweiten Klasse vorhanden sein. Ein wesentlicher Unterschied in Bezug auf chemische Reaktionen hat sich zwischen d-Tartraten, l-Tartraten und Racematen nicht ergeben. Die Racemate sind im allgemeinen schwerer löslich als die Tartrate.

Rossel[4]) hat empfohlen, wie dies schon vor Jahren Löwe[5]) vorgeschlagen hatte, statt der Fehling'schen Lösung eine solche alkalische Kupferlösung anzuwenden, bei welcher die Weinsteinsäure durch Glycerin ersetzt ist.

---

1) Werther, Berzelius' Jahresber. 1844, 432.
2) G. Luff, Zeitschr. f. ges. Brauwesen 1898.
3) Massow und Steele, Journ. chem. Soc. London, **75**, 725, 1899.
4) Rossel, Chem. Ztg. **15**, R., 243, 1892.
5) Löwe, Zeitschr. analyt. Ch. **9**, 20 und 224, 1870, **10**, 452, 1871.

A. W. Gerrard[1]) empfiehlt Fehling'sche Lösung bis zum Verschwinden der blauen Farbe mit Cyankalium zu versetzen, dann ein gleiches Vol. Fehling'scher Lösung zuzusetzen, wodurch man eine Flüssigkeit erhält, die beim Kochen mit reducirendem Zucker keinen Niederschlag von Kupferoxydul ausscheidet, sondern nur mit fortschreitender Reduktion ihre blaue Farbe mehr und mehr verliert.

Schmiedeberg[2]) schlägt vor, an Stelle des Seignettesalzes Mannit zu verwenden. 16 g Kupfersulfat in 100 ccm Wasser gelöst, zu 34,632 g Kupfersulfat in ca. 200 ccm Wasser und hierzu 480 ccm Natronlauge vom spec. Gew. 1,145 und auf 1 l verdünnt. Die Lösung soll sich durch grosse Haltbarkeit auszeichnen.

2. Verwendung von Kupferkaliumkarbonatlösung.

Dieselbe ist von H. Ost[3]) zur Bestimmung der Zuckerarten vorgeschlagen worden, nachdem bereits von Soldaini ähnliche Lösungen verwendet worden waren. Die von Ost bei seinen früheren Arbeiten benützte Lösung zeigte einige Nachtheile, auf welche auch Schmöger[4]) hingewiesen hatte. Ost empfiehlt deshalb jetzt die Verwendung einer Lösung von folgender Zusammensetzung.

Man löst 17,5 g reines krystallisirtes Kupfervitriol, 250 g kohlensaures Kali wasserfrei und 100 g Kaliumbikarbonat zum Liter. Die beiden letzteren Salze müssen chemisch reine Handelswaare, insbesondere frei von Silikaten sein. Zur Bereitung der Lösung trägt man die Kupfersulfatlösung langsam in die der Karbonate ein, so dass kaum ein Verlust an Kohlensäure eintritt. Ist die Lösung nicht ganz klar, so filtrirt man durch Asbest oder Papier, wobei das zuerst ablaufende Filtrat zu verwerfen ist.

Für diese neue Kupferlösung hat Ost die Reduktionsverhältnisse für die einzelnen Zuckerarten bestimmt. Die Zuckerproben waren reine, häufig umkrystallisirte Präparate. Als Invertzucker diente ein Gemenge von gleichen Theilen von Dextrose und Lävulose; der Reduktionswerth desselben stimmt mit dem nach Soxhlet aus Rohrzucker bereiteten Invertzucker überein, während der nach Clerget-Herzfeld invertirte Rohrzucker etwas weniger Kupfer reducirt.

Die Arbeitsweise war stets folgende: 100 ccm der Kupferlösung werden mit 50 ccm Zuckerlösung in einem geräumigen, enghalsigen Kolben auf einem Drahtnetze rasch zum Sieden erhitzt, 10 Minuten lang gekocht,

---

1) A. W. Gerrard, Zeitschr. analyt. Ch. **31**, 715, 1892; **33**, 240, 1894; vgl. hierzu F. Stolle, Zeitschr. Ver. Rübenz.-Ind. **1901**, 111.

2) O. Schmiedeberg, Chem. Ztg. **9**, 1432, 1885.

3) H. Ost, Chem. Ztg. **19**, 1784, 1896.

4) Schmöger, vgl. Zeitschr. analyt. Ch. **31**, 715, 1892.

rasch abgekühlt und mit der Wasserstrahlpumpe durch ein Asbestrohr filtrirt. Man wäscht einmal mit etwas Kaliumbichromatlösung, was aber nur nöthig ist, wenn die Lösung noch sehr blau ist, dann mit heissem Wasser und zuletzt mit Alkohol aus. Man trocknet gut, erhitzt zum Glühen an der Luft und reducirt im Wasserstoffstrom.

Reduktionstabelle für Dextrose, $C_6H_{12}O_6$.

Kupfer mg.	Dextrose mg.	Differenz für 5 mg Kupfer.	Kupfer mg.	Dextrose mg.	Differenz pro 5 mg Kupfer.
435	152,3				1,6
		2,5	220	66,9	
405	137,3				1,55
		2,3	190	57,6	
375	123,3				1,5
		2,1	160	48,3	
340	108,8				1,5
		1,9	130	39,6	
310	97,4				1,5
		1,7	100	30,7	
280	86,7				1,4
		1,7	80	24,8	
250	76,5				

Reduktionstabelle für Lävulose, $C_6H_{12}O_6$.

Kupfer mg.	Lävulose mg.	Differenz pro 5 mg Kupfer.	Kupfer mg.	Lävulose mg.	Differenz pro 5 mg Kupfer.
435	145,9		320	94,6	
		2,5			1,8
415	135,9		305	89,2	
		2,4			1,7
400	128,7		285	82,4	
		2,3			1,6
375	117,2		270	77,6	
		2,2			1,5
360	110,6		240	68,6	
		2,1			1,45
345	104,3		180	51,2	
		2,0			1,4
335	100,3		120	34,3	
		1,9			1,3
			80	23,8	

Reduktionstabelle für Invertzucker, $2C_6H_{12}O_6$.

Kupfer mg.	Invertzucker mg.	Differenz pro 5 mg Kupfer.	Kupfer mg.	Invertzucker mg.	Differenz pro 5 mg Kupfer.
435	147,5		320	98,0	
		2,2			1,8
425	143,1		305	92,6	
		2,3			1,7
390	127,0		270	80,7	
		2,2			1,6
365	116,0		235	69,5	
		2,1			1,5
355	111,8		185	54,5	
		2,0			1,45
330	101,8		80	42,2	
		1,9			

Reduktionstabelle für Maltose, $C_{12}H_{22}O_{11}$.

Kupfer mg.	$C_{12}H_{22}O_{11}$ mg.	Differenz pro 5 mg Kupfer.	Kupfer mg.	$C_{12}H_{22}O_{11}$ mg.	Differenz pro 5 mg Kupfer.
435	263,7		375	217,7	
		4,4			3,3
430	259,3		365	211,1	
		4,3			3,2
425	255,0		330	188,8	
		4,1			3,15
420	250,9		310	176,3	
		3,9			3,0
415	247,0		295	167,3	
		3,8			2,9
400	235,6		255	143,9	
		3,7			2,85
390	228,2		225	126,8	
		3,6			2,80
385	224,6		210	118,4	
		3,5			2,75
380	221,1		105	60,6	
		3,4			

Ost macht darauf aufmerksam, dass die neue Kupferlösung gut haltbar ist. Die Ausscheidung von schwarzem Kupferoxyd nach Zusatz des halben Volums findet für die neue Lösung nur in viel geringerem Maasse statt und überhaupt nicht, wenn reducirbarer Zucker vorhanden ist. Die Lösung greift Rohrzucker erheblich weniger an als die Fehling'sche Lösung. Die Kochdauer hat geringeren Einfluss auf die Resultate wie bei der Fehling'schen Lösung.

Für den Nachweis und die Bestimmung von Spuren Zucker empfiehlt Ost die Verwendung einer kupferarmen Lösung von 3,6 g kryst. Kupfersulfat, 250,0 g Kaliumkarbonat und 100,0 g Kaliumbikarbonat. Die Kochdauer beträgt hier nur 5 Minuten.

Bei kalkhaltigen Zuckern muss, worauf schon Schmöger hingewiesen hatte, der Kalk mit Ammoniumoxalat herausgefällt werden. Eine Reduktionstabelle für die Benützung der kupferarmen Lösung bei Invertzucker und Gemischen von Invertzucker und Rohrzucker hat Ost ebenfalls berechnet, und verweise ich hiermit auf dieselbe.

Rossel[1]) hat empfohlen, wie dies schon vor Jahren Löwe[2]) vorgeschlagen hat, statt der Fehling'schen Lösung eine solche alkalische Kupferlösung anzuwenden, bei welcher die Weinsteinsäure durch Glycerin ersetzt ist.

Soldaini's Lösung war in folgender Weise zusammengesetzt: 40 g Kupfervitriol und 40 g krystallisirte Soda werden zusammengebracht, das basische Kupferkarbonat abfiltrirt, gut ausgewaschen und dasselbe portionenweise in eine heisse konc. Lösung von 416 g doppelt-kohlensauren Kali eingetragen, 10 Minuten lang auf dem Wasserbade digerirt und die Lösung nach dem Verdünnen auf 1400 ccm 2 Stunden lang gekocht und filtrirt. Die betreffende Lösung soll dann ein spec. Gew. von 1,18 haben.

Weitere Untersuchungen über die Verwendbarkeit dieser Lösung sind angestellt worden von Bodenbender und Scheller[3]), von Parcus[4]), von Herzfeld[5]) etc.

3. Ermittlung des Verbrauchs an Fehling'scher Lösung.

Die Ermittlung des Verbrauchs an Fehling'scher Lösung für die Reduktion kann auf sehr verschiedenem Wege vorgenommen werden. Im Principe kann man drei Methoden unterscheiden, nämlich einmal diejenige, bei welcher man das am leichtesten zugängliche Reaktionsprodukt, also in diesem Falle das Kupferoxydul, in irgend einer Form zur Wägung bringt. Dann aber kann man auch mit Hilfe von Indikatoren den Punkt feststellen, bei dem die Reduktion beendet ist. Oder aber man titrirt den Ueberschuss der Fehling'schen Lösung in der Art zurück, dass man die Menge des durch die überschüssige Fehling'sche Lösung aus Jodkalium frei gemachten Jodes mit $N/10$ Thiosulfat bestimmt.

1) Rossel, Chem. Ztg. 15, R., 343, 1892.
2) Loewe, Zeitschr. analyt. Ch. 9, 20, 1870; 10, 452, 1871.
3) Bodenbender und Scheller, Chem. Ztg. 11, R., 68, 1887.
4) E. Parcus, Chem. Ztg. 12, 741 und 1316, 1888.
5) A. Herzfeld, d. Chem. Ztg. 14, R., 41 und 108, 1890.

a) Anwendung eines Indikators und Zurücktitriren des Ueberschusses.

Als Indikator für die Bestimmung des Endpunktes dient meist essig-saure Ferrocyankaliumlösung, die man zu dem Filtrate der Reaktionsflüssigkeit giebt, und wobei der Eintritt eines Niederschlags von Ferrocyankupfer anzeigt, dass noch überschüssige Fehling'sche Lösung vorhanden ist. Man wird diese Reaktion erst dann zu Hilfe nehmen, wenn die Lösung keine blaue Farbe mehr zeigt, oder wenn dieselbe nur undeutlich zu erkennen ist. Die Bildung einer vermehrten oder veränder-ten braunrothen Fällung tritt auch mit dem Kupferoxydul selbst ein, so dass eben eine Filtration nöthig ist. Man kann dieselbe umgehen mit Hilfe einer Tüpfelprobe, wobei man den Tropfen der Reaktionsflüssigkeit auf Filtrirpapier auslaufen lässt und an den Rand des ausgebreiteten Tropfens einen solchen von essigsaurer Ferrocyankalilösung heranbringt. Sobald sich keine braune Zone mehr zeigt, ist sämmtliche Fehling'sche Lösung verbraucht. Selbstverständlich gilt nur die Zonenfärbung und nicht die mit dem inneren Kern des auf dem Papier ausgebreiteten Tropfens nachträglich eintretende. Die Bildung des Ferrocyankupfers geht nach folgender Gleichung vor sich:

$$Fe(CN)_2, \ 4\,KCN + 2\,CuSO_4 = Fe(CN)_2, \ 2\,Cu(CN)_2 + 2\,K_2SO_4.$$

Causse[1]) giebt an, man solle zu 10 ccm Fehling'scher Lösung 20 ccm Wasser und 4 ccm einer 5 %igen Lösung von Blutlaugensalz zugeben, hierauf kochen und die Zuckerlösung einfliessen lassen. Es soll dann Entfärbung ohne Absatz von Kupferoxydul das Ende der Reaktion anzeigen. Die Methode scheint wenig Vortheile zu bieten[2]).

Zur Erkennung des Endpunktes empfiehlt Quinquaud[3]) eine Lös-ung von Hausenblase. Dieselbe färbt sich violett, so lange noch Kupfer in der Lösung ist. Man stellt sich dieselbe durch Lösen von Hausenblase in verdünnter Kalilauge her.

Politis[4]), Riegler[5]) und K. B. Lehmann[6]) schlagen vor, die Menge des zu Oxydul reducirten Kupfers in der Weise zu ermitteln, dass man in der von dem Niederschlag getrennten Lösung das noch vorhan-dene Kupfer nach de Haen jodometrisch bestimmt. L. Maquenne[7]) hat dieses Verfahren dahin modificirt, dass er direkt in der Kupferoxydul haltigen Lösung das Kupferoxyd auf diese Weise ermittelt.

---

1) H. Causse, Bull. soc. chim. (2), **50**, 625, 1888.

2) B. Tollens, Kohlenhydrate II, S. 104.

3) Cl. G. Quinquaud, Chem. Centrbl. III. F., **18**, 604.

4) Politis, Zeitschr. analyt. Ch. **30**, 64, 1891.

5) Riegler, ibid. **37**, 22, 1898.

6) K. B. Lehmann, Archiv f. Hygiene, **30**, 267; vgl. a. N. Schoorl, Zeitschr. angew. Ch. 1899, 633.

7) L. Maquenne, Bull. soc. chim. (3), **19/20**, 926, 1898.

D. Sidersky[1]) empfiehlt eine kolorimetrische Bestimmung durch Vergleich der gekochten mit der ungekochten Lösung. Ein ähnliches Verfahren ist bereits von A. Bruttini[2]) angegeben worden.

b) Bestimmung des Kupferoxyduls als solches.

G. Gaud[3]) will die Menge des ausgeschiedenen Oxyduls dadurch bestimmen, dass er dasselbe in ein tarirtes mit Marke versehenes Kölbchen bringt, dessen Gewicht $+$ Wasser man bestimmt hat. Die Gewichtszunahme entspricht dem Kupferoxydul.

Nihoul[4]) hat angegeben, dass Kupferoxydul sich beim Trocknen bei 120^0 nicht verändert. Killing[5]), der zu den gleichen Resultaten kommt, empfiehlt folgende Methode. Man filtrirt das ausgeschiedene Kupferoxydul durch ein Papierfilter und wäscht gut aus. Hierauf trocknet man das Filter bei 100^0 und bringt das Kupferoxydul so gut als möglich in einen gewogenen Tiegel, lässt im Exsiccator erkalten und wägt. Durch Anwendung des Faktors 0,888 findet man die Menge Kupfer. Das Filterchen wird dann noch verascht und das Oxyd gewogen, die Filterasche und das vom Filter zurückgehaltene Kupferoxyd (0,9 mg pro Filter von 4 cm Radius) in Abzug gebracht und der Rest mit 0,7986 multiplicirt. P. Dobriner[6]) weist darauf hin, dass ein Trocknen bei 120^0 bis zur Gewichtskonstanz doch wohl zweckmässiger ist.

Das gleiche Verfahren benützen G. Ambühl[7]) und F. Freyer[8]); dagegen arbeitet Ph. Chapelle in der Weise, dass er das Reagensrohr nach dem Kochen centrifugirt, wodurch sich das Kupferoxydul so fest an die Wand anlegt, dass die Flüssigkeit ohne Verlust abgegossen werden kann. Man lässt gut abtropfen, wäscht einmal mit siedendem, destillirten Wasser gut nach, centrifugirt wieder, giesst das Wasser ab, trocknet das Rohr in einem Luftbade bei $150—180^0$, was drei Minuten in Anspruch nimmt, und wägt das erkaltete Rohr. Parallelbestimmungen stimmen selten schlechter als auf 0,5 mg Cu_2O.

c) Ueberführung des Kupferoxyduls in Kupfer.

Die Ueberführung des Kupferoxyduls in Kupfer wurde von Maercker bezw. Allihn im Wasserstoffstrom vorgenommen.

1) D. Sidersky, Ann. chim. anal. **3**, 329.
2) A. Bruttini, Chem. Centrbl. (3), 19, 307.
3) G. Gaud, Compt. rend. **119**, 478, 1894.
4) Nihoul, Chem. Ztg. **17**, 500, 1893 und **18**, 881, 1894.
5) C. Killing, Zeitschr. ang. Ch. **1894**, 431.
6) P. Dobriner, Zeitschr. analyt. Ch. **36**, 49, 1897.
7) G. Ambühl, Chem. Ztg. **21**, 137, 1897.
8) F. Freyer, Zeitschr. f. Unters. d. Nahrungsmittel, **2**, 659, 1888.

G. Bruhns[1]) und K. Farnsteiner[2]) empfehlen die Ueberführung des Oxyduls in Oxyd mit Methylalkohol vorzunehmen. Dieselbe soll sehr glatt vor sich gehen und durchaus sichere Resultate geben.

Meist wird wohl die Methode der Ueberführung des Kupferoxyduls nach dem Filtriren durch die Asbestfiltrirröhrchen in Kupfer mittels eines 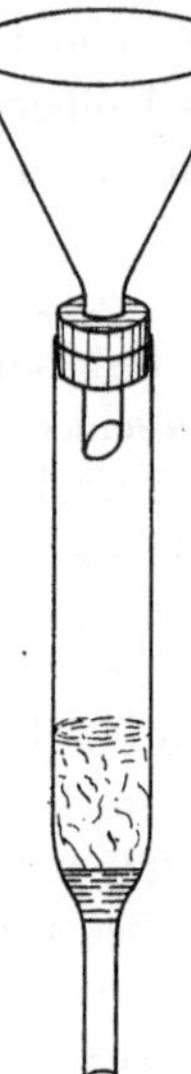Wasserstoffstromes angewendet werden. Man giebt nach dem Abfiltriren und Auswaschen etwas Alkohol und dann Aether zu. Das mit Aether gewaschene Reduktionsröhrchen braucht nicht erst getrocknet zu werden, sondern ist direkt an den Wasserstoffentwicklungsapparat anzubringen, wobei ohne Explosionsgefahr die Erhitzungsflamme sofort angezündet werden kann, da das Wasserstoffflämmchen unter der Einwirkung des Aethers von Anfang an ruhig brennt[3]).

Bezüglich der Asbeströhrchen (Fig. 18) sei noch bemerkt, dass dieselben vom Glasbläser Greiner in München nach Soxhlet'schem Muster mit eingedrücktem Siebplättchen aus fein durchlochtem Platinblech versehen, hergestellt werden und mit einer möglichst dünnen Schicht Asbest von Hoefel in Kufstein beschickt werden[4]). Vor dem Gebrauch werden die Asbeströhrchen mehrmals mit Fehling'scher Lösung und mit Salpetersäure ausgewaschen; dann zeigt sich das Gewicht desselben bei wiederholter Benützung soweit konstant, dass die Verminderung des Gewichts bei der Benützung nie ein Milligramm übersteigt.

Fig. 18.

d) Ueberführung des Kupferoxyduls in Kupferoxyd.

Schon Scheibler[5]) hatte vorgeschlagen, das Kupferoxydul durch Papierfilter zu filtriren und nach dem Auswaschen und Trocknen das Filter zu veraschen und das Oxydul im offenen Tiegel ins Oxyd überzuführen. Nihoul[6]) empfiehlt, nochmals mit Salpetersäure zu oxydiren. L. Grünhut[7]) weist nach, dass erst nach 8 maliger Behandlung mit Salpetersäure und darauffolgendem Glühen alles Oxydul in Oxyd übergeführt ist. Nihoul zeigt demgegenüber, dass bei geeigneten Vorsichtsmassregeln seine Methode gute Resultate liefert. Prager[8]) erhält gute Resultate, wenn er den Niederschlag vom Filter nach dem Trocknen

1) G. Bruhns, Zeitschr. analyt. Ch. **37**, 254, 1898.
2) K. Farnsteiner, Forschungsber. über Lebensm. **2**, 235, 1895.
3) Vgl. H. Jessen-Hansen, Chem. Centrbl. 1899, II, 874.
4) R. H. Smith und B. Tollens, Ber. **33**, 1291, 1900.
5) Scheibler, Zeitschr. f. Zucker.-Ind. **9**, 820, 1884.
6) Nihoul, l. c.
7) L. Grünhut, Chem. Ztg. **18**, 447, 1894.
8) Prager, Zeitschr. angew. Ch. **1894**, 520.

trennt und letzteres für sich verascht. R. Hefelmann[1]) schlägt vor, den Gooch-Tiegel zu benützen und das Kupfer als Oxyd zu bestimmen oder durch Reduktion mit Wasserstoff als Metall.

K. Farnsteiner[2]) empfiehlt das Kupferoxydul direkt im Asbestfilterröhrchen durch einen Luftstrom während des Glühens in Kupferoxyd überzuführen. F. Bolm[3]) hat diese Methode bei einer grossen Reihe von Zuckerbestimmungen in Weinen mit der Bestimmung als Kupfer verglichen und gefunden, dass die Resultate beider Wägungen bis auf ganz unbedeutende Unterschiede übereinstimmen. Er filtrirt durch Asbeströhrchen und oxydirt durch Erhitzen unter gleichzeitigem Durchleiten eines getrockneten Luftstromes vermittelst eines Aspirators. Das Röhrchen wird alle zwei Minuten um $1/4$ gedreht; die Oxydation ist sicher beendet, wenn bei mässiger Hitze, so dass der Asbest gerade ins Glühen kommt, etwa 1 l Luft durchgesaugt ist.

J. Formanek[4]) und P. Tarulli[5]) schlagen vor, das Kupfer in dem abgeschiedenen Oxydul, bezw. in der abfiltrirten unverbrauchten Lösung elektrolytisch zu bestimmen.

R. Geduldt[6]) empfiehlt das ausgeschiedene Kupferoxydul durch Einwirkung einer ammoniakalischen Lösung von Chlorsilber entsprechend der Gleichung:

$$Cu_2O + 2\,AgCl = CuCl_2 + CuO + 2\,Ag$$

in Kupferchlorid und Kupferoxyd umzuwandeln und dann das entstandene Kupferchlorid mit Silbernitrat zu titriren.

4. Wirkungen des Bleiacetats bei vorhergehender Fällung gewisser Substanzen durch diesen Stoff.

Eine Bleiessigfällung zuckerhaltiger Substanzen ist häufig nothwendig, sei es, dass man dadurch eiweisshaltige Substanzen entfernen will wie im Harn oder färbende Stoffe bei gewissen anderen Lösungen. Eine ausführliche Besprechung der Bleiessig- bezw. Bleizuckerfällungen ist in Bd. I Kap. 13 zu finden. Dort wird auch der Beobachtung Saillard's gedacht, wonach Lävulose durch Bleiessig theilweise mit ausgefällt wird.

Auch hier darf eine Bleiessigfällung ohne nachfolgende Entfernung des Bleis dem Erhitzen mit Fehling'scher Lösung niemals vorausgehen, da selbst bei Anwendung von 1 ccm Bleiessig auf 1 ccm Flüssigkeit in

---

1) R. Hefelmann, Pharm. Centrh. **36**, 637, 1895; vgl. auch P. Soltsien, Pharm. Ztg. **46**, 28, 1901.

2) K. Farnsteiner, Forschungsber. über Lebensmittel etc. **2**, 235.

3) F. Bolm, Zeitschr. Unters. Nahr.- u. Genussm. **2**, 689, 1899.

4) J. Formanek, Zeitschr. analyt. Ch. **30**, 64, 1891.

5) P. Tarulli, Monit. scientif. **1897**, 838.

6) R. Geduldt, Monit. scientif. (4), **2**, 62, 1890.

das Kupferoxydul nicht unerhebliche Mengen von Blei übergehen [1]). Die Ausfällung des Bleis mit Natriumsulfat ist namentlich bei alkalischer Reaktion der zuckerhaltigen Flüssigkeit unvollständig und daher bei Anwesenheit von Invertzucker und Lävulose zu verwerfen; dagegen ist sie anwendbar bei Dextrose [2]). Mit Natriumkarbonat erreicht man annähernd den gewünschten Zweck, doch findet man häufig beim Filtriren Schwierigkeiten; ausserdem ist zu berücksichtigen, dass bei einem Ueberschuss dieses Salzes die Fehling'sche Lösung ein anderes Reduktionsvermögen erhält. Eine vollständige Ausfällung des Bleis erreicht man auch bei Anwesenheit von Invertzucker und Lävulose mit Soda nicht, wohl aber bei Dextrose [2]).

Nach Edson [3]) büssen mit Bleizucker versetzte Invertzuckerlösungen auch bei längerem Stehenlassen nicht an ihrem Reduktions- und Rotationsvermögen ein. Dasselbe Resultat hat A. Bornträger [4]) mit sehr konc. Invertzuckerlösungen betreff des Reduktionsvermögens erhalten, während dies dagegen beim Stehenlassen (12—48 Std.) von mit Bleiessig (bis zu $^1/_{10}$ Vol.) versetzten Lösungen eine je nach den Umständen geringere oder grössere, aber stets nur schwache Abnahme erlitten hat. Als er Invertzuckerlösungen mit Bleizucker oder Bleiessig versetzte, hat beim Eindampfen der Mischungen deren Reduktionsvermögen je nach den Verhältnissen in mehr oder weniger starkem Maasse abgenommen.

Vielfach ist behauptet worden, dass durch die Fällung mit Bleiessig auch reducirende Substanzen mit niedergeschlagen und dadurch zu niedrige Resultate erhalten würden. Diese Versuche von Lagrange, Edson, Commerson und Langier [5]), Ross [6]) u. s. w. sind jedoch nicht mit den Vorsichtsmassregeln angestellt, um die Annahme zu rechtfertigen als seien ausser eventueller Fällung anderer nicht zu der Zuckerreihe gehörigen Körper auch geringere Mengen von Invertzucker mitgefällt worden.

Jedenfalls ergiebt sich aus diesen zahlreichen Untersuchungen, die zum Theil sich widersprechende Resultate zu Tage gefördert haben, dass man, wenn dies möglich ist, eine Fällung mit Bleiacetat vermeidet. Ist eine Fällung jedoch nothwendig, so fällt man besser mit Bleizucker als mit Bleiessig und entfernt den Ueberschuss an Blei am besten mit Dinatriumphosphat, welches nach den Versuchen

---

[1]) G. Bruhns, l. c.

[2]) Vgl. Stern und Fränkel, Zeitschr. f. angew. Ch. **1893**, 597; Stern und Hirsch, ibid. **1894**, 116; A. Bornträger, ibid. **1894**, 521.

[3]) Weitere Angaben finden sich in der Arbeit von A. Bornträger, Zeitschr. f. analyt. Ch. **37**, 143, 172, 1898.

[4]) A. Bornträger, Zeitschr. angew. Ch. **1894**, 521.

[5]) Commerson und Langier, Guide pour l'Analyse des Matières sucrées 3. édit. **1884**, p. 41, 201.

[6]) B. B. Ross, vgl. Zeitschr. analyt. Ch. **37**, 154, 1898.

von A. Bornträger sowie Seyda und Woy auch aus konc. Invertzuckerlösungen alles Blei zu fällen vermag.

5. Die Selbstreduktion der Fehling'schen Lösung bezw. Reduktion während des Filtrirens.

Hinsichtlich der Selbstreduktion der Soxhlet'schen Lösung hat sich
nach den Versuchen von G. Bruhns[1]) ergeben, dass sie bei 2 Minuten
langem Kochen ganz frisch bereiteter Lösung eine sehr geringe
ist, nämlich 0,8 mg Kupfer aus 50 ccm, während sie schon bei einer
24 Stunden alten Mischung 3,1 mg Kupfer beträgt. Die ge-
trennte Aufbewahrung der Kupferlösung und der Seignettesalz-Natronlauge
ist demnach, wie auch längst bekannt, wohl nothwendig; dagegen scheint
die Aufbewahrungsdauer der Seignettesalz-Natronlauge ohne Einfluss zu
sein, da die zu den betreffenden Versuchen benützte 14 Tage alt war.

Erhitzt man länger, so findet auch eine grössere Ausscheidung von
Kupferoxydul statt, so z. B. bei einer 4 Stunden alten Mischung 26,4 mg
Kupfer beim 45 Minuten dauernden Erhitzen. Es ist deshalb ein mög-
lichst kurzes Erhitzen zu erstreben. Ausserdem ist es nothwendig, beide
Lösungen aus ganz reinen Materialien herzustellen, da sonst erfahrungs-
gemäss häufig viel höhere Selbstreduktionen eintreten.

Für die mit älteren, wiewohl getrennt aufbewahrten Lösungen erhaltenen höheren Reduktionszahlen giebt Bruhns die Erklärung, dass
sie auf der Eigenschaft alkalischer Flüssigkeiten beruht, Kohlensäure aus
der Luft anzuziehen. Zwar wird dadurch die Selbstreduktion der Mischung
beim Erhitzen nicht vermehrt, sondern sogar vermindert, aber hierdurch
entsteht eine um so schädlichere Täuschung, da gleichzeitig das Kupfer-
ausscheidungsvermögen der reducirenden Zuckerarten dieser Lösung gegenüber steigt. Dies ergiebt sich aus folgender Vergleichung der Müller-
schen Lösung, welche anstatt 50 g NaOH das Aequivalent davon in
66,2 g Na_2CO_3 enthält, mit der Soxhlet'schen.

a) Müller'sche Lösung.

Versuch 1. 50 ccm Müller'sche Lösung $+$ 0,15 g chemisch
reine Dextrose in 50 ccm Wasser gaben bei 2 Minuten langem Kochen
im Mittel 342,5 mg Kupfer (341 und 344).

Versuch 2. Dieselbe Mischung, 4 Minuten gekocht, ergab 384 mg
Kupfer.

Versuch 3. Dieselbe Mischung, jedoch ausserdem noch 10 g Rohrzucker enthaltend, ergab in 2 Minuten 350 mg Kupfer.

---

1) G. Bruhns, l. c.

b) Soxhlet'sche Lösung.

Versuch 4. Genau dem Versuch 1 entsprechend, gab 289 mg Kupfer.

Versuch 5. Wie Versuch 2, gab 294 mg Kupfer.

Versuch 6. Wie Versuch 3, gab 327 mg Kupfer.

Ausser der Selbstreduktion der Fehling'schen Lösung kommt noch die durch die Benützung von Papierfiltern bei Zuckerbestimmungen auftretende Reduktion durch Cellulose des Papiers in Betracht. Es ist von der Benützung der Papierfilter verschiedentlich abgerathen worden, weil die Cellulose wechselnde Mengen von Kupfer festhält, indem sich eine Verbindung beider bilden soll. Man hat dies gefunden, indem man Fehling'sche Lösung für sich allein kochte und filtrirte. Hierbei wurde jedoch die Selbstreduktion nicht berücksichtigt. G. Bruhns weist nach, dass ein Filter No. 589 (rothes Schild, $12^1/_2$ cm Durchmesser) von Schleicher und Schüll nur eine Menge von 1,1 mg Kupfer absorbirt. Er schlägt deshalb vor bei der von ihm angegebenen Methode zu bleiben, nämlich Papierfilter zu verwenden und das Kupferoxydul und Kupferoxyd mit Methylalkohol zu Kupfer zu reduciren. Auch bei Benützung eines Gooch-Tiegels dürfte sich die Reduktion mit Methylalkohol leicht durchführen lassen, obgleich bei Asbestsorten von Kjeldahl[1]) nachgewiesen worden ist, dass dieselben bei Verwendung seiner Asbeströhre 0,8 mg an Gewicht bei jedem Versuch verlieren, im Anfang sogar mehr. Zu dem gleichen Resultat war Killing[2]) gekommen, während andere Forscher wie Grünhut[3]), Ost[4]), Defren[5]) sich der Annahme, als sei guter Asbest nicht leicht mehr zu erhalten, nicht durchaus anschliessen. Nach den Angaben von Defren soll ein Asbest, der zuerst mit Salpetersäure von 1,05 bis 1,1 spec. Gew. ausgekocht und alsdann nach dem Entfernen der Säure kochend mit einer 25%igen Natronlauge behandelt ist, fast absolut widerstandsfähig gegen heisse Fehling'sche Lösung sein. Dagegen verliert der Asbest etwas an Gewicht beim Behandeln des Tiegelinhalts mit verdünnter Salpetersäure zur Entfernung des Kupferoxyds. Vor jeder Bestimmung ist deshalb das Gewicht des Tiegels zu kontrolliren.

G. Bruhns hat gefunden, dass bei 2 Minuten langem Kochen und einer Anwärmezeit von ca. 5—6 Minuten:

1. unter möglichst ungünstigen Bedingungen 3—5 mg Kupfer bei Ausscheidung grösserer Kupferoxydulmengen durch den Einfluss der Luft wieder aufgelöst werden können;

---

[1]) Vgl. J. Kjeldahl, Zeitschr. f. analyt. Ch. **35**, 344, 1896.
[2]) C. Killing, Zeitschr. angew. Ch. **1894**, 431.
[3]) L. Grünhut, Chem. Ztg. **18**, 447, 1894.
[4]) H. Ost, Chem. Ztg. **19**, 1830, 1895.
[5]) Defren, Zeitschr. analyt. Ch. **37**, 253, 1898.

2. dass diese Menge sich bei kleineren Beträgen oder bei Gegenwart von Rohrzucker noch vermindert.

Demgemäss sind die von Kjeldahl (l. c.) gebrachten Einwände belanglos, zumal wenn man nicht offene Schalen, sondern Erlenmeyer-Kölbchen zur Bestimmung verwendet.

6. Ausführung der Bestimmung.

Zur Ausführung der Bestimmung sei nach den langen Auseinandersetzungen von Für und Wider bei den einzelnen Methoden, diejenige wiedergegeben, welche einmal auf den Erfahrungen von Meissl, Herzfeld, Hiller, Baumann, Bornträger, Bruhns und Anderen beruht, die diese Forscher bei Anwendung der Soxhlet'schen Lösung gemacht haben, dann aber auch die Ergebnisse ausführlicher Studien von diesen sind, die speciell auf dem Gebiete der Invertzuckerbestimmung in Rohrzucker beobachtet wurden, aber auch für andere zuckerhaltige Substanzen von allgemeinem Werth sind. Nach den Angaben von G. Bruhns verfährt man folgendermassen:

Zur Anwendung kommt also die Soxhlet'sche Lösung. Man verwendet zu ihrer Darstellung nur ganz reine Materialien, um die Selbstreduktion zu vermeiden, ebenso werden die Lösungen erst direkt vor dem Gebrauche gemischt.

Lösung I. Eine Kupferlösung von 34,639 g zweimal umkrystallisirtem Cuprum sulfuricum purissimum in 500 ccm Wasser. Die Lösung, durchaus neutral gegen Methylorange, soll nach längerer Zeit keinerlei Bodensatz absitzen lassen, was das beste Zeugniss ihrer Reinheit ist.

Lösung II. Zu einer Lösung von 173 g völlig weissem und neutralem Seignettesalz werden 100 ccm einer 51 g NaOH in titrirter Menge enthaltenden Natronlauge gegeben und auf 500 ccm aufgefüllt. Dabei ist es nicht nothwendig, die Lauge mit Hilfe von metallischem Natrium herzustellen, vielmehr genügt mit Alkohol gereinigtes Natronhydrat. Dasselbe soll selbstverständlich kein Eisenoxydhydrat ausscheiden.

Vielfach wird eine häufigere Erneuerung der Seignettesalz-Natronlauge empfohlen.

Ist eine Behandlung einer zuckerhaltigen Flüssigkeit mit Bleiacetat vor der Bestimmung des Reduktionsvermögens nothwendig (wenn irgend thunlich, sollte dieselbe unterbleiben), so geschieht dies am besten mit Bleizucker, und wird der Ueberschuss an Blei mit Dinatriumphosphat gefällt. Die Fällungen werden abfiltrirt und gut ausgewaschen.

In jedem Falle aber ist die Zuckerlösung vorher unter Zusatz von etwas sorgfältig ausgewaschenem, ammoniak- und alaunfreien Thonerdehydrat zu filtriren, damit sie in völlig blankem Zustande mit der frisch

bereiteten, ebenfalls durchaus blanken Fehling'schen Lösung zusammen-
kommt.

Man verwendet 25 ccm einer ca. 1 %oigen Zuckerlösung
und giebt hierzu 500 ccm Wasser und 60 ccm des Gemisches
der Fehling'schen Lösung. Die Zeit für das Anwärmen beträgt ca. 5—6 Minuten, die Kochdauer 2 Minuten.

Die Mischung erfolgt sorgfältig im kalten Zustande in einem Erlenmeyer'schen Kolben aus Jenaer Hartglas mit breitem Boden; die Münd-
ung wird mit einem kleinen Trichter lose verschlossen. Man erhitzt auf
einem 6,5 cm im Durchmesser haltenden, kreisrunden Ausschnitt einer
Asbestpappe, die man auf ein nicht zu feines Drahtnetz legt, mit einem
einfachen Bunsenbrenner, die Flamme desselben soll den Kreis gerade
ausfüllen. Vom ersten starken Aufwallen an ist die Kochzeit zu berechnen, die nicht mehr als 2 Minuten betragen soll, und die man genau
innehalten muss. Gleichzeitig mit der Entfernung der Flamme sind
100 ccm kaltes, luftfreies, destillirtes Wasser zur Abkühlung einzugiessen.
Man schwenkt zur Beförderung der Mischung und Aufrührung des Niederschlags sanft um und giesst die Flüssigkeit sofort auf das sorgfältig vor-
bereitete, mit der einfachen Seite fest an die Trichterwand gelegte, mit
der dreifachen Seite am oberen Rande berührende Filter. Bei richtiger
Wahl des Papiers (z. B. Schleicher und Schüll Nr. 589 mittel oder
Barytfilterpapier von Dreverhoff in Dresden) und der angegebenen
Lage des Filters im Trichter dauert das Durchlaufen der 200 ccm eine
Minute ohne Anwendung einer Saugvorrichtung, wenn man ununterbrochen
nachgiesst, und das Filtrat ist fast stets tadellos klar. Sollte dies anfänglich nicht der Fall sein, so genügt es stets, die ersten 50 ccm nochmals auf das Filter zurückzugiessen. Zum Auffanggefäss benützt man
einen 200 ccm fassenden Mischcylinder mit Ausguss. Der Niederschlag
muss gleich zu Anfang zum Theil mit auf das Filter gelangen.

Sobald der letzte Tropfen aus dem Glase auf das Filter gegossen
ist, stellt man den Kolben hin, spült schnell mit kaltem Wasser das an
den Wänden Haftende auf den Boden hinunter und wendet sich dann
sofort zum Filter, auf welchem man nun über die Fehling'sche Lösung
durch vorsichtiges Auftröpfeln rings am Rande herum kaltes Wasser
schichtet, so dass das Filter stets voll bleibt, bis die Fehling'sche Lösung
ganz verdrängt ist, und man also die Spitze des Kegels deutlich sehen
kann. Erst dann giesst man den Inhalt des Kolbens unter Nachwaschen
mit kaltem Wasser darauf, und wenn das kalte Wasser abgelaufen ist,
wäscht man mit 200—300 ccm siedend heissem Wasser tüchtig nach.

Das nasse Filter darf durchaus nicht bläulich gefärbt sein; das
deutet auf einen Fehler beim Einlegen oder den sonstigen Manipulationen,
namentlich auf zu säumiges Aufschütten des kalten Wassers. Man trocknet
das herausgenommene Filter zwischen Filtrirpapier ab und bringt es sofort

zur Veraschung in eine Platinschale von 6—7 cm Durchmesser. Zur vorherigen Wägung wird diese Schale in der Weise vorbereitet, dass man sie zum Glühen erhitzt, 1 ccm Methylalkohol (Aethylalkohol ist nicht so gut verwendbar, unbrauchbar ist Aether) hineinträufelt, verdeckt, ein wenig abkühlen und dann einige Zeit im Gehäuse der Wage stehen lässt. Ist die Schale schon unmittelbar vorher zur Reduktion benützt worden, so braucht man nur das Kupfer aus ihr mit einem kräftigen Pinsel zu entfernen und sie bis zur Tarirung im Gehäuse der Wage stehen zu lassen, sie verändert ihr Gewicht nicht irgendwie erheblich.

Ist die Veraschung des Filters vollendet, so schiebt man die aus Kupferoxyd und Kupferoxydul bestehende blättrige Masse möglichst auf eine Seite der gerade gestellten Schale, bedeckt diese mit einem Blech, welches in der Mitte ein kleines Loch mit etwas vertieften Rändern besitzt, erhitzt zum kräftigen Glühen und tröpfelt während desselben mit kurzen Pausen 1 ccm Methylalkohol mit Hilfe einer bis an die Marke gefüllten 2 ccm Pipette ein. Dann entfernt man die Flamme und lässt den Rest des Alkohols, also nochmals 1 ccm, ohne Unterbrechung einfliessen. Die ersten Antheile des Alkohols nehmen bei der Hitze der Gefässwandungen den sphäroidalen Zustand an und verdampfen nur verhältnissmässig langsam; hierbei finden die Dämpfe Zeit auf das Oxyd ihre reducirende Wirkung auszuüben, was sich durch lebhafteres Glühen desselben und die Entwicklung von Formaldehyddämpfen dokumentirt. Der weitere Zusatz des Alkohols nach der Entfernung der Flamme hat den Zweck, durch seine Verdampfung das heisse Kupfer vor der Oxydation durch eindringende Luft zu schützen, bis es genügend abgekühlt ist. Bald tritt ein Moment ein, wo der Alkohol die nicht mehr glühenden Platinwandungen berührt und sehr schnell verdampft, so dass die Dämpfe beim Anzünden eine grosse Flamme geben. Schon kurz nach dem Erlöschen derselben kann man den Deckel abheben und die Schale an der Luft erkalten lassen, bis sie nicht mehr nach Formaldehyd und Methylalkohol riecht, dann genügt ein Verweilen von 5 Minuten im Gehäuse der Wage, um sie zur Wägung fertig zu machen.

Die Platinschale leidet nicht durch die Reduktion, da das reducirte Kupfer die Form der Oxydmasse behält und sich wenig anlegt. Man darf daher auch diese Masse nicht vorher zerkleinern, was zur vollständigen Verbrennung der Filterkohle einerseits und zur Vervollständigung der Reduktion anderseits durchaus nicht erforderlich ist, selbst wenn man das feuchte Filter zur Raumersparniss mehrfach zusammengelegt hat. Die Reinheit des erhaltenen Kupfers ergiebt sich leicht aus seinem metallischen Aussehen und dem Fehlen schwarzer Flecken. Uebrigens ist eine Kontrolle durch nochmaliges Erhitzen und Reduciren in 5 Minuten auszuführen. Von dem Gewicht des Kupfers ist diejenige Menge abzuziehen, welche durch das Filter aufgenommen wird, deren Betrag man durch einige blinde Versuche genau feststellt. Bei richtiger Ausführung ist die Reduktion gering.

Ist man im Besitze genügend guten Asbests, so kann auch wohl ein Gooch'scher Tiegel an Stelle der Platinschale zur Verwendung kommen. Doch ist immer vorher das Verhalten des Asbests gegen siedende Fehling'sche Lösung festzustellen.

Für verdünntere Zuckerlösungen, wie sie bei der Weinanalyse vorkommen, möge die Beschreibung der von A. Bornträger[1]) empfohlenen Methode folgen, zugleich als Beispiel für die Titration mit Ferrocyankalium als Indikator.

In den officiellen Verordnungen über die Analyse der Weine wird meistens vorgeschrieben oder wenigstens zugelassen, den Zucker durch Titriren nach Fehling-Soxhlet zu bestimmen, welche Methode auch für die Weinanalyse trotz gegentheiliger Aeusserungen ausreichend genau ist, selbst wenn viel Zucker vorhanden ist. Es wird in jenen Angaben, sofern der Art der Ausführung dieser Titrirungen überhaupt Erwähnung geschieht, ebenso wie in vielen Handbüchern diejenige der beiden von Soxhlet studirten Formen der Methode vorgeschrieben, bei welcher die alkalische Kupferlösung im unverdünnten Zustande mit der auf $0{,}5$—$1\,^0/_0$ Zuckergehalt gebrachten Flüssigkeit titrirt wird. Bei dieser Art der Ausführung der Titrirungen könnte man verdünntere Zuckerlösungen eigentlich nur nach dem Einengen untersuchen, was umständlich sein würde. Ausserdem sind ziemlich bedeutende Vol. (50 ccm) der Fehling'schen Flüssigkeit für jeden Versuch erforderlich, damit man das Kochen auf freiem Feuer bequem vornehmen kann.

Diese Missstände fallen fort, wenn man diejenige der von Soxhlet studirten Formen der Methode anwendet, bei welcher die Fehling'sche Lösung mit 4 Vol. Wasser verdünnt wird. Einerseits lässt sich dann die Titrirung schon mit 10 ccm der alkalischen Kupferlösung anstellen; anderseits kann man bei Vorliegen verdünnterer Zuckerlösungen das streng genommen sonst erforderliche Koncentriren ersparen, indem man die Fehling'sche Lösung nicht mit 4 Vol. Wasser verdünnt, sondern mit einer entsprechend geringeren Menge.

Auf Grund der Soxhlet'schen Resultate berechnet sich nämlich für 10 ccm Fehling'scher Lösung bei Zusatz von 40 ccm Wasser ein Verbrauch von 10,31 bezw. 5,15 ccm an 0,5 bezw. $1\,^0/_0$ Invertzuckerlösung, so dass das Totalvolum des 2 Minuten im Sieden erhaltenen Gemisches etwa 60 bezw. 55 ccm betragen würde. Hieraus ergiebt sich, dass es genügt, bei der Titrirung verdünnter Lösungen den Wasserzusatz von 40 ccm derart zu verringern, dass das Totalvolum ebenfalls ein solches von 55—60 ccm bleibt. Bei Vorliegen von mehr als $1\,^0/_0$ Zuckerlös-

---

1) A. Bornträger, Zeitschr. analyt. Ch. **34**, 19, 1895.

ungen empfiehlt es sich dagegen nicht, durch blosse Erhöhung des Wasser-
zusatzes bei den Titrirungen abhelfen zu sollen, da sonst schon geringe
Fehler beim Ablesen an der Bürette einen Einfluss auf die Resultate
ausüben könnten, wenn nur 10 ccm der alkalischen Kupferlösung zur
Anwendung gelangten. Diese Ablesefehler würden dann von Bedeutung
werden, wenn jene mehr als 1 % Lösung bereits aus zuckerreichen Flüssigkeiten durch Verdünnung erhalten worden sein sollte. Was diesen Punkt
anbelangt, so würde z. B. bei der Untersuchung von auf 1 % gebrachten
10 bezw. 20 % Invertzuckerlösungen ein Ablesefehler von 0,05 ccm den
Zuckergehalt um 0,1 bezw. 0,2 % zu hoch oder zu niedrig finden lassen.

10 ccm der Fehling'schen Lösung entsprechen unter
diesen Umständen 0,05154 g Invertzucker.

Die Bestimmung der Endreaktion geschieht unter Versetzen der
rasch abfiltrirten Flüssigkeit mit Essigsäure und Ferrocyankalium; man
nimmt dabei das Mittel von zwei Versuchen, bei denen der Verbrauch
an verdünnter Zuckerlösung nur um 0,1 ccm verschieden ist, und bei
welchen in einem Falle Ferrocyankalium noch eine Bräunung, im anderen
Falle aber keine Reaktion mehr erzeugt hatte.

Bei den entscheidenden Versuchen lässt man am besten die Zuckerlösung zu der kalten, verdünnten Fehling'schen Lösung laufen und
nicht zu der heissen, wie dagegen oft angerathen wird. Man kann dann,
um genau das beabsichtigte Volum der Zuckerlösung anzuwenden, das
Zusammenlaufen in der Bürette abwarten, bevor das Erhitzen begonnen
wird. Wollte man dagegen die Zuckerlösung der heissen Flüssigkeit zufügen, um nach einigem Kochen den Stand in der Bürette zu beobachten
und, falls nicht das beabsichtigte Volum ausgelaufen sein sollte, diesen
Fehler korrigiren, so würde nicht mehr genau die Zeitdauer von zwei
Minuten beim Sieden eingehalten werden.

Das Kochen soll, um ein Umherspritzen der Flüssigkeit und auch
die geringe Wirkung des oxydirenden Einflusses der Luft möglichst zu
vermeiden, nicht in einer Schale, sondern in einem auf ein Drahtnetz
gestellten Kölbchen vorgenommen werden. Die Beobachtung der Farbe der
überstehenden Flüssigkeit bei den Vorproben geschieht durch Aufstellen
des Kölbchens auf ein weisses Papier. Bei dieser Art der Ausführung
der Vorprüfung gelingt es, durch nachfolgende weitere Zusätze der Zuckerlösung bis auf wenige Zehntel Kubikcentimeter dem wirklich erforderlichen
Verbrauch an Zuckerlösung nahe zu kommen, worauf dann die entscheidenden Titrirversuche unter Anstellung der Endreaktion mit Essigsäure
und Ferrocyankalium folgen.

Hierbei kann man sich nach meinen Erfahrungen auch der bereits
vorher beschriebenen Tüpfelreaktion bedienen, indem man mit einem Glasstabe einen Tropfen der Reaktionsflüssigkeit auf ein Stück Filtrirpapier
bringt und von der Seite her mit einem anderen Glasstabe einen Tropfen

der essigsauren Ferrocyankaliumlösung zulaufen lässt. An der Berühr-ungsstelle bildet sich je nach dem Vorhandensein von Kupfersulfat ein hellerer oder dunklerer braunrother Streifen, der zum Schlusse ganz ver-schwindet. Mit einiger Uebung lässt sich die Endreaktion hierdurch sehr scharf erkennen; das Kupferoxydul kommt gar nicht zur Wirkung, da es durch das Papier zurückgehalten, sozusagen, filtrirt wird. Bei rascher Ausführung ist ein Einwirken des Luftsauerstoffs nicht zu befürchten.

Filtrirt man dagegen ab, so geschieht dies am besten mit glatt an-liegendem Filter; das Filtrat muss ganz frei von Oxydul sein.

Diese Art der Titrirung lässt sich sowohl für Invertzucker wie auch für Lävulose und Dextrose anwenden, da Soxhlet zwischen diesen Zuckerarten, abgesehen von der Grösse der Reduktionskoëfficienten, keinen Unterschied gemacht hat.

7. Verhalten der einzelnen Zuckerarten.

Von den Zuckerarten reduciren Glukose (Dextrose), Fruktose (Lävulose), Galaktose, Mannose, Milchzucker und Maltose die Fehling'sche Lösung direkt; Rohrzucker wirkt wenig (siehe folgendes Kapitel) und ist zuerst durch Erwärmen mit verdünnter Salzsäure (siehe Polari-sation) in Invertzucker, d. h. gleiche Theile Dextrose und Lävulose, zu verwandeln. Ebenso muss auch Raffinose erst invertirt, d. h. in ihre Bestandtheile Dextrose, Galaktose und Lävulose zerlegt werden, ehe sie mit Fehling'scher Lösung bestimmt werden kann.

Im allgemeinen nimmt man an, dass 50 ccm Fehling'scher Lösung = 0,4033 g Cu gleich sind:

$$\left.\begin{array}{l} 0{,}2376 \text{ g Dextrose} \\ 0{,}2572 \text{ g Lävulose} \\ 0{,}3894 \text{ g Maltose} \\ 0{,}3378 \text{ g Milchzucker} \\ 0{,}2470 \text{ g Invertzucker} \end{array}\right\} \begin{array}{l} \text{nach Fehling-Soxhlet'scher} \\ \text{Methode,} \end{array}$$

sämmtlich in 1 %iger Lösung angewandt.

Es ist jedoch nachgewiesen, dass man ganz verschiedene Resultate erhält, wenn man anders zusammengesetzte Fehling'sche Lösungen an-wendet oder nicht genau die Kochdauer einhält, sowie den Procentgehalt der Zuckerlösung ändert.

Genauere Angaben sind im folgenden nur über die bei der Ver-wendung von Soxhlet-Allihn'scher Lösung gefundenen Werthe ge-macht, da diese die allgemein angewendete ist. Auch sind bei der Er-mittlung dieser Werthe die anderen Umstände genau berücksichtigt. Falls andere Werthe angegeben sind, finden sich auch Mittheilungen über die Art der Lösung u. s. w.

Eine einwandsfreie Tabelle über das Reduktionsvermögen der Dextrose ist nicht vorhanden.

Sulc[1]) hat Studien über das Reduktionsvermögen reiner Lävulose ausgeführt. Er fand beim 15 (!) Minuten langen Kochen von 25 ccm Kupfersulfatlösung, 25 ccm Seignettesalzlösung nach Fehling, 50 ccm Wasser und 25 ccm Zuckerlösung das Verhältniss von Kupfer (y) zu Zucker (x) entsprechend der Gleichung:

$$y = 1{,}08 + 1{,}9674\,x - 0{,}001054\,x^2.$$

Hönig, Schubert und Jesser[2]) haben mit Allihn's Lösung ebenfalls die reducirende Wirkung der Lävulose bestimmt und geben eine Tabelle, die für 2 Minuten langes Kochen gilt, und die ich im Auszuge wiedergebe.

Lävulose.	Kupfer.
10 mg	13,73 mg
50 „	88,65 „
100 „	178,88 „
150 „	265,32 „
200 „	347,91 „
250 „	426,73 „

Unter Verwenduug von Soxhlct'scher Lösung haben Herzfeld und Preuss[3]) das Reduktionsvermögen des Invertzuckers ermittelt, wobei sie 3 Minuten lang kochten. In der betreffenden Tabelle sind die Werthe auf Rohrzucker berechnet. Im folgenden ist ein Auszug der Preuss'schen Tabelle gegeben. (Vgl. auch Bd. I, 479 und 480.)

Kupfer.	Invertzucker.	Kupfer.	Invertzucker.	Kupfer.	Invertzucker.
mg	mg	mg	mg	mg	mg
30	8,3	165	83,8	300	160,6
45	16,6	180	92,3	315	169,3
60	25,0	195	100,8	330	177,9
75	33,3	210	109,2	345	186,5
90	41,7	225	117,7	360	195,2
105	50,1	240	126,3	375	203,8
120	58,5	255	134,9	390	212,5
135	66,9	270	143,5	400	218,2
150	75,4	285	152,1		

Ist neben Invertzucker oder reducirendem Zucker noch Rohrzucker vorhanden, so kann, wie späterhin uoch näher ausgeführt wird, unter

---

1) Sulc, Chem. Ztg. **19**, R., 99, 1895.

2) Hönig, Schubert und Jesser, Wiener Akad. Ber. **97**, 2, S. 534; vgl. a. B. Tollens, Kohlenhydrate, Bd. II, 133.

3) Herzfeld und Preuss, Zeitschr. d. Vereins f. Rübenz.-Fabr. 1888, 699; B. Tollens, Kohlenhydrate, II, 140.

Umständen mehr Kupferoxydul ausgefällt werden als bei Abwesenheit von Rohrzucker. Hierbei müssen alsdann die von Meissl gegebenen Tabellen berücksichtigt werden.

Eine andere Tabelle ist von Herzfeld, Preuss und Gerken[1]) in folgender Weise ermittelt worden. Man benützt die durch Versetzen der Lösung von 13,024 g Zucker in 75 ccm Wasser mit 5 ccm Salzsäure von 38%, Invertiren bei 69° C. und Auffüllen auf 100 ccm gewonnene Lösung, verdünnt 50 ccm derselben auf 1 l, neutralisirt 25 ccm dieser Lösung mit 25 ccm einer Lösung von 1,7 g Natriumkarbonat in 1 l und kocht mit 50 ccm Soxhlet'scher Lösung 3 Minuten lang. Dann verdünnt man mit dem gleichen Volum Wasser, filtrirt das Kupferoxydul im Asbestrohr ab, wäscht mit Wasser, Alkohol und Aether, reducirt in Wasserstoff und wägt.

Rohrzucker.	Kupfer.	Rohrzucker.	Kupfer.	Rohrzucker.	Kupfer.
mg	mg	mg	mg	mg	mg
40	79 (80,4)	85	168,6	130	257,9
45	89,2	90	178,2	135	261,9
50	99,3 (100,2)	95	187,8	140	270,9
55	109,4	100	197,3 (196,8)	145	279,9
60	119,5 (120)	105	206,7	150	288,8 (290)
65	129,4	110	216,1	155	297,5
70	139,3 (139,4)	115	225,3	160	306,1
75	149,1	120	234,6 (234,6)	165	314,7
80	158,9	125	243,9	170	323,3 (326,2).

Die in Klammern stehenden Werthe geben die von Wein[2]) ermittelten Daten wieder. Im allgemeinen sind die Differenzen nicht sehr gross.

Ueber das Reduktionsvermögen der invertirten Raffinose

$$(C_{18}H_{32}O_{16} + 5\,H_2O),$$

welche hierbei in ihre Bestandtheile, Glukose, Galaktose und Fruktose, zerfällt, hat A. Herzfeld[3]) Mittheilung gemacht.

Weitere ausführliche Tabellen finden sich in Wein's Tabellenbuch.

Aus den Versuchen von R. H. Smith und B. Tollens[4]) ergiebt sich für die Sorbose bei Anwendung der Soxhlet-Allihn'schen Methode folgende Gleichung:

$$\text{Sorbose} = \text{Kupfer} \times 0{,}649 + (\text{Kupfer} - 77)^2\, 0{,}00018.$$

---

[1]) Herzfeld, Preuss und Gerken, Zeitschr. d. Vereins f. Rübenz.-Fabr. **39**, 714; B. Tollens, Kohlenhydrate, II, 175.

[2]) E. Wein, d. Chem. Ztg. **14**, R, 106, 1890.

[3]) A. Herzfeld, Zeitschr. d. Vereins f. Rübenz.-Fabr. 1888, 720.

[4]) R. H. Smith uud B. Tollens, Ber. **33**, 1292, 1900.

Sorbose besitzt eine erheblich geringere Reduktionskraft als die Glukose.

Für die Galaktose machte Steiger[1]) bei Benützung einer Fehling'schen Lösung von der Zusammensetzung: a) 34,64 g $CuSO_4$ zu 500 ccm, b) 173 g Seignettesalz in 400 ccm Wasser, c) 500 g Natronhydrat zu 1000 ccm folgende Beobachtungen.

80 ccm der Lösung b, 20 ccm der Lösung c, 100 ccm der Lösung a werden gemischt und von dieser Lösung werden 60 ccm mit 60 ccm Wasser und 25 ccm der Zuckerlösung 3 – 4 Minuten gekocht, dann wird das Kupferoxydul abfiltrirt, gewaschen, reducirt. Von der Tabelle sei folgender Auszug mitgetheilt.

Galaktose.	Kupfer.
250 mg	434,5 mg
225 „	393,6 „
150 „	277,5 „
100 „	188,7 „
50 „	94,8 „
25 „	49,9 „

8. Das Reduktionsvermögen des Rohrzuckers.

G. Bruhns giebt hierüber folgende Mittheilungen: Sämmtliche bisher geprüften Proben von weissen Raffineriezuckern und sogar „chemisch reiner Rohrzucker" scheiden beim Kochen mit Fehling'scher Lösung eine gewisse Menge Kupferoxydul aus, und zwar für 10 g Zucker etwa 30 bis 40 mg Kupfer entsprechend. Die Ursache dieser Erscheinung ist bisher noch nicht völlig klar gelegt worden. Zwar nehmen die meisten Autoren stillschweigend an oder sprechen es auch aus, dass diese Reduktion von dem Rohrzucker selbst herrührt, d. h. dass derselbe für das in der Fehling'schen Lösung enthaltene Alkali nicht ganz unangreifbar sei, sondern eine geringe Zersetzung erleide. Dies scheint sich durch die Beobachtung zu bestätigen, dass weniger stark alkalische Lösungen, wie die Müller'sche oder die Soldaïni'sche, weit schwächere oder gar keine Ausscheidungen von Kupferoxydul mit reinem Rohrzucker liefern.

Immerhin bleibt aber die Möglichkeit bestehen, dass das Reduktionsvermögen des Rohrzuckers von einer Verunreinigung herrührt, welche ihm so hartnäckig anhaftet, dass sie auch bei der Herstellung des sog. chemisch reinen Rohrzuckers nicht völlig entfernt werden kann, und diese Ansicht könnte sich darauf stützen, dass bei der Umwandlung der besten Raffineriewaare, welche schon als nahezu chemisch rein angesehen werden kann, in solchem „chemisch reinen Zucker" immer noch Abschwächung

---

1) Steiger, Zeitschr. analyt. Ch. **28**, 444, 1889.

des Reduktionsvermögens für 10 g um **etwa** 10 mg Kupfer, also den vierten Theil der ursprünglichen von etwa 40 mg stattfindet, so **dass** man glauben könnte, durch verbesserte Reinigungsmethoden zu einem reduktionsfreien Produkt zu gelangen.

Um einen ungefähren Begriff von der Menge der hypothetischen Verunreinigung zu erlangen, sei die Annahme gestattet, das wie bei der Dextrose rund 2 mg ausgeschiedenes Kupfer 1 mg der reducirenden Substanz entsprechen. Dann würden 30 mg Kupfer für 10 g Zucker den allerdings nicht unbeträchtlichen Gehalt von 0,15 % dieser Substanz im chemisch reinen Zucker anzeigen.

Auch von Lippmann[1]) neigt zu der Ansicht, dass das Reduktionsvermögen des Rohrzuckers durch eine Verunreinigung bedingt sei bezw. durch beginnende Zersetzung oder sekundäre Reaktion verursacht sei, dass aber reiner Rohrzucker nicht reducirend wirke.

Versuche von G. Bruhns haben weiterhin ergeben, dass die Reduktionskraft des Rohrzuckers durch Kochen mit Natronlauge vermindert wird. Sollte nun das Reduktionsvermögen des Rohrzuckers thatsächlich von einer Verunreinigung herrühren, so muss deren Reduktionsvermögen bald erschöpft sein, wenn man den Zucker längere Zeit mit alkalischer Kupferlösung kocht. Alsdann müsste, abgesehen von den geringen Mengen, welche die Lösung wegen ihrer Selbstreduktion abscheidet, bald die weitere Vermehrung des ausgeschiedenen Kupferoxyduls aufhören. Dies ist aber nicht der Fall. Vielmehr nimmt die Kupfermenge bei 15 Minuten langem Kochen von 50 ccm Zuckerlösung mit 50 ccm Soxhlet'scher Lösung von 194 mg zu bis zu 394 mg bei 45 Minuten langem Kochen etc.

Demgemäss muss der Rohrzucker im analytischen Sinne zu den reducirenden Zuckerarten gezählt werden.

9. Untersuchung der Zuckerabläufe auf Invertzuckergehalt.

Nach der vom Bundesrath erlassenen Vorschrift vom 31. Mai 1892 verfährt man folgendermassen:

In einer tarirten Porzellanschale werden genau 10 g des zuvor durch Anwärmen dünnflüssig gemachten Ablaufs abgewogen und durch Zusatz von etwa 50 ccm warmen Wassers, sowie durch Umrühren mit einem Glasstabe in Lösung gebracht. Die Lösung bedarf, auch wenn sie getrübt erscheinen sollte, in der Regel der Filtration nicht. Man bringt sie in eine Erlenmeyer'sche Kochflasche von etwa 200 ccm Rauminhalt oder in eine entsprechend grosse Porcellanschale und fügt 50 ccm Fehling'sche Lösung zu.

---

1) E. v. Lippmann, Chemie d. Zuckerarten, S. 807.

Die Fehling'sche Lösung ist die der Vorschrift von Soxhlet entsprechende. Man erhitzt im Kochkolben auf einem durch einen Dreifuss getragenen Drahtnetz und erhält 2 Minuten lang im Sieden. Die Zeit des Siedens darf nicht abgekürzt werden. Hierauf entfernt man den Brenner bezw. die Lampe, wartet einige Minuten, bis ein in der Flüssigkeit entstandener Niederschlag sich abgesetzt hat, hält den Kolben gegen das Licht und beobachtet, ob die Flüssigkeit noch blau gefärbt ist. Ist noch Kupfer in der Lösung vorhanden, was durch die blaue Farbe angezeigt wird, so enthält die Lösung weniger als 2 % Invertzucker.

Die Färbung erkennt man deutlicher, wenn man ein Blatt weisses Schreibpapier hinter den Kolben hält und die Flüssigkeit im auffallenden Lichte beobachtet.

Sollte die Flüssigkeit nach dem Kochen gelbgrün oder bräunlich erscheinen, so liegt die Möglichkeit vor, dass noch unzersetzte Kupferlösung vorhanden und die blaue Farbe derselben nur durch die gelbbraune Farbe des Ablaufs verdeckt wird. In solchen Fällen ist wie folgt zu verfahren:

Man fertigt aus gutem, dicken Filtrirpapier ein kleines Filter, feuchtet es mit etwas Wasser an und setzt es in einen Glastrichter ein, wobei es am Rande des Trichters gut festgedrückt wird. Der letztere wird auf ein Reagensgläschen gesetzt. Hierauf filtrirt man etwa 10 ccm der gekochten Flüssigkeit durch das Filter und setzt dem Filtrat ungefähr die gleiche Menge Essigsäure und einen oder zwei Tropfen einer wässerigen Lösung von gelbem Blutlaugensalz hinzu. Entsteht hierbei eine intensiv rothe Färbung des Filtrats, so ist noch Kupfer in Lösung und somit erwiesen, dass der Zuckerablauf weniger als 2 % Invertzucker enthält.

10. Bestimmung von Rohrzucker, Invertzucker, Dextrose und Lävulose bei gleichzeitiger Anwesenheit.

Die von F. G. Wiechmann[1] angegebene Methode beruht hauptsächlich auf dem von Sieben[2] angegebenen Princip der Zerstörung von Lävulose durch längeres Kochen mit Salzsäure, ohne dass die Dextrose überhaupt verändert wird.

Wiechmann fand, dass sich die völlige Zerstörung der Lävulose ohne Benachtheiligung der Dextrose zwar nicht ganz erreichen lässt und hält nähere Studien über die geeignetsten Bedingungen für angezeigt; trotzdem hat er aber im allgemeinen befriedigende Resultate erhalten. Dammüller[3] hat bei Studien über das von Sieben vorgeschlagene Verfahren gefunden, dass die günstigste Erhitzungsdauer nicht 3 Stunden,

---

1) F. G. Wiechmann, Zeitschr. analyt. Ch. **30**, 78, 1891.
2) Sieben, d. Zeitschr. analyt. Ch. **24**, 137, 1885.
3) Dammüller, d. Chem. Ztg. **12**, 240, 1888.

sondern nur $1^1/_2$ Stunden beträgt, denn er erhielt unter diesen Umständen die stärkste Rechtsdrehung. Dammüller fand ferner, dass nur dann, wenn etwa gleichviel Lävulose und Dextrose vorhanden sind, die nach der Behandlung ·noch vorhandene Dextrose annähernd der ursprünglich vorhandenen Menge entspricht, während, wenn wenig oder keine Lävulose vorhanden ist, die Dextrose ziemlich stark angegriffen wird. Die von Wiechmann angegebenen Belegzahlen bestätigen jedoch diese Ansicht nicht.

Wiechmann benützte bei seinen Analysen die Soxhlet'sche Lösung. Der Gang der Untersuchung ist folgender:

a) Bestimmung des Gesammtzuckers.

Das halbe Normalgewicht (13,024 g) des zu untersuchenden Zuckers wird nach Herzfeld's Vorschrift mit 5 ccm konc. Salzsäure invertirt und auf 100 ccm gebracht. 50 ccm der klaren Lösung werden auf 1000 ccm verdünnt. 25 ccm dieser Lösung, entsprechend 0,1628 g Substanz, neutralisirt man mit 25 ccm einer Lösung von 1,7 g krystallisirter Soda in 1000 ccm Wasser und erhält sie nach Zusatz von 50 ccm Fehling'scher Lösung nach der von Herzfeld für Invertzuckerbestimmungen angegebenen Weise 3 Minuten lang im Sieden.

Es sei A die hierbei gefundene Kupfermenge.

b) Bestimmung des gesammten reducirenden Zuckers.

Wiechmann hält sich für die Bestimmung des Invertzuckers genau an die von Herzfeld hierfür angegebenen Vorschriften.

Man löst 26,048 g im Wasser, fällt mit Bleiessig, füllt zu 100 ccm auf und polarisirt. In einem aliquoten Theile des Filtrats fällt man das Blei mit Natriumsulfat aus, füllt zu einem bestimmten Vol. auf und filtrirt. 50 ccm dieses Filtrats werden alsdann in der angegebenen Weise mit 50 ccm Fehling'scher Lösung gekocht. Man wählt zweckmässig die Volumverhältnisse derart, dass die 50 ccm der Zuckerlösung im Stande sind 200—300 mg Cu zu liefern.

Es sei B die 0,1628 g entsprechende, gefundene Kupfermenge.

c) Bestimmung der Dextrose bei Anwendung der Sieben'schen Methode zur Zerstörung der Lävulose.

Man behandelt 100 ccm der invertirten Zuckerlösung (vom Versuch I), 2,5 g der ursprünglichen Substanz entsprechend, mit 60 ccm von 6 facher N-Salzsäure 3 Stunden lang im kochenden Wasserbade. Man kühlt rasch ab, neutralisirt mit 6 facher N-Natronlauge, füllt auf 250 ccm auf und filtrirt. In 25 ccm des Filtrats bestimmt man nach der Allihn'schen Methode die Dextrose.

Es sei C die 0,1628 g entsprechende, gefundene Kupfermenge.

Bei der Berechnung geht man davon aus, dass der Invertzucker als aus gleichen Theilen Dextrose und Lävulose bestehend anzunehmen ist, und dass demnach weiterer reducierender Zucker als freie Dextrose bezw. freie Lävulose vorhanden ist. Bei den folgenden Ueberlegungen ist nicht darauf Rücksicht genommen, dass das Reduktionsverhältniss von Dextrose, Lävulose und Invertzucker nicht ganz gleich ist, sondern sich nach Soxhlet's Angabe wie $100 : 94 : 96$ verhält; auch ist auf den Einfluss, welchen der gleichzeitig anwesende Rohrzucker bei der Bestimmung (b) ausübt, keine Rücksicht genommen. Bei ganz genauen Bestimmungen müsste diesen Umständen, so weit wie möglich, Rechnung getragen werden.

Es ist nun:

$A =$ Kupfer, entsprechend invertirtem Rohrzucker $+$ gesammtem reduc. Zucker bezw. $=$ Gesammtdextrose $+$ Gesammtlävulose.

$B =$ Kupfer, entsprechend gesammtem reduc. Zucker, demnach

$A{-}B =$ Kupfer, entsprechend invertirtem Rohrzucker, woraus sich der Gehalt an Rohrzucker berechnen lässt (Tabelle von Preuss)

$A =$ Kupfer, entsprechend Gesammtdextrose $+$ Gesammtlävulose.

$C =$ Kupfer, entsprechend Gesammtdextrose.

$A{-}C =$ Kupfer, entsprechend Gesammtlävulose.

1. Ist nun $C = A - C$ bezw. $2C = A$. d. h. ist die Gesammtdextrose $=$ der Gesammtlävulose, so heisst das mit anderen Worten, neben Rohrzucker ist nur noch Invertzucker vorhanden.

2. Ist dagegen $C > A - C$, d. h. ist die Gesammtdextrose grösser als die Gesammtlävulose, so ist freie Dextrose vorhanden. Derselben entspricht eine Kupfermenge $= C - (A{-}C) = 2C - A$, welche unter Benützung der Allihn'schen Tabelle in Dextrose umgerechnet wird.

3. Wenn $C < A - C$ ist, d. h. wenn die Gesammtdextrose kleiner ist als die Gesammtlävulose, so ist freie Lävulose vorhanden. Derselben entspricht eine Kupfermenge von $(A{-}C) - C = A - 2C$, die auf Lävulose berechnet wird.

Die dem Gehalt an Invertzucker entsprechende Kupfermenge ergiebt sich im ersten Falle $= B$, in den beiden letzten Fällen aus der Differenz $B - (2C{-}A)$ bezw. $B - (A{-}2C)$. Zur Berechnung benützt man die Herzfeld'sche bezw. Hiller'sche Tabelle. Zur Kontrolle kann man dann auch noch den bei der Polarisation gefundenen Werth mit in Rechnung ziehen.

Wiechmann benützte für seine Versuche Gemische von bekanntem Gehalt an Rohrzucker, Invertzucker und freier Dextrose bezw. Lävulose.

Die Invertzuckerlösungen wurden nach Herzfeld's Vorschrift aus chemisch reinem Rohrzucker dargestellt.

Die krystallisirte, wasserfreie Dextrose war nach Behr's Patent erhalten.

Die Lävulose wurde gewonnen durch Behandeln von 18 g Inulin mit 36 ccm konc. Schwefelsäure von spec. Gew. 1,840 und 516 ccm Wasser. Die Lösung blieb 9 Tage lang stehen, worauf alsdann genau mit Barythydrat neutralisirt und hierauf das Filtrat zu einer Lösung von 1,0043 spec. Gew. eingedampft wird.

Mittels Fehling'scher Lösung, sowie auf polaristrobometrischem Wege wurde der Nachweis geführt, dass die Lösung die Eigenschaften chemisch reiner Lävulose besass.

Da die Methode nicht nur mit allen Fehlerquellen der indirekten Analyse behaftet ist, sondern auch noch dadurch zu Fehlern Anlass giebt, dass man die den Kupfermengen entsprechenden Zuckermengen aus Tabellen entnehmen muss, welche für andere Verhältnisse, namentlich für einen anderen Ueberschuss an Kupferlösung gelten, als er im entsprechenden Fall vorhanden war, ist eine Bestätigung der Anwendbarkeit wünschenswerth.

Theoretisch rationeller würde es sein, sich an Stelle der gewichtsanalytischen Methode des Soxhlet'schen maassanalytischen Verfahrens zu bedienen.

11. Bestimmung von Rohrzucker neben Milchzucker.

L. Grünhut und S. H. R. Riiber[1]) geben folgende Zusammenstellung der auf zwei Reduktionsversuchen mit Fehling's Lösung vor und nach der Inversion beruhenden Verfahren.

Milchzucker reducirt Fehling'sche Lösung direkt, Rohrzucker erst nach der Inversion. Die Inversion wird am besten nach der Zollvorschrift mit Salzsäure vorgenommen. Man löst das halbe Normalgewicht (171 g) des Zuckers in 75 ccm Wasser, erwärmt auf dem Wasserbade nach Zusatz von 5 ccm konc. Schwefelsäure von 38 % (spec. Gew. 1,188) bei 67—70⁰ C. 7¹/₂ Minuten lang, wovon 2¹/₂ Minuten auf das Anwärmen kommen, unter Umschwenken, kühlt sofort ab und füllt auf 100 ccm auf.

„Will man nun aus der Zunahme des Kupferreduktionsvermögens vor und nach der Inversion Schlüsse auf den Rohrzuckergehalt ziehen, so muss als Grundbedingung gefordert werden, dass beide Reduktionsversuche, vor und nach der Inversion, unter genau gleichen Bedingungen ausgeführt werden. Jede Abweichung, sei es in Bezug auf die Koncentration oder auf die Kochdauer, beeinflusst die Menge des abgeschiedenen Kupferoxyduls und macht es mithin unmöglich, die Versuchsergebnisse

---

[1]) L. Grünhut und S. H. R. Riiber, Zeitschr. analyt. Ch. **39**, 19, 1900.

zu einander in Beziehung zu setzen. Diesen Bedingungen genügt aber
weder die gewöhnliche Arbeitsvorschrift von Soxhlet bezw. Meissl für
die gewichtsanalytische, noch auch diejenige von Soxhlet für die volumetrische Bestimmung mit Fehling's Lösung. Bei der Ermittlung des
Milchzuckers muss nach beiden Arbeitsweisen 6 Minuten gekocht werden,
bei derjenigen des Invertzuckers nur 2 Minuten. Bei der Gewichtsanalyse
setzt man zu 50 ccm Fehling's Lösung 100 ccm der nicht Zucker enthaltenden Flüssigkeit (Soxhlet), dagegen nur 50 ccm der Invertzuckerlösung (Meissl); hier herrschen also ausserdem noch wesentliche Unterschiede in der Koncentration."

„Somit ist die Anwendung der gewöhnlichen Methoden von vorn-
herein ausgeschlossen, und man muss auf Verfahren zurückgreifen, welche
das Verhalten der verschiedenen Zuckerarten zur Kupferlösung unter
absolut übereinstimmenden Bedingungen zu Grunde legen. Von solchen
Verfahren kennen wir nur zwei: dasjenige von H. Ost[1]) mit Kupfer-
Kaliumkarbonatlösung und das von J. Kjeldahl[2]) mit Fehling's
Lösung bei einer Kochdauer von 20 Minuten. Die Ost'sche Lösung
ist, wie schon Ost selbst fand und M. Schmöger[3]) bestätigte, zur Bestimmung des Milchzuckers weniger geeignet. Es bleibt also, wenn man
von der Verwendung von Pavy's ammoniakhaltiger Kupferlösung ihrer bekannten Unsicherheit wegen absieht, nur die Methode von Kjeldahl übrig."

„Gerade bei Anwendung dieses Verfahrens tritt aber eine Fehlerquelle
zu Tage, die bei ihm sich ganz besonders deutlich geltend macht, aber
auch in analoger, wenn auch weniger merklicher Weise den übrigen Reduktionsmethoden anhaftet. Rohrzucker reducirt zwar Fehling's Lösung
nicht direkt, aber er erfährt während des Kochens mit dieser Flüssigkeit
eine Zersetzung, die um so weiter fortschreitet, je länger das Kochen
dauert, und die entstehenden Zersetzungsprodukte besitzen reducirende
Eigenschaften. Dieser Sachverhalt wurde bereits vor langer Zeit von
C. Scheibler[4]) beobachtet und E. Feltz[5]) konnte zeigen, dass 10 ccm
Fehling'scher Lösung bei einer Kochdauer von 25 Minuten durch 6 g
invertzuckerfreie Raffinade vollständig reducirt werden. Wendet man mit
Kjeldahl eine besonders starke alkalische Lösung und eine Kochdauer
von 20 Minuten an, so darf man bereits starke Rohrzuckerzerstörungen
und mithin auch recht bedeutende Reduktionswirkungen erwarten. Die
Arbeiten von G. Bruhns[6]) zeigen, welche erhebliche Mengen Kupfer-

---

1) H. Ost, Zeitschr. analyt. Ch. **29**, 637, 1890.
2) J. Kjeldahl, **35**, 344, 1896.
3) W. Schmöger, Zeitschr. analyt. Ch. **31**, 715, 1892.
4) C. Scheibler, Zeitschr. d. Vereins f. Rübenz.-Industrie im Zollverein, **19**,
386, 1869.
5) E. Feltz, Compt. rend. **75**, 960, 1872.
6) G. Bruhns, Zeitschr. öff. Ch. **4**, 779, 1898; Zeitschr. analyt. Ch. **38**, 73, 1899.

oxydul auf diese Weise abgeschieden werden. H. Hessen-Jansen[1]) giebt eine Abänderung des Kjeldahl'schen Verfahrens, jedoch beziehen sich seine Angaben nur auf Invertzucker, nicht aber auf andere Zuckerarten, insbesondere auch nicht auf Milchzucker."

„Die Fehlergrösse bei dem Kjeldahl'schen Verfahren wird nicht allein von dem Verhältniss zwischen Milchzucker und Rohrzucker beeinflusst, sondern in viel höherem Maasse durch die absoluten Zuckermengen."

„Aehnliche Verhältnisse zeigen sich auch bei anderen Kupferreduktionsverfahren als dem von Kjeldahl. Nach A. Herzfeld[2]) erhält man bei der Titration vor und nach der Inversion nur ungefähre Resultate, weil der Einfluss, den die Gegenwart des Rohrzuckers auf das Reduktionsvermögen des Milchzuckers ausübt, nicht bekannt ist. Will man mit Hilfe von Fehling's Lösung Milchzucker genau neben Rohrzucker bestimmen, so bleibt nichts anderes übrig, als empirische Tabellen aufzustellen, aus welchen für jedes beliebige absolute und relative Verhältniss der beiden Zuckerarten die nöthigen Korrekturen entnommen werden können. Derartige Tabellen sind zum Beispiel für Rohrzucker und Invertzucker von Meissl[3]) und von Hiller[4]) aufgestellt worden. Unter allen Umständen aber bleibt die Prämisse dieser Methode, dass der direkte Reduktionsversuch lediglich die Wirkung des Milchzuckers zum Ausdruck bringt, falsch."

„Abgesehen hiervon, haftet den Methoden noch ein zweiter principieller Fehler an. Es ist unrichtig, dass nach der Inversion des Rohrzuckers die Reduktionswirkung des nunmehr gebildeten Invertzuckers sich einfach zu derjenigen des Milchzuckers addirt, so dass aus der Differenz der zur Wägung gebrachten Kupfermengen der Rohrzuckergehalt berechnet werden kann. Diese Abweichungen beruhen in der Hauptsache eben darauf, dass sich die Reduktionswirkungen zweier neben einander wirkenden reducirenden Zuckerarten nicht direkt summiren. Kjeldahl[5]) glaubt, das Gesetz, nach welchem die Reaktion wirklich verläuft, aufgefunden zu haben. Er formulirt es mathematisch und schlägt vor, seine Formel zur annähernden Bestimmung der beiden Zucker zu verwenden. Man soll zunächst das Reduktionsvermögen gegen 15 ccm Fehling'sche Lösung feststellen und alsdann unter Anwendung einer vielfachen Menge Zuckerlösung eine zweite Bestimmung unter Benützung von 50 oder 100 ccm Fehling'scher Lösung ausführen."

Wenn die Anwendung dieses Princips richtige Resultate gewinnen

[1]) H. Hessen-Jansen, Chem. Centrbl. 1899, II, 874.

[2]) A. Herzfeld, vgl. E. v. Lippmann, Die Chemie der Zuckerarten, 2. Aufl., Braunschweig 1895.

[3]) Meissl, Zeitschr. analyt. Ch. 22, 590, 1883.

[4]) Hiller, Zeitschr. analyt. Ch. 29, 620, 1890.

[5]) J. Kjeldahl, Zeitschr. analyt. Ch. 35, 347 und 646, 1896.

liesse, so könnte man mit seiner Hilfe nicht nur die zweite, sondern auch die erste Fehlerquelle umgehen. Man brauchte nur die beiden Bestimmungen in der invertirten Lösung auszuführen und könnte so richtige Werthe für den Gehalt an Milchzucker und an Invertzucker erhalten. Grünhut und Riiber können jedoch nicht über günstige Resultate berichten, wie dies auch schon bei den Untersuchungen von M. Barth[1]) sowie von L. Grünhut[1]) früher der Fall war bei der Bestimmung von Dextrose und Lävulose nach Kjeldahl's Princip.

Eine genaue Bestimmung des Rohrzuckers in der kondensirten Milch ist also hiernach unmöglich.

(Vgl. dazu Bd. I, Kap. **13,** 21 und 22, wo auf Grund der Bestimmung der optischen Aktivität vor und nach der Inversion die Untersuchung ausgeführt wird.)

12. Bestimmung des Rohrzuckers in Gemischen mit Maltose, Isomaltose und Dextrin.

J. Jais[2]) hat mit höchsten 1 %igen Lösungen gearbeitet. Die Kochdauer betrug vor der Inversion 4 Minuten, nach der Inversion 2 Minuten. Es wurden verwandt 50 ccm Fehling'sche Lösung und 25 ccm Wasser Invertzuckerlösung. Jais fasst seine Ergebnisse in folgendem zusammen:

1. Maltose-, Isomaltose-, Dextrin- und Rohrzuckerlösungen ergaben bei Mischung derselben keine Aenderung im Reduktionsvermögen, sondern dasselbe war gleich der Summe der Reduktionsvermögen der einzelnen Bestandtheile.

2. Lösungen von Maltose, Isomaltose und Dextrin für sich und im Gemische ergaben keine Vermehrung der Reduktion beim Invertiren nach Meissl.

3. Bei Zusatz von Rohrzuckerlösungen zu obigen Lösungen wurde durch die Inversion nach Meissl eine der zugesetzten Rohrzuckermenge entsprechende Vermehrung des reducirten Kupfers erhalten, und zwar wurde aus der Zunahme der Kupfermenge nach dem Invertiren die quantitative Rohrzuckermenge gefunden.

4. Eine zugesetzte Rohrzuckermenge wurde auch in ungehopften sowie auch in Brauereiwürzen neben der in den Würzen bereits vorhandenen Rohrzuckermenge durch Inversion nach Meissl quantitativ gefunden.

5. Ein Neutralisiren war für die Reduktion nach der Inversion nach Meissl nicht nöthig.

6. Inversion nach Meissl, in koncentrirteren als 1 %igen Extrakt-

---

[1]) M. Barth, Zeitschr. analyt. Ch. **37,** 335, 1898.
[2]) J. Jais, Zeitschr. f. angew. Ch. **1893,** 731.

lösungen (bis zu 8 und 9 %), mit der entsprechenden Menge $N/5$ Salzsäure, gab auf 100 ccm Würze gleiche Resultate wie 1 %ige Lösung.

13. Bestimmung des Zuckers in thierischen Flüssigkeiten.

V. Harley[1]) fällt die Eiweisskörper vorher mit Sublimat; die gefällte Substanz wird mit Wasser sorgfältig ausgewaschen, das Filtrat von Quecksilber durch Schwefelwasserstoff befreit, dieser durch einen Luftstrom nach F. Schenck[2]) entfernt und der Zucker bestimmt.

M. Flückiger[3]) und E. Salkowski[4]) haben das Reduktionsvermögen des normalen Harns genauer bestimmt. Flückiger fand, dass das Reduktionsvermögen des normalen Harns etwa einer 0,15 bis 0,25 %igen Traubenzuckerlösung entspricht. Hundeharn reducirt zwei- bis dreimal stärker. Nach der Untersuchung von Salkowski erscheint das Reduktionsvermögen höher. An dieser Reduktion sind neben der vielleicht immer vorkommenden geringen Menge Glukose im normalen Harn wohl hauptsächlich Harnsäure und Kreatinin betheiligt.

Wie Ph. Vadam[5]) gefunden hat, giebt solcher Harn, welcher nur Spuren Glukose und ausserdem andere die Reaktion beeinflussende Körper enthält, nach der Fällung derselben mit Phosphorwolframsäure deutliche Reaktion mit Fehling'scher Lösung.

14. Bestimmung der Stärke.

Wie bei der Bestimmung der Stärke mit Hilfe der Polarisation ist es nothwendig, die Stärke mit Hilfe von invertirenden Mitteln in Dextrose überzuführen und dann diese mit Fehling's Lösung zu titriren. Die bei der Polarisation bisher vorgeschlagenen Methoden der Inversion sind in Bd. I angeführt, die hier üblichen sind folgende[6]):

Die erste gute Vorschrift zur Inversion hat R. Sachsse[7]) gegeben, indem man auf 3 g Stärke 20 ccm Salzsäure vom spec. Gew. 1,125 anwendet und die Einwirkungsdauer auf 2—3 Stunden Kochen auf dem Wasserbade festsetzt. Hierbei werden, wie E. Bauer[8]) gefunden hat, 99,3—99,4 % der Stärke verzuckert. Nach C. J. Lintner[9]) ist es bei

1) V. Harley, Journ. of physiol. **12**, 391.
2) F. Schenck, Pflüger's Arch. **55**, 203, 1893.
3) M. Flückiger, Zeitschr. physiol. Ch. **9**, 333, 1885.
4) G. Salkowski, Centrbl. f. d. med. Wiss. 1886, 161.
5) Ph. Vadam, L'Union pharm. **40**, 54, 1899.
6) Vgl. die Zusammenstellung von W. Fresenius und L. Grünhut, Zeitschr. analyt. Ch. **35**, 607, 1896.
7) R. Sachsse, Zeitschr. analyt. Ch. **17**, 231, 1878.
8) E. Bauer, Chem. Ztg. **13**, R., 274, 1889.
9) C. J. Lintner, Zeitschr. angew. Ch. **1891**, 538.

3 stündiger Invertirungsdauer gleichgiltig, ob man 20 oder 15 ccm Salzsäure nimmt. Er zieht im allgemeinen letzteres vor und fand, dass auch
dann die Inversion häufig schon nach 2—2$^{1}/_{2}$ Stunden beendet ist,
3 stündiges Kochen aber niemals schadet, wohl aber 4 stündiges, wie
E. Bauer nachwies. Auch H. Ost[1]) findet, dass die Sachsse'sche
Vorschrift die beste sei.

Der Inversion muss jedoch bei der Untersuchung von stärkehaltigen
Pflanzentheilen, Kartoffeln, Cerealien u. s. w., immer eine Auflösung der
Stärke und eine Abfiltration[2]) vorangehen. Eine solche Auflösung erfolgt
durch Kochen mit Wasser unter Druck, das man meist durch die enzy-
mische Wirkung von Malzextrakt ergänzt. Nach den Untersuchungen
von A. L. Winton jr.[3]) kann man direkt mit Salzsäure invertiren.

R. H. Chittenden[4]) nimmt den Aufschluss der Stärke statt dessen
mit Hilfe der diastatischen Kraft des Speichels vor. Er verkleistert zu
diesem Zweck 3 g der zu untersuchenden fein geriebenen Substanz mit
400 ccm Wasser, setzt nach dem Abkühlen auf 40° 15 ccm filtrirten
und mit Salzsäure sehr genau neutralisirten Speichel zu und digerirt die
Mischung so lange bei 40°, bis ein herausgenommener Tropfen mit Jodlösung keine Reaktion mehr giebt. Dann filtrirt man, koncentrirt das
Filtrat auf 200 ccm und invertirt nach Sachsse.

Die Stärke wird hierauf mit Fehling's Lösung als Dextrose
bestimmt. Die Umrechnung der letzteren auf erstere müsste nach der
Theorie durch Multiplikation mit 0,9 geschehen, doch haben schon frühere
Versuche ergeben, dass in praxi statt dessen ein höherer Faktor zu wählen
sei, den Sachsse zu 0,917, Salomon[5]) zu 0,935 für Reisstärke und
Soxhlet[6]) zu 0,94 bestimmt haben. Auch L. Sostegni[7]) fand für
denselben bei der Untersuchung wasserfreier, mit Aether extrahirter Reisstärke den Werth 0,935, H. Ost nimmt 0,925 an; ebenso ermittelten
C. J. Lintner und G. Düll[8]) im Mittel von gut übereinstimmenden
Beobachtungen an Kartoffel-, Reis-, Roggen- und Weizenstärke diesen
Werth zu 0,941. Sie haben jedoch gezeigt, dass es sich unter Umständen
empfiehlt, die Berechnung dennoch mit dem Faktor 0,9 auszuführen. Sie
fanden nämlich, dass die Cerealien und das Kartoffelmehl in Wasser lösliche oder quellbare und demnach auch beim Maercker'schen Verfahren
in Lösung gehende Extraktstoffe enthalten, welche beim Behandeln mit

---

1) H. Ost, Chem. Ztg. **19**, 1502, 1895.
2) Vgl. A. Märcker, Zeitschr. analyt. Ch. **24**, 617, 1885; O. Reinke, **29**,
472, 1890.
3) R. H. Chittenden, Journ. analyt. chem. **2**, II, 153, 1885.
4) A. L. Winton jr., d. Zeitschr. f. analyt. Ch. **35**, 619, 1896.
5) Salomon, Zeitschr. analyt. Ch. **22**, 593, 1883.
6) Soxhlet, Wochenschr. f. Brauer., 1885, 193.
7) L. Sostegni, Chem. Centrbl. **58**, 896.
8) C. J. Lintner und G. Düll, Zeitschr. angew. Ch. **1891**, 537.

Säure in Verbindungen übergehen, die Fehling'sche Lösung reduciren. Da diese Spaltungsprodukte, die z. B. bei dem hierher gehörenden und näher studirten Gerstengummi Galaktose und Xylose sind, in den voruntersuchten Fällen theils gar nicht, theils schwer gähren, so gelang eine annähernde Bestimmung ihres Einflusses auf das Analysenresultat durch Untersuchung des Gährrückstandes der fertig verzuckerten und dann vergohrenen Stärkelösungen. Hierbei ergab sich, dass man nahe übereinstimmende Werthe erhält, gleichgiltig, ob man den so ermittelten Zuckergehalt von dem in der unvergohrenen Lösung erhaltenen abzieht und die Differenz mit dem Faktor 0,94 multiplicirt, oder ob man den direkt gefundenen Zuckergehalt mit 0,9 multiplicirt. Die Verfasser fanden nämlich:

	0,94 korrigirt	0,9 unkorrigirt	
Gerste	56,57	56,86 %	Stärke
Weizen	54,59	56,27 %	„
Mais	63,18	62,50 %	„
Kartoffelmehl . .	66,32	65,03 %	„

Bei Anwendung des Faktors 0,9 kompensiren sich eben die Fehler mehr oder weniger, unter Umständen vollkommen, und es empfiehlt sich, denselben bei der Stärkebestimmung in Cerealien ohne Anbringung jeglicher sonstigen Korrektur anzuwenden. Bei Gegenwart grösserer Mengen stickstofffreier Extraktstoffe, z. B. bei der Untersuchung von Trebern, Kleien, auch bei der Bestimmung der Gesammtkohlenhydrate in vergohrenen Branntweinmaischen wird man auch mit dem Faktor 0,9 keine Näherungswerthe mehr erhalten. Bei Abwesenheit stickstofffreier Extraktstoffe erhält man die richtigsten Werthe durch Multiplikation mit 0,94.

W. E. Stone[1]) hat folgende Methoden der Stärkebestimmung einer vergleichenden Prüfung unterzogen:

1. Inversion mit Salzsäure und Titration mit Fehling'scher Lösung.
2. Inversion mit Salpetersäure und Polarisation.
3. Auflösung durch einstündige Digestion mit oxalsäurehaltigem Wasser im Wasserbade, Inversion mit Salpetersäure und Polarisation.
4. Inversion mit Salicylsäure und Polarisation.
5. Fällung mit Baryt und Titration des Barytüberschusses.

Die Einzelergebnisse sind in der folgenden Tabelle zusammengestellt.

	1.	2.	3.	4.	5.
Stärkemehl	85,75	85,50	85,75	85,47	85,58
Weizenkleie	65,86	40,25	38,68	—	70,77
Weizenspreu	30,00	63,09	60,24	—	60,44
Weizenmehl	77,69	70,65	64,29	69,38	59,76

---

1) W. E. Stone, d. Zeitschr. analyt. Ch. **35**, 617, 1896.

Getrocknete Kartoffeln .	70,92	69,79	68,53	—	64,25
Maismehl	73,24	66,81	70,55	—	62,11
Heu	3,48	19,10	19,10	—	66,47
Baumwollsaatmehl . .	4,15	—	—	—	54,65
Mischung von Stärke, Zucker und Dextrin .	9,58	21,00	24,08	18,80	33,99.

Wie ersichtlich, geben die Methoden nur für reines Stärkemehl übereinstimmende Resultate; für die Analyse stärkehaltiger Materialien empfiehlt der Verfasser die zweite Märcker'sche Methode.

15. Bestimmung der Harnsäure.

Bekanntlich hat die Harnsäure die Eigenschaft, eine alkalische Kupferoxydlösung in der Wärme zu rothem Kupferoxydul zu reduciren. Nach den Versuchen von E. Riegler[1]) entspricht 1 g Harnsäure 0,8000 g Kupfer im Mittel.

Nimmt man an, dass 1 Mol. Harnsäure 2 Mol. schwefelsaures Kupfer reducirt, so ergiebt eine einfache Rechnung, dass 1 g Harnsäure 0,7556 g Kupfer entsprechen würde. Wie man sieht, weicht diese Zahl von der direkt gefundenen etwas ab.

Man scheidet am besten die Harnsäure aus dem Harne nach Fokker[2]) in Form von harnsaurem Ammon ab. Hierzu werden 200 ccm Harn mit 10 ccm einer gesättigten Lösung von Natriumkarbonat versetzt, gut durchgemischt und nach $^1/_2$ Stunde der Niederschlag von Phosphaten abfiltrirt; derselbe wird mit ungefähr 50 ccm heissen Wassers gewaschen und Filtrat sammt Waschwasser mit 20 ccm einer gesättigten Lösung von Chlorammonium versetzt. Die Mischung wird gut umgerührt, und nach ungefähr 5 Stunden der Niederschlag durch ein geeignetes Filter (etwa Schleicher und Schüll, Nr. 597, 11 cm) abfiltrirt, mit 50 ccm Wasser gewaschen, das Filter durchstochen und der Niederschlag mit ungefähr 50 ccm Wasser in ein Becherglas von 300 ccm Inhalt gespritzt.

Man fügt nun einige Tropfen Kalilauge zu, welche die trübe Flüssigkeit klärt, und dann 60 ccm Fehling'sche Lösung. Man kocht bei mässiger Flamme 5 Minuten lang, filtrirt das Kupferoxydul ab und bestimmt im Filtrat das Kupfer mit Jodkalium und Thiosulfatlösung.

Aehnliche Versuche über die Bestimmung der Harnsäurelösung sind von G. Arthaud und Butte[3]) angestellt worden.

1) E. Riegler, Zeitschr. analyt. Ch. **35**, 31, 1896.
2) Fokker, Zeitschr. analyt. Ch. **14**, 206, 1875.
3) Arthaud und Butte, Zeitschr. analyt. Ch. **29**, 378, 1890; **33**, 501, 1894.

XXVII.

Methode der Oxydation mit Merkuriverbindungen.

Als Sauerstoffüberträger finden die Merkuriverbindungen Verwendung bei der Kjedahl'schen Methode der Stickstoffbestimmung, bei der Darstellung der Phtalsäure aus Naphtalin durch Einwirkung von koncentrirter Schwefelsäure und Quecksilberoxyd. Auch als direktes Oxydationsmittel bei der Verbrennung der organischen Verbindungen ist das Quecksilberoxyd vorgeschlagen worden. Nachstehend ist ein Fall der Verwendung beschrieben, bei dem Quecksilberoxyd zur Herausnahme von Schwefel dient.

Auch andere Merkuriverbindungen üben leicht eine oxydirende Wirkung aus, wobei sie selbst zu Merkuroverbindungen und unter Umständen schliesslich zu metallischem Quecksilber reducirt werden.

Wahrscheinlich geht allen diesen Einwirkungen der Merkuriverbindungen eine Addition an die betreffenden organischen Verbindungen voraus bezw. tritt eine Substitution ein. Es ist deshalb von Interesse auch das hierüber gesammelte Material etwas eingehender zu betrachten.

Die Eintheilung ist demgemäss folgende:

1. Addition bezw. Substitution von Quecksilberverbindungen.
2. Bestimmung der Ameisensäure in Gegenwart von Essigsäure.
3. Bestimmung des Senföls.

1. Addition bezw. Substitution von Quecksilberverbindungen.

Von Additionen von Quecksilberverbindungen zu organischen Stoffen sind bereits in Bd. I. eine grosse Zahl erwähnt worden. Hier sei nur an die Beispiele der verschiedenen Quecksilberjodid-Jodkalilösungen, an das Mayer'sche, das Brücke'sche u. s. w. Reagens sowie das Millon'sche Reagens, bei dem auch die salpetrige Säure eine Rolle spielt, erinnert.

Aus Alkohol und Quecksilberchlorid erhielt K. A. Hofmann[1]) unter besonderen Bedingungen eine Verbindung, $C_2Hg_4Cl_4$, welche einen vollkommen durch Chloro-Merkurisalz substituirten Alkohol darstellt, für dessen Hydroxyl ein Chlor eingetreten ist.

Essigsäure giebt mit Quecksilberoxyd und starker Alkalilauge zwei polymere Verbindungen von der Analysenformel $HOHg_2 \vdots C.COOH$, welche beide eine in der Methylgruppe vollständig substituirte Essigsäure darstellen, von denen aber die eine nur mit Säuren, die andere mit Säuren und Basen sich vereinigt. Man kann drei Quecksilberatome in die Essigsäure einführen, wenn man essigsaures Natrium mit Quecksilberjodid und starker Alkalilauge auf 110^0 erhitzt. Hierbei entsteht das schön gelb krystallisirende Natriumsalz, $JHg(OHg)_2 \vdots C.CO_2Na$, aus dem man durch Salpetersäure die freie Säure und durch Silbernitrat das Nitrat $NO_3Hg(OHg_2)CCO_2H$ gewinnen kann.

Monochloressigsäure liefert als Kaliumsalz mit Quecksilberoxyd und Wasser eine aus Alkohol in weissen verfilzten Nadeln krystallisirende Verbindung, $KCl + ClHg(ClH)CO_2K$, die sehr leicht durch Säuren oder Alkalien zerlegt wird.

Aethylen giebt nach K. A. Hofmann und J. Sand[2]) mit Merkurisalzen, je nach der Natur der betreffenden Säure, Aethan-, Aethanol- und Aetherquecksilberverbindungen wie z. B. C_2H_3HgJ; $(C_2H_5O)HgBr$; $BrHg.C_2H_4OC_2H_4HgBr$.

Auch von Allylalkohol sind die betreffenden Verbindungen dargestellt worden.

Interessant ist noch die Beobachtung von Desesquelle[3]) bezw. O. Dimroth[4]) und B. Grützner[5]), wonach bei Einwirkung von Merkurichlorid auf eine alkalische Lösung von Phenol die o- und p-Verbindungen des Oxyphenylquecksilberchlorids aus Phenol nach folgender Gleichung entstehen:

$$C_6H_5OH + NaOH + HgCl_2 = C_6H_4 \Big\langle {{(1)OH} \atop {(2) \text{ oder } (4)HgCl}} + NaCl + H_2O.$$

Aehnliches ist bei der Verwendung von Quecksilberacetat beobachtet worden. Auch Benzol und Toluol sowie Naphtol substituiren in dieser Weise.

---

1) K. A. Hofmann, Ber. **32**, 870, 1899.
2) K. A. Hofmann und J. Sand, Ber. **33**, 1340, 2692, 1900.
3) Desesquelle, Bull. soc. chim. **11**, 263.
4) O. Dimroth, Ber. **31**, 2154, 1898.
5) B. Grützner, Archiv d. Pharm. **236**, 622, 1898.

2. Bestimmung der Ameisensäure in Gegenwart von Essigsäure.

Das betreffende Verfahren ist von A. Leys[1]) ausgearbeitet worden
und beruht auf der Thatsache, dass Ameisensäure Merkuriacetat quantitativ in Merkuroacetat umwandelt. Bei Zusatz geringer oder grösserer
Mengen Ameisensäure zu einer Lösung von Merkuriacetat scheiden sich
nach einiger Zeit Krystalle von Merkuroacetat aus. Beim Kochen der
Mischung findet die bei gewöhnlicher Temperatur sehr langsam verlaufende Reaktion schnell statt, wobei sich Gasblasen entwickeln. Nach
kurzem Kochen unterbricht man das Erhitzen, beim Abkühlen scheidet
sich das Merkuroacetat in schönen weissen Krystallen aus. Gegenwart
von Essigsäure, Alkohol oder Aldehyd hindert die Reaktion nicht. Dieselbe erfolgt in der Weise, dass die Ameisensäure das Merkuriacetat unter
Bildung von Merkuriformiat zersetzt. Letzteres verwandelt sich freiwillig
in Merkuroformiat und dieses wird durch Essigsäure unter Bildung von
Merkuroacetat zerlegt. Folgende Gleichungen geben den Vorgang wieder:

$$\text{a)} \quad 2\ \begin{matrix} CH_3COO \\ CH_3COO \end{matrix}\!\!>\!\!Hg + 4HCOOH = 4CH_3COOH + 2\ \begin{matrix} HCOO \\ HCOO \end{matrix}\!\!>\!\!Hg.$$

$$\text{b)} \quad 2\ \begin{matrix} HCOO \\ HCOO \end{matrix}\!\!>\!\!Hg = \begin{matrix} HCOO \\ HCOO \end{matrix}\!\!>\!\!Hg_2 + HCOOH + CO_2.$$

$$\text{c)} \quad \begin{matrix} HCOO \\ HCOO \end{matrix}\!\!>\!\!Hg_2 + 2CH_3COOH = \begin{matrix} CH_3COO \\ CH_3COO \end{matrix}\!\!>\!\!Hg_2 + 2HCOOH. \text{ etc.}$$

Die Reaktion erfolgt mit den kleinsten Mengen Ameisensäure; 10 mg
bewirken einen voluminösen Niederschlag.

Bei einem Gemenge von Essigsäure und Ameisensäure muss man
zwei Fälle unterscheiden: a) das Gemisch ist reich an Essigsäure und
enthält nur wenig Ameisensäure; dann verdünnt man mit Wasser, bis man
eine Flüssigkeit mit 20—30 % hat. b) Bei einem Gehalte von 1 Theil
Ameisensäure auf 20 Theile Essigsäure und bei höherem Gehalt, verdünnt
man die Lösung, bis man einen Gehalt von 2 % hat.

10 ccm einer genügend verdünnten Lösung werden in einem Glaskolben mit 20—30 ccm einer 20 %igen Merkuriacetatlösung gemischt,
die Mischung auf 100 ccm mit Wasser aufgefüllt, die Lösung bis zum
Sieden erhitzt und bis zum folgenden Tage abgekühlt. Der Niederschlag
wird auf Glaswolle abgesaugt, mit 95 %igem Alkohol, welcher 2 % Essigsäure enthält, nachgewaschen, dann mehrmals mit reinem Alkohol und
schliesslich mit Aether. Nach dem Trocknen wird durch Eintauchen des
Saugtrichters in Salpetersäure (1 : 1) der Niederschlag gelöst und das
Quecksilber mit Kochsalz gefällt. Das Quecksilberchlorür wird auf einem
gewogenen Filter gesammelt und nur kurze Zeit auf 100 ° getrocknet, da

---

1) A. Leys, Bull. Soc. chim. (3), **19**, 472, 1898; Chem. Centrbl. 1898, II, 318.

es flüchtig ist. 1 Mol. Ameisensäure zersetzt genau 1 Mol. Merkuriacetat, demgemäss ergiebt die Multiplikation des Gewichts des Merkurichlorids mit dem Faktor 0,0976 das Gewicht der Ameisensäure. Das Verfahren liefert sehr genaue Zahlen. Bei Anwendung einer Lösung mit 0,130 g Ameisensäure wurden 0,132 g gefunden.

3. Bestimmung des Senföls.

O. Förster[1]) macht darauf aufmerksam, dass die von E. Dieterich zur Ermittlung des Senfölgehaltes in Senfpapier angewandte Methode nicht brauchbar ist zur Bestimmung des Senfölgehaltes in Pflanzentheilen, weil bei der Destillation mit Wasserdampf Körper übergehen, welche eine Fällung metallischen Silbers aus der Silberlösung veranlassen können. Förster fängt deshalb das Destillat in einem 50 ccm mit Ammoniak gesättigten Alkohol enthaltenden Kolben auf. Hierbei bildet sich das Thiosinamin.

$$CH_2 : CHCH_2NCS + NH_3 = S : C\begin{cases} NH_2 \\ NH(CH_2CH : CH_2) \end{cases} \cdot$$

Allylsenföl.   Thiosinamin = Allylthioharnstoff.

Man stellt 12 Stunden zur Seite und erhitzt hierauf in einem Becherglas zum Sieden. Aldann setzt man frisch gefälltes Quecksilberoxyd in ausreichender Menge zu und erhält noch einige Zeit unter Umrühren im Kochen. Vor dem völligen Erkalten der Flüssigkeit setzt man derselben eine zur Lösung des überschüssigen Quecksilberoxyds ausreichende Menge Cyankaliumlösung hinzu und rührt, bis das abgeschiedene Schwefelquecksilber von anderen Niederschlägen völlig befreit ist. Das Gewicht des ausgewaschenen, getrockneten Schwefelquecksilbers giebt nach Multiplikation mit 0,4206 die entsprechende Menge Senföl.

Nach den Versuchen von A. Schlicht[2]) erhält man mit der Förster'schen Methode, bei Anwendung reinen Senföls, Resultate, die um 3,4 bis 7,2 % zu niedrig sind.

Die Umsetzung mit Quecksilberoxyd findet beim Thiosinamin nach folgender Gleichung statt:

$$SC\begin{cases} NH_2 \\ NH(CH_2 . CH : CH_2) \end{cases} + HgO = HgS + H_2O + CN . CH_2CH : CH_2$$

Allycyanamid
= Sinamin,

während Thioharnstoff nur Cyanamid, $CN . NH_2 : C(NH)_2$, bildet.

---

1) O. Förster, Landw. Versuchsstat. **35**, 309; Zeitschr. analyt. Ch. **30**, 647, 1891.
2) A. Schlicht, Zeitschr. analyt. Ch. **30**, 662, 1891.

XXVIII.

Methode der Bestimmung mit Silbernitrat.

———

Die Verwendung von Silbernitrat ist eine so verschiedenartige, dass dieselbe zum Theil unter der Rubrik Fällungen, zum Theil aber auch zu den Oxydationen zu rechnen ist. Dazu kommt noch die Anwendung als Halogen- und Schwefelentziehungsmittel.

Neben dem Silbernitrat treten die anderen Silbersalze hinsichtlich ihrer Verwendbarkeit für die quantitative Bestimmung organischer Verbindungen in den Hintergrund.

Um eine Zersplitterung des Stoffes zu vermeiden, sind die diesbezüglichen Fällungs- bezw. Löslichkeitserscheinungen der verschiedenen Silbersalze nachstehend nochmals eingehend beschrieben, während dieselben in Band I nur eine kurze Erwähnung gefunden haben.

Die Eintheilung ist folgende:

1. Titrationsmethoden.
   a) Bestimmung des Chloroforms.
   b) Bestimmung alkalischer Benzoate.
   c) Bestimmung der Blausäure.
   d) Bestimmung des Formaldehyds.
   e) Bestimmung des Schwefelkohlenstoffs.
2. Fällung bezw. Wägung als Silbersalz.
   a) Bestimmung des Acetylens und der Kohlenwasserstoffe der Acetylenreihe.
   b) Bestimmung der Bernsteinsäure bei Gegenwart von Weinsäure und Milchsäure.
   e) Bestimmung von Theobromin und Koffeïn.
3. Reduktionsmethoden.
   a) Bestimmung des Formaldehyds.
   b) Bestimmung der Homogentisinsäure und Gallussäure im Harn.

c) Bestimmung von Furfurol.
d) Bestimmung der Alloxurbasen im Harn.
c) Bestimmung des Morphins.
4. Entziehung von Halogen.
a) Bestimmung des Jodoforms.
5. Entziehung von Schwefel.
a) Bestimmung des Senföls.

1. Titrationsmethoden.

Silbernitrat lässt sich bekanntlich mit Kochsalzlösung oder mit Rhodanammonium- oder Rhodankaliumlösung titrimetrisch bestimmen.

Für die Bereitung von $N/10$ Lösungen hat man folgende Gewichtsmengen abzuwägen und dieselben nach erfolgter Lösung auf 1 l zu verdünnen:

Für die $N/10$ Silberlösung 17 g,
„ „ „ Chlornatriumlösung 5,85 g.

Die Rhodanammoniumlösung muss, da sich das Rhodanammonium wegen seiner Hygroskopicität nicht gut in absolut reinem Zustande abwiegen lässt, erst eingestellt werden. Man nimmt zur Herstellung der Lösung 8 g und bestimmt dieselbe dann mit $N/10$ Silberlösung.

Bei der Titration mit Kochsalzlösung lässt man unter Anwendung einiger Tropfen einer Lösung von neutralem Kaliumchromat so lange Silbernitratlösung zutröpfeln, bis Ausscheidung von rothem Silberchromat erfolgt. Alsdann ist sämmtliches Chlornatrium umgesetzt nach der Gleichung:

$$NaCl + AgNO_3 = AgCl + NaNO_3,$$

während die Umsetzung mit Kaliumchromat in folgender Weise vor sich geht:

$$2\,AgNO_3 + K_2CrO_4 = Ag_2CrO_4 + 2\,KNO_3.$$

Die Titration mit Rhodanammoniumlösung erfolgt unter Anwendung von Eisenammoniakalaun als Indikator. Man giebt so lange Rhodanammonium zu der Silbernitratlösung, bis eine bleibende Rothfärbung durch Bildung von Eisenrhodanid den Endpunkt bezeichnet. Die betreffenden Umsetzungen gehen nach folgenden Gleichungen vor sich:

$$NH_4(SCN) + AgNO_3 = Ag(SCN) + NH_4NO_3.$$
$$6\,NH_4(SCN) + Fe_2(SO_4)_3 = 2\,Fe(SCN)_3 + 3\,(NH_4)_2SO_4.$$

Bei der Titration mit Rhodanammonium ist ein Ueberschuss von Salpetersäure sowie die Anwesenheit nitroser Gase zu vermeiden. Am besten beseitigt man letztere durch länger dauerndes Erhitzen oder durch Zugabe von Harnstoff und stumpft die freie Salpetersäure durch Natriumacetat ab.

Die Umsetzung mit Blausäure, welche in besonderer Weise verläuft, ist nachstehend beschrieben.

a) Bestimmung des Chloroforms.

Chloroform setzt sich mit alkoholischer Kalilauge um im Sinne der Gleichung:

$$CHCl_3 + 4\,KOH = HCOOK + 3\,KCl + 3\,H_2O.$$

L. de Saint-Martin[1]) schlägt vor, die Menge des erhaltenen Chlorkaliums nach der Neutralisation mit Silbernitrat zu bestimmen.

Dieselbe Methode lässt sich für sämmtliche Halogenalkylverbindungen verwenden, die sich mit alkoholischer Kalilauge in entsprechender Weise leicht umsetzen.

b) Bestimmung alkalischer Benzoate.

Man verdampft nach G. Rebière[2]) eine gewogene Quantität derselben mit Salzsäure zur Trockene und bestimmt den Chlorgehalt nach Lösen des Rückstandes ˜mit Silbernitrat. Diese Methode lässt sich bei den meisten benzoësauren Salzen verwenden. Bei dem Lithiumsalz darf nur ein geringer Ueberschuss an Salzsäure genommen werden und das Verdampfen zur Trockene muss zur Vermeidung von Verlusten durch Verflüchtigung auf dem Wasserbade geschehen.

c) Bestimmung der Blausäure.

Cyankalium setzt sich mit Silbernitrat in der Weise um, dass sich Cyansilber bildet, welches aber durch überschüssiges Cyankalium in Lösung gehalten wird. Erst wenn die Hälfte des Cyankaliums umgesetzt ist, beginnt die Ausscheidung:

$$KCN + AgNO_3 = AgCN + KNO_3$$
$$KCN + AgCN = Ag,K(CN)_2 \ (\text{löslich}).$$

Man titrirt also bis zur beginnenden bleibenden Trübung und hat bei der Berechnung die Menge der verbrauchten Silberlösung zu verdoppeln, da ja nur die Hälfte des Cyankalis titrirt worden ist. Das ist das Verfahren von Liebig.

Freie Cyanwasserstoffsäure reagirt nicht mit Silbernitrat. Man muss dieselbe demgemäss neutralisiren, was man unter Anwendung von Poirrier's Blau ausführen kann, da Lackmus durch das hydrolytisch dissociirte Cyankalium bereits vor der vollständigen Neutralisation gebläut wird.

Bei der Bestimmung des Blausäuregehaltes in Bittermandelölwässern muss zuerst eine völlige Zerlegung des Benzaldehydcyanids

---

1) L. de Saint-Martin, Compt. rend. **106**, 492, 1888.
2) G. Rebière, The Analyst **21**, 102; Zeitschr. analyt. Ch. **36**, 248, 1897.

stattfinden. G. Gregor[1]), der die diesbezüglichen Methoden von A. Souchay[2]) und S. Feldhaus[3]) bezw. auch A. Volhard[4]) untersuchte, fand, dass folgende Verfahren die besten Resultate lieferten.

α) Die gewichtsanalytische Bestimmung der Blausäure in den officinellen Wässern ist in der Art vorzunehmen, dass man in einer Stöpselflasche 50 ccm des Wassers mit 50 ccm Ammoniak, nach Umrühren sofort mit 25—30 ccm $^N/_2$ Silbernitratlösung (im Ueberschusse) und nach abermaligem Umrühren mit der entsprechenden Menge Salpetersäure bis zur schwachsauren Reaktion versetzt. Die einzelnen Operationen sind rasch hinter einander ohne Zeitverlust auszuführen. Man verdünne zweckmässig auf etwa 200—300 ccm mit destillirtem Wasser, sammle den Niederschlag auf einem Filter und bestimme den Cyankaligehalt nach Rose's Vorschlag durch Wägung des metallischen Silbers.

β) Unter allen bekannten titrimetrischen Methoden ist die Methode Volhard's die genaueste. Man führt die Operation derart aus, dass man in einem $^1/_4$ l Kolben 100 ccm des Wassers mit 5 ccm Ammoniak, 50 ccm $^N/_{10}$ Silbernitratlösung und der nöthigen Menge salpetrigsäurefreier Salpetersäure bis zur schwach sauren Reaktion versetzt, hierauf bis zur Marke destillirtes Wasser zusetzt. Nach kräftigem Durchschütteln und Absetzenlassen des Cyansilbers wird durch ein trocknes Faltenfilter in ein trocknes Gefäss abfiltrirt. 50 ccm des Filtrates werden auf Zusatz von einigen Tropfen Ferrisulfatlösung mit $^N/_{10}$ Rhodankaliumlösung zurücktitrirt. Selbstredend darf nicht der erste Tropfen der Rhodanidlösung die charakteristische Rothfärbung erzeugen, sonst ist zu wenig Silbernitratlösung zugesetzt und die Blausäure nicht vollständig ausgefällt worden; in diesem Falle muss die ganze Operation mit einer grösseren Menge Silbernitratlösung wiederholt werden.

Bemerkenswerth ist noch, dass nach Lextreit[5]) Blausäure, die nach Liebig durch Zersetzen von Cyankaliumlösung durch Weinsäure erhalten worden ist, nicht mit Silberlösung titrirt werden kann.

Der Blausäuregehalt von Oleum amygdalarum aethereum soll nach F. Dietze[6]) nicht mehr als 2,0 % und nicht weniger als 1,5 % betragen.

Zur Bestimmung des Cyanwasserstoffs im ätherischen Bittermandelöl wird von Anton[7]) folgende Modifikation der Vielhaber'schen Methode empfohlen:

---

1) G. Gregor, Zeitschr. analyt. Ch. **33**, 30, 1894.
2) A. Souchay, ibid. **2**, 173, 1863.
3) S. Feldhaus, ibid. **3**, 34, 1864.
4) A. Volhard, Liebig's Ann. **190**, 1.
5) Lextreit, Journ. Pharm. Chim. **11**, 327; Chem. Centrbl. 1899, I, 1001.
6) F. Dietze, Zeitschr. d. allg. öster. Apoth. Vereins **50**, 942.
7) Anton, ibid. **50**, 492.

2 g ätherisches Bittermandelöl versetzt man mit 10 g breiförmigem Magnesiahydrat und 10 g Wasser und fügt einige Tropfen Kaliumchromatlösung hinzu. Hierauf lässt man aus einer Bürette so lange $^N/_{10}$ Silberlösung zufliessen, bis die bei jedesmaligem Zusatz entstehende rothe Färbung von Silberchromat beim Umrühren nicht mehr verschwindet. Die Anzahl der verbrauchten Kubikcentimeter Silberlösung ergiebt, mit 0,135 multiplicirt, den Procentgehalt des Oeles an Cyanwasserstoff. Es sollen mindestens 11,1 ccm und höchstens 14,8 ccm Silberlösung verbraucht werden.

d) Bestimmung des Formaldehyds.

Diese Methode, welche von G. Romijn[1]) ausgearbeitet worden ist, gründet sich auf die Eigenschaft des Formaldehyds, Cyankalium sofort zu addiren. Wenn man eine koncentrirte Lösung des $96\,^0/_0$igen Salzes dem käuflichen Formaldehyd beimischt, tritt eine sehr starke Wärmeentwicklung ein. Das Additionsprodukt reducirt in alkalischer Lösung eine Silbernitratlösung schon in der Kälte. Wenn man dem Silbernitrat zuvor einige Tropfen Salpetersäure zusetzt, so dass die Flüssigkeit nach dem Zufügen des Aldehydcyankaliumgemisches eine saure Reaktion behält, so bleibt, wenn der Aldehyd im Ueberschuss war, der Niederschlag von Cyansilber aus, und wenn ein Ueberschuss von Cyankalium vorhanden war, wird von demselben so viel gebunden, dass auf 1 Mol. Formaldehyd 1 Mol. Cyankalium kommt. Vielleicht entsteht die Kaliumverbindung des Oxyacetonitrils, $H_2COK \cdot CN$.

Für die Bestimmung muss man also das Aldehydcyankaliumgemisch zu der angesäuerten Silbernitratlösung geben, und in einem aliquoten Theil der filtrirten Flüssigkeit wird der Ueberschuss des Silbers nach der Methode von Volhard bestimmt.

Die Cyankaliummethode gestattet auch bei Anwesenheit anderer Aldehyde (Acetaldehyd, Benzaldehyd) sowie Aceton eine genaue Bestimmung. Innerhalb $^1/_2$ Stunde findet unter diesen Umständen keine Einwirkung derselben auf Cyankalium statt.

e) Die Bestimmung des Schwefelkohlenstoffs.

A. Goldberg[2]) schlägt eine Methode vor, die auf der Umsetzung des Schwefelkohlenstoffs mit alkoholischer Ammoniaklösung beruht. Behandelt man Schwefelkohlenstoff unter Druck mit alkoholischer Ammoniaklösung, so treten folgende Umsetzungen ein:

$$1.\quad CS_2 + 2NH_3 = CS\!\!<^{SNH_4}_{\ NH_2}$$

---

1) G. Romijn, Zeitschr. analyt. Ch. **36**, 18, 1897.
2) A. Goldberg, Zeitschr. angew. Ch. **1899**, 75.

$$2.\ CS\Big\langle{\text{SNH}_4 \atop \text{NH}_2} = \text{H}_2\text{S} + \text{CNSNH}_4.$$

Es tritt jedoch keine vollständige Umwandlung des nach 1. gebildeten dithiokarbaminsauren Ammons in Rhodanammonium und Schwefelwasserstoff ein, sondern es bleibt eine mehr oder minder grosse Menge des dithiokarbaminsauren Ammons unzersetzt.

Lässt man nach erfolgter Umsetzung ammoniakalische Zinklösung einwirken, so liefert sowohl das dithiokarbaminsaure Ammon als auch der Schwefelwasserstoff Schwefelzink, so dass ein Molekül CS_2 einem Molekül ZnS entspricht. Die Bildung des Schwefelzinks erfolgt nach folgenden Gleichungen:

$$3.\ CS\Big\langle{\text{SNH}_4 \atop \text{NH}_2} + \text{ZnO} = \text{ZnS} + \text{H}_2\text{O} + \text{CNSNH}_4$$

$$4.\ \text{H}_2\text{S} + \text{ZnO} = \text{ZnS} + \text{H}_2\text{O}.$$

Die Endprodukte sind demnach Zinksulfid und Rhodanammonium. Man filtrirt vom Zinksulfid ab und bestimmt nach Zusatz von Salpetersäure das Rhodanammonium nach Volhard oder den Ueberschuss an Zinksulfat mit Schwefelnatrium. Erstere Methode verdient den Vorzug.

Zur Bestimmung verwendet man auf 1 g CS_2 5—6 ccm wässerigen Ammoniaks vom spec. Gew. 0,910 und etwa 25 ccm Alkohol. Man erhitzt im zugeschmolzenen Rohr oder im Druckfläschchen; bei Anwendung des letzteren umgiebt man dasselbe zum Schutze gegen etwaiges Zerspringen mit einer Blechhülse. Man erhitzt 2 Stunden auf 60^0, doch schadet auch ein Erwärmen auf 100^0 nicht. Hierauf setzt man nach dem Erkalten eine zur Bindung des entstehenden Schwefelwasserstoffs ausreichende Menge ammoniakalischer Zinksulfatlösung (10—15 g Zink im Liter) zu, erwärmt auf 60—100^0 und bestimmt dann nach dem Abfiltriren das Rhodanammonium.

2. Fällung bezw. Wägung als Silbersalz.

Nachdem schon vorher die Fällung des Cyansilbers und darauf folgende Wägung als metallisches Silber beschrieben worden ist, sei noch darauf hingewiesen, dass die Halogensilberverbindungen als solche auf einem bei 110^0 getrockneten und gewogenen Filter nach sorgfältigem Auswaschen der Salpetersäure zur Wägung gebracht werden können oder aber in einem gewogenen Porcellantiegel nach Veraschen des Filters, Ueberführen des dadurch reducirten Silbers in Silbernitrat und Umwandlung desselben in das betreffende Halogensilbersalz sowie Erhitzen bis zum gerade erfolgten Schmelzen bestimmt werden.

Die zuletzt genannten Operationen werden alle möglichst vorsichtig im Porcellantiegel ausgeführt.

Weitere Mittheilungen sind bereits in Bd. II, Methode 3, enthalten.

Auf die besondere Art der Verwendung des Silbernitrats zur Bestimmung des Acetylens und der Acetylenkohlenwasserstoffe, welche nachstehend beschrieben ist, sei hier noch verwiesen.

a) Bestimmung des Acetylens und der Kohlenwasserstoffe der Acetylenreihe.

Acetylen und die Kohlenwasserstoffe der Acetylenreihe $R . C : CH$ wirken nach Chavastelon[1]) auf wässerige bezw. alkoholische Lösungen von Silbernitrat im Sinne folgender Gleichungen ein:

$$C_2H_2 + 3AgNO_3 = C_2Ag_2, \ AgNO_3 + 2HNO_3$$

beziehungsweise

$$RC : CH + 2AgNO_3 = RC : CAg, \ AgNO_3 + HNO_3.$$

Behandelt man also Acetylen mit Silbernitratlösung, so lässt sich durch Bestimmung der freigewordenen Salpetersäure die Menge des Gases berechnen. Diese Methode kann natürlich auch dazu dienen, Acetylen bezw. die Kohlenwasserstoffe der Acetylenreihe, in Gemengen mit auf Silbernitrat nicht einwirkenden Gasen zu bestimmen. Zeigt das Gasgemenge selbst saure Eigenschaften, so lässt sich die Acidität desselben vorher durch Absorption der Säure mittels Wasser und Bestimmung mit $N/10$ Lauge ermitteln.

Für die Ausführung der Untersuchung bedient man sich zweckmässig des von Raoult[2]) angewandten Absorptions-Eudiometers.

b) Bestimmung der Bernsteinsäure bei Gegenwart von Weinsäure und Milchsäure.

Die Methode ist von F. Bordas, Joulin und v. Raczkowski[3]) ausgearbeitet worden. Sie beruht auf der verschiedenen Löslichkeit der Silbersalze der drei genannten Säuren. Die die letzteren enthaltende Lösung wird mittels einer $N/10$ Kalilösung genau neutralisirt und die verbrauchten ccm Lauge notirt. Darauf setzt man eine koncentrirte Höllensteinlösung hinzu, filtrirt den Niederschlag ab und wäscht ihn aus, bis ein Tropfen des Filtrats auf neutrales Kaliumchromat nicht mehr einwirkt. Der Niederschlag besteht aus Silbersuccinat, welches in einen Kolben gespült, mit zwei Tropfen neutraler Kaliumchromatlösung und dann mit soviel $N/10$ Kochsalzlösung zersetzt wird, dass der Niederschlag

---

1) Chavastelon, Compt. rend. **125**, 245; Zeitschr. analyt. Ch. **38**, 369, 1899.

2) Raoult, Compt. rend. **82**, 844; Zeitschr. analyt. Ch. **17**, 330, 1888.

3) F. Bordas, Joulin und v. Raczkewski, J. Pharm. Chim. (7), 407, 1898; Chem. Centrbl. 1898, I, 1310.

völlig weiss wird. Man titrirt darauf mit $N/_{10}$ Silbernitrat den Ueberschuss des Kochsalzes zurück. Aus der Anzahl der verbrauchten ccm Silbernitratlösung lässt sich der Gehalt an Bernsteinsäure leicht berechnen, indem 1 ccm Silbernitratlösung 0,005 g Bernsteinsäure entspricht.

Da sich die Weinsäure im Filtrat leicht feststellen lässt, so wird man aus der Differenz die Milchsäuremenge ableiten können.

c) Bestimmung von Theobromin und Koffeïn.

$$\text{Theobromin,} \quad \begin{matrix} CH_3N - CH \\ | \quad\quad \| \\ CO \quad C - N - CH_3, \\ | \quad\quad | \quad\; >CO \\ HN - C = N \end{matrix} \quad\quad \text{und Koffeïn,} \quad \begin{matrix} CH_3N - CH \\ | \quad\quad \| \\ CO \quad C - N - CH_3, \\ | \quad\quad | \quad\; >CO \\ CH_3N - C - N \end{matrix}$$

kommen gemeinschaftlich im Kakao vor. Es ist deshalb nothwendig, diese beiden Purinderivate nebeneinander zu bestimmen. Eine ausführliche Zusammenstellung der Arbeiten über die Bestimmung des Theobromins allein oder von Theobromin und Koffeïn findet sich in der Arbeit von W. E. Kunze[1].

Da mittlerweile verbesserte Verfahren in Anwendung kommen, genügt es, sie hier aufzuführen: 1. das von Weigmann[2], 2. von Mulder[3], 3. von Wolfram[3], 4. von Legler[4], 5. von Trojanowski[5], 6. von Zipperer[6], 7. von Süss[7], 8. von Diesing[8], 9. von Bell[4].

In Folge der Nichtbeachtung des Koffeïns neben dem Theobromin ist folgendes zu bemerken:

α) Die nach den Verfahren von Süss, Trojanowski, Zipperer und Legler für Theobromin gefundenen Zahlen sind nur bedingungsweise richtig, d. h. auf reines Theobromin bezüglich, insofern als ihre Richtigkeit von der Vollständigkeit der Entfernung des Koffeïns beim Entfetten abhängig bleibt.

β) Die nach Mulder, Wolfram und Diesing erhaltenen Resultate sind nicht, wie angegeben auf Theobromin, sondern auf ein Gemisch von Theobromin und Koffeïn zu beziehen.

γ) Das Weigmann'sche Verfahren muss im Princip verworfen werden.

---

[1] W. E. Kunze, Zeitschr. analyt. Ch. **33**, 1, 1894.

[2] Vgl. König, Menschl. Nahrungs- u. Genussm., 3. Aufl., Bd. II, 1109.

[3] Wolfram, Zeitschr. analyt. Ch. **18**, 346, 1879.

[4] Legler, ibid. **23**, 89, 1884.

[5] Piers Trojanowski, Inaug. Diss. Dorpat 1875.

[6] P. Zipperer, Unters. über Cacao etc., Preisgekrönte Schrift, Hamburg-Leipzig 1887.

[7] Süss, Zeitschr. analyt. Ch. **32**, 57, 1893.

[8] Diesing, ibid. **32**, 59, 1893.

δ) Dagegen sind die Methoden von James Bell und die Weigmann'sche Modifikation des Mulder'schen Verfahrens in principieller Hinsicht von Wichtigkeit.

Beim Vergleich der einzelnen Untersuchungsmethoden und der an sie zu stellenden Erfordernisse ergiebt sich Folgendes:

Die Alkaloidbestimmung im Kakao hat in zwei Phasen zu zerfallen:

a) Bestimmung der Gesammtalkaloide.

b) Quantitative Trennung derselben.

Bei der Wahl der Methode ist zu berücksichtigen, dass vorheriges Entfetten des Materials nicht stattfinden darf. Die Gesammtmenge der Alkaloide ist durch direktes Wägen zu bestimmen. Der Bestimmungsprocess ist in seinen wichtigsten Phasen und in seinem Gesammtverlauf bezüglich seiner Exaktheit und Parallelversuche zu kontrolliren. Auch hat die Trennung der Alkaloide möglichst in einer Form zu geschehen, welche die Möglichkeit ihrer späteren Identificirung zulässt.

Zur Bestimmung der Gesammtalkaloide verfährt man nach W. E. Kunze am besten folgendermassen:

10 g Kakao werden mit etwa 150 ccm $5\,^0/_0$ iger Schwefelsäure 20 Minuten lang gekocht, die Flüssigkeit wird abfiltrit und der Rückstand gründlich mit kochendem Wasser gewaschen. Darauf wird in der Wärme mit einem grossen Ueberschuss von Phosphormolybdänsäure gefällt, nach 24 Stunden abfiltrirt und mit Schwefelsäure von ungefähr $5\,^0/_0$ (800—1000 ccm) gewaschen. Filter sammt Niederschlag werden darauf in einem Becherglase noch feucht mit Barytwasser übergossen und in die alkalische Flüssigkeit wird Kohlensäure bis zur vollständigen Abscheidung des Baryts eingeleitet. Man dampft alsdann auf dem Wasserbade ein, trocknet sorgfältig und bringt den Rückstand in ein Kölbchen, in welchem man ihn mit siedendem Chloroform am Rückflusskühler erschöpft. Die Chloroformlösung wird in ein tarirtes Soxhlet'sches Gläschen, wie solche zur Fettbestimmung üblich sind, filtrirt, auf dem Wasserbade bis zum letzten Tropfen abdestillirt, schliesslich das Kölbchen getrocknet und gewogen.

Das nach diesem Verfahren gewonnene Alkaloidgemisch war stets vollkommen rein weiss, fast aschefrei und gab nach Behandlung mit Chlorwasser und Ammoniak sehr schön die Murexidreaktion (Rothfärbung mit koncentrirter Salpetersäure).

Die Trennung der Alkaloide Theobromin und Koffeïn kann mit Hilfe des Silbersalzes des Theobromins geschehen, und kann die Bestimmung gewichtsanalytisch oder titrimetrisch ausgeführt werden. Man giebt zu der Lösung der beiden Alkaloide Silberlösung, filtrirt vom ausgefällten Theobrominsilber ab, wäscht aus und titrirt den Ueberschuss nach Volhard mit Rhodanlösung zurück.

Koffeïn geht selbst nach längerem Kochen mit Silber keine Verbindung ein, demgemäss kommt dem Theobrominsilber wahrscheinlich folgende Konstitution zu:

$$\begin{array}{c} CH_3 - N - CH \\ | \qquad | \\ CO \quad C - N - CH_3 \; = \; \text{Theobrominsilber.} \\ | \qquad | \quad >CO \\ Ag - N - C = N \end{array}$$

H. Brunner und H. Leims[1]) haben im März 1893 in der Schweizer Wochenschrift für Chemie und Pharmacie eine Abhandlung veröffentlicht, in welcher in ähnlicher Weise wie auch von Kunze die Trennung der beiden genannten Alkaloide durch Ausfällung des Theobromins als Theobrominsilber empfohlen ist. Von dem Theobrominsilberniederschlag filtriren sie ab und bestimmen im Filtrate das Koffeïn durch Extraktion mit Aether, Trocknen und Wägen.

3. Reduktionsmethoden.

Die Verwendung einer ammoniakalischen Silberlösung zur Reduktion ist eine in der qualitativen Analyse sehr häufig verwendete. Wir wissen, dass namentlich Aldehyde und wohl auch Ketone die Eigenschaft haben aus ammoniakalischer Silberlösung mitunter schön glänzende Silberspiegel oder aber pulverförmiges Silber auszuscheiden. Die Umsetzung erfolgt z. B. bei Acetaldehyd nach folgender Gleichung:

$$CH_3CHO + 2AgNO_3 + H_2O = CH_3COOH + 2Ag + 2HNO_3.$$

In entsprechender Weise wirken verschiedene Zuckerarten wie Glukose, Lävulose u. s. w. reducirend auf Silbernitrat. Ebenso verhalten sich Morphin, Alloxurbasen, Furfurol u. s. w., für welche diese Reaktion auch als quantitative Bestimmungsmethode vorgeschlagen worden ist. Primäre aromatische Amine können durch ihr Verhalten gegen alkoholisches Silbernitrat von sekundären und tertiären unterschieden werden[2]).

a) Bestimmung des Formaldehyds.

Zur quantitativen Formaldehydbestimmung schlägt R. Orchard[3]) das bekannte Verfahren mit ammoniakalischer Silberlösung vor.

10 ccm einer ca. 1 %igen Formaldehydlösung wurden mit 25 ccm $N/_{10}$ Silberlösung, 10 ccm verdünnten Ammoniaks (1 Th. vom spec. Gew. 0,88 auf 50 ccm Wasser) versetzt, die Mischung am Rückflusskühler gekocht, das ausgeschiedene Silber gesammelt, geglüht und gewogen und endlich zur Kontrolle das unzersetzte Silbernitrat als Chlorsilber ge-

---

1) H. Brunner und H. Leims, Zeitschr. analyt. Ch. **33**, 346, 1894.
2) W. Vaubel, Chem. Ztg. **25**, 730, 1901.
3) R. Orchard, The Analyst **22**, 4, 1896; Chem. Centrbl. 1897, I, 441.

wogen. Die Kochdauer beträgt 4 Stunden. 1 ccm $N/_{10}$ Silberlösung entspricht 0,0007495 g Formaldehyd. Die Beleganalysen zeigen scharfe Resultate.

B. Grützner[1]) verwendet eine Methode, die darauf beruht, dass in einer Lösung von chlorsaurem bezw. bromsaurem Kali Formaldehyd und Silbernitrat auf einander in s a u r e r Lösung einwirken nach der Gleichung:

$$KClO_3 + 3\ HCHO + AgNO_3 = 3\ HCOOH + AgCl + KNO_3.$$

Ohne Silbernitrat findet eine glatte Reduktion der Chlorsäure bezw. Bromsäure, nicht aber der Jodsäure statt. Diese Reaktion gestattet die Bestimmung des Formaldehyds und der Chlorate. Man benützt zur Bestimmung 5 ccm einer Formaldehydlösung, die etwa 0,15 g HCHO enthalten, ca. 1 g $KClO_3$, 50 ccm $N/_{10}$ Silberlösung und einige Kubikcentimeter Salpetersäure. Die verschlossene Flasche erwärmt man allmälig auf dem Wasserbade unter häufigem Durchschütteln. Nach $^1/_2$ stündiger Einwirkung ist die Umsetzung vollendet. Man erkennt die Beendigung der Reaktion leicht daran, dass die über dem abgeschiedenen Chlorsilber befindliche Flüssigkeit sich beim weiteren Erwärmen nicht mehr trübt. Man bestimmt den Ueberschuss an Silberlösung nach V o l h a r d oder führt eine gewichtsanalytische Bestimmung aus.

b) B e s t i m m u n g d e r H o m o g e n t i s i n s ä u r e u n d G a l l u s s ä u r e im H a r n.

E. Baumann[2]) giebt folgende Vorschrift zur Bestimmung der Homogentisinsäure, $C_6H_3{<}{\begin{smallmatrix}(1)CH_2COOH\\(2)OH\\(5)OH\end{smallmatrix}}$, welche sich bei Alkaptonurie im Menschenharne findet:

10 ccm des Alkaptonharns werden in einem Kölbchen mit 10 ccm Ammoniak von 3 % versetzt. In diese Mischung lässt man unverzüglich einige Kubikcentimeter $N/_{10}$ Silberlösung fliessen, schüttelt einmal um und lässt 5 Minuten stehen. Alsdann werden der Mischung 5 Tropfen Chlorcalciumlösung (1 : 10) und 10 Tropfen Ammoniumkarbonat hinzugefügt. Nach dem Umschütteln wird filtrirt. Das bräunlich gefärbte, aber immer ganz klare Filtrat wird mit Silbernitrat geprüft; tritt dabei sofort wieder eine starke Abscheidung von Silber ein, so wird bei dem zweiten Versuch gleich eine grössere (doppelte bis dreifache) Menge $N/_{10}$ Silbernitrat zu der Mischung von 10 ccm Harn und 10 ccm Ammoniak hinzugesetzt. Kennt man schon annähernd die zur Oxydation erforderliche Silberlösung, so bedient man sich zur Erkennung der Endreaktion

---

[1]) B. Grützner, Arch. der Pharm. **234**, 634, 1896.
[2]) E. Baumann, Zeitschr. physiol. Ch. **16**, 270, 1892.

nur der Prüfung mit Salzsäure. Die Endreaktion ist erreicht, wenn das Filtrat vom Silberniederschlag beim Ansäuern mit verdünnter Salzsäure eine eben noch sichtbare Trübung von Chlorsilber liefert. Bei 4—6 facher Wiederholung des Versuchs wird dieser Punkt scharf bestimmt. Sind mehr als 8 ccm $^N/_{10}$ Silbernitrat erforderlich gewesen, so muss bei Wiederholung des Versuches die auf 10 ccm Harn zugefügte Ammoniakmenge auf 20 ccm erhöht werden. 1 ccm $^N/_{10}$ Silberlösung zeigt 0,004124 g Homogentisinsäure an.

Das gleiche Verfahren ist später von G. Denigès[1]) vorgeschlagen worden. Es lässt sich nach C. Th. Mörner[2]) auch zur Bestimmung von Gallussäure im Harn benützen.

Mit dem Namen Alkapton bezeichnete Bödecker eine seltene im Harn auftretende Substanz, welche sich nach Alkalizusatz rasch braun färbt. Untersuchungen von R. Kirk[3]) und H. Huppert[4]) ergaben, dass man es hierbei mit einer Säure zu thun hat, die Fehling'sche Lösung, salpetersaures Silber, nicht aber Pikrinsäure und alkalische Wismuthlösung nur bei einer Koncentration über 0,5 % reducirt. Die Säure ist optisch inaktiv und gährungsfähig.

Aus den Arbeiten von M. Wolkow und E. Baumann[5]) ergab sich, dass hier die Homogentisinsäure vorliegt, eine Dioxyphenylessigsäure, die sich vom Hydrochinon ableitet.

$$\text{Homogentisinsäure-Formel} \qquad = \qquad \text{Homogentisinsäure.}$$

c) Bestimmung des Furfurols.

W. Cormack[6]) beschreibt die Bestimmung des Furfurols, welche auf der Oxydation des Furfurols zu Brenzschleimsäure durch eine ammoniakalische Silberlösung beruht.

$$\text{Furfurol} + Ag_2O = \text{Brenzschleimsäure} + Ag_2$$

Furfurol.   Brenzschleimsäure.

---

1) G. Denigès, Journ. Pharm. Chim. **5**, 50, 1897; Chem. Centrbl. 1897, I, 378.

2) C. Th. Mörner, Zeitschr. physiol. Ch. **16**, 255, 1892.

3) R. Kirk, Brit. med. Journ. 1886, 1017, 1888, 232.

4) H. Huppert, Neubauer und Vogel, Analyse des Harns, 153 und 156, 9. Aufl.

5) M. Wolkow und E. Baumann, Zeitschr. physiol. Ch. **15**, 228, 1891.

6) W. Cormack, Chem. Ztg. **24**, 56, 594, 1900.

Diese Reaktion verläuft quantitativ, wenn die Lösungen warm sind. Ein bekanntes Volum einer $N/_{10}$ Silberlösung (etwas mehr als zur Oxydation des Furfurols erforderlich ist) wird zu der Furfurollösung gegeben. Von dem reducirten Silber wird durch Asbest abfiltrirt und das im Filtrat zurückbleibende Silber mit $N/_{10}$ Rhodanlösung bestimmt.

Diese Methode ist für solche Furfurollösungen anwendbar, welche sich bei der Destillation von Holzfaserstoffen mit Salzsäure ergeben. Das Furfurol wird aus diesen Lösungen mittels Dampfes überdestillirt, nachdem man jene mit Alkalidikarbonat neutralisirt und hierauf mit Oxalsäure schwach angesäuert hat.

d) Bestimmung der Alloxurbasen im Harn.

Nach E. Salkowski[1]) verfährt man zur Bestimmung der Alloxurbasen im Harn in folgender Weise: 600 ccm Harn werden, um die Phosphorsäure zu entfernen, mit Magnesiamischung und zwar 200 ccm vermischt. Von dem Filtrate wird ein aliquoter Theil, z. B. 700 ccm, mit 3 %iger Silbernitratlösung gefällt. Nach einer Stunde wird der voluminöse Niederschlag auf glattem Filter filtrirt und bis zur Silberfreiheit des Filtrats gewaschen. Das Filter wird durchstossen, der Niederschlag in einen ca. 1,5 l fassenden Kolben abgespritzt und in die ca. 600—800 ccm betragende Flüssigkeit nach Zusatz einiger Tropfen Salzsäure Schwefelwasserstoff eingeleitet. Nach Erhitzen auf dem Wasserbade wird filtrirt und das Filtrat bis zur Trockene verdampft. Alsdann wird der Rückstand mit 25—30 ccm verdünnter Schwefelsäure (1 : 30) erhitzt und nach dem Erkalten am nächsten Tage filtrirt. Auf dem Filter bleibt die Harnsäure, während die Alloxurbasen in Lösung gehen. Diese werden nach dem Uebersättigen mit Ammoniak wieder durch Silbernitrat gefällt. Der abfiltrirte und ausgewaschene Niederschlag wird verascht, das erhaltene Silber in Salpetersäure gelöst und nach Volhard titrirt. Auf 1 g Silber berechnen sich 0,7381 g Alloxurbasen.

Im normalen Harn beträgt die Menge der durch Silberlösung fällbaren Alloxurbasen hiernach 8—10 % vom Gewicht der Harnsäure. Auch die Bestimmung dieser Säure lässt sich gleichzeitig mit der der Alloxurkörper vornehmen, wenn man 400 ccm Harn mit Magnesiamischung und Wasser auf 600 ccm bringt und vom Filtrate etwa 400 ccm nimmt.

R. Flatow und A. Reitzenstein[2]) haben sowohl die Krüger-Wolff'sche, als auch die Methode von Salkowski zur Bestimmung der

---

[1]) E. Salkowski, Pflüger's Archiv **69**, 268, 1898; vgl. auch H. Camerer, Zeitschr. Biol. **26**, 84, **27**, 153, **28**, 72, 1898, dessen Arbeit Salkowski nicht als brauchbar anerkennt.

[2]) R. Flatow und S. Reitzenstein, D. med. Wochenschr. **23**, 354, 1897.

Xanthinbasen geprüft und sind zu dem Resultat gekommen, dass erstere
ungefähr 7 mal so hohe Werthe liefert als die Methode von Salkowski.
Demgemäss ist die Krüger-Wolff'sche Methode kaum als brauchbar
anzusehen.

e) Bestimmung des Morphins.

Ganz verdünnte wässerige Lösungen von Morphinsalzen, wobei
natürlich Chlor-, Brom- und Jodhydrate ausgeschlossen sind, — werden
durch schwache Silbernitratlösungen unter Abscheidung von pulverförmigem,
grauen bis schwarzen metallischen Silber zersetzt. Bei sehr verdünnten
Lösungen ist Erwärmung nöthig, um die Reaktion einzuleiten. Nach
C. Reichard[1]) lässt sich diese Umsetzung zu einer quantitativen Bestimmung des Morphins verwenden, indem hierbei folgende Gleichung
giltig ist:

$$C_{17}H_{17}NO\Big\langle{{OH}\atop{OH}} + 2\,AgNO_3 = C_{17}H_{17}NO_3 + 2\,Ag + 2\,HNO_3.$$

Liegt das Morphin als Sulfat vor, so erhält man das Reduktions-
produkt ebenfalls als solches. Das ausgeschiedene Silber bringt man
nach dem Abfiltriren und Glühen zur Wägung und berechnet daraus die
Menge des vorhandenen Morphins, indem 0,01 g Morphin 0,0067 (98) g
metallischem Silber entsprechen.

Auch lässt sich der Verbrauch an Silbernitrat titrimetrisch ermitteln.
Zu koncentrirte Lösungen sind zu vermeiden, da sonst das ausgeschiedene
Silber wieder durch die freiwerdende Salpetersäure gelöst wird.

Die beigegebenen Beleganalysen zeigen befriedigende Uebereinstimmung.

4. Entziehung von Halogen.

Es ist bekannt, dass eine alkoholische Silbernitratlösung geeignet ist, aus den Halogenderivaten aliphatischer Körper das Halogen
unter Bildung von Halogensilber zu entfernen. Von dieser Thatsache
macht man Gebrauch bei dem Verfahren von S. Zeisel[2]) zur Bestimmung des aus den Alkyloxyverbindungen mit Hilfe von Jodwasserstoffsäure
gebildeten Jodmethyls oder Jodäthyls. Hierbei bildet sich in der alkoholischen Lösung eine Doppelverbindung von Jodsilber mit Silbernitrat,
welche durch Wasser zersetzbar ist.

Aus dem Verbrauch an Silbernitrat lässt sich titrimetrisch der Gehalt
an Halogen bestimmen, oder man kann eine gewichtsanalytische Bestimmung ausführen.

---

1) C. Reichard, Chem. Ztg. **24**, 1061, 1900.
2) S. Zeisel, Monatsh. f. Ch. **6**, 989, 1885, **7**, 406, 1886.

Die Silbernitratlösung wird durch Lösen von 2 Theilen Silbernitrat in 5 Theilen Wasser und Zusatz von 45 ccm absolutem Alkohol hergestellt.

K. E. Schulze[1]) empfiehlt die Verwendung alkoholischer Silbernitratlösung auch zur Bestimmung von Halogen in den Seitenketten aromatischer Verbindungen. Dieselben werden ebenfalls durch Silbernitrat entfernt, während dies mit den im Kern substituirten Halogenen nicht oder nur ausnahmsweise der Fall ist. Schulze empfiehlt ein nur 5 Minuten langes Kochen. Nach meinen Untersuchungen genügt dies nicht; wenigstens fand ich bei einer Benzylchloridprobe nach Schulze 84,8 % bei 5 Minuten langem Erwärmen mit alkoholischer Silbernitratlösung, dagegen nach Carius 96,9 %. Als ich hierauf die Erhitzung mit alkoholischem Silbernitrat auf $^1/_2$ Stunde ausdehnte, erhielt ich 97,2 %. Aehnliches ergab sich bei einer anderen Probe, die aus der Fabrikation von Benzyläthylanilin stammte, und die etwa 49 % Benzylchlorid enthielt.

Erwähnt sei noch eine Mittheilung von E. W. Biron[2]) über die Einwirkung von Aethyljodid auf Silbernitrat. In Abwesenheit von Lösungsmitteln ist dieselbe äusserst energisch, indem die theoretische Menge von $C_2H_5NO_3$ entsteht und etwa 10000 kal. entwickelt werden. In Gegenwart von Alkoholen entstehen, wie bereits Nef gezeigt hat, ausser $C_2H_5NO_3$ Aethyläther und Salpetersäure. In Gegenwart von Wasser erhält man: $C_2H_5NO_3$, C_2H_5OH und HNO_3. Die Menge des Verseifungsproduktes entsprach in einem Falle 41, im anderen 72 % des angewendeten Jodids.

a) Bestimmung des Jodoforms.

Die Methode ist von M. Greshof[3]), E. Ritsert[4]) und schliesslich G. Meillère[5]) beschrieben worden. Man giebt das Jodoform in ein Kölbchen oder verdampft die Jodoformlösung vorsichtig zur Trockne, fügt dann 25 ccm chlorfreie Salpetersäure zu und Silbernitrat in schwachem Ueberschuss (1,7 g auf 1 g Jodoform). Man verbindet den Apparat mit einem Liebig'schen Kugelapparat, der einige Kubikcentimeter Silbernitratlösung enthält und erhitzt nun den Kolben gelinde 10 Minuten, vermeidet aber das Sieden der Salpetersäure. Alsdann steigert man die Temperatur zur Beendigung der Zersetzung. Bei gut geleiteter Umsetzung

---

[1]) K. E. Schulze, Ber. **17**, 1675, 1884.

[2]) E. W. Biron, Chem. Ztg. Ref. **24**, 950, 1900.

[3]) M. Greshof, Zeitschr. analyt. Ch. **29**, 209, 1890; Pharm. Centrh. **37**, 232, 1896.

[4]) E. Ritsert, Pharm. Centrh. **31**, 610. 1890.

[5]) G. Meillère, Ann. chim. anal. appl. **3**, 153, 1898; Chem. Centrbl. 1898, II, 140.

erscheint die Silberlösung im Schutzrohr nicht getrübt; andernfalls ist dieselbe mit der Hauptlösung zu vereinigen. Wenn sich keine nitrosen Dämpfe mehr zeigen, verdünnt man mit Wasser auf 150 ccm, erhitzt bis zur Klärung der Flüssigkeit und bestimmt das Jodsilber gewichtsanalytisch auf gewogenem Filter oder im Tiegel.

Statt der berechneten 1,789 g AgJ wurden aus 1 g CHJ_3 erhalten 1,782 und 1,785 AgJ.

Andere jodhaltige organische Körper lassen sich nach diesem Verfahren nicht analysiren. Man vermeide übrigens, Jodoform mit trockenem Silbernitrat zusammenzubringen, da dann Verpuffung eintritt. Gegenwart von Salpetersäure verhindert dies vollständig.

5. Entziehung von Schwefel.

Für den Fall der Entziehung von Schwefel kommt nur das nachstehend beschriebene Verfahren der Zerlegung des Senföls in Frage.

Von Interesse ist wohl noch eine Mittheilung von E. Charabot und March[1]) über die Einwirkung von Silbernitrat auf die Fettsäuren des Baumwollesaatöles. Danach sind die durch Verseifung des Baumwollesaatöles erhaltenen Fettsäuren, welche durch Mineralsäuren gefällt wurden, nicht frei von einer schwefelhaltigen Verbindung. Der braune Niederschlag, welcher bei der Behandlung der Säuren mit Silbernitrat sich bildet, enthält hauptsächlich das Silbersalz einer bei 52⁰ schmelzenden Säure und Silbersulfid. Das Olivenöl, welches eine analoge Schwefelverbindung wie das Baumwollesaatöl besitzt, giebt mit Silbernitrat einen schwarzen, mehr oder weniger sichtbaren Niederschlag von Silbersulfid.

a) Bestimmung des Senföles.

E. Dieterich[2]) destillirt das mit Wasser angerührte Senfmehl nach 24 stündigem Stehen in eine ammoniakhaltiges Wasser enthaltende Vorlage ab, versetzt das Destillat mit einer hinreichenden Menge Silbernitrat, filtrirt nach 12—24 stündigem Stehen das aus dem Schwefel des Senföles gebildete Schwefelsilber ab, wäscht aus und wiegt nach dem Trocknen bei 100⁰ C.

Da nach Hager der Minimalgehalt des natürlichen Senföles an Schwefel 30⁰/o beträgt, so muss das Gewicht des erhaltenen Schwefelsilbers mit 0,4301 multiplicirt werden, um die dem Schwefelsilber entsprechende Menge Senföl zu erhalten.

---

1) E. Charabot und March, Bull. Soc. Chim. **21**, (3), 552, 1899.

2) E. Dieterich, Helfenberger Ann. 1886, 59; Zeitschr. analyt. Ch. **30**, 647, 1891.

Die Umsetzung erfolgt nach der Gleichung:

a) $(CH_2 : CHCH_2)NCS + NH_3 = SC\begin{cases} NH_2 \\ NH(CH_2CH : CH_2) \end{cases}$

Allylsenföl $\qquad\qquad$ Thiosinamin.

b) $SC\begin{cases} NH_2 \\ NH(CH_2CH : CH_2 \end{cases} + 2\,AgNO_3 + H_2O =$

$OC\begin{cases} NH_2 \\ NH(CH_2CH : CH_2) \end{cases} + Ag_2S + 2\,HNO_3$

Allylharnstoff.

XXIX.

Methode der Oxydation durch Verbindungen der Gold-Platingruppe.

Gold und die Metalle der Platingruppe werden durch Reduktionsmittel meist leicht aus ihren Verbindungen als Metalle abgeschieden, eine Eigenschaft, die auch ihre Verwendung in der Photographie ermöglicht hat. Das Osmiumtetroxyd, OsO_4, wird zu der Schwärzung mikroskopischer Präparate verwendet, indem dasselbe durch bestimmte Substanzen und zwar hauptsächlich Fette, in metallisches Osmium übergeführt wird. Palladiumchlorür, $PdCl_2$, dient zum Nachweis von Kohlenoxyd bezw. Leuchtgas, weil hierdurch eine bräunliche Ausscheidung von metallischem Palladium bedingt wird. Auch vermag das Palladiumchlorür Jod aus den Alkalisalzen frei zu machen, im Gegensatz zu den Salzen von Brom und Chlor, welche hierdurch nicht angegriffen werden.

Die oxydirende Wirkung dieser Verbindungen ist jedoch bisher nur selten zu quantitativen Bestimmungen organischer Verbindungen verwendet worden. Viel häufiger geschieht die Darstellung von Doppelverbindungen zum Nachweis oder zur Bestimmung von Basen. Hierüber ist in Bd. I berichtet worden.

Von an dieser Stelle zu besprechenden Methoden ist nur folgende bekannt geworden.

1. Bestimmung der Aepfelsäure.

1. Bestimmung der Aepfelsäure.

Wie Ley bei einer auf Veranlassung von A. Hilger[1]) ausgeführten Untersuchung verschiedener Früchte beobachtet hat, reducirt Aepfelsäure in schwach alkalischer oder neutraler Lösung das Palladiumchlorid, $PdCl_4$,

---

1) A. Hilger, Zeitschr. Unters. Nahr.- u. Genussm. **4**, 49, 1901; Chem. Centrbl. 1901, I, 540.

während Weinsäure, Bernsteinsäure und Essigsäure nicht einwirken. 1 g Aepfelsäure reducirt aus Palladiumchlorid 0,249 g Palladium. Von den Weinbestandtheilen wirken ebenfalls mehr oder weniger reducirend die flüchtigen Bestandtheile Glycerin, Glykolsäure, Gerbstoff, ferner Farbstoff und Zucker.

Die Bestimmung der Aepfelsäure im Wein wird folgendermassen ausgeführt: 100 ccm Wein werden im Wasserbade zur Hälfte eingedampft, mit Bleiessig bis zur schwach alkalischen Reaktion versetzt, der Niederschlag abfiltrirt, vier bis fünf Mal mit heissem Wasser ausgewaschen und in wenig siedender verdünnter Essigsäure oder Salpetersäure gelöst. Die Lösung wird in der Siedehitze mit Soda bis zur alkalischen Reaktion versetzt und gleichzeitig 10 Minuten Kohlendioxyd eingeleitet, das basische Bleikarbonat abfiltrirt, das Filtrat auf mindestens 100 ccm koncentrirt, mit Salzsäure neutralisirt und in einem 500 ccm fassenden Erlenmeyerkolben mit 10 ccm einer 5 %/o igen Palladiumchloridlösung 10 Min. im Sieden erhalten. Nach Aufhören der Kohlensäureentwicklung wird mit Salzsäure schwach angesäuert und auf dem Wasserbade weiter erhitzt, bis sich das Palladium zusammenballt und zu Boden setzt. Das ausgeschiedene Metall wird durch ein Allihn'sches Rohr filtrirt, ausgewaschen und getrocknet.

Rothweine müssen durch Thierkohle entfärbt werden. Der Destillationsrückstand bei Bestimmung der flüchtigen Säuren ist für die Aepfelsäurebestimmung geeignet.

XXX.

Methode der Reduktion mit schwefliger bezw. hydro-schwefliger Säure.

Schweflige und hydroschweflige Säure sind Reduktionsmittel, die durch Aufnahme von Sauerstoff zu Schwefelsäure oxydirt werden können. Bei der Oxydation der hydroschwefligen Säure entsteht als Zwischenprodukt die pyroschweflige Säure, bezw. deren Natronsalz $Na_2S_2O_5$.

a) $H_2SO_3 + O = H_2SO_4$,

b) $H_2S_2O_4 + O_3 + H_2O = 2\,H_2SO_4$

$Na_2S_2O_4 + O = Na_2S_2O_5$.

Die Verwendung dieser Substanzen zur Reduktion organischer Verbindungen ist trotzdem nur eine geringe, da man sich mit Vortheil meist anderer Reduktionsmittel bedient.

Eine Anwendung des Natriumbisulfits als Fällungsmittel für Aldehyde ist bereits in Bd. I beschrieben. Dieselbe kann deshalb hier unbesprochen bleiben, da nicht die reducirende Wirkung der schwefligen Säure dabei in Frage kommt, sondern nur ihre Fähigkeit, Anlagerungsprodukte zu bilden. Erwähnt sei nur, dass in dieser Form die schweflige Säure nicht oxydirt wird, und man dementsprechend eine Bestimmung der Aldehyde dadurch ausführen kann, dass man in einer Bisulfitlösung den Gehalt an SO_2 vor und nach der Anlagerung an Aldehyd mit Jodlösung bestimmt[1]. Die Methode ist erprobt bei Formaldehyd, Acetaldehyd, Benzaldehyd und Vanillin, wobei man am besten wässerige, $1/2\,^0/_0$ ige Aldehydlösungen und eine Lösung von 12 g $KHSO_3$ im Liter verwendet, da bei diesen Koncentrationsverhältnissen bei der Titration eine Reduktion der entstehenden H_2SO_4 durch Jod nicht zu befürchten ist, was experimentell nachgewiesen wurde.

Die weitere Eintheilung ist folgende:

---

[1] Vgl. M. Ripper, Monatsh. f. Ch. **21**, 1079, 1900.

1. Konstitution und Darstellung der hydroschwefligen
   Säure.
2. Bestimmung des Indigblaus.
   a) Darstellung eines reinen Indigos.
   b) Sulfiren.
   c) Herstellung und Aufbewahrung der Titrirflüs-
      sigkeit.
   d) Titration.
3. Bestimmung von Indigroth und von indigrothhaltigen
   Indigosorten.

1. Konstitution und Darstellung der hydroschwefligen Säure.

Wie A. Bernthsen und M. Beylen[1]) bezw. A. Bernthsen[2])
bereits früher nachgewiesen haben, kommt dem hydroschwefligsauren
Natron die Formel $NaSO_2$ bezw. $Na_2S_2O_4$ und nicht die von Schützen-
berger aufgestellte Formel $NaHSO_2$ zu.

Man erhält das hydroschwefligsaure Natron in ausgezeichneter Weise,
wenn man bei der Reaktion mit Zinkstaub die im Natriumsulfit enthaltene Menge schwefliger Säure noch um ein weiteres Quantum freier
Säure vermehrt und zwar zweckmässig um die Hälfte. Alsdann erreicht
man eine praktisch vollständige Umwandlung des angewandten Bisulfits
in Natriumhydrosulfit und zugleich gerade das richtige Atomverhältniss
zwischen Natrium und hydroschwefliger Säure. Die Reaktion geht dann
in folgender Weise vor sich:

$$2\,NaHSO_3 + SO_2 + Zn = Na_2S_2O_4 + ZnSO_3 + H_2O.$$

Durch Versetzen mit einer hinreichenden Menge Kalkmilch gehen
Zink, Calcium und die schweflige Säure in den Niederschlag, und die
Lösung enthält nur das gesammte Natrium und alle gebildete hydroschweflige Säure in Form von Natriumhydrosulfit. Man kann auf diese
Weise, zumal wenn man die schweflige Säure gasförmig verwendet, technische Hydrosulfitlösung von 15—16^0 Bé. herstellen, von der 10 kg
fast 2 kg Indigo zu reduciren vermögen.

Das feste Hydrosulfit hat die Formel $Na_2S_2O_4 + 2\,H_2O$ und lässt
sich durch Aussalzen gewinnen. Bei der Oxydation an der Luft wird
zunächst pyroschwefligsaures Natron gebildet:

$$Na_2S_2O_4 + O = Na_2S_2O_5,$$

welches an der Luft SO_2 abgiebt und zur Bildung neutralen Sulfits
Alkalizusatz erfordert.

---

[1]) A. Bernthsen und M. Beylen, Ber. **33**, 126, 1900.
[2]) A. Bernthsen, Ber. **13**, 2277, 1880; Liebig's Ann. **208**, 142, **211**, 285, 1880.

2. Bestimmung des Indigblaus.

Wie meine Untersuchungen [1]) ergeben haben, wird das Doppelmolekül des Indigblaus bei der Reduktion in alkoholisch-alkalischer Lösung zunächst in die rothgefärbte Dihydroverbindung übergeführt und dann erst durch weitere Reduktion in das farblose Indigweiss:

$$
1.\ \underset{\text{Indigblau.}}{
\begin{array}{c}
C_6H_4\!<\!\!\begin{array}{c}CO\\NH\end{array}\!\!>\!C\cdot C\!<\!\!\begin{array}{c}CO\\NH\end{array}\!\!>\!C_6H_4\\[4pt]
C_6H_4\!<\!\!\begin{array}{c}CO\\NH\end{array}\!\!>\!C\cdot C\!<\!\!\begin{array}{c}CO\\NH\end{array}\!\!>\!C_6H_4
\end{array}}
\;+\;H_2\;=
$$

$$
\underset{\text{Rothe Dihydroverbindung.}}{
\begin{array}{c}
C_6H_4\!<\!\!\begin{array}{c}CO\\NH\end{array}\!\!>\!C\cdot C\!<\!\!\begin{array}{c}CO\\NH\end{array}\!\!>\!C_6H_4\\[4pt]
C_6H_4\!<\!\!\begin{array}{c}CO\\NH\end{array}\!\!>\!\underset{H}{C}\ \ \underset{H}{C}\!<\!\!\begin{array}{c}CO\\NH\end{array}\!\!>\!C_6H_4
\end{array}}\;,
$$

$$
2.\ \underset{\text{Rothe Dihydroverbindung.}}{
\begin{array}{c}
C_6H_4\!<\!\!\begin{array}{c}CO\\NH\end{array}\!\!>\!C\cdot C\!<\!\!\begin{array}{c}CO\\NH\end{array}\!\!>\!C_6H_4\\[4pt]
C_6H_4\!<\!\!\begin{array}{c}CO\\NH\end{array}\!\!>\!\underset{H}{C}\ \ \underset{H}{C}\!<\!\!\begin{array}{c}CO\\NH\end{array}\!\!>\!C_6H_4
\end{array}}
\;+\;H_2\;=
$$

$$
\underset{\text{Indigweiss.}}{
2\,C_6H_4\!<\!\!\begin{array}{c}CO\\NH\end{array}\!\!>\!\underset{H}{C}\cdot \underset{H}{C}\!<\!\!\begin{array}{c}CO\\NH\end{array}\!\!>\!C_6H_4}.
$$

Bei der Oxydation des Indigweiss zu Indigblau durch den Luftsauerstoff bildet sich dann Wasserstoffsuperoxyd,

$$H_2 + O_2 = H_2O_2,$$

eine Beobachtung, die bereits von Schönbein gemacht wurde, die aber erst durch die Untersuchungen von Manchot und Herzog [2]) als quantitativ vor sich gehend nachgewiesen wurde. Wenn trotzdem die Methode der Bestimmung des gebildeten Wasserstoffsuperoxyds zur Werthbestimmung des Indigos nicht geeignet erscheint, so liegt das daran, dass ein Theil des gebildeten Superoxyds sich mit weiterem Indigweiss umsetzt und deshalb nicht die absolut quantitative Menge erhalten wird.

---

[1]) W. Vaubel, Zeitschr. angew. Ch. **14**, 892, 1901; Chem. Ztg. **25**, 725, 1901.
[2]) W. Manchot und J. Herzog, Liebig's Ann. **316**, 318, 1901.

31*

Die Bestimmung des Indigblaus geschieht nach dem Verfahren, das die Bad. Anilin- und Sodafabrik[1]) vorgeschlagen hat, aus folgenden Gründen am besten mit Hydrosulfit[2]):

1. Die Methode giebt die genauesten Zahlen für den Gehalt an Indigblau, weil das Hydrosulfit von den Verunreinigungen des Indigo nicht beeinflusst wird.

2. Sie beansprucht die kürzeste Zeit (5—6 Stunden) und die kleinste Menge Substanz (0,1—0,2 g) zu ihrer Ausführung.

3. Sie ist infolge des leicht erkennbaren Farbenumschlags am wenigsten subjektiven Fehlern ausgesetzt.

„Die Haltbarkeit des Hydrosulfits spielt hier keine Rolle, da man bei jeder Indigobestimmung erst den Wirkungswerth des Hydrosulfits durch eine Indigolösung von bekanntem Gehalte einstellt und dann sofort die zu untersuchende Indigolösung titrirt, also mittels Hydrosulfit einen bekannten Indigo mit dem zu untersuchenden vergleicht. Mit Hilfe der weiter unten angegebenen Vorsichtsmassregeln kann man jedoch eine Hydrosulfitlösung herstellen, die mehrere Tage ihren Titer fast unverändert behält."

a) Darstellung eines reinen Indigos.

„Man legt der Titration einen krystallisirten 100%oigen Indigo zu Grunde, zu' dessen Darstellung folgende Methode empfohlen sei:

Indigo rein B. A. S. F. wird mit Hydrosulfit gelöst, der Farbstoff auf einem Hart-Filter gesammelt, mit heisser, verdünnter Salzsäure, Wasser und Alkohol gehörig ausgewaschen und getrocknet. In einem geräumigen Kolben erhitzt man alsdann 500 g reines sublimirtes Phtalsäureanhydrid auf einem Sandbade bis ungefähr zu seinem Siedepunkte auf ca. 270°, trägt nun allmälig 20 g des nach obiger Vorschrift gereinigten Indigos ein, und lässt den Kolben nach erfolgter Lösung langsam erkalten, wobei der Indigo in prächtig glänzenden Nadeln krystallisirt. Durch anhaltendes Auskochen mit Alkohol auf dem Wasserbade entfernt man das Phtalsäureanhydrid von den Indigokrystallen, kocht diese zur weiteren gründlichen Reinigung noch ca. 6 mal mit Alkohol, 2 mal mit verdünnter Salzsäure und 6 mal mit Wasser aus, indem man jedesmal von den Krystallen dekantirt (nicht filtrirt, um Filterfasern fern zuhalten). Zum Schlusse wird auf einem gehärteten Filter abgesaugt, mit heissem Wasser, dann mit Alkohol und endlich mit Aether gewaschen und bei 100—105° getrocknet."

---

1) Vgl. die Broschüre: Indigo rein B. A. S. F., herausgegeben von der Bad. Anilin- und Sodafabrik.

2) Die Methode wurde zuerst von A. Müller angegeben (Americ. Chem. **5**, 128); vgl. auch Bernthsen und Drows, Ber. **13**, 2283, 1880.

„Diesen so erhaltenen Indigo setzen wir als 100 %ig, und stellen nun auf diesen Urtyp einen anderen sehr reinen Iudigo ein, z. B. nochmals umgeküpten, mit Salzsäure und Alkohol ausgekochten Indigo rein B. A. S. F. Mit diesem letzteren, dem sog. Gebrauchstyp, werden nun alle zu untersuchenden Indigosorten verglichen."

b) Sulfiren.

„Die günstigsten Bedingungen für die Sulfirung wurden durch eine Versuchsreihe festgestellt und sind folgende:

Man sulfirt 1 g Indigo (sehr fein pulverisirt) mit 6 ccm Schwefelsäure-Monohydrat 5 Stunden lang bei 40—50⁰ C. unter häufigem Umrühren, giesst dann in Wasser und füllt auf 1 l auf. Bei Pflanzenindigo bleibt gewöhnlich ein ungelöster Rückstand, welcher aber keinen Indigo mehr enthält. Die Temperatur soll beim Sulfiren absichtlich nicht über 50⁰ gehalten werden, weil sonst bei weitem dunklere Lösungen entstehen, welche die Titration erschweren."

c) Herstellung und Aufbewahrung der Titrirflüssigkeit.

„Als Titrirflüssigkeit kann jede beliebige, frisch bereitete, bis höchstens 1 % Alkali enthaltende Natriumhydrosulfitlösung verwendet werden; stärker alkalische Lösungen sind ausgeschlossen, weil die Titration in saurer Lösung vor sich gehen muss. Praktisch empfehlenswerth ist eine solche Hydrosulfitlösung, von welcher etwa 10 ccm 0,1 g Indigo oder 100 ccm 0,1 %ige Indigolösung entfärben."

„Man stellt sich am leichtesten auf folgende Weise eine geeignete Hydrosulfitlösung dar:

400 ccm Bisulfit von 38—40⁰ Bé. werden mit 950 ccm Wasser in einem Kolben oder einer Flasche gemischt und innerhalb $^1/_4$ Stunde 35 g Zinkstaub mit 50 ccm Wasser angeheizt, portionsweise unter leichtem Umrühren oder Umschwenken eingetragen. Nach einstündigem Stehen zieht man die klare Lösung auf Kalkmilch ab, die durch Löschen von 45 g gutem, gebrannten Kalk mit 200 ccm Wasser bereitet ist. Die Mischung wird einige Zeit gerührt und dann ca. 12 Stunden der Ruhe überlassen. Dann zieht man die klare Lösung des Hydrosulfits ab, setzt auf 1 l 5 ccm Natronlauge von 40⁰ Bé. zu, so dass die Lösung deutlich alkalisch reagirt."

„Auf folgende Weise wird nun der Wirkungswerth des Hydrosulfits bestimmt: Man saugt in einer Bürette diese Lösung auf und lässt so lange davon in 100 ccm 0,1 %ige Indigolösung zufliessen, bis alles Blau reducirt ist. Hat man richtig gearbeitet, so findet man gewöhnlich, dass ca. 1,6 ccm hierzu nöthig sind. Von dieser koncentrirten Lösung nimmt man einen Theil und verdünnt diesen so weit, dass etwa 10 ccm 100 ccm

0,1 %ige Indigolösung entfärben, also bei 1,6 ccm z. B. pipettirt man 100 ccm davon heraus und lässt sie in 840 ccm ausgekochtes Wasser laufen. Mit dieser Hydrosulfitlösung wird dann die Titration des Indigos vorgenommen."

„Man saugt davon in eine Bürette, deren Auslauf durch eine Spitze von 8—10 cm verlängert ist und schichtet auf die Hydrosulfitlösung ca. 1 ccm Ligroin als Luftabschluss. Hat man viel zu titriren, so ist es empfehlenswerth, sich einen entsprechenden Apparat zusammen zu stellen, und giesst auch auf die Oberfläche der Hydrosulfitlösung in der Gebrauchsflasche eine Schicht Erdöl oder Benzol.

d) Titration.

„Man misst 100 ccm der aus 1 g reinem Indigo, dem sog. Urtyp, durch Sulfiren hergestellten Indigolösung ab, kocht bei sehr genauen Bestimmungen die Luft aus, giesst die Lösung in ein Becherglas, taucht die Spitze der Bürette in die Lösung ein, damit das Hydrosulfit nicht mit der Luft in Berührung kommt und lässt so lange unter leichtem Umrühren oder Umschwenken zulaufen, bis die blaue Farbe des Indigos gerade verschwindet."

„Am sichersten gestaltet sich die Titration im Leuchtgasstrom. Man giesst die abgemessene Indigolösung in einen $^1/_4$ l fassenden Erlenmeyer'schen Kolben, leitet einen schwachen Leuchtgasstrom hinein, taucht auch hier die Spitze der Bürette in die Lösung und lässt Hydrosulfit so lange zufliessen, bis nur noch eine schwachblaue Färbung zu sehen ist. Alsdann hebt man die Spitze etwas aus der Flüssigkeit heraus und setzt Tropfen um Tropfen zu unter leichtem Umschwenken, bis gerade die blaue Farbe verschwindet. Zur Sicherheit empfiehlt es sich, immer zwei Titrationen zu machen, um sich zu überzeugen, dass man richtig titrirt hat."

„Findet man z. B., dass 100 ccm der chemisch reinen Indigolösung (1 g krystallisirter Indigo im Liter) 8,4 ccm Hydrosulfit und 100 ccm vom Gebrauchstyp 8,35 ccm Hydrosulfit verbrauchen, so nimmt man 8,4 als Grundlage an und setzt sie als 0,1 g Indigo entsprechend. Dann ist:

$$8,4 : 8,35 = 0,1 : x; \quad x = 0,994 \text{ g Indigo,}$$

d. h. der Indigo-Gebrauchstyp ist 99,4 %ig."

„Zur Darstellung einer N-Indigolösung (0,1 g Indigo in 100 ccm) wiegt man 10,06 g des 99,4 %igen Indigo-Gebrauchstyp ab, sulfirt ihn, giesst ihn in Wasser und verdünnt genau auf 10 l. Man bewahrt die Lösung, vor Licht geschützt, in schwarz angestrichenen Flaschen auf. Diese Lösung enthält also genau 0,1 g Indigo in 100 ccm und mit ihr werden alle zu analysirenden Indigosorten verglichen."

„Unbedingt nothwendig ist es bei der Veränderlichkeit des Hydrosulfits, dass dieses vor und nach jeder neuen Titration auf die

Normalindigolösung eingestellt wird. Um immer mit denselben Kubikcentimetern der Bürette zu titriren, füllt man bei jeder neuen Titration auf 0 auf, wodurch man sich von etwaigen Fehlern in der Eintheilung der Bürette unabhängig macht. Bei sehr unreinen Indigosorten macht man 3—4 Titrationen hinter einander und nimmt das Mittel aus den abgelesenen Zahlen. Bei einiger Uebung findet man jedoch stets übereinstimmende Werthe. Es bleibt je nach der Reinheit des Indigos nach der Titration eine hellgelbliche bis bräunliche Flüssigkeit; sehr unreine Sorten geben stark gefärbte Lösungen."

„Ist die Hydrosulfitlösung länger als einen Tag in der Bürette unbenützt gewesen, dann lässt man sie auslaufen und füllt sie frisch, da das Hydrosulfit durch die Schlauchverbindungen leicht Sauerstoff absorbiren kann und schlechter wird, während die Lösung in der mit Leuchtgas gefüllten Reserveflasche mehrere Tage lang ihren Titer unverändert behält."

„Indigoroth wird erst dann entfärbt, wenn alles Blau reducirt ist, man erhält also auch für Indigoblau bei Gegenwart von Indigroth richtige Zahlen. Durch Hydrosulfit entfärbtes Indigroth kann man durch Zusatz von einer entsprechenden Menge von Indigblaulösung wieder oxydiren; die entfärbte Indigrothlösung wird roth und Indigblau verschwindet."

Beispiele:		Hydrosulfit.	
Krystallisirter Indigo-Urtyp	100	%₀ gesetzt	
Sublimirter Indigo	99,6	„	titrit
5 mal raff. Pflanzenindigo	96	„	„ (!)
Raff. Indigo rein B. A. S. F.	99,5	„	„
Pflanzen-Raffinade	92,5	„	„
Bengal-Indigo	65,3	„	„
Guatemala-Indigo	48,6	„	„
Bengal-Indigo	56	„	„
Java-Indigo	74	„	„
Geringer, ostindischer Indigo	37,2	„	„
Oudh-Indigo	55,8	„	„

„Im allgemeinen findet man durch Titration mit Permanganat bei unreinem, besonders bei Pflanzen-Indigo, im Vergleiche zur Titration mit Hydrosulfit zu hohe Zahlen, was bei der Empfindlichkeit des Permanganates und der Anwesenheit leicht oxydirbarer Substanzen im Naturindigo nicht zu verwundern ist."

3. Bestimmung von Indigroth und von indigrothhaltigen Indigosorten.

„Wie schon erwähnt wurde, eignet sich diese Methode auch zur Titration von Indigroth. Wässerige Lösungen von Indigrothsulfosäure werden durch

Hydrosulfit entfärbt. Als Vergleichsindigo benützt man ebenfalls vorerwähnte 0,1 %ige N-Indigolösung, da Indigblau und Indigroth das gleiche Molekulargewicht haben."

Die Formel des Indigroths ist wahrscheinlich folgende:

$$NH\begin{array}{c}\diagup C_6H_4 \diagdown \\ \diagdown CO \diagup\end{array}C \cdot C\begin{array}{c}\diagup C_6H_4 \diagdown \\ \diagdown CO \diagup\end{array}NH$$

$$NH\begin{array}{c}\diagup C_6H_4 \diagdown \\ \diagdown CO \diagup\end{array}C \cdot C\begin{array}{c}\diagup C_6H_4 \diagdown \\ \diagdown CO \diagup\end{array}NH$$

Auch hier bildet sich bei der Reduktion erst eine Zwischenverbindung[1]); dieselbe ist braunroth gefärbt. Alsdann geht die Dihydroindigorothverbindung in die Leukoverbindung des Indigoroths über. Die Gleichungen sind dieselben, wie sie vorher bei Indigblau mitgetheilt wurden.

„Man titrirt ebenso wie vorher bei Indigblau angegeben wurde. Befinden sich Indigblau und Indigroth neben einander in Lösung, z. B. bei Java-Indigo, so wird durch Hydrosulfit zuerst das Blau reducirt, zuletzt das Roth. Das Ende der Titration für Blau erkennt man an dem Farbenübergange von Blau in Violett. Man darf auf Blau nicht so lange titriren, bis reines Roth entsteht, sonst bekommt man falsche Zahlen für Blau, sondern nur gerade so weit, dass die Flüssigkeit im auffallenden Licht violett und im durchfallenden roth erscheint; dann liest man die Kubikcentimenter für Blau ab und titrirt nun bis zum Verschwinden von Roth und liest wieder ab. Die Differenz der beiden abgelesenen Zahlen entspricht dem vorhandenen Indigoroth."

Beispiele:

Java-Indigo	I (1 g in Liter) ergab	65,4 %	Indigblau,
„	I	„	5,2 %	Indigroth,
„	II	„	76,9 %	Indigblau,
„	II	„	6,6 %	Indigroth.

1) W. Vaubel, Zeitschr. angew. Ch. **14**, 892, 1901; Chem. Ztg. **25**, 725, 1901.

XXXI.

Methode der Reduktion mit Zinnchlorür.

Das Zinnchlorür verdankt seine Verwendung als Reduktionsmittel seiner energischen Wirkung. Es selbst wird dabei zu Zinnchlorid umgewandelt:

$$SnCl_2 + 2HCl = SnCl_4 + H_2.$$

Ein Molekül Zinnchlorür entspricht also zwei Atomen Wasserstoff und lässt sich hierdurch die reducirende Wirkung der verbrauchten Zinnchlorürlösung berechnen.

Man macht von der reducirenden Wirkung des Zinnchlorürs eine ausgedehnte Anwendung, besonders, wenn es sich darum handelt grössere Moleküle in kleinere charakteristische Theile zu zerlegen, aus deren Eigenschaften dann auf die Zerlegung des Ganzen geschlossen werden kann. Die Verwendung des Zinnchlorürs zu quantitativen Bestimmungen dürfte wohl noch auf zahlreiche weitere Fälle ausgedehnt werden.

Die Eintheilung des Stoffes ist folgende:

1. Herstellung der Zinnchlorürlösung.
2. Verhalten der Nitroverbindungen.
3. Bestimmung der Nitroverbindungen.
4. Bestimmung des Amidoazobenzols und seiner Sulfosäuren.
5. Bestimmung der Acylsuperoxyde.

1. Herstellung der Zinnchlorürlösung.

Die zu den Bestimmungen verwendete Zinnchlorürlösung kann sauer oder alkalisch sein.

Eine saure Zinnchlorürlösung stellt man in folgender Weise her: Etwa 150 g Zinn löst man in koncentrirter Salzsäure auf, giesst die Lösung klar ab vom Bodensatze und verdünnt sie nach Zusatz von etwa 50 ccm koncentrirter Salzsäure zu 1 l.

Für die Herstellung einer alkalischen Zinnchlorürlösung bedarf man noch einer Sodalösung. 180 g wasserfreie Soda und 240 g Seignettesalz löst man zu 1 l. Jenssen[1]) giebt auf 3 Theile Soda nur 1 Theil Seignettesalz, doch gelang es Limpricht[2]) mit einer im zuerst angegebenen Verhältnisse bereiteten Lösung weit besser, eine klare, alkalisch reagirende Zinnlösung zu erzielen.

Zum Zurücktitriren benützt man entweder eine Jodlösung oder eine Permanganatlösung. Da die Zinnlösung ihren Titer ändert, ist es nothwendig denselben vor der Ausführung der Analysen mittels der Jod- oder der Chamäleonlösung einzustellen.

Man wird wohl in den meisten Fällen von der sauren Zinnchlorürlösung Gebrauch machen und sich nur unter besonderen Umständen der alkalischen Zinnchlorürlösung bedienen.

2. Verhalten der Nitroverbindungen.

Wie E. Hoffman und V. Meyer[3]) gefunden haben und von A. Kirpal[4]) weiter bestätigt worden ist, geben die Nitrokörper der aliphatischen Reihe bei der Reduktion mit Zinnchlorür zunächst Hydroxylaminderivate. So entsteht aus Nitromethan β-Methylhydroxylamin.

Nitroäthan, Nitropropan, Nitropentan und Nitropropylen wurden ebenfalls untersucht und ergaben anscheinend dieselben Resultate, dagegen waren die Ergebnisse bei den aromatischen Nitroverbindungen negative.

Wir wissen jedoch durch die Untersuchungen von E. Bamberger, dass bei geeigneten Versuchsbedingungen auch das Phenylhydroxylamin aus Nitrobenzol erhalten werden kann, so dass also der Vorgang der Reduktion folgendermassen verläuft:

$$C_6H_5NO_2 \rightarrow C_6H_5N{\overset{H}{\underset{OH}{}}} \rightarrow C_6H_5NH_2.$$

Unter besonderen Verhältnissen lassen sich auch entsprechend die Azo-, Azoxy- und Hydrazoverbindungen erhalten.

3. Bestimmung der Nitroverbindungen.

Das Verfahren ist von H. Limpricht[5]) im Vereine mit seinen Schülern ausgearbeitet worden. Es beruht auf der Reduktion der Nitrogruppe zur Amidogruppe, die nach der Gleichung:

$$NO_2 + 3SnCl_2 + 6HCl = NH_2 + 3SnCl_4 + 2H_2O$$

1) Jenssen, Journ. pr. Ch. **78**, 193.
2) H. Limpricht, Ber. **11**, 35, 1878.
3) E. Hoffmann und V. Meyer, Ber. **24**, 3628, 1891.
4) A. Kirpal, Ber. **25**, 1714, 1892.
5) H. Limpricht, Ber. **11**, 35 und 40, 1878.

vor sich geht. Aus der nicht verbrauchten Zinnchlorürlösung, deren Menge durch Titriren leicht und scharf zu bestimmen ist, lässt sich dann der Gehalt an NO_2 in der Nitroverbindung berechnen.

Zur Ausführung der Bestimmung werden ca. 0,2 g der Nitroverbindung abgewogen und in einem 100 ccm Fläschchen mit 10 ccm der Zinnchlorürlösung übergossen und einige Minuten erwärmt. Nach dem Erkalten füllt man das 100 ccm Fläschchen bis zur Marke mit Wasser und hebt nach dem Umschütteln von der so verdünnten Lösung zur Ausführung der Titration 10 ccm heraus. Diese werden in einem Becherglas mit etwas Wasser verdünnt, dann mit der Sodalösung bis zur vollständigen Auflösung des zuerst entstandenen Niederschlags vermischt und nach Zusatz von etwas Stärkelösung bis zum Eintreten der blauen Färbung mit der $^N/_{10}$ Jodlösung versetzt.

Die Berechnung lässt sich der obigen Gleichung entsprechend leicht ausführen.

Die Methode giebt gute Resultate bei:

a) o-nitrobenzolsulfosaurem Natrium,
b) m-nitrobenzolsulfosaurem Natrium,
c) p-nitrobenzolsulfosaurem Ammonium,
d) o-Nitrobenzoësäure,
e) m-Nitrobenzoësäure,
f) m-Nitrosulfobenzoësäure,
g) Nitrobrombenzoësäure,
h) Dinitrobenzolsulfosäure,
i) Nitrotoluolsulfosäure,
k) m-Nitrobenzolsulfamid,
l) o-Nitrophenol,
m) m-Dinitrobenzol,
n) Nitrobrombenzolsulfosäure,
o) Nitrodibrombenzolsulfosäure.

Zur Reduktion der flüchtigen Nitroverbindungen wie Nitrobenzol, Nitrotoluol, m-Nitranilin u. s. w. verwendet man am besten eine zugeschmolzene Röhre, die auf dem Wasserbade erhitzt wird. Dieselbe hat keinen Druck auszuhalten und kann deshalb aus gewöhnlichem Glase hergestellt werden.

Bestätigende Versuche sind von S. W. Young und B. E. Swain[1]) ausgeführt worden.

4. Bestimmung des Amidoazobenzols und seiner Sulfosäuren.

In Folge der Schwierigkeit, Amidoazobenzol in die entsprechende Diazoverbindung in zu einer quantitativen Analyse geeigneten Weise überzuführen, bedient man sich in der Technik der reducirenden Wirkung des Zinnchlorürs. Amidoazobenzol wird dadurch in Anilin und p-Phenylendiamin zerlegt:

$$C_6H_4\!\!<^{(1)NH_2}_{(4)N:NC_6H_5} + 2H_2 = C_6H_4\!\!<^{(1)NH_2}_{(4)NH_2} + C_6H_5NH_2.$$

---

1) S. W. Young und R. E. Swain, Journ. Americ. Chem. Soc. **19**, 812, 1897.

Der Endpunkt wird erkannt durch Eintritt der vollständigen Entfärbung. Die zu benützende Zinnchlorürlösung wird auf reines Amidoazobenzol eingestellt. Die Titration erfolgt in salzsaurer Lösung, wobei fortgesetzt zum Kochen erhitzt wird.

In gleicher Weise werden auch die entsprechenden Sulfosäuren, sowie die von Toluidin und Xylidin sich ableitenden Amidoazoverbindungen bestimmt.

5. Bestimmung der Acylsuperoxyde.

Die als Säure- oder Acylsuperoxyde bezeichneten Säureester des Wasserstoffssuperoxyds wie Benzoylsuperoxyd, $(C_7H_5O)_2O_2$, Phtalyl-superoxyd, $C_6H_4\genfrac{}{}{0pt}{}{COO}{COO}$, u. s. w. lassen sich nach den Untersuchungen von H. v. Pechmann und L. Vanino [1]) mit Zinnchlorür bestimmen.

Zur Ausführung der Bestimmung erwärmt man eine bekannte Menge des Superoxydes mit einem bekanntem Volum titrirter saurer Stanno-chloridlösung auf dem Wasserbade in einer Kohlendioxydatmosphäre, bis nach ca. 5 Minuten alles in Lösung gegangen ist. Nach dem Abkühlen titrirt man mit $^N/_{10}$ Jodlösung zurück.

Es wurden für Phtalylsuperoxyd, $C_8H_4O_4$,

Gefunden:	Berechnet:
9,7 %	9,8 % Sauerstoff,
9,5 %	

also eine befriedigende Uebereinstimmung erreicht.

---

[1]) H. v. Pechmann und L. Vanino, Ber. **27**, 1513, 1894.

XXXII.

Methode der Bestimmung durch Enzym- oder Fermentwirkung.

Die Enzyme oder Fermente sind eigenartige Stoffe, welche nach Art der Katalysatoren eine zerlegende, spaltende oder überhaupt umsetzende und umlagernde Wirkung auf gewisse Substanzen ausüben können. Diese Wirkung lässt sich mitunter in quantitativen Zahlenverhältnissen ausdrücken, und kann demgemäss dieselbe unter einer gesonderten Rubrik besprochen werden.

Die Eintheilung des Stoffes ist folgende:

1. **Natur und Arten der Enzyme oder Fermente.**
    a) **Amylolytische Fermente.**
    b) **Proteolytische Fermente.**
    c) **Ester, Anhydride und Laktone spaltende Fermente.**
    d) **Invertirende Fermente.**
    e) **Glukosid spaltende Fermente.**
    f) **Glukosen spaltende Fermente.**
    g) **Durch Oxydation oder Spaltung Säure liefernde Fermente.**
    h) **Koagulirende Fermente.**
2. **Theorie der Enzym- oder Fermentwirkung.**
3. **Bestimmung der Wirksamkeit von Fermentlösungen.**
4. **Bestimmung der Wirkung von Diastasepräparaten.**
5. **Bestimmung der Stärke.**
6. **Bestimmung von Zuckerarten.**
7. **Bestimmung des Harnzuckers.**
8. **Bestimmung bei Eiweissstoffen.**
9. **Bestimmung des Trypsins im Blut.**

1. Natur und Arten der Enzyme oder Fermente.

Der Umstand, dass man die Enzyme nur an ihrer specifischen Wirkung, der Zerlegung von gewissen Stoffen, ohne dass sie selbst stoffliche Veränderung dabei erfahren, erkennen kann, dass aber eigentliche chemische Methoden der qualitativen oder gar quantitativen Bestimmung fehlen, hat es mit sich gebracht, dass man über die Natur der Enzyme im Unklaren ist. Vielfach neigt man der Ansicht zu, dass man es hier mit eiweissähnlichen oder eiweissartigen Stoffen zu thun hat. Dies mag jedoch vor allem in der Schwierigkeit der Trennung und Abscheidung gelegen sein, wodurch es den Anschein gewinnt, dass hier solche Stoffe vorliegen. Für Pepsin z. B. ist die eiweissartige Natur sehr fraglich [1]), viel eher ist dieselbe schon für Trypsin oder Diastase anzunehmen. Wir können also sagen, über die eigentliche Natur der Enzyme wissen wir nichts, als was mit ihrer specifischen Wirkung zusammenhängt.

Um einen Ueberblick zu erhalten, ist es am besten, die Enzyme bezw. die Lebewesen, Pilze, Bakterien oder Bacillen, welche enzymartige Wirkungen hervorbringen, dementsprechend in Unterabtheilungen unterzubringen. Dies ist in der nachfolgenden kurzen Zusammenstellung der wichtigsten derselben geschehen. Man unterscheidet:

a) Amylolytische Fermente.

Unter amylolytischen Fermenten versteht man solche, welche die Eigenschaft besitzen, Stärke in Zucker und zwar in Maltose zu verwandeln.

Hierzu gehören:

      die Diastase der Gerste,

      die Diastase des Speichels oder das Ptyalin,

      die Diastase des Pankreassaftes, das Amylopsin.

Die günstigste Temperatur für die Wirkung der Diastase der Gerste ist $50-60^{0}$.

b) Proteolytische Fermente.

Die proteolytischen oder eiweisslösenden Enzyme sind das im Magensaft vorkommende Pepsin, das Trypsin des Pankreassaftes, sowie das Papaïn, welches aus den Früchten und dem Milchsaft des Melonenbaums, Carica papaya gewonnen wird. Diese drei Enzyme unterscheiden sich zunächst in Bezug auf die Verhältnisse, in welchen ihre Wirkung am günstigsten ist. Pepsin wirkt nur in saurer, am besten salzsaurer Lösung, Trypsin in alkalischer und Papaïn in neutraler. Dann aber auch differiren sie hinsichtlich der Spaltungsprodukte. Pepsin liefert

---

1) H. Friedenthal, Arch. Anat. Phys. (His-Engelmann) Physiol. Abth. 1900, 181, glaubt, dass das Pepsin und auch das Papayotin Nukleoproteïde sind.

Albumosen und Peptone, Trypsin bildet wohl auch Pepton (Antipepton von K ü h n e), aber ausserdem noch Lysin, Arginin, Histidin (die sogen. Hexonbasen), dann noch Leucin, Tyrosin. Bei der Einwirkung von Papaïn entsteht Globulin, daraus Pepton, Leucin, Tyrosin.

c) Ester, Anhydride und Laktone spaltende Fermente.

Von diesen seien erwähnt die Lipase[1]), welche Fette zerlegt und in Leber, Magen und Dünndarm vorkommt, sowie die Tannin spaltende Tannase[2]), welche aus Aspergillus niger hergestellt wird. Die Lipase kann auch wiederum aus Buttersäure und Aethylalkohol eine Synthese des Buttersäureäthylesters bewirken.

d) Invertirende Fermente.

Hierzu gehört die Maltase, welche im Pflanzenreich und Thierreich weit verbreitet ist und die Fähigkeit besitzt, Maltose in Glukose zu verwandeln.

$$C_{12}H_{22}O_{11} + H_2O = 2C_6H_{12}O_6.$$

Das Optimum der Wirkung liegt bei 40^0, bei 55^0 findet Zerstörung statt. Auch in der Hefe findet sich dieses Ferment, und gelang es E. Fischer[3]), die Glukose als solche bei der Hefegährung der Maltose in der Form des Glukosazons nachzuweisen.

Weiterhin sind noch bekannt die Trehalase, im Aspergillus vorkommend, welche die Fähigkeit besitzt, die Trehalose zu spalten, dann die Laktase, welche den Milchzucker in die Glukose und die Galaktose spaltet.

Auch eine Invertase oder ein Invertin, das Rohrzucker in Glukose und Fruktose zerlegt, ist aus der Hefe dargestellt worden[4]).

e) Glukosid spaltende Fermente.

Von diesen sind besonders erwähnenswerth das Emulsin und das Myrosin.

Das Emulsin ist ein in den Mandeln vorkommendes Enzym, das die Fähigkeit besitzt, Amygdalin, d. i. das in den Mandeln vorhandene Glukosid in Glukose, Benzaldehyd und Blausäure zu spalten. Emulsin findet sich ausser in den Mandeln auch noch in verschiedenen anderen Pflanzen.

Die günstigste Temperatur liegt bei $45—50^0$, bei 70^0 wird es zerstört.

---

1) J. H. Kastle und A. S. Loevenhart, Amer. Chem. I, **24**, 491, 1900.

2) A. Fernbach, Compt. rend. **131**, 1214, 1900; H. Pottevin, ibid. **131**, 1215, 1900.

3) E. Fischer, Ber. **28**, 1433, 1895; Zeitschr. physiol. Ch. **26**, 74, 1898.

4) Vgl. z. B. E. Salkowski, Zeitschr. physiol. Ch. **31**, 304, 1900.

Das **Myrosin**, welches im Senfsamen vorkommt, spaltet das darin befindliche **myronsaure Kali** in Glukose, saures schwefelsaures Kali und Senföl nach der Gleichung:

$$C_{10}H_{18}KS_2O_{10} = C_6H_{12}O_6 + KHSO_4 + C_3H_5NCS$$

Myronsaures Kali, Glukose,   **Allylsenföl.**

f) Glukose spaltende Fermente.

Glukose spaltende Enzyme finden sich in den Hefen. Buchner[1]) gelang es, die wirksame Substanz, die **Zymase**, von lebenden Zellen befreit, darzustellen. Die Zymase spaltet die Glukose in Alkohol und Kohlensäure.

$$C_6H_{12}O_6 = 2\,CO_2 + 2\,C_2H_5OH.$$

Nebenher bilden sich noch geringe, aber ziemlich konstante Mengen von Glycerin (2,5—3,6 %) und Bernsteinsäure (0,4—0,7 %).

Nicht vergährbar sind die Pentosen, dagegen aber die Hexosen. Jedoch finden sich auch bei diesen Ausnahmen. Von den Aldosen gähren nach E. Fischer[2]) nur die Glukose, die Mannose und die Galaktose; dagegen sind die letzteren Formen nicht gährfähig, ebenso wenig wie Gulose, Talose und Idose.

Von den Ketosen vergährt mit Sicherheit nur die Fruktose (= Lävulose), dagegen sind Sorbose und Tagatose, sowie auch l-Fruktose nicht gährfähig.

Im übrigen sind nur solche Zucker gährungsfähig, die der Reihe der Triosen, Hexosen oder Monosen angehören. Die Polysaccharide vergähren erst nach der Zerlegung. Die Geschwindigkeit des Gährprocesses ist ebenfalls verschieden. So vergährt die Glukose rascher als die Fruktose.

Die günstigste Temperatur ist 25° für die Vergährung, bei 53° hört die Gährung auf und bei untergährigen Hefen mitunter schon bei 38°.

g) Durch Oxydation oder Spaltung Säure liefernde Fermente.

Hierzu gehören die die Essigsäuregährung, Milchsäuregährung, Citronensäuregährung u. s. w. bedingenden Fermente.

Unter dem Einfluss des Essigpilzes, Mycoderma aceti, bildet sich bei der **Essiggährung** aus dem Aethylalkohol zunächst Aldehyd und dann Essigsäure.

$$C_2H_5OH + O = CH_3CHO + H_2O,$$
$$CH_3CHO + O = CH_3COOH.$$

---

1) E. Buchner, Ber. **30**, 117, 1110, 2668, 1897, **31**, 209, 568, 1084, 1090, 1531, 1898, **32**, 117, 3307, 1899; Buchner und Albert, Ber. **33**, 266, 971, 1900.
2) E. Fischer, Ber. **23**, 2137, 1890.

Bei der **Milchsäuregährung** bildet sich aus den Hexosen die Milchsäure nach der Formel

$$C_6H_{12}C_6 = 2\,C_3H_6O_2,$$

und zwar entsteht fast immer die α-Oxypropionsäure, $CH_3CHOHCOOH$, und meist in ihrer racemischen, also aus d- und l-Milchsäure, zusammengesetzten Form.

Die günstigste Temperatur liegt bei 35—40⁰.

Die Bildung der **Citronensäure** aus Zuckern durch Citromyces Pfefferianus und glaber, welche von Wehmer[1] beobachtet und technisch ausgebildet worden ist, kann, wie auch die Essiggährung als Oxydationsgährung aufgefasst werden.

h) Koagulirende Fermente.

Hierzu sind zu rechnen: das die Eiweissstoffe der Milch, das Kaseïn, koagulirende **Labferment**, welches sich in der Schleimhaut des Magens bildet, ausserdem das die Gerinnung des Blutes bedingende **Fibrinferment**, sowie die **Pektase**, welche die Koagulation pektinhaltiger, pflanzlicher Stoffe bewirkt.

2. Theorie der Enzymwirkung.

Obgleich man bereits früher die Eigenschaft der Hefe kannte, an Wasser einen Stoff, die Invertase, abzugeben, der im Stande ist, Rohrzucker zu spalten, war doch die Meinung vorherrschend, dass die Gährung eine Erscheinung der Lebensthätigkeit der lebenden Zelle sei. Zwar hatte bereits Pasteur die Ansicht ausgesprochen, dass in der Hefe auch ein die Gährung bewirkender Stoff vorhanden sei. Denselben aus den Hefezellen zu isoliren, gelang ihm aber nicht. Dies war erst der Fall, als Buchner[2] seine interessanten Versuche anstellte, den Presssaft der Hefe durch Auspressen unter hohem Druck von allen lebenden Protoplasmastückchen zu reinigen oder aus den getöteten Hefezellen das betreffende Enzym mit Glycerinwasser zu entziehen. Auf diese Weise erhielt er den wirksamen Bestandtheil der Hefe, die Zymase, und vermochte zu zeigen, dass ihr alle Eigenschaften zukommen, wie wir sie von jenem Bestandtheil der Hefe erwarten durften.

Mit diesem Presssaft tritt selbst nach Zusatz von Toluol, Thymol, Glycerin u. dgl., wodurch die Gährthätigkeit der Hefe sicher aufgehoben wird, trotzdem die Gährung auf. Man kann den Presssaft im Vakuum bei 20—30⁰ C. eintrocknen und erhält so eine eingetrocknetem Hühnereiweiss ähnliche Masse, welche ebenfalls die Gährung in zuckerhaltigen Lösungen

---

[1] Wehmer, Sitzungsber. Berl. Akad. **1893**, 519.

[2] E. Buchner, l. c.

veranlasst. Man kann den Presssaft neun Monate lang aufbewahren, ohne dass er seine Gährfähigkeit verliert. Setzt man dem Presssaft Blausäure zu, so verliert er seine Wirkung; bei Luftdurchleiten kehrt die Wirksamkeit wieder, während die Protoplasmastückchen, welche etwa noch vorhanden sein könnten, hierdurch sicher abgetödtet würden. Bei schnellem Trocknen der Hefe bei niedriger Temperatur und darauffolgendem sechs Stunden langen Erhitzen auf 100 ⁰ C. ist die Lebenskraft der Hefe abgetödtet, dagegen ihre Gährwirkung noch vorhanden. Das gleiche Ergebniss findet man, wenn Hefe in Aether-Alkohol eingetragen wird, wodurch sie selbst abgetödtet, ihre Gährwirkung aber nicht aufgehoben wird [1]).

Alle diese Gründe sprechen dafür, dass wir es bei der Gährfähigkeit der Hefe und somit wohl bei allen übrigen entsprechenden Vorgängen nicht mit der Lebensthätigkeit der Zelle, sondern mit chemischen Individuen zu thun haben, welche die Zersetzung bewirken.

Diese die Zerlegung bedingenden Stoffe, die Enzyme oder Fermente sind Katalysatoren, d. h. sie üben ihre zersetzende Wirkung aus, ohne selbst dadurch zerstört zu werden. In gleicher Weise, wie man mit einem Schlüssel unendlich viele Schlösser derselben Art zu öffnen vermag, so üben auch die Enzyme und Fermente ihre Wirksamkeit aus. (E. Fischer.)

Andere katalytische Erscheinungen sind schon seit langem bekannt, wie z. B. die Inversion des Rohrzuckers, die Zerlegung der Ester durch Säuren oder Alkalien, die Vereinigung von Wasserstoff und Sauerstoff, von Schwefeldioxyd und Sauerstoff durch Platinmohr und andere mehr.

Wie die Untersuchungen von G. Bredig und R. Müller von Berneck [2]) ergeben haben, wirkt 1 Grammatom Platin in 70 Mill. Liter noch deutlich katalytisch auf eine mehr als millionenfache Menge von Wasserstoffsuperoxyd. Auch durch organische Fermente, wie z. B. Emulsin (Jacobson [3])), lässt sich Wasserstoffsuperoxyd zersetzen.

Eine deutliche Analogie zwischen der Wirkung der Platinflüssigkeit, die kolloidales Platin enthält, und der der Fermente zeigt sich darin, dass auch die erstere durch geringe Spuren gewisser Gifte inaktivirt wird. Die Platinkatalyse des Wasserstoffsuperoxyds wird schon durch $\frac{1}{1000000}$ Molekül Blausäure im Liter erheblich verzögert und fast ebenso stark durch Schwefelwasserstoff, sehr stark auch durch Merkurichlorid. Dabei kann sich die Platinflüssigkeit ebenso wie viele Fermentlösungen nach geringen Zusätzen von Cyanwasserstoff wieder erholen. Uebrigens sind nicht alle „Gifte" für die Platinlösung auch Gifte für die organischen

<hr>

[1]) Vgl. R. Albert, Ber. **33**, 3775, 1900.

[2]) G. Bredig und R. Müller von Berneck, Zeitschr. physik. Ch. **31**, 258, 1900; vgl. auch H. Euler, Ber. **33**, 3202, 1900; G. Zengelis, Ber. **34**, 198, 1901.

[3]) J. Jacobson, Zeitschr. physiol. Ch. **16**, 340, 1892.

Fermente und umgekehrt. Hierbei ist zu bemerken, dass nach den Untersuchungen von Fiechter[1] Blausäure zwar den Lebensprocess und die Entwicklung der Hefe völlig aufhebt, dass aber bei Gegenwart beträchtlicher Hefemengen die Fermentwirkung nicht sofort vernichtet wird.

Die über die katalytischen Vorgänge gehegten Ansichten sind äusserst zahlreich. Eine Klärung ist noch nicht erfolgt, ist auch nach Lage der Sache vorerst nicht zu erwarten[2]. Soweit die durch die Fermente bewirkten Zerlegungen u. s. w. thermochemisch untersucht sind, lässt sich mit ziemlicher Sicherheit behaupten, dass alle katalytischen Vorgänge exothermischer Natur sind; diese Annahme ist bereits von mir seit einiger Zeit in meinen Vorlesungen vertreten worden, sie findet sich auch in dem Werke von C. Oppenheimer, „Fermente und ihre Wirkungen" und wird wahrscheinlich als durchaus naheliegend schon früher von irgend einer anderen Seite ausgesprochen worden sein.

Zur Stütze dieser Behauptung seien folgende Wärmetönungen angeführt:

a) Bildung von Alkohol aus Glukose.

$$C_6H_{12}O_6 = 2\,C_2H_6O + 2\,CO_2 + 42{,}9 \text{ Kal.}$$

Zieht man von dieser Zahl die Lösungswärme der Dextrose ab und fügt die des Alkohols und der Kohlensäure (11,8 Kal.) zu, so ergiebt sich als Endresultat 57,5 Kal.

b) Bildung von Essigsäure aus Acetaldehyd.

Nur die Bildung der Essigsäure aus Acetaldehyd und nicht die aus Aethylalkohol ist gemessen worden und sie ergiebt:

$$C_2H_4Oaq + O = C_2H_4O_2aq + 66{,}8 \text{ Kal.}$$

c) Die Zerlegung von Essigäther

durch geringe Mengen ebenfalls katalytisch wirkender Säure bezw. schon durch Wasser nach längerer Einwirkungsdauer ist ebenfalls exothermischer Natur.

$$CH_3COOC_2H_5aq + H_2O = CH_3COOH + C_2H_5OH + 2{,}0 \text{ Kal.}$$

d) Zerlegung des Wasserstoffsuperoxyds.

$$H_2O_2aq = H_2O + O + 23{,}1 \text{ Kal.}$$

In saurer Lösung ist dies, wie die Untersuchungen von Bredig und Müller von Berneck ergeben haben, eine monomolekulare Reaktion, die nach obiger Gleichung und nicht nach der folgenden vor sich geht.

$$2\,H_2O_2 = 2\,H_2O + O_2.$$

---

[1] Fiechter, Wirk. d. Blaus., Diss. Basel, 1875 und Oppenheimer, Fermente und ihre Wirkungen, Leipzig 1900.

[2] Vgl. hierzu auch W. Ostwald, „Ueber Katalysatoren", Vortrag, gehalten bei der 73. Vers. d. Naturf. u. Aerzte, Hamburg 1901, dessen Ansichten ich allerdings nicht zu theilen vermag.

In alkalischer Lösung ist der Vorgang infolge der sauren Eigenschaften des Wasserstoffsuperoxydes komplicirter.

3. Bestimmung der Wirksamkeit von Fermentlösungen.

Von H. Friedenthal[1]) ist eine Methode der Bestimmung der Wirksamkeit von Fermentlösungen vorgeschlagen worden, die auf der Zunahme der Anzahl der Moleküle bei der Spaltung durch die Fermente beruht. Als Ausgangspunkt für die Messung der Fermentwirkung wird die Zahl der durch eine bestimmte Fermentmenge in einer gewissen Zeit gebildeten Moleküle genommen und durch Messung der Gefrierpunktserniedrigung bestimmt. Als Fermenteinheit wird diejenige Menge bezeichnet, welche in einer Minute in 1 ^{0}/o iger Lösung des zu verdauenden Körpers den Gefrierpunkt um 0,1 ^{0} herabsetzt. Die Bestimmungen werden in einem abgeänderten Beckmann'schen Gefrierpunktbestimmungsapparat ausgeführt, wobei der Fehler 3—5 ^{0}/o betragen soll.

Anscheinend vermag diese Methode bei vergleichenden Untersuchungen ein gutes Bild der fortschreitenden Zersetzung durch das betreffende Ferment zu liefern, wenngleich sie, sobald verschiedenartige Zersetzungsprodukte in Frage kommen, nicht absolut verlässliche Werthe geben wird.

4. Bestimmung der Wirkung von Diastasepräparaten.

A. Wróblewki[2]) benützt das Verhalten von löslicher Stärke zur Bestimmung der Wirkung von Diastasepräparaten. Er erhält eine solche, dextrinfreie Reisstärke dadurch, dass er 100 g davon mit kleinen Quantitäten 2 ^{0}/o iger Kalilauge verreibt, 2—4 Stunden stehen lässt, die gleichmässig gequollene Masse mit 2 ^{0}/o iger Kalilauge portionsweise unter gutem Umrühren versetzt, bis das Ganze ein Volum von 600—800 ccm einnimmt. Die erhaltene gallertige Masse erhitzt man unter Umrühren auf dem Wasserbade, bis sie ganz dünnflüssig geworden ist, kocht dann 20 Minuten auf freier Flamme, filtrirt, säuert mit Essigsäure ganz schwach an und fällt mit dem gleichen Vol. 95 ^{0}/o igen Alkohol. Der Niederschlag wird wieder gelöst, abermals gefällt, nochmals in einer möglichst kleinen Menge Wasser gelöst und diese Lösung im dünnen Strahle unter starkem Umrühren in eine sehr grosse Menge von absolutem Alkohol gegossen, der Niederschlag abfiltrirt, mit absolutem Alkohol und Aether gewaschen und im Vakuum getrocknet. Es wird eine Ausbeute an 50—60 ^{0}/o löslicher Stärke erhalten. Das vollständig getrocknete Präparat ist nicht hygroskopisch. Es stellt ein weisses Pulver dar, von dem 3—4 Theile in Wasser löslich sind. Seine Lösung wird von Jod blau gefärbt und reducirt Fehling'sche Lösung nicht.

---

1) H. Friedenthal, Centrbl. f. Physiol. **13**, 481, 1899.
2) A. Wróblewski, Zeitschr. physiol. Ch. **24**, 173, 1898.

Für die Ermittlung der invertirenden Kraft von Diastasepräparaten werden für jede Bestimmung 2 g lösliche Stärke mit 20 ccm
heissem Wasser verrieben und so lange kleine Quantitäten heissen Wassers
zugefügt, bis eine gleichmässig dicke Masse entstanden ist. Darauf spült
man alles in ein Becherglas und verdünnt nach dem Erkalten auf 100 ccm.
Alsdann wiegt man 0,01 g des bei 60⁰ getrockneten Präparats ab, löst es in
10 ccm Wasser, vermischt es ohne zu filtriren mit 50 ccm Stärkelösung in
einem verschlossenen Kölbchen und erhitzt dies in einem Thermostaten
8 Std. lang auf 40⁰ C. Hierauf wird die Flüssigkeit aufgekocht, um die
Diastasewirkung zu unterbrechen, filtrirt und in 20 ccm des Filtrats der
Zuckergehalt mit Fehling'scher Lösung bestimmt. Die Maltosemenge,
welche auf 100 Theile der angewendeten löslichen Stärke gebildet worden
ist, dient als Maass der diastatischen Kraft. Wróblewski fand bei
verschiedenen Diastasepräparaten 26,9—65,0⁰/o Maltose aus 100 Theilen
löslicher Stärke, wobei zu bemerken ist, dass seine Bestimmungsmethode
nicht ganz einwandsfrei ist[1]), indem er 5 Minuten kocht statt 4 Minuten,
wie bei der Maltose üblich ist, und mit einem festen Faktor umrechnet an
Stelle des empirischen.

Weiterhin ergaben die Untersuchungen von Wróblewski, dass ein
diastatisch unwirksames Polysaccharid, das Araban, ein Begleiter der
Diastase in Malz ist und in allen Diastasepräparaten vorhanden gewesen
sein muss, ja den grössten Theil desselben gebildet hat. Es zeigte sich
ferner, dass die Diastase selbst ein den Albumosen am nächsten stehender
Proteïnstoff ist.

5. Bestimmung der Stärke.

Um die fast allen auf der Stärkeinversion beruhenden Methoden ge-
meinsame Ueberführung in Dextrose und die Zuckerbestimmung am
Schluss zu sparen, empfiehlt J. Krieger[1]) folgendes Verfahren der
Differenzbestimmung: Er wiegt zweimal je 10 g fein gepulvertes
Getreide resp. bei stärkearmem Material, wie Kleie, Trebern etc. zweimal
je 3 g ab. Die eine Probe wird auf einem gewogenen Filter mit
Wasser, das ca. 0,4⁰/o schweflige Säure enthält, ausgewaschen, zum Schluss
mit reinem Wasser nachgewaschen und im Trockenschrank anfangs langsam, um Verkleisterung zu vermeiden und zuletzt bei 105⁰ C. getrocknet.
Die zweite Probe wird in einem Becherglase mit ca. 300 ccm Wasser
¹/₂ Stunde gekocht, nach dem Abkühlen auf 80⁰ C. mit 100 ccm eines
kalt bereiteten und filtrirten Malzauszuges (50 g Darrmalz zu 1 l Wasser)
versetzt und bei 65⁰ so lange digerirt, bis alle Stärke gelöst ist. Dann
erwärmt man nochmals langsam auf 80⁰ C., kocht darauf ¹/₂ Stunde

---

1) Vgl. L. Grünhut, Zeitschr. analyt. Ch. **38**, 123, 1899.
2) J. Krieger, Chem. Ztg. **18**, Rep. 283, 1894.

lang, kühlt auf 70° C. ab, setzt nochmals 25 ccm Malzauszug zu und behandelt damit bei 65° C., bis alle Stärke verschwunden ist. Schliesslich filtrirt man durch ein gewogenes Filter, wäscht mit siedendem Wasser aus und trocknet bei 105° C. Die Gewichtsdifferenz der beiden Filterinhalte entspricht dem Stärkegehalt.

Nach O. Reinke[1]) kann man in der Weise verfahren, dass man den Wassergehalt der Stärke bestimmt, den nach der Behandlung mit Malzextrakt verbleibenden Rückstand abfiltrirt, trocknet und wägt. Das an 100% Fehlende ist dann Stärke einschliesslich anderer löslichen Stoffe; der ermittelte Werth ist bis zu 3% höher als der durch wirkliche Stärkebestimmung bestimmte. Verascht man den abfiltrirten Antheil noch, so kennt man auch den Aschegehalt bezw. den Gehalt an Faser und unlöslichen organischen Stoffen. Diese Methode gilt speciell für Schlammstärke.

Eine indirekte Stärkebestimmung ist in gleicher Weise schon früher von H. Schreib[2]) für den als Rohmaterial der Reisstärkefabrikation dienenden Bruchreis vorgeschlagen worden. Man ermittelt Feuchtigkeit, Asche und Protein, letzteres durch Stickstoffbestimmung; für die übrigen Bestandtheile, wie Fett, Zucker, Gummi und Cellulose setzt man bei Bruchreis ein für allemal 0,5% an; das an 100% Fehlende soll als Stärke angesehen werden.

Weiterhin ist noch zu erwähnen die von A. von Asboth[3]) vorgeschlagene Methode der Fällung der Stärke mit Barytlösung und Alkohol. Hierbei wird jedoch nur unter genauer Einhaltung der Vorschriften ein brauchbares Resultat erhalten, andernfalls fällt mehr oder weniger Baryt mit aus und wird dadurch die Sache durchaus unbrauchbar.

A. Leclerc[4]) hat gefunden, dass Stärke und Zucker in konc. Zinkchloridlösung löslich sind, nicht aber Cellulose, Fett und Stickstoffsubstanzen. Er benützt dieses Verfahren zur Bestimmung der Stärke in Ceralien und Futtermitteln. Das Zinkchlorid stellt man durch Einwirken von Salzsäure auf Zink dar, das im Ueberschuss vorhanden sein muss, setzt dann so lange konc. Chamäleonlösung hinzu, bis das Präparat entfärbt ist, dekantirt in eine Porcellanschale, erhitzt zum Sieden, fügt so lange in kleinen Portionen Zinkoxyd hinzu, als dieses noch gelöst wird, lässt erkalten und filtrirt. Die Lösung hat ein spec. Gewicht von

---

1) O. Reinke, Zeitschr. analyt. Ch. **35**, 611, 1896.

2) H. Schreib, Zeitschr. angew. Ch. 1888, 694; vgl. auch J. Berger, Chem. Ztg. **14**, 1440, 1890.

3) A. v. Asboth, Rep. analyt. Ch. **7**, 299; vgl. hierzu A. L. Winton jr., Zeitschr. angew. Ch. **35**, 610, 1896; C. Monheim, Zeitschr. angew. Ch. 1888, 65; F. Seyfert, ibid. 1888, 126; A. v. Asboth, Chem. Ztg. **12**, 693, 1888 und **13**, 591 und 611, 1889; C. J. Lintner, Zeitschr. angew. Ch. 1888, 332; Milkowski, Zeitschr. analyt. Ch. **29**, 134, 1890.

4) A. Leclerc, Chem. Ztg. **14**, R. 190, 1890.

1,43—1,45. Zur Stärkebestimmung wiegt man 2 g Getreide bezw. 5 g
Stroh, Heu u. s. w. in fein gepulvertem Zustande in eine 200 ccm
fassende Flasche ein, fügt 10 ccm Wasser hinzu und schüttelt so lange
um, bis alles gleichmässig durchfeuchtet ist. Dann versetzt man mit
180 ccm Zinkchloridlösung und erhitzt im Kochsalzbade auf 108°, bei
Getreide, bis Lösung erfolgt, bei Stroh mindestens $1^1/_2$ Stunde. Hierauf
bringt man die gesammte Flüssigkeit mit Zinkchloridlösung auf 250 ccm,
bezw. bei stark faserhaltigen Materialien auf 253 ccm, um dem Volum
der nicht gelösten Substanz Rechnung zu tragen. Man filtrirt, was
längere Zeit erfordert, und versetzt 25 ccm des Filtrats mit 2 ccm Salzsäure, um die Fällung von Oxychlorid zu verhindern und 75 ccm
90 grädigen Alkohol. Alle Stärke und alles Dextrin, nicht aber der

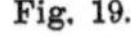

Fig. 19.

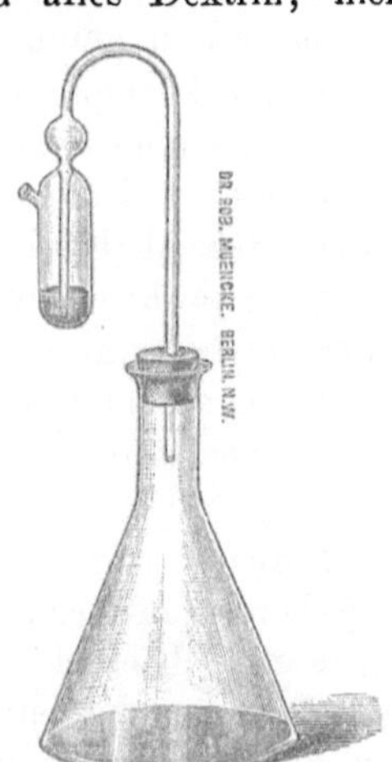

Fig. 20.

Zucker, gehen in den Niederschlag ein; man filtrirt ihn nach 24 stündigem
Stehen durch ein gewogenes Filter ab und wäscht zunächst mit 90 grädigem
Alkohol, der im Liter 5 ccm Salzsäure enthält, aus, schliesslich mit neutralem Alkohol von derselben Stärke. Der Aschegehalt und die gewöhnlich auch vorhandene Stickstoffmenge des Niederschlags sind zu
bestimmen und entsprechend in Abzug zu bringen.

Man kann nach A. Munsche[1]) auch die Stärke dadurch bestimmen,
dass man den aus ihr erhaltenen Zucker durch einen Gährversuch ermittelt. Munsche giebt an, dass er Verhältnisse und Bedingungen aufgefunden habe, unter denen 100 Theile lufttrockener Stärke nach erfolgter
diastatischer Verzuckerung bei der Gährung konstante Mengen Alkohol
und Kohlensäure liefern, nämlich 53,43 Theile des ersteren und 51,29
Theile der letzteren.

---

1) A. Munsche, Chem. Ztg. **18**, R. 215, 1894

6. Bestimmung von Zuckerarten.

Das typische Beispiel für die Zersetzung der Zuckerarten ist der Zerfall der Glukose (Dextrose) unter der Einwirkung des Hefeenzyms. Hierbei bilden sich fast quantitativ Kohlendioxyd und Aethylalkohol nach der folgenden Gleichung:

$$C_6H_{12}O_6 = 2\,CO_2 + 2\,C_2H_5OH.$$

Es verhalten sich nun nicht alle Zuckerarten in gleicher Weise. Die Probe auf Gährfähigkeit der Glukosen wird in einer Schrötter-schen Gährungseprouvette ausgeführt (Fig. 19). Die Ausführung geschieht in der Weise, dass man die zu untersuchende Lösung mit etwas Hefe versetzt und einfüllt, bis das längere Rohr ganz mit Flüssigkeit gefüllt ist, damit man konstatiren kann, ob sich Kohlendioxyd bildet.

Die von Hayduck empfohlene Gährungsflasche (Fig. 20) ist auch zu quantitativen Bestimmungen geeignet. Jedoch wird man sich auch in diesem Falle vortheilhaft des von Lohnstein empfohlenen Apparates bedienen, der nachstehend beschrieben und unter dem Namen Präci-sions-Gährungs-Saccharometer bekannt ist.

Ebenso wie die Zuckerarten in Bezug auf ihre Gährfähigkeit über-haupt Unterschiede zeigen, so differiren sie auch in ihrem Verhalten gegen die einzelnen Hefearten, indem letztere eine schnellere oder langsamere Gährung bedingen.

Zur Bestimmung von Zuckerarten mittels Gährung empfiehlt Lasché[1]) beispielsweise 500 ccm Würze unter Zusatz von 25 g Saazer-Hefe zu vergähren. Hierbei wird die Gesammtmenge an Maltose, Dextrose und Rohrzucker bestimmt, dagegen nicht die als Maltodextrin und Isomaltose bezeichneten Verbindungen. Wendet man an Stelle der Saazer-Hefe den Saccharomyces apiculatus für die Einleitung der Gährung an, so lässt sich nur die Menge der vorhandenen Dextrose bestimmen. Mit Saccharomyces Ivergensii lassen sich Dextrose und Rohrzucker vergähren, mit Frohnberg-Hefe dagegen sowohl die durch Saazer-Hefe vergährbaren Zucker als auch Isomaltose.

Mit Saccharomyces-Kephir lässt sich die Bestimmung der Lak-tose bewirken.

Für die Bestimmung des Rohrzuckers neben Milchzucker benützen W. D. Bigelow und K. P. Mc. Elroy[2]) die Eigenschaft des Milchzuckers durch die Einwirkung des Invertins nicht angegriffen zu werden, während der Rohrzucker hierbei invertirt wird. Zur Bestimm-ung führen sie die Inversion des Rohrzuckers bei Gegenwart von Fluoriden (20 g KF auf 100 ccm Gährflüssigkeit) aus, wodurch die Zerstörung

---

1) Lasché, Journ. chem. Soc. **46**, II, 487; Zeitschr. anal. Ch. **35**, 218, 1896.
2) W. D. Bigelow und K. P. Mc. Elroy, Amer. Chem. Journ. **15**, 668, 1893.

des Milchzuckers vermieden wird. Bei Gegenwart von Eiweissstoffen, z. B. in der Milch, wird auch der Milchzucker allmälig angegriffen.

M. Jodlbauer[1]) hat die Bedingungen genauer studirt, unter denen man sicher ein bestimmtes Verhältniss zwischen dem vergohrenen Zucker und der gebildeten Kohlensäure erhält, und hat daraufhin eine präcise Vorschrift zur Ausführung solcher Bestimmungen gegeben.

Die Resultate der Vorstudien lassen sich in folgende Sätze zusammenfassen:

1. Die Produkte der alkoholischen Gährungen sind unter gewissen Bedingungen konstante.

2. Diese Bedingungen sind:

a) Die Anwendung einer kräftig entwickelten Hefe, die einem in Gährung begriffenen Substrat entnommen ist und deshalb noch keinen Verlust an ihren Geweben oder dem protoplasmatischen Inhalt ihrer Zellen durch Selbstgährung erlitten hat.

b) Das Einhalten eines gewissen Verhältnisses von Hefezusatz zur angewandten Zuckermenge; die Hefenmenge darf $50\,^0/_0$ des angewandten Zuckers nicht überschreiten, im andern Falle tritt nach vollständiger Vergährung des Zuckers eine Selbstgährung der Hefe ein, die eine Erhöhung der Gährungsprodukte bewirkt.

c) Der Abschluss von freiem Sauerstoff. Das Wachsthum der Hefe, das immer zum Theil auf Kosten des vorhandenen Zuckers vor sich geht, wird auf solche Weise beschränkt.

d) Die Anwendung einer geeigneten Nährflüssigkeit. Durch den im Verlauf der Gährung stattfindenden Stoffwechsel werden der Hefe Substanzen entzogen, die sie aber nicht wieder zum Zwecke der Ernährung verwenden kann. Die Hefezelle muss deshalb in der Gährflüssigkeit Stoffe vorfinden, die sie an Stelle jener ausgeschiedenen wieder in sich aufzunehmen vermag. Werden der Hefezelle die zu ihrer Ernährung nothwendigen Stoffe vorenthalten, so geht sie in einen Schwächezustand über, indem sie den vorhandenen Zucker nur sehr langsam und unvollkommen umzusetzen vermag.

3. Die günstigste Temperatur für den Verlauf der Gährung ist 34^0.

4. Als günstigste Koncentration muss eine solche von $8\,^0/_0$ bezeichnet werden.

5. Von den bei der alkoholischen Gährung entstehenden Produkten ist die Kohlensäure am leichtesten und genauesten bestimmbar.

6. Der Rohrzucker und die wasserfreie Maltose liefern durch Vergährung $49,04\,^0/_0$, die Dextrose $46,54\,^0/_0$ Kohlensäure.

---

1) M. Jodlbauer, Zeitschr. d. V. f. d. Rübenz.-Ind. d. D. R. **38**, 308; Zeitschr. analyt. Ch. **28**, 625, 1889.

7. Die Gährdauer ist abhängig von der zur Vergährung gelangenden Zuckerart. Der Rohrzucker bedarf die doppelte Zeit wie Dextrose und Maltose.

Die vorstehenden Sätze zeigen, dass die Bestimmung durch Gährung im wesentlichen nur Werth hat zur Bestätigung der auf andere Weise gefundenen Zahlen bezw. um, wenn Zucker neben anderen reducirenden Körpern vorhanden ist, seine Menge genauer zu ermitteln. Jedenfalls ist es aber bei der Ausführung der Gährmethode nöthig, sowohl die Art des Zuckers als auch wenigstens annähernd seine Menge zu kennen. Zu diesem Zwecke ist eine Bestimmung des Reduktionsvermögens und, soweit sich die Zuckerart nicht aus den sonstigen Verhältnissen ergiebt, eine weitere Prüfung in qualitativer Hinsicht erforderlich. Man wägt nun so viel von der Substanz ab, dass dieselbe 2 g Zucker enthält, löst in 25 ccm Wasser und setzt 1 ccm der Hayduck'schen Nährlösung (enthaltend: 0,025 g Monokaliumphosphat, 0,0085 krystallisirte schwefelsaure Magnesia und 0,02 g Asparagin) und 1 g einer frischen, gereinigten, auf einer Thonplatte entwässerten Bierhefe zu.

Die Gährung lässt man in einem birnförmigen Kölbchen mit weitem Halse verlaufen, welches in ein Wasserbad eingesenkt wird, dessen Temperatur mittels eines Termoregulators genau auf 38° gehalten wird. In das Kölbchen führt eine unten in eine feine Spitze ausgezogene Glasröhre bis auf den Boden; dieselbe dient zur Einleitung von Wasserstoffgas während des Gährens. In den Stopfen des Gährkölbchens ist weiter das Gasableitungsrohr eingesetzt. Dasselbe führt zunächst vertikal aufwärts und ist auf dieser Strecke mit einem Liebig'schen Kühler umgeben, so dass die mitverdampfenden Flüssigkeitstheile kondensirt werden und zurückfliessen. Hierauf ist das Rohr im Bogen nach abwärts geführt und mittels eines Quecksilberverschlusses mit einem U-förmigen Rohr verbunden, welches Glasperlen enthält und mit konc. Schwefelsäure gefüllt ist. Dieses steht mit einem Geissler'schen Kaliapparat in Verbindung, an dem statt des sonst üblichen Chlorcalciumröhrchens zum Zurückhalten des aus der Kalilauge verdunstenden Wassers ein kleines, mit konc. Schwefelsäure und etwas Glaswolle beschicktes Waschfläschchen angebracht ist. Das grosse Schwefelsäurerohr hat den Zweck, die den Apparat durchströmenden Gase völlig von Wasser- und Alkoholdampf zu befreien, ehe sie in den Kaliapparat eintreten. Um nach beendetem Versuch die verbrauchte Schwefelsäure leicht ablassen zu können, hat Jodlbauer dieses Rohr an seiner tiefsten Stelle mit einem durch Glasstopfen verschliessbaren Tubulus versehen.

Um den Verlauf der Gährung besser überwachen zu können, empfiehlt es sich, zwei Parallelversuche nebeneinander in zwei ganz gleichen Apparaten, deren Kölbchen in demselben Wasserbade stehen, auszuführen. Der eine dient zu Prüfungen, ob die Gährung beendet ist, was am besten durch Verwendung von Phenylhydrazin konstatirt werden kann. Nach 20 oder bei Rohrzucker nach 40 Stunden prüft man zuerst, ob kein Zucker mehr vorhanden ist. Wenn alles vergohren ist, unterbricht man den Wasserstoffstrom, erhitzt die Flüssigkeit zum Sieden, erhält etwa 5 Minuten im Kochen und leitet zuletzt noch 20 Minuten lang Luft durch den Apparat.

Die gewogene Kohlendioxydmenge wird dann je nach der vorliegenden Zuckerart nach dem oben angegebenen Verhältniss (6) auf Zucker umgerechnet.

Nach den Untersuchungen von M. Einhorn[1]) soll der Nachweis mit Hilfe der Gährprobe noch bei $^1/_{10}\,^0/_0$ Zucker gelingen und wenn man die Harnprobe vorher gekocht hat, noch von $^1/_{20}\,^0/_0$, wobei eine Kontrollprobe auszuführen ist (vgl. nachstehende Bestimmung).

7. Bestimmung des Harnzuckers.

Wie schon in Band I bei der Bestimmung des specifischen Gewichtes von Lösungen mitgetheilt wurde, lässt sich der Harnzucker durch Gährung in der Weise besimmen, dass man vor der Gährung und nach der Gährung die Dichte des Harns bestimmt. Eine weitere Methode ist die hier zu besprechende, bei der man aus der Menge der bei der Gährung entstandenen Kohlensäure auf die Quantität des vorhandenen Zuckers schliesst.

Für die Bestimmung der entstehenden Kohlensäure sind nun verschiedene Apparate vorgeschlagen worden.

Jassoy[2]) suchte die entstehende Kohlensäure durch Absorption in Alkali zu bestimmen, wobei er die in der Gährungsflüssigkeit gelöst gebliebene Kohlensäure durch Kochen austrieb. Hierbei hatte er jedoch erhebliche Verluste, so dass er nur $66^2/_3\,^0/_0$ der theoretisch zu erwartenden Gasmenge erhielt.

Fleischer[3]) liess in seinem Gährungs-Saccharometer die entwickelte Kohlensäure auf eine Quecksilbersäule drücken und maass durch deren Steigen die Zuckermengen. Indess besitzt der betreffende Apparat erhebliche Fehlerquellen.

Einhorn[4]) benützte auch eine empirisch graduirte Schrötter'sche Gährungs-Eprouvette. Er übersah jedoch dabei, worauf Th. Lohnstein und Spaethe[5]) aufmerksam machten, dass bei dem Abschluss des Harns im Messrohr ohne Luft eine Abscheidung freier Kohlensäure in seinem

1) M. Einhorn, Virchow's Archiv **102**, 263; Zeitschr. analyt. Ch. **25**, 603, 1886.

2) Jassoy, Apoth. Ztg. 1896, Nr. 5.

3) Fleischer, Münch. med. Wochenschr. 1877, Nr. 31.

4) Einhorn, Deutsch. med. Woch. 1888.

5) Spaethe, ibid. 1900, Nr. 31.

Apparat je nach der Temperatur erst bei Zuckergehalten von 0,25 bis 0,35 % zu erwarten ist.

Bald darauf konstruirten Arndt und Fiebig[1]) Apparate, die sich sehr ähnlich sehen, und wobei der Fehler von Einhorn ausgemerzt ist. Sie gaben jedoch ihren Apparaten falsche Theilungen, weil sie übersahen, dass wegen der stetigen Aenderung des Partialdrucks der daselbst befindlichen Kohlensäure die ausgeschiedenen Mengen derselben dem Zuckergehalte durchaus nicht proportional sind.

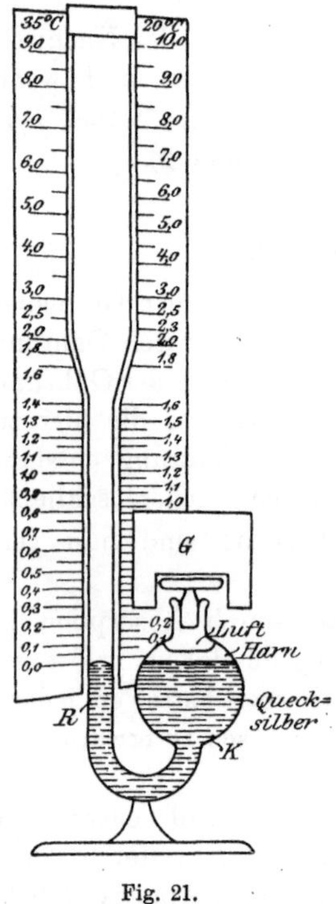

Fig. 21.

Th. Lohnstein[2]) konstruirte im Jahre 1898 ein Gährungs-Saccharometer, das diese Fehler vermied, indess jedoch nur für Harne von 0,0 bis 0,1 % Traubenzucker verwendbar ist, da seine Skala nur dies Intervall umfasst. Dementsprechend mussten Harne mit höherem Zuckergehalt entsprechend verdünnt werden, und zwar beruht dies auf dem Konstruktionsprincip, welches es mit sich bringt, dass die Theilstriche mit steigendem Procentgehalt immer näher aneinanderrücken. Die Genauigkeit dieses Apparates stellte sich etwa so, dass in der ersten Hälfte der Skala (0,0 bis 0,5 %) Fehler bis zum Höchstbetrage von ± 0,03 und in der zweiten Hälfte (0,5 bis 1,0 %) solche bis ± 0,08 vorkommen. Diese Fehler rühren daher, dass analog der Uebersättigung von Salzlösungen, der Urin eine grössere Menge Kohlensäure absorbirt zurückhält, als dies nach den Werthen der Absorptionskoëfficienten für die verschiedenen Temperaturen zu erwarten wäre.

Neuerdings hat dann Lohnstein[3]) eine Abänderung des früheren Apparates gegeben, der auch strengeren Anforderungen an seine Genauigkeit genügt, also auch für wissenschaftliche Zwecke verwendbar ist. Dieses Präcisions-Gährungs-Saccharometer ist in Fig. 21 abgebildet. Dasselbe kann bei Urinen verwendet werden, die, was wohl zu den Seltenheiten gehört, bis zu 10 % Zucker enthalten. Die Urine brauchen deshalb bei diesem Apparat so gut wie nie verdünnt zu werden. Ein durch zu .starke Kohlensäureabsorption

---

1) Vgl. Th. Lohnstein, Ber. deutsch. pharm. Ges. 10, 340, 1900.

2) Th. Lohnstein, Berl. klin. Wochenschr. 1898, Nr. 39; Allg. med. Centrztg. 1898, Nr. 87 und 88.

3) Th. Lohnstein, Münch. med. Woch. 1899, Nr. 50; Allg. med. Centrztg. 1899, Nr. 100.

möglicher Fehler ist in dem neuen Apparate auf ein Minimum beschränkt, da einmal die im Harn absolut bleibende CO_2-Menge klein ist gegen die gasförmig abgeschiedene, und anderseits in Folge davon, dass der Harn in einer niedrigen Schicht auf der Oberfläche des Quecksilbers ausgebreitet ist, eine Uebersättigung des Harns mit Kohlensäure äusserst erschwert ist. Deshalb soll der Apparat an Genauigkeit den theuersten Polarimetern gleichkommen.

Lohnstein betrachtet die Gährung schon nach 3 bis 4 Stunden für abgeschlossen, wenn sie bei 37^0 stattfindet. Nach Versuchen von Goldmann[1]) gilt folgende Tabelle über die Zeitdauer der Gährung:

Stunden:	Procente:								
	a	b	c	d	e	f	g	h	i
3—4	—	0,25	0,30	0,40	0,56	0,66	1,05	6,20	6,40
6	0,08	0,25	0,30	0,41	0,56	0,68	1,07	6,50	6,60
24	0,08—0,09	0,22	0,27	0,41	0,56	0,68	1,07	6,50	6,60
48	—	0,25	—	—	—	—	—	—	—

Es ergiebt sich also, dass die Gährung nach 6 Stunden vollständig abgelaufen ist, wenn der Apparat diese Zeit hindurch in einem Wasserbade von 35 bis 37^0 gehalten wird.

Weiterhin seien noch einige Zahlen gegeben, die Kontrollbestimmungen von Goldmann und Deicke entnommen sind. Es ergaben:

Gährung:	0,30	0,35	0,53	0,55	0,60	0,83	0,91	0,97 $^0/o$
Polarisation:	0,20	0,35	0,50	0,60	0,60	0,80	0,85	0,90 „
Titration:	ungenau	ungenau	ungenau	0,50	0,65	0,80	0,89	1,00 „

u. s. w.

8. Bestimmung bei Eiweissstoffen.

J. Effront[2]) schlägt vor, die Wirkung des Pepsins an einer Fibrinlösung zu untersuchen, den Gehalt der noch fällbaren Eiweissstoffe durch Fällung mit Tannin-Weinsäure und nachherige Bestimmung des Stickstoffgehaltes des Niederschlags, der aus Proteosen besteht, zu ermitteln. Dabei hat sich ergeben, dass die Endprodukte der Peptonisirung der Fällung entgehen. Diese Peptone fällt man mit Phosphorwolframsäure, welche ausserdem auch die übrigen Eiweissstoffe fällt. Zu bemerken ist jedoch, dass die Fällung der Peptone bezw. einiger Albumosen wie Deuteroalbumose eine unvollständige bleibt.

Bei folgendem Versuche wurden in einer Fibrinlösung (5 $^0/o$) in Zwischenräumen während der Verdauung mit Pepsin die Proteosen bestimmt mit Tannin-Weinsäure (I) und mit Zinksulfat (II).

---

1) F. Goldmann, Ber. deutsch. pharm. Ges. **10**, 345, 1900.
2) J. Effront, Chem. Ztg. **24**, 770 und 783, 1899.

| | Proteosen in 200 ccm | |
	I.	II.
Nach 3 Stunden	7,8 g	7,5 g
„ 6 „	7,5 g	7,3 g
„ 12 „	6,9 g	6,4 g
„ 18 „	6,0 g	5,5 g
„ 24 „	5,8 g	4,9 g
„ 48 „	5,3 g	4,1 g
„ 72 „	5,0 g	3,3 g.

Beide Bestimmungen geben noch sehr annähernde Resultate in dem Falle, dass 80 % der Eiweissstoffe als Proteosen (Albumosen) vorhanden sind; die Differenz beträgt nur 2—3 %. Ist aber die Peptonisirung weiter fortgeschritten, so tritt der Unterschied deutlich hervor. Nach 72 Stunden endlich finden wir nach der einen Methode 50 %, nach der anderen 33 % Proteosen.

Nachstehende Tabelle zeigt die Unterschiede der Fällung durch Phosphorwolframsäure (I.) gegenüber den als Proteosen noch vorhandenen Gesammtteiweissstoffen (II.).

| | Von dem Gesammtstickstoff wurden gefällt: | |
	I.	II.
Nach 6 Stunden	99,4 %	75,2 %
„ 12 „	97,0 „	61,3 „
„ 24 „	95,0 „	51,5 „
„ 48 „	89,1 „	51,2 „

Nach 6 stündiger Verdauung sind noch 75,2 % der Gesammteiweissstoffe vorhanden; in diesem Zeitpunkte sind die stickstoffhaltigen Stoffe noch beinahe vollständig (99,4 %) durch Phosphorwolframsäure fällbar. Nach 12 Stunden, wenn die Lösung 61,3 % des Gesammtstickstoffs an Proteosen gebunden enthält, sind nur mehr 97,1 % des Gesammtstickstoffs fällbar und diese Menge fällbaren Stickstoffs nimmt bei fortschreitender Verdauung immer mehr ab; sind endlich nur 51,2 % der gesammten stickstoffhaltigen Substanzen in Proteosen vorhanden, so sind 9 % Stickstoff an Substanzen gebunden, welche durch Phosphorwolframsäure nicht mehr fällbar sind. Diese Versuche wurden unter solchen Bedingungen durchgeführt, welche die Einwirkung schädlicher Fermente vollständig ausschliesst, und lassen nur die Folgerung zu, dass jene Produkte, welche man mit dem Gesammtnamen Peptone bezeichnet, noch Substanzen verschiedener Natur enthalten, von welchen die einen durch Phosphorwolframsäure fällbar sind, die anderen nicht. Auch müssen die Peptone selbst noch eine Veränderung durch die Einwirkung des Pepsins erleiden, denn da die Menge der Albumosen nach 24 und 48 Stunden der Verdauung sich nicht geändert hat, konnten jene Produkte, welche in dieser

Zeit für die Phosphorwolframsäure unfällbar wurden, ihren Ursprung nur in den schon gebildeten Peptonen haben.

Es ergiebt sich, dass die Bestimmung der Proteosen mittels der Tannin-Weinsäure eine exakte Methode ist. Die Fällung mit Phosphorwolframsäure für die Bestimmung der Peptone ergiebt hingegen nur dann gute Resultate, wenn die Lösung nicht zu weit verdaut ist.

Ueber die Reaktionen, durch welche man die Produkte der peptischen und der pankreatischen Verdauung von einander unterscheiden kann, macht V. Harlay[1] Mittheilung.

Die peptische sowohl wie die pankreatische Verdauung des Fibrins ist keineswegs beendigt, wenn die filtrirte und erkaltete Flüssigkeit keinen Niederschlag mehr mit Salpetersäure liefert, was man durch weitere Abnahme der optischen Aktivität und bei pankreatischer Verdauung durch fortdauernde Bildung von Tyrosin zeigen kann. Die durch den Saft von Russula delica erhaltene rothschwarze Färbung wird durch die sog. Tyrosinase bedingt und ist dem Tyrosin eigenthümlich. Bei Auftreten der Färbung kann jedesmal Tyrosin isolirt oder wenigstens unter dem Mikroskope nachgewiesen werden und ist also der Beweis der pankreatischen Verdauung.

Bei den Peptonen entsteht mit der Tyrosinase eine röthliche, später grüne Farbe, welche letztere auf Zusatz von Alkali eine lebhaft rothe Nuance annimmt, die durch Zusatz von Säure wieder grün wird.

Mit Bromwasser geben die Produkte der pankreatischen Verdauung von Fibrin oder Albumin einen röthlich gelben Niederschlag, der sich beim Schütteln wieder löst, wobei die Flüssigkeit eine rothe Farbe annimmt. Bei Pepsinverdauung entsteht die rothe Färbung nicht, gleichviel, ob die Flüssigkeit sauer oder vorher mit Calciumkarbonat neutralisirt ist.

Die mit Papaïn erhaltenen Verdauungsprodukte geben mit Tyrosinase anscheinend dieselben Färbungen wie die mit Pepsin erhaltenen Körper.

9. Bestimmung des Trypsins im Blut.

Man ermittelt nach F. Martz[2] in 5 g frisch entfibrinirten Blutes den Gesammteiweissgehalt und führt diese Bestimmung ebenfalls in einer gleichgrossen Menge desselben Blutes aus, nachdem dasselbe der Einwirkung des Trypsins überlassen worden ist. Die Differenz der beiden Bestimmungen giebt die Eiweissmenge an, die durch das Trypsin des Blutes verdaut wurde und dient als Maass des vorhandenen Trypsins.

---

[1] V. Harlay, Journ. pharm. chim. **10**, 225, 468, 1899, **11**, 772, 1900; Chem. Ztg. Repert. **23**, 68, 171, 1899.

[2] F. Martz, J. Pharm. Chim. **7**, 539, 1898; Chem. Centrbl. 1898, II, 137.

XXXIII.

Methode der Bestimmung der Antitoxine.

Wenngleich die Methode der Bestimmung der Antitoxine eine rein physiologische ist, so möchte ich doch nicht unterlassen, dieselbe hier kurz zu besprechen. So wenig wir über die eigentliche Natur der Enzyme wissen, so wenig wissen wir auch über die Antitoxine. Trotzdem steht zu erwarten, dass wir, wenn vielleicht auch erst nach längerer Zeit, über die Natur und den chemischen Aufbau dieser Verbindungen Aufschluss erhalten werden, wozu die endgiltige Lösung der Frage nach der Konstitution der Eiweisskörper wesentlich beitragen. wird.

Bei den Enzymen können wir bereits auf Quantität schliessen aus der Reaktionsgeschwindigkeit ihrer zersetzenden Wirkung. Aehnliches dürfen wir, wenn auch unter veränderten Umständen, bei den Antitoxinen. Aus dem Grunde glaube ich schon jetzt die Aufmerksamkeit der Fachgenossen auf diesen Punkt lenken zu sollen. Ein kurzer Hinweis auf das Wesentlichste dürfte genügen. Es sollen deshalb nur besprochen werden:

1. Theorie der Antitoxine.
2. Bestimmung der Antitoxine.

1. Theorie der Antitoxine.

Die Bezeichnung Antitoxine ist im Jahre 1893 von Behring[1]) für die specifisch giftwidrigen Substanzen im Tetanusheilserum und im Diphtherieheilserum eingeführt worden, und zwar nennt er diese wegen ihrer Herkunft aus dem Blute isopathisch immunisirter Thiere, zum Unterschiede von antitoxischen Substanzen anderer Herkunft, Blutantitoxine. Dieselben gehen bei der Gerinnung des extravasculären Blutes in das Serum über, in welchem sie durch intakte Moleküle genuiner Eiweisskörper re-

---

1) E. Behring, Deutsch. med. Wochenschr. 1899, 3.

präsentirt werden. Wasser, Salze und alle in gesättigter Ammonsulfatlösung gelöst bleibenden Serumbestandtheile lassen sich ohne jeden Verlust
an Serum von dem Albumin und Globulin trennen, aber jeder physikalische
und chemische Eingriff, welcher zu einer Denaturirung der genuinen Eiweisskörper im Serum führt, hat auch einen Antitoxinverlust zur Folge.

Die antitoxischen Eiweisskörper fliessen dem Blute aus solchen Zellen
zu, welche während der Immunisirung durch das Tetanusgift bezw. durch
das Diphtheriegift Zustands- und Thätigkeitsänderungen erfahren.

Nach den Untersuchungen von Aronson (Patentanmeldung vom
8. Mai 1893) lässt sich das antitoxische Eiweiss theilweise von dem nicht
antitoxischen trennen. Hierbei werden 100 ccm Blutserum mit 100 ccm
destillirtem Wasser verdünnt, mit 30 ccm 10 %iger Aluminiumsulfat-
lösung versetzt und zu der Mischung unter Umrühren ca. 4 ccm 20%iger
Ammoniaklösung gegeben. Man filtrirt, wäscht mit mässigen Mengen
destillirten Wassers aus, schüttelt alsdann den Niederschlag in einem
Schüttelapparat 24 Stunden lang mit 75 ccm schwach ammoniakhaltigen
Wassers (0,08 %), filtrirt und verdampft das wenig trübe Filtrat im
Vakuum bei möglichst niedriger Temperatur zur Trockne. Der Rückstand
beträgt ca. 0,8 g eines weissen organischen Körpers, der alle Reaktionen
der Eiweisskörper giebt und dessen Prüfung am Thier eine ca. 100 mal
grössere Wirksamkeit ergiebt als das angewandte Serum.

Soweit man also die Antitoxine vom chemischen Standpunkte aus
zu beurtheilen vermag, sind es Eiweisskörper. Ueber den Unterschied
zwischen antitoxischem Eiweiss und nicht antitoxischem Eiweiss wissen
wir ebenso wenig wie über den von magnetischem Eisen und nicht magnetischem, abgesehen von dem Nachweis ihrer specifischen Funktion.

Alle Blutantitoxine besitzen weitgehende Analogien, die von Behring für das Tetanusantitoxin, von Ehrlich für das Diphtherieantitoxin
und durch Martin und Cherry für das Schlangenantitoxin festgestellt
worden sind. Die antitoxische Wirkung ist eine ganz specifische Funktion
von Eiweisskörpern, die im übrigen sich ebenso indifferent verhalten gegenüber dem Thierkörper, wie normales Bluteiweiss.

„Die Specifität der antitoxischen Funktion des Tetanusheilserums
kommt dadurch zum Ausdruck, dass kein anderes Gift durch Tetanusantitoxin unschädlich gemacht wird, als bloss das von den Bacillen des
Wundstarrkrampfes producirte Gift. Da ferner eine andere Leistung, die
über die Leistungen des normalen Serumeiweiss hinausginge, dem Tetanusantitoxin nicht zukommt, als die giftwidrige, so giebt es nichts in der
Welt, wodurch wir ein Tetanusantitoxin kenntlich machen könnten, als
einzig und allein die experimentell zu konstatirenden Beziehungen zu den
specifischen Eigenschaften und Leistungen des Tetanusgiftes, die ihrerseits
wiederum qualitativ und quantitativ bis jetzt bloss durch die Erzeugung
des Tetanus bei giftempfindlichen Thieren erkannt werden können."

Wenn nun Behring weiter ausführt, dass die besondere Wirkung eines antitoxischen Eiweisskörpers sich eben nur gegenüber dem Tetanusgift äussert, und dass nichts ausserdem auf die antitoxische Kraft des Tetanusheilserums reagirt, so darf man wohl dem hinzufügen, soweit bis jetzt unsere Kenntniss reicht. Es steht zu erwarten, dass wir auch andere Maasse für die Wirksamkeit eines derartigen Heilserums finden werden.

In seiner Arbeit über die Werthbemessung des Diphtheriegiftes hatte P. Ehrlich[1]) nachgewiesen, dass in dem Diphtheriegift ausser dem eigentlichen Toxin noch andere Stoffe von sehr geringer Toxicität vorhanden sind, die aber den Antikörper genau so binden, wie das eigentliche Toxin. Diese Stoffe, Toxoide genannt, vermehrten sich bei längerem Stehen der Diphtheriebacillen, während die Toxine sich verringerten. Die Toxoide können nun in drei Formen gedacht werden; in einer, in welcher sie eine grössere Verwandtschaft zum Antitoxin haben als das echte Toxin (Protoxoide), in einer, in welcher die Verwandtschaft genau die gleiche ist (Syntoxoide) und in einer, in welcher sie schwächer ist (Epitoxoide oder Toxone).

Die Resultate der Untersuchungen von Ehrlich sind in folgenden Sätzen zusammengefasst:

„a) Der Diphtheriebacillus producirt zwei Arten von Substanzen: α) Toxine, β) Toxone, die beide Antikörper binden.

Toxine und Toxone wurden bei drei frischen Giftbouillons genau in denselben Mengenverhältnissen vorgefunden.“

b) „Die Toxine (und wohl auch die Toxone) stellen keine einheitlichen Körper dar, sondern zerfallen in mehrere Unterabtheilungen, die sich durch ihre verschiedene Avidität gegen das Antitoxin unterscheiden. Man unterscheidet daher in absteigender Skala Prototoxine, Deuterotoxine und Tritoxine als Gruppenbezeichnungen, von denen also das letztere die geringste Verwandtschaft zum Antitoxin hat, eine Verwandtschaft, die aber immer noch erheblich grösser ist als die der Toxone.“

c) „Mit dieser Eintheilung ist die Komplikation noch nicht erschöpft, sondern es ist anzunehmen, dass jede Toxinart aus genau gleichen Theilen zweier verschiedenen Modifikationen besteht, die sich dem Antitoxin gegenüber zwar gleich verhalten, aber unter einander den zerstörenden Einflüssen gegenüber differiren. Wahrscheinlich sind sie von einander etwa so verschieden, wie rechts- und linksdrehende Spielarten.“

d) „Von diesen beiden Modifikationen geht die eine, die wir als α-Modifikation bezeichnen wollen, ausserordentlich leicht bei allen

---

1) P. Ehrlich, Deutsch. med. Wochenschr. 1898, 595; vgl. hierzu Th. Madsen, Oversigt over Videnskabernes Selskabs Forhandlinger 1899, Nr. 2.

Toxinen in Toxoid über. Diese Umwandlung wird schon während der Giftbereitung im Brutschrank eingeleitet, manchmal sogar beendet. Die vollständige und reine Umwandlung der α-Modifikation in Toxoid, die mehr oder weniger partiell in allen durch die Beobachtung gegebenen Kurven erkennbar ist, führt dahin, dass in der entsprechenden Zone wegen des Schwundes der einen Hälfte des Giftes ein halbwerthiges Gift übrig bleibt, welches wir Hemitoxin nennen wollen."

e) „Die zweite Modifikation im Sinne von Satz c, die wir β-Modifikation nennen wollen, ist bei den verschiedenen Abarten des Giftes, den Prototoxinen, den Deuterotoxinen und Tritotoxinen verschieden haltbar. Relativ leicht zerstörbar ist das β-Tritoxin, das gelegentlich schon im Brutofen zerstört werden kann. Weit haltbarer ist das β-Protoxin, das immer erst beim Lagern der Bouillon, und zwar gewöhnlich erst nach mehreren Monaten in Toxoid übergeht. Die β-Modifikation des Deuterotoxins endlich ist, wenn die Bouillon unter gehörigen Vorsichtsmassregeln aufbewahrt wird, vollkommen stabil. Auf diese Weise erklärt sich die von Ehrlich, Madsen und anderen Untersuchern festgestellte Thatsache, dass beim Lagern von Diphtheriebouillon schliesslich nach einer gewissen Zeit ein Punkt erreicht wird, von welchem ab die Toxicität und die Prüfungskonstanten dauernd unverändert bleiben. Die Möglichkeit dieser Konstanz ist nur bedingt durch die Stabilität des β-Deuterotoxins. Nur diejenigen Gifte, in denen diese Stabilität eingetreten ist, dürfen nach der Instruktion als Testgifte benützt werden."

f) „Nach erfolgter Tritoxinbildung finden wir in der Tritoxinzone noch geringe Reste von Giftigkeit vor, etwa so, dass auf 7—9 Theile Toxoid ein Theil aktives Toxin kommt. Diese Erscheinung beruht darauf, dass der Tritoxinzone noch geringe Mengen des stabilen Deuterotoxins beigemischt sind, die nach erfolgter Umwandlung des gesammten Tritotoxins in das entsprechende Toxoid manifest werden."

g) „Bei der Umwandlung von Toxin in Toxoid erfährt die Avidität zum Antitoxin nicht die geringste Veränderung, Es bindet z. B. das Toxoid des Prototoxins das Antitoxin genau so stark wie das Prototoxin selbst (Bildung von Hemitoxin)."

h) „Die das Antitoxin schwächer bindenden Varietäten des Giftes werden langsamer und schwerer vom Antitoxin neutralisirt, als die stärker bindenden. Daher kommt es, dass bei gewissen Giften der Tetanusreihe (Tetanolysin und Tetanospasmin) nur koncentrirte Lösungen von Antitoxin und Gift schnell und glatt neutralisirt werden."

i) „Die von uns gefundenen Thatsachen lassen sich am besten dadurch erklären, dass man in den Giftmolekülen zwei von einander unabhängige Atomkomplexe annimmt. Der eine davon ist haptophorer Natur und bewirkt die Bind-

33*

ung an das Antitoxin resp. an die diesem entsprechenden
Seitenketten der Zellen. Der andere Atomkomplex ist toxo-
phor, d. h. er ist die Ursache der specifischen Giftwirkung.
Ebenso liegt die Sache bei den Toxonen. Bei diesen ist die haptophore
Gruppe wohl identisch mit derjenigen der Toxine, der toxophore Atom-
komplex aber ist von schwächerer und andersartiger Wirkung."

k) „Die haptophore Gruppe bewirkt es, dass das Giftmolekül an die
Zelle gefesselt wird, und dass dadurch die letztere dem Einflusse der toxophoren Gruppe unterworfen werden kann. Aehnlich verschiedene Atom-
gruppen wie die haptophore und toxophore, sind, wie Dr. Morgenroth
wahrscheinlich gemacht hat, beim Labferment vorhanden."

l) „Die Wirkungen der haptophoren und toxophoren Gruppe lassen
sich in gewissen Fällen experimentell von einander trennen. So bindet,
wie Herr Dr. Morgenroth durch successive Injektion von Toxin und
Antitoxin zeigen konnte, das Nervensystem des Frosches Tetanusgift auch
in der Kälte. Erkrankungen treten aber unter diesen Umständen, entsprechend den Angaben von Courmont, nicht auf. Werden dagegen
die Frösche, welche in entsprechenden Zeiträumen erst mit Gift, dann
mit Antikörpern behandelt sind, in den Brutofen gebracht, so bricht bei
ihnen der Tetanus auch dann aus, wenn alles cirkulirende Gift durch
den Antikörper gebunden und letzterer sogar im Ueberschuss vorhanden
ist. Es wirkt also die haptophore Gruppe schon in der Kälte, die toxophore erst in der Wärme auf die Zellen ein."

„Durch den zeitlichen Unterschied in der Wirkung der haptophoren
und toxophoren Gruppe findet auch die Inkubationsperiode, welche fast
allen Inkubationsgiften (Behring) eigen ist, eine ausreichende Erklärung,
nachdem Dömitz nachgewiesen hat, dass das Gift vom Nervensystem
sehr schnell gebunden wird."

m) „Die toxophore Gruppe ist komplicirter gebaut und daher weniger
haltbar als die haptophore. Durch diese Labilität der toxophoren Gruppe
gegenüber der Stabilität der haptophoren ist die quantitative Umbildung
von Toxinen in Toxoide verständlich. Bei einem so komplicirten Bau
ist eine asymmetrische Atomgruppirung des toxophoren Komplexes sehr
wohl denkbar, und eine solche würde am leichtesten die Anwesenheit
zweier Modifikationen (α und β) in genau denselben Mengen verständlich
machen."

n) „Die unter gewöhnlichen Umständen stabile, haptophore Gruppe
kann freilich durch stärkere chemische oder physikalische Einflüsse (Hitze,
Jod u. s. w.) zerstört werden. Erkannt wird diese Zerstörung am einfachsten durch die Erhöhung der letalen Dosis, die den Verlust an bindenden Gruppen markirt."

o) „Der durch die Gifte erzeugte Antikörper wendet
sich ausschliesslich an die haptophore Gruppe. Dadurch, dass

er vermittelst dieser haptophoren Gruppe das ganze Giftmolekül an sich fesselt, leitet er auch die toxophore Gruppe von den Organen ab. Er braucht demnach zur Unschädlichmachung des Giftes gar keine Zerstörung von dessen toxophorem Komplexe zu bewirken."

p) „Es geht aus dem Gesagten hervor, dass man specifische Antitoxine auch mit Toxoiden, nicht bloss mit Toxinen erzeugen kann, ja hochempfindliche Thiere (Mäuse und Meerschweinchen) können gegen Tetanusgift nur mit Hilfe von Toxoiden in leichter und schneller Weise immunisirt werden. Wohl gemerkt, handelt es sich hierbei nur um die Erzeugung der Grundimmunität, nicht um die Hochtreibung des Immunisirungsgrades, wie sie zur Heilserumgewinnung nöthig ist. Hingegen kann sehr wohl die Immunisirung durch Toxoide direkt zu Heilzwecken benützt werden, nämlich dann, wenn es sich darum handelt, kranke und daher überempfindliche Individuen in möglichst schonender Weise aktiv zu immunisiren."

q) „Bei den natürlichen Immunisirungen, also bei derjenigen Form, bei welcher nicht die isolirten Gifte, sondern die Krankheitserreger selbst in Frage kommen, spielen wahrscheinlich die Toxone, d. h. die natürlichen Analoga der Toxoide eine hervorragende Rolle. Die Toxoide kommen hierbei nicht in Frage, da sie ja erst ein Zersetzungsprodukt des fertigen Giftes sind. Man wird auch daran denken müssen, dass ein Theil der künstlichen Immunisirungen, die durch gleichzeitige Zufuhr von Immunserum und lebenden Bakterien erfolgen (Rinderpest, Schweinerothlauf), und welche, ohne erhebliche Krankheitserscheinungen zu bedingen, eine dauernde Immunität schaffen, zu einem gewissen Theile ins Gebiet der Toxonimmunisirung fallen."

r) „Es ist auch möglich, dass die Prototoxoide unter gewissen Umständen im Stande sind, direkt dadurch Heilung zu bewirken, dass sie vermöge ihrer stärkeren Verwandtschaft das Gift aus der Verbindung mit den Gewebselementen verdrängen. Eine solche Möglichkeit wird allerdings nur dann gegeben sein, wenn die das Gift bindenden Gruppen in den lebenswichtigen Organen nur in sehr geringer Menge vorhanden sind. Etwas derartiges liegt vielleicht bei der Diphtherie des Kaninchens vor, während aus den Wassermann'schen Untersuchungen hervorgeht, dass gerade das Gegentheil beim Tetanus Geltung hat."

Ehrlich schliesst diese ausserordentlich interessanten Darlegungen mit dem Hinweis, dass wohl noch Jahrzehnte vergehen mögen, ehe wir in dieses so schwierige Gebiet vollen Einblick erhalten, sowie, dass bei der ausserordentlich komplicirten Zusammensetzung der Diphtheriekulturen die Aussicht, auf rein chemischem Wege die specifischen Gifte zu isoliren und deren Konstitution klar zu legen, in weite Ferne gerückt erscheint.

2. Bestimmung der Antitoxine.

Der von Behring eingeführte Begriff der Antitoxineinheit basirt auf der Beobachtung, dass 1 ccm eines Normalserums des Tetanusantitoxins im Mischungsversuch 0,03 g von einem im trockenen Zustande sehr gut haltbaren Tetanusgift beim Einspritzen von weissen Mäusen gerade noch unschädlich zu machen im Stande ist. Jedes antitoxische Serum, von welchem 1 ccm genau 0,15 g von demselben Gift toxisch neutralisirt, ist fünffach normal; jedes Serum, von welchem 1 ccm genau 0,3 g neutralirt, ist zehnfach normal u. s. w.

„1 ccm zehnfach verdünntes Tetanusantitoxin zehnfach normal $\left(= 1 \text{ ccm } \dfrac{\text{Tet. A. N}^{10}}{10} \right)$ leistet danach, wie zuerst stillschweigend geschlossen und später experimentell bestätigt worden ist, genau ebensoviel, wie 1 ccm unverdünntes Tetanusantitoxin einfach normal (Tet. A. N^1) und wie 1 ccm fünffach verdünntes Tetanusantitoxin normal fünffach $\left(\dfrac{\text{Tet. A. N.}^5}{5} \right)$.“

„1 ccm Tet. A. N^1 repräsentirt nun eine Antitoxineinheit.“

„Für das gegenwärtig von den Höchster Farbwerken in den Handel gebrachte Tetanusheilserum gilt die Forderung, dass dasselbe in 1 ccm zehn Normaleinheiten des Tetanusantitoxins enthalten soll. Als Normalmaass, nach welchem im Steglitzer, jetzt Frankfurter Institut für Serumprüfung bezw. experimentelle Therapie der Werth eines jeden neuen Serums bemessen wird, dient ein zur Trockne eingedampftes, zehnfaches Normalserum. Dieses Trockenserum hält den ursprünglichen Antitoxinwerth unbegrenzt lange Zeit ganz unveränderlich fest. Von demselben genügt 0,001 g, um 0,03 g Testgift Nr. 1 zu neutralisiren. Das Trockenserum ist also ein Tet. A. N^{100} (hundertfach normal). Es wird für immer als „Tetanus-Testantitoxin‘ aufbewahrt unter denselben Kautelen, wie sie von Ehrlich für das Diphtherie-Testantitoxin genau beschrieben sind.“

Es genügt, hier für eines der Antitoxine die näheren Umstände der Bestimmung kurz dargelegt zu haben. Bei allen anderen ist die Einstellung eine ähnliche, indem man sich der weissen Mäuse oder Meerschweinchen bedient und feststellt, wieviel Antitoxin nothwendig ist, um die Wirkung einer bestimmten Giftmenge für ein gewisses Körpergewicht aufzuheben.

Register.

F.

G.

Q.